Proceedings

in

Operations Research 3

Herausgegeben

von

P. Gessner, R. Henn, V. Steinecke, H. Todt

Vorträge der Jahrestagung 1973

DGOR

Papers of the Annual Meeting 1973

Physica Verlag · Würzburg - Wien

1974

ISBN 3 7908 0138 0

ISBN-13: 978-3-7908-0138-5   e-ISBN-13: 978-3-642-99747-1
DOI: 10.1007/978-3-642-99747-1

Vorwort

Die Jahrestagung 1973 der Deutschen Gesellschaft für
Operations Research fand vom 19. bis 21.September in
Karlsruhe statt. Die Tagung wurde von über 300 Teilnehmern aus dem In-und Ausland besucht. Die Anzahl der
eingereichten Vorträge gab Anlaß, die Tagung in jeweils
4 Parallelveranstaltungen durchzuführen. So enthält dieser
Proceedings-Band 73 Vorträge bzw. Abstracts von Vorträgen.

Es entsprach den Absichten des Programmkomitees[1], den Tagungs-
teilnehmern einen Überblick über die Gebiete des Operations
Research zu geben, auf denen in den letzten Jahren in
größerem Umfang neue Ergebnisse und Entwicklungen zutage
getreten sind. So findet man in dem Band die folgenden
Übersichtsvorträge:

Feichtinger, G.: OR-Modelle sozio-demographischer Prozesse
Feilmeier,M.: Simulation und Informatik
Kaerkes, R.: Netzplantheorie
Kosmol,P.: Optimierung in funktionalanalytischer Sicht
Krafft,O.: Geometrisches Optimieren -eine Übersicht
Neumann,K. und Gessner,P.: Dynamische Optimierung und ihre
Weiterentwicklung
Seibt,D.: Analyse- und Optimierungsverfahren für Hard-und
Software
Zimmermann, H.-J.: Neuere Entwicklung auf dem Gebiet der
stochastischen Programmierung

Da viele Tagungsteilnehmer in derartigen Übersichtsvorträgen
eine Möglichkeit sehen, sich über neue Entwicklungen im
Operations Research schnell zu informieren, ist beabsichtigt,
diese Vortragsform für künftige Tagungen beizubehalten.

---

[1] Mitglieder: R.Henn, Vorsitzender; P.Gessner, H.Müller-Merbach
K.Neumann, J.Rosenmüller, Ch.Schneeweiß, P.Stahlknecht,
V. Steinecke, H.J.Todt, K.G.Wallmann, H.-J.Zimmermann

Das Spektrum der Beiträge läßt erkennen, daß es zu einer
wünschenswerten wechselseitigen Beeinflussung gekommen ist
zwischen Autoren, die sich mit konkreten Fragestellungen
in der Industrie oder auch im Bereich der Administration
beschäftigen und Autoren, die an Grundlagenuntersuchungen
oder der Entwicklung neuer Methoden arbeiten.
Unser besonderer Dank gilt dem Physica Verlag für die Zusammenarbeit und Unterstützung bei der Herausgabe dieses
Ergebnisbandes.

Karlsruhe/Frankfurt im Januar 1974

P. Gessner, R. Henn, V. Steinecke, H. Todt.

INHALTSVERZEICHNIS

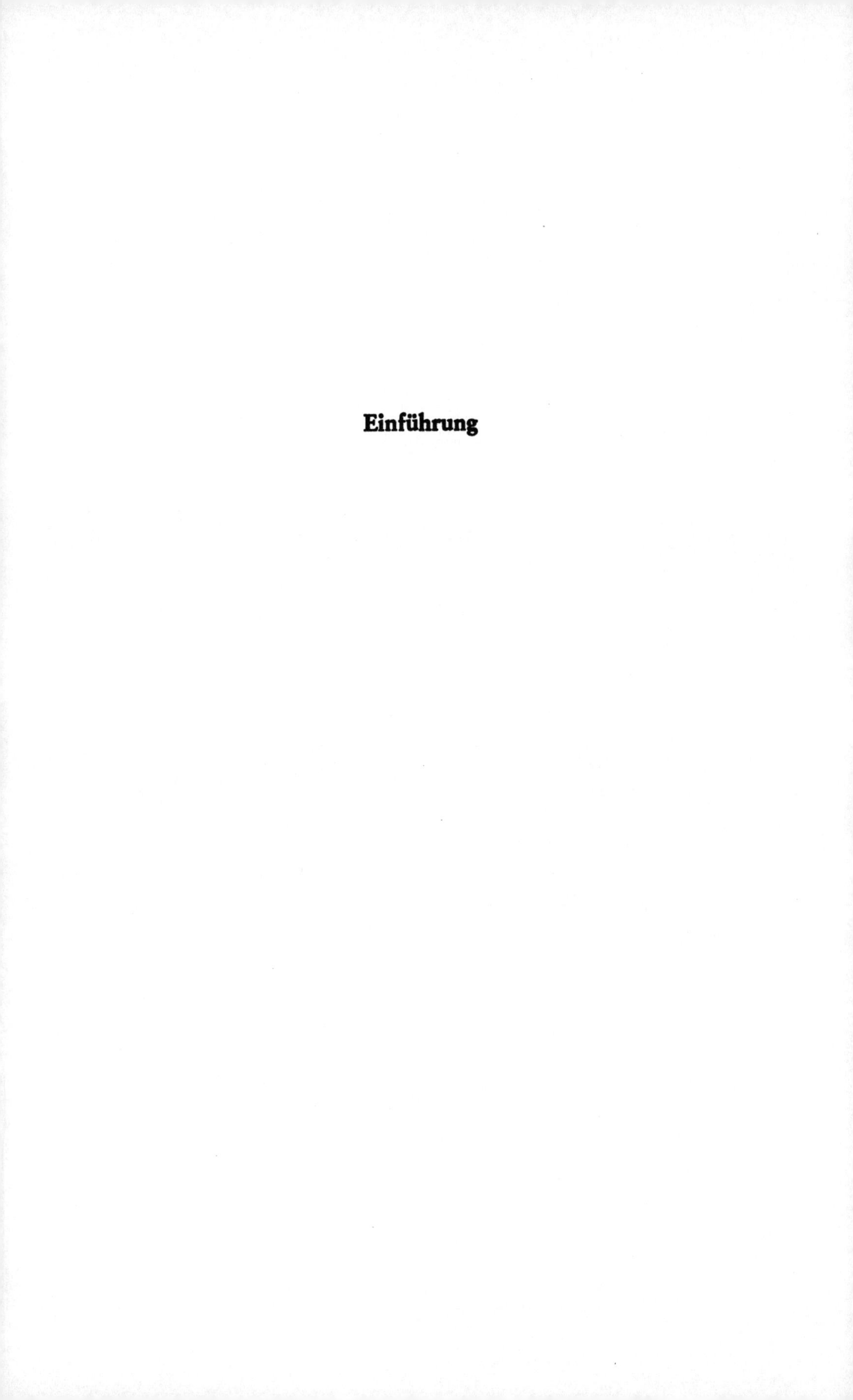

Einführung

Neuere Entwicklungen im Operations Research[1])
R. Henn, Karlsruhe

Einleitung

Ein Versuch, über gegenwärtige Entwicklungen in einem Wissenschafts-
gebiet zu berichten, stößt auf eine Reihe von Schwierigkeiten. So
ist es unmöglich und darum auch nicht die Absicht dieses Berichtes,
eine Zusammenstellung aller Neuentwicklungen und wichtigen Resultate zu geben oder auch nur eine Auswahl zu treffen, die frei von
subjektiven Einflüssen ist. Es sollen lediglich zwei Aspekte deutlich gemacht werden: Zum ersten spielen neue Entwicklungen auf dem
Gebiet der verwendeten Methoden, d.h. also hier der mathematischen
Grundlagen eine bedeutende Rolle; zum zweiten sind neue Anwendungsgebiete den Methoden des Operations Research zugänglich gemacht
worden. Es soll der Versuch unternommen werden an Hand von vier
Problemkreisen, in die das Operations Research in den letzten
Jahren Zugang gefunden hat, auch neue Trends in den Methoden aufzu-
zeigen. Die Auswahl dieser vier Gebiete ist nicht zufällig. Es
wurden solche Bereiche gewählt, die größere Gruppen der Gesellschaft bzw. die ganze Gesellschaft angehen.

1. Die kommunale Finanzplanung

Als erstes sei die kommunale Finanzplanung genannt. Wir erinnern
daran, daß Zweidrittel der gesamten öffentlichen Investitionen von
den Städten und Gemeinden durchgeführt werden. Die generelle
Frage, die sich der Haushaltsausschuss einer Stadt jedes Jahr zu

---

1) Ich danke meinen Kollegen G. BOL, B. GOLDSTEIN, P. KOSMOL,
    E. KRUG und O. MOESCHLIN für ihre hilfreichen Diskussionsbei-
    träge, die die vorliegende Gestalt des Vortrages maßgeblich
    beeinflusst haben.

stellen hat, lautet: Welche Elemente aus der Menge aller in Frage
stehenden Projekte wie Schulen, Strassenbau, Krankenhäuser etc.
ausgewählt werden, d.h. in den Haushaltplan aufgenommen werden
sollen.

Es stellt sich das folgende ganzzahlige Optimierungsproblem

$$(1.1) \qquad \max \{ux \mid Ax \leq b, \ x_i \varepsilon \{0,1\}\}$$

Darin kennzeichnen die Komponenten des Vektors x, die die Werte 1
oder O annehmen, ob ein Projekt verwirklicht werden soll oder
nicht. Die Restriktionen $Ax \leq b$ ergeben sich aus den mannigfachen
Beschränkungen der kommunalen Finanzplanung, also aus der oberen
möglicherweise aber auch unteren Budgetgrenze, aus Darlehens-
beschränkungen, aus der Grenze der Folgekostenbelastung künf-
tiger Haushalte sowie aus der Beschränkung der Auftragserteilung
an einzelne Gewerbezweige. Bei der Zielfunktion $f(x) = u \cdot x$ handelt
es sich um eine Nutzenfunktion, wobei der Vektor u die Nutzen-
schätzung für jedes diskutierte Projekt angibt. Dieser Vektor u
kann aus Nutzen-Kosten-Analysen abgeleitet sein oder mit Hilfe
einer Punktwahl [2] festgestellt werden.

Formal handelt es sich um ein sogenanntes Rucksackproblem mit
mehreren Beschränkungen.

Das Problem kompliziert sich, wenn man im Rahmen der mittelfris-
tigen Finanzplanung Investitionsprogramme für mehrere Jahre erstellt. Formale Bedingungen müssen dann in das Linearprogramm
eingeführt werden, um sicherzustellen, daß der Fertigstellung
eines Projektes die Inbetriebnahme, und zwar ohne Verzug, folgen
kann, daß voneinander abhängige Projekte zeitlich synchronisiert
werden, und daß von zur Auswahl stehenden Alternativen höchstens
eine realisiert wird.

Die Lösung gelingt auch beim dynamischen Problem durch Branch
and Bound-Verfahren, den Balas-Algorithmus oder durch Auswertung
der Bellmanschen Funktionalgleichung. Sieht man von der Lösung

---

2) Jeder Gemeinderat erhält eine bestimmte Anzahl von Punkten,
   z.B. 1000 Punkte, die er auf die ausführlich beschriebenen
   Projekte nach ihrer Dringlichkeit verteilt. Die Komponenten
   u_i werden schließlich durch Summation ermittelt.

von Schulbeispielen ab, dann kann eine mittelfristige Finanzplanung einer Stadt von z.B. 100 000 Einwohnern wegen der Bean-
spruchung von Rechenzeiten und Speicherplätzen nur noch mit Näherungsverfahren gelöst werden. In SEILER [9] sind solche heuristische Verfahren entwickelt und beschrieben worden; dort wird auch
ein Überblick über Probleme der kommunalen Finanzplanung gegeben.

2. Die Zuverlässigkeitstheorie

Eine weitere Fragestellung, bei der Operations-Research-Methoden
Anwendung gefunden haben, hat man in der Planung von Kernkraftwerken und allgemein von Maschinenaggregaten, bei denen
eine hohe Zuverlässigkeit verlangt werden muß. (vgl. auch W.
HÄFELE [5]). Es ist seit einigen Jahren bekannt, daß die Energieversorgung - zumindest langfristig - nur von Kernkraftwerken in
der nachgefragten Menge gewährleistet werden kann. Sowohl bei der
Errichtung solcher Kraftwerke, wie auch bei der Entwicklung leistungsfähiger Reaktortypen - z.B. das Projekt "schneller Brüter" -
hat man als zentrales Problem, ein Höchstmaß an Betriebssicherheit
bei vertretbaren Kosten sicherzustellen. Dabei ergibt sich zunächst
das grundsätzliche Problem, einen Begriffsapparat für die quantitative Erfassung der "Zuverlässigkeit" eines Systems zu erstellen.
Diese Aufgabe wird in der Zuverlässigkeitstheorie behandelt. Zur
exakten Definition von anschaulichen Begriffen wie Zuverlässigkeit, Qualität, Lebensdauer bzw. Ausfallfreiheit sind die Wahr-
scheinlichkeitstheorie und die Statistik, insbesondere die Theorie
stochastischer Prozesse grundlegend.

Im allgemeinen interpretiert man den zeitlichen Verlauf beim Betrieb eines Systems durch einen stochastischen Prozess X_t mit
zwei Zuständen, nämlich dem Zustand "funktioniert" (1) und dem
Zustand "ausgefallen" (0) [3]. Dementsprechend erhält man für die
Lebensdauer des Systems eine Wahrscheinlichkeitsverteilung $L(t)$.

---

[3] (0) ist dabei ein absorbierender Zustand.

Geht man davon aus, daß das Verhalten des Systems nicht von der
Vorgeschichte abhängt, d.h. die Wahrscheinlichkeit, daß das
System im Zeitpunkt t funktioniert unter der Bedingung, daß das
System im Zeitpunkt $t_0 \leq t$ funktioniert hat, ist gleich der Wahr-
scheinlichkeit, daß das System im Zeitpunkt $t - t_0$ funktioniert:

$$(2.1) \qquad P(X_t = 1 \mid X_{t_0} = 1) = P(X_{t-t_0} = 1),$$

so ergibt sich eine Exponentialverteilung für die Lebensdauer:

$$(2.2) \qquad L(t) = \lambda e^{-\lambda t}.$$

λ heißt hier die Ausfallrate des Systems.

Die Zuverlässigkeit $Z(t)$ des Systems ist dann definiert als die
Wahrscheinlichkeit dafür, daß das System im Zeitraum $[0,t]$ arbeitet, d.h. daß die Lebensdauer größer als t ist:

$$(2.3) \qquad Z(t) = \int_t^\infty L(\tau) d\tau.$$

Für exponentialverteilte Lebensdauer ergibt sich:

$$(2.4) \qquad Z(t) = \int_t^\infty \lambda e^{-\lambda \tau} d\tau = e^{-\lambda t}.$$

Zur Bestimmung der Zuverlässigkeit eines komplexen Systems wählt
man eine Zerlegung in stochastisch unabhängige Teilsysteme, deren
Zuverlässigkeit bekannt ist, und berechnet daraus die Zuverlässigkeit des Gesamtsystems. Dabei sind Methoden der Graphentheorie,
der Booleschen Algebra und der Mathematischen Logik von großem
Nutzen.
In der Praxis liegen zwei Grundtypen von Aufgaben vor:

(1) Es ist die Zuverlässigkeit eines Systems zu maximieren, so
     daß die Kosten (für die Entwicklung und Erstellung) des
     Systems kleiner oder gleich einer oberen Schranke sind.

(2) Es sind die Kosten eines Systems bei vorgegebener Zuverläs-
     sigkeit für das System zu minimieren.

Die Problemstellung vom Typ (1) führt dann beispielsweise dazu,
daß die Zuverlässigkeit für die einzelnen Teilsysteme (Moduln)

maximiert werden muß, d.h. man hat für jeden Modul die Zuverlässigkeit der Elemente sowie die Anzahl der parallel geschalteten
Elemente so festzulegen, daß die Zuverlässigkeit des Systems maximal wird. Sei die Zuverlässigkeit des Systems für eine gegebene
Anordnung der Moduln 1,...,n im System gegeben durch

$$(2.5) \qquad \psi(d_1,\ldots,d_n) = \psi(r_1(d_1),\ldots,r_n(d_n)),$$

wobei $r_i(d_i)$ die Zuverlässigkeit von Modul i bei den Kosten d_i
ist, so erhält man ein Optimierungsproblem von der Form

$$(2.6) \qquad \text{Maximiere } \psi(d_1,\ldots,d_n)$$
$$\text{unter der Nebenbedingung}$$
$$\sum_{i=1}^{n} d_i \leq K.$$

Dieses Optimierungsproblem kann mit Hilfe der dynamischen Programmierung gelöst werden (vgl. W. EBERLE [2]).

Im Rahmen des zweiten Aufgabentyps ergibt sich als wichtiger Punkt
die Überprüfung einzelner Komponenten des Systems, ob sie den geforderten Zuverlässigkeitsansprüchen genügen. Für Elemente mit
exponentieller Lebensdauerverteilung geben dazu beispielsweise
EPSTEIN [3] und BELJAJEW [1] statistische Methoden für die üblichen Versuchspläne. Dabei stellt sich dann die Aufgabe der Minimierung der Experimentkosten bei Einhaltung einer vorgegebenen
Mindestgüte der statistischen Aussage.
Für die Prüfung der Zuverlässigkeit von Elementen betrachtet man
Experimente, die nach verschiedenen Versuchsplänen (n,δ,a) durchgeführt werden: Es werden n Elemente geprüft; während des Experi-
ments ausgefallene Elemente werden erneuert $(\delta=1)$ bzw. nicht erneuert $(\delta=0)$; das Experiment wird nach einer vorgegebenen Abbruch-
regel a (Experimentdauer, Anzahl der Ausfälle,...) beendet. Seien
$K(n,\delta,a)$ die Kosten für die Durchführung des Versuchsplanes
(n,δ,a) und sei $G(n,\delta,a)$ ein Maß für die statistische Genauigkeit, so ergibt sich folgendes Optimierungsproblem:

$$(2.7) \qquad \text{Minimiere } K(n,\delta,a)$$
$$\text{unter der Nebenbedingung}$$
$$G(n,\delta,a) \geq C$$

wobei C die geforderte Genauigkeit ist.

Für Elemente mit exponentieller Lebensdauerverteilung gibt
SELLINSCHEGG [10] Lösungen für Teilklassen von Versuchsplänen.
Die dort verwendeten Tests sind Alternativtests, Parameterbe-
reichs- und Parameterpunktschätzungen.

3. Das Problem der optimalen Zuteilung von Studienplätzen

Wegen der großen Abiturientenzahlen und der begrenzten Studien-
plätze, kann nicht jeder Abiturient das Fach seiner Wahl studieren. Bei diesen Gegebenheiten verfährt man so, daß die
Studenten nach den vorhandenen Plätzen aufgeteilt werden. Die
Frage ist, wie soll die Aufteilung erfolgen. Man wird zunächst
versuchen, kombinatorisch vorzugehen. Leider ist es auch für
große Computer nicht einmal möglich, auf diese Art eine Aufteilung
für die Studenten des höheren Lehramtes zustande zu bringen. Dies
liegt weniger an der großen Studentenzahl als vielmehr an den
vielen Studienkombinationen. Es gilt daher ein Verfahren zu finden,
das diese Möglichkeiten reduziert, ohne einen Verlust an Information mit sich zu bringen. Ein solches Verfahren soll im folgenden
vorgestellt werden.

Zunächst sind bei der zu untersuchenden Universität die vorhandenen
Lehrkapazitäten für die einzelnen Fächer festzustellen. Von dieser
Kapazität ist ein großer Teil von vornherein aufgezehrt, gleichgültig wieviele Studenten in den einzelnen Fächern studieren. Man
denke etwa an Vorlesungen, die unabhängig von der Hörerzahl gehalten werden müssen. Diese Kapazitäten können wir von vornherein
von den vorhandenen abziehen. Wir bezeichnen die im i-ten Fach
dann noch verbleibende Lehrkapazität mit L_i ($L_i \geq 0$).

Auf der anderen Seite müssen wir feststellen, welche Anforderungen
ein Studiengang p an die Universität stellt. Diese fassen wir in
den Curricularfaktoren $c_i^p \geq 0$ zusammen, die angeben, welche Kapazitäten vom i-ten Fach für den p-ten Studiengang erforderlich
sind. Jede Verteilung $Z = (z^1,\ldots,z^n)$ der Studenten auf die n

Studiengänge ergibt somit eine erforderliche Lehrkapazität der
Universität.

Wenn man also von fest vorgegebenen Kapazitäten ausgeht, so erhält man damit eine Beschränkung der möglichen Studentenzahlen
durch die Ungleichungen

$$(3.1) \qquad L_i \geq \sum_p c_i^p \, z^p$$

Nun ist natürlich nicht jeder Zustand, der die obigen Nebenbedingungen erfüllt, befriedigend. Man muß vielmehr versuchen, die
Universität so auszulasten, daß möglichst viele Studenten ausge-
bildet werden können. Doch wäre das alleinige Maximieren der Studentenzahl wohl kaum der richtige Weg, eine vernünftige Hochschul-
politik zu treiben. Bei dieser Strategie kämen dann nämlich nur
jene Fächer zum Zuge, die wenig Anforderungen an die Lehrkapazität
stellen. Um diese Unterschiede auszugleichen, muß man also in der
Zielfunktion die Studentenzahlen im p-ten Studiengang mit der
Gesamtkapazität gewichten, die dieser von der Universität verlangt.
Wir werden also sinnvollerweise folgende Funktion maximieren:

$$(3.2) \qquad S(Z) = \sum_p c^p \, z^p$$

wobei $c^p = \sum_i c_i^p$ die im p-ten Studiengang erforderliche Gesamtkapazität angibt.

Das so erzielte lineare Programm hat nun leider den Nachteil, daß
durch die übergroße Zahl an Studiengängen das Optimum nicht berechenbar ist. Um diese Schwierigkeit zu umgehen, vergröbern wir
unser Modell dadurch, daß wir die Studenten jetzt jeweils nach
ihren Hauptfächern einteilen und jeden Studiengang als Variante
des zugehörigen Hauptfaches auffassen. Wir erhalten also zu jedem
Fach p eine Menge $V(p)$ der zugehörigen Varianten. Die neuen Zustände schreiben sich daher

$$(3.3) \qquad Z = (z_v^p) \quad \text{wobei} \quad v \epsilon V(p)$$

Das lineare Programm sieht dann umgeschrieben folgendermaßen aus:

$$(3.4) \qquad \max S(Z) = \sum c^{p,v} \, z_v^p$$

unter der Nebenbedingung

$$L_i \geq \sum_p \sum_{v \in V(p)} c_i^{p,v} z_v^p \,,$$

wenn $c_i^{p,v}$ die Anforderung an das i-te Fach von der Variante v des p-ten Studienganges angibt.

Wir setzen nun gewisse "Grobzustände" fest durch die Größen

$$X^p = \sum_{v \in V(p)} z_v^p \,.$$

Mit Hilfe zweier Ergebnisse von H. KÖNIG [6], die auf dem Satz von HAHN-BANACH beruhen, erhält man für diese Grobzustände folgende Äquivalenz:

$X = (X^p)_p$ ist zulässiger Grobzustand

$$\Longleftrightarrow \sum_{i \in I} \tau_i L_i \geq \sum_p \min_{v \in V(p)} (\sum \tau_i c_i^{p,v}) X^p \qquad \text{für alle } \tau_i \geq 0.$$

Durch Suche von Extremalpunkten kann man dabei die obigen Nebenbedingungen auf endlich viele reduzieren. Ferner liefern diese Sätze gewisse Faktoren $\alpha^p(v)$, die angeben, welcher Bruchteil der Studenten mit Hauptfach p die Variante v bei dem zulässigen Grobzustand X studieren kann.

Das obige Verfahren gibt also eine Möglichkeit, sehr viel geringere Anzahlen von Studiengängen zu berücksichtigen. Hat man das Optimum von

$$(3.5) \qquad \sum_p c^p X^p$$

gefunden, so kann man aus den zugehörigen Bruchteilen $\alpha^p(v)$ die genaue Verteilung der Studenten mittels der Formel

$$(3.6) \qquad z^p(v) = X^p \cdot \alpha^p(v)$$

errechnen. Nach obigem Verfahren sind bisher nur für einzelne Fakultäten Auslastungen berechnet worden (Mündliche Mitteilung von H. KÖNIG).

Das Verfahren ist jedoch darauf zugeschnitten, die Studienplatzverteilung für größere Einheiten zu ermitteln. Für exakte Details des obigen Verfahrens verweisen wir auf H. KÖNIG [7].

4. Umweltverschmutzung

Zum Abschluß soll ein Problem der optimalen Steuerung von Fabrik-
anlagen bei Berücksichtigung von Schadstoffemissionsgrenzen betrachtet werden [4], an dem der Nutzen von Weiterentwicklungen der
theoretischen Grundlagen besonders klar zu erkennen ist. Dies
gilt insbesondere dann, wenn Vereinfachungen vermieden werden
sollen, die die Struktur des Problems verfälschen.

In einem Kontrollgebiet T seien n Firmen i, i=1,...,n,tätig, die
einen Schadstoff (z.B.: SO_2,CO,...) emittieren. Wir nehmen an, daß
die Konzentration [5] im Ort $t \varepsilon T$, die durch die Firma i bewirkt wird,
proportional sei zur Intensität ξ_i, mit der die Firma i ihre
Produktion betreibt, und bei Intensität 1 gegeben sei durch $u_i(t)$:
$u_i: T \to \mathbb{R}_+$ mit

(4.1) $u_i(t)$ Schadstoffkonzentration bewirkt von Firma i bei
                     Intensität 1 im Ort t. [6]

Damit erhalten wir die Gesamtkonzentration $u(t;\xi_1,...,\xi_n)$ im Ort t
durch

(4.2) $$u(t;\xi_1,...,\xi_n) = \sum_{i=1}^{n} \xi_i u_i(t).$$

Um Gesundheitschäden der Bevölkerung und eine Zerstörung des öko-
logischen Gleichgewichtes der Natur zu vermeiden, ist es notwendig,
Schwellwerte für die Konzentration des Schadstoffes festzulegen.
Diese Höchstkonzentrationen werden an den einzelnen Orten $t \varepsilon T$ sicherlich unterschiedlich sein. So unterscheidet man jetzt schon
zwischen Schwellwerten am Arbeitsplatz und in Wohngebieten. Eine
weitere Differenzierung erscheint sinnvoll. Sei nun für jeden
Ort $t \varepsilon T$ $\phi(t)$ eine obere Grenze für die Schadstoffkonzentration

---

4)   vgl. GUSTAFSON-KORTANEK [4]

5)   Bei der Berücksichtigung verschiedener Schadstoffe kann das
      Verfahren entsprechend erweitert werden.

6)   Diese Funktionen werden in der Praxis noch von der vorliegen-
      den Witterungslage abhängen. Im folgenden wird angenommen,
      daß diese konstant ist.

im Ort t, so erhalten wir die Menge der möglichen Intensitäten $(\xi_1,\ldots,\xi_n)$, mit denen die Firmen betrieben werden können, durch das System von Ungleichungen:

$$(4.3) \qquad \forall\, t\epsilon T: \sum_{i=1}^{n} \xi_i u_i(t) \leq \phi(t)$$

$$\forall\, i=1,\ldots,n: \xi_i \geq 0 \; .$$

Man wird nun versuchen, die Intensitäten so festzulegen, daß der soziale Nutzen (z.B.: Anteil am Bruttosozialprodukt, Anzahl der Arbeitsplätze,...), den die Firmen insgesamt erbringen, maximal wird. Geht man davon aus, daß der Beitrag, den die Firma i leistet, proportional ist zur Intensität, mit Proportionalitätsfaktor c_i für die Firma i, so erhält man das folgende Optimierungsproblem

$$(4.4) \qquad \text{Maximiere} \sum_{i=1}^{n} c_i \xi_i$$

$$\text{unter der Nebenbedingung}$$

$$\forall\, t\epsilon T: \sum_{i=1}^{n} \xi_i u_i(t) \leq \phi(t) ,$$

$$\forall\, i=1,\ldots,n: \xi_i \geq 0 \; .$$

Die mathematische Behandlung dieser sehr konkreten Problemstellung hat also zu einem Problem der semi-infiniten Optimierung [7] geführt, d.h. man hat eine Funktion mit endlich vielen Variablen zu maximieren bei Einhaltung unendlich vieler Nebenbedingungen.

Eine elegante Lösung hierfür liefert die rein formale Methode des Dualisierens [8]:

Sei $u^*: C^*(T) \rightarrow \mathbb{R}^n$ [9] die zu $u: \mathbb{R}^n \rightarrow C(T)$ mit $u(\xi_1,\ldots,\xi_n)(t) = u(t;\xi_1,\ldots,\xi_n)$ adjungierte Abbildung, so ergibt sich als duales Problem zu (4.4):

---

7) Bei schwächeren Annahmen wird dieses Problem unter Umständen nichtlinear sein.

8) Für nähere Details siehe z.B. LUENBERGER [8].

9) C(T) sei hier ein linearer Raum von reellwertigen Funktionen mit u_i, $\phi \epsilon C(T)$ auf T. So ist je nach den speziellen Gegebenheiten des Problems C(T) der Raum der stetigen, stetig differenzierbaren bzw. integrierbaren Funktionen, $C^*(T)$ sei der Dualraum von C(T).

(4.5)   Minimiere $\langle \phi, \eta \rangle$
unter der Nebenbedingung
$$\bigvee i=1,\ldots,n: \; (u^*(\eta))_i \geq c_i$$
$$\eta \geq 0 \;\; (\text{bzgl. der natürlichen Ordnung in } C^*(T)).$$

Die Optimalwerte von (4.4) und (4.5) stimmen überein, wenn das duale Problem die KREINbedingung erfüllt.

Zur Berechnung von Lösungen dieses Problems werden Ergebnisse der Theorie von Funktionenräumen und ihren Dualräumen benötigt, die in der Funktionalanalysis behandelt werden. So ist der Dualraum zum Raum der stetigen Funktionen isomorph zum Raum der Funktionen mit beschränkter Variation, der Dualraum des Raumes der integrierbaren Funktionen isomorph zum Raum der endlich additiven Maße.

Literaturverzeichnis:

[1]   BELJAJEW, I.K., GNEDENKO, B.W., SOLOWJEW, A.D.:
Mathematische Methoden der Zuverlässigkeitstheorie.
Berlin 1965.

[2]   EBERLE, W.:
Aufteilen von Verhaltensforderungen bei wartbaren
Systemen. UW-81-71 Messerschmitt-Bölkow-Blohm GmbH.,
München 1971.

[3]   EPSTEIN, B.:
Statistical Techniques in Life Testing. PB 171580,
1961.

[4]   GUSTAFSON, S.Å.; KORTANEK, K.O.:
Nonlinear Systems in Semi-infinite Programming.
Technical Report # 3,1972. Carnegie Mellon University, Pittsburg, Pennsylvania.

[5]   HÄFELE, W. et al.:
Einführung in Methoden und Probleme der Zuverlässigkeit. Seminar am Kernforschungszentrum Karlsruhe
1972/73. KFK-Bericht, Nr. 1811.

[6]   KÖNIG, H.:
Sublineare Funktionale. Archiv der Mathematik, Vol.
XXIII, 1972, S. 500-508.

[7]   KÖNIG, H.:
Das Problem der Aufnahmekapazitäten für Doppelfachstudenten. In Vorbereitung.

[8]   LUENBERGER, D.G.:
Optimization by Vector Space Methods. New York-London-Sidney-Toronto 1969.

[9]   SEILER, G.:
Investitionsprobleme der kommunalen Investitionsplanung. In der Reihe: Schriften zur wirtschaftswissenschaftlichen Forschung, Bd. 66, Verlag Anton
Hain, Meisenheim 1973.

[10]   SELLINGSCHEGG, D.:
Zur Bestimmung optimaler Pläne für Lebensdauerexperimente von Elementen mit exponentieller Lebensdauerverteilung. Dissertation, Karlsruhe, 1974.

Mathematische Optimierung

Optimierung in funktionalanalytischer Sicht
(Übersichtsvortrag)
P. Kosmol, Kiel

In diesem Vortrag soll demonstrie.. werden, daß die Sprache
der Funktionalanalysis eine natür....he und einheitliche Darstellung vieler optimierungstheoretischer Fragen erlaubt. Da
die in der Optimierungstheorie behandelten Objekte sehr oft
Funktionen sind, kann man sie als Elemente eines Vektorraums
auffassen und damit eine algebraische Struktur gewinnen. Begriffe wie Abstand, Stetigkeit, Konvergenz erfordern jedoch
eine topologische Struktur. Da die normierten Räume beide Strukturen besitzen, ist es kein Zufall, daß sie eine breite Anwendung in der Optimierungstheorie gefunden haben.

Der Begriff des Vektorraumes erlaubt uns zusätzlich die geometrische Interpretation der Probleme. Die analytische Auswertung
der geometrischen Anschauung führt dann in vielen Fällen zur
Lösung der gestellten Probleme.

Die Identifizierung der linearen Funktionale mit Hyperebenen
läßt bereits bei der linearen Optimierung

$$\min (c,x)$$
$$Ax \geq b$$
$$x \in \mathbb{R}^n, \quad c \in (\mathbb{R}^n)^* = \mathbb{R}^n, \quad b \in \mathbb{R}^m$$

(1)

die Lösungen als Stützpunkte der Restriktionsmenge und der durch
c bestimmten und entsprechend verschobenen Hyperebene erkennen.
Sie ist auch die geometrische Grundanschauung bei Dualitätssätzen
und führte bei der konvexen Optimierung zu dem Begriff der konjugierten Funktion.

Die Aufgabe der konvexen Optimierung lautet:

$$\inf_{x \in X} \left\{ f(x) - g(x) \right\}$$
$$f, -g: X \longrightarrow \overline{\mathbb{R}} \quad \text{konvex.}$$

(2)

Aufgaben derart

$$\inf \left\{ \, f(x) \mid x \in C \,, \quad C\text{-konvex} \right\}$$

werden auf die Gestalt (2) zurückgeführt, indem man

$$g(x) := \begin{cases} 0 & \text{für } x \in C \\ -\infty & \text{sonst} \end{cases}$$

setzt.

Dem Dualitätssatz von Fenchel liegt eine einfache geometrische Anschauung zugrunde (s. [3],[5]).

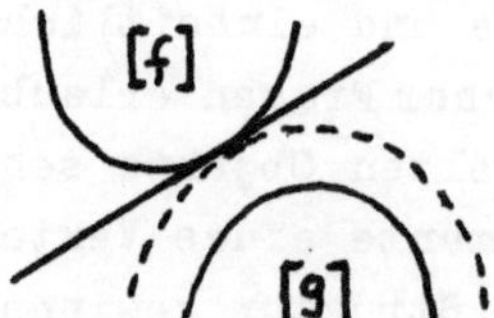

Man verschiebt den Hypographen $[g] := \left\{ (x,r) \in X \times \mathbb{R} \mid r \le g(x) \right\}$ von g so lange, bis dieser den Epigraphen $[f] = \left\{ (x,r) \in X \times \mathbb{R} \mid r \ge f(x) \right\}$ von f stützt und trennt die beiden Mengen mit einer Hyperebene. Die Lösungen sind dann durch die Stützpunkte bestimmt. Man kann hier also auch umgekehrt vorgehen: Statt der Lösungen suche man hier die entsprechende Hyperebene.

Um die Existenz einer nicht senkrechten trennenden Hyperebene sicherzustellen, werden Stetigkeitsvoraussetzungen von f bzw. g getroffen, wobei die Topologie auf X durch die Einführung einer Norm in X gegeben ist.

Die analytische Formulierung des Sachverhalts ist dann der Dualitätssatz von Fenchel, der besagt

$$\inf_{x \in X} \left\{ f(x) - g(x) \right\} = \max_{x^* \in X^*} \left\{ f^*(x^*) - g^*(x^*) \right\},$$

wobei x^* ein stetiges lineares Funktional (bzw. abgeschlossene Hyperebene) auf X und f^* die konjugierte Funktion bedeutet.

Dabei entspricht das Bilden der konjugierten Funktion f^* dem folgenden Vorgang:

Es ist ein Epigraph einer Funktion f gegeben und eine Hyperebene x^*. Man verschiebt die Hyperebene so lange, bis diese den Epigraphen stützt. Der Schnittpunkt der Stützhyperebene mit der

$\mathbb{R}$-Achse ist dann der Wert der konjugierten Funktion an der Stelle x^*. Da der Trennungssatz von Mazur in lokalkonvexen Räumen gilt, konnte man diese Aussage auf lokalkonvexe Räume übertragen.

Die Dualitätssätze werden jedoch erst mit der Kenntnis der Dualräume mit Leben erfüllt. Aber da die Beschreibung der Dualräume eine der zentralen Fragestellungen der Funktionalanalysis ist, konnte man die hier gewonnenen Erkenntnisse auf die optimierungstheoretischen Fragen anwenden. Manchmal führen die dualen Aufgaben zu bereits bekannten Fragestellungen.

Das soll jetzt am Beispiel der semi-infiniten Optimierung illustriert werden (s. $\lfloor 4 \rfloor$).
Die duale Aufgabe zu (1) lautet:

$$\max \ (b,y)$$
$$A^*y \geq c \ , \ y \geq 0 \ ,$$

wobei $y \in (\mathbb{R}^m)^* = \mathbb{R}^m$ und A^* die Transponierte Matrix von A ist. Mit dem Begriff des adjungierten Operators A^* von A $((x,A^*y) := = (Ax,y))$ läßt sich dies auf unendlichdimensionale geordnete Vektorräume erstmal formal erweitern. Die Aufgaben

$$P. \qquad \text{Inf} \ (c,x)$$
$$R. \qquad Ax \underset{K}{\geq} b \quad ,$$

wobei X ein normierter Raum, Y ein geordneter normierter Raum, $A: X \longrightarrow Y$ ein stetiger linearer Operator, $x \in X$, $b \in Y$ und $c \in X^*$ (Dualraum von X), und

$$D. \qquad \text{sup} \ (b,y^*)$$
$$R^*. \qquad \begin{aligned} A^*y^* &= c \\ y^* &\underset{K^*}{\geq} 0 \end{aligned}$$

sind zueinander dual. Hier ist das Zeichen $\underset{K}{\leq}$ als eine Halbordnung in Y zu verstehen, die durch die Auszeichnung eines konvexen Kegels K in Y gegeben ist ($K^* \subseteq Y^*$ bezeichnet den dualen

Kegel von K).

Das formale Rechnen ergibt

$$(c,x) = (A^*y^*,x) = (y^*,Ax) \geq (b,y^*)$$

und damit

$$(3) \qquad \inf_{x \in R}\,(c,x) \;\geq\; \sup_{y^* \in R^*}\,(b,y^*)$$

(Schwacher Dualitätssatz).

Ist X oder Y endlichdimensional, so spricht man hier von der
semi-infiniten Optimierung. In einigen Fällen gelingt es mit
Hilfe des Trennungssatzes auch, die Gleichheit in (3) nachzuweisen (Starker Dualitätssatz).

Das ist der Fall, wenn man z.B. einen kompakten Raum T wählt
und Y als den Raum C(T) der stetigen Funktionen auf T und $X = \mathbb{R}^n$
bestimmt. Erfüllen die Funktionen $u_1,\ldots,u_{n+1} \in C(T)$ die Krein-
Bedingung (d.h. es existiert ein $a = (a_1,\ldots,a_{n+1}) \in \mathbb{R}^{n+1}$ mit
$\sum_{i=1}^{n+1} a_i u_i(t) > 0$ für alle $t \in T$) , so gilt für die folgenden Aufgaben der starke Dualitätssatz.

$$P: \qquad \min\,(c,x)$$
$$(Ax)(t) = \sum_{i=1}^{n} x_i u_i(t) \leq u_{n+1}(t) \qquad \text{für alle } t \in T ,$$

wobei $x,c \in \mathbb{R}^n$;

$$D: \qquad \max_{\mu} \quad \int_T u_{n+1}\,d\mu$$
$$\int_T u_i\,d\mu \;=\; c_i$$

und wobei μ ein positives Radonsches Maß bedeutet.

Hier erweist sich die duale Aufgabe als das der Statistik bekannte
Momenten-Problem. Die duale Aufgabe ist hier insofern leichter zu
behandeln, indem man zeigt, daß es genügt, nur Maße mit (n+1) -
Trägerpunkten zu betrachten.

Da man die Čebyšew-Approximation als ein Problem vom Typ P
ansehen kann, erweist sich hier die Menge der Trägerpunkte als
die Čebyšewsche-Alternante, deren Existenz die Grundlage des
Remez-Algorithmus ist.

Jetzt betrachten wir die Methode der Lagrange-Multiplikatoren
die restringierte Aufgaben auf Aufgaben ohne Restriktionen überführt und die der Hauptansatz bei dem Satz von Kuhn-Tucker ist.

Sei X ein Vektorraum, Z ein geordneter normierter Raum und die
Abbildungen f: X $\longrightarrow$ $\mathbb{R}$; T: X $\longrightarrow$ Z konvex.
Bei entsprechenden Regularitätsbedingungen gilt

$$(4) \quad \inf_{Tx \leq 0} f(x) = \inf_{x \in X} \left\{ f(x) + < \lambda^*, Tx > \right\} ,$$

wobei der Lagrange-Vektor λ^* als ein Element des Dualraumes von
Z zu deuten ist.

Durch die Erweiterung des Ansatzes auf normierte Räume konnte man
die Fragestellungen der Kontrolltheorie, die sich ursprünglich
aus der Variationstheorie und der Theorie der Differentialgleichungen entwickelt hat, unter einen Hut mit den anderen Optimierungsaufgaben bringen (s. [5]).
Von besonderer Tragweite in der Optimierungstheorie ist die Erwei-
terung des Differentialkalküls auf normierte Räume zu erwähnen.
Hier sind die Tangenten durch die Tangentialhyperebenen zu ersetzen, und die wiederum sind durch die Fréchét (bzw. Gâteaux) -
Differentiale bestimmt.
Sind die Funktionen f und T in (4) differenzierbar, so wird die
Bestimmung der Minimallösungen auf das Lösen von Gleichungssystemen
zurückgeführt.
Bei den Aussagen der Optimierungstheorie kann man zwei wichtige
Gruppen erkennen.
In der einen profitiert man von Konvexitätsstrukturen wie z.B.
bei der linearen Optimierung, und in der anderen von der Annahme
gewisser Differenzierbarkeitseigenschaften.

Als einen Versuch, die beiden Ansätze einheitlich zu behandeln,
kann man die Technik der Subgradienten ansehen.
So wie die Gradienten den Tangentialhyperebenen, so entsprechen
die Subgradienten den Stützhyperebenen (s. [3],[7]).

Selbstverständlich sind durch die funktionalanalytische Formulierung die konkreten Probleme noch lange nicht gelöst, aber das
Erkennen der jeweiligen Struktur erlaubt ein zielgerichtetes Vorgehen.

Die Anwendbarkeit der mathematischen Modelle in der Wirtschaftstheorie ist von der Stabilität, d.h. der Abhängigkeit der Lösungen von einer Änderung der Daten des Optimierungsproblems, sehr
abhängig.

Schematisch:

$$\text{Daten} \longrightarrow \text{mathematisches Modell} \longrightarrow \text{Ergebnis}$$

Da die Stabilität der Stetigkeit der zusammengesetzten Abbildung
in irgendeinem Sinne entspricht, führt das zu einem funktionalanalytischen Problem, das auch immer stärkere Beachtung findet.

Man soll es aber betonen, daß nicht nur die Ökonomie von der
Mathematik befruchtet und weiter entwickelt wird, sondernauch
umgekehrt. So wie manche mathematischen Theorien durch die intui-
tiven Vorstellungen aus der Physik belebt werden, gibt es jetzt
einige, die ihre Motivationen und belebenden Anregungen aus der
Ökonomie beziehen. Zu jenen gehört auch die Funktionalanalysis.

Literaturverzeichnis:

[1]   Beltrami, E.J.:   An algorithmic approach to nonlinear
                              analysis and optimization.
                              Academic Press, New York 1970.

[2]   Gressner,P.,K.Spreman: Optimierung in Funktionenräumen.
                              Lect.Notes in Econom. and Math.Syst.
                              Vol.64, Sppinger-Verlag 1972.

[3]   Holmes, R.B.:   A Course on Optimization and best
                              Approximation; Lecture Notes in Math.
                              257, Springer-Verlag 1972.

[4]   Karlin, S., and W.J.Studden: Tchebycheff systems with
                           applications in analysis and
                           statistics. J.Wiley, New York 1966.

[5]   Luenberger, D.G.:   Optimization by Vector Space Methods.
                           J.Wiley, New York 1969.

[6]   Luenberger, D.G.:   Introduction to linear and nonlinear
                           Programming. Addison-Wesley Reading,
                           Mass. 1973.

[7]   Pschenitschny, B.N.: Notwendige Optimalitätsbedingungen.
                           Oldenbourg-Verlag, München,Wien 1972.

Geometrisches Optimieren – eine Übersicht
(Übersichtsvortrag)
O. Krafft, Hamburg

Summary. This is a (non-exhaustive) survey on the theory of geometric programming. In the first part the prototype geometric program is presented together with its dual. The second part deals
with recent trends in the development of the theory, namely im-
bedding the theory in more general theories and generalizations of
the theory toward a setting with a wider spectrum of applications
(algebraic geometric programming).

Die Theorie der geometrischen Optimierung (GO) hat ihren Ausgangspunkt in Untersuchungen von Zener über Optimierungsprobleme bzgl.
technischer Versuchseinrichtungen im Jahre 1961. In Zusammenarbeit
mit Duffin und Peterson wurde die Theorie rasch ausgebaut. Sie
lieferte eine Fülle interessanter Resultate, die zusammen mit
einigen nicht-trivialen Anwendungsbeispielen im Jahre 1967 in
Buchform [1] veröffentlicht wurden. Mittlerweile wurde in einer
großen Zahl von Arbeiten die Theorie in verschiedenen Richtungen
erweitert; ihre Anwendungsmöglichkeiten sind wegen dieses rapiden
Fortschritts wohl noch nicht in ihrer ganzen Breite erkannt. Ziel
dieser Übersicht ist es, in groben Zügen die Haupttrends in der
Entwicklung darzustellen und damit vielleicht den einen oder anderen, der es in der Praxis mit Optimierungsproblemen zu tun hat,
anzuregen, die Theorie der GO zu berücksichtigen.

1. Der Prototyp einer GO-Aufgabe.
Geometrisches Optimieren - eine
weniger irreführende Bezeichnung wäre nach einer Anregung von
L.Collatz vielleicht posinomische Optimierung - ist ein Teilge-
biet der nichtlinearen Optimierung, das noch so speziell ist, daß
es relativ einfache Rechenverfahren zuläßt, auf der anderen Seite
so allgemein, daß es ein weit über die Theorie des linearen Opti-

mierens hinausgehendes Spektrum von Anwendungsmöglichkeiten bietet.

Grundlage von GO-Aufgaben sind Posinomfunktionen; das sind Funktionen $g(t)$: $R^m \rightarrow \mathbb{R}^1_+$ der Form

$$g(t) = \sum_{i=1}^{l} c_i \prod_{j=1}^{m} t_j^{a_{ij}}, \quad c_i \in \mathbb{R}^1_+, \quad a_{ij} \in \mathbb{R}^1, \quad 1 \leq i \leq l, 1 \leq j \leq m.$$

Die Ausdrücke $u_i(t) := c_i \prod_{j=1}^{m} t_j^{a_{ij}}$ heißen Terme des Posinoms $g(t)$.

Der Prototyp einer GO-Aufgabe hat die folgende Gestalt:

$$g_o(t) = \min$$

unter den Nebenbedingungen

$$g_k(t) \leq 1, \quad 1 \leq k \leq p,$$
$$t_j > o, \quad 1 \leq j \leq m.$$

Hierbei sind die g_k, $o \leq k \leq p$, Posinome mit festen (und i.a. als bekannt angenommen) Koeffizienten $c_i^{(k)}$ und $a_{ij}^{(k)}$ und mit beliebiger, aber endlicher, Anzahl l_k von Termen. Es sei $n := \sum_{k=o}^{p} l_k$.

Einige Anmerkungen zu diesem Typ von Optimierungsaufgaben:

(1) Von Federovicz, vgl. [1], S.265 ff, wurde gezeigt, daß sich jede lineare Optimierungsaufgabe mit Hilfe einer Exponentialtransformation als GO-Aufgabe darstellen läßt.

(2) Der Prototyp einer GO-Aufgabe ist i.a. keine konvexe Optimierungsaufgabe. Durch eine exponentielle Variablentransformation wird sie jedoch zu einer konvexen Optimierungsaufgabe, vgl. [1], S.82 f und S.117 f.

(3) Jede GO-Aufgabe, die eine optimale Lösung besitzt, läßt sich so formulieren, daß die Exponentenmatrix (a_{ij}), $1 \leq i \leq n$, $1 \leq j \leq m$, den Rang m hat mit m<n. Die Zahl n-m-1 heißt Schwierigkeitsgrad des Problems, [1], S.82 f.

(4) Es existiert eine "schöne" Dualitätstheorie, welche die Sonderstellung der GO in der allgemeinen Optimierungstheorie erst begründet. Formal ergibt sich die duale Aufgabe wie folgt: Man ordne alle in den Posinomen g_k, $o \leq k \leq p$, auftretenden Terme u_i, $1 \leq i \leq n$, der Reihe nach an und zerlege die Menge $\{1, 2, \ldots, n\}$ so in Teilmengen A_k, daß

die zu g_k gehörenden Terme genau die Indizes aus A_k erhalten. Die
duale Aufgabe hat die Variablen $d_r, 1 \leq r \leq n$, und besitzt unter Verwendung der Abkürzung

$$\lambda_k(d) := \sum_{t \varepsilon A_k} d_t \quad \text{die Form}$$

$$v(d) = \left(\prod_{r=1}^{n} (c_r/d_r)^{d_r} \right) \prod_{k=1}^{p} \left[\lambda_k(d) \right]^{\lambda_k(d)} = \max$$

unter den Nebenbedingungen

$$\sum_{r=1}^{n} a_{rj} d_r = o, \quad 1 \leq j \leq m, \qquad \text{(Orthogonalitätsbedingungen)}$$

$$\sum_{t \varepsilon A_o} d_t = 1 \qquad \text{(Normalitätsbedingung)}$$

$$d_r \geq o, \quad 1 \leq r \leq n, \qquad \text{(Positivitätsbedingungen)}.$$

Primale und duale Aufgabe sind gekoppelt durch folgende Aussagen:
(i) Vergleichslemma. Für zulässige Lösungen t und d gilt:
$g_o(t) \geq v(d)$. (ii) Dualitätssatz. Gibt es ein zulässiges t_o und ein
$k_o, 1 \leq k_o \leq p$, mit $g_{k_o}(t_o) < 1$ und besitzt die primale Aufgabe eine op-

timale Lösung $t*$, so besitzt die duale Aufgabe eine optimale Lösung
$d*$ und es ist $g_o(t*) = v(d*)$.

Die für die Lösung von GO-Aufgaben wichtige Eigenschaft der dualen
Aufgabe ist, daß sie linear in den Nebenbedingungen ist und sich
damit wesentlich einfacher lösen läßt als die primale Aufgabe. Aus
der Lösung der dualen Aufgabe läßt sich aufgrund des Dualitätssat-
zes nicht nur der Wert der Zielfunktion der primalen Aufgabe im Optimum bestimmen sondern auch ein optimales $t*$, vgl. [25], S.70. Besonders einfache Verhältnisse ergeben sich bei Problemen mit Schwierigkeitsgrad Null. Hier besteht die Menge der zulässigen Lösungen der
dualen Aufgabe aus einem Punkt. Aus dem Dualitätssatz folgt dann,
daß $g_o(t*)$ allein von c_i und a_{ij} abhängt, so daß die Zielfunktion im
Optimum direkt in Abhängigkeit von den in das Problem eingehenden
Parametern studiert werden kann.
Schließlich sei noch die wesentliche Idee angedeutet, welche in sehr
eleganter Weise zur Dualitätstheorie von GO-Aufgaben führt. Vermöge

einer verallgemeinerten Ungleichung zwischen arithmetischem und
geometrischem Mittel (diese Ungleichung gab Anlaß zur Benennung
der hier behandelten Optimierungsaufgaben) und unter Verwendung der
Normalitätsbedingung ergibt sich für alle zulässigen t und $d \geq 0$

$$(1) \qquad g_o(t) \geq v(d) \prod_{j=1}^{m} t_j^{\sum_{r=1}^{n} a_{rj} d_r} \; .$$

Die auf der rechten Seite noch auftretenden Variablen t_j lassen
sich aufgrund der Orthogonalitätsbedingungen eliminieren, so daß
eine duale Aufgabe mit linearen Nebenbedingungen möglich wird.
Eine Darstellung der allgemeinen Theorie findet sich außer in [1]
auch in [24] und [2] .

2. Erweiterungen der Theorie. Im wesentlichen lassen sich bisher
zwei Hauptströmungen in der Theorie der GO unterscheiden: Einbet-
tungen der GO in allgemeinere nichtlineare Optimierungstheorien und
Erweiterungen des Anwendungsbereichs der Methode unter Beibehaltung
der Struktur und damit der Praktikabilität.

(2a) GO als Spezialfall allgemeinerer Theorien. Die Untersuchungen
laufen hier i.a. auf den Nachweis hinaus, daß sich Primal- und Dual-
aufgabe der GO durch Spezialisierung bestehender Dualitätstheorien für nichtlineare Optimierungsaufgaben erhalten lassen. Das ist
in [25],[23],[12] durchgeführt bzgl. auf Lagrange-Multiplikatoren
basierenden Dualitätstheorien für nichtlineare Optimierungsaufgaben im R^n, und in [10] und [14] bzgl. der Rockafellarschen bzw.
Dieterschen Dualitätstheorie für konvexe Optimierungsaufgaben, die
beide auf dem Begriff der konjugierten Funktionale aufbauen. Als
besonders interessant erscheint mir in diesem Zusammenhang eine umgekehrte Fragestellung, nämlich die Frage nach Optimierungsaufgaben,
deren duale linear in den Nebenbedingungen sind, wie es bei der GO
der Fall ist. In [20] ist eine derartige Klasse konvexer Optimierungsaufgaben angegeben.

(2b) Modifikationen der Theorie unter Beibehaltung der Struktur.

(2b1) Herleitung einer der Ungleichung (1) entsprechenden Ungleichung mit Hilfe anderer als der zwischen arithmetrischem und geometrischem Mittel und eine darauf aufbauende Dualitätstheorie. Ein
allgemeiner Typ von Ungleichungen, sogenannte abstrakte geometrische Ungleichungen, mit Hilfe derer sich die Theorie analog zu der
des Prototyps entwickeln läßt, ist bereits in [1] , Kap.7 angegeben.
Die Funktionen, welche in Zielfunktion und Nebenbedingungen der Optimierungsaufgabe eingehen, sind dann nicht notwendig Posinome.
(2b2) Erweiterungen bzgl. der Anzahl der ein Posinom bildenden Terme oder bzgl. der Anzahl der in einem Posinom vorkommenden Variablen sind meines Wissens bisher noch nicht durchgeführt worden. Diese würden im ersten Fall auf Optimierungsaufgaben hinauslaufen, in
den Funktionen der Form

$$h(t) = \int c(x) \prod_{j=1}^{m} t_j^{a_j(x)} \, dx$$

auftreten, im zweiten Fall auf Optimierungsaufgaben in Funktionenräumen, bei denen Posinome zu ersetzen wären durch "Posinale" der
Form

$$k[t] = \sum_{i=1}^{l} c_i \exp\{\int a_i(y) \log t(y) dy\}$$

mit t etwa aus dem L_2. Während Probleme der ersten Art sich analog
zur Standardtheorie unter Verwendung der Integralungleichung zwischen arithmetischem und geometrischem Mittel, vgl. [11], S.137,
behandeln zu lassen scheinen, wird man im zweiten Fall auf andere
Methoden zurückgreifen müssen, da die Kuhn-Tucker Theorie auf den
$\mathbb{R}^n$ zugeschnitten und damit nicht direkt anwendbar ist. Ein Beispiel
für das Auftreten einer derartigen Aufgabe ist in [15] angegeben.

Die im folgenden beschriebene Art der Erweiterung ist wohl die für
die Anwendungen wichtigste. Sie hat auch in der Literatur den brei-
testen Raum gefunden.
(2b3) Reverse GO-Aufgaben. Will man die GO bei praktischen Fragestellungen anwenden, so kommt man schnell zu einer natürlichen Be-
grenzung. Wegen der geforderten Positivität der Koeffizienten c_i
eines Posinoms kann man nämlich nur etwa Kosten minimieren, nicht
aber Differenzen von Ausgaben und Einnahmen, d.h. man kann keine

Gewinnmaximierungsaufgaben behandeln. In den Nebenbedingungen kann
man etwa nur den Input berücksichtigen, aber nicht Differenzen von
Output und Input. Zur Behandlung solcher Probleme wird man also
auch negative Koeffizienten c_i zulassen wollen oder allgemeiner ra-
tionale Funktionen von Posinomen. Derart verallgemeinerte GO-Aufgaben wurden unter der Bezeichnung komplementäre GO in [3] untersucht. Duffin und Peterson [9] haben bemerkt, daß sich derartige
Aufgaben umformen lassen zu einer endlichen Klasse von "signomi-
schen" Optimierungsaufgaben. Ein Signom ist dabei ein in der Weise
verallgemeinertes Posinom, daß beliebige reelle Koeffizienten c_i
zugelassen sind. Ferner läßt sich jede signomische Optimierungsaufgabe äquivalent umformen zu einer "reversen" GO-Aufgabe. Eine reverse GO-Aufgabe ist eine Prototyp GO-Aufgabe mit der Erweiterung, daß
in den Nebenbedingungen auch Ungleichungen der Form $g_k(t) \geq 1$ (reverse Ungleichungen) auftreten dürfen. Grundsätzlich reicht es also,
sich bei der Behandlung von Optimierungsaufgaben bzgl. rationaler
Funktionen von Posinomen auf reverse GO-Aufgaben zu beschränken.

Reverse GO-Aufgaben lassen sich zunächst formal wie der Prototyp
dualisieren mit dem Unterschied, daß in der Zielfunktion der dualen
Aufgabe auch Faktoren der Form $(c_r/d_r)^{-d_r}$ auftreten können. Diese
Tatsache führt aber zu beträchtlichen Unterschieden theoretischer
und rechentechnischer Natur. Deutlich wird das schon allein aus der
Tatsache, vgl. [9], Satz 3.1, daß der Logarithmus der Zielfunktion
$v(d)$ konkav in den Variablen ist, die den Nebenbedinungen der
Form $g_j(t) \leq 1$ zugeordnet sind, und konvex ist in den übrigen Variablen. Methoden der konvexen Optimierung führen also nicht direkt zur
Lösung des Problems; insbesondere gilt auch weder das Vergleichslemma noch ein Dualitätssatz.

In einer Reihe von Arbeiten, vgl. [6],[9],[3],[16],[5],[17],[7]
wird versucht, die auftretenden Schwierigkeiten approximativ zu
lösen. Die Methode ist dabei im wesentlichen dieselbe. Sie sei anhand der Arbeit [6] erläutert: Dem Posinom $g(t)$ wird ein Posinom
$g'(t,z)$, das sogenannte harmonische Inverse, zugeordnet.
Hierbei ist

$$g'(t,z) := \sum_{i=1}^{l} (z_i^2/u_i(t)), \quad z_i \in \mathbb{R}_+^1, \quad 1 \leq i \leq l, \quad \sum_{i=1}^{l} z_i = 1.$$

Wegen $(g(t))^{-1} \leq g'(t,z)$ für alle t,z läßt sich also in einer reversen GO-Aufgabe jedes Posinom, das in einer reversen Ungleichung vorkommt, so durch sein harmonisches Inverses ersetzen, daß man eine Prototyp GO-Aufgabe erhält und daß das Infimum der Zielfunktion der so erhaltenen GO-Aufgabe stets größer oder gleich dem gesuchten Infimum der reversen GO-Aufgabe ist. Im Zusammenhang mit dieser Methode ergeben sich folgende drei Problemkreise:

(I) Gewinnung und Untersuchung von Iterationsverfahren zur Lösung reverser GO-Aufgaben durch geeignete Wahl der Gewichte z.

(II) Untersuchung anderer Methoden der Invertierung eines Posinoms. Insbesondere sind neben dem harmonischen Mittel alle Invertierungsmethoden, die auf der Monotonie der sogenannten s-Mittel, vgl. [4], S.16 f,

$$M_s(x,z) := \left(\sum_{i=1}^{l} z_i x_i^s \right)^{1/s}; \quad x_i, z_i \in \mathbb{R}_+^1, \ 1 \leq i \leq l, \ \sum_{i=1}^{l} z_i = 1,$$

basieren, erfolgversprechend, [6], S.548.

(III) Untersuchung der Optimalitätseigenschaften von iterativ erhaltenen Lösungen. In der Regel erhält man sogenannte Gleichgewichtslösungen, die nur lokal optimal sind.

Die Fülle der in diesen drei Problemkreisen, die sich zum Teil überschneiden, enthaltenen offenen Fragen zeigt wohl sehr deutlich, daß die durch Duffin, Peterson und Zener entwickelte Theorie der GO eine Breite von Forschungstätigkeit aktivieren wird und bereits aktiviert hat, wie sie durch Dantzigs Arbeiten über lineare Optimierungsaufgaben eingeleitet worden ist.

Aus einigen Arbeiten, [19], [8], [18], [13], [21], die sich mit Nebenaspekten der GO beschäftigen und sich nicht in den in diesem Abschnitt entwickelten Rahmen einfügen lassen, sei zum Abschluß noch eine Aufgabe herausgegriffen, aufgrund deren der Verfasser auch ursprünglich sein Interesse an der GO gewann, nämlich van der Waerdens Permanenten Vermutung. Bezeichnet Δ_n die Menge der doppelt-stochastischen reellen nxn-Matrizen,

$$\Delta_n := \{ D = (d_{ij})_{1 \leq i,j \leq n} : \sum_{i=1}^{n} d_{ij} = 1 \ \forall j, \ \sum_{j=1}^{n} d_{ij} = 1 \ \forall i, d_{ij} \geq 0 \ \forall i,j \}$$

und
$$\sum_{\sigma} \prod_{i=1}^{n} d_{i\sigma(i)} = \text{per } D$$

die Permanente von D, wobei σ alle Permutationen von $(1,2,\ldots,n)$ durchläuft, so ist die bisher nur teilweise bewiesene Vermutung [22],[19]

$$\min \{\text{per } D : D \epsilon \Delta_n\} = n!/n^n.$$

Diese Optimierungsaufgabe ist im wesentlichen eine reverse GO-Aufgabe, zu deren Lösung vielleicht eines der erwähnten Iterationsverfahren führen könnte.

3. Literatur

[1]   R.J.Duffin, E.L.Peterson, C.Zener: Geometric Programming-
        Theory and Application, John Wiley, New York, 1967.

[2]   M.Avriel: Fundamentals of geometric programming, Proc.NATO
        Conf. on Appl. of Math.Programming, E.M.L.Beale, ed.

[3]   M.Avriel, A.C.Williams: Complementary geometric programming,
        SIAM J. Appl.Math. 19 (1970), 125-141.

[4]   E.F.Beckenbach, R.Bellman: Inequalities, Springer, Berlin 1965.

[5]   R.J.Duffin: Linearizing geometric programs,
        SIAM Review 12 (1970).

[6]   R.J.Duffin, E.L.Peterson: Reversed geometric programs treated
        by harmonic means, Ind.Univ.Math.Journ. 22 (1972),
        531-550.

[7]   R.J.Duffin, E.L.Peterson: The proximity of (algebraic) geo-
        metric programming to linear programming,
        Math.Programming 3 (1972), 250-253.

[8]   R.J.Duffin, E.L.Peterson: Geometric programs treated with
        slack variables, Applicable Analysis 2 (1972), 255-267.

[9]   R.J.Duffin, E.L.Peterson: Geometric programming with
        signomials, Journ.Opt.Theory and Appl. 11 (1973), 3-35.

[10] M.Hamala: Geometric programming in terms of conjugate func-
        tions, CORE Discussion paper no. 6811, (1968).

[11] G.H.Hardy, J.E.Littlewood, G.Polya: Inequalities,
        Cambridge University Press, Cambridge, 1959.

[12] J.Hartung: Dualität und Sattelpunkte, Op.Res.Verfahren 12
        (1971), 194-200.

[13] G.A.Kochenberger, R.E.D.Woolsey, B.A.McCarl: On the solution
     of geometric programs via separable programming,
     Op.Res.Quart. 24 (1973), 285-294.

[14] O.Krafft: Geometric programming as a special case of Dieter's
     optimality theory, Op.Res.Verfahren 8 (1969), 121-128.

[15] O.Krafft: Programming methods in statistics and probability
     theory, in: Nonlinear Programming; Rosen, Mangasarian,
     Ritter, eds., Academic Press, New York, 1970, 425-446.

[16] A.J.Morris: Approximation and complementary geometric program-
     ing, SIAM J. Appl. Math. 23 (1972), 527-531.

[17] L.D.Pascual, A.Ben-Israel: Constrained maximization of po-
     synomials by geometric programming,
     Jour.Opt.Th.Appls. 5 (1970), 73-80.

[18] L.D.Pascual, A.Ben-Israel: Vector-valued criteria in geo-
     metric programming, Op.Res. 19 (1971), 98-104.

[19] U.Passy: Nonlinear assignment problems treated by geometric
     programming, Op.Res. 19 (1971), 1675-1690.

[20] R.T.Rockafellar: Some convex programs whose duals are
     linearly contrained, in: Nonlinear Programming; Rosen,
     Mangasarian,Ritter, eds., Academic Press, New York, 1970,
     293-322.

[21] H.Theil: Substitution effects in geometric programming,
     Man.Sci. 19 (1972), 25-30.

[22] B.L.van der Waerden: "Aufgabe 45", Jahresber. Deutsche
     Math.Verein. 35 (1926), S. 117.

[23] W.Vogel: Dualitätsaussagen für nichtkonvexe Optimierungs-
     aufgaben, Op.Res.Verfahren 13 (1971), 394-415.

[24] D.J.Wilde, C.S.Beightler: Foundations of Optimization,
     Prentice Hall, Englewood Cliffs, 1967, pp. 99-133.

[25] W.I.Zangwill: Nonlinear Programming, Prentice Hall,
     Englewood Cliffs, 1969, 68-76.

Neuere Entwicklung auf dem Gebiet der stochastischen Programmierung
(Übersichtsvortrag)
H.-J. Zimmermann, Aachen

I. <u>Einleitung</u>

Die Vielzahl der Problemstellungen, die sich in der Form

$$\text{Max (Min)} \quad f(x_j)$$
$$\text{so daß} \quad g_i(x_j) \left\{ \leq = \geq \right\} b_i \tag{1}$$

beschreiben lassen, hat u.a. dazu geführt, daß die mathematische Programmierung, d.h. die Lösung von Aufgaben des Types (1), zu einem der umfangreichsten Gebiete des Operations Research entwickelt hat.

Die vorhandenen Lösungsmethoden für spezielle Strukturen des mathematischen Programmierens sind seit geraumer Zeit effizient genug, um auch bei der Lösung relativ großer praktischer Probleme Anwendung zu finden. Dies gilt besonders für das lineare Programmieren, dessen Problemstellung gewöhnlich wie folgt formuliert wird:

$$\text{Max} \quad Z = c'x$$
$$\text{so daß} \quad Ax \leq b$$
$$x \geq 0 \tag{2}$$

wobei A eine (m x n) Matrix, b ein m-Vektor und c und x n-Vektoren sind. Bezüglich der Komponenten von A, b und c wird gewöhnlich angenommen, daß es sich dabei um bekannte, feststehende Größen handele.

Lei der ist diese Annahme in vielen Fällen nicht gerechtfertigt: Die Koeffizienten beruhen auf mehr oder weniger verläßlichen Schätzungen, sind also mit Fehlern behaftet. Sie sind von problemexternen Faktoren abhängig oder sie verändern sich für den Problemlöser unkontrollierbar, also zufällig. Sie sind in vielen Fällen also keine deterministischen Größen sondern stochastische Variable, von denen man im günstigsten Falle die Wahrscheinlichkeitsverteilung oder auch nur spezielle Kennwerte, wie Mittelwert, Streuung oder obere und untere Grenzen kennt. Unter diesen Umständen sind die Problemformulierungen (1) oder (2) jedoch sinnlos. Zwei grundlegend verschiedene Auswege aus dieser Situation sind in der Vergangenheit beschritten worden:

(1) Man verzichtet darauf, das Problem (1) oder (2) als ein Entscheidungsproblem zu betrachten und _eine_ optimale Lösung zu bestimmen, sondern
man bestimmt die Verteilung der optimalen Werte der Zielfunktion in Abhängigkeit von den Verteilungen der Koeffizienten. Dies bezeichnet man
als das "Verteilungsproblem", den "wait-and-see"-Ansatz oder die
"passive" Lösung. Das Problem lautet dann:

Besti mme die Verteilungs funktion

$$F_z (\bar{z})$$

mit $\qquad \bar{z} = \text{Min } \bar{c}'x$ $\hspace{4cm}$ (3)

so daß $\qquad \bar{A}x = \bar{b}$

$\qquad\qquad x \geqq 0$

Wobei die Komponenten von $\bar{c}'$, $\bar{A}$ und $\bar{b}$ insgesamt oder teilweise stochastische Variable sind.

(2) Man formuliert für das stochastische Problem der Form (1) oder (2)
deterministische Ersatzprobleme, die meist nichtlineare Programmierungsprobleme sind und betrachtet deren optimale Lösung als die Lösung des
ursprünglichen Problems.

Die Formulierung geschah hierbei gewöhnlich als "Chance-Constrained
Problem" oder als "Kompensationsproblem".

a) _Chance-Constrained-Formulierung_

Als _Zielfunktion_ finden vor allem folgende vier Formen Verwendung:

1. die _Minimierung (Maximierung) des Erwartungswertes_ der Zielfunktion

d.h. $\qquad \text{Max } z = E(\bar{c}x)$ $\hspace{4cm}$ (4a)

2. die _Minimierung der Varianz_ des optimalen Wertes der Zielfunktion

d.h. $\qquad \text{Min } V(\bar{c}x)$ $\hspace{4cm}$ (4b)

3. die Minimierung (Maximierung) der Wahrscheinlichkeit, daß der
Zielfunktionswert eine bestimmte Schranke nicht über-(unter)schrei-
tet

d.h. $\qquad \text{Max } P(\bar{c}x \geq u)$ $\hspace{3.5cm}$ (4c)

4. die Minimierung einer α-Fraktile v für eine fest vorgegebene Wahrscheinlichkeit α unter der zusätzlichen Nebenbedingung

$$P(\bar{c}x \leqq v) \geqq \alpha \hspace{3cm} (4d)$$

Die gegebenen Nebenbedingungen müssen mit bestimmten Wahrscheinlichkeiten erfüllt werden, d.h.

entweder

$$P(\bar{A}x \leqq \bar{b}) \geqq \alpha$$

oder

$$P((\bar{A}x)_i \leqq \bar{b}_i) = \alpha_i$$

(5)

(vollständige Wahrscheinlichkeitsrestriktionen)

Die Nebenbedingungen können auch in den Wahrscheinlichkeiten verknüpft sein (bedingte Wahrscheinlichkeitsrestriktionen).

b) <u>Kompensations Formulierung</u>
(Zwei-Stufen-Formulierung)

Bei dieser Formulierung geht man davon aus , daß die Möglichkeit bestehe, Verletzungen der Nebenbedingungen nachträglich, d.h. in einer zweiten Entscheidungsstufe, zu "kompensieren". Die hierfür entstehenden "Strafkosten" werden Bestandteil der zu minimierenden Zielfunktion. Das Problem bekommt damit die Form

$$\text{Min}\quad E(\bar{c}'x + Q(x, \bar{A}, \bar{b}, W, q)$$

$$\text{so daß}\quad A_1 x = b_1$$
$$x \geqq 0$$

(6)

mit

$$Q(x, \bar{A}, \bar{b}; W, q) = \text{Min}\ \bar{q}'y$$

$$\text{so daß}\quad \bar{W}y = \bar{b} - \bar{A}x$$
$$y \geqq 0$$

Hierbei ist A_1 eine fest gegebene (m x n) Matrix, b_1 ein fest gegebener m-Vektor, und die Matrizen W und $\bar{A}$ sowie die Vektoren $\bar{b}$, $\bar{c}$ und $\bar{q}$ können zum Teil oder insgesamt Zufallsvariable sein.

Die bei den soeben skizzierten Wege, deterministische Ersatzprobleme zu formulieren, stehen nicht völlig isoliert nebeneinander, sondern sie können sogar unter bestimmten Voraussetzungen ineinander überführt werden. Die "Entsprechung" der Probleme wird schon intuitiv sichtbar, wenn man sich vor Augen hält, daß sowohl die Erhöhung der "Kompensationskosten" , q, als auch die Erhöhung der Wahrscheinlichkeiten mit denen die Erfüllung der Nebenbedingungen gefordert wird, zu einer "Verschärfung" der Nebenbedingungen führt.

Bisher wurden lediglich Wege skizziert, "sinnvolle" Interpretationen bzw. Problemformulierungen für stochastische Programmierungsaufgaben zu geben. Dies ist eigentlich eine Aufgabe der Entscheidungstheorie. Ein weiteres Problem besteht nun darin, für diese neuen Problemformulierungen numerisch die Verteilungsfunktionen bzw. die optimalen Lösungen zu finden. Selbst wenn man die Betrachtung auf Problemstellungen des Types (2) ("lineares stochastisches Programmierungsproblem") beschränkt, so muß leider festgestellt werden, daß weder für das Verteilungsproblem noch für die deterministischen Entscheidungsersatzprobleme allgemein anwendbare Lösungsmethoden vorgeschlagen werden konnten.

Beim <u>Verteilungsproblem</u> wurden von verschiedenen Autoren spezielle Annahmen bezüglich der Problemstruktur gemacht, wodurch wenigstens approximative Bestimmungen der Verteilungsfunktionen des optimalen Wertes der Zielfunktion bzw. die Berechnung möglicher Intervalle für diese Werte gelangen. (Siehe hierzu Bühler + Dick [8])

Auch bei der <u>Chance-Constrained Formulierung</u> sind einschränkende Annahmen nötig, falls numerische Ergebnisse erzielt werden sollen. So bestimmte man für konstante Koeffizientenmatrizen A und unter der Voraussetzung, daß die Entscheidungsfunktion (funktionale Abhängigkeit der Entscheidungsvariablen z.B. von den b_i) linear ist, die Parameter dieser Entscheidungsfunktion. Für normalverteilte b und bei Maximierung der Erwartungswerte der Zielfunktion konnte dies mit konvexem bzw. quadratischem Programmieren geschehen (siehe [12], [11], [8]).

Bei diskret verteilten stochastischen Koeffizienten konnte das Problem (2) für die <u>Kompensationsformulierung</u> als lineares Programmierungsproblem formuliert werden, dessen duales Problem für kleinere Probleme mit einer Dekompositionsmethode des linearen Programmierens lösbar ist [13].

Sind nur b und c stochastisch und diskret verteilt, so kann die Lösung mit Hilfe der linearen Programmierung und einer upper-bound-Technik erfolgen [37].

Für stetig verteilte A und b können Gradientenverfahren oder Verfahren des quadratischen Programmierens angewandt werden. Außerdem wurde für die Lösung von Kompensationsproblemen ein geeignetes Schnittebenenverfahren bereits 1969 entwickelt [28].

Anwendungen des stochastischen Programmierens in der Praxis sind bis Ende der sechziger Jahre nur vereinzelt bekannt geworden. Dies ist m.E. zum Teil durch den Stand der vorhandenen Methoden und zum Teil dadurch zu erklären,daß man sich an vielen Stellen in der Praxis, an denen diese Methoden angewandt werden könnten, weder der Problematik der Entscheidungsfällung bei Ungewißheit noch über die Hilfsmittel zu ihrer Lösung genügend bewußt ist. Im folgenden soll nun versucht werden, die Entwicklung der letzten drei Jahre auf dem Gebiet der stochastischen Programmierung zu umreißen. Hierbei sollen der besseren Übersicht halber die drei interessanten Aspekte: die Problemformulierung, die Lösungsmethoden und die praktische Anwendung stochastischer Programmierung getrennt dargestellt werden, selbst wenn diese Aspekte nicht immer klar getrennt werden können.

II. Problemformulierungen und allgemeine Theorie des stochastischen Programmierens

In vier Richtungen sind m.E. in den letzten Jahren Fortschritte erzielt worden:

1. Die Entwicklung von Tests bezüglich der Lösbarkeit, Optimalität und Zuverlässigkeit bei Kompensationsproblemen.
2. Die Erweiterung der für Normalverteilungen vorliegenden Ergebnisse auf andere Verteilungen.
3. Ein stärkeres Herausarbeiten und Benutzen der Gemeinsamkeiten der Chance-Constrained- und Kompensationsformulierung.
4. Arbeiten auf dem Gebiet der nichtlinearen stochastischen Programmierung.

Zu 1.

Gerade bei stochastischen Programmierungsproblemen ist die Frage, ob das eigentliche Problem oder die entsprechenden Ersatzprobleme überhaupt lösbar sind bzw. ob gewisse Lösungen zulässig sind, oft recht schwierig zu beantworten. Während Wets [36], Garstka [19] und Ziemba [40] Fragen dieser Art für Kompensationsprobleme untersuchen, formuliert Bawa [3] relativ einfache Bedingungen dafür, daß das deterministische Ersatzproblem eines Chance-Constrained Problem mit stochastischer rechter Seite Konkavitätsbedingungen erfüllt, die für die numerische Lösung außerordentlich wichtig sind. Ausgehend von dem Problem

$$\text{Min } Z = c'x$$

so daß
$$Ax \geq b$$
$$t_i = s'_i x \qquad i \in I \qquad\qquad (7)$$
$$H(t) \geq \alpha$$
$$x \geq 0$$

wobei $H(t) = P\left\{t_i \leq \beta_i, i \in I\right\}$ die gemeinsame Wahrscheinlichkeitsverteilung der stochastischen Variablen β_i ist, beweist er für den Fall unabhängiger stochastischer variabler β_i, die zwar gleiche Verteilungsfunktionen aber
verschiedene Mittelwerte und Formparameter θ_i haben, die Konkavität von
$H(t)$.

Das Problem lautet also

$$\text{Min } Z = c'x$$

so daß
$$Ax \geq b \tag{8}$$

$$t_i = \frac{(s'x - \mu_i)}{\theta_i}, \qquad i \in I$$

$$H(t) = \prod_i \in I \quad F_i(t_i) \geq \alpha_1$$

$$x \geq 0$$

Er zeigt, daß Konkavität für alle Verteilungsfunktionen $F(t)$ mit streng
unimodularen Dichtefunktionen gilt, d.h. für alle Dichtefunktionen mit den
Eigenschaften:

1.) Sie müssen zweimal differenzierbar sein.
2.) $\exists \; \alpha_1, \; 0 < \alpha_1 < 1, \; \exists f(x)$ nicht steigend und log $f(x)$ ist konkav für
   $x \geq x(\alpha_1)$, wobei $x(\alpha_1)$ die α_1-Fraktile der Verteilungsfunktion
   $F(x)$ ist.

<u>Zu 2.</u>

Vor allem bei Chance-Constrained Formulierungen mit vorgeschriebenen Wahrscheinlichkeiten für die Einhaltung von Nebenbedingungen unterstellt man
bisher überwiegend aus rechnerischen Gründen, daß die stochastischen Koeffizienten in A, b oder c normal verteilt sind. Nun gibt es eine ganze Anzahl
praktischer Anwendungsfälle (z.B. Investitionsprobleme, Zuteilungsprobleme
etc.), in denen sinnvollerweise sowohl die Koeffizienten von A als auch von
b nicht-negativ sein sollten, was die Verwendung von Verteilungen mit nichtnegativen Wertbereichen erfordert.
Sengupta [26] untersucht nun die Konsequenzen des Ersatzes der bisher üblichen Normalverteilungsprämisse durch die Annahme von exponentiell verteilten oder der X^2-Verteilung gehorchenden Koeffizienten. Hierdurch wird es
zwar auf der einen Seite möglich, Vertrauensbereiche für verschiedene Werte
der Zielfunktion zu bestimmen, auf der anderen Seite wird die numerische Lösung der Probleme erheblich erschwert. Lösungen können zwar teilweise noch
immer mit Methoden des nichtlinearen Programmierens (vor allem "generalized
polinomial programming") erreicht werden; die ebenfalls von Sengupta [26]

vorgeschlagenen Näherungsverfahren sind jedoch sicher hier besonders wünschenswert.

<u>Zu 3.</u>

Bekanntlich haben sowohl die Kompensationsformulierung als auch die Chance-Constrained Formulierung des stochastischen Programmierungsproblems sowohl ihre Stärken als auch ihre Schwächen: während beim Kompensationsproblem die explizite Festlegung der Anpassungskosten Schwierigkeiten bereiten und die dann insgesamt gegebene Information nur unvollständig ausgenutzt wird (i.a. wird nur der Erwartungswert der Zielfunktion minimiert), läßt sich die Chance-Constrained Formulierung bei stetigen Verteilungen nicht auf Gleichungsnebenbedingungen anwenden, ist nur in wenigen Fällen numerisch lösbar und garantiert nicht einmal, daß die optimale Lösung nach Realisation der Zufallsgrößen zulässig ist.

Es ist daher nicht verwunderlich, daß man versucht hat, durch eine Kombination beider Modellformulierungen deren Nachteile wenigstens teilweise auszuschalten. So formuliert Bühler [10] ein solches "gemischtes" Modell als Wahrscheinlichkeitsmaximierungs- und als Fraktilen-Minimierungsmodell, für die die Existenz optimaler Lösungen bewiesen wird. Für eine Approximation des Modelles wird bei konstanter Matrix A gezeigt, daß für statistisch unabhängige b und c und statistisch unabhängige Komponenten von b ein äquivalentes separables Programmierungsproblem besteht. Für Gleichungsnebenbedingungen ergibt sich für die meisten praktisch interessanten Verteilungen ein konvexes quadratisches Programmierungsproblem als deterministisches Äquivalent.

Einen m.E. äußerst interessanten Beitrag zu dem hier besprochenen Problemkreis lieferten Dinkelbach [14] und Dürr [16], indem sie auf den Zusammenhang zwischen stochastischer Programmierung und Vektorprogrammierung einerseits und auf die Möglichkeit der Verwendung mehrerer Zielfunktionen gleichzeitig hinwiesen.

So zeigten sie z.B., daß unter gewissen Voraussetzungen die vollständigen Lösungen (Menge aller effizienten Lösungen) eines alternativ als Kompensationsproblem und als Chance-Constrained Problem formulierten stochastischen linearen Programmierungsproblems gleich sind. Ihre Überlegungen können sowohl zu einem tieferen Verständnis des Zusammenhanges zwischen den verschiedenen Formulierungen des stochastischen Programmierungsproblems führen als auch Wege zu ganz neuen Formulierungen und Lösungsmöglichkeiten bieten. In der gleichen Richtung geht ein Beitrag Bereanu's [6], der einen Zusammenhang zwi-

Als eine weitere naheliegende Möglichkeit der Erweiterung bisheriger Formulierungen bietet sich die Erweiterung von der linearen Formulierung des Ausgangsproblems auf nichtlineare stochastische Programmierungsprobleme an. Man kann zwar durchaus geteilter Meinung darüber sein, ob beim jetzigen Stand der Entwicklung der "linearen" stochastischen Programmierung bereits eine Analyse nichtlinearer Ursprungsprobleme erfolgen sollte. Es ist jedoch nicht auszuschließen, daß angebotene Problemlösungen für nichtlineare Ausgangsprobleme evtl. die Möglichkeiten praktischer Anwendbarkeit erhöhen können, und daß sich der numerische Aufwand zur Lösung nichtlinearer Ausgangsprobleme in speziellen Fällen gar nicht wesentlich vom Aufwand zur Lösung entsprechender linearer Ausgangsprobleme unterscheiden muß, (was im allgemeinen sicherlich der Fall sein wird). Erfolgsversprechende Ansätze der letzten Jahre auf dem Gebiet der nichtlinearen stochastischen Programmierung sind beschränkt auf stochastisches geometrisches Programmieren (Avriel und Wilde [1]),auf die Betrachtung nichtlinearer Straffunktionen (Williams [38] und Parikh [22]) und auf die Betrachtung stochastischer dynamischer Programme (Ziemba [41]). Sowohl die vorliegenden Ergebnisse als auch die bekannt gewordenen Beschäftigungen mit diesen Gebieten sind jedoch bei weitem zu wenig wichtig um schon von einer beginnenden Forschung auf dem Gebiet nichtlinearer stochastischer Programmierung sprechen zu können.

III. Lösungsmethoden

Es wurde schon darauf hingewiesen, daß beim stochastischen Programmieren erhebliche Schwierigkeiten bei der numerischen Lösung der Probleme bestehen. Dies gilt für das Distributionsproblem genauso wie für die Chance-Constrained- oder Kompensationsformulierung. Es ist daher nicht überraschend, daß die meisten Veröffentlichungen der letzten Jahre auf diesem Gebiet Vorschläge dafür enthalten wie man - meist spezielle - Fälle der stochastischen Programmierung numerisch besser lösen kann.
Die Tatsache, daß Algorithmen zur Lösung nichtlinearer Programmierungsprobleme im allgemeinen noch nicht effizient genug sind, um große Probleme mit wirtschaftlich vertretbarem Aufwand lösen zu können, hat wohl dazu geführt, daß sich die meisten Autoren bemühen, lineares Programmieren in der einen oder anderen Form zu benutzen.
Gewisse Ansätze dieser Art sind schon recht alt. So schlug bekanntlich Vajda [32] schon in seinem 1961 erschienenen Buch "Mathematical Programming" die

Bestimmung des möglichen Intervalles des optimalen Wertes der Zielfunktion
von stochastischen linearen Programmen, für deren Koeffizienten obere und
untere Grenzen bekannt sind, durch die Lösung zweier deterministischer
linearer Programme vor. In der gleichen Richtung liegen die Vorschläge
Bereanus [6], mit Hilfe der parametrischen linearen Programmierung das Verteilungsproblem für lineare Programme mit stochastischer Zielfunktion zu
lösen und der Vorschlag Wilsons [39], für spezielle ganzzahlige lineare
Programme (Transportprobleme mit stochastischem Anforderungsvektor) durch
lineare Approximationen und Anwendung entweder des normalen Transportalgo-
rithmus oder von Primal-Dual-Methoden obere und untere Schranken für die
optimalen Transportmengen zu bestimmen.

Im Grunde genommen wird die Aufgabenstellung auch dann auf lineares Programmieren zurückgeführt, wenn Dragomirescu [15] das "Minimum Risk Model"
(maximiere die Wahrscheinlichkeit, einen bestimmten Gewinn zu erreichen)
mit normalverteilten Koeffizienten der Zielfunktion auf ein deterministisches parametrisches quadratisches Problem zurückführt, das schließlich
mit Hilfe des Wolfe'schen Algorithmus zur Lösung quadratischer Programme
gelöst wird. Drei weitere Lösungsansätze, die alle entweder ausschließlich
deterministisches lineares Programmieren benutzen oder wenigstens zu einem
wesentlichen Teil darauf basieren, sind erwähnungswert:

Zinn und Foote [45] schlagen zur Lösung des Verteilungsproblems von Pro-
blemen mit stochastischen Koeffizienten der Zielfunktion die Benutzung der
Simplexmethode vor, in der die Regel zur Auswahl der aufzunehmenden
Variablen gegenüber der normalen Simplexmethode abgeändert wird. Sie beschäftigen sich also mit Problem (2) unter den zusätzlichen Annahmen, daß die
Komponenten des Vektors c stochastisch sind und daß deren Verteilungsfunktionen bekannt sind. Damit besteht das Problem im wesentlichen darin, die
Wahrscheinlichkeit dafür zu bestimmen, daß eine zulässige Basislösung auch
optimal ist. Bekanntlich ist die Bedingung für Optimalität eine Lösung des
Problems (2), daß für alle Nicht-Basisvariable $(c_j - c_B B^{-1} a_j) \leq 0$ gilt, wobei
c_B der Vektor der Zielkoeffizienten der in der Basis befindlichen Variablen,
B^{-1} die Inverse der aktuellen Basis und a_j die j-te Spalte des Ausgangs-
tableaus ist.

Die Menge $S_i = \left\{ c \mid (c_j - c_B B^{-1} a_j) \leq 0 \right\}$ ist daher der Bereich in dem eine bestimmte Basis i optimal ist, und über dem die Verteilungsfunktion $F_i(Z)$ zu
bestimmen ist.

Die Autoren ersetzen nun die normale Simplex Aufnahmeregel $(c_j - c_B B^{-1} a_j) > 0$
durch die Regel

$$P\left[(c_j - c_B B^{-1} a_j) > 0\right] > 0 \tag{9}$$

und bestimmen die Verteilungsfunktion des optimalen Zielfunktionswertes,
indem sie mit Hilfe des modifizierten Simplexalgorithmus alle (endlich
vielen) zulässigen Basislösungen bewerten.

Die Aufnahmeregel wird zwar dadurch aufwendiger, jedoch scheint der vorgeschlagene Algorithmus je nach vorliegender Verteilung der Koeffizienten
auch zur Lösung größerer Probleme geeignet zu sein. Explizit wird er nur für
unabhängige exponentiell verteilte Koeffizienten angegeben. Dafür wird auch
eine Form des Algorithmus angegeben, die für stochastische rechte Seite
anwendbar ist.

Werner [35] schlägt zur Lösung des Kompensationsproblems mit spezieller
Struktur des Notprogrammes und bei Vorliegen diskreter Wahrscheinlichkeitsverteilungen einen Lösungsansatz aufgrund des Dekompositionsprinzips von
Dantzig und Wolfe vor. Werner zeigt, daß sein Algorithmus endlich ist, und
daß man ohne die Verwendung von oberen Grenzen bei der Lösung des Hauptpro-
grammes auskommt, was die Effizienz des Algorithmus erhöht. Numerische Ergebnisse für größere Probleme liegen meines Wissens jedoch nicht vor.

Garska und Rutenberg [2o] schließlich gehen vom van Slyke-Wets-Algorithmus
für diskrete stochastische Kompensationsprobleme [28] aus und verbessern die
dritte Stufe des Algorithmus in Bezug auf Lösungsaufwand. Im Algorithmus
von van Slyke und Wets wird in den ersten beiden Stufen je ein speziell
strukturiertes lineares Programm gelöst, während in der dritten Stufe, in
der die Variablen des Notprogrammes mit Hilfe dualer Variablen daraufhin
untersucht werden, ob sie Teil einer optimalen Lösung sind, oder ob eine
Änderung der Entscheidungsvariablen der ersten Stufe erfolgen muß. Diese
dritte Stufe bedingt die Lösung einer überaus großen Anzahl linearer Programme, die die Anwendung auf große Probleme mit vielen stochastischen Elementen verbieten dürfe. Garska und Rutenberg schlagen nun für diese dritte
Stufe Suchalgorithmen vor, die eine wesentliche Erhöhung der Effizienz erwarten lassen. Die angegebenen Rechenzeiten beschränken sich allerdings auf
Basen bis zur Größe 9 x 9, was für Probleme realistischer Größe bei weitem
nicht ausreichen dürfte. Schon hier werden Rechnerzeiten von bis zu 18o sec
angegeben.

Trotzdem scheinen zur Lösung von stochastischen Programmen neben Algorithmen des deterministischen linearen Programmierens kombinatorische Suchalgorithmen am erfolgversprechendsten oder wenigstens am beliebtesten zu sein. So haben in den letzten 2 - 3 Jahren einige Autoren Suchalgorithmen - meist kombinatorischer Art - zur Lösung der verschiedenen Formen stochastischer linearer Programme vorgeschlagen.

Weisman und Holzman [34] benutzen zur Lösung von technischen Konstruktionsproblemen, die als spezielle Kompensationsprobleme formuliert werden können, eine Suchtechnik, die von Hooke und Jeeres als "pattern search" im Jahre 1961 veröffentlicht wurde, und die sich besonders für die vorliegenden Problemstrukturen zu eignen schien. Diese Problemstrukturen waren besonders dadurch gekennzeichnet, daß die stochastischen Elemente der Probleme gut durch Mittelwert und durch im Verhältnis zum Mittelwert kleine Varianzen charakterisieren ließen. An späterer Stelle soll hierauf in Zusammenhang mit Anwendungen der stochastischen Programmierung noch einmal eingegangen werden. Bemerkenswert ist besonders, daß Weisman und Holzman von vorhandenen Rechnerprogrammen für die CD 6600 und IBM 360 berichten, die Probleme mit bis zu 50 Entscheidungsvariablen, 50 technologischen Koeffizienten und 20 verletzbaren Nebenbedingungen lösen können. Für typische Konstruktionsprobleme der Größenordnung 12 Entscheidungsvariable und 8 verletzbare Nebenbedingungen lagen die Rechnerzeiten zwischen 1 und 5 Minuten.

Pollatschek und der Autor des vorliegenden Aufsatzes schlugen ebenfalls Suchalgorithmen zur Lösung des Verteilungsproblems von stochastischen 0/1-Problemen vor, die auf der Grundlage Boole'scher Algebra die Verteilungsfunktionen des optimalen Wertes der Zielfunktion bei stochastischen Koeffizienten der Zielfunktion und/oder des Beschränkungsvektors ermitteln [42, 43, 44].

Hierzu werden zunächst mit Hilfe von modular aufgebauten Suchalgorithmen die Bildungsbereiche des Beschränkungsvektors b bestimmt, die zu bestimmten Werten der Zielfunktion führen. Für einen 3-dimensionalen Vektor b könnte dieser Raum wie folgt aussehen:

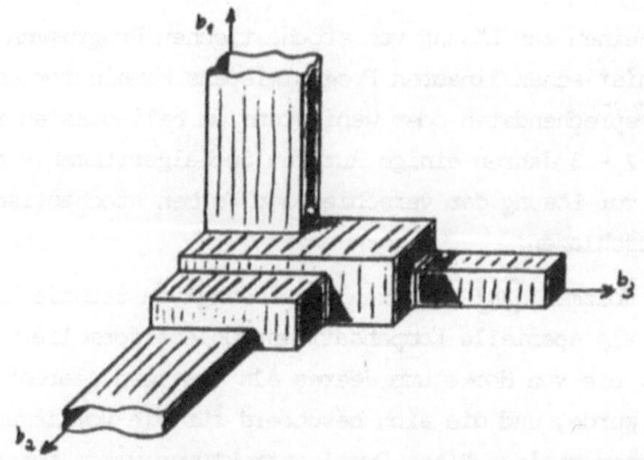

Bei stochastischem b und c wird der für nur stochastische b bestimmte Bildungsbereich so in Teilbereiche zerlegt, daß jeder Teilbereich die gleichen zuverlässigen Basislösungen hat. Eine solche Zerlegung könnte wie folgt aussehen:

Problem:
$$\text{Max } Z = \sum_{j=1}^{4} c_j x_j$$

so daß
$$-9x_1 + x_2 - 3x_3 + 8x_4 = b_1$$
$$-4x_1 + 5x_2 - 6x_3 - 6x_4 = b_2$$
$$x_j = 0 \text{ oder } 1$$
$$E(b_i) = -1.5 \quad, \quad E(c_j) = 5 \quad, \quad \text{Var}(c_j) = \text{Var}(b_i) = 0,5$$

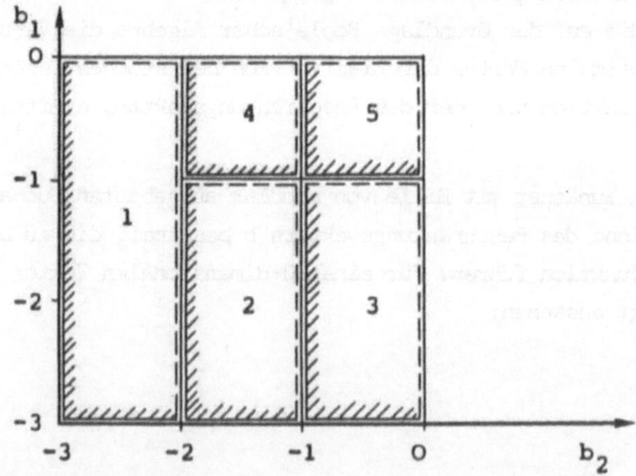

Zur Bestimmung der Verteilungsfunktion im 1. Fall (stoch. b) werden dann
die Verteilungsfunktionen der b auf die entsprechenden Bildungsbereiche abgebildet. Analog wird im 2. Fall (stoch. b und c) vorgegangen, wobei für
beide Fälle gute Schranken zur approximativen Ermittlung gesuchter Wahrscheinlichkeiten angegeben werden.
Auch für diese Algorithmen liegen Rechnerprogramme vor, deren Effizienz zur
Zeit mit anderen möglichen Ansätzen verglichen wird.

Sowohl Smith [29] als auch Barron [2] schlagen jeweils in Zusammenhang mit
bestimmten Anwendungen stochastischen Programmierens, über die noch zu
sprechen sein wird, Suchalgorithmen vor, auf deren einzelnen Stufen jeweils
lineare Programme zu lösen sind.
Während Barron sich mit einer Chance-Constrained Formulierung von Investi-
tionsproblemen mit endlicher Anzahl von Umweltzuständen beschäftigt und bei
seinem kombinatorischen Suchalgorithmus direkt die Lösungen linearer Programme vergleicht, benutzt Smith bei seiner umfassenderen Problemstellung
aus dem Gebiet der Regionalplanung zwar auch die Chance-Constrained Formulierung, bestimmt aber zunächst durch Umformung der Wahrscheinlichkeitsnebenbe-
dingungen Entscheidungsregeln verschiedener Ordnung, die dann zusammen mit
dem Lösen von deterministischen linearen Programmen im Suchalgorithmus verwendet werden. Die erhaltenen Lösungen stellen gute Näherungslösungen für das
Ausgangsproblem dar.

Zu erwähnen ist schließlich der Ansatz Bühlers [10], der zur Lösung eines
Kompensationsproblems, das als Formulierung eines speziellen Investitions-
problems interpretiert wird, ein Bisektionsverfahren vorschlägt.

IV. Anwendungen

Es ist bereits des öfteren angeklungen, daß "Anwendungen" bis jetzt das Gebiet des stochastischen Programmierens sind, auf dem am wenigsten vorzuweisen
und noch am meisten zu tun ist. Selbst wenn am Anfang des stochastischen Programmierens Anwendungen standen, man denke z.B. an die Anwendungen Dantzig's
auf stochastische Transportprobleme, so ist wohl leider nicht zu bestreiten,
daß sie besonders auf diesem Gebiet bei weitem zu kurz gekommen sind.

Die Gründe hierfür sind kaum in nicht vorhandenen praktischen Problemstellungen zu suchen, denn streng genommen enthalten wohl die meisten der in der
Praxis mit linearem Programmieren gelösten Problemstellungen stochastische

Elemente. Der Grund scheint vielmehr zum einen darin zu liegen, daß stochastische Formulierungen von Problemen in der Praxis noch nicht allzu populär
sind , und zum anderen im Fehlen effizienter Lösungsmethoden und Rechnerprogramme.

Auch mag die Zusammenarbeit zwischen denen, die sich mit den Methoden des
stochastischen Programmierens beschäftigen, d.h. meist Angehörigen von Hochschulen und wissenschaftlichen Instituten, und denen, die stochastische Programmierungsprobleme haben, d.h. also Praktikern, durchaus verbesserungsfähig
sein. Hierfür spricht unter anderem, daß die Autoren die ihre Vorschläge entweder an "praktischen Problemen" illustrieren oder aber durch angebliche Be-
lange der Praxis rechtfertigen, lediglich "fiktive Fälle" anbieten können
[5, 10, 30, 39] . Verweise auf tatsächliche praktische Anwendungen fehlen
fast durchweg. Selbst Veröffentlichungen, die durchaus praktisch orientiert
sind, wie Weisman und Holzmann's "Engineering Design Optimization under Risk"
[34], und die m.E. durchaus praktikable Vorschläge bringen, begnügen sich
mit einem oder wenigen "illustrativen Problemen", die wenigstens den Effekt
haben können, zu wirklichen Anwendungen anzuregen. In den letzten 2 Jahren
scheint mir eine einzige "echte" Anwendung in der Literatur erschienen zu
sein, nämlich der Aufsatz von Smith [29] . Es soll jedoch nicht verkannt werden, daß Beiträge wie der von Bereanu [5], Weismann [34] und evtl. Streitferd
[30] sowohl von der methodischen Seite als auch von der Seite der Problemformulierung her direkt praktische Anwendungen des stochastischen Programmierens
auslösen oder befruchten könnten.

V. Ausblick

Man übertreibt kaum, wenn man die stochastische Programmierung als ein Gebiet
bezeichnet, das sich sowohl in Bezug auf Formulierung als auch besonders in
Bezug auf die numerische Lösung und die Anwendung noch in den Anfängen befindet. Wenn man jedoch bedenkt, daß von den inzwischen erschienenen fast 300
Veröffentlichungen auf diesem Gebiet ca. 40 in den letzten drei Jahren erschienen sind, so kann man darauf schließen, daß von verschiedenen Seiten versucht wird, die Entwicklung der stochastischen Programmierung voranzutreiben.
Fortschritte sind m.E. in folgenden Richtungen zu erhoffen und zu erwarten:
Die entscheidungstheoretische Arbeit auf dem Gebiet der Formulierung könnte
sowohl zu einer engeren Vermischung mit der freilich auch nicht allzuweit
fortgeschrittenen vektoriellen Programmierung als auch mit der statistischen
Entscheidungstheorie führen.

So könnte z.B. die Einbeziehung der in statistischen Testverfahren üblichen
zwei Fehlertypen in die Formulierung stochastischer Programmierungsprobleme
zu nützlichen operablen Entscheidungsregeln führen. Es wäre auch zu überlegen,
inwieweit über die in der stochastischen Programmierung weitgehend benutzten
Erwartungswert-, Varianz- und Fraktilkriterien hinaus andere Entscheidungsregeln, wie z.B. die Savage-Niehaus-Regel, zu sinnvollen Formulierungen führen
können.

Weitere, sich bereits abzeichnende Fortschritte sind in der dynamischen, also
mehrstufigen, stochastischen Programmierung zu erwarten, bei der, ähnlich wie
beim dynamischen Programmieren, Komplikationen durch den stochastischen Charakter der Probleme u.U. leichter zu überwinden sein mögen.

In Bezug auf effiziente Lösungstechniken ist das stochastische Programmieren
verständlicherweise unlösbar mit den Algorithmen der nichtlinearen Programm-
mierung verbunden. Außer durch Fortschritte auf diesem Gebiet sind Verbesserungen lediglich durch, evtl. heuristische, Approximationstechniken und dadurch zu erwarten, daß bestehende Algorithmen für die lineare besonders parametrische Programmierung.in stärkerem Maße genutzt werden.

Die Existenz guter EDV-Programme auf diesem Gebiet könnte die Arbeit wesentlich erleichtern. Es ist weiterhin zu erwarten, daß zunehmend spezielle Fälle
der stochastischen Programmierung, wie diskrete Entscheidungsvariable, spezielle Eigenschaften der stochastischen Koeffizienten etc. gelöst werden
können.

Auf dem Gebiet der Anwendung schließlich scheinen folgende Bereiche besonders
erfolgversprechend zu sein:

1. Das Gebiet der Steuerung und Kontrolle wegen des sequentiellen Charakters
   der hier zu fällenden Entscheidungen.

2. Technische Anwendungen, da man hier oft mit wenigen Entscheidungsvariablen
   auskommt und die Anwendung der vorhandenen Lösungstechniken daher eher
   wirtschaftlich vertretbar ist.

3. Grundsatzentscheidungen großer Reichweite, wie z.B. Entscheidungen der
   Unternehmenspolitik, der Entwicklungs- o. Regionalplanung etc., da hier
   oft bereits Strukturaussagen sehr wertvoll sind und da hier Fehlentschei-
   dungen, wie sie auch aufgrund der Annahme deterministischer Zusammenhänge
   entstehen können, besonders schwerwiegend sind.

Der Erfolg besonders auf dem letzten Gebiet, wird in hohem Maße von einer Zusammenarbeit von Theoretikern und Praktikern abhängen.

58

Literaturverzeichnis

1 Avriel, M.J.; Wilde, D.J.:
"Stochastic Geometric Programming" in: Proc. of the Princeton Symp. on
Math. Prog., Princeton 197o, S. 73-91

2 Barron, F.H.:
"A Chance Constrained Optimization Model for Risk", OMEGA, Vol. 1 (1973)
No. 3, S. 363-366

3 Bawa, V.S.:
"On Chance Constrained Programming Problems with Joint Constraints",
Mgt. Sc. Vol.19 (1973) No. 11, S. 1326-1331

4 Bereanu, B.:
"Programmation Stochastique et quelques-unes de ses Applications
Economiques", Publications Économétriques, Vol. V (1972), S. 143-161

5 Bereanu, B.:
"On the Use of Computers in Planning under Conditions of Uncertainty",
Int. Symposium on Applications of Computers and Operations Research,
Washington, 1973

6 Bereanu, B.:
"The Continuity of the Optimum in Parametric Programming and Applications
to Stochastic Programming", Report Nr. 7305, Bucharest 12, 1973

7 Bereanu, B.:
"Distribution-free Optimal Solutions in Stochastic Linear", Report
Nr. 7303, Bucharest 12, 1973

8 Bühler, W.; Dick, R.:
"Stochastische Lineare Programmierung", Zeitschrift für Betriebswirtschaft Nr. 2, Wiesbaden 1973

9 Bühler, W.; Dick, R.:
"Stochastische Lineare Optimierung", Zeitschrift für Betriebswirtschaft
Nr. 1o, Wiesbaden 1972

1o Bühler, W.:
"Zur Lösung eines Zwei-Stufen-Risiko Modells der Stochastischen Linearen
Optimierung", Proceedings in Operations Research, Würzburg-Wien 1971

11 Charnes, A.:
"Deterministic Equivalents for Optimizing and Satisfying under Chance
Constraints", Oper.Res., 11, 1963, S. 18-39

12 Charnes, A.; Kirby, M.J.L.:
"Some Special P-Models in Chance-Constrained Programming", Man.Science,
14, 1967, S. 183-195

13 Dantzig, G.B.; Madansky, A.:
"On the Solution of Two-Stage Linear Programs under Uncertainty,
Proceedings of the Fourth Berkely Symposium on Mathematical Statistics
and Probability", hrsg. von J. Neyman, Berkeley 1961, S. 165-176

14 Dinkelbach, W.:
"Zur Frage Unternehmerischer Zielsetzungen bei Entscheidungen unter
Risiko", Zur Theorie des Absatzes, Wiedbaden 1973

15 Dragomirescu, M.:
"An Algorithm for the Minimum-Risk Problem of Stochastic Programming"
Operations Research, Vol. 2o (1972), S. 154-164

16 Dürr, W.:
"Stochastische Programmierungsmodelle als Vektormaximumprobleme",
Proceedings in Operations Research, Würzburg-Wien 1971

17 Ewbank, J.B.; Foote, B.L.; Hiller, J.K.:
"A Method for the Solution of the Distribution Problem of Stochastic
Linear Programming", Research Report R-72-1, Oklahoma 1972

18 Faber, M.M.:
"Stochastisches Programmieren", Würzburg-Wien 197o

19 Garstka, S.J.:
"Stochastic Programs with Recourse: Random Recourse Costs only",
Mgt. Sc. Vol. 19 (1973) No. 7

2o Garstka, S.J.; Rutenberg, D.P.:
"Computation in Discrete Stochastic Programs with Recourse", Operations
Research, Vol. 21 (1973), S. 112-123

21 Kall, P.:
"Der gegenwärtige Stand der Stochastischen Programmierung",
Unternehmensforschung 9 (1965), S. 238-249

22 Parikh, S.C.:
"Equivalent Stochastic Linear Programs", SIAM, Vol.18 (197o) S. 1-5

23 Prékopa, A.:
"Contributions to the Theory of Stochastic Programming", Mathematical
Programming 4 (1973), S. 2o2-221

24 Rödder, W.:
"Lösungsvorschläge für stochastische Zielprogramme", Proceedings in
Operations Research, Würzburg-Wien 1971

25 Rutenberg, D.P.:
"Risk Aversion in Stochastic Programming with Recourse", Operations
Research, Vol. 21 (1973) S. 377-379

26 Sengupta, J.K.:
"Chance-Constrained Linear Programming with Chi-Square Type Deviates",
Mgt. Sc. Vol 19 (1972) No. 3, S. 337-349

27 Sengupta, J.K.:
"Stochastic Programming, Methods and Applications",
Amsterdam-New York 1972

28 Slyke, R. van; Wets, R.J.B.:
"L-Shaped linear Programs with Applications to Optimal Control and
Stochastic Programming", SIAM, Appl. Vol. 17 (1969), S. 638-663

29 Smith, D.V.:
"Decision Rules in Chance-Constrained Programming: some Experimental
Comparisons", Mgt. Sc. Vol. 19 (1973) No. 6, S. 688-7o1

3o Streitferdt, L.:
"Zur Lösung einiger spezieller Verteilungsprobleme der Stochastischen
Programmierung", Proceedings in Operations Research, Würzburg 1972

31 Tintner, G.; Rama Sastry, M.V.:
"A Note on the Use of Nonparametric Statistics in Stochastic Linear
Programming", Mgt. Sc. Vol. 19 (1972), S. 2o5-21o

32 Vajda, S.:
"Mathematical Programming", Reading, New York 1961

33 Vajda, S.:
"Probabilistic Programming", New York 1971

34 Weisman, J.; Holzman, A.G.:
"Engineering Design Optimization under Risk",
Mgt. Sc. Vol.19 (1972), S. 235-249

35 Werner, M.:
"Ein Lösungsansatz für ein spezielles zweistufiges Stochastisches Opti-
mierungsproblem", Zeitschrift für Operations Research, Band 17, 1973,
S. 119-128, Würzburg

36 Wets, R.J.B.:
"Characterization Theorems for Stochastic Programs", Mathematical
Programming 2 (1972), S. 166-175

37 Wets, R.J.B.:
"Programming under Uncertainty: The Complete Problem", Zeitschr.f.W.Th.
u. verw. Geb., Vol. 4 (1966), S. 316-339

38 Williams, A.C.:
"Nonlinear Activityanalysis and Duality", Math. Progr., Princeton 197o,
S. 163-177

39 Wilson, D.:
"An (a priori) Bounded Model for Transportation Problems with Stochastic
Demand and Integer Solutions", AIIE Transaction, Vol. 4 (1972), No. 3

4o Ziemba, W.T.:
"Duality Relations, Certainty Equivalents and Bounds for Convex Stochastic
Programs with Simple Recourse", Cahiers du centre d'études de recherche
Operationelle, Vol. 13 (1971), No. 2

41 Ziemba, W.T.:
"Transforming Stochastic Dynamic Programming Problems into Nonlinear
Programs", Mgt. Sc. Vol. 17 (1971), S. 45o-462

42 Zimmermann, H.J.; Pollatschek, M.A.:
"Distribution Functions of the Optimum of Linear Programming with Randomly
Distributed Right-Hand Side", Angewandte Informatik, 1973, Heft 1o

43 Zimmermann, H.J.; Pollatschek, M.A.:
"A Computer-Oriented Approach to Characteristic Functions of Pseudo-
Boolean Systems", Angewandte Informatik, 1973, Heft 9

44 Zimmermann, H.J.; Pollatschek, M.A.:
"The Domain of the "Resource-Vector" as an Aid to Decision Making in
Stochastic 0/1 Programming", Operations Research Verfahren, Vol. XIV,
(1972), S. 39o-398

45 Zinn, C.D.; Foote, B.L.:
"An Algorithm for the Solution of the Distribution Problem of Probabilistic
Linear Programming", Research Report R-72-2, Oklahoma 1972

Verfahren zur Berechnung optimaler Farbrezepturen

W. Hahn, Karlsruhe

1. Problemstellung

Um Kunstfasern oder allgemeiner Kunststoffe nach einer gegebenen Farbvorlage
V, deren Zusammensetzung nicht bekannt ist, herzustellen, hat man Farbstoffe
$FS_1, \ldots, FS_k$ auszuwählen und deren Pigmentanteile $u_1, \ldots, u_k$ in einem
Trägermaterial T so zu bestimmen, daß eine Mischung der Pigmente mit
dem Trägermaterial die gegebene Vorlage möglichst getreu nachstellt.
Das Tupel $(T, FS_1, \ldots FS_k, u_1, \ldots, u_k)$ heißt dann Farbrezeptur. Folgende
Teilaufgaben entstehen bei der Berechnung einer Farbrezeptur:

1. Bestimmung der Anteile $u = (u_1, \ldots, u_k)$ bei bekannten Farbstoffen $FS_1, \ldots, FS_k$
   durch ein Verfahren der nichtlinearen Optimierung, wobei eine Näherungslösung u^0 bekannt sei.
2. Berechnung einer Näherungslösung u^0 mit Hilfe linearer Optimierung.
3. Lösung des Auswahlproblems, d.h. Ermittlung der besten Kombination
   von k Farbstoffen aus einer Palette von p Farbstoffen mit Hilfe
   binärer Optimierungsaufgaben.

2. Physikalisches Modell

Eine genaue Beschreibung der zugrundeliegenden physikalischen Modelle ist
in [2] zu finden. Ist $R_V(\lambda)$ die Remission der Vorlage V für alle λ
aus dem Bereich des sichtbaren Lichtes I und $R_u(\lambda)$ diejenige der Mischung mit den Konzentrationen $u = (u_1, \ldots, u_k)$, so sollte $R_V \approx R_u$ gelten.
$R_u(\lambda)$ hängt von u in einer nichtkonvexen stark nichtlinearen Weise ab.

3. Bestimmung der Anteile $u = (u_1, \ldots, u_k)$ bei vorgegebenen Farbstoffen $FS_1, \ldots, FS_k$

Ziel der Berechnungen ist es, Anteile u^x so zu bestimmen, daß für
Farbdifferenz FD und Metamerie M gilt: FD $(V, u^x) < \varepsilon_1$ und $M(V, u^x) < \varepsilon_2$

gilt. Hierbei sind $\varepsilon_1,\varepsilon_2$ problemabhängige Parameter, mit denen sich
die Güte der Nachstellung steuern läßt. Da sich beide Bedingungen
nicht immer simultan erfüllen lassen, bestimmt man u^* als lokal
optimale Lösung der folgenden Aufgabe

$$\min \{M(V,u) \mid FD(V,u) < \varepsilon_1\} \tag{1}$$

Zur Lösung dieser Aufgabe wurde folgende Prozedur erfolgreich angewandt [1]

(1) Löse $\min \{FD(v,u)\mid M(V,u) < \varepsilon_0\}$ durch MAP [2]. Ist $FD(V,u) < \varepsilon_1$
    gehe zu 2. Andernfalls existiert keine für (1) zulässige
    Lösung.
(2) Löse $\min \{M(V,u)\mid FD(V,u) < \varepsilon_1\}$ durch MAP. Stop, sofern
    $M(V,u) < \varepsilon_2$ erreicht wurde.

Hierbei wird ε_0 so gewählt, daß das Optimierungsproblem in (1) zulässige
Punkte besitzt.
Das hier beschriebene Verfahren kann verwendet werden, sofern eine
Näherungslösung u^o bekannt ist.

4. Berechnung einer Näherungslösung

Transformation der Remissionswerte nach der Kubelka-Munk Theorie und
Diskretisierung des Intervalles I führt auf folgende Optimierungsaufgabe

$$\min \{v\varepsilon\, R_+ \mid \|Bu + b\|_\infty \le v,\ 0 \le u_j \le 1\} \tag{2}$$

Diese Aufgabe ist äquivalent an einer linearen Optimierungsaufgabe,
für die eine dual zulässige Lösung stets vorliegt. In vielen Fällen
liefert die optimale Lösung von (2) bereits eine ε-optimale Lösung
der Aufgabe (1).

5. Lösung des Auswahlproblemes

Ein Auswahlproblem in der Farbrezepturberechnung besteht darin, aus einem
Sortiment von p Farbstoffen die zur Nachstellung beste Kombination
von k Farbstoffen auszuwählen. Die Auswahl nach farblichen Kriterien
allein führt auf eine gemischt-multiplikativ-binäre Optimierungsaufgabe

$$\min\{v\epsilon\ \mathbb{R}_+\ |\ \||B\ \text{diag}\ \delta u + b\||_\infty \leq v,\ 0 \leq u_j \leq 1,\ \sum_{j=1}^{p}\delta_j = k,\ \delta\epsilon\{0,1\}^p\} \qquad (3)$$

Will man bei der Auswahl neben farblichen auch Kostenkriterien berücksichtigen, ersetzt man in (3) die Zielfunktion durch

$$c\ \text{diag}\ \delta u + dv \qquad (4)$$

wobei $c\epsilon\ \mathbb{R}_+^p$ der Kostenvektor für die Farbstoffe und $d > 0$ ein Wichtungskoeffizient für die Straffunktion v ist.

Ein Lösungsverfahren zur Lösung derartiger Aufgaben wurde in [3] und [4] entwickelt.

Literatur

[1]   Burkard, R.E., Genser,B.: Zur Methode der approximierenden Optimierung. Math. Operationsforschung und Statistik (1973)

[2]   Hahn, W.: Ein Optimierungsverfahren zur Berechnung von Farbrezepturen Angewandte Informatik 10 (1973)

[3]   Hahn, W.: Optimierungsaufgaben mit multiplikativ verknüpften binären Variablen. Operations Research Verfahren 19/20 (1974)

[4]   Hahn, W.: Über ein Auswahlproblem in der Farbrezepturberechnung. Institut für Wirtschaftstheorie und Operations Research. Discussion paper Nr. 20 (1973)

[5]   Künzi, H.P. Oettli, W.: Nichtlineare Optimierung: Neuere Verfahren, Lecture Notes in Operations Research and Mathematical Systems 16 (1969)

Lösungsansätze zum Entscheidungsproblem des Satisfizierers bei mehrfacher Zielsetzung

H. Isermann, Regensburg

Multi-criteria decision problems of a satisficer are the main issue of this paper. A multi-criteria decision problem, a general solution concept and several compromise programs are introduced. Finally some relations between a multi-criteria decision problem of a satisficer and a multi-criteria decision problem of the maximizer are stated.

1. Einleitung

In jüngster Zeit haben Entscheidungsprobleme bei mehrfacher Zielsetzung in den Wirtschaftswissenschaften eine größere Aufmerksamkeit erfahren (vgl. JOHNSEN [1968]; COCHRANE-ZELENY [1973]). Die Diskussion der Zielproblematik hat sich jedoch bisher ausschließlich auf einen Entscheidungsträger konzentriert, dessen Wahlverhalten nicht durch Sättigungserscheinungen bezüglich der verfolgten Zielsetzungen gekennzeichnet ist, also jenen Entscheidungsträger, der das Ausmaß der Zielerreichung zu extremieren sucht, den Optimierer bzw. Maximierer.

Die sozialpsychologisch fundierte Theorie des Anspruchsniveaus (vgl. z.B. LEWIN-DEMBO-FESTINGER-SEARS [1944]) konstatiert ein Wahlverhalten, das Sättigungserscheinungen bezüglich der verfolgten Zielsetzungen impliziert. Dieses Wahlverhalten hat SIMON [1957] durch den Begriff des Satisfizierers in die Wirtschaftswissenschaften eingeführt, nicht zuletzt deshalb, weil er der Ansicht war, daß bereits durch Angabe eines Anspruchsniveaus des Entscheidungsträgers Zielkonflikte gelöst werden können (vgl. SIMON [1957], S. 250-252). Die weiteren Ausführungen werden jedoch veranschaulichen, daß auch der Satisfizierer mit Zielkonflikten konfrontiert sein kann und somit Ansätze zur Lösung des Entscheidungsproblems bei mehrfacher Zielsetzung auch für den Satisfizierer notwendig sind.

Im folgenden bezeichne $X \subset \mathbb{R}^N$ ($N \in \mathbb{N}$) die Alternativenmenge des Entscheidungsträgers und $\underline{z}(\underline{x}) = (z_1(\underline{x}),\ldots,z_J(\underline{x}))^T$ eine (vektorwertige) Funktion mit $J > 1$; $z_j(\underline{x})$ sei die j-te vom Entscheidungsträger verfolgte Zielfunktion ($j = 1,\ldots,J$).[*]

2. Das Entscheidungsproblem des Satisfizierers bei mehrfacher Zielsetzung

Der Satisfizierer spezifiziert bezüglich jeder Zielfunktion $z_j(\underline{x})$ ein nicht zu unterschreitendes Zielniveau $\bar{z}_j$ ($j = 1,\ldots,J$), so daß der Zielniveauvektor $\bar{\underline{z}} = (\bar{z}_1,\ldots,\bar{z}_J)^T$ die Alternativenmenge X in zwei disjunkte Teilmengen, in die Menge der befriedigenden Alternativen $X^b := \{\underline{x} \in X \mid \underline{z}(\underline{x}) \geq \bar{\underline{z}}\}$ und in die Menge der nicht befriedigenden Alternativen $X^u := \{\underline{x} \in X \mid z_j(\underline{x}) < \bar{z}_j$ für mindestens ein $j \in \{1,\ldots,J\}\}$ unterteilt. Man beachte, daß aufgrund der Zielvorstellung des Entscheidungsträgers alle hier angeführten Zielniveaus $\bar{z}_j$ ($j = 1,\ldots,J$) nicht unterschritten werden sollen. Das für den Satisfizierer zunächst allein wesentliche Problem ist die Ermittlung einer befriedigenden Alternative. Der damit verbundene Suchprozeß endet mit der Bestimmung einer Alternative $\underline{x} \in X^b$ oder mit der Ermittlung einer Alternative $\underline{x} \in X^u$, bei der eine weitere Verminderung der (nichtnegativen) Zielniveauunterschreitung bei einer Zielfunktion stets mit einer Erhöhung der (nichtnegativen) Zielniveauunterschreitung bei mindestens einer anderen Zielfunktion verbunden ist. Ist mit der Feststellung einer befriedigenden Alternative das Entscheidungsproblem des Satisfizierers gelöst, so stellt sich im Falle $X^b = \emptyset$ die Frage, ob der Entscheidungsträger eine Alternative $\underline{x} \in X^u$ wählt, und wenn ja, wie diese Auswahl durchgeführt werden soll. Dieses Problem wurde von SIMON nur unzureichend behandelt (vgl. SIMON [1957], S. 252-254).

Sofern der Satisfizierer im Falle $X^b = \emptyset$ auch eine nicht befriedigende Alternative akzeptiert, ist es naheliegend und sinnvoll, die endgültige Auswahl einer Alternative aus der Men-

---

[*] Es werden mit $\mathbb{N}$ bzw. $\mathbb{R}$ die Menge der natürlichen bzw. reellen Zahlen und mit kleinen bzw. großen unterstrichenen Buchstaben Spaltenvektoren bzw. Matrizen bezeichnet. Ein hochgestelltes T wird als Transpositionszeichen gewählt. Die Symbole † bzw. †† zeigen das Ende einer Definition oder eines Satzes bzw. eines Beweises an.

ge jener Alternativen $\underline{x}^*$ ϵ X zu treffen, bei denen der Zielfunktionsvektor $\underline{z}(\underline{x}^*)$ den Zielniveauvektor $\bar{\underline{z}}$ in dem Sinne minimal unterschreitet, daß keine andere Alternative $\underline{x}'$ ϵ X existiert, bei der die Werte der (nichtnegativen) Zielniveauunterschreitungen nicht größer und für mindestens eine Zielfunktion kleiner sind als die entsprechenden Werte der (nichtnegativen) Zielniveauunterschreitungen für $\underline{x}^*$. Diese Überlegungen führen zum Begriff der effizienten Alternative und erlauben damit eine Präzisierung des Entscheidungsproblems des Satisfizierers bei mehrfacher Zielsetzung.

Definition 1

$\underline{x}^o$ heißt genau dann bezüglich X, $\underline{z}(\underline{x})$ und $\bar{\underline{z}}$ effizient, wenn kein $\underline{x}'$ ϵ X existiert, so daß gilt $\underline{y}(\underline{x}') \leq \underline{y}(\underline{x}^o)$ und $\underline{y}(\underline{x}') \neq \underline{y}(\underline{x}^o)$ mit $\underline{y}(\underline{x}) = (y_1(\underline{x}),\ldots,y_J(\underline{x}))^T$

$$y_j(\underline{x}) = \max \{0, \bar{z}_j - z_j(\underline{x})\} \qquad (\underline{x} \ \epsilon \ X; \ j = 1,\ldots,J).\dagger$$

Definition 2

Das Entscheidungsproblem des Satisfizierers bei mehrfacher Zielsetzung besteht aus folgender Aufgabenstellung: Bestimme die Menge X^* aller bezüglich X, $\underline{z}(\underline{x})$ und $\bar{\underline{z}}$ effizienten Alternativen, d.h. löse das Vektorminimumproblem

(SVMP)   "min" $\{\underline{y}(\underline{x}) \mid \underline{x} \ \epsilon \ X\}.\dagger$

Befriedigende Alternativen des Entscheidungsproblems des Satisfizierers sind dadurch charakterisiert, daß alle Zielniveauunterschreitungen gleich Null sind, d.h. für $\underline{x}^o$ ϵ X^b gilt $\underline{y}(\underline{x}^o) = \underline{o}$. In Verbindung mit Definition 1 folgt, daß jede befriedigende Alternative auch eine effiziente Alternative ist; sie ist darüber hinaus eine im Sinne der Definition 3 perfekte Alternative mit der zusätzlichen Eigenschaft $\underline{y}(x^o) = \underline{o}$.

Definition 3

$\underline{x}^o$ heißt genau dann bezüglich X, $\underline{z}(\underline{x})$ und $\bar{\underline{z}}$ perfekt, wenn $\underline{y}(x^o) = \underline{y}(\underline{x}^*)$ für alle $\underline{x}^*$ ϵ X^*.$\dagger$

Sofern der Entscheidungsträger keine nicht befriedigende Alternative $\underline{x}$ ϵ X^u akzeptiert, reduziert sich für ihn die Aufgabenstellung in (SVMP): Gesucht wird eine perfekte Alternative $\underline{x}^*$ mit $\underline{y}(\underline{x}^*) = \underline{o}$. Existiert keine perfekte Alternative $\underline{x}^*$ mit der Eigenschaft $\underline{y}(\underline{x}^*) = \underline{o}$, so hat das Entscheidungsproblem für ihn keine Lösung. Besitzt das Vektorminimumproblem (SVMP) eine perfekte optimale Lösung des Programms (JPP) ist.†

Die Beweise zu Satz 2 und 3 können z.B. analog zu den Beweisen zu Satz 6.1 und 6.3 bei DINKELBACH ([1969], S. 160-162) geführt werden.

<u>Satz 4</u>

Gegeben sei (SVMP) mit

$X := \{\underline{x} \mid \underline{A}\underline{x} = \underline{b}, \underline{x} \geq \underline{o}\}$ und $\underline{z}(\underline{x}) := \underline{C}\underline{x}$.

Hierbei sei $\underline{A}$ eine $(M \times N)$-Matrix, $\underline{b} \in \mathbb{R}^M$ und $\underline{C}$ eine $(J \times N)$-Matrix.

$\underline{x}^o$ ist bezüglich X, $\underline{z}(\underline{x})$ und $\bar{\underline{z}}$ genau dann effizient, wenn ein Vektor $\underline{v} \in \mathbb{R}^J$ mit $\underline{v} > \underline{o}$ existiert, so daß $\underline{x}^o, \underline{y}(\underline{x}^o)$ eine optimale Lösung in (JPP) ist.†

Zum Beweis von Satz 4 wird folgender Hilfssatz benötigt:

<u>Hilfssatz 1</u>

Es sei $\underline{\varepsilon} > \underline{o}$. Dann ist $\underline{x}^o$ bezüglich X, $\underline{z}(\underline{x})$ und $\bar{\underline{z}}$ genau dann effizient, wenn das lineare Programm

$$\text{(LP-1)} \quad \min \{\underline{v}^T \underline{y}(\underline{x}^o) - \underline{r}^T \bar{\underline{z}} - \underline{s}^T \underline{b} \mid - \underline{r}^T \underline{C} - \underline{s}^T \underline{A} \geq \underline{o}^T, \ \underline{v}^T - \underline{r}^T \geq \underline{o}^T,$$
$$\underline{v}^T \geq \underline{\varepsilon}^T, \ \underline{r}^T \geq \underline{o}^T\}$$

eine optimale Lösung $\hat{\underline{v}}^T, \hat{\underline{r}}^T, \hat{\underline{s}}^T$ besitzt mit $\hat{\underline{v}}^T \underline{y}(\underline{x}^o) - \hat{\underline{r}}^T \bar{\underline{z}} - \hat{\underline{s}}^T \underline{b} = o$.†

<u>Beweis</u>

(LP-1) ist dual zu dem linearen Programm

$$\text{(LP-2)} \quad \max \{\underline{\varepsilon}^T \underline{u} \mid \underline{y} + \underline{u} = \underline{y}(\underline{x}^o), \ -\underline{C}\underline{x} - \underline{y} \leq -\bar{\underline{z}}, \ -\underline{A}\underline{x} = -\underline{b}, \ \underline{x}, \underline{y}, \underline{u} \geq \underline{o}\}.$$

(LP-2) ist eine spezielle Form des Programms (TP). Aufgrund der Dualitätstheorie der linearen Programmierung ist $\hat{\underline{x}}, \hat{\underline{y}}, \hat{\underline{u}}$ genau dann optimal in (LP-2), wenn $\hat{\underline{v}}^T, \hat{\underline{r}}^T, \hat{\underline{s}}^T$ optimal in (LP-1) ist und die Gleichung $\underline{\varepsilon}^T \hat{\underline{u}}^T = \hat{\underline{v}}^T \underline{y}(\underline{x}^o) - \hat{\underline{r}}^T \bar{\underline{z}} - \hat{\underline{s}}^T \underline{b}$ besteht. In Verbindung mit Satz 1 ist $\underline{x}^o$ genau dann bezüglich X, $\underline{z}(\underline{x})$ und $\bar{\underline{z}}$ effizient, wenn die Gleichungskette $\hat{\underline{v}}^T \underline{y}(\underline{x}^o) - \hat{\underline{r}}^T \underline{z} - \hat{\underline{s}}^T \underline{b} = o = \underline{\varepsilon}^T \hat{\underline{u}}$ besteht.††

Es folgt nunmehr der Beweis zu Satz 4.

<u>Beweis</u>

1. Angenommen, $\underline{x}^o, \underline{y}(\underline{x}^o)$ sei eine optimale Lösung in (JPP) mit $\underline{v} > \underline{o}$, jedoch sei $\underline{x}^o$ nicht effizient. Dann existiert ein $\underline{x}' \in X$ mit $\underline{y}(\underline{x}') \leq \underline{y}(\underline{x}^o)$ und $\underline{y}(\underline{x}') \nleqq \underline{y}(\underline{x}^o)$. Wegen $\underline{v}^T \underline{y}(\underline{x}') < \underline{v}^T \underline{y}(\underline{x}^o)$ besteht ein Widerspruch zur Optimalität von $\underline{x}^o, \underline{y}(\underline{x}^o)$ in (JPP).

2. $\underline{x}^o$ sei bezüglich X, $\underline{z}(\underline{x})$ und $\bar{\underline{z}}$ effizient. Aufgrund von Hilfssatz 1 hat (LP-1) eine optimale Lösung $\hat{\underline{v}}^T, \hat{\underline{r}}^T, \hat{\underline{s}}$, die der Glei-

Alternative, so besteht für das gegebene Entscheidungsproblem bei mehrfacher Zielsetzung - unabhängig davon, ob die perfekte Alternative eine befriedigende oder nicht befriedigende Alternative ist - kein Zielkonflikt, so daß perfekten Alternativen in dem hier zu diskutierenden Zusammenhang keine weitere Bedeutung zukommt.

Die Beschäftigung mit effizienten Alternativen des Entscheidungsproblems des Satisfizierers wirft zwei Fragen auf:

1. Wie läßt sich prüfen, ob eine gegebene Alternative effizient ist?

2. Wie läßt sich die Menge aller effizienten Alternativen X^* charakterisieren und gegebenenfalls bestimmen?

Die erste Frage kann mit Hilfe eines Testprogramms beantwortet werden.

Satz 1

$\underline{x}^o \in X$ ist bezüglich X, $\underline{z}(\underline{x})$ und $\bar{\underline{z}}$ genau dann effizient, wenn das mathematische Programm

(TP) max $\{\underline{\varepsilon}^T\underline{u} \mid \underline{z}(\underline{x}) + \underline{v} \geq \bar{\underline{z}}, \underline{v} + \underline{u} = \underline{v}(\underline{x}^o), \underline{x} \in X, \underline{v},\underline{u} \geq \underline{o}$

für ein $\underline{\varepsilon} > \underline{o}$ eine optimale Lösung $\hat{\underline{x}}, \hat{\underline{v}}, \hat{\underline{u}}$ besitzt mit $\hat{\underline{u}} = \underline{o}$.†

Der Beweis zu Satz 1 läßt sich analog zum Beweis zu Satz 5 bei CHARNES-COOPER ([1961], S. 322) führen. Eine Beantwortung der zweiten Frage erweist sich als weitaus schwieriger, als nur unter speziellen Voraussetzungen bezüglich X und $\underline{z}(\underline{x})$ eine weitere Charakterisierung der Menge der effizienten Alternativen erfolgen kann.

Satz 2

Es sei X konvex und jede Funktion $z_j(\underline{x})$ $(j = 1,\ldots,J)$ konkav. Ist $\underline{x}^o$ bezüglich X, $\underline{z}(\underline{x})$ und $\bar{\underline{z}}$ effizient, dann existiert ein Vektor $\underline{v} \in \mathbb{R}^J$ mit $\underline{v} \geq \underline{o}, \underline{v} \neq \underline{o}$, so daß $\underline{x}^o, \underline{v}(\underline{x}^o)$ optimale Lösung des Programms

(JPP) min $\{\underline{v}^T\underline{v} \mid \underline{z}(\underline{x}) + \underline{v} \geq \bar{\underline{z}}, \underline{x} \in X, \underline{v} \geq \underline{o}\}$

ist.†

Satz 3

Es sei X konvex und jede Funktion $z_j(\underline{x})$ $(j = 1,\ldots,J)$ streng konkav. $\underline{x}^o$ ist bezüglich X, $\underline{z}(\underline{x})$ und $\bar{\underline{z}}$ genau dann effizient, wenn ein Vektor $\underline{v} \in \mathbb{R}^J$ mit $\underline{v} \geq \underline{o}, \underline{v} \neq \underline{o}$ existiert, so daß $\underline{x}^o,\underline{v}(\underline{x}^o)$

chung $\underline{\hat{v}}^T \underline{y}(\underline{x}^o) = \underline{\hat{r}}^T \bar{\underline{z}} + \underline{\hat{s}}^T \underline{b}$ genügt mit $\underline{\hat{v}}^T \geq \underline{\varepsilon}^T > \underline{o}^T$. Aufgrund der Optimalität von $\underline{\hat{v}}^T, \underline{\hat{r}}^T, \underline{\hat{s}}^T$ in (LP-1) ist $\underline{\hat{r}}^T, \underline{\hat{s}}^T$ eine optimale Lösung des linearen Programms

(LP-3) $\max \{ \underline{r}^T \bar{\underline{z}} + \underline{s}^T \underline{b} \mid \underline{r}^T \underline{C} + \underline{s}^T \underline{A} \leq \underline{o}^T, \ \underline{r}^T \leq \underline{\hat{v}}^T, \ \underline{r}^T \geq \underline{o}^T \}$

und es existiert eine optimale Lösung zu dem zu (LP-3) dualen linearen Programm

(LP-4) $\min \{ \underline{\hat{v}}^T \underline{y} \mid \underline{C}\underline{x} + \underline{y} \geq \bar{\underline{z}}, \ \underline{A}\underline{x} = \underline{b}, \ \underline{x}, \underline{y} \geq \underline{o} \}$.

Aus $\underline{\hat{v}}^T \underline{y}(\underline{x}^o) = \underline{\hat{r}}^T \bar{\underline{z}} + \underline{\hat{s}}^T \underline{b}$ folgt, daß $\underline{x}^o$, $\underline{y}(\underline{x}^o)$ eine optimale Lösung in (LP-4) und gleichzeitig in (JPP) mit $\underline{y}^T = \underline{\hat{v}}^T > \underline{o}^T$ ist.[††]

Unter den in Satz 3 und Satz 4 getroffenen Voraussetzungen läßt sich die Menge der effizienten Alternativen X* durch das parametrische Programm (JPP) bestimmen, allerdings sind die dabei zu bewältigenden numerischen Probleme nicht unerheblich (vgl. z.B. DINKELBACH [1969], S. 134-149; GAL-NEDOMA [1972]). Unter den Voraussetzungen von Satz 2 liefert das Programm (JPP), sofern $\underline{y} \geq \underline{o}$ aber nicht $\underline{y} > \underline{o}$ gilt, unter Umständen auch nichteffiziente Alternativen, die jedoch eliminiert werden können (vgl. hierzu das Hilfsprogramm in Satz 5.2).

3. Kompromißprogramme

Die Diskussion des Effizienzbegriffs bei Entscheidungsproblemen des Satisfizierers hat deutlich gemacht, daß zwischen effizienten und nichteffizienten Alternativen eines Entscheidungsproblems ein qualitativer Unterschied besteht. Somit qualifizieren sich mathematische Programme zur Bestimmung einer definitiv zu wählenden Alternative bei Entscheidungsproblemen bei mehrfacher Zielsetzung, sofern mindestens eine optimale Lösung dieser Programme gleichzeitig effizient ist. Mathematische Programme mit dieser Eigenschaft werden Kompromißprogramme genannt. Sofern das Entscheidungsproblem des Satisfizierers bei mehrfacher Zielsetzung keine perfekte Alternative besitzt, bestehen unter der Voraussetzung, daß das Entscheidungsproblem für den Entscheidungsträger überhaupt eine Lösung besitzt, zwei Möglichkeiten, um zu einer endgültigen Festlegung einer Alternative zu gelangen:

1. Man bestimmt die Menge X* und überläßt dem Entscheidungsträger die Auswahl der definitiv zu wählenden Alternative.

2. Man sucht in Form eines ein- oder mehrstufigen Dialogs mit dem
   Entscheidungsträger Informationen über das Zielsystem des Entscheidungsträgers zu gewinnen. Die Festlegung einer definitiv
   zu wählenden Alternative erfolgt dann über die Formulierung
   und Lösung eines Kompromißprogramms bzw. einer Folge von Kom-
   promißprogrammen.

Welcher Weg in einer konkreten Entscheidungssituation letztlich
eingeschlagen wird, dürfte im wesentlichen abhängen von der
Größe und Komplexität des Entscheidungsproblems und der Fähigkeit des Entscheidungsträgers, explizite Angaben über sein Zielsystem zu treffen.

<u>Satz 5</u>

Gegeben sei das mathematische Programm

(SMP) min $\{f(\underline{y}) \mid \underline{x} \in X, \underline{z}(\underline{x}) + \underline{y} \geq \bar{\underline{z}}, \underline{y} \geq \underline{o}\}$.

1. Ist $f(\underline{y})$ eine in den y_j $(j = 1,\ldots,J)$ streng monoton wachsende Funktion und sind $\hat{\underline{x}}$, $\hat{\underline{y}}$ optimale Lösung in (SMP), dann
   ist $\hat{\underline{x}}$ bezüglich X, $\underline{z}(\underline{x})$ und $\bar{\underline{z}}$ effizient.†

2. Es sei $f(\underline{y})$ eine in den y_j $(j = 1,\ldots,J)$ monoton wachsende
   Funktion und $\underline{x}^1$, $\underline{y}^1$ optimale Lösung in (SMP).

   Sind $\hat{\underline{x}}$, $\hat{\underline{y}}$ optimal bezüglich des Hilfsprogramms

   min $\{(1,\ldots,1)\underline{y} \mid \underline{x} \in X, \underline{z}(\underline{x}) + \underline{y} \geq \bar{\underline{z}}, f(\underline{y}) = f(\underline{y}^1), \underline{y} \geq \underline{o}\}$,

   dann ist $\hat{\underline{x}}$ bezüglich X, $\underline{z}(\underline{x})$ und $\bar{\underline{z}}$ effizient.

Die Beweise zu Satz 5 können analog zu den Beweisen zu Satz 4 und
5 bei DÜRR ([1971], S. 5-6) geführt werden. Den Kompromißpro-
grammen der Klasse (SMP) lassen sich z.B. mathematische Programme zuordnen, bei denen die (gewichtete) durchschnittliche, maximale bzw. minimale Zielniveauunterschreitung minimiert werden
soll. Die Präferenzvorstellung des Satisfizierers kann auch in
Form einer lexikographischen Ordnung über die Zielniveauunterschreitungen zum Ausdruck gebracht werden. Die vom Entscheidungsträger vorgegebene Rangordnung gibt an, in welcher Reihenfolge die Zielniveauunterschreitungen minimiert werden sollen.
Es wird hier der Einfachheit halber davon ausgegangen, daß die
Indizierung $1,\ldots,J$ bereits die vom Entscheidungsträger gewählte
Rangordnung der Zielniveauunterschreitungen wiedergibt: $\underline{y}^1$ ist
lexikographisch kleiner als $\underline{y}^2$, wenn $y_k^1 < y_k^2$ mit

$k = \min \{k \in \{1,\ldots,J\} \mid y_k^1 \neq y_k^2\}$.

Satz 6

Ist $\underline{\hat{x}}, \underline{\hat{y}}$ optimale Lösung des lexikographischen Minimumproblems

(SMP_{lex}) lex min $\{\underline{y} \mid \underline{x} \in X, \underline{z}(\underline{x}) + \underline{y} \geq \underline{\bar{z}}, \underline{y} \geq \underline{o}\}$,

dann ist $\underline{\hat{x}}$ bezüglich X, $\underline{z}(\underline{x})$ und $\underline{\bar{z}}$ effizient.†

Beweis

Angenommen, $\underline{\hat{x}}, \underline{\hat{y}}$ sei optimale Lösung in (SMP_{lex}), $\underline{\hat{x}}$ sei nicht effizient, d.h. es existiere ein $\underline{x}' \in X$ mit $\underline{y}(\underline{x}') \leq \underline{\hat{y}}$ und $y_j(\underline{x}') < \hat{y}_j$ für mindestens ein $j \in \{1,\ldots,J\}$. Dann gibt es ein $\bar{j} \in \{1,\ldots,J\}$ mit $y_j(\underline{x}') = \hat{y}_j$ für $j = 1,\ldots,\bar{j}-1$ und $y_{\bar{j}}(\underline{x}') < \hat{y}_{\bar{j}}$, so daß im Widerspruch zur Annahme $\underline{y}(\underline{x}')$ lexikographisch kleiner als $\underline{\hat{y}}$ ist.††

Den Ausgangspunkt eines weiteren Kompromißprogramms bildet die Überlegung, daß in einigen Entscheidungssituationen ein Entscheidungsträger, sofern er nicht alle Zielniveaus $\bar{z}_j$ erreichen kann, möglichst viele Zielniveaus $\bar{z}_j$ ($j = 1,\ldots,J$) zu erreichen sucht. Mit Hilfe eines ganzzahligen Programms läßt sich in Verbindung mit einem Hilfsprogramm prüfen, ob unter den gerade getroffenen Annahmen eine bezüglich X, $\underline{z}(\underline{x})$ und $\underline{\bar{z}}$ effiziente Alternative existiert, und gegebenenfalls eine effiziente Alternative bestimmen, bei der die Zahl der Zielfunktionen $z_j(\underline{x})$, deren Werte die entsprechenden Zielniveauwerte $\bar{z}_j$ unterschreiten, minimal ist. Dies ist die Aussage von Satz 7, wobei in dem folgenden Kompromißprogramm (SMP_λ) $l_j > 0$ eine obere Schranke für y_j ($j = 1,\ldots,J$) angibt.

Satz 7

λ_j^1 ($j = 1,\ldots,J$), $\underline{x}^1, \underline{y}^1$ sei eine optimale Lösung des Programms

(SMP_λ) min $\{ \sum\limits_{i=1}^{J} \lambda_j \mid \underline{z}(\underline{x}) + \underline{y} \geq \underline{\bar{z}}, \underline{x} \in X, \underline{y} \geq \underline{o},$
$y_j \leq \lambda_j l_j, \lambda_j \in \{0,1\}$ $(j = 1,\ldots,J)\}$.

Ist $\underline{\hat{x}}, \underline{\hat{y}}$ eine optimale Lösung des Hilfsprogramms

min $\{(1,\ldots,1)\underline{y} \mid \underline{z}(\underline{x}) + \underline{y} \geq \underline{\bar{z}}, \underline{x} \in X, \underline{y} \geq \underline{o}, y_j \leq \lambda_j^1 l_j$
$(j = 1,\ldots,J)\}$,

dann ist $\underline{\hat{x}}$ bezüglich X, $\underline{z}(\underline{x})$ und $\underline{\bar{z}}$ effizient.†

Beweis

Angenommen, es existiere ein $\underline{x}' \in X$ mit $y_j(\underline{x}') \leq \lambda_j^1 l_j$,

$\underline{y}(\underline{x}') \leq \hat{\underline{y}}$ und $\underline{y}(\underline{x}') \neq \hat{\underline{y}}$. Aus $(1,\ldots,1)\underline{y}(\underline{x}') < (1,\ldots,1)\hat{\underline{y}}$ folgt ein Widerspruch zur Optimalität von $\hat{\underline{x}}$, $\hat{\underline{y}}$, bezüglich des Hilfsprogramms.††

4. Ein Vergleich mit dem Entscheidungsproblem des Maximierers

Im Gegensatz zum Wahlverhalten des Satisfizierers ist das Wahlverhalten des Maximierers nicht durch Sättigungserscheinungen bezüglich der verfolgten Zielsetzungen gekennzeichnet.

Definition 4

$\underline{x}^o$ heißt genau dann bezüglich X und $\underline{z}(\underline{x})$ effizient, wenn kein $\underline{x}' \in X$ mit der Eigenschaft $\underline{z}(\underline{x}') \geq \underline{z}(\underline{x}^o)$ und $\underline{z}(\underline{x}') \neq \underline{z}(\underline{x}^o)$ existiert (vgl. z.B. CHARNES-COOPER [1961], S. 321; DINKELBACH [1969], S. 152-153).†

Definition 5

Das Entscheidungsproblem des Maximierers bei mehrfacher Zielsetzung besteht aus folgender Aufgabenstellung: Bestimme die Menge X** aller bezüglich X und $\underline{z}(\underline{x})$ effizienten Alternativen, d.h. löse das Vektormaximumproblem

(VMP) "max" $\{\underline{z}(\underline{x}) \mid \underline{x} \in X\}$

(vgl. z.B. KUHN-TUCKER [1951], S. 488; DINKELBACH [1969], S. 159).†
Von theoretischer wie praktischer Bedeutung ist die Frage, unter welchen Bedingungen eine effiziente Alternative des Vektorminimumproblems (SVMP) gleichzeitig effiziente Alternative des Vektormaximumproblems (VMP) ist.
Sofern zum j-ten skalaren Maximumproblem

(MP_j) max $\{z_j(\underline{x}) \mid \underline{x} \in X\}$

mindestens eine optimale Lösung $\hat{\underline{x}}_j$ $(j = 1,\ldots,J)$ existiert, so gilt folgende Aussage:

Satz 8

Gegeben sei das Vektormaximumproblem (VMP) sowie das Vektorminimumproblem (SVMP) mit $\bar{z}_j \geq z_j(\hat{\underline{x}}_j)$ $(j = 1,\ldots,J)$.
Die Alternative $\underline{x}^o$ ist genau dann effizient bezüglich X und $\underline{z}(\underline{x})$ wenn sie auch bezüglich X, $\underline{z}(\underline{x})$ und $\bar{\underline{z}}$ effizient ist (vgl. auch DINKELBACH [1971], S. 7-8).†

Beweis

Es sei $\hat{\underline{z}} := (z_1(\hat{\underline{x}}_1),\ldots,z_J(\hat{\underline{x}}_J))^T$. Aus $\bar{\underline{z}} \geq \hat{\underline{z}} \geq \underline{z}(\underline{x})$ für alle $\underline{x} \in X$ folgt $\underline{y}(\underline{x}) = \bar{\underline{z}} - \underline{z}(\underline{x})$. Damit erhält (SVMP) folgende Form "min" $\{\bar{z} - \underline{z}(\underline{x}) \mid \underline{x} \in X\} = \bar{z} - $ "max" $\{\underline{z}(\underline{x}) \mid \underline{x} \in X\}$,

so daß jede bezüglich X und $\underline{z}(\underline{x})$ effiziente Alternative $\underline{x}^o$ auch bezüglich X, $\underline{z}(\underline{x})$ und $\bar{z}$ effizient ist und umgekehrt.[††]

Die in Satz 8 bezüglich $\bar{z}$ getroffenen Annahmen sind sehr restriktiv. Sofern (VMP) und (SVMP) lineare Vektoroptimierungsprobleme sind, lassen sich bezüglich $\bar{z}$ schwächere Voraussetzungen dafür angeben, daß eine bezüglich X, $\underline{z}(\underline{x})$ und $\bar{z}$ effiziente Alternative auch bezüglich X und $\underline{z}(\underline{x})$ effizient ist.

<u>Satz 9</u>

Gegeben seien die Vektoroptimierungsprobleme (SVMP) und (VMP) mit $X := \{\underline{x} \mid \underline{A}\underline{x} = \underline{b}, \underline{x} \geq \underline{o}\}$, $\underline{z}(\underline{x}) := \underline{C}\underline{x}$ und $\bar{z} \geq \underline{z}(\underline{x}^+)$. $\underline{x}^+$ sei bezüglich X und $\underline{z}(\underline{x})$ effizient.

Ist $\underline{x}^o$ bezüglich X, $\underline{z}(\underline{x})$ und $\bar{z}$ effizient, dann ist $\underline{x}^o$ auch bezüglich X und $\underline{z}(\underline{x})$ effizient.[†]

Der Beweis zu Satz 9 findet sich bei ISERMANN [1974]. Die Aussage von Satz 9 ist z.B. unter der Voraussetzung X konvex und $z_j(\underline{x})$ konkav (j = 1,...,J) nicht mehr gültig. Man beachte, daß unter den in Satz 9 getroffenen Voraussetzungen bezüglich X und $\underline{z}(\underline{x})$ effiziente Alternativen existieren können, die nicht bezüglich X, $\underline{z}(\underline{x})$ und $\bar{z}$ effizient sind.

<u>Literatur</u>

CHARNES, A., and W.W. COOPER: Management Models and Industrial Applications of Linear Programming, Vol. I. New York: Wiley 1961.

COCHRANE, J.L., and M. ZELENY (eds.): Multiple Criteria Decision Making. Columbia: University of South Carolina Press 1973.

DINKELBACH, W.: Sensitivitätsanalysen und parametrische Programmierung. Berlin: Springer 1969.

DINKELBACH, W.: Über einen Lösungsansatz zum Vektormaximumproblem. In: M. BECKMANN (Hrsg.), Unternehmensforschung - Heute, 1-13. Berlin: Springer 1971.

DÜRR, W.: Einige Theoreme zum Vektormaximumproblem. Regensburger Diskussionsbeiträge zur Wirtschaftswissenschaft, Serie B, Nr. 1, Universität Regensburg (1971).

GAL, T., and J. NEDOMA: Multiparametric Linear Programming, Management Science 18, 406-422 (1972).

ISERMANN, H.: Lineare Vektoroptimierung. Regensburg: Disser-

tation 1974.
JOHNSEN, E.: Studies in Multiobjective Decision Models. Lund:
Studentlitteratur 1968.
KUHN, H.W., and A.W. TUCKER: Nonlinear Programming. In: J. NEYMAN
(ed.), Proceedings of the Second Berkeley Symposium on Mathemati-
cal Statistics and Probability, 481-492. Berkeley, Cal.:
University of California Press 1951.
LEWIN, K., T. DEMBO, L. FESTINGER, and P.S. SEARS: Level of
Aspiration. In: J. McV. HUNT (ed.), Personality and the Behavior
Disorders, Vol. I, 333-378. New York: Ronald Press 1944.
SIMON, H.A.: Models of Man. New York: Wiley 1957.

Perfect Zero-One Matrices – II

M. Padberg, Berlin

Abstract

We consider combinatorial programming problems of the form (LP): max $\{cx \mid Ax \leq e,\ x_j = 0 \text{ or } 1,\ \forall_j\}$, where A is a $m \times n$ matrix of zeroes and ones, e is a column vector of m ones and c is an arbitrary (non-negative) vector of reals. Applications of this general problem include crew scheduling, political districting and others. In this paper we first summarize (without proofs) the results of a companion paper that completely characterize matrices A for which (IP) can be solved as an ordinary linear programming problem, i.e. where the relaxed linear program (LP): $\max\{cx \mid Ax \leq e,\ x_j \geq 0,\ \forall_j\}$ produces an integral solution no matter what linear form cx is maximized. (Zero-one matrices with this property are termed "perfect"). Some additional concepts and results are stated. It is shown that every totally unimodular zero-one matrix as well as every "balanced" zero-one matrix is perfect. Finally, in the concluding remarks, a reformulation of the strong perfect graph due to C. BERGE is given and some recent trends in zero-one programming are delineated.

Introduction

We consider integer linear programming problems of the form

$$
\begin{aligned}
\text{(IP)} \qquad \max \quad & cx \\
& Ax \leq e \\
& x_j = 0 \text{ or } 1,\ j \in N
\end{aligned}
$$

where A is a $m \times n$ matrix of zeroes and ones, $e^T = (1, \ldots, 1)$ has m components equal to 1, c is a vector of n arbitrary reals and $N = \{1, \ldots, n\}$. This class of problems is known as the set packing problem see e.g. (11), (17), (18), (19), (21). It is closely related to the set partitioning problem (SPP) – in fact, e.g. in (17), it has been shown that by appropriately modifying the objective function, every SPP can be brought into the above form of (IP) – as well as to the set covering problem. In (11) a recent survey of the applications of this general class of problems stemming from business administration, public administration, engineering science etc. is given. In addition to the motivation for this work resulting from the many applications of (IP) and its close relatives one can say that - in light of the "anti-blocker" theory developed by D.R. Fulkerson, see (10), - research on zero-one matrices really is one of the central topics in the theory of integer linear programming with zero-one variables.

In (19) we have termed an arbitrary zero-one matrix "perfect" if the solution of the linear programming problem (LP), obtained from (IP) by dropping the integrality stipulation, is always integral - no matter, what linear form cx is maximized subject to the <u>relaxed</u> constraints $Ax \leq e$ and $0 \leq x_j \leq 1$ for all $j \in N$. The main result of (19) is the characterization of perfect matrices in terms of <u>forbidden</u> <u>submatrices</u>. In this paper we state first a summary of the results of (19) and some additional results without proofs. Then the relationship between totally unimodular, "balanced" and perfect zero-one is discussed. Finally, a reformulation of the strong perfect graph conjecture due to Berge (5) is given.

1. <u>Perfect Zero-One Matrices</u>

Let A be any $m \times n$ matrix of zeroes and ones having no zero-column and define the polytope $P(A)$ as follows:

$$(1.1) \quad P(A) = \{x \in R^n \,|\, Ax \leq e, \ x_j \geq 0, \ j = 1, \ldots, n\}$$

and denote by $P_I(A)$ the convex hull of integer vertices of $P(A)$.

In general, $P_I(A)$ is properly contained in $P(A)$, i.e. $P(A)$ has fractional vertices. The matrix A is called <u>perfect</u> if $P_I(A) = P(A)$, i.e. if the polytope $P(A)$ defined in (1.1) has only integral vertices. Obviously, this definition of a perfect matrix is equivalent to the one mentioned in the introduction.

To characterize perfect zero-one matrices we need the following definition:

<u>Definition</u> (see (19)): Let A be a zero-one matrix of size $m \times n$ satisfying $m \geq n$. A is said to have <u>property</u> $\Pi_{\beta,n}$ if the following conditions are met:

(i) A contains a $n \times n$ <u>non-singular</u> submatrix A_1 whose row and column sums are all equal to β.

(ii)   If a^T is a row of A with row sum equal to β and a^T is not a row of the submatrix A_1 defined under (i), then there exists a row b^T of A_1 and that $a=b$ (equality is meant to hold component-wise).

(iii) All other rows of A have row sums strictly less than β.

Theorem (see (19)): **Let A be any zero-one matrix of size m×n. The following two conditions are equivalent:**

(i) **A is perfect**
(ii) **For $\beta \geq 2$ and $3 \leq k \leq n$, A does not contain any m×k submatrix A' having the property $\Pi_{\beta,k}$.**

The proof of the necessity of condition (ii) for A to be perfect is rather straight forward. The proof of the sufficiency of (ii), however, is rather involved and makes extensive use of recent results in graph theory, see (19). The main vehicle in the proof of the theorem is - essentially - the consideration of "critically imperfect" zero-one matrices, i.e. zero-one matrices A that are themselves **imperfect**, but **perfect** upon deletion of any single column of A. More precisely, let P(A) and $P_I(A)$ be defined as done in (1.1) and define for $1 \leq j \leq n$ the polytopes $P^j(A)$ as follows:

$$(1.2) \qquad P^j(A) = P(A) \cap \{x \epsilon R^n \mid x_j = 0\}$$

and let $P_I^j(A)$ denote the convex hull of integer vertices of $P^j(A)$.

A zero-one matrix A of size m×n is called **critically imperfect** if (i) $P^j(A) = P_I^j(A)$ for $j=1,\ldots,n$ **and** (ii) P(A) has at least one fractional (non-integer) vertex. One can show the following two results, the first of which is essentially a reformulation of Corollary 3.1 of (19):

Corollary 1: Let A be any m×n matrix of zeroes and ones. A is critically imperfect if and only if the following two conditions are met:

(i) A has the property $\Pi_{\beta,K}$ for some β satisfying $2 \leq \beta \leq \left(\frac{n}{2}\right)$ and k=n, where $\left(\frac{n}{2}\right)$ is the largest integer less than or equal to $\frac{n}{2}$.

(ii) A does not contain any m×k submatrix A' having property $\Pi_{\beta,k}$ for $\beta \geq 2$ and $3 \leq k \leq n-1$.

Corollary 2: Let A be any m×n matrix of zeroes and ones. If A is critically imperfect, then P(A) has exactly one non-integer extreme point and furthermore, $P_I(A) = P(A) \cap \{x \epsilon R^n \mid \sum_{j=1}^{n} x_j \leq (\alpha)\}$, where $\alpha = \max\{\sum_{j=1}^{n} x_j \mid x \epsilon P(A)\}$ and (α) denotes the largest integer less than or equal to α.

The proof of Corollary 2 requires quite different methods from the ones used in (19) and will be published in detail elsewhere. To conclude this section we state an example that demonstrates the complexity of perfect zero-one matrices.

<u>Example:</u> Consider the graph G of Fig. 1 and its associated clique-matrix A in
Fig. 2. (A <u>clique</u> in a graph G is a maximal complete subgraph of G; A is a
clique-matrix if every row of A is the incidence vector of some clique in G and
vice versa). The submatrix A' made up of columns 1,2 and 3 and rows 1,2 and 3
has a determinant of 2. Due to the simple structure of A we find by inspection
that A is perfect. We note that A^T, the transpose of A, is not perfect. The
above example can be generalized to prove that given any natural number k there
exists a <u>perfect</u> matrix having a minor whose determinant in absolute value equals
k. (The generalization has been indicated in (19)). This observation illustrates
why a characterization of perfect matrices in terms of <u>forbidden</u> <u>submatrices</u> is
appropriate rather than a characterization in terms of forbidden subdeterminants
which is possible in the case of totally unimodular zero-one matrices, which,
however, is impossible in the case of perfect zero-one matrices.

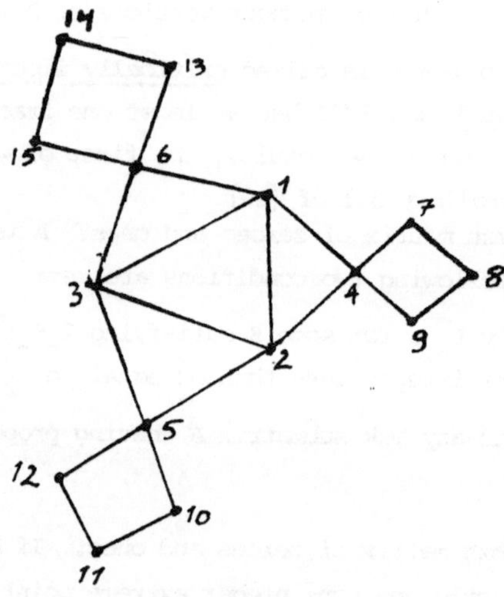

Fig. 1

$$A = $$

	1	2	3	4	5	6	7	8	9	10	11	12	13	14	15
	1	1	0	1	0	0	0	0	0	0	0	0	0	0	0
	0	1	1	0	1	0	0	0	0	0	0	0	0	0	0
	1	0	1	0	0	1	0	0	0	0	0	0	0	0	0
	1	1	1	0	0	0	0	0	0	0	0	0	0	0	0
	0	0	0	1	0	0	1	0	0	0	0	0	0	0	0
	0	0	0	0	0	0	1	1	0	0	0	0	0	0	0
	0	0	0	0	0	0	0	1	1	0	0	0	0	0	0
	0	0	0	1	0	0	0	0	1	0	0	0	0	0	0
	0	0	0	0	1	0	0	0	0	1	0	0	0	0	0
	0	0	0	0	0	0	0	0	0	1	1	0	0	0	0
	0	0	0	0	0	0	0	0	0	0	1	1	0	0	0
	0	0	0	0	1	0	0	0	0	0	0	0	1	0	0
	0	0	0	0	0	1	0	0	0	0	0	0	1	0	0
	0	0	0	0	0	0	0	0	0	0	0	0	1	1	0
	0	0	0	0	0	0	0	0	0	0	0	0	0	1	1
	0	0	0	0	0	1	0	0	0	0	0	0	0	0	1

Fig. 2

2. Perfection and Related Notions

It is well known that for totally unimodular matrices A we have that $P(A) = P_I(A)$, see e.g. (11). Consequently, every totally unimodular zero–one matrix A must be perfect. However, not every perfect zero–one matrix is totally unimodular. The example of Fig. 2 demonstrates that point. (A matrix A is totally unimodular iff every minor of A has a determinant of 0, +1 or –1; the example of Fig. 2, however, contains a minor with determinant 2). Consequently, the concept of a perfect zero–one matrix is more general than that one of a totally unimodular zero–one matrix since it comprises a larger class of zero–one matrices.

More recently, Berge (7) has introduced the concept of a "balanced" matrix that also constitutes a generalization of the concept of totally unimodular zero–one matrices. Using Theorem 6 of (7), a zero–one matrix A of size $m \times n$ is balanced if and only if the following condition is met: For every zero–one vector $w \epsilon R^m$ and for every zero–one vector $b \epsilon R^n$ the linear programming problem (LP_w^b) provides an integral solution, where (LP_w^b) is the problem $\min\{\sum_{j=1}^{m} y_j \mid yA \geq b, 0 \leq y \leq w\}$.

Consequently, if A is balanced, then the linear program (LP^b) provides an integral solution for every zero-one vector $b \varepsilon R^n$, where (LP^b) is the problem $\min\{\sum_{j=1}^{m} y_j \mid y \ A \geq b, \ y \geq 0\}$. Consequently, by Theorem 5 of (16), the linear programs (D^b) $\max\{\sum_{i=1}^{n} b_i x_i \mid Ax \leq e, \ x \leq 0\}$ provide integral solutions for __all__ vectors b with integral components, i.e. A is perfect. Consequently, every balanced matrix is perfect. A useful criterion for checking whether or not a given zero-one matrix A is balanced is due to A. Hoffmann and R. Oppenheim (15): A is balanced if and only if A does not contain any submatrix of odd size having row and column sum equal to two. Consequently, the example of Fig. 2 is an instance of a perfect zero-one matrix that is __not__ balanced. Hence, we have the statement: Every totally unimodular zero-one matrix is balanced; every balanced zero-one matrix is perfect; but none of the two preceding statements holds in the reverse direction.

3. __Remarks__

3.1. The motivation to look for conditions under which integer programming problems can be solved as linear programming stems from the fact that - except for the edge-matching problem on graphs (9), see also (11) - integer programming problems are in general still not yet satisfactorily solvable. In the case of "natural" integer programming problems like the transportation problem, the assignment problem, etc., however, efficient methods of solutions have been found. This fact nourishes the hope that for the case of perfect zero-one matrices efficient algorithms for the set packing problem (IP) will be found. (Except for the simplex method, no such algorithm is known to date). On the other hand, the only case of a "well-solved" integer programming problem, namely the edge-matching problem on graphs (9), (11), starts with the knowledge of the complete set of linear inequalities that characterize the convex hull of integer solutions. Very little is known to date about the convex hull of integer solutions to an arbitrary integer programming problem. (Some recent papers contain some clues in that direction for various special cases, see e.g. (2), (8), (12), (13), (14), (18), (20), (21)). A systematic attempt to solve integer programming problems should in our opinion start with finding most general conditions under which integrality is implied by the problem constraints. One such instance is the case of perfect zero-one matrices. A more general and probably much more difficult question is still unsolved: When do the polytopes $P(A,b) = \{x \varepsilon R^n \mid Ax \leq b, \ 0 \leq x_j \leq 1, \ j=1,\ldots,n\}$ where A is a $m \times n$ matrix of zeroes and ones and b is an arbitrary but given vector with integral components, have

3.2. The characterization of perfect zero-one matrices is closely related to
the strong perfect graph conjecture in graph theory due to C. Berge, see (5),
(6), and also (19). In view of this conjecture we formulate a stronger form of
the theorem of Section 1 as a conjecture:

<u>Conjecture</u>: Let A be any $m \times n$ matrix of zeroes and ones. Then the following two
conditions are equivalent:

(i)   A is perfect

(ii)   A does not contain any $m \times k$ submatrix A' having property $\Pi_{\beta,k}$ for any
        k satisfying $3 \leq k \leq n$ and for $\beta = 2$, $\binom{k}{2}$, and k-1.

The difference to the theorem is that in the conjecture the values of β are
restricted to the numbers 2, $\binom{k}{2}$, and k-1. If the conjecture is true, this
would imply that a considerably smaller computational effort is required in veri-
fying (or falsifying) the perfection of given zero-one matrices.

3.3. There are various instances when zero-one matrices A are known to be perfect: This is always the case when A constitutes the clique-matrix (see (19))
of a perfect graph (see (5), (6), also (19)). Among the graphs known to be
perfect are the "triangulated", the "i-triangulated" and the "comparability"
graphs, see (5), (6) for definitions.

3.4. Any zero-one matrix A can be split up into two parts $A = (A_1, A_2)$ such
that A_1 is a perfect matrix while adjoining any column of A_2 to A_1 renders the
resulting submatrix A' of A imperfect. This fact can possibly be usefully
exploited in solving arbitrary set packing problems (IP). Furthermore,
especially in the context of crew scheduling, see e.g. (1), the matrix A of
problem (IP) is frequently generated in a "matrix-generator" program. This
opens the possibility of possibly avoiding the generation of "imperfect"
matrices through data manipulation, a question that appears to deserve further
study.

<u>References</u>:

(1)   Arabeyre, J.P.,,J. Fearnley, F. Steiger and W. Teather: "The Airline
        Crew Scheduling Problem: A Survey", <u>Transportation Science</u>, 3(1969),
        pp. 140-163.

(2)   Balas, E.: "Facets of the Knapsack Polytope", Carnegie-Mellon University, Management Sciences Research Report No. 323, September 1973.

(3)   Balas, E., and M.W. Padberg: "On the Set Covering Problem", _Operations Research_, 20(1972), pp. 1152-1161.

(4)   Balas, E., and M.W. Padberg: "On the Set Covering Problem II: An Algorithm", Management Sciences Research Report No. 278, GSIA, Carnegie-Mellon University, Pittsburgh, Pa. (presented at the Joint National Meeting of ORSA, TIMS, AIEE, at Atlantic City, November 8-10, 1972).

(5)   Berge, C.: _Graphes et Hypergraphes_, Dunod, Paris 1970.

(6)   Berge, C.: Introduction à la Theorie des Hypergraphes, Lectures notes, Université de Montreal, Summer 1971.

(7)   Berge, C.: "Balanced Matrices", _Mathematical Programming_, 2(1972), pp. 19-31.

(8)   Chvátal, V.: "Edmonds Polyhedra and a Hierarchy of Combinatorial Problems", _Discrete Mathematics_, 4(1973), pp. 305-337.

(9)   Edmonds, J.: "Maximum Matching and a Polyhedron with 0,1 Vertices", _Journal of Research of the National Bureau of Standards_, 69B(1965), pp. 125-130.

(10)   Fulkerson, D.R.: "Blocking and Anti-blocking Pairs of Polyhedra", _Mathematical Programming_, 1(1971), pp. 168-194.

(11)   Garfinkel, R. and G. Nemhauser: _Integer Programming_, John Wiley & Sons, 1972.

(12)   Glover, F.: "Unit-Coefficient Inequalities for Zero-One Programming", University of Colorado, Management Sciences Report Series, No. 73-7, July 1973.

(13)   Hammer, P.L., E.L. Johnson and U.N. Peled: "Regular 0-1 Programs", University of Waterloo, Combinatorics and Optimization Research Report, CORR No. 73-18, September 1973.

(14)   Hammer, P.L., E.L. Johnson and U.N. Peled: "Facets of Regular 0-1 Polytopes", University of Waterloo, Combinatorics and Optimization Research Report, CORR No. 73-19, October 1973.

(15)   Hoffmann, A.J.: "On Combinatorical Problems and Linear Inequalities",
       IBM Watson Research Center, Yorktown Heights, N.Y., paper presented
       at the 8th International Symposium on Mathematical Programming,
       Stanford, August 1973.

(16)   Lovász, L.: "Normal Hypergraphs and the Perfect Graph Conjecture",
       Discrete Mathematics, 2(1972), pp. 253-268.

(17)   Padberg, M.W.: Essays in Integer Programming, Ph.D. Thesis, Carnegie-
       Mellon University, Pittsburgh, Pa. (April 1971), unpublished.

(18)   Padberg, M.W.: "On the Facial Structure of Set Packing Polyhedra",
       IIM-Report No. I/72-13, International Institute of Management,
       Berlin, forthcoming in Mathematical Programming.

(19)   Padberg, M.W.: "Perfect Zero-One Matrices", IIM-Report No. I/73-8,
       International Institute of Management, Berlin, forthcoming in
       Mathematical Programming.

(20)   Padberg, M.W.: "A Note on Zero-One Programming", University of Waterloo,
       Combinatorics and Optimization Research Report, CORR No. 73-5,
       March 1973.

(21)   Trotter, L.: Solution Characteristics and Algorithms for the Vertex
       Packing Problem, Technical Report No. 168, Ph.D. Thesis, Cornell
       University, January 1973.

(22)   Wolsey, L.A.: "Faces for Linear Inequalities in 0-1 Variables",
       Université Catholique de Louvain, CORE Discussion paper No. 7338,
       November 1973.

Stand der linearen Planungsrechnung in der Praxis
O. Seifert, Hannover

Lineare Planungsmodelle haben bekanntlich in der Praxis große
Anwendungsgebiete gefunden. Immer umfangreichere und komplexere
Probleme werden mit der linearen Optimierung einschließlich ihrer
Erweiterungen sowie mit anderen Matrizenalgorithmen angegangen und
und zumeist erfolgreich gelöst. Dabei treten Schwierigkeiten auf,
die den Praktiker, den Software-Hersteller und den Theoretiker
gleichermaßen interessieren.

Diese und andere Gründe gaben den Anstoß, die Arbeitsgruppe "Praxis
der linearen Optimierung (PRALINE)" in der Deutschen Gesellschaft
für Operations Research (DGOR) zu gründen. Seit ihrer Konstituierung
im Jahre 1969 im damaliger AKOR verfolgte die Arbeitsgruppe im
wesentlichen vier Ziele:

1. Erfahrungsaustausch zwischen Fachleuten aus Wissenschaft,
   Wirtschaft und Verwaltung, die sich mit den Problemen großer
   linearer Modelle befassen.

2. Vorstellung geplanter oder fertiggestellter Anwendungsfälle
   sowie neuerer Programmpakete der Computer- und Software-
   Firmen.

3. Information über den "State of the Art" bei erweiterten
   Optimierungsverfahren wie Integer Programming, Separable
   Programming, Stochastische oder Parametrische Optimierung.

4. Erarbeitung eines Fragebogens zur Erfassung praktischer
   Anwendungsfälle linearer Planungsmodelle in Wirtschaft und
   Verwaltung im Einzugsgebiet der DGOR.

Die von der Arbeitsgruppe "Praxis der linearen Optimierung" durchgeführte Erhebungsaktion erstreckte sich über ein Jahr und zeigte eine gute Resonanz. Zwar können die eingegangenen praktischen Fälle nicht unbedingt als repräsentativ gelten, jedoch sind aus dem Fächer der Branchen und Problemstellungen so viele Modellbeschreibungen eingegangen, daß sich eindeutige, zu verallgemeinernde Tendenzen feststellen lassen. Die aus dieser Aktion gewonnenen Erkenntnisse bestätigen zum Teil bekannte Tatsachen, liefern aber auch neue Aspekte.

1. Die Anwendung linearer Planungsmodelle beschränkt sich nicht auf bestimmte Problemkreise oder Branchen.

2. Modelle auch sehr großen Umfangs lassen sich unter vernünftigem Aufwand realisieren. Software und Hardware erfüllen heute weitgehend die Anforderungen der Benutzer und ermöglichen einen wirtschaftlichen Einsatz der zur Problemlösung benötigten Verfahren.

3. Integrierte Planungssysteme lösen in vielen Fällen die Optimierungsmodelle im engeren Sinne ab.

4. Die Einbettung von Planungsmodellen in Matrix- und Reportgeneratoren ist von einer gewissen Größenordnung der Modelle an üblich. Abgesehen von wenigen Ausnahmen werden dabei selbsterstellte Programme bevorzugt.

5. Eine große Zahl von Modellen ist fest in unternehmerische Planungs- und Entscheidungsprozesse einbezogen.

Stetige Maximierung auf stetigen Urbildern
R. Vahrenkamp, Karlsruhe

Abstract:

Let be X,Y,Z topological spaces, $A \subseteq Z$, Φ a mapping from XxY to Z and g a real function on Y. Then the question is discussed, under which conditions the real function $x \to \max\{g(y): \Phi(x,y)\varepsilon A\}$ on X is continuous. A characterisation of the topology on 2^Y, which is given by the Hausdorff-metric on 2^Y, is derived by maximization of continuous functions on Y.

1. Einleitung:

Das gewöhnliche Maximierungsproblem
$$\max_{y \in K} f(y)$$
wird in dieser Arbeit auf seine topologischen Eigenschaften hin untersucht. Hierbei sei f eine stetige Funktion auf dem $\mathbb{R}^n$, und K sei eine kompakte Teilmenge des $\mathbb{R}^n$. Zur Motivation der Fragestellung sei K als ein konvexes Gebilde in der Ebene angenommen, vergl. Abb.

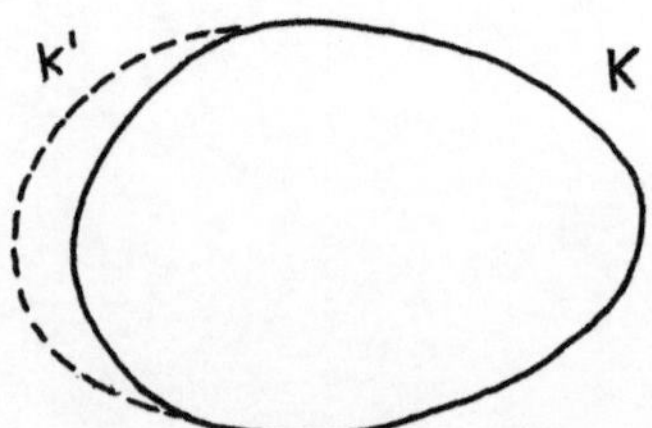

Wenn nun K "ein wenig" verändert wird und in das konvexe Gebilde K' überführt wird, was dem Gebilde K sehr "ähnlich" ist, folgt dann ebenfalls, daß
das Maximum von den Werten der Funktion f über K' noch nahe bei $\max\limits_{y \in K} f(y)$
ist, in Zeichen

$$\max\limits_{y \in K'} f(y) \approx \max\limits_{y \in K} f(y) \qquad ?$$

Zur Beantwortung dieser Frage hat man die Menge der kompakten Teilmengen
des $\mathbb{R}^n$ zu topologisieren, um die Begriffe wie Ähnlichkeit, Nachbarschaft
und Stetigkeit mathematisch exakt behandeln zu können. Und die Antwort auf
diese Frage hängt sicherlich von der Wahl der Topologie ab. Ehe zur weiteren Diskussion dieser Frage übergegangen werden soll, sei das Maximierungsproblem noch in eine allgemeinere Fragestellung eingebettet, welche die
Stetigkeit der Urbilderzeugung als Problem anschneidet.

Es seien X,Y,Z topologische Räume, A eine nichtleere Teilmenge von Z, Φ
eine Abbildung von X×Y in Z und g eine reelle Funktion auf Y. Es sei nun
die Frage untersucht: Unter welchen Bedingungen ist

$$(1) \qquad\qquad x \to \max\{g(y): \Phi(x,y) \in A\}$$

eine stetige reelle Funktion auf X? Damit die Funktion (1) überhaupt sinnvoll definiert ist, muß sicherlich vorausgesetzt werden, daß $\forall\, x \in X$ es ex.
ein $y \in Y$, sodaß $\Phi(x,y) \in A$. Diese Voraussetzung sei für die Menge A und die
Abbildung Φ gemacht, und es sei weiter $\forall\, x \in X$ mit ϕ_x die Abbildung $y \to \Phi(x,y)$
von Y nach Z bezeichnet, welche die Einschränkung von Φ auf den "Streifen"
$\{x\}\times Y$ darstellt. Dann ist die (1) definierende Bedingung $\Phi(x,y) \in A$ äquivalent
mit $y \in \phi_x^{-1}(A)$, d.h. die Funktion g wird über alle y maximiert, welche im
Urbild $\phi_x^{-1}(A)$ liegen. Und man kann direkt vermuten, daß die Frage nach der
Stetigkeit von (1) eng zusammenhängt mit der Frage nach der Stetigkeit der
Abbildung $x \to \phi_x^{-1}(A)$, welche jedem $x \in X$ eine Teilmenge von Y zuordnet.
Somit ist die Stetigkeit der Urbilderzeugung angeschnitten.

Zur weiteren Motivation der Arbeit seien zwei Problemkreise vorgestellt,
worin der Funktion (1) eine gewisse Bedeutung erlangt. In der statischen
Entscheidungstheorie ist das zentrale Werkzeug der Analyse die pay-off-
Funktion $\Phi(N,E)$. Diese ordnet der stochastischen Variablen N, welche die

Zustände der Natur beschreibt, und der Entscheidung E des Statistikes, den numerischen Wert $\Phi(N,E)$ zu, und die Aufgabe des Statistikes besteht darin, seine Entscheidung E so zu wählen, das der Pay-off in einem gewissen Sinne maximal wird. Bei nicht numerischen Werten von Φ versagt jedoch die direkte Maximierung. Dieser Fall kann etwa bei der Optimierung unter einer Vielfalt von Zielen auftreten (Vektoroptimierung), wobei Φ Werte im $\mathbb{R}^n$ annimmt. In dieser Situation bezeichne $A \subseteq \mathbb{R}^n$ die Menge der zulässigen Resultate des Zusammenspiels von Natur und Statistiker. Benötigt eine Unternehmung etwa zwei sich gegenseitig substituierende Rohstoffarten v_1 und v_2, welche stets in einer gewissen Mindestmenge auf Lager gehalten werden müssen, so kann A als Teilmenge des $\mathbb{R}^2$ die zulässige Lagermenge bezeichnen (vergl. Abb.   ).

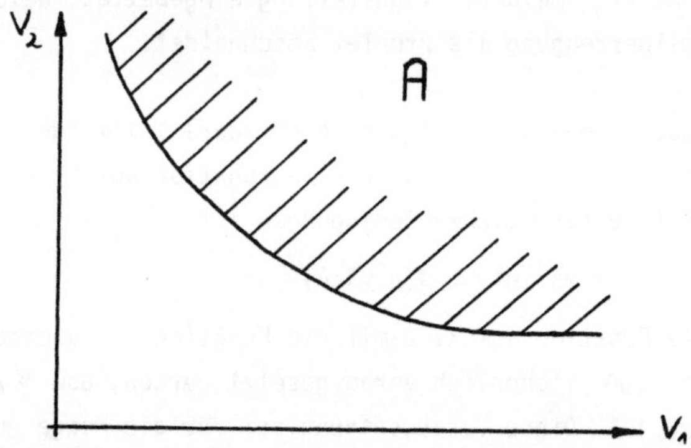

Nun können die zulässigen Entscheidungen E, welche $\Phi(N,E)\varepsilon A$ sicherstellen, mit einer gewöhnlichen numerischen Pay-off-Funktion g bewertet werden. So erhält man den maximalen Pay-off in Abhängigkeit von der Zustandsvariablen N. Damit ist die Funktionsform (1) hergestellt.

Ein weiteres Beispiel sei aus der Matrixtheorie genommen. Es sei H eine semipositive (nxn)-Matrix, X das Standardsimplex im $\mathbb{R}^n_+$.

Setze $s = \sup\limits_{x\varepsilon X} \sum\limits_{j=1}^{n} H_j(x)$ und $Y = [0,s]$. Hier bezeichne H_j die j-te Komponentenabbildung von H. Sei $Z = \mathbb{R}^n$ und $A = \mathbb{R}^n_+$. Definiere $\Phi: X\mathrm{x}Y \to Z$ durch $\Phi(x,y) = Hx-yx$. Dann existiert für jedes $x\varepsilon X$ ein $y\varepsilon Y$, sodaß $\Phi(x,y)\varepsilon A$, denn $\Phi(x,0) \geq 0$, also Element von $\mathbb{R}^n_+$. Die Funktion g: $Y \to R$ sei als Identität auf Y definiert.

Dann ist $\max\{g(y): \Phi(x,y)\epsilon A\} = \min \dfrac{H_j(x)}{x_j}$, wobei das Minimum über alle x_j zu nehmen ist, die positiv sind. Die Funktion

$$x \to \min \frac{H_j(x)}{x_j}$$

hat nun bekanntlich die bedeutsame Eigenschaft, daß ihr Maximum auf X gerade mit dem größten Eigenwert der Matrix H zusammenfällt [4, Theorem 10.3].

2. Definitionen:

Zu weiteren Diskussion der Funktion (1) sei das

$$\max\{g(y): \Phi(x,y)\epsilon A\}$$

in eine formale Kette von Abbildungen zerlegt.

Hierzu seien X,Y,Z topologische Räume, $A \subseteq Z$, Φ: XxY $\to$ Z stetig gegeben. Weiter sei $\phi_x(y) = \Phi(x,y)$ gesetzt $\forall x\epsilon X$, und die Menge A sei zusammen mit der Abbildung Φ so gewählt, daß $\phi_x^{-1}(A) \neq \emptyset \ \forall x\epsilon X$. Diese Eigenschaft gibt Anlaß zur folgenden Definition:

Sei

$$A^Y = \{f: Y \to Z \mid f \text{ stetig, } f^{-1}(A) \neq \emptyset\}.$$

Für spätere Zwecke seien aus der Menge A^Y die <u>offenen</u> Abbildungen ausgesondert:

$$A_o^Y = \{f\epsilon A^Y \mid f \text{ ist eine offene Abbildung}\}.$$

Es sei die Voraussetzung gemacht, daß $A_o^Y \neq \emptyset$.

Da $\phi_x^{-1}(A) \neq \emptyset \ \forall x\epsilon X$ und Φ stetig, ist $\phi_x\epsilon A^Y \ \forall \ x\epsilon X$.

Also definiert

$$x \to \phi_x$$

eine Abbildung ϕ: X $\to A^Y$.

Ist zudem $\phi_x\epsilon A_o^Y \ \forall \ x\epsilon X$, so sei die durch $x \to \phi_x$ gegebene Abbildung von X in A_o^Y mit $\bar{\phi}$ bezeichnet. Mit diesen Definitionen ist die Bedingung $\Phi(x,y)\epsilon A$ äquivalent mit $y\epsilon[\phi(x)]^{-1}(A)$.

Im nächsten Schritt wird die Urbilderzeugung mittels einer Abbildung formalisiert.

Hierzu sei

$$2^Y = \{K \subseteq Y \mid K \text{ ist kompakt}\}.$$

und
$$\alpha(f) := f^{-1}(A)$$

für $f \epsilon A^Y$ gesetzt. Damit α eine Abbildung von A^Y in 2^Y wird, werden die
zusätzlichen Voraussetzungen "Y kompakt und A abgeschlossen" gemacht.
Dann ist nämlich $\alpha(f) \epsilon 2^Y \; \forall \; f \epsilon A^Y$. Mit $\bar{\alpha}: A_o^Y \to 2^Y$ sei die Abbildung $f \to f^{-1}(A)$
für $f \epsilon A_o^Y$ bezeichnet. Schließlich sei für eine nach oben halbstetige Funktion
f auf Y und $K \epsilon 2^Y$

$$M_f(K) = \max_{y \epsilon K} f(y)$$

gesetzt. Dies definiert die Abbildung $M_f: 2^Y \to \mathbb{R}$.

Mit diesen Definitionen ist dann
$$\max\{g(y): \Phi(x,y) \epsilon A\} = M_g \circ \alpha \circ \phi(x),$$
bzw. wenn $\phi_x \epsilon A_o^Y \; \forall \; x \epsilon X$, ist

$$\max\{g(y): \Phi(x,y) \epsilon A\} = M_g \circ \bar{\alpha} \circ \bar{\phi}(x).$$

Man erhält also die Verknüpfung von Abbildungen

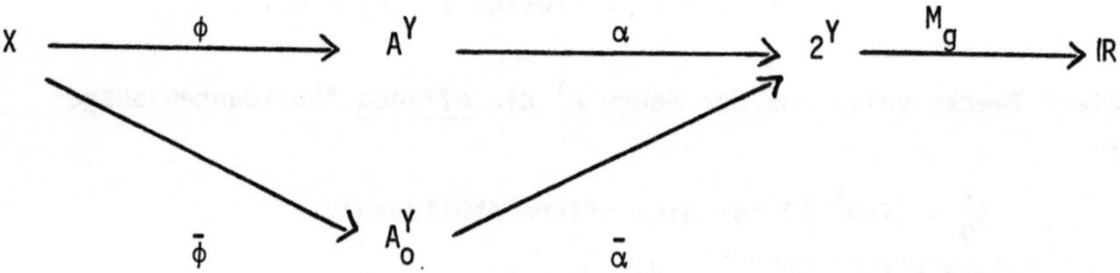

Als zusätzliche Voraussetzungen wurden "Y kompakt und $A \subseteq Z$ abgeschlossen"
gemacht.
Die Frage nach der Stetigkeit der Funktion (1) wird nun dadurch beantwortet,
daß die Stetigkeitseigenschaften der Abbildungen ϕ, α und M_g untersucht
werden. Hierzu sind die beteiligten Mengen zu topologisieren. Die Räume
X, Y, Z und $\mathbb{R}$ sind bereits voraussetzungsgemäß topologisiert. Für die ersten
drei sei zusätzlich angenommen, daß sie das Hausdorff'sche Trennungsaxiom
erfüllen und jeder ihrer Punkte eine abzählbare Umgebungsbasis besitzt.
Dies erleichtert die Stetigkeitsuntersuchung von Abbildungen. Die Funk-
tionenräume A^Y und A_o^Y seien mit der kompakt-offen-Topologie versehen,

welche von Basismengen der Form
$$\{f \epsilon A^Y : f(K) \subsetneq 0\},$$

$K \epsilon 2^Y$, 0 offen in Z, erzeugt wird.

Im Falle 2^Y wird angenommen, daß Y zudem ein metrischer Raum, versehen mit der Metrik δ, ist. Dann kann 2^Y leicht mit der induzierten Hausdorff-Metrik d topologisiert werden, welche gegeben ist durch

$$d(K,L) = \max\{ \max_{k \epsilon K} \min_{l \epsilon L} \delta(k,l), \max_{l \epsilon L} \min_{k \epsilon K} \delta(k,l)\},$$

$K, L \epsilon 2^Y$.

3. Resultate:

__Satz 1:__ Die Abbildungen $\phi: X \to A^Y$ und $\bar{\phi}: X \to A_0^Y$ sind stetig.

Beweis: Offensichtlich ist $\bar{\phi}$ stetig, wenn ϕ stetig ist. Die Stetigkeit von ϕ allein wird daher gezeigt. Wenn $x_0 \epsilon \phi^{-1} \{f \epsilon A^Y : f(K) \subsetneq 0\}$, so ist $\Phi(x_0, k) \epsilon 0 \ \forall \ k \epsilon K$. Also liegt $\{x_0\} \times K$ in der offenen Menge $\Phi^{-1}(0)$. Wegen der Kompaktheit von K läßt sich dann in X eine offene Umgebung W des Punktes x_0 wählen, sodaß $W \times K \subseteq \Phi^{-1}(0)$. So ist $W \subseteq \phi^{-1} \{f \epsilon A^Y : f(K) \subsetneq 0 \}$, und ϕ ist stetig.

q.e.d.

__Satz 2:__ Die Abbildung $\alpha: A^Y \to 2^Y$ ist halbstetig nach oben. Die Abbildung $\bar{\alpha}: A_0^Y \to 2^Y$ ist stetig, falls die Menge A keine isolierten Punkte besitzt und ein nicht-leeres Inneres int (A), d.h. A = cl int(A), wobei "cl" die topologische Abschlußoperation bezeichne.

Beweis: Da Y kompakt, induziert die Hausdorff-Metrik d auf 2^Y die Vietoris-Topologie [3, Proposition 3.5.], welche als Subbasis Mengen der Form

$$H(U) = \{K \epsilon 2^Y : K \subseteq U\}$$

und

$$G(U) = \{K \epsilon 2^Y : K \cap U \neq \emptyset \}$$

mit $U \subseteq Y$ offen besitzt. Zu zeigen ist: $\alpha^{-1} \{H(U)\}$ ist offen in A^Y bzw. das Komplement dieser Menge ist abgeschlossen. Dann ist α definitionsgemäß halbstetig nach oben. Es sei $U \neq Y$ gewählt und eine gegen $f \varepsilon A^Y$ konvergente Folge $(f_n)_n$ in $\alpha^{-1}\{H(U)\}^C$. Da $\alpha(f_n) \cap U^C \neq \emptyset$, ex. $\forall$ n ein Punkt $y_n \varepsilon \alpha(f_n) \cap$ $\cap U^C$. Sei y^O ein Häufungspunkt von $(y_n)_n$ mit zugehöriger konvergenter Teilfolge $(y_{n_j})_j$. Die kompakt-offen-Topologie macht die Einsetzung $(f,y) \to f(y)$ stetig [1; S.224]. So ist $\lim_j f_{n_j}(y_{n_j}) = f(y^O)$. Hiermit folgt $f \varepsilon \alpha^{-1}\{H(U)\}^C$. q.e.d.

Zur Stetigkeit von $\bar{\alpha}$: Ebenso wie α ist $\bar{\alpha}$ halbstetig nach oben. Zu zeigen bleibt daher bloß noch $\bar{\alpha}^{-1}\{G(U)\}$ ist offen in A^Y. Wähle ein $f \varepsilon \bar{\alpha}^{-1}\{G(U)\}$. Dann ist $f^{-1}(A) \cap U \neq \emptyset$. Da $A = cl\ int\ (A)$ und f offen, existiert ein Punkt $y^O \varepsilon f^{-1}[int\ (A)] \cap U$. Dann ist $\{g \varepsilon A_O^Y : g(y_O) \varepsilon int\ A\}$ eine offene Umgebung von f, welche noch ganz in $\bar{\alpha}^{-1}\{G(U)\}$ liegt.   q.e.d.

Anmerkung: Ob die in Satz 2 angegebene Bedingung "f offen und $A = cl\ int(A)$" für die Stetigkeit der Abbildung $f \to f^{-1}(A)$ auch notwendig ist, konnte nicht entschieden werden. Zumindest sind verwandte Aussagen in der Literatur bekannt:

(i)   Sind Y,Z hausdorff'sche Räume, $f: Y \to Z$ stetig und bezeichne 2^Y bzw. 2^Z die Menge der abgeschlossenen Teilmengen von Y bzw. Z, versehen mit der Vietoris-Topologie, so ist die Abbildung $f^{-1}: 2^Z \to 2^Y$ genau dann halbstetig nach unten, wenn f offen ist [2, S.45].

(ii) Sind Y,Z hausdorff'sch, Y kompakt und Z regulär, 2^Z die Menge der abgeschlossenen Teilmengen, versehen mit der Vietoris-Topologie, Z^Y die Menge der stetigen Abbildungen von Y nach Z, versehen mit der kompakt-offen-Topologie, so ist die Abbildung $(f,B) \to f^{-1}(B)$ von $Z^Y x 2^Z$ nach 2^Y halbstetig nach oben [2, S.45].

Es wird nun die Stetigkeit der Maximierung gezeigt:

Satz 3: Ist f eine stetige bzw. nach oben halbstetig reelle Funktion auf Y, so ist M_f eine stetige bzw. nach oben halbstetige reelle Funktion auf 2^Y.

Beweis: Sei $(K_n)_n$ eine gegen $K \varepsilon 2^Y$ in 2^Y konvergente Folge. Dann sei aus K bzw. aus jedem K_n ein Punkt k bzw. k_n gewählt, der $M_f(K) = f(k)$ bzw.

$M_f(K_n) = f(k_n)$ erfüllt. Anwenden von Kompaktheitsschlüssen auf die Folge $(k_n)_n$ läßt die angesprochenen Stetigkeitseigenschaften der Funktion M_f dann leicht folgen.

<u>Bemerkungen und Definitionen:</u>

Voraussetzungsgemäß ist der Raum Y kompakt und metrisch. τ_Y bezeichne die durch diese Metrik gegebene Topologie auf Y, τ_d bezeichne die durch die induzierte Hausdorff-Metrik d auf 2^Y gegebene Topologie und schließlich sei τ_M die gröbste Topologie auf 2^Y, welche alle Maximierungen M_f stetig macht mit f <u>stetig</u> auf Y.

Mit diesen Definitionen besagt Satz 3, daß $\tau_M \subseteq \tau_d$.
Tatsächlich gilt aber $\tau_M = \tau_d$ Um dies zu zeigen, dienen die folgenden Sätze als Vorbereitung.

<u>Satz 4:</u> Seien U und W beliebige topologische Räume, f eine stetige reelle Funktion auf UxW und $K \subseteq W$ kompakt. Dann ist die durch

$$F_K(u) = \max_{k \varepsilon K} f(u,k)$$

auf U gegebene Funktion F_k stetig.

<u>Beweis:</u> Sei $X_0 \varepsilon U$ und $s \varepsilon R$, sodaß $F_k(X_0) < s$. Für jedes $k \varepsilon K$ existiert eine offene Umgebung $R(k) \subseteq W$ von k und eine offene Umgebung $Q_k(X_0) \subseteq U$ von X_0, sodaß $f < s$ auf $Q_k(X_0) x R(k)$. Dann folgt mit der Kompaktheit von K die Existenz einer offenen Umgebung $Q(X_0) \subseteq W$ von X_0, sodaß $F_K < s$ auf $Q(X_0)$, und so ist F_K auf U halbstetig nach oben. Sei andererseits $F_K(X_0) > t$ und $k_0 \varepsilon K$ mit $F_K(X_0) = f(X_0,k_0)$. Dann existiert eine offene Umgebung $R(k_0) \subseteq W$ von k_0 bzw. $Q(X_0) \subseteq U$ von X_0, sodaß $f > t$ auf $Q(X_0) x R(k_0)$. So ist $F_K > t$ auf $Q(X_0)$. Damit ist F_K stetig auf U. q.e.d.

<u>Satz 5:</u> Ist f eine stetige reelle Funktion auf YxZ, so ist die durch

$$(L,z) \;\rightarrow\; \min_{l \varepsilon L} f(l,z)$$

gegebene Funktion $\hat{f}$ auf $2^Y x Z$ halbstetig nach oben bezüglich der Topologie

$\tau_M \otimes \tau_Z$, wobei τ_Z die gegebene Topologie auf Z bezeichne. Wenn speziell für Z der Raum Y und für f die Metrik δ auf YxY gewählt wird, so ist $\hat{f}$ stetig bezüglich $\tau_M \otimes \tau_Y$.

Beweis: Es seien $K_0 \varepsilon 2^Y$, $z_0 \varepsilon Z$ und $s \varepsilon R$ gewählt, sodaß $\hat{f}(K_0,z_0) < s$. Für den Punkt $k_0 \varepsilon K_0$ mit $\hat{f}(K_0,z_0) = f(k_0,z_0)$ existiert ein positives t, und für den Punkt z_0 existiert eine offene Umgebung $Q \subseteq Z$, sodaß $f < s$ auf $\{y \varepsilon Y: \delta(y,k_0) < t\}$ xQ. Es sei eine stetige reelle Funktion g auf Y gewählt mit $0 \leq g \leq 1$, $g(k_0) = 1$, $g(y) = 0$ für alle y, die $\delta(y,k_0) \geq \frac{1}{2} t$ erfüllen. Dann ist $\hat{f} < s$ auf der $\tau_M \otimes \tau_Z$ - offene Umgebung $\{L \varepsilon 2^Y: M_g(L) > 0\}$ x Q des Punktes (K_0,z_0) und so halbstetig nach oben.

Nun sei Z = Y und $f = \delta$. Ist dann $\hat{f}(K_0,y_0) > s \geq 0$, so kann folgendermaßen geschlossen werden.

Es sei $t = \frac{1}{3} (\hat{f}(K_0,y_0)-s)$ gesetzt, und der Punkt (L,y) sei aus der nach Satz 4 $\tau_M \otimes \tau_Y$ - offenen Umgebung WxQ: $= \{L \varepsilon 2^Y: \max_{l \varepsilon L} [\min_{k \varepsilon K} \delta(k,l)] < t\}$ x x$\{u \varepsilon Y: \delta(u,y_0) < t\}$ von (K_0,y_0) gewählt. Dann ist für jedes $l \varepsilon L$

$\delta(l,y) \geq t + s > s$. Also ist $\hat{f}(L,y) > s$, und so ist $\hat{f} > s$ auf WxQ und damit stetig. q.e.d.

<u>Folgerung 6</u>: Die von der Hausdorff-Metrik d auf 2^Y induzierte Topologie τ_d ist die gröbste Topologie, sodaß alle Maximierungen M_f stetiger Funktionen f auf Y stetig werden, d.h. $\tau_d = \tau_M$.

Beweis: Mit Satz 3 ist $\tau_M \subseteq \tau_d$. Zu zeigen bleibt daher lediglich die umgekehrte Inklusion, was geschieht, indem die die Basis von τ_d bildenden Mengen der Form $U(K,t) = \{L \varepsilon 2^Y: d(K,L) < t\}$, $K \varepsilon 2^Y$, $t > 0$, als τ_M - offen nachgewiesen werden. Hierzu sei für $L \varepsilon 2^Y$ mit $\underline{L}$ die nach Satz 4 auf Y stetige Funktion $y \to \min_{l \varepsilon L} \delta(l,y)$ bezeichnet. Dann ist

$U(K,t) = \{L \varepsilon 2^Y: M_{\underline{K}}(L) < t\} \cap \{L \varepsilon 2^Y: M_{\underline{L}}(K) < t\}$

mit den Sätzen 4 und 5 τ_M - offen. q.e.d.

Bemerkung:

Folgerung 6 liefert nachträglich eine Rechtfertigung für die Topologisierung der Menge 2^Y mit der Topologie τ_d. Wäre nämlich eine gröbere Topologie gewählt worden, so gäbe es Maximierungen M_f, welche nicht mehr auf 2^Y stetig wären.

Die Definition der Hausdorff-Metrik d legt es nahe, die Definition zu treffen, daß die Metrik δ auf Y das Minimax-Theorem für das geordnete Paar $(K,L)\epsilon 2^Y x2^Y$ erfüllt, wenn gilt $\max_{k\epsilon K} \min_{l\epsilon L} \delta(k,l) = \min_{l\epsilon L} \max_{k\epsilon K} \delta(k,l)$. Es wäre eine interessante Frage zu untersuchen, unter welchen Bedingungen eine Metrik diese Definition erfüllt. Im Falle $Y = |R^n$ und δ gleich dem euklidischen Abstand scheint es notwendig zu sein, daß K nicht in der konvexen Hülle von L liegt, wie einfache Beispiele zeigen.

Abschließend sei nun als Zusammenfassung der obigen Sätze formuliert, wann eine Maximierun auf Urbildern stetig ist.

Folgerung 7:   Seien X,Y,Z topologische Räume, welche das Hausdorff'sche Treunngsaxiom und das erste Axiom der Abzählbarkeit erfüllen. Y sei zudem metrisch und kompakt. Sei $A \subseteq Z$ abgeschlossen und nicht leer. Sei $\Phi: XxY \to Z$ stetig mit der Eigenschaft, daß für jede Einschränkung ϕ_x gilt, daß $\phi_x^{-1}(A) \neq \emptyset$. Dann gilt:

(i)   Sei g eine nach oben halbstetige reelle Funktion auf Y, so ist
$$x \to \max \{g(y): \Phi(x,y)\epsilon A\}$$
eine nach oben halbstetige Funktion auf X.

(ii)   Ist zudem jede Einschränkung ϕ_x eine offene Abbildung und gilt $A = cl\ int(A)$, so ist für jedes auf Y stetige g die Abbildung
$$x \to \max \{g(y): \Phi(x,y)\epsilon A\}$$
stetig.

Literatur:

[1]   Kelley: General Topology, Princeton 1955

[2]   Kuratowski: Some Problems Concerning Semi-Continuous
        Set-Valued Mappings, in: Fleischmann (Ed.): Set-
        Valued Mappings, Selections and Topological Pro-
        perties of 2^X, Berlin 1970

[3]   Michael: Topologies on Spaces of Subsets, Trans. Amer.
        Math. Soc. 71 (1951), 152-182

[4]   Nikaido: Convex Structures and Economic Theory, London
        1968

[5]   Hildenbrand: Über stetige Korrespondenzen, Operations
        Research-Verfahren III(1967)

Einparametrisch-quadratische Optimierung
M. Werner, Berlin

Summary: For a convex quadratic programming problem with one-parametric right-hand side or linear part of the objective function it is shown, that the definition space of the function of optimal values of the objective function is continuous and that this function is convex and continuous over the definition space. An algorithm for computing the definition space and the optimal-value-function is given.

1. Die Kuhn-Tucker Bedingungen für konvex-quadratische Optimierungsprobleme

Ausgangspunkt unserer Untersuchungen ist das quadratische Optimierungsproblem

$$\min K(x) = a'x + x'B\,x$$
$$C\,x = d \tag{1}$$
$$x \geq 0$$

mit

$$x' = (x_1, x_2, \ldots, x_j, \ldots, x_n) \ ,$$
$$a' = (a_1, a_2, \ldots, a_j, \ldots, a_n) \ ,$$
$$d' = (d_1, d_2, \ldots, d_i, \ldots, d_m) \ ,$$

der $m \cdot n$ ($n \cdot n$) Matrix $C = [c_{ij}]$ ($B = [b_{kj}]$) und B positiv definit oder semidefinit. Der Strichindex kennzeichnet die Transponierte. x meint einen Vektor mit Entscheidungsvariablen, alle anderen Vektoren und Matrizen meinen Konstante.

Das Kuhn-Tucker Theorem definiert die notwendigen und hinreichenden Bedingungen, daß ein Vektor x die - oder zumindest eine - Lösung eines konvexen Optimierungsproblems ist. Für (1) lautet es [Collatz/Wetterling 1971, S.105ff.]:

<u>Satz I</u>: Ein Vektor x ist nur dann optimale Lösung von (1), wenn er für die Nebenbedingungen von (1) zulässig ist und ein Vektor u mit

$$u = 2\,B\,x + C'w + a \geq 0$$
$$0 = u'x \tag{2}$$

existiert (w ist im Vorzeichen nicht beschränkt).

2. Die lange Form des Verfahrens von Wolfe

Zur Lösung konvex-quadratischer Optimierungsprobleme existieren eine Vielzahl
von Lösungsverfahren, von denen einige aber nur dann Anwendung finden können,
wenn B positiv definit ist [Künzi/Krelle 1962, S.113ff.]. Die lange Form des
Verfahrens von Wolfe [Collatz/Wetterling 1971, S.147ff.] unterliegt nicht dieser
Einschränkung: Ausgangspunkt dieses Algorithmus sind die aus Satz I resultierenden Optimalitätsbedingungen

$$C\,x \qquad\qquad = d \tag{3}$$
$$2\,B\,x + C'w - u = -a \tag{4}$$
$$x\,, \qquad u \geq 0 \tag{5}$$
$$x'u \qquad\quad = 0 \tag{6}$$

für (1).

Bei Anwendung des Verfahrens von Wolfe wird in einer ersten Phase eine zulässige
Lösung für

$$C\,x = d$$
$$x \geq 0 \tag{7}$$

erzeugt. Existiert keine zulässige Lösung für (7), dann ist auch die Menge der
zulässigen Lösungen von (3)-(6) leer. Ist $\hat{x}$ eine zulässige Basis von (7), dann
wird der Vektor

$$h = a + 2\,B\,\hat{x} \tag{8}$$

gebildet, eine neue Variable $y_0 \geq 0$ definiert und statt (3)-(6)

$$\begin{aligned}
C\,x &= d \\
2\,B\,x + C'w - u - h\,y_o &= -a \\
x\,, \qquad u \; &\geq \; 0 \\
y_o \; &\geq \; 0 \\
y_o \; &\to \; \min!
\end{aligned} \qquad (9)$$

unter der Bedingung

$$x'u = 0 \qquad (10)$$

betrachtet. Findet man für dieses, bis auf (10), lineare Optimierungsproblem eine zulässige Lösung mit $y_o=0$, dann ist diese für (3)-(6) zulässig und damit für (1) optimal.

Eine zulässige Lösung für (9)-(10) ist $x=\hat{x}$, $y_o=1$, $w=0$, $u=0$. Gilt in (8)

$$h = 0 \,, \qquad (11)$$

dann ist diese Lösung optimal für (1). Gilt

$$h \neq 0 \,, \qquad (12)$$

dann sind als Basis zu dieser Lösung m+n linear unabhängige Spaltenvektoren der Matrix

$$\left[\begin{array}{c|c|c|c}
C & 0 & 0 & 0 \\
\hline
2\,B & C' & -E & -h
\end{array}\right] \qquad (13)$$

zu wählen. Mögliche Basisvektoren sind die durch die zugehörigen Spalten der Matrix 2 B in (13) erweiterten m Vektoren des Vektors der Basisvariablen in $\hat{x}$ aus (7), die n-m Spaltenvektoren der Variablen u_j (j=1,2,...,n), deren entsprechende Variablen x_j (j=1,2,...,n) nicht Basisvariable in $\hat{x}$ sind, sowie die m Spaltenvektoren der Matrix

$$\left[\begin{array}{c}
0 \\
\hline
C'
\end{array}\right] \qquad (14)$$

Dieses System von m+n Vektoren ist jedoch als Basis nicht geeignet, da wegen $y_0 = 1$ der Spaltenvektor $(0,-h)$ in der Basis sein muß. Wegen (12) kann y_0 gegen eine der den Variablen u_j, w_i $(i=1,2,\ldots,m)$ zugeordneten Basisvektoren ausgetauscht werden, so daß man eine Basis erzeugen kann.

(9) wird mit Hilfe der Simplexmethode sowie (wegen (10)) unter Beachtung der Zusatzvorschrift gelöst, daß ein zu u_j gehörender Spaltenvektor nur dann in die Basis aufgenommen werden darf, wenn der entsprechende Vektor bezüglich x_j nicht in der Basis ist oder bleibt und umgekehrt.

Der Algorithmus ist endlich, da die Zahl der Basislösungen von (9) endlich ist und der Wert der Zielfunktion von (9), entsprechend den Regeln der Simplexmethode, bei jeder Basistransformation abnimmt.

Es gilt [Collatz/Wetterling 1971, S.149ff.]

Satz II: Ist B positiv definit und a beliebig oder B semidefinit und $a=0$ $(a{\neq}0)$, dann existiert stets eine optimale Lösung für (1), wenn für (7) eine zulässige Lösung existiert (und der Wert der Zielfunktion auf der Menge der zulässigen Lösungen nach unten beschränkt ist).

3. Parametrisierung des Vektors der Restriktionskonstanten

Das einparametrisch-quadratische Optimierungsproblem bei Variation des Vektors der Restriktionskonstanten d ist für (1) durch

$$\min K(x,\theta) = a'x + x'B\,x$$
$$C\,x = d + \theta\,g \qquad\qquad (15)$$
$$x \geq 0$$

mit dem m-komponentigen Vektor g und dem Variationsparameter $\theta \in R^1$ definiert. Bezeichnen wir mit $\overset{o}{K}(x,\theta)$ die optimale Lösungsfunktion von (15) in Abhängigkeit von θ, dann sollen im folgenden einige Eigenschften von $\overset{o}{K}(x,\theta)$, der kritischen Bereiche von θ (in ihnen ist eine optimale Basis für (15) zulässig) und ein Verfahren zur Bestimmung der kritischen Bereiche abgeleitet werden:

Zur Bestimmung der kritischen Bereiche von Θ wählen wir zunächst ein $\hat{\Theta} \in R^1$ für das

$$C\,x = d + \hat{\Theta}\,g$$
$$x \geq 0 \tag{16}$$

eine zulässige Lösung hat und bestimmen eine optimale Lösung für (15) mit $\Theta = \hat{\Theta}$ anhand des Verfahrens von Wolfe: (9)-(10) wird zu

$$
\begin{aligned}
C\,x &= d + \hat{\Theta}\,g \\
2\,B\,x + C'w - u - h\,y_o &= -a \\
x\,, \qquad u &\geq 0 \\
y_o &\geq 0 \\
y_o &\to \min!
\end{aligned}
\tag{17}
$$

mit

$$x'u = 0 \tag{18}$$

Ist der Wert der Zielfunktion von (15) nach unten beschränkt, das wollen wir im folgenden der Einfachheit halber unterstellen, dann existiert stets eine zulässige Lösung für (17)-(18) mit $y_o = 0$ (so lange (16) eine zulässige Lösung hat) und damit auch eine optimale Lösung für (15) (vgl. Satz II).

Im nächsten Schritt ist zu prüfen, in welchem Intervall $\underline{\Theta} \leq \Theta \leq \bar{\Theta}$ die für $\hat{\Theta}$ ermittelte Lösung von (15) optimal und zulässig bleibt: Dazu leiten wir anhand (17)-(18), entsprechend der Vorgehensweise der parametrischen linearen Programmierung bei Variation des Vektors der Restriktionskonstanten, $\underline{\Theta}$ und $\bar{\Theta}$ ab.

Da die Variable y_o Nichtbasisvariable ist und bleiben muß, sind die relativen Zielfunktionskoeffizienten aller Variablen (außer dem der Variablen y_o) gleich Null, so daß für $\Theta > \bar{\Theta}$ ($\Theta < \underline{\Theta}$) die neue Basisvariable – ehemalige Nichtbasisvariable – allein unter Beachtung der Zusatzvorschrift des Wolfeschen Verfahrens ausgesucht werden muß. Die Optimalität der Lösung von (17)-(18) bleibt so lange gewahrt, wie y_o Nichtbasisvariable bleibt.

So lange für (16) eine zulässige Lösung für $\hat{\Theta}$ innerhalb irgendeines Intervalls

102

$[\underline{\theta},\bar{\theta}]$ existiert, hat auch, unter Berücksichtigung der o.a. Voraussetzung, (17)-(18) und damit (15) eine zulässige optimale Lösung, so daß auf (17)-(18) die parametrische lineare Programmierung [Dinkelbach 1969, S.102ff.] Anwendung finden kann. Es gilt [Dinkelbach 1969, S.146]

__Satz III__: Der kritische Bereich $\underline{\theta}\leq\theta\leq\bar{\theta}$, in dem eine optimale Basis von (17)-(18) zulässig ist, ist konvex und abgeschlossen.

Bezeichnen wir mit D den Definitionsbereich der optimalen Lösungsfunktion

$$\overset{o}{K}(x,\theta) = \min \{ K(x,\theta) \mid C\,x = d + \theta\,g \; ; x \geq 0 \} \; ,$$

dann gilt

__Satz IV__: D ist konvex.

Beweis: Sei $\overset{o}{p}=\lambda\overset{1}{p}+(1-\lambda)\overset{2}{p}$ mit $\overset{1}{p}\neq\overset{2}{p}$ sowie $0<\lambda<1$ und $\overset{1}{x}$, $\overset{2}{x}$ zulässige Lösungen mit

$$C\,\overset{1}{x} = d + \overset{1}{\theta}\,g = \overset{1}{p} \; ,$$
$$C\,\overset{2}{x} = d + \overset{2}{\theta}\,g = \overset{2}{p} \; ,$$

dann erhalten wir durch Multiplikation mit λ (bzw. $(1-\lambda)$) und Addition

$$C[\lambda\overset{1}{x} + (1-\lambda)\overset{2}{x}] = \overset{o}{p} = d + [\lambda\overset{1}{\theta} + (1-\lambda)\overset{2}{\theta}]\,g = d + \overset{o}{\theta}\,g \; . \tag{19}$$

Es existiert also für $\overset{o}{p}$ eine zulässige Lösung und, da der Zielfunktionswert nach unten beschränkt ist, auch eine optimale Lösung für (15). Es gilt $\overset{o}{\theta}\in D$.

__Satz V__: $\overset{o}{K}(x,\theta)$ ist konvex über D.

Beweis: Nach (19) ist $[\lambda\overset{1}{x}+(1-\lambda)\overset{2}{x}]$ für $p=\overset{o}{p}$ zulässig, so daß

$$\overset{o}{K}(x,\theta) \leq a'[\lambda\overset{1}{x}+(1-\lambda)\overset{2}{x}] + [\lambda\overset{1}{x}+(1-\lambda)\overset{2}{x}]'B\,[\lambda\overset{1}{x}+(1-\lambda)\overset{2}{x}] \; ; \; 0<\lambda<1 \tag{20}$$

mit $\overset{o}{\theta}=\lambda\overset{1}{\theta}+(1-\lambda)\overset{2}{\theta}$ sein muß. Nun gilt aber

$$\lambda \overset{o}{K}(x,\theta) + (1-\lambda)\overset{o}{K}(x,\theta) = a'[\lambda\overset{1}{x}+(1-\lambda)\overset{2}{x}] + \lambda\overset{1}{x}'B\,\overset{1}{x} + (1-\lambda)\overset{2}{x}'B\,\overset{2}{x} \geq$$
$$a'[\lambda\overset{1}{x}+(1-\lambda)\overset{2}{x}] + [\lambda\overset{1}{x}+(1-\lambda)\overset{2}{x}]'B\,[\lambda\overset{1}{x}+(1-\lambda)\overset{2}{x}] \tag{21}$$

mit $0<\lambda<1$, da B zumindest positiv semidefinit und damit $x'B\,x$ konvex ist, so daß

$$\lambda\overset{1}{x}'B\,\overset{1}{x} + (1-\lambda)\overset{2}{x}'B\,\overset{2}{x} \geq [\lambda\overset{1}{x}+(1-\lambda)\overset{2}{x}]'B\,[\lambda\overset{1}{x}+(1-\lambda)\overset{2}{x}]$$

erfüllt sein muß. Aus (20)-(21) folgt

$$\overset{o}{K}(x,\theta) \leq \lambda\overset{o}{K}(x,\theta) + (1-\lambda)\overset{o}{K}(x,\theta) \quad ; \quad 0<\lambda<1 \quad .$$

Aus den Sätzen III-V sowie den Transformationsregeln der Simplexmethode folgt unmittelbar

<u>Satz VI</u>: $\overset{o}{K}(x,\theta)$ ist über dem Definitionsbereich D stetig.

4. Parametrisierung der Zielfunktionskoeffizienten

Das einparametrisch-quadratische Optimierungsproblem bei Variation des linearen Zielfunktionsteils $a'x$ ist für (1) durch

$$\begin{aligned}
\min K(x,\theta) &= [a+\theta f]'x + x'B\,x \\
C\,x &= d \\
x &\geq 0
\end{aligned} \tag{22}$$

mit dem n-komponentigen Vektor f und $\theta\in R^1$ definiert.

(22) läßt sich wiederum mit Hilfe des Verfahrens von Wolfe lösen: (9)-(10) wird zu

$$\begin{aligned}
C\,x &= d \\
2\,B\,x + C'w - u - h\,y_o &= -a - \theta f \\
x\,,\quad u &\geq 0 \\
y_o &\geq 0 \\
y_o &\rightarrow \min!
\end{aligned} \tag{23}$$

104

mit

$$x'u = 0 \tag{24}$$

und

$$h = a + \theta f + 2 B x \quad . \tag{25}$$

(23)-(24) kann nun beispielsweise für $\hat{\theta}=0$ gelöst und im Anschluß daran können die Intervalle $\underline{\theta}\leq\theta\leq\overline{\theta}$ - entsprechend 3. - bestimmt werden. Da stets $y_o=0$ gelten muß, kann die Veränderung des Vektors h mit (25) bei Variation von θ unberücksichtigt bleiben. Die o.a. Sätze gelten offensichlich auch für (22)-(24).

Literaturverzeichnis

Collatz,L. u. W.Wetterling: Optimierungsaufgaben, 2. Auflage, Berlin-Heidelberg-New York 71
Dinkelbach,W.: Sensitivitätsanalyse und parametrische Programmierung, Berlin-Heidelberg-New York 69
Künzi,H.P. u. W.Krelle: Nichtlineare Programmierung, Berlin-Göttingen-Heidelberg 62

Graphen- und Netzplantheorie

Netzplantheorie
(Übersichtsvortrag)
R. Kaerkes, Aachen

Within the last twenty years, project networks have become an important instrument in Operations Research. At the first approach the main interest was fixed on the development of effectful algorithms, consequently there rose the lack of a fitting mathematical theory.

This paper therefore is limited to new trends in filling this gap. Thereby the main aim is the determination of an appropriate "notion" of homomorphism between project networks.

Perhaps it is not surprising, that this cannot be done by means of graph-theory but instead by extensive use of lattice—theory and the theory of ordered sets.

Die Netzplantechnik hat sich in den letzten zwei Jahrzehnten zu einem leistungsfähigen Instrument des Operations Research von hoher Anwendungs-relevanz entwickelt. Im Vordergrund stand dabei der Wunsch nach effektiven Algorithmen. Demgegenüber trat die Entwicklung der mathematischen Theorie in den Hintergrund. Der folgende Beitrag wird daher auf Untersuchungen beschränkt, die neue Impulse zur Entwicklung der Theorie geben. Unter diesem Aspekt zielen die behandelten Untersuchungen im wesentlichen auf einen Homomorphiebegriff für Netzpläne. Zur Orientierung bietet sich hier das Problem der Reduktion oder Dekomposition von Netzplänen an. Die Untersuchungen greifen über in die Ordnungs- und Verbandstheorie, ausgehend vom Netzplan als einer (deterministischen- oder stochastischen) Mengenfunktion auf einer (partiell) geordneten Menge. Im Hinblick auf die eher historisch bedingte Fixierung der Netzplantechnik auf die Graphentheorie (vgl. A. Walther, in H. v. Falkenhausen [3] , Seite 5) werden der Untersuchung einige

Bemerkungen zu den verschiedenen Netzplanmodellen vorangestellt.

Ein Netzplan liegt vor, wenn folgendes gilt: Gegeben sind Elemente $\alpha, \alpha', \ldots$ Vorgänge (Aktivitäten) genannt. Jedem Vorgang sind Größen $x_\alpha, x_{\alpha'}, \ldots$ zugeordnet (Dauern, Kapazitäten, ...). Gewisse Vorgänge folgen auf gewisse andere Vorgänge. Für diese Nachfolgebeziehung gelten Regeln; 1. seien $\alpha, \alpha', \alpha''$ irgenddrei Vorgänge, folgt α' auf α und α'' auf α', so folgt α'' auf α; 2. kein Vorgang kann auf sich selbst folgen. Ein Modell für dieses System ist das geordnete Paar $((A, s\mathcal{O}) . (x_\alpha)_{\alpha \in A})$, wenn $(A, s\mathcal{O})$ eine strikte (partielle) Ordnung auf einer nichtleeren (endlichen) Menge bezeichnet und $(x_\alpha)_{\alpha \in A}$ eine (nichtnegative) reellwertige Mengenfunktion auf A ist, (oder eine Familie reeller Zufallsvariabler mit der Indexmenge A, $x_\alpha : (\Omega, \alpha) \to (\mathbb{R}_+^1, \mathfrak{B}^1)$. Die im folgenden behandelten Aussagen gelten gleichermaßen für diese Interpretation). Ein "äquivalentes" Modell bietet sich durch den Uebergang von der strikten Ordnung $(A, s\mathcal{O})$ zur Ordnung $(A, \mathcal{O})$ an, $\mathcal{O} = s\mathcal{O} \cup \mathrm{id}\, A$, (id = identische Relation).

Der Uebergang von der Vorgangsknotendarstellung zur strikten Ordnung ergibt sich über die Ecken-(Knoten-) Adjazenzrelation durch Bildung der transitiven Hülle dieser Relation. Als transivite Hülle $(A, \mathfrak{R}^T)$ einer Relation $(A, \mathfrak{R})$ wird die (bezüglich der Inklusion) kleinste, $\mathfrak{R}$ als Teilmenge enthaltende transitive Relation τ in A bezeichnet. $\mathfrak{R}$ heißt ein Erzeuger von τ. $(A, \mathfrak{R})$ ist Erzeuger einer strikten Ordnung $(A, s\mathcal{O})$, wenn $\mathfrak{R}^T = s\mathcal{O}$ gilt. Im folgenden wird die Klasse der Erzeuger einer Ordnung auf die der zugehörigen strikten Ordnung eingeschränkt. Der (bezüglich der Inklusion) kleinste Erzeuger einer Ordnung wird mit $\underline{\mathcal{O}}$ oder $\underline{s\mathcal{O}}$ bezeichnet. Der Uebergang von der Vorgangsknotendarstellung zur strikten Ordnung ergibt sich nun wie folgt. Die Knotenadjazenzrelation $(A, \mathfrak{U})$ eines parallelenfreien orientierten Graphen ist Repräsentant seiner (Graphen-) Isomorphieklasse. Ist $(A, \mathfrak{U})$ zykelnfrei, so ist $(A, \mathfrak{U}^T)$ eine strikte Ordnung. Diese ist durch $(A, \mathfrak{U})$ eindeutig bestimmt. Die Umkehrung gilt im allgemeinen nicht, d.h. verschiedene Erzeuger $(A, \mathfrak{U})$, $(A, \mathfrak{U}')$ derselben strikten Ordnung $(A, \mathfrak{U}^T)$ brauchen nicht (graphen-) isomorph zu sein. Die Beziehung wird ein- eindeutig wenn man als Vorgangsknotendarstellung nur die Klasse $(A, \underline{\mathfrak{U}}^T)$ zuläßt.

Neben der Verwendung gerichteter Graphen bei der Behandlung von Relationen (in der Logik P. Hertz 1922, in der Gruppentheorie Cayley 1878 , vgl. [7] , S. 107 u. 117) werden in der abstrakten Algebra ungerichtete Graphen (Diagramme) bevorzugt (vgl. G. Birkhoff, [1]). Der Uebergang von der Vorgangsknoten darstellung zum (Vorgangsknoten-) Diagramm kann gemäß der Vereinbarung erfolgen: Jeder Ecke $\alpha_i \in A = \{\alpha_1, \ldots, \alpha_n\}$ wird genau ein Punkt $(a_i; b_i)$ der (Euklidischen-) Ebene zugeordnet so, daß aus $(\alpha_i, \alpha_j) \in \mathfrak{A}$ stets folgt $a_i < a_j$, ($\mathfrak{A}$ Eckenadjazenzrelation des gerichteten Graphen). Ferner ist α_i benachbart α_j genau dann, wenn (a_i, b_i) benachbart (a_j, b_j) . Im Diagramm können nicht nur nichtisomorphe Graphen Erzeuger derselben Ordnung sein (wie in der Vorgangsknotendarstellung), es können auch isomorphe Graphen verschiedene Ordnungen erzeugen.

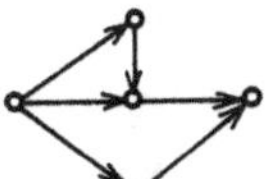 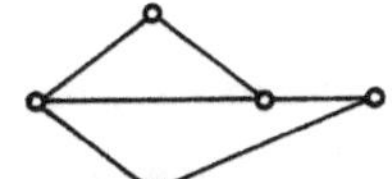  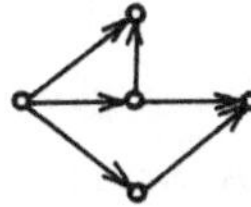

In der Vorgangspfeildarstellung hat die Kantenadjazenzrelation $(A, \mathfrak{X})$ die besondere Eigenschaft, stets der minimale Erzeuger der strikten Ordnung $(A, \mathfrak{X}^T)$ zu sein. Hier tritt bekanntlich die Schwierigkeit ein, daß nicht umgekehrt jeder minimale Erzeuger einer endlichen Ordnung Kantenadjazenzrelation eines orientierten Graphen ist. Sie kann (entsprechend der Einführung von Scheinvorgängen) nur durch die (wiederum nicht eindeutige) Darstellung einer Ordnung $(A, \mathfrak{O})$ als Relativ-(Sub-) Ordnung einer (Ober-) Ordnung $(A', \mathfrak{O}')$ behoben werden. Sei $(A', \mathfrak{O}')$ eine Ordnung, $A \subset A'$ und $\mathfrak{O} \subset \mathfrak{O}'$. Die Teilordnung $(A, \mathfrak{O})$ wird Relativ- oder Subordnung genannt, wenn $\mathfrak{O} = \mathfrak{O}' \cap A \times A \,(= \mathfrak{O}'_{|A})$ gilt. Ist $(A', \mathfrak{R})$ eine Relation und $\alpha' \in A'$, so bezeichnet $V(\alpha', \mathfrak{R}) := \{\alpha \in A' : (\alpha, \alpha') \in \mathfrak{R}\}$ die Menge aller Vorgänger, $N(\alpha', \mathfrak{R}) := \{\alpha \in A' : (\alpha', \alpha) \in \mathfrak{R}\}$ die Menge aller Nachfolger von α in $\mathfrak{R}$. $N(\alpha', \mathfrak{G})$ bedeutet also die Menge der unmittelbaren Nachfolger von α' bezüglich der Ordnung $(A', \mathfrak{O}')$, $N(\alpha', \mathfrak{O}')$ das durch α bestimmte Endstück. (Fordert man in $(A', \mathfrak{O}')$ zusätzlich die Existenz eines letzten Elementes, so bildet $\{x_{\alpha'} : \alpha' \in N(\alpha', \mathfrak{O}') : \alpha' \in A'\}$ eine Filterbasis, jeder Netzplan $((A', \mathfrak{O}'), (x_{\alpha'})_{\alpha' \in A'})$ eine Moore-Smith-Folge (vgl. E. H. Moore u. H. L. Smith, 1922 [10] , H. Schubert [14] , S. 41 u. 56-57) Es gilt: Jede endliche Ordnung $(A, \mathfrak{O})$ ist Relativ-

Ordnung mindestens einer (Ober-) Ordnung (A',σ') die der Bedingung genügt,
daß die Mengen der (unmittelbaren) Vorgänger $V(\alpha,\underline{\sigma}')$ entweder gleich oder
disjunkt sind. Für (A',σ') gilt dann beispielsweise: Sei $E := \{V(\alpha, s\dot{\sigma}):\alpha\epsilon A\}\cup\{A\}$
Ecken- (Knoten-) Menge $(A \neq \emptyset)$, $\alpha \to \varphi(\alpha) := V(\alpha, s\sigma')$ Anfangs-Ecke der
Kante α , $\alpha \to \delta(\alpha) := V(\beta, s\dot{\sigma})$ mit $\beta \in N(\alpha, \underline{s\sigma}')$ End-Ecke der Kante α
(unabhängig von der Wahl von β in $N(\alpha, \underline{s\dot{\sigma}})$ falls $N(\alpha, \underline{s\sigma}') \neq \emptyset$) und $\delta(\alpha) := A$
falls $N(\alpha, \underline{s\sigma}') = \emptyset$. Dann ist (E, A, φ, δ) ein endlicher orientierter zyklen-
freier Graph (nicht notwendig parallelenfrei) mit genau einer Quelle $\emptyset$ und
genau einer Senke A, dessen Kantenadjazenzrelation zur strikten Ordnung
$(A', s\dot{\sigma})$ isomorph ist.
Zu jeder Ordnung (A',σ') läßt sich eine Ober-Ordnung (A'',σ'')(mit $A' \neq A''$ möglich)
angeben, deren minimaler Erzeuger wiederum der Bedingung für Kantenad-
jazenzrelationen genügt. Es stellt sich daher die Frage, sowohl nach Bedingungen zur Auszeichnung netzplantechnisch geeigneter Oberordnungen (A'',σ''),
als auch nach rechentechnisch günstigen Fortsetzungsverfahren. Untersuchungen zur Erstellung eines (Kanten-) minimalen "Netzplangraphen" wurden
von U. Klemm 1966 [6] und von M. Bruns 1969 [2] unter der Nebenbedingung, daß Scheinvorgänge nicht unmittelbar aufeinander folgen sollen, veröffentlicht. Zur Vermeidung von Fehlern bei der Berechnung kürzester Wege
oder maximaler Flüsse notwendig ist die Forderung, daß Vorgänge aus A nur
dann über Wege aus Scheinvorgängen verbunden werden, wenn sie in (A,σ)
unmittelbar benachbart sind. Eine Untersuchung des Problems minimaler
Fortsetzung unter dieser Bedingung (und unter Verzicht darauf, daß Scheinvorgänge nicht unmittelbar aufeinander folgen sollen) wurde von R. Möring
[8] veröffentlicht.
Der Vorteil des Ueberganges von einer Darstellung der Struktur des Netzplanes zu einer anderen (neben den zuvor behandelten besonders auch der Adja-
zenzmatrizen) liegt in der Möglichkeit der Ausnutzung spezieller Eigenschaften der Darstellungen oder der Begriffsbildungen und Ergebnisse bereitstehen-
der Theorien, sofern die Modelle austauschbar bleiben. Bei der Repräsentation durch Vorgangspfeildiagramme mit Scheintätigkeiten ist dies in vollem
Umfange nicht mehr gewährleistet, weil beispielsweise die Berechnung der
verschiedenen Puffer von der Art der Repräsentation der Ordnung und damit

nicht mehr nur von dieser allein abhängt (vgl. [12]). Die häufig in diesem Fall zusätzlich erhobene Forderung der Parallelenfreiheit ist eine weitere Einschränkung, die (wie sich später zeigt) nur den Zugang zur Lösung gewisser Probleme erschwert.

Im folgenden wird von der Normalform $((A, \sigma), (x_\alpha)_{\alpha \in A})$ des Netzplanes ausgegangen. Danach sind zwei Netzpläne $\mathcal{N}$ und $\mathcal{N}'$ nur dann gleich, wenn $A = A'$, $\sigma = \sigma'$ und $x_\alpha = x_{\alpha'}$ für alle $\alpha \in A$ gilt. Schon die vorherigen Ausführungen gingen jedoch davon aus, daß im Sinne der Netzplantechnik wesentliche Unterschiede nur in der Struktur oder in der Bewertung (bzw. deren Verteilung) liegen. Dazu folgt die Erklärung der "Netzplan-(NP-) Isomorphie" durch die Isomorphie der Ordnungen. Zwei Netzpläne $((A, \sigma), (x_\alpha)_{\alpha \in A})$ und $((B, q), (y_\beta)_{\beta \in B})$ werden isomorph genannt, wenn es einen Ordnungs-Isomorphismus, $i : (A, \sigma) \to (B, q)$, gibt derart, daß für alle $\alpha \in A$ $y_{i(\alpha)} = x_\alpha$ ist.

Beschränkung des Speicherplatzbedarfs, differenzierte Projektüberwachung oder größere Flexibilität bei Variation der Bewertung einzelner Vorgänge sind Forderungen aus der Anwendung, die eine Zielvorstellung enthalten, die etwa für den Problemkreis "Projektdauer" wie folgt formuliert werden kann: Ersetze einen gegebenen Netzplan $\mathcal{N}$ durch ein System $(\mathcal{N}_1, \dots, \mathcal{N}_{n+1})$ von Netzplänen $\mathcal{N}_i$ mit Vorgangsmengen geringeren (ggf. sogar vorgeschriebenen) Umfangs so, daß minimale Projektdauer (bzw. deren Verteilung) sowie die verschiedenen Pufferzeiten aus Werten berechnet werden können, die zuvor in den Netzplänen $\mathcal{N}_i$ ermittelt worden sind. Von der Anschauung her bietet sich zur formalen Behandlung dieser Aufgabe der Begriff der Verdichtung eines Digraphen (im Sinne von F. Harary [4] S. 58) bezüglich einer Partition an (Vorgangsknotendarstellung). Sei $\mathcal{N}$ ein Netzplan, dargestellt durch den Digraphen mit der Eckenadjazenzrelation $(A, \mathfrak{A})$ und der Bewertung $(x_\alpha)_{\alpha \in A}$ Sei $\mathbb{P} = (A_1, \dots, A_n)$ eine Partition von A. Für jedes $i = 1, \dots, n$ bezeichne $\mathcal{N}_i$ den Netzplan dargestellt durch den Digraphen mit der Eckenadjazenzrelation $(A_i, \mathfrak{A}_{|A_i})$ und der Bewertung $(x_\alpha)_{\alpha \in A_i}$. Verdichtung des Digraphen $(A, \mathfrak{A})$ bezüglich $(A_1, \dots, A_n)$ bedeutet das Zusammenziehen aller Ecken aus A_i zu einer Ecke, etwa a_i, unter Anwendung der Eckenadjazenzregel $\mathfrak{A}_P :=$ $\{(a_i, a_j) : \bigvee_\alpha \bigvee_{\alpha'} (\alpha \in A_i \wedge \alpha' \in A_j \wedge (\alpha, \alpha') \in \mathfrak{A}\}$. Sei $\mathcal{N}_{n+1}$ der Netzplan der dargestellten wird durch den Digarphen $(\{a_1, \dots, a_-\}, \mathfrak{A}_0)$ und eine Bewertung

$(y_i)_{i \in \{1, \ldots, n\}}$ so, daß jedes y_i nur von der Bewertung $(x_\alpha)_{\alpha \in A_i}$ des Netzplanes $\mathcal{N}_i$ abhängt, d.h. "lokal" berechenbar ist. Für die Bestimmung der Projektdauer sind dann der Netzplan $\mathcal{N}$ und das Netzplan–System $(\mathcal{N}_i)_{i \in \{1, \ldots, n+1\}}$ "gleichwertig", wenn gilt, daß die Projektdauer von $\mathcal{N}$ gleich der (durch die $\mathcal{N}_i$ bestimmten) Projektdauer des Netzplanes $\mathcal{N}_{n+1}$ ist, und zwar unabhängig von der speziellen Wahl der x_α . Seien $(A, \mathcal{O})$, $(B, \mathcal{P})$ Ordnungen, $(A, \mathcal{O})$ erzeugt von der Eckenadjazenzrelation $(A, \mathfrak{A})$, $(B, \mathcal{P})$ erzeugt durch die Eckenadjazenzralation $(A, \mathfrak{A}_p)$ der Verdichtung des Digraphen $(A, \mathcal{O})$ bezüglich einer Partition $(A_1, \ldots, A_n)$ von A . Dann ist die durch $\mathbb{P} = (A_1, \ldots, A_n)$ induzierte Abbildung $h : A \to B$ ein (surjektiver) Ordnungs–Homomorphismus. "Gleichartigkeit" von Netzplänen im zuvor erläuterten Sinne verlangt über die Homomorphie der Struktur hinaus die Erhaltung der Zielfunktionen. Zur Formulierung dieser Bedingung werden die folgenden Bezeichnungen eingeführt. Der Träger $W \subset A$ einer maximalen Kette (von einem minimalen zu einem maximalen Element) $(W, \mathcal{O}_W)$ in der Ordnung $(A, \mathcal{O})$ wird Weg genannt. Sei $\mathcal{W}(A, \mathcal{O})$ die Menge aller Wege in $(A, \mathcal{O})$. Das geordnete Tripel $((A, \mathcal{O}), (x_\alpha)_{\alpha \in A}, \mathcal{W}(A, \mathcal{O}))$ heißt Wege–Netzplan. Sei $\mathcal{F}(A, \mathcal{O}) := \{ F \subset A : F \text{ echt trennende Menge (vergl. [13]) in } (A, \mathcal{O}) \}$. $((A, \mathcal{O}), (x_\alpha)_{\alpha \in A}, \mathcal{F}(A, \mathcal{O}))$ wird Fluß–Netzplan genannt. Allgemein wird eine Teilmenge $\mathfrak{M} \subset \mathcal{P}(A), \mathfrak{M} = \mathfrak{M}(A, \mathcal{O})$ Interpretation eines Netzplans mit der Struktur $(A, \mathcal{O})$ genannt, $((A, \mathcal{O}), (x_\alpha)_{\alpha \in A}, \mathfrak{M}(A, \mathcal{O}))$ heißt interpretierter Netzplan. Neben $\mathfrak{M} = \mathcal{W}, \mathcal{F}$ interessiert beispielsweise (im Zusammenhang mit dem Satz von Dilworth) $\mathcal{K}(A, \mathcal{O}) = \{ K \subset A : K$ maximale Antikette in $(A, \mathcal{O}) \}$, (vgl. R. Möring [9]). Sei $\circledk : \mathbb{R}^2 \to \mathbb{R}$ assoziativ, kommutativ, isoton (und $(\Omega, \mathfrak{a})$–meßbar, falls die x_α $(\Omega, \mathfrak{a})$–Zufallsvariable sind), $A = \{1, \ldots, \ell\}$ (ggf. nach einem Isomorphismus), $M = \{\alpha_1, \ldots, \alpha_s\}$, $M \subset A$. Sei $\overset{2}{\underset{i=1}{\circledk}} x_{\alpha_i} := x_{\alpha_1} \circledk x_{\alpha_2}$, $\overset{n}{\underset{i=1}{\circledk}} x_{\alpha_i} := (\overset{n-1}{\underset{i=1}{\circledk}} x_{\alpha_i}) \circledk x_{\alpha_n}$ und $\underset{\alpha \in M}{\circledk} x_\alpha := \overset{s}{\underset{i=1}{\circledk}} x_{\alpha_i}$. Seien $\partial, \Delta : \mathbb{R}^2 \to \mathbb{R}$ Verknüpfungen der Klasse $\circledk$. Dann wird die auf dem ℓ–dimensionalen Euklidischen Raum $\mathbb{R}^\ell$ erklärte reellwertige Funktion $(x_\alpha)_{\alpha \in A} \longrightarrow \underset{M \in \mathfrak{M}(A, \mathcal{O})}{\Delta} (\underset{\alpha \in M}{\partial} x_\alpha)$ eine Netzplanvariable des Verknüpfungstyps $(\mathfrak{M}, \partial, \Delta)$ mit der Struktur $(A, \mathcal{O})$ genannt. Demgemäß hat die Netzplanvariable "minimale Projektdauer" den Verknüpfungstyp $(\mathcal{W}, \Sigma, \max)$, "kürzester Weg" den Verknüpfungstyp $(\mathcal{W}, \Sigma, \min)$, "maximaler Fluß" den Verknüpfungstyp $(\mathcal{F}, \Sigma, \min)$, "minimaler Fluß" den Verknüpfungstyp $(\mathcal{F}, \Sigma, \max)$. Beispiele anderer anwendungsrelevanter Fälle sind $(\mathcal{K}, \Sigma, \max)$ und $(\mathcal{W}, \min, \max)$. Eine "Homomorphie"–

Bedingung für Netzpläne läßt sich nun wie folgt formulieren: Sei h: $A \longrightarrow B$ ein Ordnungs-Homomorphismus von (A,σ) auf (B,φ) . Jedem $\beta \in B$ sei eine Abbildung $(x_\alpha)_{\alpha \in A_\beta} \longrightarrow y_\beta := f_\beta((x_\alpha)_{\alpha \in A_\beta})$ von $\mathbb{R}^\ell$ in $\mathbb{R}^4$ zugeordnet, $A_\beta := h^{-1}(\beta)$. Sei Φ die Klasse der zuvor angegebenen Verknüpfungstypen. h soll ein Netzplan-(NP-) Homomorphismus heißen, wenn für jeden Verknüpfungstyp $(\mathfrak{m},\partial,\Delta) \in \Phi$ die Netzplanvariable der Struktur (A,σ) gleich der Netzplanvariablen der Struktur (B,φ) ist,

$$\underset{M \in \mathfrak{m}(A,\sigma)}{\triangle} \left(\underset{\alpha \in M}{\partial} x_\alpha \right) = \underset{M' \in \mathfrak{m}(B,\varphi)}{\triangle} \left(\underset{\beta \in M'}{\partial} y_\beta \right) \quad \text{für alle } (x_\alpha)_{\alpha \in A} \text{ in } \mathbb{R}^\ell.$$

Für Wege-Netzpläne ist diese Bedingung eine (echte) Verallgemeinerung einer Aussage (vgl. [8]), die aus Untersuchungen zur Entwicklung von Reduktions-Algorithmen für Netzpläne bereits bekannt ist (vgl. Armon, on the condensation of Network-Diagrams, Haifa (mündl. Mitt.) und S. C. Parikh u. W. S. Jewell [11] , siehe dort: Subprojekt) . Sei $\mathcal{N}$ ein Netzplan in Vorgangspfeildarstellung mit der Vorgangsmenge A . Sei $A \subset A$. Der durch die Kantenmenge A gebildete Untergraph habe genau eine Quelle und genau eine Senke. Hat dieser Untergraph mit dem komplementären Graphen höchstens diese beiden Ecken gemeinsam, so gilt: Reduziert man den Untergraphen auf eine einzige Kante (von der Quelle zur Senke orientiert), deren Bewertung die Projektdauer des Teilnetzplanes mit der Vorgangsmenge A ist, so haben der ursprüngliche Netzplan und der durch die Reduktion von A entstandene Netzplan die gleiche Projektdauer für beliebige Bewertungen.

Identische und konstante Abbildung genügen jedenfalls der NP-Homomorphie-Bedingung. Die zuvor behandelten Untersuchungen lassen die Existenz auch nicht-trivialer NP-Homomorphismen erwarten. Es stellt sich die Frage nach einer vollständigen Charakterisierung. Diese liefert in den beiden für die Anwendung bedeutsamsten Fällen der Verknüpfungstypen $(\mathfrak{m},\Sigma,\max)$ und $(\mathfrak{s},\Sigma,\min)$ ein Satz von F. J. Radermacher (vgl. [12] , [13]) ; für den Fall $(\mathfrak{s},\Sigma,\max)$ siehe R. Möring [9] . Ein Ordnungs-Homomorphismus h genügt genau dann der NP-Homomorphie-Bedingung, wenn $y_\beta := \underset{M \in \mathfrak{m}(A_\beta,\sigma_{|A_\beta})}{\triangle} (\underset{\alpha \in M}{\partial} x_\alpha)$ mit $A_\beta : h^{-1}(\beta)$ für alle $\beta \in B$ ist, und wenn h die zusätzliche Eigenschaft hat: $(h(\alpha),h(\alpha')) \in \varphi \wedge h(\alpha) \neq h(\alpha') \Rightarrow (\alpha,\alpha') \in \sigma$. Ein Ordnungs-Homomorphismus mit dieser Eigenschaft wird daher "reduzierend" genannt. Identische und konstante Abbildung heißen triviale reduzierende Ordnungs-Homomorphismen.

Es sind nun besonders zwei Fragen von Interesse: Erstens, gibt es für einen beliebig ausgewählten Netzplan immer nicht-triviale reduzierende Ordnungs-Homomorphismen, d. h. solche, bei denen eine echte Teilmenge von A verdichtet wird? Zweitens, ist bei successiver Reduktion die maximale Schrittzahl von der Wahl des Anfangsschrittes abhängig? Man könnte zunächst erwarten die Antworten in Ergebnissen der Ordnungstheorie zu finden. Untersuchungen der Eigenschaften von Homomorphismen $\ h: (A,\sigma) \to (B,\varrho)\ $ mit der zusätzlichen Forderung $\ \left[\left(h(\alpha), h(\alpha')\right) \in \varrho \ \wedge\ h(\alpha) \ne h(\alpha') \right] \implies (\alpha, \alpha') \in \sigma$ (reduzieren), also stärker als der Homomorphiebegriff von Tarski, Robinson und schwächer als der von Scott und Suppes , hier der Isomorphismus , liegen dort bisher nicht vor. Die im folgenden angegebenen Aussagen stützen sich auf Ergebnisse einer Untersuchung von F. J. Radermacher, die noch unveröffentlicht ist.

Eine Partition $\ K = (A_1, \ldots , A_n)\ $ heißt Kongruenzpartition genau dann, wenn für alle $i \ne j$, $i, j \in \{1, \ldots , n\}$ gilt: $\displaystyle\bigvee_{\alpha' \in A_i}\ \bigvee_{\beta' \in A_j}\ (\alpha', \beta') \in s\sigma \implies \bigwedge_{\alpha \in A_i} \bigwedge_{\beta \in A_j}$ $(\alpha, \beta) \in s\sigma$. Triviale Kongruenzpartitionen sind (A) und $(\{\alpha\})_{\alpha \in A}$. Bezeichnet hh^{-1} die Aequivalenzklasse: $\alpha\ hh^{-1}\ \alpha' \iff h(\alpha) = h(\alpha')$ und ist h reduzierend, so induziert hh^{-1} eine Kongruenzpartition von A . Sei umgekehrt $K = (A_1 , \ldots , A_n)$ eine Kongruenzpartition von A bezüglich (A,σ) . Der Quotient $(A,\sigma)/_K := (B,\varrho)$ ist definiert durch $B = \left\{ \bar{A}_1 , \ldots , \bar{A}_n \right\}$ und $(\bar{A}_i , \bar{A}_j) \in s\varrho \iff \displaystyle\bigvee_{\alpha \in A_i} \bigvee_{\alpha' \in A_j} (\alpha, \alpha') \in s\sigma$. Die kanonische Abbildung $\alpha \to \bar{A}_i$ für $\alpha \in A_i$ ist ein reduzierender Ordnungs-Homomorphismus von (A,σ) auf (B,ϱ) (der einzige, der die Kongruenzpartition K induziert, bis auf Isomorphie).

Sei $A \subset A$. Die Subordnung $(A, \sigma|A)$ von (A,σ) wird autonom genannt, wenn gilt:

1. $\left(V(\alpha, s\sigma) - \displaystyle\bigcap_{\alpha' \in A} V(\alpha', s\sigma)\right) \subset A$ für alle $\alpha \in A$,

2. $\left(N(\alpha, s\sigma) - \displaystyle\bigcap_{\alpha' \in A} N(\alpha', s\sigma)\right) \subset A$ für alle $\alpha \in A$.

Insbesondere sind (A,σ) und $(\{\alpha\} , (\alpha, \alpha))$ für jedes $\alpha \in A$ autonome Subordnungen. Sie werden trivial genannt. Es gilt: $K = (A_1, \ldots , A_n)$ ist Kongruenzpartition von (A,σ) genau dann, wenn für jedes $i = 1, \ldots , n$

stets A_i autonome Subordnung ist. (Die Unter-Graphen der Untersuchung von
S.C. Parikh und W.S. Jewell [11] erzeugen Subordnungen, die eine Un-
terklasse der hier definierten Klasse der autonomen Subordnungen bilden (vgl.
[8])).

Der reduzierende Ordnungs-Homomorphismus läßt sich als verallgemeinerte Umkehrung der Operation "Ersetzen eines Elementes α_o einer Ordnung
(A,σ) durch eine Ordnung (B,η)" interpretieren. Bezeichnet $(A,\sigma)_{\alpha_o} \circ (B,\eta) :=$
$(C,\mathcal{L})$ die Ordnung mit der Trägermenge $C = (A - \{\alpha_o\}) \cup B$ und der Relation
$(\alpha, \beta) \in s\mathcal{L} \longleftrightarrow (\alpha, \beta) \in s\sigma$ für $\alpha, \beta \in A - \{\alpha_o\}$ oder $(\alpha_o, \beta) \in s\sigma$ für $\alpha \in B$ und $\beta \in$
$A - \{\alpha_o\}$ oder $(\alpha, \alpha_o) \in s\sigma$ für $\alpha \in A - \{\alpha_o\}$ und $\beta \in B$ oder $(\alpha, \beta) \in s\eta$ für
$\alpha, \beta \in B$, so ist (B,η) eine autonome Subordnung von $(C,\mathcal{L})$.

Eine Ordnung heißt Primordnung genau dann, wenn sie nur die trivialen Homomorphismen besitzt. (Aequivalent: nur die trivialen autonomen Subordnungen,
nur die trivialen Kongruenzpartitionen). Die erste Frage ist damit die Frage
nach der Existenz von Primordnungen. Die Antwort lautet: Für jedes $n \neq 3$
gibt es mindestens eine n-elementige Primordnung, also mindestens eine Ordnung, die sich nur trivial reduzieren läßt. Ein Algorithmus zur Bestimmung
aller Primordnungen für eine vorgegebene Zahl n wurde von H. Spelde angegeben [15] . Die dort ermittelten Zahlen für $n = 1, \ldots , 6$ zusammen
mit der jeweiligen Anzahl aller nichtisomorphen Ordnungen sowie einige
Beispiele in minimaler Graphenrepräsentation gemäß [8] , finden sich in
Abb. 1).

Seien $\mathbb{K} = (A_1 , \ldots , A_r)$ und $\mathbb{K}' = (A_1' , \ldots , A_m')$ Kongruenzpartitionen der Ordnung (A,σ) . $\mathbb{K}$ heißt feiner als $\mathbb{K}'$, $\mathbb{K} < \mathbb{K}'$ genau dann,
wenn $\{ A_i \cap A_j' : (i, j) \in \{ 1, \ldots , r\} \times \{1, \ldots , m\} \} = \mathbb{K}$. Die Menge aller
Kongruenzpartitionen ist durch $<$ geordnet mit kleinstem Element $(\{\alpha\})_{\alpha \in A}$
und größtem Element (A) . Die Menge aller Kongruenzpartitionen bildet
also einen Verband, den Kongruenzpartitionsverband $\mathbb{K}_\sigma(A)$. (In Abb. 2
finden sich diese Verbände für einige Ordnungen.)

Das entscheidende Resultat ist an dieser Stelle, daß $\mathbb{K}_\sigma(A)$ ein Brikhoff-
scher Verband ist. Somit gilt die Jordan-Dedekindsche Kettenbedingung
(vgl. [16]), d.h. maximale Ketten im Kongruenzpartitionsverband einer

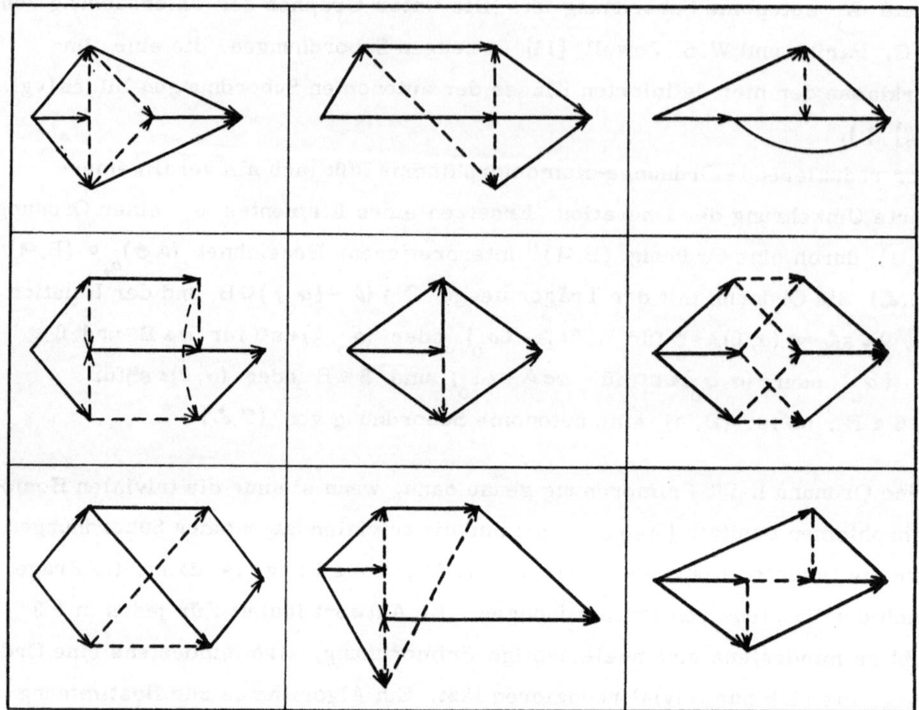

Abb. 1   Beispiele für Primordnungen

n	Anzahl der Primordng. mit n Elem.	Σ	Anzahl der Ordnungen mit n Elem.	Σ
2	2	2	2	2
3	0	2	5	7
4	1	3	16	23
5	4	7	63	86
6	28	35	318	404

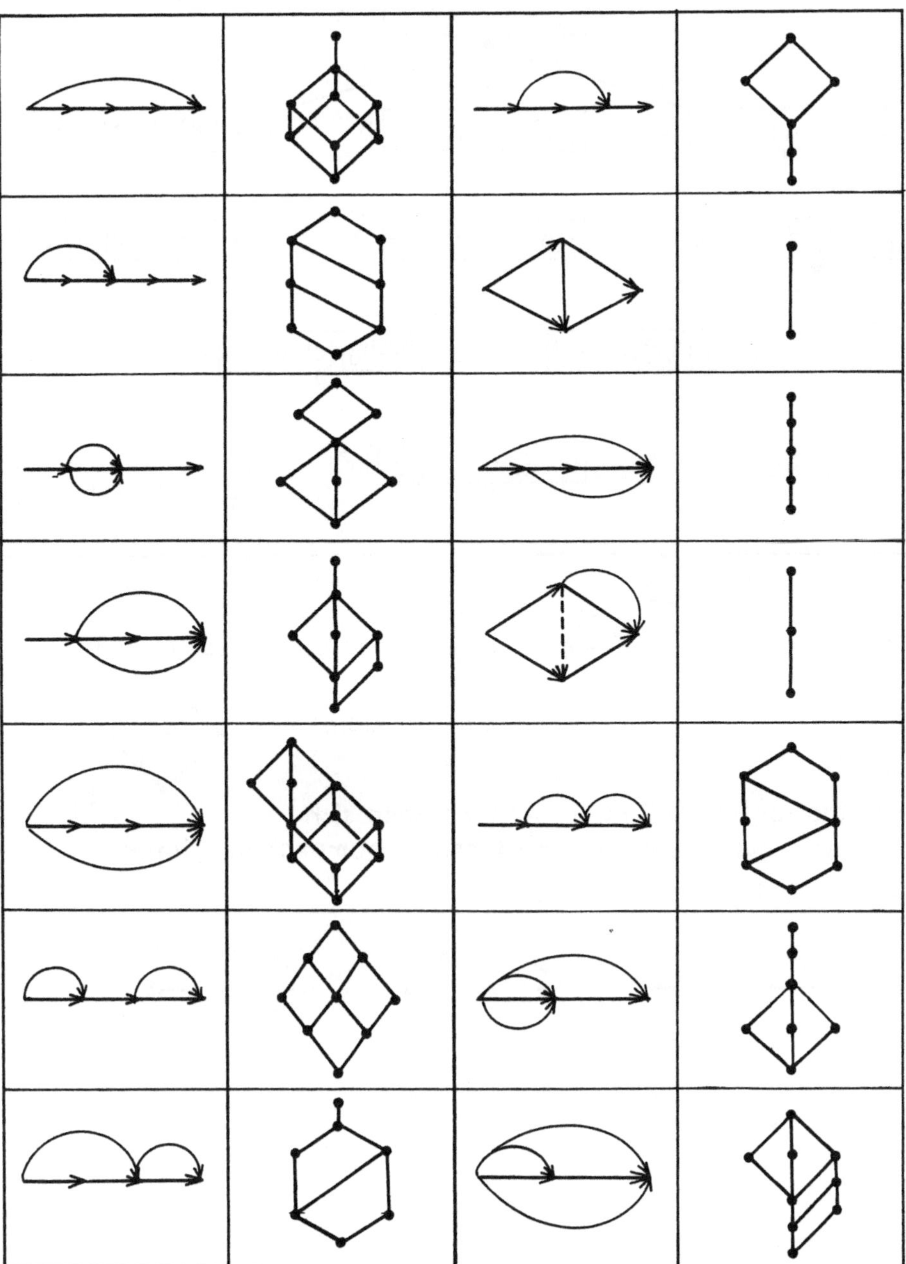

Abb. 2

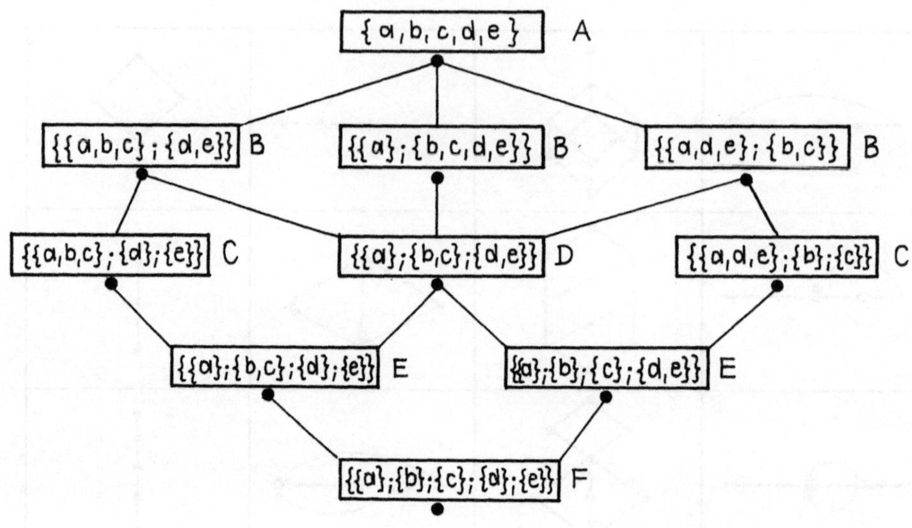

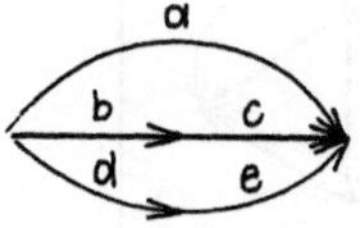

Ordnung : zugehöriger Kongruenzpartitionsverband
s.o (in klein)

Als Quotientenordnungen A/K ergeben sich
die nicht notwendig verschiedenen homomorphen Bilder
A, B, C, D, E, F !

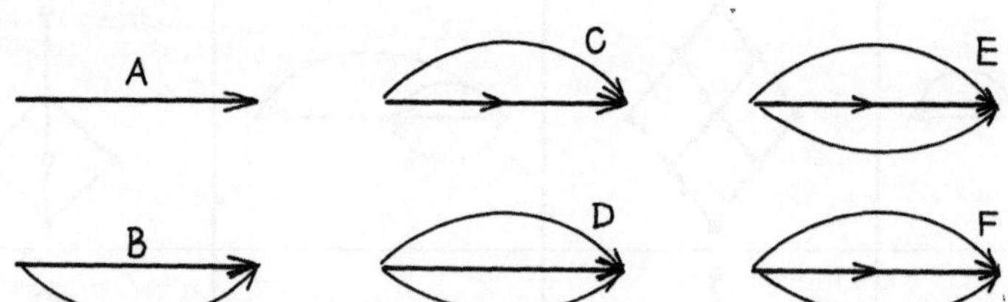

Abb. 3

Bestimmung der Dimension einer Ordnung A durch Angabe einer erzeugenden
maximalen Kette und Anwendung des Kettensatzes ;   dim A = 14 .

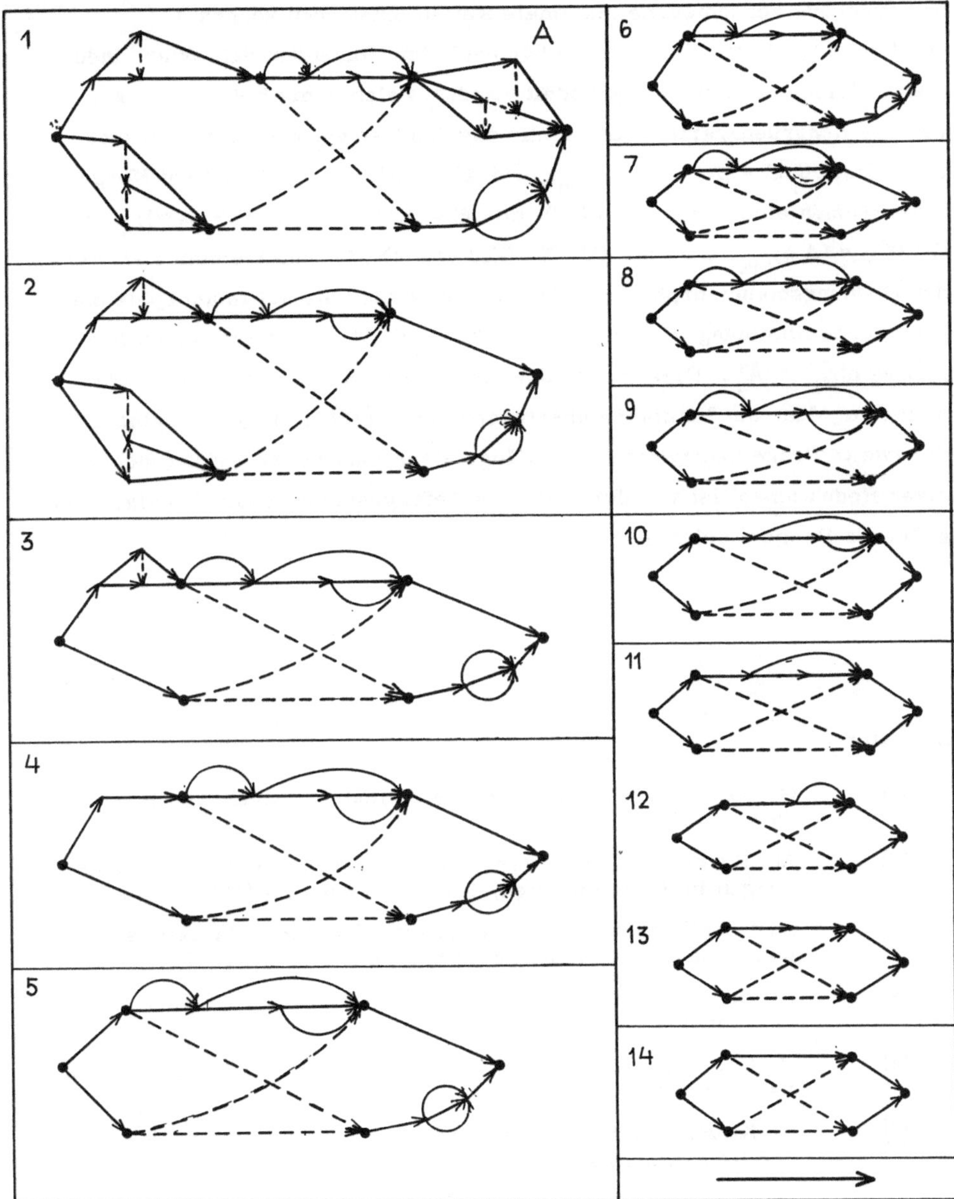

Abb. 4

Ordnung (A, σ) haben die gleiche Länge (Dimension der Ordnung).
(Beispiele: Abb. 2 sowie ein ausführliches in Abb. 3 , die außerdem zeigt, daß durchaus verschiedene maximale Ketten existieren können.)
Die Frage zwei kann nun unmittelbar nach dem folgenden Satz über "induzierte Homomorphismen" behandelt werden, welcher die Kettenaussagen von den Kongruenzpartitionen auf die zugehörigen Quotienten überträgt.
Sind nämlich $\mathbb{K} = (A_1 , \ldots , A_n)$ und $\mathbb{K}' = (A_1' , \ldots , A_r')$ zwei Kongruenzpartionen einer Ordnung (A, σ) mit $\mathbb{K} < \mathbb{K}'$ und $(B, q): = (A, \sigma)/_{\mathbb{K}}$; $(B', q'): = (A, \sigma)/_{\mathbb{K}'}$, so ist (B', q') Bild von (B, q) unter einem reduzierenden Ordnungshomomorphismus. Dieser ist wieder bis auf Isomorphie die kanonische Abbildung h definiert durch: $A_i \subset A_j'$ (existiert eindeutig wegen $. <') \Rightarrow h(\bar{A}_i) = \bar{A}_j'$. Dieser Satz über induzierte Homomorphismen läßt sich ohne Mühe auf Netzpläne übertragen (vgl. [12] , [13]). Damit ist die zweite Frage beantwortet: Die Länge einer maximalen Kette (successiver Reduktionen) ist von der Wahl des Anfangsschrittes unabhängig. (Ein größeres Beispiel zeigt Abb. 4 .)

Literatur:

[1]   G. Birkhoff, on the structure of abstract algebras, Proc. Camb. Phil. Soc. 31 (1935) 433-454 .

[2]   M. Bruns u. R. Kaerkes, zur Einbettung strikter Halbordnungen in Netzrelationen, Op. Res. Verf. VII (1969) 71-82.

[3]   H. v. Falkenhausen, Prinzipien und Rechenverfahren der Netzplantechnik, ADL-Schriftenreihe Bd. 2 (1965) .

[4]   F. Harary u. R. Z. Norman u. D. C. Cartwright, Structural modells, N. Y. (1965).

[5]   R. Kaerkes, zum Begriff des orientierten Graphen, Op. Res. Verf. VII (1969) 122-125 .

[6]   U. Klemm, Automatische Erstellung eines Netzplanes aus der Reihenfolgetabelle, El. Dat. Ver. (1966) 66-70 .

[7]   D. König, Theorie der endlichen und unendlichen Graphen, Berlin 1935 .

[8]   R Möhring, graphentheoretische Repräsentation von Ordnungen, Proc. Op. Res. 3 .

[9]   --   , Reduzierte Ermittlung der minimalen Kettendekomposition endlicher Ordnungen, Schrift. z. Informatik u. ang. Math., RWTH Aachen, Heft 12 (1973) .

[10]   E.H. Moore u. H.L. Smith, A general theory of limits , Am. J. of Meth. Bd. 44–45 (1922–23) 103–121 .

[11]   S.C. Parikh u. W.S. Jewell , Dekomposition of project networks, Manag. Sc. 11 N⁰ 3 (1965) 444–459 .

[12]   F.J. Radermacher , Reduktion von Netzplänen , Proc. Op. Res. 3 .

[13]   --   u. H.G. Spelde , Reduktion von Flußnetzplänen, Proc. Op. Res. 3 .

[14]   H. Schubert, Topologie , Stuttgart (1964) .

[15]   H.G. Spelde, Ein Beitrag zur Kardinalzahlbestimmung der Isomorphieklassenendlicher Ordnungen und Primordnungen, Schrift. z. Informatik u. ang. Math., RWTH Aachen, Heft 13 (1973) .

Die Erstellung von CPM-Netzplänen
P. Brucker, Regensburg

1. Einleitung

Unter einem CPM-Netzplan versteht man einen gerichteten azykli-
schen Graphen mit einer nichtnegativen Kantenbewertung, der genau eine Quelle und genau eine Senke besitzt (vgl. Abb. 1).

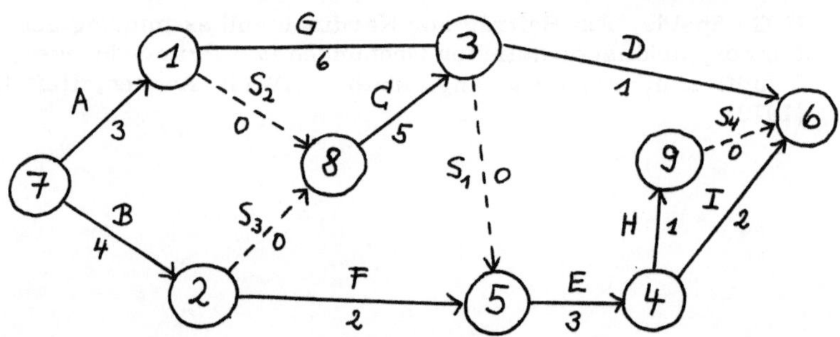

Abbildung 1

Die Kanten (Pfeile) des Netzplans stellen zeiterfordernde Tätigkeiten dar. Ihre Bewertung entspricht der jeweiligen Dauer der
Tätigkeiten. Die in Abb. 1 auftretenden gestrichelten Pfeile S_1
bis S_4 stellen Scheintätigkeiten dar, denen man die Dauer Null
zuordnet. Sie sind notwendig, um logische Abhängigkeiten zwischen den Tätigkeiten richtig darzustellen (siehe S_1, S_2, S_3) oder
zu vermeiden, daß das Netzwerk parallele Kanten enthält (siehe
S_4). Die Knoten des Netzwerks nennt man Ereignisse. Sie entsprechen dem Beginn bzw. dem Ende der jeweiligen Tätigkeit.

Bei der Erstellung eines CPM-Netzplanes hat man zunächst alle am
Projekt beteiligten Tätigkeiten zu erfassen und deren Dauern abzuschätzen. Außerdem ist für jede Tätigkeit die Menge aller Nachfolgertätigkeiten[1] zu bestimmen. Man erhält auf diese Weise eine
Tabelle der folgenden Form:

Tätigkeit	Dauer	Nachfolgertätigkeiten
A	3	{C,G,E,I,D}
B	4	{C,F,H,D}
C	5	{D,E,I}
D	1	ϕ
E	3	{H,I}
F	2	{E,H}
G	6	{D,E,I}
H	1	ϕ
I	2	ϕ

<u>Tabelle 1</u>

Eine wichtige Aufgabe der Netzplantechnik besteht darin, eine
solche Tabelle in einen entsprechenden CPM-Netzplan so zu überführen, daß dieser möglichst wenige Scheintätigkeiten enthält.
Im 2. Abschnitt dieser Arbeit wird ein einfaches Verfahren entwickelt, das bezüglich der oben genannten Zielsetzung den bisher aus der Literatur bekannten Verfahren (vgl. GÖTZKE [2],
KLEMM [3]) überlegen ist.

Bevor man dieses Verfahren anwendet, sollte man jedoch in der
Nachfolgertabelle unnötige Nachfolgerbeziehungen eliminieren.
In Tabelle 1 folgt z.B. aus der Tatsache, daß C Nachfolger von
A und D Nachfolger von C ist, automatisch, daß D Nachfolger von
A sein muß. Daher ist es nicht unbedingt notwendig, D als Nach-
folger von A aufzuführen. Eliminiert man solche redundanten
Nachfolger, so reduziert sich der Rechenaufwand bei der Erstel-
lung eines CPM-Netzplans erheblich. Ein entsprechendes Verfahren

---

1) Es handelt sich hier nicht unbedingt um direkte Nachfolgertätigkeiten, d.h. zwischen einer Tätigkeit und ihrer Nachfolger-
   tätigkeit können andere Tätigkeiten liegen.

wird im folgenden Abschnitt vorgestellt. Dieses Verfahren ent-
deckt zugleich zyklische Nachfolgerbeziehungen[2], die durch Fehler
in der Nachfolgertabelle auftreten können.

2. Das Elinimieren redundanter Tätigkeiten in der Nachfolgertabelle

Wir ordnen zunächst der Nachfolgertabelle, in der die Tätigkeiten von 1 bis N durchnumeriert seien, einen Graphen G mit folgenden Eigenschaften zu:

(1) Die Knoten in G entsprechen den Tätigkeiten des Projekts.

(2) (i,j) ist genau dann eine Kante in G, wenn j ein Nachfolger
von i ist.

Dann gelten folgende Beziehungen:

(a) j ist genau dann als Nachfolger von i redundant, falls in G
ein Weg von i nach j führt, der mindestens zwei Kanten enthält.

(b) Die Nachfolgerbeziehungen sind genau dann zyklisch, wenn in G
mindestens ein Zyklus existiert.

Mit Hilfe des folgenden Algorithmus (vgl. BRUCKER [1]) läßt sich,
falls in G keine Kreise existieren, für alle Knotenpaare i,j die
Anzahl der Kanten eines Weges, der von i nach j führt und maximal viel Kanten besitzt, bestimmen. Ist diese Anzahl mindestens
gleich zwei, so hat man eine redundante Nachfolgerbeziehung.
Außerdem läßt sich mit Hilfe des gleichen Algorithmus prüfen, ob
G kreisfrei ist.

Algorithmus:

1. Ordne dem Graphen G die Matrix $D = (d_{ij})_{N \times N}$ mit

---

2) Man spricht von zyklischen Nachfolgerbeziehungen, wenn für beliebige Tätigkeiten $A_1, A_2, \ldots, A_n$ gilt: A_{i+1} ist Nachfolger von
A_i für $i = 1, 2, \ldots, n-1$ und A_1 ist Nachfolger von A_n.

$$d_{ij} = \begin{cases} 1 & \text{falls } j \text{ Nachfolger von } i \\ -\infty & \text{sonst} \end{cases} \qquad \text{zu.}$$

2. Berechne iterativ die Matrizen $D^{(k)} = (d_{ij}^{(k)})_{N \times N}$ für $k = 1,\ldots,N$ wobei $D^{(o)} = D$ und

$$d_{ij}^{(k+1)} = \begin{cases} d_{ij}^{(k)} & \text{falls } i = k \text{ oder } j = k \\ \max\{ d_{ij}^{(k)}, d_{ik}^{(k)} + d_{kj}^{(k)}\} & \text{sonst} \end{cases}$$

für $k = 0,1,\ldots,N-1$ gilt.

In der Matrix $D^{(N)}$ ist dann die gewünschte Information enthalten. G ist nämlich genau dann kreisfrei, falls $d_{ii}^{(N)} = -\infty$ für alle i gilt. Ist das der Fall, so enthält $D^{(N)}$ die Anzahlen der Kanten von Wegen größter Kantenzahl[3]. Die Nachfolger j von i mit $d_{ij}^{(N)} \geq 2$ sind daher redundant.

<u>Beispiel</u>: Die zur Tabelle 1 zugehörige Matrix $D^{(o)}$ hat die Form

	A	B	C	D	E	F	G	H	I
A	$-\infty$	$-\infty$	1	1	1	$-\infty$	1	$-\infty$	1
B	$-\infty$	$-\infty$	1	1	$-\infty$	1	$-\infty$	1	$-\infty$
C	$-\infty$	$-\infty$	$-\infty$	1	1	$-\infty$	$-\infty$	$-\infty$	1
D	$-\infty$	$-\infty$	$-\infty$	$-\infty$	$-\infty$	$-\infty$	$-\infty$	$-\infty$	$-\infty$
E	$-\infty$	$-\infty$	$-\infty$	$-\infty$	$-\infty$	$-\infty$	$-\infty$	1	1
F	$-\infty$	$-\infty$	$-\infty$	$-\infty$	1	$-\infty$	$-\infty$	1	$-\infty$
G	$-\infty$	$-\infty$	$-\infty$	1	1	$-\infty$	$-\infty$	$-\infty$	1
H	$-\infty$	$-\infty$	$-\infty$	$-\infty$	$-\infty$	$-\infty$	$-\infty$	$-\infty$	$-\infty$
I	$-\infty$	$-\infty$	$-\infty$	$-\infty$	$-\infty$	$-\infty$	$-\infty$	$-\infty$	$-\infty$

$D^{(o)}$

Man erhält $D^{(o)} = D^{(1)} = D^{(2)}$,

---

3) $d_{ij}^{(N)} = -\infty$ bedeutet: Es existiert kein Weg, der von i nach j führt.

$$D^{(3)}=D^{(4)}=\begin{pmatrix}
-\infty & -\infty & 1 & 2 & 2 & -\infty & 1 & -\infty & 2 \\
-\infty & -\infty & 1 & 2 & 2 & 1 & -\infty & 1 & 2 \\
-\infty & -\infty & -\infty & 1 & 1 & -\infty & -\infty & -\infty & 1 \\
-\infty & -\infty & -\infty & -\infty & -\infty & -\infty & -\infty & -\infty & -\infty \\
-\infty & -\infty & -\infty & -\infty & -\infty & -\infty & -\infty & 1 & 1 \\
-\infty & -\infty & -\infty & -\infty & 1 & -\infty & -\infty & 1 & -\infty \\
-\infty & -\infty & -\infty & 1 & 1 & -\infty & -\infty & -\infty & 1 \\
-\infty & -\infty & -\infty & -\infty & -\infty & -\infty & -\infty & -\infty & -\infty \\
-\infty & -\infty & -\infty & -\infty & -\infty & -\infty & -\infty & -\infty & -\infty
\end{pmatrix}$$

und $D^{(5)} = D^{(6)} = D^{(7)} = D^{(8)} = D^{(9)} =$

$$\begin{array}{c}
 \\ A \\ B \\ C \\ D \\ E \\ F \\ G \\ H \\ I
\end{array}
\begin{array}{c}
\begin{array}{ccccccccc} A & B & C & D & E & F & G & H & I \end{array} \\
\begin{pmatrix}
-\infty & -\infty & 1 & 2 & 2 & -\infty & 1 & 3 & 3 \\
-\infty & -\infty & 1 & 2 & 2 & 1 & -\infty & 3 & 3 \\
-\infty & -\infty & -\infty & 1 & 1 & -\infty & -\infty & 2 & 2 \\
-\infty & -\infty & -\infty & -\infty & -\infty & -\infty & -\infty & -\infty & -\infty \\
-\infty & -\infty & -\infty & -\infty & -\infty & -\infty & -\infty & 1 & 1 \\
-\infty & -\infty & -\infty & -\infty & 1 & -\infty & -\infty & 2 & 2 \\
-\infty & -\infty & -\infty & 1 & 1 & -\infty & -\infty & 2 & 2 \\
-\infty & -\infty & -\infty & -\infty & -\infty & -\infty & -\infty & -\infty & -\infty \\
-\infty & -\infty & -\infty & -\infty & -\infty & -\infty & -\infty & -\infty & -\infty
\end{pmatrix}
\end{array}$$

Somit sind die Nachfolgerbeziehungen (A,D), (A,E), (A,I), (B,D), (B,H), (C,I), (F,H) und (G,I) redundant. Als reduzierte Nachfolgertabelle erhält man

Tätigkeit	Dauer	Nachfolgertätigkeiten
A	3	{C,G}
B	4	{C,F}
C	5	{D,E}
D	1	ϕ
E	3	{H,I}
F	2	{E}
G	6	{D,E}
H	1	ϕ
I	2	ϕ

Tabelle 2

3. Umwandlung der Nachfolgertabelle in einen CPM-Netzplan

Der Algorithmus zur Umwandlung einer Nachfolgertabelle in einen CPM-Netzplan besteht aus folgenden Einzelschritten.

(a) Ordne jeder Nachfolgermenge α die Menge aller Vorgänger, d.h. die Menge derjenigen Tätigkeiten, die α als Nachfolgermenge besitzen, zu. Füge den Nachfolgermengen die Menge aller Tätigkeiten, die nicht in den Nachfolgermengen enthalten sind, hinzu und ordne ihr die leere Menge zu.

Wendet man dieses Verfahren auf Tabelle 2 an, so erhält man Tabelle 3. Wir bezeichnen die dort auf der linken Seite angeführten Mengen als Vorgängermengen.

Vorgängermengen	Nachfolgermengen
{A}	{C,G}
{B}	{C,F}
{C,G}	{D,E}
{E}	{H,I}
{F}	{E}
{D,H,I}	ϕ
ϕ	{A,B}

Tabelle 3

(b) O. Setze $i = 1$.

1. Existiert eine Nachfolgermenge, die in einer anderen enthalten ist, so gehe nach 2. Andernfalls gehe nach 3.

2. α sei eine in einer anderen Nachfolgermenge enthaltene Menge größter Mächtigkeit[4]. Ist $\alpha \subseteq \beta$, so ersetze man alle Elemente, die β mit α gemeinsam hat, durch die Scheintätigkeit S_i und füge S_i zur Vorgängermenge von α hinzu. Erhöhe i um 1 und gehe nach 1.

3. Existieren zwei Nachfolgermengen mit einem nichtleeren Durchschnitt, so gehe nach 4. Andernfalls gehe nach 5.

---

4) Man bezeichnet als Mächtigkeit die Anzahl der Elemente einer Menge.

4. α,β seien Nachfolgermengen mit einem Durchschnitt größter Mächtigkeit. Ersetze alle gemeinsamen Tätigkeiten von α und β in α durch die Scheintätigkeit S_i und in β durch die Scheintätigkeit S_{i+1}. Füge $\alpha \cap \beta$ als neue Nachfolgermenge mit der zugehörigen Vorgängermenge $\{S_i, S_{i+1}\}$ hinzu. Erhöhe i um 2 und gehe nach 1.

5. Stop

Wendet man das soeben beschriebene Verfahren auf Tabelle 3 an, so erhält man

Vorgängermengen		Nachfolgermengen
$\{A\}$	1	$\{G,S_2\}$
$\{B\}$	2	$\{F,S_3\}$
$\{C,G\}$	3	$\{D,S_1\}$
$\{E\}$	4	$\{H,I\}$
$\{F,S_1\}$	5	$\{E\}$
$\{D,H,I\}$	6	ϕ
ϕ	7	$\{A,B\}$
$\{S_2,S_3\}$	8	$\{C\}$

Tabelle 4

(c) Jedem Paar von Vorgänger- und Nachfolgermengen entspricht im CPM-Netzplan ein Ereignis, welches das Ende der Vorgängertätigkeiten und den Anfang der Nachfolgertätigkeiten darstellt. Numeriert man diese Ereignisse wie in Tabelle 4 angegeben, so läßt sich ohne Schwierigkeiten Tabelle 5 aufstellen. Sie enthält die für das CPM-Netzwerk relevante Information.

Tätigkeit	A	B	C	D	E	F	G	H	I	S_1	S_2	S_3
Anfang	7	7	8	3	5	2	1	4	4	3	1	2
Ende	1	2	3	6	4	5	3	6	6	5	8	8
Dauer	3	4	5	1	3	2	6	1	2	0	0	0

Tabelle 5

Man beachte, daß die in diesem Schritt des Verfahrens konstruierte Tabelle parallele Kanten enthalten kann (vgl. die Tätigkeiten H und I in Tabelle 5). Bei der Aufstellung des CPM-Netzplans hat man sie unter Verwendung weiterer Scheintätigkeiten in der bekannten Weise (vgl. GÖTZKE [2], S. 69) zu eliminieren. Dies ist im in Abb. 1 dargestellten CPM-Netzplan, der mit Hilfe von Tabelle 5 konstruiert wurde, geschehen.

<u>Anmerkung</u>:

Es ist möglich, die Ereignisse im Schritt (c) so zu numerieren, daß der Anfang einer jeden Tätigkeit stets eine kleinere Nummer erhält, als das Ende (aufsteigende Knotennumerierung). Hierzu hat man die Paare von Vorgänger- und Nachfolgermengen in einer Reihenfolge zu numerieren, die sich mit Hilfe des folgenden Algorithmus ergibt:

Betrachte eine Nachfolgermenge α, deren zugehörige Vorgängermenge leer ist. Streiche beide Mengen, außerdem eliminiere man in allen Vorgängermengen Elemente, welche zu α gehören. Wende das soeben beschriebene Verfahren auf die so reduzierte Tabelle an. Numeriere die Paare in der Reihenfolge, in der die Nachfolgermengen durchgestrichen wurden.

Der in diesem Abschnitt aufgeführte Algorithmus unterscheidet sich von einem Verfahren, das GÖTZKE ([2], S. 66 ff.) anführt, im wesentlichen dadurch, daß die einzelnen Schritte geschickter angeordnet werden. Das hat zwei Vorteile:

1. Der Rechenaufwand reduziert sich,
2. man kommt mit weniger Scheintätigkeiten aus.

Für den zweiten Vorteil ist die Reihenfolge, in der die Scheintätigkeiten im Schritt (b) des hier beschriebenen Verfahrens eingeführt werden, maßgeblich. Dies wird anhand des folgenden Beispiels, in dem lediglich die Nachfolgermengen aufgeführt wurden, deutlich.

Beispiel:

(a)
$$\{A,B,C\} \qquad \{S_1,C\} \qquad \{S_1,C\}$$
$$\{A,B\} \longrightarrow \{A,B\} \longrightarrow \{A,S_2\}$$
$$\{B,E,F\} \qquad \{B,E,F\} \qquad \{S_3,E,F\}$$
$$\{B\}$$

(b)
$$\{A,B,C\} \qquad \{S_1,B,C\} \qquad \{S_1,S_3,C\}$$
$$\{A,B\} \longrightarrow \{S_2,B\} \longrightarrow \{S_2,S_4\}$$
$$\{B,E,F\} \qquad \{B,E,F\} \qquad \{S_5,E,F\}$$
$$\{A\} \qquad \{A\}$$
$$\{B\}$$

Im Falle (b) des Beispiels sind 5 Scheintätigkeiten notwendig,
während im Fall (a), in dem der hier vorgeschlagene Algorithmus
angewandt wurde, lediglich 3 Scheintätigkeiten eingeführt werden müssen. Aus ähnlichen Gründen werden in einem Beispiel von
GÖTZKE (vgl. [2], S. 78, Bild 39) mehr Scheintätigkeiten als
notwendig eingeführt. Auch beim Verfahren von KLEMM werden im
allgemeinen für die Darstellung des CPM-Netzplans zu viele
Scheintätigkeiten benötigt.

Literatur:

[1] BRUCKER, Peter: R-Netzwerke und Matrixalgorithmen, Computing
    10 (1972), S. 271-283.

[2] GÖTZKE, Horst: Netzplantechnik, Leipzig 1971, 2. Auflage.

[3] KLEMM, Uwe: Automatische Erstellung eines CPM-Netzplans aus
    der Reihenfolgetabelle und seine graphengesteuerte Auswer-
    tung nach CPM, Elektronische Datenverarbeitung 8 (1966),
    S. 66-70.

Netzplantechnik bei knappen Kapazitäten – Lösungsverfahren der begrenzten Enumeration mit Hilfe disjunktiver Graphen und bewerteter Stufen-Netze

W. Küpper, Hamburg

Referring to Balas the problem of minimizing project duration under multiple resource constraints can be formulated by means of a disjunctive graph. In the following paper this graph is used to develop a new branch-and-bound algorithm, in which a sequence of feasible plans with decreasing project duration is generated by introducing supplementary arcs between unconnected nodes. Davis/ Heidorn solved the same problem by finding the shortest path in a rank-ordered network with nodes representing subsets of unit-duration tasks. This procedure seems to be less efficient when applied to large projects. On the other hand rank networks can be employed to deal with the more general problem of minimizing project costs as a function of project duration and resource utilization.

Im folgenden werden Optimierungsprobleme der Netzplantechnik behandelt, die dann auftreten, wenn die zurDurchführung eines Projektes erforderlichen Potentialfaktoren (Arbeitskräfte, Betriebsmittel) nur in begrenztem Umfang zur Verfügung stehen. Die Dauer jedes Vorgangs des Projektes wird als gegebene konstante Größe betrachtet. Es lassen sich dann zwei Problemtypen unterscheiden, je nachdem, ob ausschließlich von der Projektdauer abhängige Kosten (Ausfallkosten, Projektverlängerungskosten) oder ob zusätzlich von der Kapazitätsbeanspruchung abhängige Kosten bei der Ablaufplanung des Projektes zu berücksichtigen sind.

Steigen die Ausfallkosten mit der Projektdauer monoton an, so besteht im ersten Fall die Aufgabe darin, einen in bezug auf die Kapazitätsrestriktionen zulässigen Ablaufplan mit minimaler Projektdauer zu finden. Dieses Problem wird in Anlehnung an Balas[1] als graphentheoretisches Problem formuliert. Grundlage hierfür ist ein disjunktiver Graph, der dadurch entsteht, daß im ursprünglichen Vorgangsknoten-Netzplan disjunktive Pfeilpaare zwischen unverbundenen Knoten eingeführt werden. Die Menge zulässiger Netzpläne läßt sich als Teilmenge von Graphen beschreiben, die von jedem disjunktiven Pfeilpaar höchstens einen Pfeil enthalten. Gesucht ist ein zulässiger Plan, bei dem der längste Weg vom Anfangs- zum Endknoten im zugehörigen Graphen minimal ist.

Es wird ein Branch-and-bound-Verfahren dargestellt, bei dem aus unzulässigen Plänen durch sukzessives Einführen zusätzlicher Pfeile eine Folge zulässiger Pläne mit monoton abnehmender Projektdauer aufgebaut wird. Die Auswahl der Pfeil-Ergänzungen erfolgt mit Hilfe einer Prioritätsregel; die zuerst gefundene zulässige Lösung stellt meist eine gute Näherungslösung dar.

Das Problem der Minimierung der Projektdauer bei konstanten Kapazitätsgrenzen wurde von Davis/Heidorn[2] mit einem Verfahren gelöst, das auf sogenannten Stufen-Netzen aufbaut. Hierbei sind die Vorgänge des Projekts in Teilvorgänge mit der Dauer einer Zeiteinheit aufzuspalten; es sind nur ganzzahlige Vorgangsdauern zugelassen. Zu den Knoten des Stufen-Netzes gehören partiell geordnete Mengen von Teilvorgängen; durch einen Pfeil erfolgt jeweils eine Zuordnung von Teilvorgängen zu einer Zeiteinheit. Der kürzeste Weg im Stufen-Netz vom Anfangszum Endknoten repräsentiert einen optimalen Ablaufplan. Nach einer Beschreibung des Aufbaus und der Eigenschaften von Stufen-Netzen wird das Verfahren von Davis/Heidorn skizziert.

In bezug auf die Zielfunktion "Minimierung der Projektdauer" ist im allgemeinen das entwickelte Branch-and-bound-Verfahren dem Verfahren von Davis/Heidorn überlegen. Dagegen lassen sich mit Hilfe von Stufen-Netzen allgemeinere Probleme (z.B. zeitabhängige verfügbare Kapazitäten) und Probleme mit anderen Zielfunktionen behandeln. Im Abschnitt II. wird gezeigt, wie durch eine Knoten- und Pfeilbewertung in Stufen-Netzen beschäftigungsabhängige Kosten sowie Ausfallkosten berücksichtigt und kostenminimale Ablaufpläne des Projektes bestimmt werden können.

I. Minimierung der Projektdauer bei beschränkt verfügbaren Kapazitäten

1. Problemstellung

Gegeben sei ein Projekt A mit einer Vorgangsmenge $V = \{v_a, v_1, \ldots, v_m, v_e\}$, Vorgängermengen $\Gamma_1(v)$ bzw. Nachfolgermengen $\Gamma_2(v)$, Vorgangsdauern $D(v)$, Kapazitätsbedarfsvektoren $a(v) = (a_1(v), \ldots, a_q(v))$. Die für das Projekt verfügbaren Kapazitäten sind durch den Kapazitätsvektor $b = (b_1, \ldots, b_q)$ gegeben.

$\Gamma_1(v)$: $AZ(v) \geqslant EZ(u)$ für alle $u \in \Gamma_1(v)$

$\Gamma_2(v)$: $EZ(v) \leqslant AZ(u)$ für alle $u \in \Gamma_2(v)$

$AZ(v)$: Anfangszeitpunkt des Vorgangs v

$EZ(v)$: Endzeitpunkt des Vorgangs v

$a_i(v)$: Anzahl der Einheiten der Kapazitätsart i, die bei Durchführung von v pro Zeiteinheit benötigt werden

b_i : Anzahl der während der Projektdauer pro Zeiteinheit verfügbaren Einheiten der Kapazitätsart i

O.E.d.A. sei v_a der Startvorgang des Projektes mit $\Gamma_1(v_a) = \emptyset$ und $D(v_a) = 0$ und v_e der Zielvorgang mit $\Gamma_2(v_e) = \emptyset$ und $D(v_e) = 0$. Außerdem gelte $a(v) = \emptyset$ für alle $v \in V$ mit $D(v) = 0$; $AZ(A) = AZ(v_a) = 0$ sowie $EZ(A) = AZ(v_e)$. Eine Unterbrechung der Vorgänge des Projektes sei unzulässig, d.h.

$EZ(v) = AZ(v) + D(v)$ $(v \in V)$.

Das Optimierungsproblem, einen durch $AZ(v)$ $(v \in V)$ gekennzeichneten zulässigen Ablaufplan des Projektes mit minimaler Projektdauer zu finden, kann dann wie folgt formuliert werden:

<u>Zielfunktion:</u>

$AZ(v_e) = $ min!

<u>Nachfolgebedingungen:</u>

$AZ(v_a) = 0$

$AZ(u) - AZ(v) \geqslant D(v)$ für alle $u \in \Gamma_2(v)$ $(v \in V)$

<u>Kapazitätsbedingungen:</u>

$$\sum_{v \in V_t} a_i(v) \leqslant b_i \qquad (i = 1, \ldots, q) \qquad \text{mit}$$
$$(0 \leqslant t < AZ(v_e)) \qquad V_t = \{v \in V : AZ(v) \leqslant t < AZ(v) + D(v)\}$$

Das Problem besitzt eine zulässige Lösung, wenn gilt: $0 \leqslant a_i(v) \leqslant b_i$ ($v \in V$; $i = 1, \ldots, q$).

Ein optimaler Ablaufplan hat die Eigenschaft: $V_t \neq \emptyset$ für alle $t \in [0, AZ(v_e)[$

Es brauchen deshalb nur Ablaufpläne ohne Projektleerzeiten betrachtet zu werden.

2. Formulierung des Problems mit Hilfe disjunktiver Graphen

Zum Projekt A gehöre das zykelfreie bewertete Netz $G = (X, P, c_p)$ mit der Knotenmenge $X = V$, der Pfeilmenge $P = \{(u,v) : u \in V, v \in \Gamma_2(u)\}$ und der Pfeilbewertung $c_p(p) = D(u)$ für $p = (u, v) \in P$.

Im folgenden werden die Vorgänge (Knoten) durch die Vorgangsnummern gekennzeichnet: $X = V = \{a, 1, \ldots, n, e\}$.

Es sei $\quad W_G = \{(j, k) : j \neq k;\ j, k \in X;\ k \text{ ist in } G \text{ von } j \text{ aus erreichbar}\}$,

$\qquad \bar{W}_G = \{(j, k) : j \neq k;\ j, k \in X;\ (j, k), (k, j) \notin W_G\}$.

Eine Knotenmenge $Y \subset X$ heißt unverbunden in G, wenn für je zwei Knoten $j, k \in Y$ gilt: $(j, k) \in \bar{W}_G$.
$Y \subset X$ ist eine __maximale unverbundene Knotenmenge__, wenn keine unverbundene Knotenmenge $\hat{Y}$ existiert, so daß $Y \subset \hat{Y}$ und $Y \neq \hat{Y}$.

$\{(j, k), (r, s)\}$ ist ein __disjunktives Pfeilpaar__, wenn $k = r$ und $j = s$ sowie $(j, k), (r, s) \in \bar{W}_G$.

Eine __Ergänzung__ E ist eine Teilmenge von $\bar{W}_G$, die von jedem disjunktiven Pfeilpaar höchstens einen Pfeil enthält: $(j, k) \in E \Rightarrow (j,k) \in \bar{W}_G$ und $(k, j) \notin E$.

Durch E wird aus G der Graph $G_E = (X, P_E, c_p)$ mit $P_E = P \cup E$ erzeugt. Zu jedem Graphen G_E gehören Subgraphen $G_E^i = (X^i, P_E^i)$ mit $X^i = \{j : j \in X,\ a_i(j) > 0\}$ und

$$P_E^i = \{(j, k) : (j, k) \in X^i \times X^i,\ (j, k) \in P_E\} \qquad (i = 1, \ldots, q).$$

Sei G_E zykelfrei und Y_E^i das System maximaler unverbundener Knotenmengen in G_E^i mit der Eigenschaft

$$\min_{j \in Y} (l_E(a, j) + D(j)) > \max_{j \in Y} l_E(a, j) \qquad \text{für alle } Y \in Y_E^i$$

$l_E(a, j)$: Länge eines längsten Weges von a nach j in G_E
$\qquad\qquad$ (frühester Anfangszeitpunkt FAZ des Vorgangs j).

Eine Ergänzung E ist __zulässig__, wenn gilt:

a) G_E ist zykelfrei;

b) $N_E^i = \max\limits_{Y \in Y_E^i} \left\{ \sum\limits_{j \in Y} a_i(j) \right\} \leqslant b_i \qquad (i = 1, \ldots, q)$.

Ist E zulässig, so ist der zu G_E gehörende Ablaufplan mit $AZ(v) = l_E(a, v) = FAZ(v)$ zulässig.
Ist E unzulässig, so ist der zugehörige Ablaufplan unzulässig.

M_E sei die Menge zulässiger Ergänzungen des Graphen G. Das Problem, einen zulässigen Ablaufplan mit minimaler Projektdauer zu finden, ist äquivalent dem Problem, eine Ergänzung $\tilde{E} \in M_E$ zu bestimmen, für die gilt:

$$l_{\tilde{E}} = \min_{E \in M_E} l_E$$

$$l_E = l_E(a, e) : \text{Länge eines kritischen Weges in } G_E.$$

3. Algorithmus der begrenzten Enumeration von Ergänzungen (Branch-and-bound-Verfahren)

3.1. Vorbemerkungen

Im folgenden Algorithmus wird aus unzulässigen Ergänzungen durch stufenweises Einführen zusätzlicher Pfeile aus der Menge R_G disjunktiver Pfeilpaare eine Folge zulässiger Ergänzungen mit monoton abnehmender Projektdauer l_E erzeugt. Die Enumeration zulässiger Ergänzungen wird dadurch begrenzt, daß die Projektdauer I jedes zuletzt erzeugten zulässigen Ablaufplans eine Obergrenze für die minimale Projektdauer $l_{\tilde{E}}$ darstellt ($l_{\tilde{E}} \leq I$). Der Algorithmus ist ein spezielles Branch-and-bound-Verfahren, bei dem in jedem Verzweigungspunkt z des Lösungsbaums eine unzulässige Ergänzung E mit $l_E < I$ durch einen zusätzlichen Pfeil $p(z) = (i, j)$ $\in R_{G_E} = R_E$ zu einer Ergänzung $E(z) = E \cup \{p(z)\}$ erweitert wird.

Zu Beginn des Verfahrens wird im ersten Verzweigungspunkt $E = \emptyset$, $l_E = l_\emptyset = l(a, e)$ in G und $I = c$ gesetzt (c : Obergrenze für die Projektdauer, z.B. $c = \sum_{i=1}^{m} D(i)$).

Die Menge der ergänzten Pfeile auf einem Weg vom ersten Verzweigungspunkt zu einem Punkt z des Lösungsbaums repräsentiert die Ergänzung $E(z) = E \cup \{p(z)\}$.

a. Ist die Ergänzung zulässig mit $L(i, j) < I$, so wird $I = l_{E(z)}$ (neue Obergrenze) gesetzt (z: Endpunkt des Lösungsbaums).

b. Ist $E(z)$ unzulässig und $L(i, j) = l_E(a, i) + D(i) + l_E(j,e) < I$, so erfolgt von $E(z)$ aus eine weitere Verzweigung.

c. Gilt dagegen $L(i, j) \geq I$, so endet der Baum ohne Änderung von I in z.

d. Von einem Baumende geht man zu dem nächstliegenden Verzweigungspunkt zurück, der noch ungeprüfte Verzweigungsmöglichkeiten enthält, und setzt von hier aus die Erzeugung zulässiger Ergänzungen fort.

Das Verfahren wird beendet, wenn alle vom ersten Verzweigungspunkt $(E = \emptyset)$ ausgehenden Verzweigungen geprüft sind. Zu der zuletzt unter a. erzeugten Ergänzung gehört ein zulässiger Ablaufplan mit $AZ(v) = l_{\tilde{E}}(a, v) = FAZ(v)$ und der minimalen Projektdauer $l_{\tilde{E}} = I$.

Da bei dem Verfahren jede zusätzliche Ergänzung durch genau einen Pfeil zwischen unverbundenen Knoten in einem zykelfreien Graphen erzeugt wird, ist jeder erzeugte Graph G_E zykelfrei.

3.2. Darstellung des Verfahrens

Die Punkte des Lösungsbaums werden im folgenden durch "lexikographisch" geordnete Vektoren

$$z = (0, z_1, \ldots, z_r), \quad z_i \in \mathbb{N}, \quad z = (0) : \text{Anfangspunkt},$$
$$r : \text{Rang des Punktes } z \text{ im Lösungsbaum},$$

gekennzeichnet. In z wird die Ergänzung E durch ein Knotenpaar $p(z) \in \overline{R}_E$ zu einer Ergänzung

$$E(z) = E \cup \{p(z)\} = \{p((0, z_1)), p((0, z_1, z_2)), \ldots, p((0, z_1, \ldots, z_r)) = p(z)\}$$

erweitert. Dem Punkt z mit $p(z) = (i, j)$ wird jeweils der Wert

$$L(p(z)) = l_E(a, i) + D(i) + l_E(j, e)$$

zugeordnet, d.h. die Länge eines längsten Weges im Graphen $G_{E(z)}$, der den Pfeil (i, j) enthält. Die Länge eines kritischen Weges in $G_{E(z)}$ beträgt:

$$L(z) = l_{E(z)} = \max \{L((0)), L(p((0, z_1))), \ldots, L(p((0, z_1, \ldots, z_r)))\}$$
$$= \max \{L((0, z_1, \ldots, z_{r-1})), L(p(z))\}$$
$$L((0)) = l(a, e) : \text{Länge eines kritischen Weges in } G.$$

Für jede unzulässige Ergänzung $E(z)$ sei

$$\mathcal{L}(z) = [p(z; 1), p(z; 2), \ldots, p(z; n(z))]$$

die Liste der Pfeile, durch die in den auf z folgenden Punkten des Lösungsbaums $E(z)$ jeweils erweitert wird $(p(z; n) = p((0, z_1, \ldots, z_r, n)))$, wenn $z = (0, z_1, \ldots, z_r))$.

$\mathcal{L}(z)$ wird wie folgt bestimmt:

Zu $E(z)$ gehört ein System maximaler unverbundener Knotenmengen $Y_{E(z)}$ mit der Eigenschaft, daß für jedes $Y \in Y_{E(z)}$ gilt:

a. $\{i, j\} \subset Y \Rightarrow (i, j) \notin \overline{R}_{E(z)}$

b. Es existiert kein $Y' \in Y_{E(z)}$ mit $Y \subset Y'$ und $Y' \neq Y$.

c. $N^1(Y) = \sum_{j \in Y} a_i(j) > b_i$ für mindestens ein $i \in \{1, \ldots, q\}$

d. $\min_{j \in Y} FEZ(j) > \max_{j \in Y} FAZ(j)$ $\quad (FAZ(j) = l_{E(z)}(a, j), FEZ(j) = FAZ(j) + D(j))$

Aus $Y_{E(z)} = \{Y^1, \ldots, Y^l\}$ wird eine Knotenmenge Y^k mit folgender Eigenschaft ausgewählt:

Sind $y_1^i, y_2^i, \ldots, y_{n_i}^i$ die Elemente von Y^i mit $FAZ(y_1^i) \leq FAZ(y_2^i) \leq \ldots \leq FAZ(y_{n_i}^i)$ $(i = 1, \ldots, l)$, so gilt:

a. $FAZ(y_1^k) \leq FAZ(y_1^i)$ für alle $i = 1, \ldots, l$;

b. Falls für $i = 1, \ldots, l$ $FAZ(y_j^k) = FAZ(y_j^i)$, $(j = 1, \ldots, n)$, so ist entweder $n = n_k$ oder $FAZ(y_{n+1}^k) \leq FAZ(y_{n+1}^i)$.

$Y^k \in Y_{E(z)}$ enthält also die Vorgangsknoten mit - nach lexikographischer Reihenfolge - minimalen frühesten Anfangszeitpunkten in $G_{E(z)}$.

Sei $P^k = \{(i, j) : i \neq j; i, j \in Y^k\}$. Bei der Bestimmung der Liste $\mathcal{L}(z)$ lassen sich zwei Fälle unterscheiden:

Fall 1: Es existiert ein $(\bar{i}, \bar{j}) \in P^k$ und ein $s \in \{1, \ldots, q\}$ mit $N^s(\bar{i}, \bar{j}) = a_s(\bar{i}) + a_s(\bar{j}) > b_s$ und
$L(\bar{i}, \bar{j}) = L(i, j) = l_E(a, i) + D(i) + l_E(j, e)$ für alle $(i, j) \in P^k$.
Dann sei $n(z) = 2$, $p(z; 1) = (\bar{i}, \bar{j})$ und $p(z; 2) = (\bar{j}, \bar{i})$.

Fall 2: Sei $X(z) = P^k$, so daß $n(z) = |Y^k| \cdot (|Y^k| - 1)$. Dann werden die Knotenpaare so numeriert, daß
$L(p(z; n_1)) \leqslant L(p(z; n_2))$, wenn $n_1 \leqslant n_2$ $(p(z; n) \in X(z); n = 1, \ldots, n(z))$.

Verfahrensablauf:

1. Setze $I := c$ $(:= \sum_{i=1}^{m} D(i))$; $r := 0$; $z := (0)$; $E(z) := \emptyset$; $L(z) := l_{E(z)} = l(a, e)$.

2. Bestimme die Liste $X(z) := \{p(z; n) : n \in \{1, \ldots, n(z)\}\}$. Falls $X(z) = \emptyset$ $(n(z) = 0)$, setze
$I := L(z)$, $r := r - 1$, und gehe nach 4. Setze $z_{r+1} := 1$.

3. Setze $r := r + 1$; $z := (0, z_1, \ldots, z_r)$, und bilde die Ergänzung $E(z) := E((0, z_1, \ldots, z_{r-1})) \cup \{p(z)\}$;
setze $L(z) := \max \{L((0, z_1, \ldots, z_{r-1})), L(p(z))\}$. Falls $L(z) < I$, gehe nach 2.. Setze $r := r-1$.

4. Setze $r := r - 1$. Falls $r < 0$, ENDE. Setze $z := (0, z_1, \ldots, z_r)$.

5. Falls $z_{r+1} = n(z)$, gehe nach 4. Setze $z_{r+1} := z_{r+1} + 1$ und gehe nach 3.

4. Formulierung des Problems mit Hilfe von Stufen-Netzen

Es wird vorausgesetzt, daß $D(k) \in N$ $(k = 1, \ldots, m)$. G^1 sei das Vorgangsknotennetz, das aus G durch eine
Aufspaltung der Vorgänge in Teilvorgänge mit der Dauer einer Zeiteinheit entsteht:

$G^1 = (X, P, c_p)$; $X = M \cup \{a, e\}$; $M = \{[k, 1] : k = 1, \ldots, m; 1 = 1, \ldots, D(k)\}$;
$[k, 1]$: 1-ter Teilvorgang des Vorgangs k; $P = \bar{P} \cup \{(a, [k, 1]) : k \in \Gamma_2(a)\} \cup \{([k, D(k)], e) : k \in \Gamma_1(e)\}$;
$\bar{P} = \{([k, 1], [r, s]) : s = 1 + 1$ für $r = k$ und $1 < D(k)$; $s = 1$ für $r \in \Gamma_2(k)\}$;

$$c_p(\bar{p}) = \begin{cases} 0 & \text{für } \bar{p} = ([k, D(k)], e) \\ 1 & \text{sonst} \end{cases} \qquad (\bar{p} \in P)$$

Es sei $\quad$ FDZ$(k, 1) = l(a, [k, 1]) = r(k, 1)$; SDZ$(k, 1) = T - l([k, 1], e)$;
$\quad$ FDZ (SDZ)$(k, 1)$: früheste (späteste) Zeiteinheit zur Durchführung des Teilvorgangs $[k, 1]$;
$\quad$ T : Projektdauer.

Das _Stufen-Netz_ $G_S = (X_S, P_S, c_{p_s})$ ist dadurch gekennzeichnet, daß seinen Knoten $j \in X_S$ partiell geordnete
Teilmengen $S_j \subset M$ $(j = 0, 1, \ldots, z; S_0 = \emptyset, S_z = M)$ mit folgenden Eigenschaften zugeordnet sind:

$\quad$ a. $S_i \subset S_j, S_i \neq S_j$, wenn $i < j$,

$\quad$ b. $[k, 1] \in S_j \Rightarrow \Gamma_1(k, 1) \subset S_j$.

Entfernt man in G^1 alle Knoten $[k, 1] \notin S_j$ sowie alle Eingangspfeile dieser Knoten, so erhält man einen zu-
sammenhängenden Subgraphen G von G^1 mit dem Anfangsknoten a

Es sei $r(S_j)$ die Stufe von S_j (bzw. j) und $F(S_j)$ die Menge der (unmittelbaren) Nachfolger von S_j :

$$r(S_e) = 0, \quad r(S_j) = \max_{[k,1] \in S_j} r(k, 1) \quad (j \geq 1); \quad F(S_j) = \{[k,1] : [k,1] \in M, \ [k,1] \notin S_j, \ \overline{\Gamma}_1(k,1) \subset S_j \}.$$

Die Gesamtheit der Mengen S_j (und damit die Menge X_S) kann für aufeinanderfolgende Stufen $r = 1, 2, \ldots,$ $1(a, e)$ nach folgendem Verfahren bestimmt werden, wobei durch eine Markierung von Teilvorgängen (Teilvorgänge der Liste MA) gewährleistet ist, daß jede Menge S_j nur einmal erzeugt wird.

1. Setze $k := 0$, $b := 0$, $j := 0$, $c := 0$; $S_j := \emptyset$, $A := \emptyset$, $MA := \emptyset$; $r(S_j) := 0$.

2. Setze $k := k + 1$.

3. Bestimme $UF(S_b) := F(S_b) \backslash F(S_b) \cap MA$. Falls $UF(S_b) = \emptyset$, gehe nach 4. Bilde alle $U_i \subset UF(S_b)$, $(i = 1, \ldots, n(b))$, mit $U_s \subset U_t$, wenn $s < t$. Setze für $i = 1, \ldots, n(b)$ $S_{j+i} := S_b \cup U_i$, $r(S_{j+i}) := k$, $A := A \cup U_i$. Setze $j := j + n(b)$.

4. Falls $b < c - 1$, setze $b := b + 1$ und gehe 3. Falls $b < j$, setze $b := c$, $c := j + 1$, $MA := A$ und gehe nach 2. ENDE.

Es bezeichne

$$N(S_j) = (N^1(S_j), N^2(S_j), \ldots, N^q(S_j)) ; \quad N^i(S_j) = \sum_{[k,1] \in S_j} a_i(k, 1)$$

$a_i(k, 1)$: Bedarf des Teilvorgangs $[k, 1]$ an Einheiten der Kapazitätsart i $(i = 1, \ldots, q)$.

Die <u>Pfeilmenge</u> P_S von G_S ist wie folgt definiert: $(h, j) \in P_S$, $h, j \in X_S$, falls

    a1) $\quad S_h \subset S_j \qquad$ a2) $\quad [k, 1] \in S_j$, $[k', 1'] \in \overline{\Gamma}_1(k, 1) \Rightarrow [k', 1'] \in S_h$

    b) $\quad [k, 1] \in S_h$, $1 < D(k) \Rightarrow [k, 1+1] \in S_j$

    c) $\quad N(S_j) - N(S_h) \leqslant b = (b_1, \ldots, b_q)$.

<u>Pfeilbewertung:</u> $\quad c_{p_s}(p_s) = 1$ für alle $p_s \in P_S$.

Ein Pfeil $(h, j) \in P_S$ bedeutet, daß nach Abschluß aller Teilvorgänge aus S_h bis zur Zeiteinheit t die Teilvorgänge der Menge $S_j \backslash S_h$ in der Zeiteinheit $t + 1$ durchgeführt werden können.

Für G_S lassen sich folgende Eigenschaften ableiten:

1. G_S besitzt genau einen Endknoten z mit $S_z = M$ und $r(S_z) = 1(a, e)$ in G^1.

2. Sei für $b \in X_S$ $r(S_b) = k$ und l der erste von b erzeugte Knoten mit $S_l = S_b \cup U_1$ und $r(S_l) = k + 1$. Dann folgt aus $(b, j) \in P_S$ entweder $r(S_j) = k$, $j > b$, oder $r(S_j) = k + 1$, $j \geq l > b$.

3. Sei $DZ(S_j)$ die Durchführungszeit der Teilvorgänge aus S_j und $(0, j_1, j_2, \ldots, j_{t-1}, j_t = z)$ ein vollständiger Weg in G_S von 0 nach z. Dann erhält man mit $DZ(S_{j_1}) = 1$, $DZ(S_{j_2} \backslash S_{j_1}) = 2, \ldots,$ $DZ(S_{j_{t-1}} \backslash S_{j_{t-2}}) = t - 1$, $DZ(S_z \backslash S_{j_{t-1}}) = t$ einen zulässigen Ablaufplan mit der Projektdauer t.

4. Die Menge vollständiger Wege in G_S von o nach z repräsentiert die Menge aller zulässigen Ablaufpläne ohne Projektleerzeiten.

Nach 3. und 4. ist das Problem der Minimierung der Projektdauer zurückgeführt auf das Problem, im Stufen-Netz G_S einen Weg von o nach z mit minimaler Länge (minimaler Anzahl von Pfeilen) zu finden.

G_S kann in das Stufen-Netz $G_{S'} = (X_{S'}, P_{S'}, p_{S'})$ transformiert werden:

$$X_{S'} = \{k(i, j) : (i, j) \in P_S \cup \{(o, o), (z, z)\}; \; k(i, j) = 0, 1, \ldots; \; k(o, o) = 0, \; k(z, z) = z',$$
$$k(i, j) < k(\tilde{i}, \tilde{j}), \; \text{falls } j < \tilde{j} \text{ oder falls für } j = \tilde{j} \; i < \tilde{i}; \; i, j, \tilde{i}, \tilde{j} \in X_S \}$$

$$P_{S'} = \{(k(i, j), k(j, 1)) : k(i, j), k(j, 1) \in X_{S'}\}$$

$$c_{p_{S'}}(p_{S'}) = \begin{cases} 0 \; \text{für } p_{S'} = (k(i, z), k(z, z)) \\ 1 \; \text{sonst} \end{cases} \qquad p_{S'} \in P_{S'}$$

$$r(k(i, j)) = r(S_j).$$

Ein Weg minimaler Länge in $G_{S'}$ von o nach z' liefert ebenfalls einen Ablaufplan des Projektes A mit minimaler Projektdauer.

5. Verfahren von Davis/Heidorn

In dem Verfahren werden unter Benutzung der Eigenschaft 2. von G_S unmittelbar nach Erzeugung der Mengen $S_j = S_b \cup U_i$ der Stufe k die kürzesten Wege von o nach $j \in X_S$ bestimmt. Bei gegebener Schranke T' für die Projektdauer kann hierbei S_j von vornherein eliminiert werden, wenn weder j selbst, noch von j erzeugte Knoten der Stufe k + 1 auf einem vollständigen Weg der Länge $\leq$ T' in G_S erscheinen können.

Es bezeichne:

L_k : Menge von Knoten der Stufe k, die auf einem Weg von o nach z in G_S mit der Länge T' liegen können;

$$M_t(T') = \{[k, 1] \in M : SDZ(k, 1) \leq t \text{ bei } T = T'\}; \; M_t(T') = M \text{ für } t = \infty;$$

$$A_t(T') = (A_t^1(T'), \ldots, A_t^q(T')) \text{ mit } A_t^i(T') = \max \{0, a_i - (T' - t)b_i\};$$

$$A_t^i(T') = a_i \text{ für } t = \infty; \quad a_i = \sum_{[k,1] \in M} a_i(k,1) \quad (i = 1, \ldots, q);$$

$v(i)$: die Länge eines kürzesten Weges von o nach z in G_S;

$j_1(k)$: der erste Knoten der Stufe k in G_S; $b(j)$: Knoten der Stufe k - 1, durch den der Knoten j in Stufe k erzeugt wird.

Dann gilt:

Ein Knoten j der Stufe k kann eliminiert werden, wenn mindestens eine der beiden folgenden Bedingungen erfüllt wird:

a. $M_t(T') \subset S_j$

b. $A_t(T') \leq N(S_j)$ mit $t = \min\limits_{\substack{j_1(k-1) \leq i \leq b(j) \\ i \in L_{k-1}}} (v(i) + 1)$

L_{k-1} : Menge aller Knoten i der Stufe k - 1, die die Bedingungen a. und b. mit t = v(i) erfüllen.

Die Werte v(j) für nicht eliminierte Knoten j der Stufe k erhält man wie folgt:

$$v(j) = v(\tilde{I}, j) = \min_{i} v(i, j) = \min \left\{ \min_{\substack{j_1(k-1) \leqslant i \leqslant b(j) \\ i \in L_{k-1}}} [\delta + v(i)] \, , \min_{\substack{j_1(k) \leqslant i < j \\ i \in L_k}} [\delta + v(i)] \right\}$$

mit $\quad \delta = \begin{cases} 1 \text{ falls } (i, j) \in P_S \\ \infty \text{ sonst} \end{cases}$

Für Knoten $j \in L_k$ wird $\tilde{I}$ in eine Vorgängerliste $(\tilde{\Gamma}(j) = \tilde{I})$ aufgenommen, mit deren Hilfe man nach Erreichen des Endknotens z $(S_z = M)$ einen kürzesten Weg von o nach z und damit einen zulässigen Ablaufplan mit der minimalen Projektdauer v(z) bestimmt.

II. Bestimmung kostenminimaler Ablaufpläne eines Projektes mit Hilfe von Stufen-Netzen

Es bezeichne:

$f_i(t)$: Anzahl der in der Zeiteinheit t durch das Projekt A beanspruchten Einheiten der Kapazitätsart i
$\quad\quad$ (t = 1, ..., T; i = 1, ..., q);

$c_1^i(f_i(t))$: von der Höhe der Beschäftigung abhängige Kosten der Kapazitätsart i (i=1,...,q) (<u>Belastungskosten</u>)

$c_2^i(f_i(t) - f_i(t-1))$: von der Größe der Beschäftigungsänderung abhängige Kosten der Kapazitätsart i
$\quad\quad$ (i = 1, ..., q) (<u>Anpassungskosten</u>);

$c_3(T)$: von der Projektdauer T abhängige Kosten (<u>Ausfallkosten</u>).

Die <u>gesamten (ablaufabhängigen) Projektkosten</u> betragen dann:

$$c(T) = \sum_{t=1}^{T+1} \sum_{i=1}^{q} \left\{ c_1^i(f_i(t)) + c_2^i(f_i(t) - f_i(t-1)) \right\} + c_3(T)$$

Belastungskosten lassen sich durch eine Pfeilbewertung in G_S oder in $G_{S'}$ berücksichtigen; dagegen können Anpassungskosten nur in $G_{S'}$ erfaßt werden.

Sei für $p_s = (h, j) \in P_S$ $c_{p_s}(p_s) = \sum_{i=1}^{q} c_1^i(N^i(S_j) - N^i(S_h))$ und für $p_{s'} = (k(h, j), k(j, 1)) \in P_{S'}$

$$c_{p_{s'}}(p_{s'}) = \sum_{i=1}^{q} \left\{ c_1^i(N^i(S_1) - N^i(S_j)) + c_2^i(N^i(S_1) + N^i(S_h) - 2N^i(S_j)) \right\} .$$

Dann gibt die "Kostenlänge" l(z) eines Weges von o nach z in G_S die Belastungskosten und die Kostenlänge l(z') eines Weges von o nach z' in $G_{S'}$ die Belastungs- und Anpassungskosten des zugehörigen Ablaufplans wieder.

Die folgenden Ausführungen beziehen sich auf das Stufen-Netz G_S. Sind Anpassungskosten zu berücksichtigen $(c_2^i \neq 0$ für ein $i \in \{1, ..., q\})$, so ist anstelle von G_S in entsprechender Weise das Stufen-Netz $G_{S'}$ zu benutzen.

Sei $l_\tau(j)$ die Kostenlänge eines Weges von o nach j in G_S mit τ Pfeilen. Ein Weg von o nach j heißt <u>τ- effizient</u>, wenn kein Weg von o nach j mit $\bar{\tau}$ Pfeilen existiert, so daß $\bar{\tau} \leqslant \tau$ und $l_{\bar{\tau}}(j) < l_\tau(j)$.

Sei $v_{\tau}(j)$ die Kostenlänge eines τ- effizienten Weges von o nach j in G_S und $\widetilde{\Gamma_{\tau}}(j)$ der Vorgänger von j auf einem solchen Weg. Dann erhält man einen Ablaufplan mit minimalen Projektkosten in folgenden Schritten:

1. Ermittle alle τ- effizienten Wege von o nach z in G_S mit den Kostenlängen $v_{\tau_i}(z)$ (i = 1, ...,n).

2. Für $\tau^* \in \{\tau_1, ..., \tau_n\}$ sei $C_{\tau^*}(z) = \min\limits_{i=1,...,n} C_{\tau_i}(z)$ mit $C_{\tau_i}(z) = v_{\tau_i}(z) + c_3(\tau_i)$.

   Dann liefert $\widetilde{\Gamma}_{\tau^*}(z) = j_1$, $\widetilde{\Gamma}_{\tau^*-1}(j_1) = j_2$, ..., $\widetilde{\Gamma}_2(i_{\tau^*-1}) = j_{\tau^*}$, $\widetilde{\Gamma}_1(j_{\tau^*}) = 0$ einen kostenminimalen

   Ablaufplan mit der Projektdauer $T = \tau^*$ und den Projektkosten $c(T) = C_{\tau^*}(z)$.

Spezialfälle:

a. lineare Ausfallkosten

Sei $c_3(T) = g_1(T - g_2)$ $(T \geqslant g_2)$; g_1, g_2 : Konstante; und $\bar{c}_{p_s}(p_s) = c_{p_s}(p_s) + g_1$ die Pfeilbewertung

in G_S. Dann liefert ein von o nach z führender Weg in G_S mit minimaler Kostenlänge $v(z)$ bei einer Pfeilanzahl τ' einen kostenminimalen Ablaufplan mit $c(T) = v(z) - g_1 g_2$, falls $\tau' \geqslant g_2$.

b. vorgegebene Obergrenze für die Projektdauer, keine Ausfallkosten

Ist $c_3(T) \equiv 0$ und eine Obergrenze T' für die Projektdauer vorgegeben, so liefert ein τ- effizienter Weg in G_S mit maximalem $\tau \leqslant T'$ einen kostenminimalen Ablaufplan.

c. keine Kapazitätsgrenzen - Beschäftigungsglättung

Bestehen im Fall b. keine Kapazitätsgrenzen und wird $T' = T_{min} = l(a, e)$ gesetzt, so können in G_S alle Pfeile zwischen Knoten derselben Stufe eliminiert werden. Der zu einem Weg mit minimaler Kostenlänge im reduzierten Stufen-Netz gehörende Ablaufplan ist kostenminimal.

Meist berücksichtigt man im vorliegenden Fall nur einen einzigen Engpaßfaktor (überwiegend Arbeitskräfte), für den eine möglichst gleichmäßige Beschäftigung angestrebt wird. Man spricht deshalb auch von Beschäftigungsglättung (Manpower Smoothing). Burgess/Killebrew haben hierfür ein heuristisches Näherungsverfahren entwickelt, wobei anstelle beschäftigungsabhängiger Kosten als Hilfskriterium zur Messung des Nivellierungsgrades die Summe der Beschäftigungsquadrate benutzt wird.[3]

Literatur:

1) Balas, E., Project Scheduling with Resource Constraints, in: Beale, E.M.L. (Hrsg.), Applications of Mathematical Programming Techniques, London 1970, S. 187 - 200.

2) Davis, E.W./Heidorn, G.E., An Algorithm for Optimal Project Scheduling under Multiple Resource Constraints, in: Management Science, 17 (1971), S. B 803 - B 816.

3) Burgess, A.R./Killebrew, J.B., Variation in Activity Level on a Cyclical Arrow Diagram, in: The Journal of Industrial Engineering, 13(1962), S. 76 ff.

Ein Branch&Bound-Verfahren zur Lösung symmetrischer Travelling-Salesman-Probleme

G. Liesegang, Köln

Abstrakt

Es wurde über ein Branch&Bound-Verfahren speziell zur Lösung symmetrischer Travellinger-Salesman-Probleme berichtet. Die Erfahrungen mit Zahlenbeispielen haben gezeigt, daß es sinnvoll ist, zwischen symmetrischen und unsymmetrischen (Entfernungsmatrix symmetrisch oder unsymmetrisch) Travelling-Salesman-Problemen zu unterscheiden, da symmetrische Probleme bei den bisherigen Rechenprogrammen im Durchschnitt wesentlich höhere Rechenzeiten aufweisen.

Bei unsymmetrischen Travelling-Salesman-Problemen bietet das Verfahren von Little, Murty, Sweeny und Carel ein hinreichend gutes Lösungskonzept. So konnte z.B. der Verfasser hierfür ein Rechenprogramm aufstellen, welches noch bis zu 100 Orten optimale Lösungen in Zeiten bis zu 10 Min. lieferte (Siemens 4004/55). Der Verfasser hat nun ein Verfahren entwickelt, welches wesentliche Elemente des Verfahrens von Little et al. übernimmt, jedoch die Zuordnung zwischen Orten (A Nachfolger von B) durch Bildung von ungeordneten Paaren (A verbunden mit B) ersetzt, welche bei symmetrischen Problemen möglich ist.

Zum Zwecke der Verzweigung diente beim Branch&Bound-Verfahren von Little et al. die Auswahl von günstigen Zuordnungen. Wird eine Zuordnung fixiert, so geht das Rundreiseproblem mit n Orten in ein neues mit (n-1) Orten über. Wird jedoch ein Ortspaar fixiert, so wird die Struktur des einfachen Rundreiseproblems verlassen; es entsteht eine Problemstruktur, die der Verfasser Röhrenproblem nennen möchte. Dabei ist eine Röhre gekennzeichnet durch zwei Orte, die seine Öffnungen bilden, und durch die Verbindung dieser beiden Orte. Das Röhrenproblem besteht nun darin, durch eine vorgegebene Menge von Röhren den minimalen Weg zu finden. Dabei können auch Röhren auftreten, deren beide Öffnungen durch denselben Ort repräsentiert werden.

Mit Hilfe dieser Interpretation des symmetrischen Rundreiseproblems als Röhrenproblem gelingt es, einen Branch&Bound-Algorithmus zu formulieren, der das ursprüngliche Röhrenproblem in immer kleinere Röhrenprobleme zerlegt. Ein Bestandteil dieses Algorithmus ist eine auf das Röhrenproblem zugeschnittene Reduktionsphase, die im Gegensatz zur Reduktion beim Zuordnungsproblem ständig die Symmetrie der Entfernungsmatrix beibehält.

Die untere Schranke für das Gesamtproblem, welche sich bei diesem Algorithmus ergibt, war bei Testproblemen mit 20 Städten im Durchschnitt um 10 % besser als die entsprechende Schranke, welche man durch Lösung des zugehörigen Zuordnungsproblems erhält. Der Algorithmus wurde an einem Beispiel vorgeführt.

Die Rechenzeiten lagen bei euklidischen Problemen der Ebene für 20 Städte bei 3 bis 30 sec.

Graphentheoretische Repräsentation endlicher Ordnungen

R. Möhring, Aachen

Partially ordered sets (with a real function) form a model for planning networks, which is independent of the representation by directed graphs (edge model or vertex model). The edge model generally requires the introduction of dummies, which means an extension of the ordered set. We look for smallest extensions under certain restrictions derived from the application of ordered sets as planning networks.
The smallest extension under these restrictions need not be uniquely determined. A method of extension is developed, giving the smallest extension of certain ordered sets.
Furthermore, several properties of ordered sets (autonomous sub-ordering, prime-ordering) are invariant aigainst replacing dummies by real edges and vice versa.

Bei der Darstellung endlicher Ordnungen (A,O) - A endliche Menge, $O \subset A \times A$, O reflexiv, transitiv und identitiv - gehen wir von dem minimalen Erzeuger (minimale Reihenfolgetabelle eines Netzplanes) $\underline{O}$ der Ordnung aus. Er läßt sich schreiben als $\underline{O} = \left\{ (x,y) \in O;\ x \in \underline{V}(y) \right\}$, wobei

$$\underline{V}(y) := \left\{ x \in A;\ (x,y) \in O\ \wedge\ \neg \left[\bigvee_{z \in A \setminus \{x,y\}} (x,z) \in O\ \wedge\ (z,y) \in O \right] \right\}$$

die Menge der unmittelbaren Vorgänger von y ist.

Wir unterscheiden zwei Möglichkeiten ([4]) 1. Knotendarstellung (KnD)
2. Kantendarstellung (KaD)

<u>ad1</u>:

Man faßt $\underline{O}$ als Eckenadjazenzrelation (EAR) eines durch seine EAR eindeutig festgelegten - also parallelenfreien - orientierten Graphen auf.
Jede Ordnung besitzt eine Knotendarstellung.

<u>ad2</u>:

$\underline{O}$ wird als Kantenadjazenzrelation (KAR) eines durch seine KAR eindeutig festgelegten orientierten Graphen interpretiert - also genau eine Quelle, genau eine Senke, keine isolierten Knoten. Es gibt nur zu (K)-Ordnungen - das sind Ordnungen, die die Bedingung

$$(K):\quad \bigwedge_{x,y \in A}\ \left(\ \underline{V}(x) \cap \underline{V}(y) \neq \emptyset\ \Rightarrow\ \underline{V}(x) = \underline{V}(y)\ \right)$$

erfüllen - eine KaD. Das liegt daran, daß schlingenfreie Graphen stets (K) erfüllen (vgl. [3], [4])

<u>Beispiel 1</u>:

$A_1 = \{1, \ldots, 6\} \qquad \underline{O}_1 = \left\{ (1,3), (1,4), (1,5), (2,6), (3,6), (4,6) \right\}$

$A_2 = \{1, \ldots, 4\} \qquad \underline{O}_2 = \left\{ (1,3),\ (1,4), (2,4) \right\}$

(A_2, O_2) besitzt keine KaD, da $\underline{V}(4) = \{1,2\}$ und $\underline{V}(3) = \{1\}$ (K) verletzen.

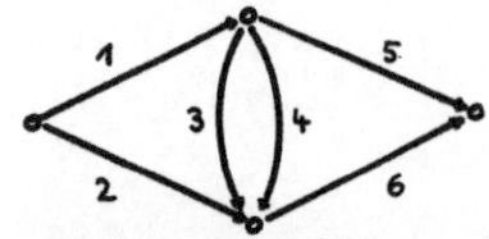

KaD von (A_1, O_1)

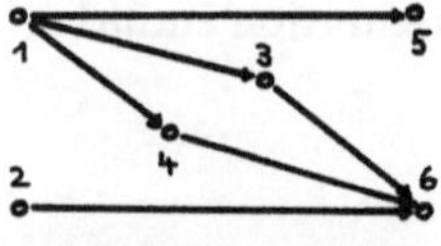

KnD von (A_1, O_1)

Es stellt sich daher die Aufgabe, ggf. Ordnungen zu (K)-Ordnungen zu "vergrößern". Die KaD der "Vergrößerung" wollen wir dann als KaD der gegebenen Ordnung ansehen.

Definition 1:
Eine Ordnung (A^*, O^*) heißt <u>Erweiterung einer Ordnung (A,O)</u>
$:\Longleftrightarrow$ O^* erfüllt (K), $A \subset A^*$ und $O \subset O^*$
Die Elemente von $\Sigma^* := A^* \setminus A$ heißen Scheinaktivitäten (SA).
(Bezeichnungen: $\underline{V}(x)$ bezgl. O, $\underline{V}^*(x)$ bezgl. O^*).

Es gibt zu jeder Ordnung eine triviale Erweiterung ohne Scheinvorgänge, da man jede Ordnung schwach homomorph in eine lineare Ordnung abbilden kann, und jede lineare Ordnung (K) erfüllt (vgl.[7]). Dabei treten natürlich neue Abhängigkeiten auf.

Man fordert daher sinnvollerweise Zusatzbedingungen und sucht bezgl. dieser Bedingungen minimale Erweiterungen (mE) – d.h. Erweiterungen mit möglichst wenig SA.
In der Netzplantechnik wird man fordern:

(B_1): $\quad O = O^* \cap A \times A$

   d.h. es treten keine neuen Abhängigkeiten zwischen Vorgängen aus A auf.

Eine Verschärfung von (B_1) lautet

(B_2): $\quad (B_1) \wedge \bigwedge\limits_{s,t \in \Sigma^*} s \notin \underline{V}^*(t)$

   d.h. zusätzlich zu (B_1) dürfen in O^* SA nicht unmittelbar aufeinanderfolgen.

Ein Verfahren bzgl. (B_2) wurde 1969 von Bruns und Kaerkes angegeben ([1]). Es baut auf einer Arbeit von Klemm ([6]) auf. (B_2) hat den methodischen Vorteil, daß beim zeichnerischen Erstellen eines Netzplanes aus der Reihenfolgetabelle Fehler vermieden werden. Jedoch erweist sich die Einschränkung als zu scharf, um eine möglichst minimale Darstellung für die Netzplantechnik zu erhalten.

Beispiel 2:
Eine Erweiterung bzgl. (B_2) braucht nicht minimal bzgl. (B_1) zu sein.

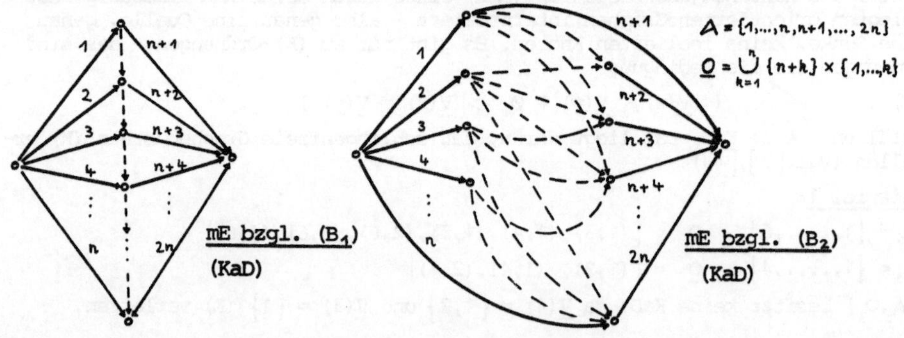

Bzgl. (B_2) sind $(n-1) + \sum_{k=1}^{n-1} k = \frac{n}{2}(n+1) - 2$ SA nötig, während man bzgl. (B_1) nur $n-1$ SA braucht, also ca. um den Faktor $\frac{n}{2}$ weniger.

(B_1) scheint daher sinnvoller zu sein, genügt jedoch <u>nicht</u> den Anforderungen der Netzplantechnik:

<u>Definition 2:</u>
Eine Menge $\overline{W}(x_1,x_n) = \{x_1,x_2,\ldots,x_n\}$ heißt <u>Weg von x_1 nach x_n in O</u>:

$: \Longleftrightarrow \bigwedge_{i=1,\ldots,n-1} x_i \in \underline{V}(x_{i+1})$

Die Vorgängerbeziehung induziert dabei eindeutig die Reihenfolge der x_i.

Es gilt für jede Erweiterung bzgl. (B_1) :

Für alle $x \in \underline{V}(y)$ gibt es einen Weg $W^*(x,y)$ in O^* mit $W^*(x,y) \setminus \Sigma^* = \{x,y\}$ d.h. $x \in \underline{V}^*(y)$ oder x wird durch SA mit y verbunden. Die Umkehrung gilt nicht :

<u>Beispiel 3:</u>

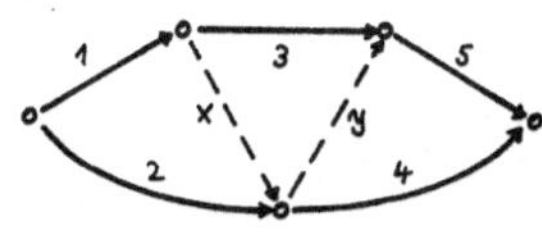

$A = \{1,\ldots,5\} \qquad \underline{O} = \{(1,3),(1,4),(2,4),(2,5),(3,5)\}$

z.B. $1 \in \underline{V}(4) \quad \Rightarrow \exists$ Weg $\{1,x,4\}$ über SA x

Aber $\exists$ Weg $\{1,x,y,5\}$ und $1 \notin \underline{V}(5)$

mE bzgl. (B_1)

Man braucht die Umkehrung in der Netzplantechnik bei der
- Berechnung kürzester Wege (SA mit Null bewertet)
- Ermittlung maximaler Flüsse (Kapazität der SA ist unendlich).

So ist in Beispiel 3 der maximale Fluß von 1 nach 5 unendlich, unabhängig von der Kapazität der Kante 3. Dies zeigt, daß (B_1) unzureichend ist.
Wir fordern daher die neue Bedingung

(V) : $\qquad x \in \underline{V}(y) \Longleftrightarrow \bigvee_{W^*(x,y)} W^*(x,y) \setminus \Sigma^* = \{x,y\}$

<u>Satz 1:</u>
Aus (V) folgt (B_1). Die Umkehrung gilt nicht.

<u>Beweis:</u>

(i) $(x,y) \in O^* \cap A \times A \Rightarrow \exists W^*(x,y)$

Sei $W^*(x,y) \cap A = \{x_1,\ldots,x_n\} \qquad x_1 = x, \quad x_n = y$

$\overset{(V)}{\Rightarrow} x_i \in \underline{V}(x_{i+1}) \quad (i = 1,\ldots,n-1) \quad \Rightarrow (x,y) \in O$

(ii) $(x,y) \in O \Rightarrow \exists W(x,y) = \{x_1,\ldots,x_n\}$

$\Rightarrow$ für alle $i = 1,\ldots,n-1$ ist $x_i \in \underline{V}(x_{i+1})$

$\overset{(V)}{\Rightarrow}$ für alle $i = 1,\ldots,n-1$ gibt es $W^*(x_i,x_{i+1})$ in O^*

$\Rightarrow \bigcup_{i=1}^{n-1} W^*(x_i,x_{i+1})$ ist ein Weg von x nach y in O^*

$\Rightarrow (x,y) \in O^* \cap A \times A$

(iii) Die Umkehrung gilt nach Beispiel 3 nicht.

Da (V) schärfer ist als (B_1), braucht man in einer mE bzgl. (V) i.a. mehr

Scheinvorgänge (Beispiel 4).

Beispiel 4:

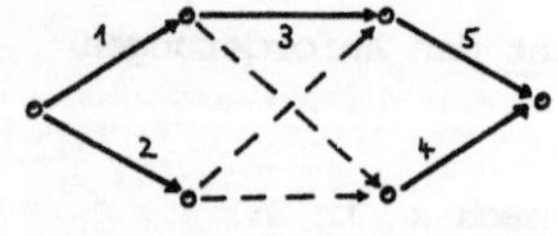

(A,O) wie in Beispiel 3

Man braucht eine SA mehr als in der mE bzgl. (B_1).

mE bzgl. (V)   (KaD)

Wir geben eine Erweiterung bzgl. (V) an:

Konstruktion 1	Beispiel:
1. (A,O) sei gegeben	$A = \{1,\dots\dots,10\}$ $\underline{O} = \{ (1,4),(2,4),(2,5),(3,5),(4,6),$ $(4,7),(1,8),(2,8),(3,8),(1,9),$ $(2,9),(3,9),(5,10) \}$

Durch $x \sim y : \Leftrightarrow \underline{V}(x) = \underline{V}(y)$ wird eine Äquivalenzrelation auf A definiert.[x] sei die Äquivalenzklasse von $x \in A$

$6 \sim 7 \qquad 8 \sim 9 \qquad 1 \sim 2 \sim 3$
$[6] = \{6,7\} \qquad [5] = \{5\}$

Sei $Q := \{ [x]; x \in A \}$

$V := \{ \underline{V}(x) ; x \in A \}$

$Q = \{ \{1,2,3\},\{4\},\{5\},\{6,7\},\{8,9\},\{10\} \}$
$V = \{ \emptyset,\{1,2\},\{2,3\},\{4\},\{1,2,3\},\{5\} \}$

2. N sei die kleinste durchschnittsstabile ($\cap$-stabil) Obermenge von V.
Dann ist $N_0 := V \cup \{A\}$ $\cap$-stabil

$N = V \cup \{\{2\}\}$, da $\{2\} = \{1,2\} \cap \{2,3\} \notin V$

Für $B \in N_0$ sei

$\lambda (B) := B \setminus \underset{C \in N_0, C \subsetneqq B}{\bigcup} C$

$\delta (B) := \{ x \in A; \underline{V}(x) = B \}$

$\Rightarrow \delta(B) = \begin{cases} [x] \in Q, & \text{falls } \underline{V}(x) = B \in V \\ \emptyset & \text{falls } B \notin V \end{cases}$

d.h. $\delta : V \to Q$ ist bijektiv

$B \in N_o$	$\lambda (B)$	$\delta (B)$
$\emptyset$	$\emptyset$	$\{1,2,3\}$
$\{1,2\}$	$\{1\}$	$\{4\}$
$\{2,3\}$	$\{3\}$	$\{5\}$
$\{4\}$	$\{4\}$	$\{6,7\}$
$\{1,2,3\}$	$\emptyset$	$\{8,9\}$
$\{5\}$	$\{5\}$	$\{10\}$
$\{2\}$	$\{2\}$	$\emptyset$
A	$\{6,7,8,9,10\}$	$\emptyset$

3. Durch $(B,C) \in O_\Sigma :\Leftrightarrow B \subset C$ wird eine Ordnung O_Σ auf $N \setminus \{\emptyset, A\}$ definiert.

Σ sei der minimale Erzeuger dieser Ordnung.

$\Sigma = \{ (\{2\},\{1,2\}),(\{2\},\{2,3\}),$
$(\{1,2\},\{1,2,3\}),(\{2,3\},\{1,2,3\}) \}$
$=: \{ a,b,c,d \}$

4. Wir definieren einen Graphen

$G = (E,K,\varphi,\sigma)$ mit

der Eckenmenge $E := N_0$

der Kantenmenge $K := A \cup \Sigma$

dem Anfangsknoten

$$\varphi(k) := \begin{cases} pr_1(k) & , k \in \Sigma \\ B & , k \in \delta(B) \end{cases}$$

und dem Endknoten

$$\sigma(k) := \begin{cases} pr_2(k) & , k \in \Sigma \\ B & , k \in \lambda(B) \end{cases}$$

einer Kante $k \in K$.

G ist ein Graph, da $(\delta(B))_{B \in N_0}$
und $(\lambda(B))_{B \in N_0}$ Zerlegungen von A
sind.

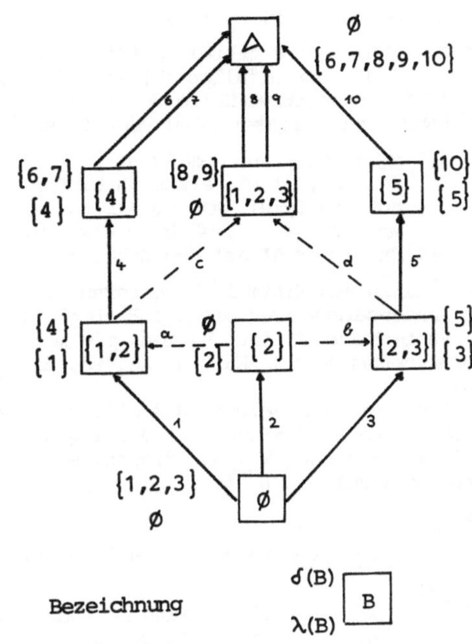

<u>Satz 2:</u>

G ist KaD einer Erweiterung von (A,O) bzgl. (V). Σ ist dabei die Menge der SA.

<u>Beweis:</u>

1. G ist durch seine KAR eindeutig bestimmt, $\emptyset$ ist die einzige Quelle, A die einzige Senke von G, G ist frei von isolierten Knoten.

2. $x \in \underline{V}(y) \iff \exists W(x,y)$ in der KAR von G und $W(x,y) \setminus \Sigma = \{x,y\}$ d.h. O und die KAR erfüllen (V):
   Sei $x \in \underline{V}(y)$. Sei $Y := \{B \in N_0; \; B \subsetneq \underline{V}(y) \wedge x \in B\}$

(i) $Y = \emptyset \implies x \in \lambda(V(y)) \subset \sigma^{-1}(V(y))$
    Da $y \in \delta(V(y))$, folgt $W(x,y) = \{x,y\}$.

(ii) $Y \neq \emptyset$
    Sei B_0 minimal in $\Sigma \cap Y \times Y$
    $\implies \exists$ Weg $\{B_0, B_1, \ldots, B_n\}$ von B_0 nach $B_n = \underline{V}(y)$ in Σ und
    $x \in \lambda(B_0) \subset \sigma^{-1}(B_0)$
    Da wieder $y \in \delta(B_n) \subset \varphi^{-1}(B_n)$, folgt, daß
    $W = \{x, (B_0,B_1), (B_1,B_2), \ldots, (B_{n-1},B_n), y\}$ ein $W(x,y)$ ist mit
    $W(x,y) \setminus \Sigma = \{x,y\}$.

    Die Umkehrung folgt entsprechend.

3. G ist zyklenfrei, d.h. die KAR ist Erzeuger (und damit bereits minimaler) einer Ordnung.

   (i) G ist schlingenfrei, da für $s \in \Sigma$ $pr_1(s) \neq pr_2(s)$ gilt, und für

$x \in A$ aus $\varphi(x) = G(x)$ $\quad x \in \underline{V}(x)$ folgt.

(ii) G enthält keine mehrelementigen Zykel:

O und die KAR erfüllen (V) $\Rightarrow$ $\overline{\text{KAR}} \cap A \times A$ ist identitiv
($\overline{\text{KAR}}$ = transitive Hülle der KAR)
Daher kann auf dem Zykel höchstens ein $x \in A$ liegen.

$\quad \alpha)$ $x \in A$ liege auf dem Zykel
$\quad\quad$ Sei (B_1, B_2) die erste SA hinter x und (B_{n-1}, B_n) die letzte SA vor x
$\quad\quad$ auf dem Zykel $\Rightarrow$ $x \in \lambda(B_1) \wedge x \in \delta(B_n)$ $\Rightarrow$ $x \in B_1 \wedge \underline{V}(x) = B_n$
$\quad\quad$ $\Rightarrow$ $x \in B_1 \subset \ldots \subset B_n = \underline{V}(x)$ $\Rightarrow$ Widerspruch.
$\quad \beta)$ Falls nur SA auf dem Zykel liegen, verfährt man analog.

Wir stellen nun Minimalitätsuntersuchungen an. Dazu sei $G^* = (E^*, K^*, \varphi^*, G^*)$
die Kantendarstellung einer m.E. bzgl. (V), wobei o.B.d.A. A eine Teilmenge
der Kantenmenge K^* ist. Knoten, die mit mindestens einem Vorgang aus A inzidieren nennen wir A-Knoten; Knoten, die <u>nur</u> mit SA inzidieren, heißen Σ-Kno-
ten.
Man überlegt sich leicht, daß alle m.E. bzgl. (V) einer festen Ordnung (A,O)
dieselbe Anzahl A-Knoten in der zugehörigen KaD haben. Wir müssen also eine
minimale Zerlegung Y von A finden, so daß jedem $B \in Y$ genau ein Knoten e in G
entspricht mit $B \subset G^{*-1}(e)$.

<u>Satz 3:</u>

$\lambda(N_0) \setminus \{\emptyset\}$ $\quad$ aus Konstruktion 1 ist eine derartige Zerlegung.

<u>Beweis:</u>
$\overline{\lambda(N)} \setminus \{\emptyset\}$ $\quad$ ist eine Zerlegung nach Konstruktion 1.
Falls sie nicht minimal ist, so gibt es $x, y \in A$ und $\lambda(B)$,
$\lambda(C) \in \lambda(N) \setminus \{\emptyset\}$ $\quad$ mit $\lambda(B) \neq \lambda(C)$, $x \in \lambda(B)$, $y \in \lambda(C)$, und man kann x und
y in einer Klasse zusammenfassen. Dann gilt (da $N_0 \cap$ -stabil) $x \in B \setminus C \vee y \in C \setminus B$
Falls etwa $x \in B \setminus C$ und $\quad B = B_1 \cap \ldots \cap B_k \quad\quad B_i \in V$
$\quad\quad\quad\quad\quad\quad\quad\quad\quad\quad C = C_1 \cap \ldots \cap C_\ell \quad\quad C_j \in V$
so werden x und y mit $\quad \delta(B_1), \ldots, \delta(B_k), \delta(C_1), \ldots, \delta(C_\ell)$ $\quad$ über SA verbunden,
woraus $x \in C_1 \cap \ldots \cap C_\ell = C$ folgt, d.h. $x \notin B \setminus C$ $\Rightarrow$ Widerspruch.

Zu jedem $B \in N_0$ mit $\lambda(B) \neq \emptyset$ gibt es also einen A-Knoten e in G mit
$G^{*-1}(e) \cap A = \lambda(B)$.
Außerdem braucht man wegen ($\underline{V}(x) = \underline{V}(y)$ in O $\Leftrightarrow$ $\varphi^*(x) = \varphi^*(y)$ in G^*) zu jeder Äquivalenzklasse $[x]$ genau einen Knoten, also für jedes $B \in V$ (da $\delta: V \rightarrow Q$
bijektiv ist) einen Knoten e mit $\varphi^*(\delta(B)) = \{e\}$.
G aus Konstruktion 1 führt für $B \in V$ mit $\lambda(B) \neq \emptyset$ nur einen A-Knoten ein, d.h.
$\varphi(\delta(B)) = G(\lambda(B))$ in G.
Dann dürfen in G^* (wegen der Minimalität) nicht mehr A-Knoten auftreten. Daraus folgt:

<u>Satz 4:</u>

Zu jeder m.E. (A^*, O^*) bzgl. (V) von (A,O) gibt es eine Kantendarstellung G
mit den A-Knoten
$E_A^* = \{ B \in N_0 ; \lambda(B) \neq \emptyset \vee \delta(B) \neq \emptyset \}$
$K^* = A^*$
$G^{*-1}(B) \cap A = \lambda(B) \quad\quad \varphi^{*-1}(B) \cap A = \delta(B) \quad$ für alle $B \in E_A^*$

Man weiß also:

1. Die Anzahl der A-Knoten und ihre Inzidenz mit den Kanten $x \in A$ liegt ein-

deutig fest.

2. Für zwei Kanten $x,y \in A$ ist bekannt, ob sie durch SA verbunden werden.

Nicht eindeutig ist lediglich die Struktur der SA zwischen den A-Knoten, sowie die Lage und Anzahl der evtl. hinzukommenden Σ-Knoten:

Beispiel 5:

$A = \{1,\ldots,8\}$ $\underline{O} = \{(1,5),(2,6),(1,7),(2,7),(3,7),(1,8),(2,8),(4,8)\}$
$V = \{\emptyset,\{1\},\{2\},\{1,2,3\},\{1,2,4\}\}$ $N = V \cup \{\{1,2\}\}$

Kantendarstellung A (Konstr.1) Kantendarstellung B

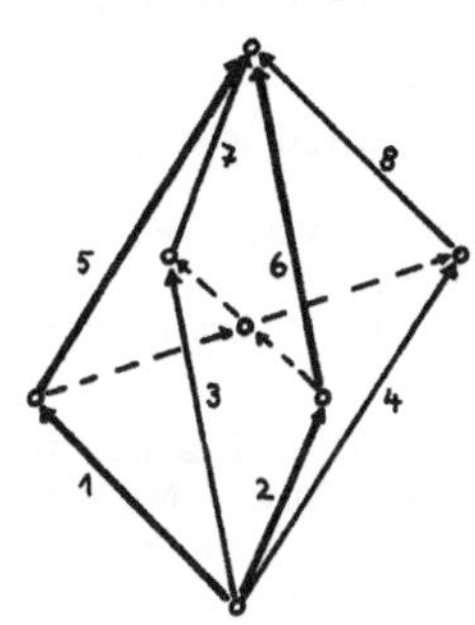
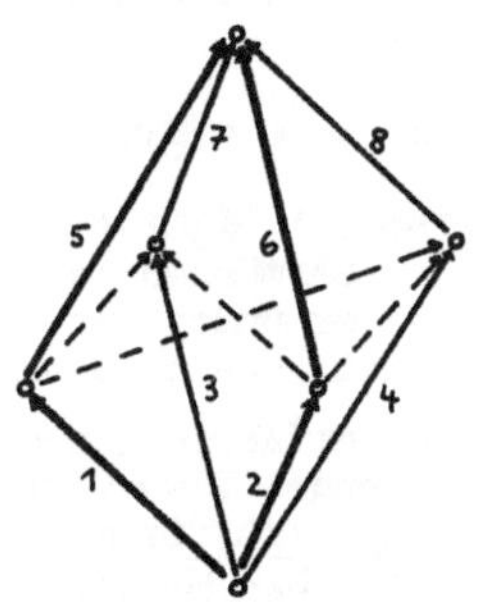

In beiden Darstellungen sind vier SA nötig. Darstellung A hat $\{1,2\}$ als Σ-Knoten.

Es gibt also im allgemeinen keine eindeutige m.E. bzgl. (V).

Beispiel 6:

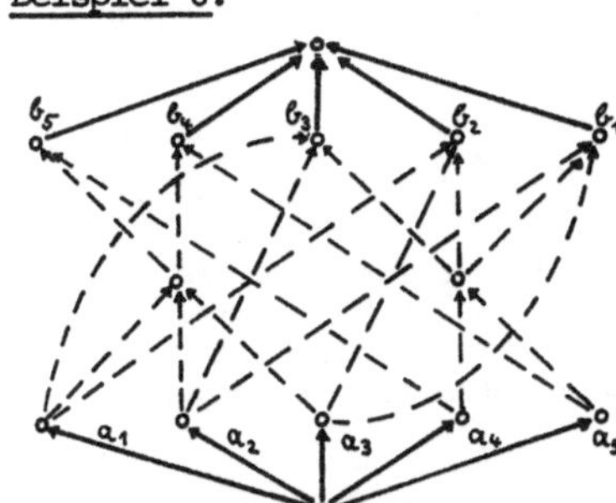

$A = \{a_1,a_2,\ldots,a_n,b_1,\ldots,b_n\}$
$\underline{O} = \{(a_i,b_j) \in A \times A; i \neq j\}$
$\Rightarrow N = \mathcal{P}\{a_1,\ldots,a_n\}$

Damit ist G aus Konstruktion 1 dem Potenzmengenverband einer n-elementigen Menge isomorph. Es liegen daher $2n(2^{n-2}-1)$ SA in G, während man höchstens $n(n-1)$ braucht (n=5 => 70 bzw. 20). Für n = 5 kann man zwei Σ-Knoten einführen und braucht so nur 18 SA. Die Lage dieser Σ-Knoten ist nicht eindeutig. (siehe Zeichnung)

Σ-Knoten sind zur Minimalität notwendig, bewirken aber, daß die m.E. nicht eindeutig bestimmt ist. Wegen der Folgerungen aus Satz 4 ist es sinnvoll, auf Σ-Knoten zu verzichten. Das erreichen wir durch eine leichte Variation von Konstruktion 1.

Konstruktion 2:

Sei $M := N \setminus \{B \in N_O ; \lambda(B) = \delta(B) = \emptyset\}$

$[\lambda(B) = \delta(B) = \emptyset \iff B$ ist Σ-Knoten in G aus Konstruktion 1$]$

Sei Σ° der minimale Erzeuger von $O_\Sigma \cap M \times M$. Der Graph G° wird wie G definiert:

$E^{\circ} := M$ als Eckenmenge
$K^{\circ} := A \cup \Sigma^{\circ}$ als Kantenmenge

$$\varphi^\circ(k) := \begin{cases} pr_1(k) & k \in \Sigma^\circ \\ B & k \in \delta(B) \end{cases} \quad \text{als Anfangsknoten}$$

$$\sigma^\circ(k) := \begin{cases} pr_2(k) & k \in \Sigma^\circ \\ B & k \in \lambda(B) \end{cases} \quad \text{als Endknoten}$$

G° ist ein Graph, da die Wegnahme der Σ-Knoten nichts an den Zerlegungen $(\lambda(B))$ bzw. $(\delta(B))$ ändert. Man zeigt analog zu Satz 2, daß G° Kantendarstellung einer Erweiterung bzgl. (V) ist. Falls $M = N$ ist, stimmen G und G° überein.

Satz 5:
Sei B ein Λ-Knoten von G; $C \in V$ und $B \subsetneq C$. Dann werden B und C durch SA in G^* verbunden.

Beweis:
$\lambda(B) \neq \emptyset$, etwa $x \in \lambda(B)$, $C = \underline{V}(y) \implies x \in \underline{V}(y) \overset{(V)}{\implies} x$ wird mit y durch SA verbunden.

$\lambda(B) = \emptyset \implies (\Lambda\text{-Knoten})\ \delta(B) \neq \emptyset \implies B \in V$, etwa $B = \underline{V}(x) \implies \varphi^*(x) = B$

$\lambda(B) = \emptyset \implies k \geq 2$ SA münden in B und verbinden $\underline{V}(x)$ mit x.

Außerdem muß $\underline{V}(x)$ mit y verbunden werden (da $B \subset C \wedge C = \underline{V}(y)$). Damit dies auf minimale Weise möglich ist, müssen B und C durch SA verbunden werden.

Daraus folgt, daß beide Verfahren (Konstruktion 1 und 2) minimal sind für Ordnungen mit $\cap$-stabiler Menge $V = \{ \underline{V}(x)\ ;\ x \in \Lambda \}$, da dann nämlich $N_0 = V = M$ gilt. Für solche Ordnungen ist die m.E. eindeutig bestimmt. Für andere Ordnungen braucht dies (auch für $N_0 = M$) nicht der Fall zu sein.

Beispiel 7:

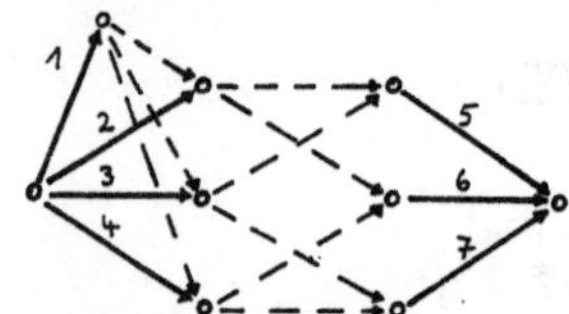

$$A = \{ 1,\dots,7 \}$$
$$\underline{O} = \{ (1,5),(2,5),(3,5),(1,6),(2,6),(4,6),(1,7),$$
$$(3,7),(4,7) \}$$

Einer der von $G^\circ(1)$ ausgehenden Scheinvorgänge ist überflüssig.

Eine genauere Untersuchung dieses Falles ergibt

Satz 6:
Falls sich in einer Ordnung mit $N_0 = M$ jedes $B \in M$, das darstellbar ist als Schnitt mehrerer verschiedener Vorgängermengen, bereits als Schnitt zweier verschiedener Vorgängermengen darstellen läßt, so sind die Konstruktionen bzgl. (V) minimal. Die Menge dieser Ordnungen enthält die $\cap$-stabilen Ordnungen.

(ohne Beweis)

Zum Abschluß einige Anwendungen, auf deren Beweis hier aus Platzgründen verzichtet werden muß.
Wir verwenden eine (feste) Kantendarstellung G, die die Aussagen von Satz 4 erfüllt und keine trivialen überflüssigen SA enthält, in dem Sinn, daß SA parallel sind oder zwei aufeinanderfolgende durch eine ersetzt werden können (also z.B. G° aus Konstruktion 2).
Wir zeigen die Invarianz zweier ordnungstheoretischer Eigenschaften (autonome Subordnung, Primordnung, vgl. [5]) gegen die Einführung „zulässiger" SA bzw. das Ersetzen von SA durch echte Aktivitäten.

Definition 3:
Eine Menge $Z \subset A$ heißt dabei zulässig bzgl. einer Ordnung (A,O), wenn $(A \setminus Z, O \cap (A \setminus Z) \times (A \setminus Z))$ und (A,O) dieselbe Kantendarstellung haben.

Einelementige zulässige Mengen werden charakterisiert durch

<u>Satz 7:</u>
Sei (A,O) eine Ordnung und G die Kantendarstellung. Dann gilt für alle $x \in A$
$\{x\}$ ist zulässig bzgl. $(A,O) :\Longleftrightarrow$

1.
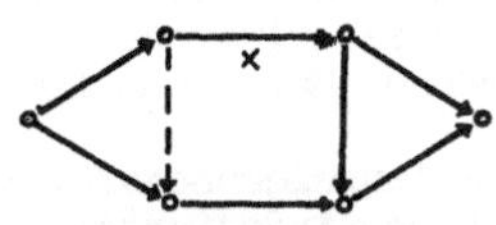
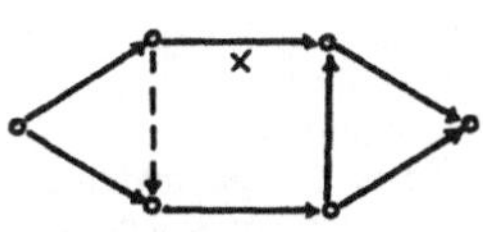
$$y \in V(x) \quad z \in N(x) \quad W\ (y,z) \text{ in } G \implies x \in W\ (y,z) \Big]$$

2. $\operatorname{card} \bar{\varphi}^{\wedge}(\varphi(x)) \geqq 2 \wedge \operatorname{card} \bar{\sigma}^{\wedge}(\sigma(x)) \geqq 2$

<u>Beispiel 7:</u>

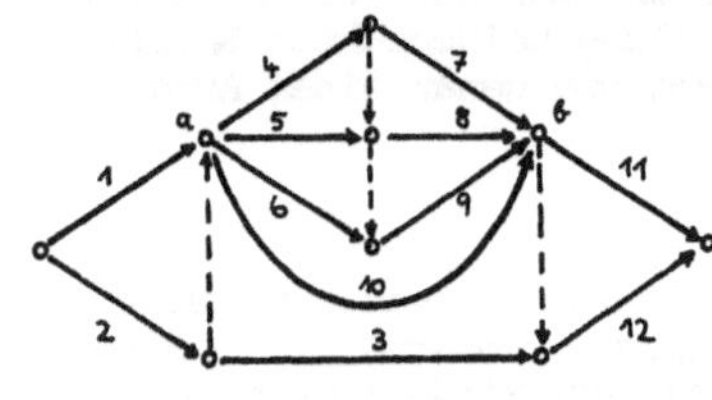

x nicht zulässig   x nicht zulässig   x ist zulässig
wegen 1.   wegen b (x ist als
(Bed. (V) verletzt)   SA überflüssig)

Wir benötigen noch den Begriff der von <u>einer Subordnung</u> (vgl. [5]) $[A']$ induzierten <u>Teilgraphen</u> der Kantendarstellung $G(A')$
Er umfaßt   –   die Kanten $x \in A'$
           –   alle SA, die Kanten aus A' verbinden
           –   die zugehörigen Knoten .

<u>Beispiel 8:</u>

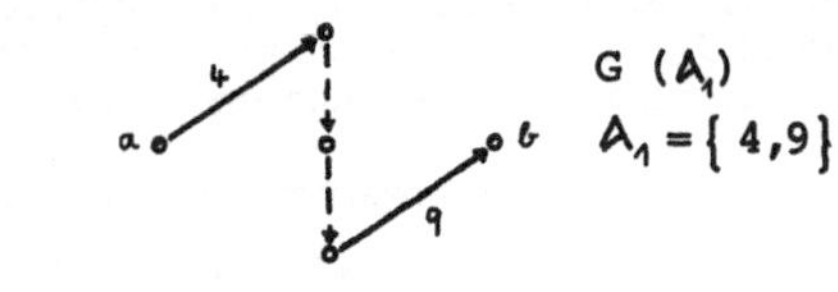

G (A_1)
$A_1 = \{4,9\}$

G (A_2)
$A_2 = \{1,3,6\}$

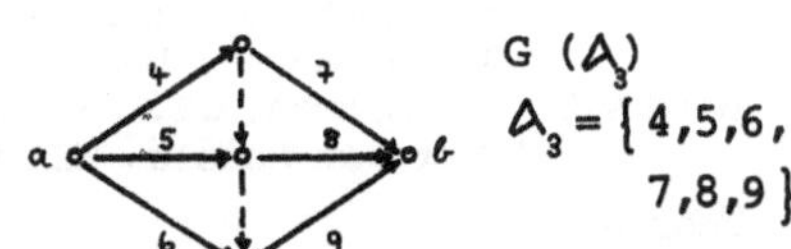

G (A_3)
$A_3 = \{4,5,6,\ 7,8,9\}$

Kantendarstellung G einer
Ordnung.
$$A = \{1,\ldots,12\}$$

<u>Definition 4:</u>
Es sei $G' = (E',K',\varphi',\sigma')$ ein Teilgraph von $G = (E,K,\varphi,\sigma)$. Gibt es dann
$a,b \in E'$, so daß
1. a $E \setminus E'$ und $E' \setminus \{a,b\}$, bzw.
    b $E' \setminus \{a,b\}$ und $E \setminus E'$ in G trennt .
2. a minimal, b maximal in der $\overline{EAR} \cap E \times E$ und $(a,b) \in \overline{EAR}$ gilt,
    so heißt a <u>Eingang</u> und b <u>Ausgang</u> von G.

In Beispiel 8 sind a und b Eingang bzw. Ausgang von $G(A_1)$ und $G(A_3)$.

Dann gilt:

Satz 8:

Eine Subordnung $[A']$ von (A,O) ist genau dann eine autonome Subordnung, wenn der induzierte Teilgraph $G(A')$ der Kantendarstellung genau einen Eingang a und genau einen Ausgang b hat und ein Relativgraph der Kantendarstellung von (A,O) ist bis auf Kanten von a nach b (d.h. alle Kanten k von G mit Anfangs- und Endknoten in E' gehören zu $G(A')$ bis auf evtl. Kanten von a nach b).

In Beispiel 8 sind demnach $[A_1]$, $[A_2]$ keine autonome Subordnungen. $G(A_3)$ hat a als Eingang, b als Ausgang und ist ein Relativgraph bis auf Kante 10 von a nach b. Daher ist $[A_3]$ eine autonome Subordnung. Natürlich ist $[A_3 \cup \{10\}]$ ebenfalls eine autonome Subordnung.

Aus diesem Satz folgt sofort die Invarianzeigenschaft. Weiterhin ergibt sich, daß in dem von einer autonomen Subordnung induzierten Teilgraphen keine SA mit dem Eingang bzw. dem Ausgang inzidieren. Daraus folgt, daß Scheinvorgänge nur über Primordnungen beim Primkettenaufbau der Ordnung (vgl. $[5]$) in eine Ordnung gelangen können.

In Beispiel 8 ist $[A_3]$ autonome Subordnung mit Eingang a und Ausgang b. In $G(A_3)$ inzidieren keine Scheinvorgänge mit a und b, wohl aber - und dann natürlich nur außerhalb von $G(A_3)$ - in G.

Auch für Primordnungen (das sind Ordnungen, die nur triviale autonome Subordnungen haben, vgl. $[5]$) läßt sich eine graphentheoretische Charakterisierung über die Kantendarstellung geben.

Satz 9:

Eine parallelenfreie Ordnung ohne zugleich minimale und maximale Elemente ist genau dann Primordnung, wenn es in der Kantendarstellung keine echten Relativgraphen mit mehr als zwei Knoten, genau einem Eingang und genau einem Ausgang gibt.

(Der Beweis folgt unmittelbar aus Satz 8.)

Daraus folgt wieder die Invarianzeigenschaft:

Ist (A,O) eine Primordnung, so sind auch alle Ordnungen mit derselben Kantendarstellung wie (A,O) Primordnungen, d.h. die zulässige Einführung von Scheinvorgängen in (A,O) bzw. die Ersetzung von SA der Kantendarstellung durch echte Aktivitäten in einer Primordnung ergibt stets wieder eine Primordnung.

Literatur:

$[1]$ Bruns,M. - Kaerkes, R.
Zur Einbettung strikter Halbordnungen in Netzrelationen
O.R. Verfahren, Band VII, 1969

$[2]$ Harary,F. - Norman,R.Z. - Cartwright, D.
Structural Models, Wiley & Son, New York, 1965

$[3]$ Kaerkes,R.
Zum Begriff des orientierten Graphen, O.R.Verfahren, Band VII, 1969

$[4]$ Kaerkes,R.
Über das mathematische Netzplanmodell, O.R.Verfahren, Band XIV, 1972

$[5]$ Kaerkes,R.
Netzplantheorie, Proceedings in O.R.3, Physica Verlag, 1973

$[6]$ Klemm,U.
Automatische Erstellung eines Netzplans aus der Reihenfolgetabelle und seine graphengesteuerte Auswertung nach CPM, EDV, 1966

$[7]$ Suchowizki,S.I. - Radtschik,I.A.
Mathematische Methoden der Netzplantechnik, Teubner, 1969

Ein neues Verfahren zur Auswertung von
Entscheidungsnetzplänen

K. Neumann, Karlsruhe

Zusammenfassung: Es werden Entscheidungsnetzpläne betrachtet, die sechs verschiedene Knotentypen (Eingangsseite: und, exclusives oder, inclusives oder; Ausgangsseite: deterministisch, stochastisch) enthalten. Jedem Pfeil sind die Wahrscheinlichkeit, daß der zugehörige Vorgang des Projektes ausgeführt wird, und die Dauer des entsprechenden Vorganges in Form einer Zufallsgröße mit vorgegebener Verteilung zugeordnet. Für Entscheidungsnetzpläne, deren mögliche Knoten-Pfeil-Anordnungen gewissen Einschränkungen unterliegen, wird ein rechentechnisch sehr günstiges Verfahren angegeben, das folgende Aufgaben löst:

1. Bestimmung der Wahrscheinlichkeit für das Eintreten der verschiedenen Zielereignisse des Projektes
2. Ermittlung der Verteilung der Projektdauer unter der Bedingung, daß ein gewisses Zielereignis eintritt
3. Bestimmung der Verteilung der Projektdauer schlechthin.

Summary: Decision networks, containing six different node types (input: and, exclusive or, inclusive or; output: deterministic, stochastic), are described. The probability that an activity of the project will be executed, and the duration of the activity (a random variable with given distribution) are assigned to the arc representing the activity. For decision networks, whose possible node-arc-combinations are restricted, a very efficient method is discussed solving the following problems:

1. Determination of the probability that the different end events of the project take place
2. Calculation of the distribution of the project duration with the condition that a special end event will occur
3. Determination of the distribution of the project duration.

1. Aufbau von Entscheidungsnetzplänen

Bekanntlich ermöglichen die konventionellen Netzplantechnik-Methoden CPM, PERT,
MPM u.a. keine adäquate Beschreibung eines Projektablaufes, wenn wie etwa bei
Forschungs- und Entwicklungsaufgaben der Projektablauf von vornherein nicht
eindeutig festgelegt ist und bei der Realisierung des Projektes evtl. Rück-
sprünge zu bereits einmal eingetretenen Ereignissen vorkommen können. Legen
wir die bei den Netzplantechnik-Verfahren CPM und PERT übliche Pfeildarstellung
zugrunde, d.h. den Vorgängen des Projektes sollen die Pfeile und den Ereignissen die Knoten eines gerichteten Graphen entsprechen (die Begriffe Pfeil
und Vorgang einerseits sowie Knoten und Ereignis andererseits wollen wir
dann im folgenden synonym verwenden), so lassen sich die erwähnten Schwierigkeiten durch Einführung verschiedener Knotentypen sowie durch Änderung
der Bewertung der Pfeile beheben. Die sich damit ergebenden allgemeineren
Netzpläne werden auch <u>Entscheidungsnetzpläne</u> genannt.
Zuerst betrachten wir die Bewertung der Pfeile von Entscheidungsnetzplänen.
Jedem Pfeil e_μ werde jetzt ein Bewertungsvektor mit mindestens zwei Komponenten zugeordnet. Die erste Komponente stellt die Wahrscheinlichkeit p_μ
dar, daß der zugehörige Vorgang ausgeführt wird unter der Bedingung, daß
das Anfangsereignis dieses Vorganges eingetreten ist. Die zweite Komponente
ist die Dauer D_μ des entsprechenden Vorgangs, die wie bei PERT eine Zufallsgröße sei. Weitere mögliche Komponenten sind Kosten, Einsatzmittelbe-
darf des Vorgangs u.a.
Für die Festlegung verschiedener Knotentypen denken wir uns einen etwa
mit v_j bezeichneten Knoten in Eingangs- und Ausgangsseite zerlegt und betrachten zunächst die Eingangsseite. In den Knoten v_j sollen s Pfeile e_σ mit
den Anfangsknoten v_{i_σ} $(\sigma=1(1)s)$ einmünden. p_σ sei die Wahrscheinlichkeit,
daß der Vorgang e_σ ausgeführt wird unter der Bedingung, daß das Ereignis

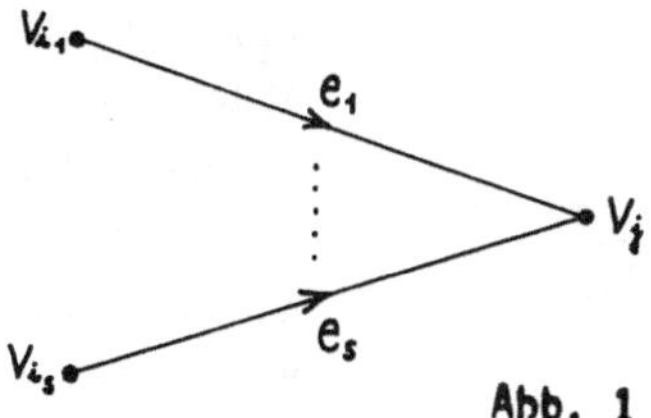

Abb. 1

v_{i_σ} eingetreten ist, und q_λ die Wahrscheinlichkeit, daß das Ereignis v_λ erreicht worden ist. Dann gilt

$$P(\text{Vorgang } e_\sigma \text{ ausgeführt}) = p_\sigma q_{i_\sigma} \quad (\sigma=1(1)s) \;[1].$$

Wir führen nun drei Möglichkeiten für die Eingangsseite eines Knotens an:

a) <u>Und</u> (vgl. Abb. 2): Das dem Knoten v_j entsprechende Ereignis des Projektes tritt genau dann ein, wenn alle Vorgänge, die den in v_j einmündenden Pfeilen $e_1,\ldots,e_s$ zugeordnet, beendet sind. Durch die Struktur des Netzplans soll sichergestellt sein, daß (bei geeigneter Wahl der Vorgangsdauern) alle in v_j einmündenden Vorgänge zu einem Zeitpunkt abgeschlossen sein können.

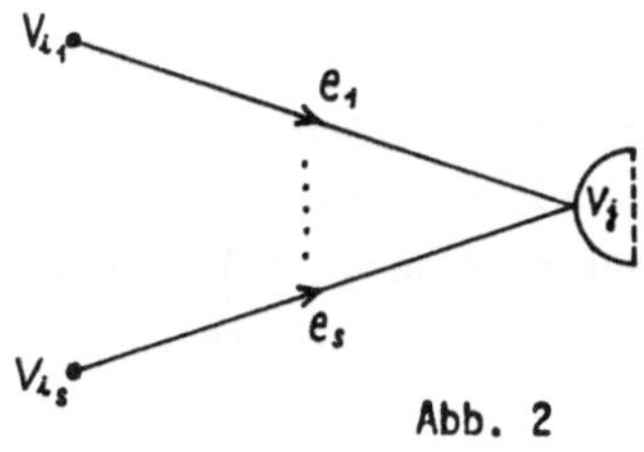

Abb. 2

Mit den obigen Bezeichnungen gilt dann für die Wahrscheinlichkeit q_j, daß das Ereignis v_j eintritt,

$$q_j = \prod_{\sigma=1}^{s} p_\sigma q_{i_\sigma} .$$

b) <u>Exclusives Oder</u> (s. Abb. 3): Das dem Knoten v_j entsprechende Ereighis tritt genau dann ein, wenn genau einer der Vorgänge, die den

---

1) P(A) bedeutet die Wahrscheinlichkeit des Ereignisses A.

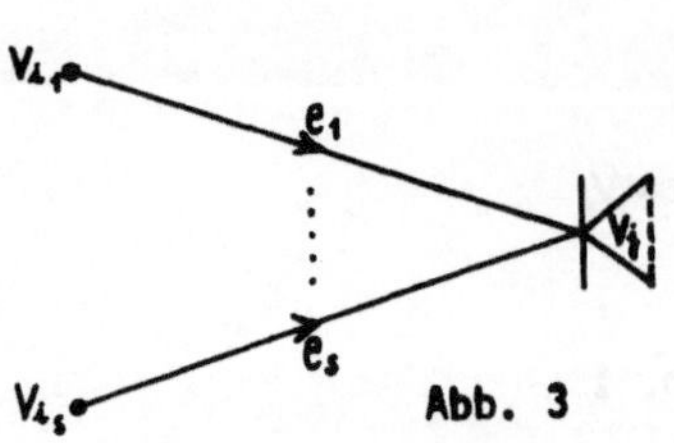

in v_j einmündenden Pfeilen $e_1,\ldots,e_s$ zugeordnet sind, abgeschlossen ist. Durch die Struktur des Netzplans soll gewährleistet sein, daß (unabhängig von der Wahl der Vorgangsdauern) zu einem Zeitpunkt höchstens ein in v_j einmündender Vorgang beendet sein kann.

Wir erhalten in diesem Fall

$$q_j = \sum_{\sigma=1}^{s} p_\sigma q_{i_\sigma} .$$

c) <u>Inclusives Oder</u> (vgl. Abb. 4): Das dem Knoten v_j entsprechende Ereignis tritt genau dann ein, sobald (mindestens) einer der Vorgänge, die den in v_j einmündenden Pfeilen $e_1,\ldots,e_s$ zugeordnet sind, beendet ist. Durch die Struktur des Netzplanes soll sichergestellt sein, daß (bei geeigneter Wahl der Vorgangsdauern) alle in v_j einmündenden Vorgänge zu einem Zeitpunkt abgeschlossen sein können. Es gilt jetzt

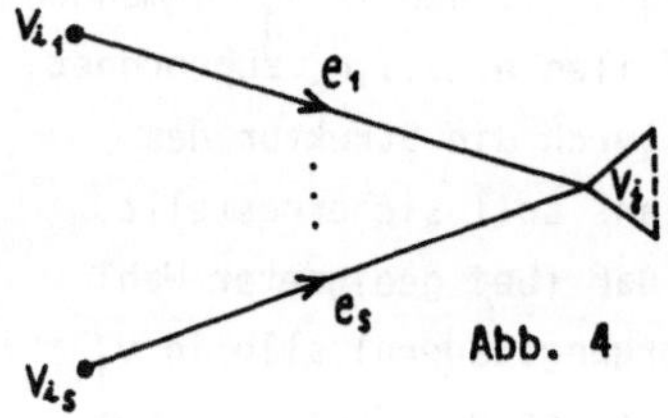

$$q_j = \sum_{\sigma=1}^{s} p_\sigma q_{i_\sigma} - \sum_{\substack{\sigma_1,\sigma_2=1 \\ \sigma_1 < \sigma_2}}^{s} p_{\sigma_1} p_{\sigma_2} q_{i_{\sigma_1}} q_{i_{\sigma_2}} +- \ldots + (-1)^{s+1} \prod_{\sigma=1}^{s} p_\sigma q_{i_\sigma} .$$

Für die <u>Ausgangsseite</u> eines Knotens v_j betrachten wir zwei Möglichkeiten:

a) **Deterministisch** (vgl. Abb. 5): Nach Eintritt des dem Knoten v_j entsprechenden Ereignisses werden alle Vorgänge, die den von v_j ausgehenden Pfeilen $e_1,\ldots,e_s$ zugeordnet sind, ausgeführt.

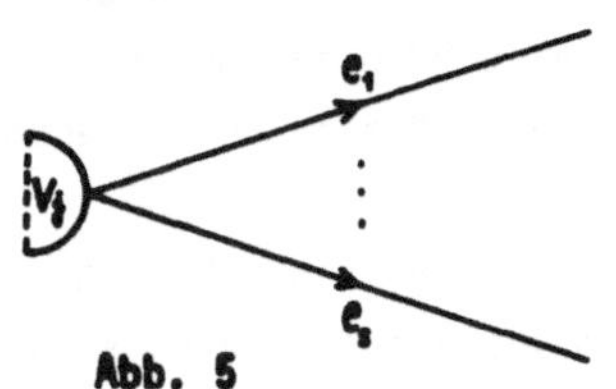

Abb. 5

b) **Stochastisch** (s. Abb. 6): Nach Eintritt des dem Knoten v_j entsprechenden Ereignisses wird genau einer der Vorgänge, die den von v_j ausgehenden Pfeilen $e_1,\ldots,e_s$ zugeordnet sind, realisiert. Für die (bedingten) Ausführungswahrscheinlichkeiten $p_1,\ldots,p_s$ der Vorgänge $e_1,\ldots,e_s$ gilt dabei

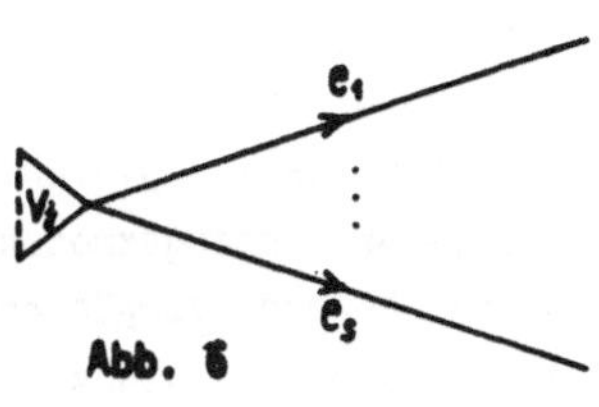

Abb. 6

$$\sum_{\sigma=1}^{s} p_\sigma = 1.$$

Durch Kombination der drei angegebenen Eingangs- und der beiden Ausgangsseiten bekommen wir sechs mögliche Knotentypen. Von besonderer Bedeutung sind hiervon der stochastische Exclusive-Oder-Knoten (vgl. Abb. 7) und der deterministische Und-Knoten (s. Abb. 8). Der letztere Knotentyp

ist der einzige bei den Standard-Netzplantechnik-Methoden CPM und PERT auftretende Knotentyp.

Abb. 7   **Abb. 8**

Da die von PRITSKER entwickelte Netzplantechnik-Methode GERT (s. [Pritsker]) Entscheidungsnetzpläne zugrundelegt, welche gerade die sechs oben eingeführten Knotentypen enthalten und bei denen der Bewertungsvektor eines Pfeiles e_μ genau die beiden Komponenten p_μ und D_μ besitzt, wollen wir derartige Netzpläne <u>GERT-Netzpläne</u> nennen. Im folgenden werden wir uns ausschließlich mit GERT-Netzplänen beschäftigen.

Bei GERT-Netzplänen kann man sich wie bei CPM- und PERT-Netzplänen auf den Fall genau einer Quelle (Startereignis) beschränken, während es im allgemeinen mehrere Senken (Zielereignisse) gibt. Bei einer Reali-

sierung des Projektes (auch Realisierung des Netzplans genannt) soll aber
stets genau eine Senke aktiviert werden (d.h. das entsprechende Zielereignis eintreten). Die einzelnen Vorgänge des einem GERT-Netzplan zugrundeliegenden Projektes nehmen wir wie bei PERT als sämtlich voneinander
unabhängig an.

Es ist darauf zu achten, daß aufgrund der Logik der sechs eingeführten
Knotentypen nicht alle denkbaren Pfeil-Knoten-Kombinationen erlaubt sind.
Beispielsweise ist der Fall von Abb. 9 nicht zugelassen, da die beiden

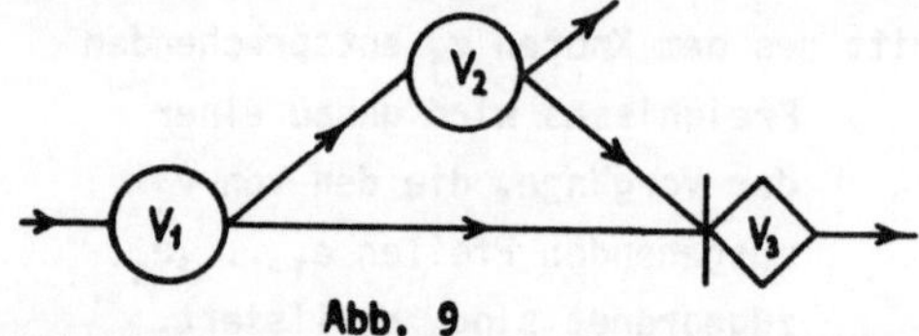

Abb. 9

in den stochastischen Exclusive-
Oder-Knoten v_3 einmündenden
Vorgänge $[v_1, v_3]$ und $[v_2, v_3]$ [2]
im Widerspruch zur Definition
dieses Knotentyps zum gleichen
Zeitpunkt abgeschlossen sein können. Ferner muß z.B. jeder "Eingangsknoten"
eines Zyklus (d.h. ein Knoten, der nicht dem Zyklus angehörende Vorgänger
besitzt) ein Exclusive-Oder-Knoten [3] und jeder "Ausgangsknoten" eines
Zyklus (d.h. ein Knoten, der nicht zum Zyklus gehörende Nachfolger hat)
ein stochastischer Knoten [4] sein (weiteres zur Struktur von GERT-Netzplänen s. [Neumann, Abschnitt 9.1.2]). Nach der Konstruktion eines GERT-Netzplans muß also, bevor man mit der Auswertung dieses Netzplans beginnt, stets
geprüft werden, ob sämtliche innerhalb des Netzplans auftretenden Pfeil-
Knoten-Anordnungen mit der "Knotenlogik" vereinbart sind (d.h. ob, wie
man auch sagt, der GERT-Netzplan <u>zulässig</u> ist).

2. Auswertung von GERT-Netzplänen

Unter der Auswertung eines GERT-Netzplans wollen wir die Lösung der folgenden
drei Grundaufgaben verstehen:

(1) Berechnung der Wahrscheinlichkeit für das Eintreten der einzelnen Zielereignisse des dem Netzplan zugrundeliegenden Projektes

---

2) Mit $[v_i, v_j]$ wird ein Pfeil (Vorgang) mit dem Anfangsknoten v_i und dem
Endknoten v_j bezeichnet.

3) d.h. ein Knoten mit Exclusive-Oder-Eingang

4) d.h. ein Knoten mit stochastischem Ausgang

(2) Bestimmung der Verteilung der Projektdauer unter der Bedingung, daß
ein gewisses Zielereignis eintritt

(3) Ermittlung der Verteilung der Projektdauer schlechthin.

Für die Auswertung von GERT-Netzplänen, die alle sechs Knotentypen in
beliebigen zulässigen Anordnungen enthalten können, sind wegen der
Vielzahl der möglichen Abhängigkeiten der den Netzplan charakterisierenden
Größen keine praktikablen Verfahren angebbar. Derartige allgemeine GERT-
Netzpläne können nur mittels Simulation behandelt werden. Für GERT-Netz-
pläne, in denen nur stochastische Exclusive-Oder-Knoten auftreten, sind
zwei Auswertungsmöglichkeiten bekannt: die Verwendung der Masonschen
Formel (vgl. z.B. [Elmaghraby] oder [Neumann, Abschnitt 9.2.2]) und eine
Auswertung unter Benutzung von Resultaten über Semi-Markow-Ketten
(s. [Neumann, Abschnitt 9.2.1]). Im folgenden wird ein Verfahren angegeben,
das die Auswertung von GERT-Netzplänen mit allen sechs oben eingeführten
Knotentypen erlaubt, wobei allerdings einige Einschränkungen über die
möglichen Knoten-Pfeil-Anordnungen zu berücksichtigen sind. Insbesondere
erfordert die Spezialisierung dieses Verfahrens auf Netzpläne mit lauter
stochastischen Exclusive-Oder-Knoten wesentlich weniger Rechenaufwand als
jede der beiden obigen Auswertungsmethoden.

Wir führen nun einige Begriffe ein: Ein <u>Unternetzplan</u> UN eines GERT-Netzplans N ist ein gerichteter Teilgraph von N, der jeden Pfeil von N, der
zwei Knoten von UN verbindet, enthält und genau einen Knoten (<u>Quelle</u>
von UN) besitzt, der nicht zu UN gehörende Vorgänger hat sowie mindestens
einen Knoten (<u>Senke</u> von UN), der nicht zu UN gehörende Nachfolger hat
(vgl. das Beispiel in Abb. 10). Durch eventuelle Einführung von Scheinvorgängen und einer neuen Quelle sowie neuer Senken kann man stets erreichen, daß ein Unternetzplan genau eine Quelle und höchstens zwei Senken besitzt,
die stochastische Exclusive- Oder-

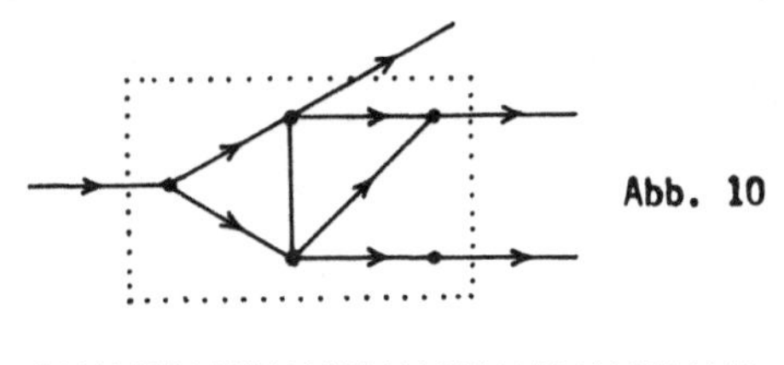

Abb. 10

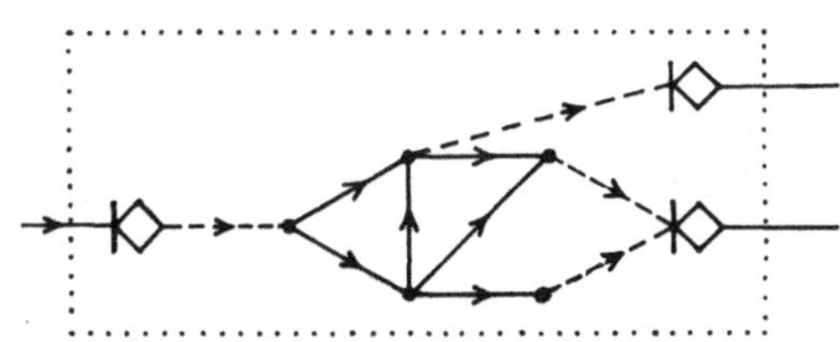

Abb. 12

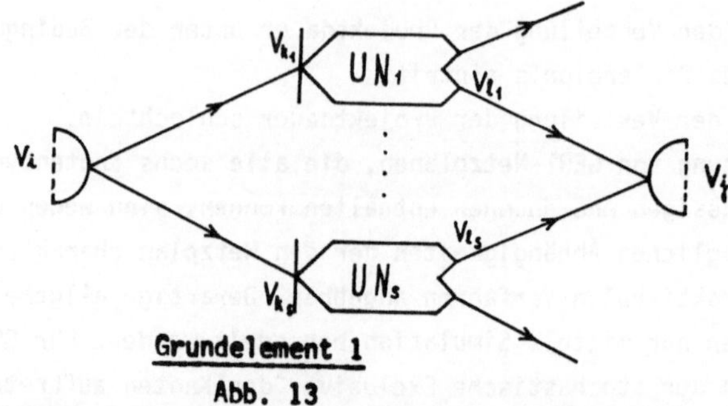

Grundelement 1

Abb. 13

Knoten darstellen (s. Abb. 11, wo die Scheinvorgänge gestrichelt eingezeichnet sind). Für einen solchen Unternetzplan in "Standardform" führen
wir dann das in Abb. 12 angegebene Symbol ein.

Das im folgenden geschilderte Verfahren gestattet nun die Auswertung
von GERT-Netzplänen, die beliebige Kombinationen von stochastischen
Exclusive-Oder-Knoten, jedoch nur die durch die beiden in Abb. 13 und
Abb. 14 wiedergegebenen Grundelemente festgelegten Anordnungen der
übrigen Knotentypen enthalten können. Ein deterministischer Knoten

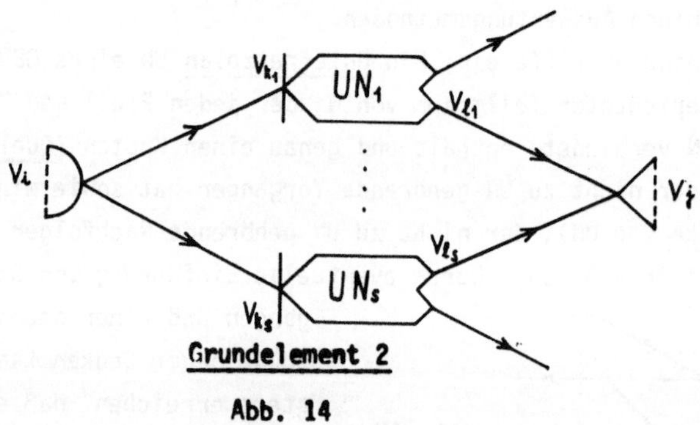

Grundelement 2

Abb. 14

eines GERT-Netzplans muß also stets ein "Eingangsknoten" und ein Und-
sowie ein Inclusive-Oder-Knoten immer ein "Ausgangsknoten" eines Grund-
elementes sein.

Wir benötigen jetzt noch die Begriffe der Aktivierungszahl und der Aktivierungsfunktion eines Knotens. Sei ζ_i die Anzahl der Aktivierungen eines

Knotens v_i [5] bei einer Realisierung des Netzplans (d.h. Durchführung
des zugehörigen Projektes). Dann nennen wir den Erwartungswert der Zufallsgröße ζ_i Aktivierungszahl z_i des Knotens v_i. Gehört v_i keinem Zyklus an
(dies ist z.B. für alle Zielereignisse der Fall), so gilt $z_i = q_i$, wobei
q_i die Wahrscheinlichkeit ist, daß das Ereignis v_i eintritt.
Sei weiter $Z_i(t)$ die mittlere Anzahl der Aktivierungen des Knotens v_i im
Zeitintervall $[0,t]$, wobei vorausgesetzt sei, daß das Projekt zum Zeitpunkt
0 beginne. Dann heißt die hierdurch festgelegte Funktion $Z_i : \mathbb{R}_+ \to \mathbb{R}_+$ Aktivierungsfunktion von v_i. Speziell gilt $Z_i(\infty) = z_i$. Gehört v_i keinem
Zyklus an, dann ist $Z_i(t)$ gleich der Wahrscheinlichkeit, daß das Ereignis
v_i spätestens zum Zeitpunkt t eintritt, also

$$Z_i(t) = z_i G_i(t) = q_i G_i(t), \qquad (t \geq 0)$$

wobei G_i die Verteilungsfunktion des Eintrittszeitpunktes des Ereignisses v_i darstellt. Im Fall einer Senke v_i ist G_i somit die Verteilungsfunktion der Projektdauer unter der Bedingung, daß das Zielereignis v_i
eintritt.
Schließlich sei noch bemerkt, daß sich, wenn $v_{j_1},\ldots,v_{j_r}$ die Senken des
Netzplans sind, die Verteilungsfunktion G der Projektdauer schlechthin
gemäß

$$G(t) = \sum_{\rho=1}^{r} q_{j_\rho} G_{j_\rho}(t) = \sum_{\rho=1}^{r} Z_{j_\rho}(t) \qquad (t \geq 0)$$

ergibt.
Wenn man also die Aktivierungszahlen z_{j_ρ} und Aktivierungsfunktionen
Z_{j_ρ} der Zielereignisse v_{j_ρ} des Projektes ermittelt hat ($\rho=1(1)r$), sind
die drei oben angegebenen Grundaufgaben gelöst. Im folgenden werden wir ein
Verfahren schildern, daß die z_i und Z_i für alle Knoten v_i des Netzplans
liefert. Zunächst wollen wir hierzu die Größen z_i und Z_i für einige typische Knoten-Pfeil-Anordnungen bestimmen.

---

[5] Ein Knoten heißt aktiviert, wenn das dem Knoten entsprechende Ereignis des Projektes eingetreten ist.

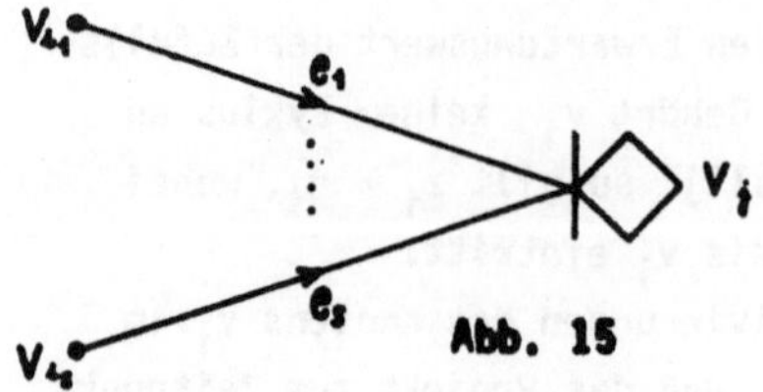

Seien p_μ wieder die (bedingte) Wahrscheinlichkeit, daß der Vorgang e_μ ausgeführt wird und F_μ die Verteilungsfunktion der Dauer dieses Vorgangs. Dann gilt in Abb. 15 für den stochastischen Exclusive-Oder-Knoten v_j

$$\left.\begin{aligned}
z_j &= \sum_{\sigma=1}^{s} p_\sigma z_{i_\sigma} \\
Z_j &= \sum_{\sigma=1}^{s} p_\sigma (Z_{i_\sigma} * F_\sigma),
\end{aligned}\right\} \tag{1}$$

wobei $*$ die Faltungsoperation bedeutet.

Knoten, die nicht vom stochastischen Exclusive-Oder-Typ sind, können nur im Rahmen der Grundelemente 1 und 2 auftreten. Seien mit den Bezeichnungen der Abbildungen 13 und 14 p_{ij} die Wahrscheinlichkeit, daß ein Übergang von v_i nach v_j stattfindet und F_{ij} die Verteilungsfunktion der Dauer eines derartigen Übergangs sowie $\bar{p}_\sigma$ die Wahrscheinlichkeit, daß ein Übergang von v_i nach v_j über den Unternetzplan UN_σ stattfindet und $\bar{F}_\sigma$ die Verteilungsfunktion der Dauer eines solchen Übergangs. Dann ist für Grundelement 1

$$z_j = z_i p_{ij} = z_i \prod_{\sigma=1}^{s} \bar{p}_\sigma$$

$$Z_j = Z_i * \prod_{\sigma=1}^{s} \bar{p}_\sigma \bar{F}_\sigma$$

und für Grundelement 2

$$z_j = z_i \left(\sum_{\sigma=1}^{s} \bar{p}_\sigma - \sum_{\substack{\sigma_1,\sigma_2=1 \\ \sigma_1 < \sigma_2}}^{s} \bar{p}_{\sigma_1} \bar{p}_{\sigma_2} +- \ldots +(-1)^{s+1} \prod_{\sigma=1}^{s} \bar{p}_\sigma \right)$$

$$Z_j = Z_i * \left(\sum_{\sigma=1}^{s} \bar{p}_\sigma \bar{F}_\sigma - \sum_{\substack{\sigma_1,\sigma_2=1 \\ \sigma_1 < \sigma_2}}^{s} \bar{p}_{\sigma_1} \bar{p}_{\sigma_2} \bar{F}_{\sigma_1} \bar{F}_{\sigma_2} +- \ldots +(-1)^{s+1} \prod_{\sigma=1}^{s} \bar{p}_\sigma \bar{F}_\sigma \right).$$

Hierin ist

$$\left.\begin{array}{l} \bar{p}_\sigma = p_{ik_\sigma} p_{k_\sigma l_\sigma} p_{l_\sigma j} \\[2mm] \bar{F}_\sigma = F_{ik_\sigma} * F_{k_\sigma l_\sigma} * F_{l_\sigma j} \end{array}\right\} \quad (\sigma=1(1)s),$$

wobei $p_{\alpha\beta}$ die Wahrscheinlichkeit des Obergangs vom Knoten v_α zum Knoten v_β und $\bar{F}_{\alpha\beta}$ die Verteilungsfunktion der zugehörigen Obergangsdauer sind.

Schließlich betrachten wir den Fall eines Zyklus. Treten in dem Zyklus Grundelemente auf, so werden diese zunächst ausgewertet, d.h. durch je einen Pfeil $[v_i, v_j]$ mit der (bedingten) Ausführungswahrscheinlichkeit p_{ij} und der Verteilungsfunktion F_{ij} der entsprechenden Obergangsdauer ersetzt. Man. kann sich dann also auf Zyklen beschränken, die nur stochastische Exclusive-Oder-Knoten enthalten. Zuerst berechnet man dann für einen Eingangsknoten v_j des betrachteten Zyklus die Größen z_j und Z_j. Habe in Abb. 16 ein Vorgang e_σ die (bedingte) Ausführungswahrscheinlichkeit p_σ,

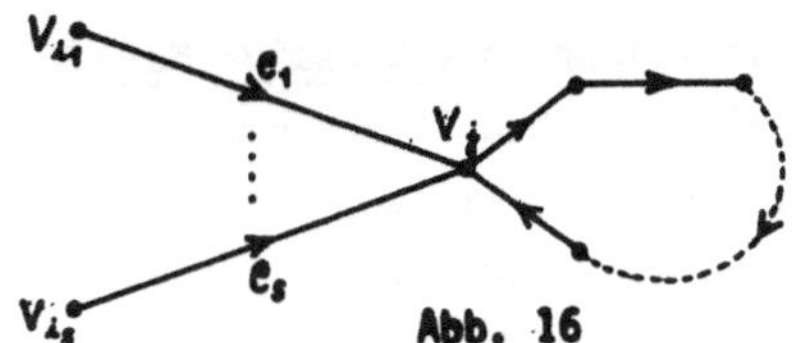

Abb. 16

sei F_σ die Verteilungsfunktion der Dauer des Vorgangs e_σ und stelle p_{jj} die Wahrscheinlichkeit sowie F_{jj} die Verteilungsfunktion der Dauer für einen Obergang von v_j nach v_j über die anderen Knoten des Zyklus dar, so ist

$$z_j = \sum_{\sigma=1}^{s} p_\sigma z_{i_\sigma} + p_{jj} z_j$$

und somit

$$z_j = \frac{\sum_{\sigma=1}^{s} p_\sigma z_{i_\sigma}}{1-p_{jj}}. \tag{2}$$

Entsprechend haben wir

$$Z_j = \sum_{\sigma=1}^{s} p_\sigma (Z_{i_\sigma} * F_\sigma) + p_{jj}(Z_j * F_{jj}). \tag{3}$$

Sind die Aktivierungszahl und die Aktivierungsfunktion für einen Eingangsknoten eines Zyklus bestimmt, so können diese Größen für die übrigen Knoten des Zyklus gemäß (1) ermittelt werden.

Wir geben nun den Algorithmus zur sukzessiven Berechnung der Größen z_i und Z_i für alle Knoten des zugrundeliegenden GERT-Netzplans N an. Als erstes empfiehlt es sich, eine sogenannte topologische Quasisortierung der Knoten von N durchzuführen, d.h. alle Knoten von N außerhalb der Zyklen topologisch zu sortieren (jeder derartige Knoten v_i erhält dann eine kleinere Knotennummer i als jeder seiner Nachfolger und eine größere Knotennummer als jeder seiner Vorgänger). Speziell ist hiernach v_1 die Quelle des Netzplans.

Nun startet man mit $z_1 := 1$ und $Z_1(t) := 1$ für alle $t \geq 0$ und bestimmt für i=2,3,... sukzessiv die z_i und Z_i nach (1) solange, bis man einen Und-oder einen Inclusive-Oder-Knoten v_j oder einen Eingangsknoten v_j eines Zyklus erreicht hat. Im ersten Fall ist vor der Ermittlung der Aktivierungszahl z_j und der Aktivierungsfunktion Z_j von v_j ein Grundelement in der oben beschriebenen Weise auszuwerten. Im zweiten Fall bestimmt man z_j und Z_j gemäß (2) bzw. (3). In entsprechender Weise fährt man fort, bis für alle Knoten v_i die z_i und Z_i berechnet sind.

Bei dem eben skizzierten Verfahren, das wir im folgenden <u>sukzessive Methode</u> nennen wollen, sind vor dem Start des eigentlichen Algorithmus sämtliche Zyklen des Netzplans zu ermitteln. Dies kann man umgehen, indem man für die Aktivierungszahlen ein lineares Gleichungssystem und für die Aktivierungsfunktionen ein lineares Faltungsgleichungssystem aufstellt und löst. Wir wollen das Gleichungssystem für die Aktivierungszahlen kurz angeben. Zuerst müssen alle Grundelemente ausgewertet werden, d.h. wie oben beschrieben durch je einen Vorgang $[v_i,v_j]$ mit einer Ausführungswahrscheinlichkeit p_{ij} ersetzt werden. Treten parallele Pfeile (d.h. Pfeile mit gleichem Anfangs- und gleichem Endknoten) auf, so denken wir uns diese ebenfalls durch einen Pfeil ersetzt. Habe der Netzplan die Knoten $v_1,\ldots,v_n$, wobei o.B.d.A. v_1 die Quelle sei [6], und seien E die Menge der Knotennummern der deterministischen Knoten (Eingangsknoten von Grundelementen) und A die Menge der Knotennummern der Und- sowie der Inclusive-Oder-Knoten (Ausgangsknoten von Grundelementen), so bekommen wir

6) Der Netzplan braucht jetzt aber nicht topologisch quasisortiert zu sein.

$$z_1 = 1$$

$$z_j = p_{ij} z_i \qquad (i \epsilon E, j \epsilon A)$$

$$z_j = \sum_{i=2}^{n} p_{ij} z_i + p_{ij} \qquad (j \epsilon \{2, \ldots, n\} \backslash A).$$

Entspricht hierbei dem Indexpaar (i,j) ein Pfeil $[v_i, v_j]$ des Netzplans,
so ist p_{ij} gleich der zugehörigen (bedingten) Ausführungswahrscheinlichkeit,
andernfalls ist p_{ij} := 0 zu setzen.
Bezüglich der numerischen Realisierung der beiden angeführten Verfahrens-
varianten ist zunächst zu bemerken, daß die sukzessive Methode insbesondere bei größeren Netzplänen in der Regel vorzuziehen ist, da sie im Gegensatz zu den zuletzt angegebenen Verfahren nur die Lösung von linearen
Gleichungen bzw. linearen Faltungsgleichungen erfordert und nicht die
Behandlung von System derartiger Gleichungen. Die Schwierigkeiten bei der
numerischen Handhabung der sukzessiven Methode bestehen nicht in erster
Linie in der Lösung der oben angegebenen Gleichungen, sondern in der Ermittlung der Struktur des betreffenden GERT-Netzplanes. Beispielsweise
können innerhalb der einem Grundelement angehörenden Unternetzpläne wieder
Grundelemente auftreten und Zyklen und Grundelemente mehrfach "ineinander
verschachtelt" sein. Die Auswertung derartiger Knoten-Pfeil-Anordnungen
muß "von innen nach außen" erfolgen, und auf einem Rechner sind hierzu
sehr komplizierte und rechenzeitaufwendige Such- und Sortierungsprogramme
erforderlich. Es empfiehlt sich deshalb, bereits vor der eigentlichen Auswertung eines GERT-Netzplans zu versuchen, die Grundelemente und Zyklen zu
ermitteln und aufzulisten und diese Information sowie u.U. bereits die
Reihenfolge, in der die einzelnen Knoten des Netzplans behandelt (d.h. die
zugehörigen Aktivierungszahlen und -funktionen bestimmt) werden sollen,
unmittelbar in den Rechner einzugeben. Weitere Details zur numerischen
Durchführung der sukzessiven Methode können in [Steinhardt] nachgelesen
werden.

Literatur

Fix, W.: Mathematische Grundlagen zur Auswertung von Entscheidungsnetzplänen.
Diplomarbeit Universität Karlsruhe 1973

Elmaghraby, S.E.: Some Network Models in Management Science;
Springer-Verlag, Berlin/Heidelberg/New York 1970

Neumann, K.: Operations Research F (Netzplantechnik); Discussion Paper Nr. 10
Institut für Wirtschaftstheorie und Operations Research Universität
Karlsruhe, 1973

Pritsker, A.A.B.: GERT: Graphical Evaluation and Review Technique;
RAND-Memorandum RM-4973-NASA 1966

Steinhardt, U.: Numerische Behandlung von Entscheidungsnetzplänen;
Diplomarbeit Universität Karlsruhe, 1973

Reduktion von Netzplänen

F. J. Radermacher, Aachen

Planning networks can be described by a system $A_\varrho = (A,O,\varrho)$, where O is an ordering in the set A and ϱ is a function, $\varrho : A \longrightarrow \mathbb{R}_+^1$.

The parameters of a planning network are : the critical length, the set of the critical paths and various time-reserves. For many reasons, one is interested in a theory, that makes it possible to determine all those magnitudes by only computing appropriate subplans and a (reduced) homomorph image.

We shall prove the existence and uniqueness of a solution of the following problem : Find a reduction-rule $\psi = (\mu, f)$ between planning networks $A_\varrho = (A,O,\varrho)$ and $B_{\varrho'} = (A',O',\varrho')$, which satisfies :

1. $(a,b) \in O \implies (b_\mu, a_\mu) \notin O' \setminus \vartheta$ $\left[\, \mu : A \xrightarrow{\text{onto}} A' \,\right]$

2. $\bigwedge_{w' \in A'} \varrho'(w') = f_{w'}\left[\, \varrho|_{\mu^{-1}(w')} \,\right]$ for all ϱ, $f := (f_{w'})_{w' \in A'}$ some function.

3. $\triangle(A_\varrho) = \triangle(B_{\varrho'})$ the critical length of A_ϱ and $B_{\varrho'}$ shall be equal. for all ϱ.

Die vorliegende Arbeit behandelt die Reduktion von Netzplänen. (Es handelt sich dabei um einen wichtigen Spezialfall einer allgemeineren Fragestellung (vgl. [2]) Typisch ist, daß das zugrundeliegende Objekt eine bewertete Struktur ist. Zur Beschreibung verwenden wir endliche Ordnungen $A = (A,O)$ mit einer auf der Menge A erklärten Funktion $\varrho : A \longrightarrow \mathbb{R}_+^1$. Interpretiert man $\varrho(w)$ als "Dauer" von w, $w \in A$, so heißt $A_\varrho := (A,O,\varrho)$ <u>Netzplan</u> (vgl. [1]). Bei einem Netzplan interessieren kritische Länge, die Menge der kritischen Wege, der Wegpuffer einzelner Wege, Gesamt-, freier und unabhängiger Puffer aller Elemente. Aus verschiedenen Gründen ist man interessiert an einer Theorie, die es ermöglicht, die gewünschten Größen "reduziert" zu ermitteln über die Berechnung eines "Grob-netzplanes" (homomorphes Bild) und geeigneter Subnetzpläne. Als Gründe wären zu nennen : Rechenzeitersparnis, größere Übersicht, zu geringe Kapazität der Datenverarbeitungsanlage.

Eine Reduktionsvorschrift zwischen Netzplänen $A_\varrho = (A,O,\varrho)$ und $B_{\varrho'} = (A',O',\varrho')$ würde in der Angabe eines Paares $\psi = (\mu, f)$ bestehen, wobei $\mu : A \xrightarrow{\text{auf}} A'$ eine Reduktion der Struktur darstellt und $f := (f_{w'})_{w' \in A'}$ eine nachfolgend angewandte Übertragungsregel für die Bewertung. An ψ ergeben sich aus <u>praktischen</u> Gründen zumindest die drei folgenden (schwachen) Forderungen :

1. $(a,b) \in O \implies (b_\mu, a_\mu) \notin O' \setminus \vartheta$

    Die in A (ja aus technischen Gründen) vorgegebenen Abhängigkeiten sollen durch die Strukturreduktion zumindest nicht in ihr Gegenteil verkehrt werden.

2. $\widehat{w' \in \Lambda}$ $\varrho'(w') = f_{w'}\left[\varrho|_{\mu^{-1}(w')}\right]$; $f := (f_w)_{w' \in \Lambda'}$ beliebig, für alle ϱ .

Die Bewertung eines Bildelementes soll (nur) abhängen von der Bewertung seiner Urbilder. (f ist also lokale Funktion in $A\varrho$)

3. $\triangle(A\varrho) = \triangle(B\varrho')$ für alle ϱ .

Dies ist die Zielbedingung. Für alle ϱ soll die kritische Länge im Bild-und Urbildbereich gleich sein!

Geht man an die Lösung des Problems, so erweist sich die Reduktion der Ordnung als entscheidende Schwierigkeit, die Übertragungsfunktion f ergibt sich dann zwangsläufig. Am Anfang steht daher die Charakterisierung einer geeigneten Teilmenge der Abbildungen, die 1. erfüllen. Als solche erweisen sich die reduzierenden Ordnungshomomorphismen (r.OH) (vgl.[2]). Diese Abbildungen erfüllen:

$$\widehat{x,y \in \Lambda} \quad \left\{ \left[(x,y) \in O \wedge x\mu \neq y\mu \right] \Longleftrightarrow \left[(x\mu, y\mu) \in O' \setminus \vartheta \right] \right\}$$

Die von solchen Abbildungen über $\mu\mu^{-1}$ induzierten Partitionen von Λ lassen sich unabhängig charakterisieren und heißen Kongruenzpartitionen (KP) von Λ. Nach KP läßt sich dann ein eindeutiger Quotient definieren, welcher Bild der Ausgangsordnung unter einem r.OH ist. Die Klassen solcher KP lassen sich ebenfalls unabhängig charakterisieren und heißen autonome Subordnungen (a.SO) (vgl.[2]).

Definition 1:

Seien $A\varrho$ und $B\varrho'$ Netzpläne. Sei B Bild von A unter einem r.OH μ . Gilt zusätzlich: $\widehat{w' \in \Lambda}$ $\varrho'(w') = \triangle(\mu^{-1}(w'))$, dann heißt $B\varrho'$ netzplanhomomorphes Bild von $A\varrho$ und μ ein Netzplanhomomorphismus (NPH).

Ein NPH besteht also aus einem Paar $\psi = (\mu, f)$, wobei μ ein r.OH ist und $f = (f_{w'})_{w' \in \Lambda'}$ jedem Bildelement die kritische Länge seines Urbildes zuordnet. Es handelt sich hier bei dieser Definition um einen wichtigen Spezialfall einer allgemeineren Begriffsbildung (vgl.[2],[3]). Offensichtlich erfüllt jeder NPH die Bedingung 1., 2.! Es bleibt dann nachzuweisen, daß ein NPH die Zielbedingung erfüllt. Wir machen das hier aus Platzgründen in einer relativ knappen Schreibweise. Dazu definieren wir zunächst :

Definition 2:

a) autonomer Subnetzplan (a.SNP)
Eine graphentheoretische Charakterisierung findet sich in [4].

b) Quotientennetzplan von $A\varrho$ nach einer Kongruenzpartition G von Λ, $B\varrho' := {}^{A\varrho}/_G$.
Dies geschieht in naheliegender Weise in Anlehnung an [2].

Definition 3:

a) Sei $A\varrho = (\Lambda, O, \varrho)$ ein NP! Eine Menge $W(a,b) = \{a = x_0, x_1, \ldots, x_n = b\}$; $W(a,b) \subset \Lambda$ heißt ein a mit b verbindender Weg, falls $x_i \in \underline{V}(x_{i+1})$, $i = 0, \ldots, n-1$. (Dabei implizieren wir mit der Schreibweise die eindeutig existierende aufsteigende Reihenfolge).

b) Ist U eine a.SO von A, so bezeichnet W(U) die Menge aller Wege, die minimale Elemente aus U mit maximalen Elementen aus U verbinden.

<u>Beispiel 4:</u>

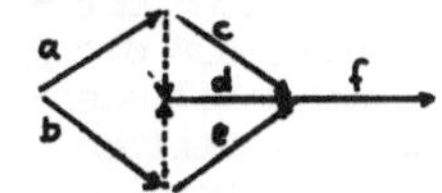

Es ist $\{a,c,f\}$ ein a mit f verbindender Weg.

$W(A) = \left\{\{a,c,f\}, \{a,d,f\}, \{b,d,f\}, \{b,e,f\}\right\}$.

<u>Definition 5:</u>

$d[W(a,b)] := \sum_{i=0}^{n} \varrho(x_i)$ heißt die <u>Länge</u> von $W(a,b) = \{a=x_o,\ldots,x_n=b\}$

$\triangle(M) := \max_{W \in M} d(W)$ heißt die <u>kritische Länge</u> der Wegemenge M.

$d(W) = \triangle(M)$, dann heißt $W \in M$ <u>kritischer Weg</u> in M bezgl. ϱ.

Die Menge der kritischen Wege ist wegen card $A < \infty$ nicht leer.

$\triangle(U)$ ist die abgekürzte Schreibweise für $\triangle(W(U))$.

<u>Bemerkung 6:</u>

Sei $B_{\varrho'}$ netzplanhomomorphes Bild von A_ϱ unter μ. Sei $K_\mu = \{K_1,\ldots,K_n\}$ die von μ erzeugte KP in $\triangle$ und seien $[K_i]_\varrho := (K_i, O_{|K_i}, S_i, T_i, \varrho_{|K_i})$ die zugehörige a.SNP!

a) ein Weg $W(a,b)$ heißt μ-verträglich, falls i,j so daß $a \in S_i$ und $b \in T_j$.

Im weiteren betrachten wir nur solche Wege.

b) Sei $W(a,b)$ ein solcher. Setze $W(a,b) \cap K_\mu := \left\{ W(a,b) \cap K_i \mid {i=1,\ldots,n,\ \text{für} \atop W(a,b) \cap K_i \neq \emptyset} \right\}$

!Dann ist $W(a,b) \cap K_\mu = \{W_1,\ldots,W_r\}$ mit $W_j \in W([K_{ij}])$; $j=1,\ldots,r$, d.h. der Weg zerfällt in Wegstücke in den von ihm durchlaufenen (durch μ induzierten) a.SNP.

c) Setzt man $W(a,b)\mu := \{x_o\mu,\ldots,x_\ell\mu\}$, so ist dies ein Weg im Bildnetzplan!

d) Umgekehrt sei $W' \in W(B_{\varrho'})$ ein Weg im Bildbereich. Die zugehörige μ-verträgliche Urbildmenge aus $W(A_\varrho)$ erhält man, indem man beliebige Wegstücke aus den Urbildklassen von W' aneinandersetzt!

$[c), d)$ sind spezielle Eigenschaften von r.OH. Die Klasse, die Bed. 1. erfüllt bzw. auch die Klasse der schwachen Homomorphismen (vgl.[3]) hat diese Eigenschaft allgemein nicht.

Damit können wir nun für NPH die Zielbedingung nachweisen!

<u>Satz 7:</u> ÜBERTRAGUNGSSATZ

Sei B_ϱ netzplanhomomorphes Bild von A_ϱ so gilt :

$$\triangle(A_\varrho) = \triangle(B_{\varrho'}) \quad \text{für alle } \varrho.$$

<u>Beweis:</u>

Sei μ der NPH, $K_\mu = \{K_1,\ldots,K_n\}$, o.B.d.A. $w \in K_i \implies w\mu = w'$

a) Sei W_o kritischer Weg in A_ϱ, $W_o \cap K_\mu = \{W_1,\ldots,W_r\}$, $W_j \in W([K_{ij}]) \implies$

$$\triangle(A_\varrho) = d(W_o) = \sum_{j=1}^{r} d(W_j) \leq \sum_{j=1}^{r} \triangle([K_{ij}]) \overset{Def.}{=} \sum_{j=1}^{r} \varrho'(w'_j) = d(W_o\mu) \leq \triangle(B_{\varrho'})$$

b) Sei $W'_o = \{w'_1,\ldots,w'_r\}$ kritisch in $B_{\varrho'}$. $\mu^{-1}(w'_j) = K_{ij}$. Sei W_j kritisch in $W([K_{ij}])$ und $W_o = \bigcup_{j=1}^{r} W_j$; $W_o \in W(A)$ wegen 6d $\implies$

$$\triangle(B_{\varrho'}) = d(W'_o) = \sum_{j=1}^{r} \varrho'(w'_j) = \sum_{j=1}^{r} d(W_j) = d(W_o) \leq \triangle(A_\varrho)$$

Damit ist nachgewiesen, daß der NPH eine Lösung des eingangs gestellten Problems ist. Wie in [2],[3] läßt sich für die in Definition 2 eingeführten Quotienten ein Satz über _induzierte Homomorphismen_ beweisen. Damit folgt, daß die Reduktionsmöglichkeiten eines Netzplanes durch NPH genau die der zugrundeliegenden Ordnung durch r.OH sind. Für die damit gegebenen Reduktionsmöglichkeiten s.[2],[3]; insbesondere auch für die Gültigkeit des Kettensatzes bei totalem Abbau in elementaren Schritten.

Es sei ausdrücklich erwähnt, daß beispielsweise nicht jede zusammenhängende Teilmenge zu einer Aktivität zusammengefaßt werden kann, was Bedingung 1. noch zuläßt. Daher mag die gefundene Lösung unbefriedigend erscheinen. Es stellt sich deshalb unmittelbar die Frage nach der Existenz "besserer" Lösungen bzw. nach der Eindeutigkeit des NPH unter 1.,2.,3. .

Satz 8:   UMKEHRSATZ

Eine Reduktionsvorschrift $\psi = (\mu, f)$ zwischen NP A_ϱ und $B_{\varrho'}$ erfüllt 1.,2.,3.

$\qquad \Longrightarrow \quad \psi$ ist ein Netzplanhomomorphismus!

Beweis:

I a) zeige: $\varrho \big|_{\mu^{-1}(w')} \equiv 0 \implies \varrho'(w') = 0$

Setze $\varrho \equiv 0$, dann ist $\varrho \big|_{\mu^{-1}(w')} \equiv 0$; wegen 2. hängt $\varrho'(w')$ nur davon ab.

$\implies \triangle(A_\varrho) = 0 \overset{3.}{\implies} \triangle(B_{\varrho'}) = 0 \implies \varrho' \equiv 0 \implies \varrho'(w') = 0$

b) Zeige $\varrho'(w') = \triangle(\mu^{-1}(w'))$

Sei ϱ beliebig, setze : $\varrho_0 := \begin{cases} \varrho & w \in \mu^{-1}(w') \\ 0 & \text{sonst} \end{cases} \implies$

$$\triangle(\mu^{-1}(w')) = \triangle(A_{\varrho_0}) \overset{3}{=} \triangle(B_{\varrho_0'}) \overset{I a}{=} \varrho_0'(w')$$

Also ist (unabhängig von der Art der Ordnungsreduktion) die Bewertung des Bildes immer die kritische Länge der zugehörigen Urbildklasse. (Wegen der _Lokalitätsforderung 2._ in Verbindung mit der Zielbedingung).

II   Zeige : $\underset{x,y \in \triangle}{\widehat{}} \left\{ \big[(x,y) \in O \wedge x_\mu \neq y_\mu\big] \Longleftrightarrow \big[(x_\mu, y_\mu) \in O' \setminus \vartheta\big] \right\}$

a) $(x,y) \in O \wedge x_\mu \neq y_\mu$

Annahme $(x_\mu, y_\mu) \notin O' \setminus \vartheta$, wegen 1. $\implies x_\mu \| y_\mu$. Setze: $\varrho_0(w) := \begin{cases} 1 & w = x, y \\ 0 & \text{sonst} \end{cases}$

$\implies \triangle(A_{\varrho_0}) = 2 \neq 1 \overset{I}{=} \triangle(B_{\varrho_0'})$ Widerspruch zu 3.

b) $(x',y') \in O' \setminus \vartheta$. Annahme, es gibt $x \in \mu^{-1}(x')$; $y \in \mu^{-1}(y')$ mit $(x,y) \notin O$.

wegen 1. $\implies x \| y$

$\qquad\qquad$ setze $\varrho_0(w) := \begin{cases} 1 & w = x, y \\ 0 & \text{sonst} \end{cases} \implies$

$\triangle(A_{\varrho_0}) = 1 \neq 2 \overset{I}{=} \triangle(B_{\varrho_0'})$ Widerspruch zu 3.

Satz 9:   REDUKTIONSSATZ

$\psi = (\mu, f)$ erfüllt 1.,2.,3. $\Longleftrightarrow$ ψ ist ein Netzplanhomomorphismus

Der Reduktionssatz ergibt sich direkt als Zusammenfassung von Satz 7 und Satz 8. Der von uns definierte NPH ist also die einzige Lösung des zu Anfang formulierten Problems. Es bleibt die Frage, ob die relativ geringen Reduktionsmöglichkeiten mehr durch 1. oder 2. bedingt sind. Dazu bringen wir:

Bemerkung 10:

Völliger Verzicht auf 1. führt auf die etwas allgemeinere Klasse der verallgemeinerten Homomorphismen; diese genügen der Bedingung

$$\bigwedge_{x,y \in \Delta} \left\{ \left[\left((x,y) \in O \vee (y,x) \in O \right) \wedge (x\mu \neq y\mu) \right] \Longleftrightarrow \left[(x\mu, y\mu) \in O' \backslash \vartheta \vee (y\mu, x\mu) \in O' \backslash \vartheta \right] \right\}$$

Es sei hier nur erwähnt, daß die dadurch gegebenen Reduktionsmöglichkeiten im "wesentlichen" die gleichen sind! Die "geringen" Reduktionsmöglichkeiten sind also eine Folge der Lokalitätsforderung 2., die aber für die praktische Anwendbarkeit entscheidend ist.

Bemerkung 11:

Für anwendungsinteressierte Leser sei außerdem erwähnt, daß sich der Reduktionssatz auch im stochastischen Fall für die Verteilung der kritischen Länge halten läßt. Die Voraussetzungen sind dabei:
Ist $A = (\Delta, O)$; μ ein r.OH auf eine Ordnung B; $K\mu = \{K_1, \ldots, K_r\}$; $\Delta = \{w_1, \ldots, w_n\}$.
Sei P die gemeinsame Verteilung von $(\varrho(w_1), \ldots, \varrho(w_n))$; dann soll gelten :

$$P(\mathbb{R}_+^n) = 1$$

$$P = \bigotimes_{i=1}^{r} P_i \text{, wobei } P_i \text{ die Verteilung der krit. Länge in } [K_i] \text{ bez. } P_{|K_i} \text{ ist.}$$

Mit den bisherigen Ergebnissen kann man die kritische Länge und die Menge der kritischen Wege reduziert berechnen. (Letztere ergeben sich durch Aneinandersetzen kritischer Wegstücke aus den Urbildklassen kritischer Wege (vgl. 6.d.)). Es besteht nun das für praktische Anwendung entscheidende Problem, Übertragungsregeln für die verschiedenen Puffer zu finden.

Dazu ist zu bemerken, daß eine 1. Art Puffer zu definieren darin besteht, gewisse Knotenzeiten einzuführen und dabei Scheinvorgänge als richtige Vorgänge zu behandeln. Warum wir uns dieser Vorgangsweise nicht anschließen, zeigt Beispiel 13. Wir legen die 2. Art der Definition zugrunde, jedoch nicht in der üblichen Weise durch eine rekursive Definition (vgl.[5]), sondern wie folgt:

Definition 12:

Sei $A_\varrho = (\Delta, O, \varrho)$ ein NP. Für $w \in \Delta$ beliebig, setze:

FA(w) $:= \triangle \left[WV(w) \right]$ Dauer eines längsten Weges (Def.3) von minimalen Elementen in A bis zu unmittelbaren Vorgängern von w.

FE(w) $:= \min\limits_{x \in \underline{N}(w)} FA(x)$

SE(w) $:= \triangle(A_\varrho) - \triangle \left[WN(x) \right]$ kritische Länge von A_ϱ vermindert um die Dauer eines längsten Weges von unmittelbaren Nachfolgern von w bis zu maximalen Elementen aus A.

$$SA(w) \quad := \quad \max_{x \in \underline{V}(w)} SE(x)$$

$$WP[W(a;b)] \quad := \quad \triangle(A_\varrho) - d(W(a,b)) \qquad \text{Wegpuffer des Weges } W(a,b) \in W(A)$$

$$GP(w) \quad := \quad SE(w) - FA(w) - \varrho(w) \qquad \text{Gesamtpuffer des Elementes } w$$

$$FP(w) \quad := \quad FE(w) - FA(w) - \varrho(w) \qquad \text{freier Puffer des Elementes } w$$

$$UP(w) \quad := \quad FE(w) - SA(w) - \varrho(w) \qquad \text{unabhängiger Puffer des Elementes } w$$

<u>Beispiel 13</u>:

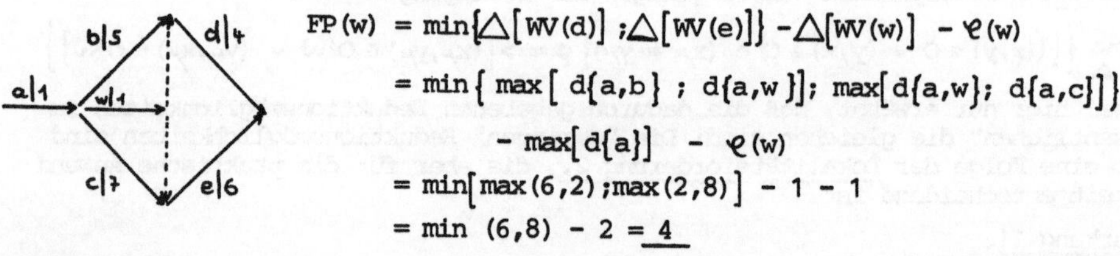

Es ist etwa:

$$FP(w) = \min\{\triangle[WV(d)] ; \triangle[WV(e)]\} - \triangle[WV(w)] - \varrho(w)$$

$$= \min\{ \max[d\{a,b\} ; d\{a,w\}]; \max[d\{a,w\}; d\{a,c\}]\}$$

$$- \max[d\{a\}] - \varrho(w)$$

$$= \min[\max(6,2) ; \max(2,8)] - 1 - 1$$

$$= \min(6,8) - 2 = \underline{4}$$

Dagegen hätte sich bei der 1. Art der Definition ein freier Puffer FP(w) = O ergeben. Dies erscheint uns aus verschiedenen Gründen nicht sinnvoll, insbesondere weil diese Art der Pufferdefinition von der (nicht eindeutigen) <u>graphentheoretischen Repräsentation</u> der Ordnung abhängt (vgl. [4]).

Wir kommen nun zu den verschiedenen Übertragungssätzen. Aus Platzgründen beweisen wir nur den ADDITIONSSATZ FÜR DEN WEGPUFFER. Bei den anderen Beweisen benötigt man eine Menge (wenn auch elementarer) Aussagen und Darstellungssätze für spezielle Wegemengen, wie z.B. WV(w)!

<u>Satz 14</u>:   ADDITIONSSATZ FÜR WEGPUFFER

Sei $W_o \in W(A)$; $\quad W_o \cap K_\mu = \{W_1,\ldots,W_r\}$; $\quad W_j \in W([K_{ij}])$ o.B.d.A. $w \in K_j$

$\Longrightarrow \qquad w_\mu = \dot{w}'_j.$ Dann gilt:

$$WP_{A_\varrho}[W_o] = WP_{B_{\varrho'}}[W_{o/\mu}] + \sum_{j=1}^{r} WP_{[K_{ij}]_\varrho}(W_j)$$

<u>Beweis</u>:

$$WP_{A_\varrho}[W_o] = \triangle(A_\varrho) - d(W_o) = \triangle(A_\varrho) - \sum_{j=1}^{r} d(W_i)$$

$$\overset{S.7}{=} \triangle(B_{\varrho'}) \overset{Def.}{=} \left[\sum_{j=1}^{r}\left(\triangle([K_{ij}]) - WP_{[K_{ij}]_\varrho}(W_j)\right)\right]$$

$$= \triangle(B_{\varrho'}) \overset{Def.}{=} \sum_{j=1}^{r} \varrho'(W'_{ij}) + \sum WP_{[K_{ij}]}(W_j)$$

$$= WP_{B_{\varrho'}}(W_{o/\mu}) + \sum_{j=1}^{r} WP_{[K_{ij}]}(W_j)$$

<u>Generalvoraussetzung</u> für die nächsten drei Sätze :

Sei $B_{\varrho'}$ netzplanhomomorphes Bild von $A_\varrho = (A,O,\varrho)$ unter μ; sei $K_\mu = \{K_1,\ldots,K_n\}$ wobei $[K_i] := (K_i,O|_{K_i},S_i,T_i)$; S_i: minimal in $[K_i]$, T_i: maximal in $[K_i]$. Sei $w \in K_i$

<u>Satz 15:</u>   ADDITIONSSATZ FÜR DEN GESAMTPUFFER

$$\mathrm{GP}_{A_\varrho}(w) \;=\; \mathrm{GP}_{B_{\varrho'}}(w\mu) \;+\; \mathrm{GP}_{[K_i]_\varrho}(w)$$

Der Gesamtpuffer ergibt sich also additiv aus dem GP von w bzgl. der Urbildklasse $[K_i]_\varrho$, in der w liegt, und dem Gesamtpuffer seines Bildelementes bzgl. des Bildnetzplans.
Dieser Satz hat Konsequenzen. Verzögert sich nämlich w im Rahmen seines Gesamtpuffers, so läßt sich ein minimaler a.SNP angeben, so daß der GP von Elementen außerhalb dieses a.SNP durch die Verzögerung von w nicht verändert wird.

<u>Satz 16:</u>   DARSTELLUNGSSATZ FÜR DEN FREIEN PUFFER

$$\mathrm{FP}_{A_\varrho}(w) \;=\; \begin{cases} \mathrm{FP}_{[K_i]_\varrho}(w) & w \in K_i \setminus T_i \\[2ex] \mathrm{FP}_{[K_i]_\varrho}(w) + \mathrm{FP}_{B_{\varrho'}}(w\mu) & w \in T_i \end{cases}$$

Dieser Satz zeigt u.a., daß der freie Puffer durch die „nähere" Umgebung bestimmt wird. Ein minimaler a.SNP, der w als nicht maximales Element enthält, bestimmt schon vollkommen den freien Puffer von w.

<u>Satz 17:</u>   DARSTELLUNGSSATZ FÜR DEN UNABHÄNGIGEN PUFFER

$$\mathrm{UP}_{A_\varrho}(w) \;=\; \begin{cases} \mathrm{UP}_{[K_i]}(w) + \mathrm{FA}_{B_{\varrho'}}(w\mu) - \mathrm{SA}_{B_{\varrho'}}(w\mu) & w \in S_i \cap \complement_{K_i} T_i \\[2ex] \mathrm{UP}_{[K_i]}(w) + \mathrm{FE}_{B_{\varrho'}}(w\mu) - \mathrm{SE}_{B_{\varrho'}}(w\mu) & w \in T_i \cap \complement_{K_i} S_i \\[2ex] \mathrm{UP}_{[K_i]}(w) - \mathrm{GP}_{B_{\varrho'}}(w\mu) & w \in \complement_{K_i}(S_i \cup T_i) \\[2ex] \mathrm{UP}_{[K_i]}(w) + \mathrm{UP}_{B_{\varrho'}}(w\mu) & w \in S_i \cap T_i \end{cases}$$

Interessant, daß in den ersten drei Fällen (für „nicht-paralleles" w) der unabhängige Puffer im Gesamtnetzplan immer kleiner gleich dem in der Klasse ist. Im vierten Fall (für „paralleles" w) erhält man eine Interpretation für einen negativen UP. So kann nämlich der negative UP von $w\mu$ im Bildbereich einen positiven UP von w bzgl. seiner Urbildklasse kompensieren.

Wir bringen zusammenfassend ein Beispiel:

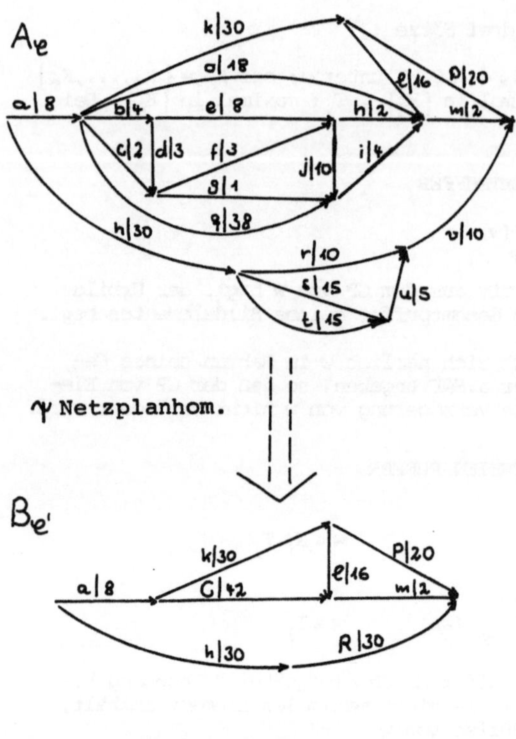

	$GP_{A_e}(w)$	FP	UP
b	24	O	-2
h	36	32	8
g	38	30	4
o	32	28	26

In $B_{e'}$ gilt:

FA (C) = 8

SA (C) = 10

FE (C) = 54

SE (C) = 58

GP (C) = 8

FP (C) = 4

UP (C) = 2

	$GP_{[K]_e}(w)$	FP	UP
b	16	O	O
h	28	28	12
g	30	30	12
o	24	24	24

I. kritische Länge:

Die Bewertungen in $B_{e'}$ sind offensichtlich die kritischen Längen der Ur-bildklassen und es gilt: $\triangle (A_e) = 60 = \triangle (B_{e'})$.

II. Die Menge der kritischen Wege:

In A_e ist dies: $\{\{h,s,u,v\}; \{h,t,u,v\}\}$. In $B_{e'}$ ist $\{h,R\}$ der einzige kritische Weg. In $\mu^{-1}(h) = \{h\}$ ist $\{h\}$ der einzige Weg, in $\mu^{-1}(R) = \{r,s,t,u,v\}$ gibt es die beiden kritischen Wege $\{s,u,v\}$ und $\{t,u,v\}$. Durch Aneinan-dersetzen erhält man wieder die kritischen Wege aus A_e!

III. Wegpuffer:

Betrachte $W_O = \{a,c,g,i,m\}$; $d(W_O) = 17$; $WP(W_O) = 60 - 17 = 43$

$W \cap K_\mu = \{\{a\}; \{c,g,i\}; \{m\}\}$; $WP_{[\{a\}]}\{a\} = 0$; $WP_{[K]}\{c,g,i\} = 35$

$WP_{[\{m\}]}\{m\} = 0$; $W_O\mu = \{a,C,m\}$; $d(W_O\mu) = 52$; $WP_{B\varrho'}(W_O\mu) = 60 - 52 = 8$

Es gilt: $\quad 43 = 8 + 0 + 35 + 0$

IV. Gesamtpuffer:

	$GP_{A\varphi}(w)$	$=$	$GP_{B\varrho'}(C)$	$+$	$GP_{[K]}(w)$	
b	24	=	8	+	16	
h	36	=	8	+	28	$w \in K$
g	38	=	8	+	30	
o	32	=	8	+	24	

V. freier Puffer:

	$FP_{A\varphi}(w)$	$=$	$FP_{[K]}(w)$	$\big[+$	$FP_{B\varrho'}(C)$ für $w \in T_K$ $\big]$	
b	0	=	0			$w \notin T_K$
h	32	=	28	+	4	$w \in T_K$
g	30	=	30			$w \notin T_K$
o	28	=	24	+	4	$w \in T_K$

VI. unabhängiger Puffer:

	$UP_{A\varphi}(w)$	$=$	$UP_{[K]}(w)$	$+$	$FA(C)$	$-$	$SA(C)$	$w \in S_K \setminus T_K$
b	-2	=	0	+	8	$-$	10	
	$UP_{A\varphi}(w)$	$=$	$UP_{[K]}(w)$	$+$	$FE(C)$	$-$	$SE(C)$	$w \in T_K \setminus S_K$
h	8	=	12	+	54	$-$	58	
	$UP_{A\varphi}(w)$	$=$	$UP_{[K]}(w)$	$-$	$GP_{B\varrho'}(C)$			$w \notin S_K \cup T_K$
g	4	=	12	$-$	8			
	$UP_{A\varphi}(w)$	$=$	$UP_{[K]}(w)$	$+$	$UP_B(C)$			$w \in S_K \cap T_K$
o	26	=	24	+	2			

Damit ist das zu Anfang formulierte Problem vollständig gelöst. Abschließend
wollen wir noch einige Bemerkungen zur praktischen Anwendbarkeit machen. Wir
haben schon erwähnt, daß die Reduktionsmöglichkeiten eines Netzplans unter
1.2.3. genau die der zugrundeliegenden Ordnung durch reduzierende Ordnungshomomorphismus sind. Aus [2] wissen wir dann, daß manchmal überhaupt nur triviale
Reduktionen möglich sind, daß es manchmal keine praktikablen Reduktionsmöglichkeiten gibt, und daß es überhaupt sehr schwierig erscheint, im Nachhinein geeignete homomorphe Bilder zu finden. Darum sollte man, wenn dies von der Struktur
des Problems her möglich ist, in der folgenden Weise vorgehen.
Man beginne mit einem „groben" Plan, also mit dem homomorphen Bild, und zwar
ohne Bewertung. Dann verfeinere man jeden Vorgang im gewünschten Umfang. In den
so entstehenden (kleineren) Netzplänen führe man die Bewertung ein und mache
eine Vorwärts-Rückwärtsrechnung. Im Grobnetzplan übernehme man für jede Aktivi-
Tät die kritische Länge der zugehörigen Verfeinerungen. Dann führe man im Grobnetzplan eine abschließende Vorwärts-Rückwärtsrechnung durch. Mittels der Sätze
7, 15, 16, 17 erhält man dann alle interessierenden Größen in dem großen Netzplan der dadurch entstehen würde, daß man im Grobnetzplan jedes Element durch
die zu ihm gehörende Verfeinerung ersetzt. Dabei braucht der große Netzplan
überhaupt nie formuliert zu werden! Dies bringt wesentliche Arbeitsersparnis
bei der Formulierung und Aufstellung des Netzplans; man hat eine bessere Übersicht und gleich die Pläne für die Teilprojekte, sowie einen übersichtlichen
Grobnetzplan für die übergeordnete Projektleitung. Außerdem braucht man nur
eine DVA mit wesentlich geringerer Kapazität. Die Vorteile werden vor allem
auch bei Verzögerung einer Aktivität deutlich: während normalerweise der gesamte Netzplan neu berechnet werden muß, reicht hier die Neuberechnung der einen
Klasse und (möglicherweise) des Grobplans!

Literatur:

[1] Kaerkes, R.
     Über das mathematische Netzplanmodell, O.R.-Verfahren Bd.XIV (1972)

[2] Kaerkes, R.
     Netzplantheorie, Proceedings in O.R. 3/Physica-Verlag (1973)

[3] Radermacher, F.-J. - Spelde, H.-G.
     Reduktion von Flußnetzplänen, Proceedings in O.R. 3/Physica-Verlag
     (1973)

[4] Möhring, R.
     Graphentheoretische Repräsentation von Ordnungen, Proceedings in O.R.,
     3/Physica-Verlag (1973)

[5] Suchowizki, S.I. - Radtschik, I.A.
     Mathematische Methoden der Netzplantechnik, Teubner (1969)

Reduktion von Flußnetzplänen

F. J. Radermacher und H. G. Spelde, Aachen

In the theory of "Flows in Networks", the maximal flow can be determined by the minimal-capacity of proper disconnecting sets because of the theorem of Ford and Fulkerson. However it remains difficult to locate all those sets in a great network. This is <u>one</u> reason to be interested in a theory , that makes it possible to determine the maximal flow by only computing appropriate sub-networks and a (reduced) homomorph image. <u>Planning networks</u> are an important subclass of all networks (just those, that can be described by a system $A_c := (A,O,c)$, where O is an ordering in the set A and c is a "capacity"-function, $c : A \longrightarrow \mathbb{R}_+^4$). For this subclass, we proof the existence and uniqueness of a solution of the following problem:

Find a reduction-rule $\Psi = (\mu,f)$ between $A_c = (A,O,c)$; $B_{c'} = (A',O',c')$ that satisfies :

1. $(a,b) \in O \implies (b\mu,a\mu) \notin O' \setminus \vartheta \qquad [\; \mu : A \xrightarrow{\;onto\;} A' \;]$

2. $\widehat{w' \in A'}\; c'(w') = f_{w'}(c_{|\mu^{-4}(w')}\;)$, for all c; $f := (f_{w'})_{w' \in A'}$ some function.

3. $\delta(A_c) = \delta(B_{c'})$ the maximal-flows in A_c and $B_{c'}$ are equal for all c.

Diese Arbeit behandelt die Reduktion von Flußnetzplänen. (Es handelt sich dabei um einen wesentlichen Spezialfall einer allgemeineren Begriffsbildung (vgl.[1], [4])). Das zugrundeliegende Objekt ist (wie in [4]) eine bewertete Struktur, wobei die Bewertung hier als Kapazität interpretiert wird.

<u>Definition 1:</u>

Ist $A = (A,O)$ eine Ordnung und $c : A \longrightarrow \mathbb{R}_+^4$ eine Funktion und interpretiert man $c(w)$ als Kapazität von w, d.h. $O \leqq fl(w) \leqq c(w)$, so heißt $A_c := (A,O,c)$ ein Flußnetzplan. (FNP).
(fl(w) bezeichnet den tatsächlichen Fluß in w).

Gemäß [3] läßt sich jeder Ordnung ein gerichteter Graph mit einer Quelle und einer Senke zuordnen, wobei das Einführen von Scheinvorgängen notwendig werden kann. Faßt man parallele Vorgänge jeweils zu einem Vorgang mit der Summe der Kapazitäten zusammen und ersetzt man Scheinvorgänge durch richtige mit beliebig großer Kapazität, so ordnet man jedem Flußnetzplan ein bewertetes Netzwerk im Sinne von Ford und Fulkerson zu (vgl.[2]). Flußnetzpläne erweisen sich als wichtige Teilklasse der Klasse aller bewerteten Netzwerke.

Beispiel 2:

Sei $A = \{a,b,c,d,e,f,g,h\}$; der minimale Erzeuger von O sei :

$$\{\{a,d\};\{b,d\};\{c,d\};\{a,h\};\{b,h\};\{c,h\};\{d,e\};\{d,f\};\{g,e\};\{g,f\};\{g,h\}\}$$

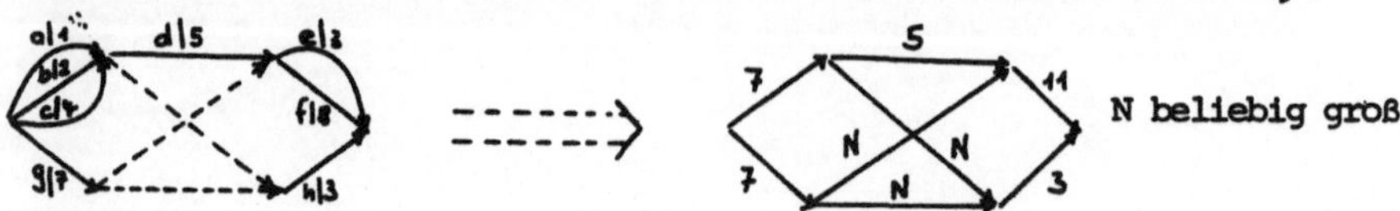

Damit ist der Satz von Ford und Fulkerson (vgl.[2]) für FNP anwendbar, und der
Maximalfluß kann bestimmt werden über die Minimalkapazität echt trennender
Mengen.

Wegen der Darstellungsweise in[3]ist beispielsweise kein minimales Element ein
vormaliger Scheinvorgang. Daraus folgt, daß die Minimalkapazität von A_c beschränkt ist, also kein vormaliger Scheinvorgang sich in einer minimalen echt
trennenden Menge befindet. Der Maximalfluß hängt also nur von dem FNP, nicht
aber von der graphentheoretischen Repräsentation gemäß [3] ab!

Das Auffinden aller echt trennenden Mengen erweist sich in großen Netzwerken als
sehr mühselig. Das ist _ein_ Grund, warum man an einer Theorie interessiert ist,
die es ermöglicht, nur aufgrund der Berechnung geeigneter Subnetzpläne und einer
Vergröberung (homomorphes Bild) die gewünschten Größen zu erhalten. Ein anderer
Grund wäre etwa die geringe Kapazität der vorhandenen DVA.

Das Problem läßt sich wie folgt formulieren:

Untersuche Existenz und Eindeutigkeit einer Reduktionsvorschrift $\psi = (\mu, f)$
zwischen FNP $A_c = (A,O,c)$ und $B_{c'} = (A',O',c')$, wobei $\mu : A \xrightarrow{\text{auf}} A'$ eine Reduktion der Struktur und $f := (f_{w'})_{w' \in A'}$ eine nachfolgend angewandte Übertragungsregel für die Kapazitäten ist, welche den folgenden drei (schwachen) Bedingungen genügt:

1. $(a,b) \in O \implies (b\mu, a\mu) \notin O' \backslash \vartheta$
    Die in A (ja aus sachlichen Gründen) bestehenden Abhängigkeiten sollen durch
    μ zumindest nicht in ihr Gegenteil verkehrt werden.

2. $\widehat{\forall_{w' \in A'}} \; c'(w') = f_{w'} \left[c_{|\mu^{-1}(w')} \right]$, für alle c; $f := (f_{w'})_{w' \in A'}$ beliebige Fkt.

    Die Kapazität eines Bildelementes soll (_nur_) abhängen von den Kapazitäten
    seiner Urbilder.

3. $\delta(A_c) = \delta(B_{c'})$ für alle c.

    Für alle c soll der Maximalfluß im Bild und im Urbildbereich gleich sein.
    Dies ist die _Zielbedingung_.

Die wesentliche Schwierigkeit besteht hier wie in [4] in der Reduktion der Struktur, und wieder erweisen sich die _reduzierenden Ordnungshomomorphismen_ (r.OH)
(vgl.[1]) als die zulässige Klasse. Dies sind alle Abbildungen, die der folgenden Bedingung genügen:

$$\widehat{\forall_{x,y \in A}} \left[((x,y) \in O \wedge x\mu \neq y\mu) \iff (x\mu, y\mu) \in O' \backslash \vartheta \right]$$

Für die Begriffe: <u>autonome Subordnung</u>   (a.SO), das sind die Urbilder einelementiger Mengen unter r.OH, sowie <u>Kongruenzpartition</u> (KP), das sind die von r.OH über $\mu\mu^{-1}$ induzierten Partitionen in A , siehe [1].

<u>Definition 3:</u>

Seien A_c und $B_{c'}$ Flußnetzpläne. Sei B homomorphes Bild von A unter einem r.OH μ. Gilt zusätzlich:

$$\widehat{w' \in A'} \quad c'(w') = \delta\left[\mu^{-1}(w')\right]$$

dann heißt $B_{c'}$ netzplanhomomorphes Bild von A_c und μ ein <u>Netzplanhomomorphismus</u> (NPH).

Ein NPH besteht also aus einem Paar $\psi \neq (\mu,f)$, wobei μ ein r.OH ist und $f := (f_{w'})_{w' \in A'}$ jedem Bildelement als Kapazität den Maximalfluß seiner Urbildklasse bezgl. c zuordnet. Es handelt sich dabei um einen Spezialfall einer allgemeineren Begriffsbildung (vgl.[1];[4]). Offensichtlich erfüllt jeder NPH die Bedingungen 1.,2. . Es bleibt die Zielbedingung nachzuweisen.

<u>Definition 4:</u>

a)   autonomer Subnetzplan (a.SNP)
     Für eine graphentheoretische Charakterisierung siehe [3].

b)   Quotientenflußnetzplan von A_c nach einer KP G von A; $B_{c'} := A_c\!/_G$

Dies geschieht in naheliegender Weise in Anlehnung an [1].

<u>Definition 5:</u>

a)   Sei $A_c = (A,O,c)$ ein FNP. Eine Menge $R \subset A$ heißt echt trennende Menge von A,
     falls gilt: $W \in W(A) \implies W \cap R \neq \emptyset$, und jede <u>echte</u> Teilmenge von R hat
     diese Eigenschaft nicht. (Dabei ist W(A) die Menge aller Wege von minimalen
     zu maximalen Elementen in A (vgl.[4])').

b)   Ist U ein a.SNP, so bezeichnet R(U) die Menge aller echt trennenden Mengen
     in U.

<u>Beispiel 6:</u>

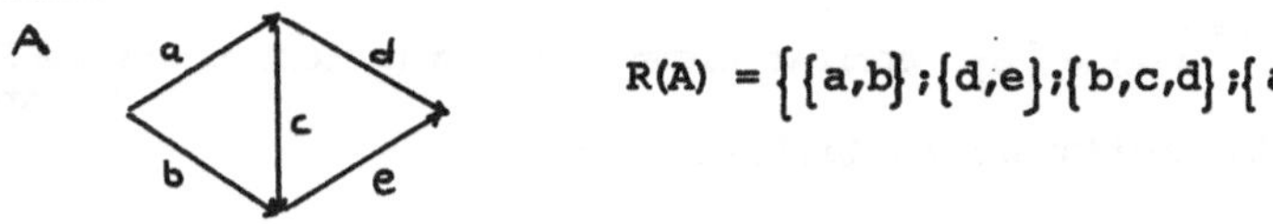

$$R(A) = \left\{\{a,b\};\{d,e\};\{b,c,d\};\{a,e\}\right\}$$

<u>Definition 7:</u>

Sei $R = \{x_0,\ldots,x_n\}$ eine echt trennende Menge

$$d(R) := \sum_{i=0}^{n} c(x_i) \text{ heißt Kapazität der echt trennenden Mengen R.}$$

$$\delta(M) := \min_{R \in M} d(R) \quad \text{heißt die Minimalkapazität der Menge M}$$
von echt trennenden Mengen.

$d(R) = \delta(M)$ dann heißt R minimale echt trennende Menge (Minimalschnitt) von M bzgl. c. Wegen card $A < \infty$ ist die Menge der Minimalschnitte nicht leer.

$\delta(U)$ ist die abgekürzte Schreibweise für $\delta[R(U)]$.

<u>Bemerkung 8:</u>

Sei $B_{c'}$ netzplanhomomorphes Bild von A_c unter μ . Sei $K_\mu := \{K_1,\ldots,K_n\}$ die von μ erzeugte KP in A und seien $[K_i]_c := (K_i, O|_{K_i}, S_i, T_i, c|_{K_i})$, $i=1,\ldots,n$, die zugehörigen a.SNP.

a) Sei $R \in R(A)$. Setze $R \cap K_\mu := \{\, R \cap K_i \mid i=1,\ldots,n;\ R \cap K_i \neq \emptyset \,\}$.

Dann ist $R \cap K_\mu = \{R_1,\ldots,R_r\}$ mit $R_j \in R([K_{ij}])$ $j=1,\ldots,r$, d.h. die echt trennende Menge zerfällt in solche in den von μ induzierten a.SNP, welche mit R einen nicht leeren Schnitt haben.

b) Sei $R = \{x_0,\ldots,x_\ell\}$. Setze $R\mu := \{x_0\mu,\ldots,x_\ell\mu\}$. Dies ist eine echt trennende Menge im Bildbereich!

c) Sei $R \in R(B_{c'})$. Die zugehörige Menge aller echt trennenden Mengen in A, die Urbild von R sind, erhält man, indem man beliebige echt trennende Mengen aus den Urbildklassen von R vereinigt!

$\lceil$ b,c sind spezielle Eigenschaften von r.OH. Weder die Klasse 1. noch die Klasse aller schwachen Homomorphismen haben allgemein diese Eigenschaft. Dabei heißt λ schwach homomorph, falls gilt :

$$\bigwedge_{x,y \in A} \big[(x,y) \in O \implies (x\lambda, y\lambda) \in O'\big] . \;\rfloor$$

<u>Beispiel 9:</u>

zu b)

$\{a,d\} \in R(A)$ aber $\{a,d\}\lambda = \{a,d\} \notin R(B)$

zu c)

$\{a\} \in R(B)$ aber $\lambda^{-1}(a) = \{a\}$ enthält nicht einmal eine echt trennende Menge von A.

Wir beweisen nun die Gültigkeit der Zielbedingung:

<u>Satz 10:</u>   ÜBERTRAGUNGSSATZ

Sei $B_{c'}$ netzplanhomomorphes Bild von A_c so gilt:

$$\delta(A_c) = \delta(B_{c'})$$

<u>Beweis:</u>

Sei μ der NPH; $K_\mu = \{K_1,\ldots,K_n\}$, o.B.d.A. $w \in K_j \implies w\mu = w_j'$.

a) Sei R_0 Minimalschnitt in A_c, $R_0 \cap K_\mu = \{R_1, \ldots, R_\nu\}$; $R_j \in R([K_{ij}])$. $\Longrightarrow$

$$\delta(A_c) = d(R_0) = \sum_{j=1}^{\nu} d(R_j) \geq \sum_{j=1}^{\nu} \delta([K_{ij}]_c) \overset{\text{Def.}}{=} \sum_{j=1}^{\nu} c'(w'_{ij}) = d(R_{0\mu}) \geq \delta(B_c)$$

b) Sei $R'_0 = \{w'_1, \ldots, w'_\nu\}$ Minimalschnitt in B_c. $\mu^{-1}(w'_j) = K_{ij}$. Sei R_j Minimalschnitt in $R([K_{ij}])$ und $R_0 = \bigcup_{j=1}^{\nu} R_j$, $R_0 \in R(A)$ wegen 6c. $\Longrightarrow$

$$\delta(B_c) = d(R'_0) = \sum_{j=1}^{\nu} c'(w'_j) \overset{\text{Def.}}{=} \sum_{j=1}^{\nu} \delta([K_{ij}]) = \sum_{j=1}^{\nu} d(R_j) = d(R_0) \geq \delta(A_c).$$

Damit ist eine Lösung des zu Anfang formulierten Problems gefunden. In geeigneten Fällen kann man damit die Maximalkapazität eines FNP bestimmen, indem man
dies in einem homomorphen Bild und in den dadurch induzierten a.SNP tut. Es ist
darüberhinaus noch eine Lokalitätsangabe möglich.

a) in reduzierter Weise läßt sich die Menge der echt trennenden Mengen mit Minimalkapazität (Minimalschnitte) gemäß 6c. finden, indem man für Minimalschnitte aus B_c beliebige Minimalschnitte der zugehörigen Urbildklassen
vereinigt.

b) Man erhält alle Maximalflüsse (elementweise), indem man für alle Maximalflüsse in B_c in den zugehörigen Urbildklassen einen Fluß in der Höhe des
tatsächlichen Flusses des Bildelementes elementweise realisiert.

Es stellt sich nun die Frage nach den durch NPH tatsächlich gegebenen Reduktionsmöglichkeiten eines FNP. Dies sind höchstens die der zugrundeliegenden
Ordnund durch r.OH. Daß sie tatsächlich gleich diesen sind und auch die Aussagen über Primketten (vgl. [1]) für Netzplanhomomorphismen zutreffen, zeigt
der folgende

<u>Satz 11</u>:   Satz über INDUZIERTE HOMOMORPHISMEN für NPH

Sei $A_c = (A,O,c)$ ein Flußnetzplan. Seien K,G mit K "feiner" G zwei KP von A.
Sei (vgl. Def. 4) $B_{c'} := A_c/K$ und $D_{c''} := A_c/G$. Dann gilt:

$$D_{c''} \text{ ist netzplanhomomorphes Bild von } B_{c'}.$$

<u>Beweis</u>:

Nach dem Satz über induzierte Homomorphismen für r.OH. existiert jedenfalls ein
reduzierender Ordnungshomomorphismus von B auf D. Es bleibt also nur zu zeigen,
daß die stufenweise Minimumbildung über autonome Subordnungen zum gleichen Ergebnis führt, wie die direkte. Dies ist aber nur die Anwendung des Übertragungs-
satzes für jedes Element der Ordnung D.

Eine wesentliche Folgerung dieses Resultates ist die Gültigkeit des <u>Ketten-
satzes</u> beim totalen Abbau eines Flußnetzplanes in elementaren Schritten
(vgl.[1]).

Aus [1] wissen wir, daß die Reduktionsmöglichkeiten einer Ordnung durch r.OH
beschränkt sind. Insbesondere bestehen in dem Fall, daß A eine Primordnung
(vgl.[1]) ist, nur die trivialen Reduktionsmöglichkeiten.

Es stellt sich daher unmittelbar die Frage, ob es unter 1.,2.,3. "bessere" Reduktionsmöglichkeiten gibt, bzw. die Frage nach der <u>Eindeutigkeit</u> des gefundenen NPH. Diese zeigt nun der folgende Satz:

<u>Satz 12:</u>   UMKEHRSATZ

$\psi = (\mu, f)$ erfüllt 1. 2. 3. $\Longrightarrow$ ψ ist Netzplanhomomorphismus

<u>Beweis:</u>

Sei $B_{c'} = (A', O', c')$ das Bild von $A_c = (A, O, c)$, für alle c. Sei $K_\mu = \{K_1, \ldots, K_n\}$, $[K_i]_c := (K_i, O_{|K_i}, S_i, T_i, c_{|K_i})$ seien die zugehörigen autonomen Subnetzpläne und es gelte ohne Beschränkung der Allgemeinheit $w \in K_i \Longrightarrow w\mu = w_i'$

Ia) zeige für beliebiges i : $c_{|\mu^{-1}(w_i')} \neq 0 \Longrightarrow c'(w_i') = 0$

Man überlegt sich zunächst (unter Ausnutzung des Satzes von Ford und Fulkerson für FNP) die Richtigkeit von:

es gibt ein $S \in R(A)$ mit $S \cap K_i \neq \emptyset$. Setze $\quad c(w) := \begin{cases} 0 & w \in S \cup K_i \\ 1 & \text{sonst} \end{cases}$

$\Longrightarrow \delta(A_c) = d(S) = 0 \overset{3.}{\Longrightarrow} \delta(B_{c'}) = 0$

$\Longrightarrow$ es gibt $S' \in R(B_c)$ mit $d_{c'}(S') = 0$

Annahme : $c'(w_i') > 0 \Longrightarrow w_i' \notin S'$. Setze dann

$$c_1(w) := \begin{cases} c(w) & w \notin K_i \\ 1 & w \in K_i \end{cases} \overset{2.}{\Longrightarrow} c_1'(w') = c'(w') \; , \; w' \neq w_i'$$

$\overset{\text{nach Konstruktion}}{\Longrightarrow} \delta(A_{c_1}) \geqq 1$ aber $0 \leqq \delta(B_{c_1'}) \leqq d_{c_1'}(S') = d_{c'}(S') = 0$ Wid. zu 3.

Ib) zeige für beliebiges i : $\delta([K_i]_c) = a \Longrightarrow c'(w_i') \leqq a$

Sei c beliebig mit $\delta([K_i]_c) = a$. Setze :

$$c_1(w) := \begin{cases} c(w) & w \in K_i \\ 2a & w \in [V(K_i) \cup N(K_i)] \setminus K_i \\ 0 & \text{sonst} \end{cases} \quad \begin{array}{l} \text{Vorgänger bzw. Nachfolger} \\ \text{der Klasse } K_i \end{array}$$

$\Longrightarrow \delta(A_{c_1}) = a \overset{3.}{=} \delta(B_{c_1'}) \Longrightarrow$ es gibt $S' \in R(B_{c_1'})$ mit $d_{c_1'}(S') = a$

Annahme: $w_i' \notin S'$. Setze dann:

$$c_2(w) := \begin{cases} c_1(w) & w \notin K_i \\ 2\,c_1(w) & w \in K_i \end{cases} \overset{2.}{\Longrightarrow} c_2'(w') = c_1'(w') \quad \text{für} \quad w' \neq w_i'$$

$\Longrightarrow \delta(A_{c_2}) = 2a$ aber $\delta(B_{c_2'}) \leqq d_{c_2'}(S') = d_{c_1'}(S') = a$ Widerspruch zu 3.

$\Longrightarrow w_i' \in S' \Longrightarrow c'(w_i') \leqq a$

Ic) zeige für beliebiges i: $\delta([K_i]_c) = a \Longrightarrow c'(w_i') = a$

Sei c auf K_i beliebig mit $\delta([K_i]_c) = a$. Setze:

$$c_1(w) := \begin{cases} c(w) & w \in K_i \\ a & w \in [V(K_i) \cup N(K_i)] \setminus K_i \\ 0 & \text{sonst} \end{cases} \Longrightarrow \delta(A_{c_1}) = a \overset{3.}{=} \delta(B_{c_1'})$$

$\Longrightarrow$ es gibt $S' \in R(B_{c_1'})$ mit $d_{c_1'}(S') = a$ und es folgt wie in b) $w_i' \in S'$.

Annahme : $c_1'(w_i') < a$

Man überlegt sich dann unter Ausnutzung von Ia), daß jedenfalls $c_1'(w_i') \neq 0$ gilt. $\Longrightarrow$ $c_1'(w_i') = b$ mit $0 < b < a$.

$\Longrightarrow$ Es gibt $w_{i_1} \in S'$ mit $c_1'(w_{i_1}) = p$ mit $0 < p \leq a-b$

Wegen Ia) ist dann jedenfalls $K_{i_1} \cap [V(K_i) \cup N(K_i)] \neq \emptyset$. Setze nun :

$$c_2(w) := \begin{cases} c(w) & w \notin K_{i_1} \\ 0 & w \in K_{i_1} \end{cases} \quad \overset{2.}{\Longrightarrow} \quad c_2'(w') = \begin{cases} c_1'(w') & w' \neq w_{i_1}' \\ 0 & w' = w_{i_1}' \end{cases}$$

$$\Longrightarrow \delta(A_{c_2}) = \begin{cases} 0 & \text{je nachdem, ob nach Nullsetzen der Elemente aus } K_{i_1} \text{, damit gewisser Elemente aus } V(K_i) \cup N(K_i) \text{, über-} \\ a & \text{haupt noch ein positiver Fluß in } A_{c_2} \text{ möglich ist.} \end{cases}$$

aber $\delta(B_{c_2'}) = a-p$ mit $0 < a - p < a$ Widerspruch zu 3.

Also ist (unabhängig von der Art der Ordnungsreduktion) die Bewertung des Bildes notwendig der Maximalfluß der zugehörigen Urbildklasse. (Dazu reicht also schon die <u>Lokalitätsforderung</u> 2. und die <u>Zielbedingung</u> 3.)

II Zeige: $\underset{x,y \in \Delta}{\overset{\frown}{\bigwedge}} \left\{ [(x,y) \in O \wedge x_\mu \neq y_\mu] \Longleftrightarrow (x_\mu, y_\mu) \in O' \setminus \vartheta \right\}$

IIa) Zeige: $W \in W(A) \Longrightarrow W_\mu \in W(B)$

(hierbei bezeichnet $W(A)$ die Menge aller Wege von minimalen Elementen in A zu maximalen Elementen; vgl. [4])

<u>Annahme</u>: $W_\mu \notin W(B)$

i. es gibt <u>kein</u> $W' \in W(B)$ mit $W' \underset{\neq}{\subseteq} W_\mu$. Setze:

$$c(w) := \begin{cases} 1 & w \in W \\ 0 & \text{sonst} \end{cases}$$

$\Longrightarrow \delta(A_c) = 1$ aber wegen I. gilt $\delta(B_{c'}) = 0$ Wid. zu 3.

ii. Sei $c(w)$ wie unter i.. Wegen 3. und $\delta(A_c) = 1$ muß es ein $W' \subset W_\mu$ geben mit $c'(w') > 0$ für $w' \in W'$. Annahme es gibt $w_i' \in W_\mu \setminus W'$ (also $W' \underset{\neq}{\subseteq} W_\mu$). Setze:

$$c_1(w) := \begin{cases} 1 & w \in W \setminus \mu^{-1}(w_i') \\ 0 & \text{sonst} \end{cases}$$

$\Longrightarrow \delta(A_{c_1}) = 0$ aber $\delta(B_{c_1'}) \geq d_{c_1'}(W') = d_{c'}(W') > 0$ Wid. zu 3.

IIb) Zeige: $[(x,y) \in O \wedge x_\mu \neq y_\mu] \Longrightarrow (x_\mu, y_\mu) \in O' \setminus \vartheta$

<u>Annahme</u>: $(x_\mu, y_\mu) \notin O' \setminus \vartheta \Longrightarrow x_\mu \parallel y_\mu$ wegen Bedingung 1.

Es existiert $W \in W(A)$ mit $\{x, y\} \subset W$, da $(x,y) \in O \setminus \vartheta$.

Wegen $\{x_\mu, y_\mu\} \subset W_\mu$ ist aber $W_\mu \notin W(B)$.

Widerspruch zu IIa)

IIc) zeige: Ist $W' \in W(B)$, $\mu^{-1}(W') = \overset{r}{\underset{j=1}{\cup}} K_{ij}$, $W_j \in W([K_{ij}])$, $W = \overset{\vee}{\underset{j\geq 1}{\cup}} W_j \implies W \in W(A)$

Annahme : $W \notin W(A)$

i. Es gibt kein $W' \in W(A)$ mit $W' \subsetneqq W$. Setze:

$$c(w) := \begin{cases} 1 & w \in W \\ 0 & \text{sonst} \end{cases} \implies \delta([K_{ij}]_c) = 1 \; ; \quad j = 1,\ldots,r$$

$$\implies \delta(A_c) = 0 \text{ aber wegen I. } \delta(B_c) = 1 \qquad \text{Wid. zu 3.}$$

ii. Es gibt ein $W' \in W(A)$ mit $W' \subsetneqq W \implies$ es gibt $w_{j_o} \in W\setminus W'$, $w_{j_o} \in K_{ij_o}$

$$\text{Setze:} \quad c(w) := \begin{cases} 1 & w \in W\setminus w_{j_o} \\ 0 & \text{sonst} \end{cases} \implies \delta([K_{ij_o}]_c) = 0$$

$$\implies \delta(A_c) = 1 \text{ aber wegen I. } \delta(B_c) = 0 \qquad \text{Wid. zu 3.}$$

IId) Zeige: $(x',y') \in O'\setminus\vartheta \implies [\overset{\frown}{\tilde{x} \in \mu^{-1}(x')} \; \overset{\frown}{\tilde{y} \in \mu^{-1}(y)} \; (\tilde{x},\tilde{y}) \in O$

Annahme: Für ein Paar (x,y) sei dies nicht erfüllt. Wegen 1. folgt $x \| y$.

Wähle $W' \in W(B)$ mit $\{x',y'\} \subset W'$ (existiert, da $(x',y') \in O'\setminus\vartheta$)

Wähle $W_1 \in \mu^{-1}(x')$ mit $x \in W_1$, $W_2 \in \mu^{-1}(y')$ mit $y \in W_2$.

Dann existiert kein Weg $W \in W(A)$ mit $W_1 \cup W_2 \subset W$, da $x \| y$.

Widerspruch zu IIc).

[Beweis: Radermacher, F.J.]

Satz 13:   REDUKTIONSSATZ

$\gamma = (\mu,f)$ erfüllt 1. 2. 3. $\Longleftrightarrow$ γ ist Netzplanhomomorphismus.

Dieser Satz ergibt sich direkt aus Satz 10 und Satz 12. Der von uns definierte NPH ist also die einzige Lösung des zu Anfang formulierten Problems.

Bemerkung 14:

a) Für anwendungsinteressierte Leser sei erwähnt, daß sich der Reduktionssatz auch für die Maximalkapazität echt trennender Mengen, damit nach [2] auch für den Minimalfluß halten läßt. So lassen sich dann im verallgemeinerten Fall $A_{c_1,c_2} := (A,O,c_1,c_2)$ mit $O \leq c_1(w) \leq fl(w) \leq c_2(w)$ Minimalfluß (Maximalkapazität bez. c_1) und Maximalfluß (Minimalkapazität bez. c_2) reduziert berechnen.

b) In verallgemeinerten Netzwerken ist die Existenz eines zulässigen Flusses oft schwer zu entscheiden. Dies ist in verallgemeinerten FNP wieder reduziert über homomorphes Bild und die induzierten a.SNP möglich.

<u>Bemerkung 15:</u>

Wie in [4] läßt sich auch im stochastischen Fall der Reduktionssatz für die Verteilung des Maximalflusses (bzw. Minimalflusses) halten. Die Voraussetzungen sind auch hier: Ist $A = (A,O)$, μ ein r.OH auf B; $K_\mu = \{K_1,\ldots, K_\nu\}$; $A = \{w_1,\ldots,w_n\}$. Sei P die gemeinsame Verteilung von $(c(w_1),\ldots,c(w_n))$; dann soll gelten:

$$P(R_+^n) = 1 \; ; \; P = \bigotimes_{i=1}^{\nu} P_i \; , \text{ wobei } P_i \text{ die Verteilung des Maximal-}$$
$$\text{(Minimal-)flusses in } [K_i] \text{ bez. } P_{|K_i} \text{ ist.}$$

Wir bringen zum Abschluß ein Beispiel:

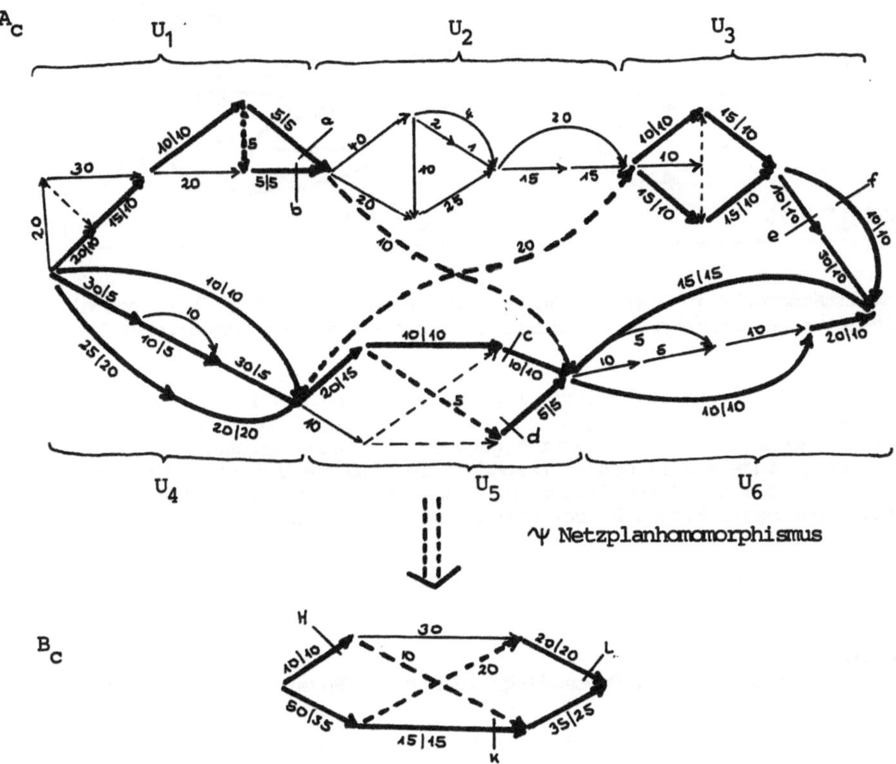

Die erste Zahl gibt jeweils die Kapazität des Elementes an. Ist eine zweite Zahl angegeben bzw. steht eine solche an einem Scheinvorgang, so stellt sie elementweise die Realisation eines Maximalflusses dar.

Es gilt $\delta(A_c) = 45 = \delta(B_{c'})$. Die Richtigkeit überprüft man an dem angegebenen Fluß und den folgenden Schnitten mit Kapazität 45, damit Minimalschnitten. In $R(A):\{a,b,c,d,e,f\}$ in $R(B):\{H,K,L\}$. Dabei sind die Kapazitäten im Bildbereich gerade die Maximalflüsse der jeweiligen Urbilder wie wir im weiteren zeigen.

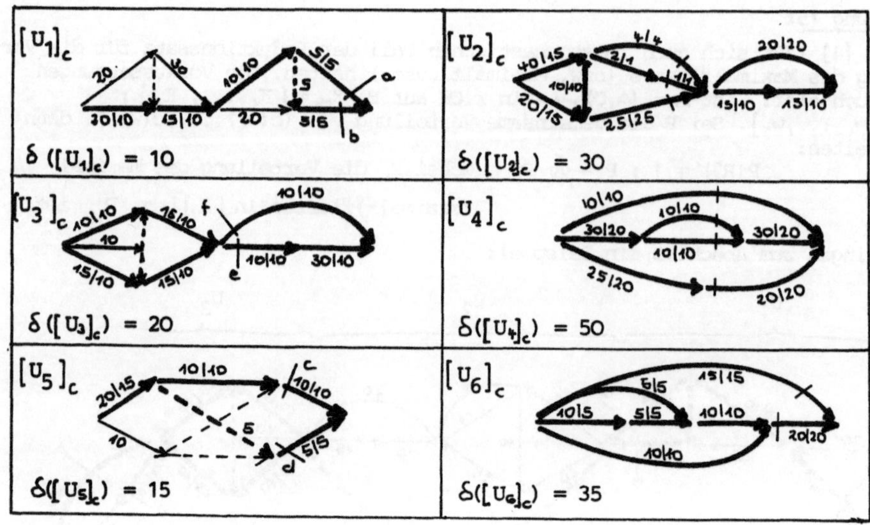

Die Lokalitätsangabe in Anschluß an Satz 10 ist direkt nachprüfbar, sowohl für den elementweise angegebenen Maximalfluß, als auch für den angegebenen Minimalschnitt.

Damit ist das zu Beginn formulierte Problem vollständig gelöst. Für praktische Anwendungen, insbesondere für das vorteilhafte Ausgehen vom homomorphen Bild siehe [4] , ebenfalls für die dadurch gegebene günstige Situation bei Bewertungsänderung einzelner Elemente. Besonders zu erwähnen ist noch die große Arbeitsersparnis bei der Formulierung und dem Aufbau eines Flußnetzplanes und die wesentlich geringere Kapazität der benötigten Datenverarbeitungsanlage.

LITERATUR :

[1] Kaerkes, R.
        Netzplantheorie, Proceedings in O.R. 3/Physica-Verlag (1973)

[2] Ford, L.R. - Fulkerson, D.R.
        Flows in Networks, Princeton University Press (1962)

[3] Möhring, R.
        Graphentheoretische Repräsentation von Ordnungen,
        Proceedings in O.R. 3/Physica-Verlag (1973)

[4] Radermacher, F.-J.
        Reduktion von Netzplänen, Proceedings in O.R. 3/Physica-Verlag
        (1973)

Zur Integration der netzplanabhängigen Kostenanalyse (PERT/COST) mit dem betrieblichen Rechnungswesen

M. Saynisch, München

Zusammenfassung

First the basic principles of network based project cost analysis will bei discussed. Its relevance to cost accounting will be shown and the interface areas defined. In particular the requirements made of the cost accounting system in the case of integration will be defined. Furthermore it will be explained that the network based cost analysis does not replace cost accounting but enhances it in certain areas. The situation is illustrated by a practical example.

1.) Einleitung

Der Umfang und die Komplexität heutiger Projekte erfordern die Integration der Zeit- und Kostenfaktoren. Die hierzu notwendige integrierte Zeit- und Kostenanalyse ist mit der Netzplantechnik (NPT) praktisch realisierbar geworden. Die Projektkostenanalyse ist im Konzept in den USA entwickelt worden und baut daher auf der dort üblichen Kostenrechnung auf. Daher kann das in den USA entwickelte Konzept der Projektkostenanalyse nicht ohne weiteres übernommen werden. Das Konzept ist so abzuwandeln bzw. zu ergänzen, daß es mit den hier angewandten Kostenrechnungssystemen verträglich ist. Die Projektkostenanalyse ersetzt nicht das betriebliche Rechnungswesen, sondern ergänzt es in bestimmten Bereichen. Die Projektkostenanalyse ist für Projekte konzipiert. Daher kann sie nicht bei dem Ablaufprozess einer Serien- oder Massenfertigung angewandt werden, sondern ist der langfristigen Einzelfertigung (z.B. F.u.E.) zuzuordnen.

2.) Die netzplanabhängige Projektkostenanalyse

Die Kostenberechnung gliedert sich in die Angabe der direkten Kosten in Form des Mengenansatzes bzw. Einstandspreises oder Verrechnungspreises und in der Bewertung mit den Kosten- bzw. Verrechnungssätzen des betrieblichen Rechnungswesens. Diese Faktoren (Kostensätze bzw. Zuschläge) ergeben sich aus dem Betriebsabrechnungsbogen (BAB). Der Mengenansatz wird aufgegliedert nach den Arbeitspaketen des Projekt-Struktur-Planes (PSP), - evtl. bis auf Vorgänge des Netzplanes - (Kostenträgerdetaillierung), auf Kostenarten der direkten Kosten sowie auf Zeiteinheiten (wenn keine Aufteilung auf Vorgänge im Netzplan). Die Faktoren dagegen sind meist nur auf Kostenarten aufgegliedert, evtl. auf Zeiteinheiten. Bei der Ermittlung der SOLL-Kosten ist es empfehlenswert, die direkten Kosten bis auf Vorgänge des Netzplanes aufzuschlüsseln, um Auswirkungen von Terminverschiebungen auf den Kostenverlauf analysieren zu können. Die IST-Kosten werden von der Betriebsabrechnung übernommen, wobei hier nur bis auf Arbeitspakete aufgeschlüsselt werden sollte. Die Projektkostenanalyse richtet sich schwerpunktmäßig auf die Zukunft aus (Prognose) - den Zeitraum, in dem noch Managemententscheidungen wirksam werden können - als daß sie detaillierte Vergangenheitsanalysen ermöglicht.

3.) Die Nahtstellen und Integration mit dem Rechnungswesen

In der Integrationsform der <u>Finanzbuchhaltung</u> mit der <u>Betriebsabrechnung</u> ist das <u>Zweikreissystem</u> zu empfehlen. Die <u>Betriebsabrechnung</u> (Kostenarten, -stellen, -träger) selbst ist in ihrer normalen Form beizubehalten. Nur bei der <u>Kostenträgerrechnung</u> ist auf Unterkostenträger (Arbeitspakete) aufzuschlüsseln. Bei Kalkulationsverfahren nach dem Zeitpunkt besitzt die <u>Zwischenkalkulation</u> besondere Relevanz. Die <u>Vorkalkulation</u> dient vornehmlich zur Ermittlung von Preisen für Angebote. Beim Kalkulationsverfahren nach der Rechentechnik kommt für die Projektkostenrechnung nur die <u>Zuschlagsrechnung</u> in Frage. Die Projektkostenanalyse stellt innerhalb der Kostenrechnungssysteme in ihrem SOLL- bzw. Plan-Bereich eine <u>Budgetkostenrechnung</u>, in ihrem IST-Bereich eine <u>Istkostenrechnung</u> dar. In der Regel ist sie eine <u>Vollkostenrechnung</u>, jedoch kann auch bei Fest- bzw. Marktpreisen für ein Projekt/Produkt eine Teilkostenrechnung angesetzt werden.

An die Betriebsabrechnung werden bei der Integration folgende Anforderungen gestellt:

- Aufschlüsselung der Einzelkosten (direkte Kosten) auf Unterkostenträger (Arbeitspakete) bei IST-Kosten,
- Durchführung einer Zwischenkalkulation bei den IST-Kostenrechnungen,
- Dispositiv festgelegte Planzuschlagssätze im SOLL-Bereich der Projektkostenanalyse (Vor- und Zwischenkalkulation),
- Ein Zweikreissystem bei der Integration der Finanzbuchhaltung mit der Betriebsabrechnung wird empfohlen,
- Bei Einzelkostenart "Personalkosten" Aufschlüsselung auf Kostenstellen zum Zwecke der Personalauslastungsanalyse,
- Vollkostenrechnung wird in der Regel empfohlen.

Die Analyse der Anforderungen ergibt, daß eine Integration der Betriebsabrechnung mit der Projektkostenanalyse mit vertretbarem Aufwand durchzuführen ist.

4.) Fallbeispiel: Integration der Betriebsabrechnung mit der Projektkostenanalyse bei M.A.N-Neue Technologie

Die EDV-unterstützte Projektkostenanalyse wird mit Hilfe des PMS-IV-Programms der IBM durchgeführt. Eine manuelle Analyse mit gröberer Detaillierung ist ebenfalls möglich. Das Rechnungswesen der M.A.N in seinem ursprünglichem Zustand konnte die Forderung der Projektkostenanalyse nicht erfüllen. Es wurde daher für die Kostenträgerrechnung ein neues Programmsystem (KVP) entwickelt, daß wiederum mit den bestehenden kaufmännischen Programmen gekoppelt ist. Für die Übernahme der IST-Kosten aus der Betriebsabrechnung für das PMS-IV-Programm wurde ein Übernahme-Programm (EPMS) entwickelt. Die IST-Kosten werden bis auf Arbeitspakete aufgegliedert, während die SOLL-Kosten bis auf Vorgänge im Netzplan aufgeschlüsselt werden können. Die Zeitplanung & Kontrolle, die SOLL-Projektkostenanalyse sowie die Konsequenzanalyse wird von der Projektplanung durchgeführt, die näher dem Projekt-Management zugeordnet ist. Diese Situation ermöglicht eine Zeit/Kosten/Technik integrierte Projektsteuerung. Die IST-Kosten (KVP-Programm) sowie Zuschlagssätze für SOLL-Kosten werden vor der Betriebsabrechnung ermittelt und an die Projektplanung gegeben.

Planung und Überwachung des Ablaufes für ein Pumpspeicherwerk

A. Schub, München

Zur Abdeckung elektrischer Spitzenenergie werden in Deutschland seit etwas mehr als einem Jahrzehnt in größerer Anzahl Pumpspeicherwerke errichtet. Derartige Anlagen bestehen allgemein aus Krafthaus, Oberbecken, Unterbecken, Druckstollen, Kontrollgang und Schaltanlage. Im speziellen Fall müssen außerdem Zusatzbauwerke für Wasserhaushalt, Verkehr und Erschließung des Gebietes mit erstellt werden. Dabei sind zur Planung, Bauvorbereitung und Bauausführung eine Vielzahl von Beteiligten heranzuziehen bzw. unter Vertrag zu nehmen.

Erfahrungen beim Bau dieser komplexen Anlagen lassen erkennen, daß neben der Netzplantechnik auch die bisher verwendeten Organisationsmethoden zur Planung und Überwachung in sinnvoller Kombination eingesetzt werden müssen. Ziel ist dabei die Lieferung von Informationen über Zeitbedarf, Einsatzmittel, Massen und Kosten um eine termingerechte Inbetriebnahme zu gewährleisten.

Es liegt auf der Hand, daß in den verschiedenen Phasen die ein solches Bauprojekt durchläuft, Informationen mit unterschiedlichem Gehalt benötigt werden. Zweckmäßigerweise ist die Informationsgewinnung in verschiedenen Ebenen zu betreiben. So muß beispielsweise die Ablaufplanung und Ablaufüberwachung in: Generalablauf, Planungsablauf, Grobablauf der Ausführung und Detailablauf der Ausführung gegliedert werden.

Der für das vorgestellte Beispiel erforderliche Informationsgehalt wurde durch folgendes Organisationsschema über Planungsumfang, Planungsinstrumente, Planungsaufgaben, Aktualisierungsergebnisse und Aktualisierungsabstände gewährleistet.

PROJEKT-PHASE	ABLAUF-PLANUNG	PLANUNGS-UMFANG	PLANUNGS-INSTRUMENTE	PLANUNGS-AUFGABEN	PLANUNGS-ERGEBNISSE	AUSGANGS-GRÖSSEN [2]	AKTUALISIE-RUNGS-AUFGABEN	AKTUALIESIE-RUNGS-ERGEBNISSE	ABSTÄNDE DER AKTU-ALISIERUNG
PROJEKT-DEFINITION	GENERAL-ABLAUF	VORUNTER-SUCHUNG BIS INBETRIEB-NAHME	BALKENPLAN UND NETZPLAN	WAHL DER TECHNISCHEN UND WIRT-SCHAFTLICHEN ABLAUF-KONZEPTION	RAHMEN-TERMINE UND FINANZIE-RUNGSPLAN	AUFWAND AUF DER HAUPTEBENE UND KOSTEN-RICHTWERTE	RÜCKKOPPE-LUNG MIT PLANUNGS-GROB- UND DETAIL-ABLAUF	TERMIN-ÜBERSICHT UND FINANZMITTEL-BEREITSTEL-LUNG	VIERTEL- BIS HALBJÄHRIG
PROJEKT-PLANUNG	PLANUNGS-ABLAUF	VORENTWURF BIS AUSFÜHRUNGS-PLÄNE	PLANUNGS-SCHEMA UND NETZPLAN	KOORDINA-TION DER PLANUNGS- UND GENEH-MIGUNGS-VORGÄNGE	EINZEL-TERMINE UND PLANUNGS-EINSATZ-MITTEL	PLANUNGS-AUFWAND	RÜCKKOPPE-LUNG MIT GROB- UND DETAIL-ABLAUF	ABSTIMMUNG DER PRÜFUNGS- UND PLAN-LIEFERUNGS-TERMINE	HALBMONAT-LICH BIS MONATLICH
AUSSCHREI-BUNG UND VERGABE	GROBABLAUF AUSFÜHRUNG	BAUVORBE-REITUNG BIS AUSFÜHRUNGS-PLANUNG	BALKENPLAN GESCHWINDIG-KEITSPLAN UND NETZPLAN	ENTWICKLUNG VON VERTRAGS-TERMINEN UND ANGABEN FÜR DIE AUS-SCHREIBUNG	BEURTEILUNG DER ABLAUF-VORSTEL-LUNGEN DER BIETER	MASSEN DER LEISTUNGS-VERZEICHNISSE, AUFWAND AUF DER GRUNDEBENE	---	---	WIRD NICHT AKTUALISIERT
PROJRKT-DURCH-FÜHRUNG	DETAILAB-LAUF AUSFÜHRUNG	BAUEIN-RICHTUNG UND BAU-AUSFÜHRUNG	BALKENPLAN GESCHWINDIG-KEITSPLAN UND NETZPLAN	DETAILKOOR-DINATION DER BAU-VORGÄNGE, WEITERE VER-FEINERUNG	EINZEL-TERMINE, MASSEN-, EIN-SATZMITTEL- UND KOSTEN-LINIEN	MASSEN, AUFWAND AUF DER PROZESSEBENE UND EIN-HEITSPREISE	SOLL- IST-VERGLEICH FÜR TERMINE, MASSEN, EIN-SATZMITTEL UND KOSTEN	ANPASSUNGS-MASSNAHMEN, MASSEN- UND KOSTENANA-LYSEN, VER-GÜTUNGS-ANSPRUCH	HALBMONAT-LICH BIS MONATLICH

1) DEFINITION DER EBENEN GEMÄSS : LEISTUNGSBILD "ABLAUFPLANUNG IM BAUWESEN" FASSUNG JANUAR 73 , NICHT VERÖFFENTLICHT

2) DEFINITION DES AUFWANDS NACH: HRUSCHKA "RICHTWERTE FÜR DIE BETRIEBSPLANUNG DER ROHBAUARBEITEN IM HOCHBAU"
DIE BAUWIRTSCHAFT 1969 HEFT 12/16/20

Praktische Mehrprojektplanung mit 80 Projekten

E. von Wasielewski, München

Agfa-Gevaert AG Munich are employing a fully computerised system of multiproject network scheduling and control in the development of new products. The network system is broken down by six organisational levels. A simple resource calculation is being applied at present. Networks are updated by the issue of monthly lists to be revised by user departments. Milestone reports are submitted to management. At the moment the system covers about 80 projects.

Von 1970 bis 1973 wurde im Ressort Phototechnik der Agfa-Gevaert AG ein System der netzplantechnischen Mehrprojektplanung entwickelt und eingeführt. Mit diesem Planungssystem werden die Entwicklung und Produktionsaufnahme der neuen Produkte des Ressorts terminlich geplant und überwacht.

Die Planung und Überwachung wird durchgeführt von einer Stabsstelle Terminplanung, die dem Direktionsbereich angehört, nicht aber dem Projektmanagement der einzelnen Produkte. Der Grund dafür ist, daß das Projektmanagement der einzelnen Projekte in seiner Terminplanung hier nicht frei ist. Jedes dieser Projekte - neuen Produkte - muß stark im Zusammenhang mit anderen Projekten - neuen Produkten - gesehen werden. Diese Stabsstelle lehnt sich deshalb mehr an den Begriff des in amerikanischen Unternehmen anzutreffenden Timing-Managers an als an den Begriff des Projektmanagements. Mit Anlauf der Produktion geht die Aufgabe der Zeitplanung und Überwachung von der Abt. Terminplanung oder "Timingstelle" an die Fertigungssteuerung über, das Timing erlischt.

Grundlage des Planungssystems sind 6 Planebenen, die für jede Planungsaufgabe ein passendes Arbeitsmittel liefern. Das System besteht im wesentlichen aus drei Komponenten:

> Detaillierten Netzplänen
> Kapazitätsplanung
> Termin-Informationssystem

Es gibt drei Kategorien von Projekten, auf die die drei Hauptkomponenten des Planungssystems in unterschiedlichem Umfang

angewendet werden. Alle Netzpläne sind Vorgangsknotennetze und
fast beliebig miteinander verknüpfbar. Die Kapazitätsplanung
wird jeweils für fünf große Projektabschnitte und etwa 30 Ab-
teilungen durchgeführt und ergibt die Gegenüberstellung von
Personalbestand und Personalbedarf, vorläufig ohne Unterscheidung von Personal-Qualifikationsstufen. Alle Projekte können
damit grob auf die vorhandene Personalkapazität abgestimmt werden.

Jeden Monat wird jede beteiligte Stelle durch eine eigene EDV-
Terminliste über ihre Solltermine der nächsten 6 Monate informiert. Eine Kopie der Liste wird mit etwaigen Terminberichti-
gungen an die Stabsstelle Terminplanung zurückgesandt und von
dieser ausgewertet. Damit ergibt sich ein regelmäßiger Informa-
tionskreislauf.

Zusätzlich werden die Termine wichtiger Schlüsselvorgänge mehreren größeren Empfängerkreisen mitgeteilt. Dafür wurde eine
Klassifizierung nach Sachgebieten, Bedeutung und Reichweite
der Termine vorgenommen. Anhand von Meilensteinen wird ein
standardisierter Soll-Ist-Vergleich durchgeführt.

Für den EDV-Betrieb des Systems werden SINETIK-Standardpro-
gramme der Firma Siemens verwendet. Die Speicherung der Daten
erfolgt auf Magnetbändern, von denen je 10 Stück eine sogenannte Projektbibliothek bilden, in der die Daten von bis zu 28
Projekten gespeichert sind. Dabei sind auch eine zukünftige
Kostenplanung und Kapazitätsoptimierung berücksichtigt. Das
Planungssystem erlaubt bis zu 10 Bibliotheken mit insgesamt
200 Projekten. Jede Projektbibliothek existiert zweimal: einmal zur Verwaltung und Wartung der verbindlichen Solltermine,
einmal zum Experimentieren mit unverbindlichen Terminannahmen
(Versuchsfeld der Terminplanung).

Der bisherige Entwicklungsaufwand des Systems liegt bei schät-
zungsweise 3 Mannjahren. Die Kosten der Mehrprojektplanung sind
derzeit etwa 0,7 % des Auftragswertes der Projekte für KN-Netz-
pläne, wesentlich weniger für die (grobe) Kapazitätsplanung und
die Terminübersichten. Etwa zwei Drittel sind Personal- und
Sachkosten, ein Drittel EDV-Kosten. EDV-Läufe finden etwa jeden zweiten Tag statt. Die Mehrprojektplanung wurde bei ständi-
ger, zunehmender Anwendung als "wachsendes System" entwickelt.

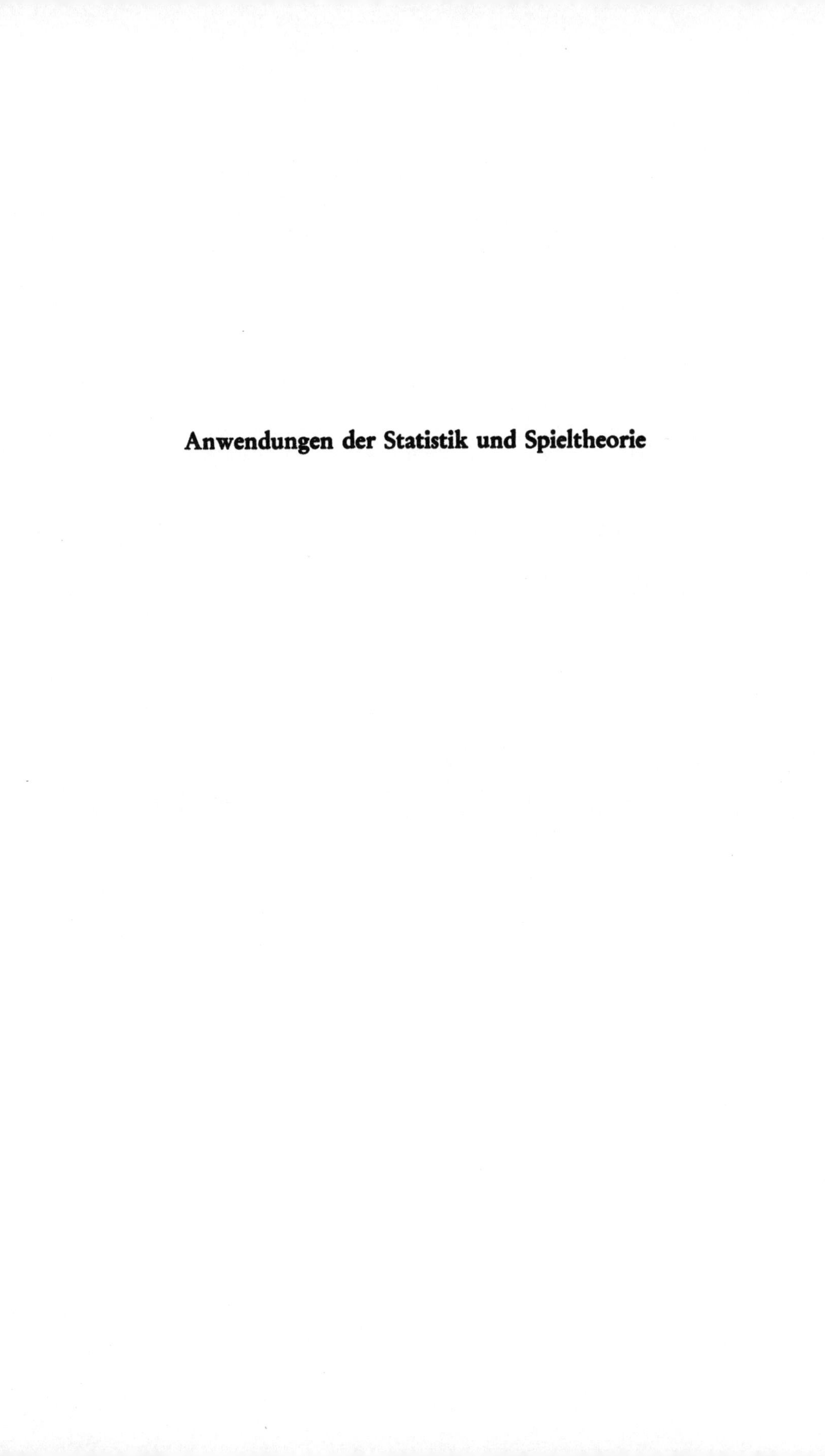

Anwendungen der Statistik und Spieltheorie

OR-Modelle sozio-demographischer Prozesse
(Übersichtsvortrag)
G. Feichtinger, Wien

Abstract: Population mathematics is concerned with formal demographic model building. Herein some optimization theory has been included recently. Some models in population dynamics provide an useful approach to manpower planning. The purpose of the following paper is to present flow models of hierarchical structures and to discuss ideas on demographic optimization, e.g. the sequential decision process of a couple living in sexual union and using contraception. A typical question of the first issue is the following: In what degree promotion within graded organisations depends on the growth of these organisations?

Die Bevölkerungsmathematik ist die Lehre vom formalen demographischen Modellbau und beschäftigt sich mit bevölkerungswissenschaftlichen Fragestellungen, welche mittels verbaler Analysen nur schwer oder sogar falsch beantwortet werden können. In den letzten Jahren hat man einerseits versucht, Optimierungsgesichtspunkte in demographische Modelle einzubeziehen; andererseits haben bevölkerungsmathematische Überlegungen Anwendungen und Verallgemeinerungen im manpower planning erfahren.

Die Aufgabe des Vortrages besteht in der Diskussion ausgewählter demographischer Optimierungsmodelle sowie in der exemplarischen Präsentation einiger Flußmodelle für hierarchische Strukturen. Als Beispiel für den zuerst genannten Problemkreis seien optimale Familienplanungsentscheide eines Paares genannt, Kontrazeptiva zu benützen. Eine andere typische Fragestellung ist jene nach der Abhängigkeit der Aufstiegschancen in einer hierarchisch gegliederten Organisation vom Wachstum bzw. der Schrumpfung derselben. Verändertes Wachstum von Organisationen (z.B. Schulsystemen, Armeen, Unternehmungen) verlangt eine Abänderung von Rekrutierungs- und Beförderungspolitiken, wenn es nicht zu strukturellen Verzerrungen

kommen soll (z.B. Kopflastigkeit von Organisationen). Es zeigt
sich, daß beim Übergang von der Expansion zur Stationarität die
Aussichten des Individums auf Beförderung geringer werden.

1. Hierarchische Organisationen

Unter einer Organisation wollen wir eine Gruppe von Personen
verstehen, welche unter gemeinsamen Gesichtspunkten zusammengefaßt an der Erreichung einheitlicher Zielsetzungen arbeiten. Für
viele Zwecke genügt es nicht, eine Organisation als homogene Einheit zu behandeln. Vielmehr wird es notwendig sein, die Organisation in Klassen zu unterteilen und zwar aufgrund eines oder mehrerer relevanter Merkmale der Organisationsmitglieder, wie Lebens-
alter, Dienstalter, Gehalt, Standort u. dgl.[1]. Innerhalb dieser
Klassen kann nun eine natürliche Ordnung bestehen, gemäß welcher
Personen das System normalerweise durchfließen; etwa bei Dienst-
altersklassen. Derartig angeordnete Klassen nennen wir Grade oder
Ränge, während die Organisation hierarchisch heißen soll. Der Zustand der Organisation kann festgelegt werden durch die Bestands-
zahlen in den verschiedenen Graden. Da man sich meist für die zeitliche Entwicklung einer Organisation interessiert, hat man den
Fluß von Personen durch die Klassen der hierarchischen Struktur zu
untersuchen. Man betrachtet also nicht nur den Fluß zwischen Umwelt und Organisation (Rekrutierung bzw. Input sowie Ausstoß bzw.
Output), sondern auch die aufgrund der Struktur möglichen Über-
gänge zwischen den Schichten des Systems (Promotionen, Demotionen,
allgem.: Transitionen).

Beispiele für hierarchische Organisationen sind Erziehungssyste-
me, militärische Systeme und Firmen. Aufgabe des Manpower Planning
ist die Vorausschätzung von zukünftiger Nachfrage und Angebot an
für bestimmte Aufgaben qualifizierte Personen mit dem Ziel ein
Gleichgewicht herzustellen und damit zum bestmöglichen Einsatz
menschlicher Ressourcen zu führen. Für Firmen oder Schulsysteme
sind Probleme der Rekrutierung, des Ausscheidens und des Aufstiegs
innerhalb der Organisation und der Beziehungen zur Systemumgebung
von Relevanz. Zur Vorhersage der Auswirkungen von Rekrutierungs-

---

1) Die Klassen entsprechen dann den Merkmalsausprägungen

und Promotionspolitiken ist die Konstruktion mathematischer Modelle
unerläßlich. Ihre Aufgabe besteht im Studium des Geflechts <u>Rekru-
tierung</u>- <u>Promotion</u> und <u>Ausscheiden</u> (Transition)- <u>Struktur</u> (Systemzustand)- <u>Wachstum</u> der Organisation. Neben der erwähnten <u>Deskrip-
tions</u>- und <u>Vorhersage</u>- Funktion, welche die Folgen einer gegebenen
Rekrutierungs- und Beförderungspolitik abschätzt, ist die Entschei-
dungs- oder Kontrollfunktion formaler Manpower- Modelle von Relevanz (Welche Politik soll eine Organisation wählen, um ein vorge-
gebenes Ziel zu erreichen?)

Der Grund, warum wir hierarchische Organisationen in diesem Zusammenhang behandeln, ist ein enger <u>formaler Konnex zwischen Man-
power- Systemen und bevölkerungsmathematischen Modellen</u>. Läßt man
die Rekrutierungen den Geburten und das Ausscheiden dem Todesrisi-
ko entsprechen, dann kann der Aufstieg in einer Firma in Verwandt-
schaft etwa mit dem Fluß von Personen durch die Familienstandsglie-
derung bzw. durch die Ausprägungen der Erwerbstätigkeit beschrieben
werden. Auf diese Analogie wurde zwar gegegentlich hingewiesen -
so bei BARTHOLOMEW (1971) und jüngst auch bei POLLARD (1973) - sie
ist m. E. jedoch noch längst nicht hinreichend ausgenützt worden.
Da die Bevölkerungsmathematik über eine Reihe etablierter und
fruchtbarer Modelle verfügt, so scheinen Anwendungsmöglichkeiten
im Manpower Planning nützlich und aussichtsreich zu sein. So verfügt die <u>Populationsdynamik</u> in der Theorie stabiler Bevölkerungen
(in der kontinuierlichen Integralgleichungsversion und in der diskreten Form eines hierarchischen Modells) über wirkungsvolle demographische Werkzeuge[1]. In der Folge soll über einige populations-
dynamische Anwendungsmöglichkeiten auf hierarchische Organisationen berichtet werden.

1.1. Über die Abhängigkeit der Aufstiegschancen in Organisationen von deren Wachstum

1.1.1. Promotionsalter und Zuwachsrate in stabil wachsenden Organisationen

Wir legen eine kontinuierliche Zeitskala t und eine ebensolche
Altersvariable $0 \leq x \leq \omega$ zugrunde. Es sei $c(x,t)$ die Dichte der Al-

---

1) Vgl. dazu etwa KEYFITZ (1968), FEICHTINGER (1971) und POLLARD

tersgliederung einer Bevölkerung, d.h. $c(x,t)\Delta x + o(\Delta x)$ ist der Anteil jener Personen an der Gesamtbevölkerung im Zeitpunkt t, welche sich an diesem Stichtag in der Altersklasse $(x,x+\Delta x)$ befinden.
Es gilt

$$\int_0^\omega c(x,t)\,dx = 1 \tag{1}$$

Voraussetzung 1: Die (altersspezifischen) Moratlitätsverhältnisse seien von der Zeit t unabhängig.

Setzt man $l(o)=1$, so schätzt die Sterbetafel- Funktion $l(x)$ bekanntlich[1] die Wahrscheinlichkeit eines Neugeborenen, mindestens bis zum Alter x zu überleben.

Voraussetzung 2: Die Geburten sollen mit einer konstanten Rate r wachsen, d.h. das Verhältnis der Geburten bezüglich einer Einjahres- Differenz beträgt e^r.

Wir bezeichnen nun mit $b(t)$ das Verhältnis der Geburten[2] zum Bevölkerungsbestand im Zeitpunkt t (rohe Geburtenrate). Infolge von Voraussetzung 2 beträgt das Verhältnis der Geburten im Zeitpunkt t-x zum Bestand in t $b(t)e^{-rx}$. Aufgrund der Tatsache, daß eine zur Zeit t x- jährige Person im Zeitpunkt t-x geboren sein muß, überlebt von diesen nur der Anteil $l(x)$, und es gilt

$$c(x,t) = b(t)e^{-rx}\,l(x) \tag{2}$$

Aus (1) und (2) folgt

$$b(t) = \left[\int_0^\omega e^{-rx}\,l(x)\,dx\right]^{-1} \tag{3}$$

Die Voraussetzungen 1 und 2 implizieren also eine zeitunabhängige Altersgliederung der Form

$$c(x,t) = c(x) = \frac{e^{-rx}\,l(x)}{\int_0^\omega e^{-rx}\,l(x)\,dx} \tag{4}$$

(4) heißt <u>stabiler Altersaufbau</u>, die dazugehörige Population <u>stabile Bevölkerung</u>.

---

1) Vgl. dazu etwa FEICHTINGER, 1973
2) Genaugenommen handelt es sich dabei um eine Geburtendichte

Wir nehmen nun eine stabil wachsende Organisation mit den altersabhängigen Verbleibswahrscheinlichkeiten $l(x)$ und der Zuwachsrate r an. Anstelle von Geburten betrachten wir nun Eintritte in die Organisation; die Rolle des Lebensalters wird vom Dienstalter übernommen. Die Organisation sei hierarchisch mit nur <u>zwei Rängen:</u> Den Organisationsmitgliedern steht nach ihrem Eintritt in die Stufe 1 und nach Erreichen eines Grenzalters die Möglichkeit des Aufrückens in die zweite Stufe offen[1]. Beispielsweise kann es sich dabei um die Habilitierten im wissenschaftlichen Personal einer Hochschule oder um alle Offiziersgrade ab dem Major im militärischen Bereich handeln.

Da stabile Bevölkerungen konstante <u>Altersproportionen</u> aufweisen, so ist das Verhältnis k der Bestände beider Ränge

$$k = \frac{\int_x^{\beta} e^{-ra}\, l(a)\, da}{\int_\alpha^x e^{-ra}\, l(a)\, da} \tag{5}$$

zeitlich konstant[2]. In (5) bedeutet α das Rekrutierungsalter und β das Alter der zwangsweisen Pensionierung; x ist das Alter in welchem eine Person erwartungsgemäß vom unteren in den höheren Rang aufrückt. (5) liefert das <u>Promotionsalter</u> x implizite als Funktion $x(r)$ von der Zuwachsrate r, wobei k, α, β und $l(a)$ als bekannt angenommen werden.

Wir interessieren uns für die Ableitung $\frac{dx}{dr}$ der implizite durch (5) vermittelten Funktion $x=x(r)$. Setzt man den Quotienten der Intergrale in (5) gleich u/v, so ist (5) gleichbedeutend mit der impliziten Funktion

$$\phi = \phi(x,r) = u-kv = 0 \tag{6}$$

Nun gilt

$$\frac{\partial \phi}{\partial r} = -\int_x^{\beta} a e^{-ra} l(a)\, da + k\int_\alpha^x a e^{-ra} l(a)\, da \,, \quad \frac{\partial \phi}{\partial x} = -e^{-rx} l(x) - k e^{-rx} l(x) \tag{7}$$

---

1) Das Modell stammt von KEYFITZ (1972 a)

2) In den meisten Organisationen ist das Vorliegen einer zeitlich konstanten Struktur, d.h. konstanter relativer Besetzungszahlen der Ränge, für ihre Funktionsfähigkeit zumindest approximativ

und gemäß der Theorie impliziter Funktionen

$$\frac{dx}{dr} = -\frac{\partial\Phi/\partial r}{\partial\Phi/\partial x} = -\frac{1}{(1+k)}\frac{u}{e^{-rx}l(x)}(m_2 - m_1) \qquad (8)$$

Hierin bedeutet $m_2 = \dfrac{\int_x^\beta ae^{-ra}l(a)da}{\int_x^\beta e^{-ra}l(a)da}$ das Durchschnittsdienstalter

des höheren Grades und $m_1 = \dfrac{\int_\alpha^x ae^{-ra}l(a)da}{\int_\alpha^x e^{-ra}l(a)da}$ das mittlere

Alter der ersten Stufe. Daraus folgt für die Ableitung

$$dx/dr < 0, \qquad (9)$$

d.h. wenn die Zuwachsrate r zunimmt, so sinkt das Promotionsalter x. In einer stationären Organisation (r=o) geschieht somit der Aufstieg eines Individuums in Durchschnitt langsamer als in einer wachsenden (r>o). Diese anschaulich plausible Tatsache gilt allgemein für hierarchische Strukturen (also z.B. für die soziale Mobilität einer Population). KEYFITZ hat den genannten Effekt für zwei Stufen und unter Außerachtslassen der Heterogenität der Karrieren der Organisationsmitglieder gezeigt.

Tabelle 1: Promotionsalter x beim Schichtenverhältnis k=1 bis 0,2 in Abhängigkeit von der Zuwachsrate r=0,00 bis 0,04 (Sterbetafel für Männer, USA, 1968).[1][2]

---

1) Der Verwendung einer Sterbetafel zur Bestimmung der Verbleibswahrscheinlichkeiten l(x) entspricht die Voraussetzung, daß Personen nach ihrem Eintritt erst im Alter ß aus der Organisation ausscheiden; frühzeitiger Abgang soll nur durch den Tod möglich sein.

2) Quelle: KEYFITZ (1972 a, S. 31)

r = 0.00	r = 0.01	r = 0.02	r = 0.03	r = 0.04
k = 1				
40.86	38.55	36.39	34.43	32.71
k = .8				
43.26	40.91	38.64	36.54	34.66
k = .6				
46.31	43.97	41.64	39.41	37.35
k = .4				
50.32	48.14	45.86	43.56	41.33
k = .2				
55.93	54.27	52.36	50.27	48.08

1.1.2. Karriereaussichten in einem Markoffmodell für hierarchische Organisationen

Mitglieder hierarchischer Organisationen interessieren sich naturgemäß für die Aussichten bezüglich ihrer weiteren Karriere. Aufstiegschancen und Abstiegsrisiken eines Individuums hängen von der
Promotions- und Rekrutierungspolitik eines derartigen sozialen Systems ab. Um die Auswirkungen organisatorischer Maßnahmen quantitativ abschätzen zu könenn, benötigt man ein mathematisches Modell.
Aufgrund der individuellen Verschiedenheiten (verschiedene Personen schlagen in einem System verschiedene Laufbahnen ein) sowie
der deterministischen Unvorhersagbarkeit zukünftiger Umweltentwick-
lungen wird es sich dabei um stochastische Modelle handeln. Eine
Bestandsaufnahme von Modellen über die Analyse des "Flusses" in ab-
gestuften sozialen Systemen hat BARTHOLOMEW (1970) gegeben.
Wir skizzieren im folgenden ein einfaches, auf BARTHOLOMEW (1970)
zurückgehendes und von WAUGH (1971) weiterentwickeltes abgestuftes,
expandierendes, stochastisches System von vorgegebenem Umfang. Das
Wachstum von Organisationen wird eine Abänderung von Beförderungs-
und Rekrutierungspolitiken nach sich ziehen müssen, falls es nicht
zu stärkeren strukturellen Verzerrungen kommen soll (z.B. Kopflastigkeit gewisser Organisationen). Es zeigt sich wieder, daß beim
Übergang von der Expansion zur Stationarität die Aussichten des
Individuums auf Karriere geringer werden. Für viele hierarchische
Strukturen stellt sich hierbei die Frage, wie dann die Promotionspolitiken abzuändern wären, um einer übermäßigen Frustrierung des

Personals vorzubeugen (auf die hochschulpolitische Relevanz derartiger Probleme sei hingewiesen).

Im Anschluß an BARTHOLOMEW (1970) betrachten wir ein abgestuftes System mit k Graden (Stufen), etwa den Dienstgraden. Es seien t= 0,1,2,... die diskreten Zeitpunkte, in denen Systemänderungen möglich sind, und $n_j(t)$ die Anzahl der Personen, welche sich im Zeitraum (t,t+1) im Grad j befinden. Die ursprünglichen stufenspezifischen Besetzungezahlen $n_j(0)$ seien vorgegeben. Wir definieren

$$N(t) = \sum_{j=1}^{k} n_j(t) \tag{11}$$

als Totalbestand des Systems und $\bar{n}_j(t)$ als Erwartungswert der als Zufallsgröße vorausgesetzten $n_j(t)$ ($t \geq 1$). Ferner sei R(t) die Anzahl der zur Zeit t neu eintretenden Personen (Rekruten). Falls der Zugangsprozeß stochastisch ist, fassen wir R(t) als Erwartungswert auf.

Der Übergangsmechanismus innerhalb des sozialen Systems wird beschrieben durch die bedingten Wahrscheinlichkeiten p_{ij}, innerhalb der Zeiteinheit vom Grad i zur Stufe j zu gelangen[1]. Definiert man den Grad k+1 als Umwelt und $p_{i,k+1}$ als Verlustwahrscheinlichkeit der Rangstufe i, so gilt

$$\sum_{i=1}^{k+1} p_{ij} = 1 \tag{12}$$

Für eine vollständige Spezifizierung des Modells ist die Kenntnis erforderlich, auf welche Weise die Neuzugänge R(t) in die verschiedenen Rangstufen eingeordnet werden. Dies geschieht aufgrund der Rekrutierungsverteilung

$$\left\{ p_{oj}, \; j = 1,2,\ldots,k \right\} \quad \text{mit} \quad \sum_{j=1}^{k} p_{oj} = 1 \; .$$

Daraus erhält man mittels einer offenkundigen Überlegung über bedingte Erwartungswerte folgende Gleichungen, welche die Bestände

---

1) Die Mitglieder jeder Stufe seien homogen in dem Sinn, daß jedes Klassenmitglied dieselbe Übergangswahrscheinlichkeit für eine bestimmte Transition besitzt.

aufgrund der Zugänge fortschreiben:

$$\bar{n}_j(t) = \sum_{i=1}^{k} p_{ij}\bar{n}_i(t-1) + R(t)p_{oj}$$

$$\text{für } t = 1,2,\ldots \text{ und } j = 1,2,\ldots,k. \tag{13}$$

Dieses Modell beschreibt die erwartete Entwicklung der Bestände der
einzelnen Stufen bei gegebenem Input. GANI (1963) hat es zur Vorausschätzung der Studentenzahlen und der Graduierungen an australi-
schen Universitäten verwendet. Wir wollen hier jedoch annehmen, daß
nicht die Zugänge {R(t) gegeben, sondern die Totalgrößen {N(t)}
vorgeschreiben sein sollen (vgl. auch BARTHOLOMEW, 1970, p. 57 ff).
Die N(t) können wieder als Erwartungswerte interpretiert werden. Man
stellt also an die Folge {N(t)} gewisse Forderungen (geplante Expansion oder Kontraktion) und hat die Zugänge {R(t)} so zu bestimmen, daß bei gegebenen Verlust- und Transitionsmechanismus gewisse
Forderungen an die Umfänge der einzelnen Stufen erfüllt werden.
Es sei M(t) der (gewünschte) Zuwachs der Gesamtgröße, der im Zeitintervall (t-1,t) stattfindet, also

$$M(t) = N(t) - N(t-1), \quad t = 1,2,\ldots \tag{14}$$

Für jedes t muß die Anzahl R(t) der Neuzugänge ausreichend für ein
vorgeschriebenes Wachstum und eine Ersetzung der Verluste des Systems sein:

$$R(t) = M(t) + \sum_{i=1}^{k} p_{i,k+1}\bar{n}_i(t-1), \quad t = 1,2 \tag{15}$$

Für die durchschnittlichen Umfänge der Rangstufen ergibt sich folgende Differenzengleichung

$$\bar{n}_j(t) = \sum_{i=1}^{k} (p_{ij}+p_{i,k+1}p_{oj})\,\bar{n}_i(t-1)+ M(t)p_{oj}, \tag{16}$$

$$j = 1,2,\ldots,k$$

Setzt man

$$q_{ij} = p_{ij} + p_{i,k+1}p_{oj} \tag{17}$$

und bezeichnet man mit Q die transponierte Matrix der Matrix
$[q_{ij}]$, so läßt sich (16) folgenderweise in Matrizenform schreiben

$$\underline{n}(t) = Q\underline{\bar{n}}(t-1) + M(t)\underline{p}_o \tag{18}$$

Die in (18) vorkommenden Vektoren sind als Spaltenvektoren zu lesen, insbesondere ist $\underset{\sim}{p}_o$ der transponierte Vektor von $[p_{o1}, \ldots, p_{oj}, \ldots]$.

Aus (18) folgt übrigens

$$\bar{\underset{\sim}{n}}(t) = \underset{\sim}{Q}^t \underset{\sim}{n}(o) + \left[\sum_{j=o}^{t-1} M(t-j) \underset{\sim}{Q}^j \right] \underset{\sim}{p}_o \tag{19}$$

(19) beschreibt die Entwicklung der erwarteten Struktur des Systems — in Abhängigkeit von den Modellparametern. Resultate, insbesondere über das Grenzverhalten, können erzielt werden unter Verwendung der Spektraldarstellung der Potenzen $\underset{\sim}{Q}^j$ bzw. unter Benutzung der Tatsache daß $\underset{\sim}{Q}$ eine stochastische Matrix ist.

Für das folgende[1] setzen wir voraus, daß es sich um ein System mit k=2 Graden handle. $\underset{\sim}{Q}$ läßt sich dann schreiben als

$$\underset{\sim}{Q} = \begin{pmatrix} 1-\alpha & \beta \\ \alpha & 1-\beta \end{pmatrix} = \begin{pmatrix} p_{11}+p_{13}p_{o1} & p_{21}+p_{23}p_{o1} \\ p_{12}+p_{13}p_{o2} & p_{22}+p_{23}p_{o2} \end{pmatrix} \tag{20}$$

In (20) bedeutet $\alpha = p_{12}+p_{13}p_{o2}$ den Anteil der Gesamtbevölkerung, aus dem Grad 1 in den Grad 2 im Laufe einer Zeiteinheit einzutreten und zwar

- durch Promotionen von der Stufe 1 nach 2 direkt,
- sowie durch Abgänge vom Grad 1, welche durch Neuzugänge in die Stufe 2 aufgewogen werden.

β besitzt eine ähnliche "Fluß"- Interpretation. Die spektrale Darstellung lautet (vgl. z.B. FERSCHL, 1970, p. 148)

$$\underset{\sim}{Q}^j = \frac{1}{\alpha+\beta} \left\{ \begin{pmatrix} \beta & \beta \\ \alpha & \alpha \end{pmatrix} + (1-\alpha-\beta)^j \begin{pmatrix} \alpha & -\beta \\ -\alpha & \beta \end{pmatrix} \right\} \tag{21}$$

Wir nehmen nun an, daß die Differenzen der Totalbestände geometrisches Wachstum aufweisen:

$$M(t) = Mx^t, \quad t = 1,2,\ldots \tag{22}$$

---

1) Die Analyse wurde WAUGH (1971) vorgenommen

wobei M und x positive Konstanten sind. Aus (14) folgt

$$N(t) = N(o) + Mx\,\frac{x^{t-1}}{x-1} \tag{23}$$

Setzt man (21) in (19) ein und beachtet(23), so ergibt sich durch Summation der geometrischen Reihe

$$\bar{n}(t) = \frac{1}{\alpha+\beta}\left[N(t)\begin{pmatrix}\beta\\\alpha\end{pmatrix} + (1-\alpha-\beta)^t\begin{pmatrix}\alpha n_1(o) - \beta n_2(o)\\ -\alpha n_1(o) + \beta n_2(o)\end{pmatrix} + \right.$$
$$\left. + M\left\{\frac{x^{t-}(1-\alpha-\beta)^t}{1-(1-\alpha-\beta)x^{-1}}\right\}\begin{pmatrix}\alpha p_{o1} - \beta p_{o2}\\ -\alpha p_{o1} + \beta p_{o2}\end{pmatrix}\right] \tag{24}$$

Für x<1 strebt N(t) gegen einen endlichen Grenzwert, während für x=1 die Umfänge der einzelnen Stufen ohne Beschränkung wachsen. In beiden Fällen nähern sich die relativen Besetzungszahlen einem Grenzwert:

$$\frac{\bar{n}(t)}{N(t)} \to \frac{1}{\alpha+\beta}\begin{pmatrix}\beta\\\alpha\end{pmatrix} \quad \text{für } t\to\infty \,,\ \text{für } x\le 1 \tag{25}$$

Für x>1 gilt $M(t) = Mx^t \sim x^{-1}(x-1)N(t)$ und es ergibt sich

$$\frac{\bar{n}(t)}{N(t)} \to \frac{1}{\alpha+\beta}\left[\begin{pmatrix}\beta\\\sigma\end{pmatrix} + \frac{x-1}{x-1+\alpha+\beta}\begin{pmatrix}\alpha p_{o1} - \beta p_{o2}\\ -\alpha p_{o1} + \beta p_{o2}\end{pmatrix}\right] \quad \text{für } t\to\infty \text{ und } x>1 \tag{26}$$

Die Organisation wird aus Effizienzgründen am Vorherrschen einer bestimmten Struktur ihrer Hierarchie interessiert sein. Unter Struktur ist dabei der Vektor der relativen Bestände gemeint. Wir fordern, daß $\frac{n_1(t)}{N(t)} = c$ für $t\to\infty$ (praktisch hinreichend große t) gelten soll. Aus (25) folgt dann

$$\lim_{t\to\infty} \frac{n_1(t)}{N(t)} = \frac{\beta}{\alpha+\beta} = c \tag{27}$$

Für x>1 folgt aus (26) und der Forderung konstanter Organisationsstruktur

$$\frac{1}{\alpha+\beta}\left[\beta + \frac{(x-1)\,(\alpha p_{o1} - \beta p_{o2})}{x-1+\alpha+\beta}\right] = c \tag{28}$$

206

Aus (19) bzw. (20) sowie (10) erhält man Beziehungen, welche die
Promotionsstruktur p_{ij}, die Organisationsgliederung c und die Zuwachsrate x untereinander verknüpfen, nämlich

$$cp_{12}-(1-c)p_{21} = (1-c)p_{23}p_{01}- cp_{13}p_{02} \quad \text{für } x \le 1 \tag{29}$$

sowie

$$cp_{12}-(1-c)p_{21}= (1-c)p_{23}p_{01}-cp_{13}p_{02}+ (1-c)(x-1) \quad \text{für } x>1 \tag{30}$$

α und β sind bekannte Funktionen in den Transitionswahrscheinlich-
keiten p_{ij} [vgl. (20)].
Wir unterdrücken nun Abstiegsmöglichkeiten ($p_{21}=0$) und verlangen,
daß alle Rekruten in die niedrigste Stufe eintreten ($p_{01}=1,p_{02}=0$).
Ferner sei $p_{13}=0$ gewählt. Diese Annahmen liefern für Q [vgl. (20)]

$$Q = \begin{bmatrix} p_{11} & p_{23} \\ p_{12} & p_{22} \end{bmatrix}$$

Aus (29) bzw. (30) folgt eine Relation, welche die <u>Promotionswahr-
scheinlichkeit in Abhängigkeit von der Wachstumsrate x</u> und <u>von der
Proportion c</u> ausdrückt:

$$p_{12} = \frac{1-c}{c} p_{23} \quad \text{für } x \le 1 \tag{31}$$

$$p_{12} = \frac{1-c}{c} (p_{23}+ x-1) \quad \text{für } x>1 \tag{32}$$

WAUGH (1971) betrachtet das britische Universitätssystem, wo die
Dozenten folgenderweise unterteilt werden

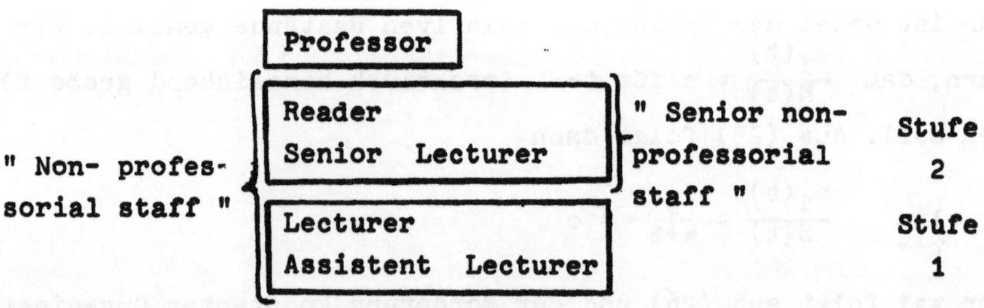

Die zuständigen Behörden haben seit 1945 die Aufstiegsmöglichkeiten
so eingeschränkt, daß für das Verhältnis

$$\frac{\text{Bestand in der Stufe 2}}{\begin{array}{c}\text{Bestand in der}\\ \text{Stufe 1 + Stufe 2}\end{array}} = \frac{2}{9} \text{ gilt}$$

Der Aufstieg von Stufe 2 (Reader oder Senior Lecturer) zum Professor wird dabei in die Wahrscheinlichkeit p_{23} eingeschlossen.
Wir setzen also c=7/9 und x=1,0718 (dies entspricht einer 10-jährigen Verdoppelungszeit der Zuwächse M(t). Die mittlere Aufenthaltszeit im Grad 1 ist gegeben durch $1/p_{12}$ (geometrische Verteilung) und hängt - neben c und x - entscheidend von p_{23} ab; siehe (31, 32). Nimmt man für diese, von Organisationen unkontrollierbaren Größen eine Reihe von Werten an, so erhält man die mittleren Verweildauern auf der Stufe 1 und damit ein Maß für die Karriereaussichten einer Person.
WAUGH (1971) kommt zu folgender
Tabelle 2:

mittlere Aufent-haltszeit $1/p_{23}$ in Grad 2 (in Jahren)		2	5	10	15	20
mittlere Aufent-haltszeit $1/p_{12}$ im Grad 1 (in Jahren)	x = 1 (Stationarität)	7	17,5	35	52,5	70
	x = 1,0718 (Verdoppelung in 10 Jahren)	6,1	12,9	20,4	25,3	28,8

Flußdiagramm des einfachen hierarchischen Systems:

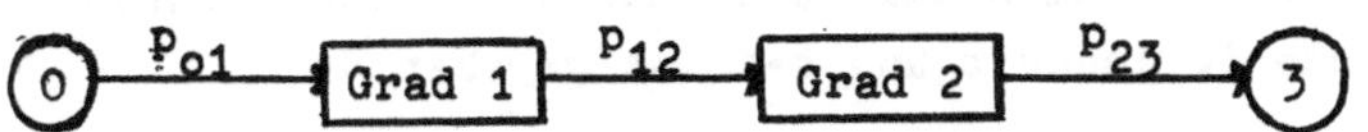

Man erkennt, daß im Falle der Stationarität (x=1) die Aufenthaltszeit im unteren Grad im Durchschnitt stets größer ist als für x>1.

Beträgt beispielsweise die durchschnittliche Verweildauer im höheren Grad 15 Jahre,so erhält man im Expansionsfall(Verdoppelung alle 10 Jahre) eine Totalzeit für die Karriere von ca. 40 Jahren, im stationären Fall hingegen allein eine 52- Jahresfrist für den Verbleib auf der unteren Stufe. Viele Karrieren werden dann eben im Grad 1 enden.

1.2. Über die Instabilität eines zweistufigen Erziehungssystems

In vielen Ländern bilden die Hochschulen eine zunehmende Zahl an Studenten aus. Die Akademiker suchen nach ihrer Graduierung Posten; insbesondere findet ein Teil von ihnen Anstellung im Lehrberuf. In den letzten Jahren hat sich nun in einigen Staaten gezeigt - die USA und Schweden bilden geläufige Beispiele hierfür - daß die Universitäten dort mehr Doktoren produzieren, als in adäquater Weise Beschäftigung finden können. Im folgenden diskutieren wir ein sehr einfaches auf KEYFITZ (1972 a,b) zurückgehendes Modell, welches das Zustandekommen von Ungleichgewichten zwischen Angebot und Bedarf an Lehrern erklären kann. Die dabei verwendete lineare Modellform ist - in anderem Zusammenhang - aus der Bevölkerungsmathematik bekannt.

Das im folgenden beschriebene einfache Schüler- Lehrer- Modell weist nur zwei Ausbildungsstufen auf (vgl. auch THONSTAD, 1969). Es werde eine diskrete Zeitskala mit einem Fünf- Jahresintervall als Zeiteinheit zugrundegelegt. Es sei $S_t^{(i)}$ die Anzahl der Studenten im Zeitpunkt t in der Ausbildungsstufe i(i=1,2). Unter i=1 stelle man sich etwa die AHS- Oberstufe vor, während i=2 die Hochschule bis zur Diplomreife bedeute. $T_t^{(i)}$ sei die Anzahl der Lehrer zur Zeit t auf der Stufe i.

Während KEYFITZ (1972 a) eine Ad Hoc- Analyse liefert, wandeln wir KEYFITZ's Modell ab und bedienen uns des aus der Populationsdynamik bekannten Matrizenmodells (vgl. dazu etwa POLLARD, 1973). Die Verknüpfung der Lehrer- und Schülerbestände auf beiden Stufen für aufeinanderfolgende Perioden t und t+1 ist gegeben durch

$$
\begin{bmatrix} S^{(1)}_{t+2} \\ S^{(2)}_{t+1} \\ T^{(1)}_{t+1} \\ T^{(2)}_{t+1} \end{bmatrix} = \begin{bmatrix} \lambda & 0 & 0 & 0 \\ \zeta & 0 & 0 & 0 \\ 0 & \sigma_1 & \upsilon_1 & 0 \\ 0 & \sigma_2 & 0 & \upsilon_2 \end{bmatrix} \begin{bmatrix} S^{(1)}_{t} \\ S^{(2)}_{t} \\ T^{(1)}_{t} \\ T^{(2)}_{t} \end{bmatrix} \tag{33}
$$

Wir gehen zunächst kurz auf die Komponenten der Vektorgleichung
(33) ein. Der Bestand $S^{(1)}_t$ der unteren Schulstufe werde als exogene Variable aufgefaßt und soll geometrisches Wachstum mit dem
Wachstumsfaktor λ zeigen:

$$
S^{(1)}_{t+1} = \lambda S^{(1)}_t \tag{33a}
$$

ζ sei der Anteil der Studenten, welche von Stufe 1 auf Stufe 2
aufsteigen:

$$
S^{(2)}_{t+1} = \zeta S^{(1)}_t \tag{33b}
$$

Die Lehrer rekrutieren sich aus den Absolventen der 2. Bildungs-
stufe. Wir bezeichnen mit σ_1 den Anteil der Stufe 2- Studenten,
welche Stufe 1- Lehrer werden. Der Anteil $1-\upsilon_1$ beschreibe den Verlust an Stufe 1- Lehrern, der von einer Periode zur nächstfolgen-
den aufgrund von Todesfällen, vorzeitigem Ausscheiden, Pensionierung etc. auftritt. Dann gilt

$$
T^{(1)}_{t+1} = \sigma_1 S^{(2)}_t + \upsilon_1 T^{(1)}_t \tag{33c}
$$

Bei entsprechender Definition von σ_2 und υ_2 kommt man ferner analog zur Relation

$$
T^{(2)}_{t+1} = \sigma_2 S^{(2)}_t + \upsilon_2 T^{(2)}_t \tag{33d}
$$

(33) liefert eine Vorausschätzung des <u>Lehrerangebots</u> (3. und 4.
Komponente des Bestandsvektors bei gegebenen Initialbeständen)
unter der Voraussetzung zeitunabhängiger Übergangsraten, welche
in der Matrix in (33) zusammengefaßt wurden. Das Modell trägt in-
soferne primitiven Charakter, als die Altersverteilungen von Schülern und Lehrern nicht berücksichtigt werden.

Welche <u>Grenzverteilung</u> der Schülerbestände und des damit verbundenen Lehrerangebotes kommt bei fortwährendem Wirken des in (33) beschriebenen Transitionsmechanismus zustande? Man weiß (vgl. etwa KEYFITZ, 1968, McFARLAND, 1972), daß diese Grenzverteilung mit dem zum dominanten Eigenwert gehörigen Rechtseigenvektor übereinstimmt.

Die charakteristische Gleichung der Systemmatrix ist ein Polynom 4. Grades in x:

$$f(x) = \begin{bmatrix} \lambda-x & 0 & 0 & 0 \\ \zeta & -x & 0 & 0 \\ 0 & \sigma_1 & \upsilon_1-x & 0 \\ 0 & \sigma_2 & 0 & \upsilon_2-x \end{bmatrix} = (\lambda-x)(-x)(\upsilon_1-x)(\upsilon_2-x) = 0 \qquad (34)$$

Es ist sinnvoll $0<\upsilon_1$, $\upsilon_2<1$ und – im Falle eines schrumpfenden Schulsystems $-\lambda>\upsilon_1,\upsilon_2$ anzunehmen. Für ein wachsendes System gilt ohnehin $\lambda>1>\upsilon_1,\upsilon_2$. Jedenfalls ist λ maximaler Eigenwert der Vielfachheit eins, und der zugehörige Rechtseigenvektor $[S_1, S_2, T_1, T_2]$ ' kann ermittelt werden aus

$$\begin{bmatrix} \lambda & 0 & 0 & 0 \\ \zeta & 0 & 0 & 0 \\ 0 & \sigma_1 & \upsilon_1 & 0 \\ 0 & \sigma_2 & 0 & \upsilon_2 \end{bmatrix} \begin{bmatrix} S_1 \\ S_2 \\ T_1 \\ T_2 \end{bmatrix} = \begin{bmatrix} S_1 \\ S_2 \\ T_1 \\ T_2 \end{bmatrix} \qquad (35)$$

$$\begin{aligned} \lambda S_1 &= \lambda S_1 \\ \zeta S_1 &= \lambda S_2 & S_2 &= \tfrac{\zeta}{\lambda} S_1 \\ \sigma_1 S_2 + \upsilon_1 T_1 &= \lambda T_1 & T_1(\lambda-\upsilon_1) &= \sigma_1 S_2 = \frac{\zeta\sigma_1}{\lambda(\lambda-\upsilon_1)} S_1 \\ \sigma_2 S_2 + \upsilon_2 T_2 &= \lambda T_2 & T_2(\lambda-\upsilon_2) &= \sigma_2 S_2 = \frac{\zeta\sigma_2}{\lambda(\lambda-\upsilon_2)} S_1 \end{aligned} \qquad (36)$$

(36) liefert folgende Grenzverteilung (relative Bestände) in Abhängigkeit von den Transitionsraten:

$$\left[1, \tfrac{\zeta}{\lambda}, \frac{\zeta\sigma_1}{\lambda(\lambda-\upsilon_1)}, \frac{\zeta\sigma_2}{\lambda(\lambda-\upsilon_2)} \right]' \qquad (37)$$

Das <u>Lehrer/ Schüler- Verhältnis</u> auf den einzelnen Stufen beträgt

$$\frac{T_1}{S_1} = \frac{\zeta\sigma_1}{\lambda(\lambda-\upsilon_1)} \quad , \quad \frac{T_2}{S_2} = \frac{\sigma_2}{\lambda-\upsilon_2} \tag{38}$$

bzw. global

$$\frac{T_1+T_2}{S_1+S_2} = \frac{\dfrac{\sigma_1}{\lambda-\upsilon_1} + \dfrac{\sigma_2}{\lambda-\upsilon_2}}{\dfrac{\lambda}{\zeta} + 1} \tag{38a}$$

Wie ändert sich in der Grenze das Lehrer/ Schüler- Verhältnis in Abhängigkeit vom Zuwachsfaktor λ?

$$\frac{\partial}{\partial\lambda} \frac{T_1}{S_1} = \frac{\partial}{\partial\lambda} \frac{\zeta\sigma_1}{\lambda^2-\upsilon_1\lambda} = \frac{\zeta\sigma_1}{\lambda(\lambda-\upsilon_1)} \; (\upsilon_1 - 2\lambda) < 0 \tag{39}$$

Bei steigender Zuwachsrate der Schüler sinkt also das Lehrer/ Schü-
ler- Verhältnis; die Nachfrage nach Lehrern steigt. Bei sinkendem λ
steigt umgekehrt $\frac{T_1}{S_1}$, d.h. die Lehrernachfrage wird fallen. Analoges
gilt für die zweite Schulstufe:

$$\frac{\partial}{\partial\lambda} \frac{T_2}{S_2} = \frac{\partial}{\partial\lambda} \frac{\sigma_2}{\lambda-\upsilon_2} = - \frac{\sigma_2}{(\lambda-\upsilon_2)^2} < 0 \quad , \tag{39a}$$

bzw. für das totale Lehrer/ Schüler- Verhältnis

$$\frac{\partial}{\partial\lambda} \frac{T_1+T_2}{S_1+S_2} = \left\{ -\left[\frac{\sigma_1}{(\lambda-\upsilon_1)^2} + \frac{\sigma_2}{(\lambda-\upsilon_2)^2}\right] \left(\frac{\lambda}{\zeta}+1\right) - \left[\frac{\sigma_1}{\lambda-\upsilon_1} + \frac{\sigma_2}{\lambda-\upsilon_2}\right]\frac{1}{\zeta} \right\} \left\{\frac{\lambda}{\zeta}+1\right\}^{-2} < 0 \tag{39b}$$

Bezeichnet man mit ρ_i das auf der Stufe i <u>vorgeschriebene Lehrer/
Schüler- Verhältnis</u>, dann gilt für die <u>Nachfrage</u> an Lehrern in der
Periode

$$\bar{T}_t^{(i)} = \rho_i \, S_t^{(i)} \quad , \quad i=1,2 \tag{40}$$

Wir wollen uns nun (im Rahmen unseres Modells) der Frage zuwenden, warum es <u>im Anschluß an das Ende eines Baby- Booms</u> zu einem
<u>Überschuß des Lehrerangebots über die Nachfrage</u> kommt. Im vorher-
gehenden Abschnitt hatten wir uns mit dieser Frage schon im Rahmen
der schließlich entstehenden Grenzstruktur befaßt. Wir wenden uns
jetzt einer transienten Analyse zu.

Ca. 14 Jahre nach Anschwellen der Geburten kommt es zu einem
Run auf die Stufe 1. Die Schulbehörden unternehmen alles, um diese
Nachfrage nach Ausbildung zu erfüllen: Lehrer schieben ihre Pensionierung auf, sie machen Überstunden, weniger qualifiziertes Lehrpersonal wird zeitweise beschäftigt, Personen werden Lehrer, welche
zuvor nicht diesen Beruf ergriffen hätten u. dgl. Der Zuwachs der
Bewerber $S_t^{(1)}$ auf der Stufe 1 zum Zeitpunkt t wirkt zunächst auf
(40) für i=1: Die Nachfrage $\bar{T}_t^{(1)}$ nach Stufe 1- Lehrern steigt einerseits unverzüglich an. Zum anderen wird das vorgeschriebene Leh-
rer/ Schüler- Verhältnis ρ_1 zurückgehen.

In der Periode t herrscht also ein Unterschuß des Angebots an
Stufe 1- Lehrern bezüglich der Nachfrage. Eine Reihe von Stufe 1-
Schülern wird sich <u>in dieser Periode</u> um Aufnahme in die höhere
Ausbildungsstufe bewerben, um ihre Chancen im (jetzt attraktiven)
Lehrberuf zu suchen[1].Die Stufe 2 empfindet - ebenso wie die Bewerber von Stufe 1- einen verstärkten Bedarf an Lehrpersonal und
lockert die Strenge der Aufnahmebestimmungen. D. h. in (33b) steigt
sowohl $S_t^{(1)}$ als auch ζ, was eine Erhöhung der Anzahl $S_{t+1}^{(2)}$ der Schüler der 2. Stufe in der nächsten Periode t+1 in noch höherem Aus-
maß als jene von $S_t^{(1)}$ nach sich zieht. Infolgedessen entsteht in
der Periode t+1 auf der Stufe 2 ein erhöhter Bedarf an qualifizier-
ten Lehrpersonal - mit (40) ereignet sich für i=2 und t→t+1 dasselbe, was sich eine Periode zuvor eine Stufe unterhalb ereignet
hatte.

Zwei Perioden (d.h. zehn Jahre)[2] nach Anheben des Baby- Booms
stehen die ersten Absolventen der Welt frischgebacken zur Verfügung. Sie suchen Jobs und zwar vor allem als - höher im Prestige
stehende - Stufe 2- Lehrer. Das <u>Angebot</u> an Stufe 2- Lehrern kann
nun aus (33d) für t→t+1 abgelesen werden:

$$T_{t+2}^{(2)} = \sigma_2 \, S_{t+1}^{(2)} + \nu_2 \, T_{t+1}^{(2)}$$

---

1) Sowohl Stufe 1- als auch Stufe 2- Lehrer müssen beide Ausbildungsstufen durchlaufen

2) Der Durchlauf durch eine jede Stufe soll im Schnitt fünf Jahre
dauern

Da - wie wir uns überlegt haben - $S_{t+1}^{(2)}$ groß ist und der zweite
Summand sich innerhalb einer (4- jährigen) Periode nur wenig ändert, so ist das <u>Lehrerangebot</u> $T_{t+2}^{(2)}$ der 2. Stufe in der Periode
t+2 <u>hoch</u>.

Selbst wenn die geburtenstarken Jahrgänge angehalten hätten,
wäre es nun für Absolventen der Stufe 2 nicht ganz leicht, Anstellung als Stufe 2- Lehrer zu finden. Wenn jedoch zufälligerweise
14 Jahre vor der Periode t+2 die Geburtenjahrgänge schwach be-
setzt waren, dann geht nun (d.h. in t+2) auch $S_{t+2}^{(1)}$ zurück. Da die
<u>Lehrernachfrage</u> von den Schülerzahlen gemäß (40) abhängt (t→t+2),
so kommt es in t+2 zu einem <u>Angebotsüberschuß an Lehrpersonal in
Stufe 1.</u> Die Anhäufung an akademischem Proletariat verstärkt sich
noch, weil nun Stufe 1- Absolventen weniger häufig Stufe 2 anstre-
ben, um später den Lehrberuf zu ergreifen - dieser ist nun attrak-
tiv geworden. Dies führt nun seinerseits wieder zu einem Nachfrage-
rückgang an Stufe 2- Lehrern. Für die 2. Stufe qualifizierte Lehrer finden keine entsprechende Anstellung und müssen auf die 1.
Stufe ausweichen, wo sie den Angebotsdruck erhöhen. Hochqualifi-
ziert ausgebildete Kräfte stehen nun ohne effektive Chancen auf
adäquate Anstellung da - sie müssen andere, weniger qualifizierte
Tätigkeiten übernehmen (Philosophiedoktoren als Taxilenker und
dgl. in Schweden).

Dieses Modell hat die Instabilität der Nachfrage- und Angebots-
Mechanismus von Lehrpersonal aufgewiesen. Für die Schwankungen in
der Lehrernachfrage geben im wesentlichen die Fluktuationen der
Zahl an Stufe 1- Schülern Anstoß. Entscheidend ist das Auseinander-
klaffen von Nachfrage an Akademikern für das Lehramt: Während sich
die Nachfrage an den jeweiligen Schülerzahlen orientiert, hängt
das Angebot von der vergangenen demographischen und bildungspoli-
tischen Entwickuung der Absolventen- Kohorte ab.

1.3. Einige weitere Manpower- Modelle hierarchischer Organisationen

FORBES (1969) hat sich mit der Frage beschäftigt, wie Rekru-
tierungs- und Promotionspolitiken zu gestalten seien, um eine vorgeschriebene bzw. gewünschte Struktur (d.h. Grad- oder Altersver-
teilung) der Organisation aufrecht zu erhalten bzw. zu erreichen.

Dazu betrachtet er ein Markoffmodell, ähnlich wie wir es in §3.2.
getan haben. Es gelingt FORBES für einen realistischen Spezialfall die Promotions- bzw. Rekrutierungsraten in Abhängigkeit von
diversen Strukturparametern und insbesondere von der Wachstumsrate
der Organisation explizite darzustellen. FORBES behandelt ähnliche
Fragestellungen, wie wir sie in § 3 ausgeführt haben, z.B.: Was
passiert, wenn nach einer Periode lebhaften Wachstums Stagnation
oder sogar Schrumpfung der Organisation eintritt? Jedenfalls werden
die für die bisherige Expansion nötigen beträchtlichen Rekrutie-
rungs- und Promotionsraten entsprechend einzuschränken sein, um
der Kopflastigkeit höherer Ränge vorzubeugen. FORBES wirft allgemein die Frage auf, wie beim Rückgang der Zuwachsrate die Beförderung einzuschränken ist, um die Fortdauer einer konstanten Organisationsstruktur zu gewährleisten (Ansonsten kommt es zu "Struk-
turproblemen", welche z.B. eine ungüstige Verteilung der Arbeitslasten aufgrund einer ineffizienten Organisationsstruktur bewirken).

FORBES beschäftigt sich neben der Ermittlung derartiger Promo-
tions- und Rekrutierungspolitiken insbesondere mit dem Problem,
welchen Beschränkungen die Zuwachs- (oder Schrumpfungs)- rate unterliegen muß, um eine konstante Struktur zu erreichen oder zu erhalten. Da derartige Problemstellungen gegenwärtig vom großen
praktischen Interesse scheinen (Schrumpfungspolitiken, Nüllwachs-
tum) und FORBES nur einen Spezialfall behandelt hat, scheint sich
hier ein geeignetes Feld für künftige Untersuchungen zu bieten.

Einen guten Überblick über statistische Methoden bei der Analyse hierarchischer Strukturen liefert LURY (1971); vgl. auch
POLLARD (1967, 1968). WILSON (1969) vermittelt einen Eindruck von
der Praxisverbundenheit des Manpower Planning. BALINSKY und REIS-
MAN (1972) haben ein dynamisches Programmierungsmodell zur optimalen Ausschöpfung der auf verschiedenen Niveaus ausgebildeten
Personen aufgestellt. Die Problemstellung weist dabei gewisse Ana-
logien zur Lagerhaltungstheorie auf. MARSHALL (1973) vergleicht
Markoffmodelle für hierarchische Organisationen mit einen Kohor-
ten- Schema. Seine Idee könnte einen künftigen Ansatzpunkt für die
formale Verknüfung der demographischen Transversal- und Longitudin-

analyse gegeben. Schließlich erwähnen wir noch BECKMANN (1973),
der Nutzengesichtspunkte[1] bei Betrachtungen über das Aufstiegs-
verhalten in hierarchische Strukturen einbaut.

2. Optimierungsprobleme in der Familienplanung

2.1. Der optimale Anpassungszeitpunkt eines Kontrazeptivums

In seinem Aufsatz "How birth control affects births" weist
N. KEYFITZ (1970, p. 22) auf Probleme hin, welche sich den Mana-
gern von Familienplanungs- Programmen stellen können[2]. Er
schreibt:

> "... These considerations pose an operations research type of
> problem for the family planning administrator. He can more
> easily arrange for loops to be fitted while woman are in
> hospital, but some of the loops will be lost before they can
> come into effective use. What part of his effort should go
> into this immediate postpartum fitting, as against the part
> that goes into other birth control activities? If the woman
> leaves the hospital unfitted, when should she be reminded to
> return for fitting? The lactation period and the temporary
> sterility associated with it is a random variable, and one
> would aim to come as close to the end as possible. The optimum
> solution would compromise between the waste of loops inserted
> too early and the risk of an unprotected fertile gap ..."

Im Anschluß an KEYFITZ betrachten wir folgende Fragestellungen:

Problem 1: Die Einsetzung bestimmter kontrazeptiver Mittel (z.B.
Intrauterinpessare) verursacht unmittelbar nach einer Entbindung geringere Kosten, da sich die Frau dann schon in einer
Klinik aufhält und beispielsweise Werbekosten des Familien-
planungsprogrammes eingespart werden können. In Entwicklungsländern ist es oft meist sogar unmöglich, Frauen zum Besuch
einer Klinik zu bewegen, außer es handelt sich um eine Entbindung. Andererseits besteht aber die Gefahr, daß das empfängnis-
verhütende Mittel vom Organismus der Frau vorzeitig abgestoßen
wird bzw.eine freiwillige Benutzungsaufgabe vorliegt, so daß
die Frau nach Beendigung der temporären sterilen Periode erneut dem Risiko einer Konzeption ausgesetzt wäre. Soll der Ad-
ministrator auf eine Anpassung des Kontrazeptivums unmittel-

---

1) Einkommen in Abhängigkeit vom erreichten Grad
2) Vgl. auch FEICHTINGER (1971 b)

bar nach einer Entbindung bestehen?

<u>Problem 2:</u> Die auf jede Geburt folgende temporäre sterile Periode
(Postpartum- Periode) ist von zufälliger Dauer mit (empirisch)
bekannter Verteilung. Angenommen, die Frau verläßt die Klinik
nach einer Entbindung ohne mit dem Kontrazeptivum versorgt zu
sein, so wird man versuchen, das Ende der Postpartum- Periode
möglichst genau zu erreichen. Eine <u>zu späte Anpassung</u> (Fall 1)
der Schleife würde der Frau erneut dem Risiko einer ungewollten
Schwangerschaft aussetzen, während eine <u>verfrühte Verabrei-
chung</u> (Fall 2) vor dem Ende der Postpartum- Periode nicht nur
eine Vergeudung knapper kontrazeptiver Mittel wäre, sondern
die Frau auch unnötig dem Risiko der Abstoßung, der freiwilli-
gen Aufgabe sowie gegebenenfalls eines gewissen Unbehagens
aussetzen würde.

Wir wenden uns zunächst dem zweiten Problem zu und legen eine
kontinuierliche Zeitskala zugrunde. Als Zeitnullpunkt definieren
wir den Zeitpunkt der Geburt, nach welcher die Familienplanung
einsetzen soll. Die <u>Länge der Postpartum- Periode</u> werde als Zufallsgröße S mit der Verteilungsfunktion $P\{S \leq s\} = F(s)$ und der
Wahrscheinlichkeitsdichte $F'(s) = f(s)$ angenommen. Hierbei gelte
$F(0) = 0$.

Der optimale Einsatzzielpunkt t^* des Kontrazeptivums hängt von
einer Ausbalancierung der auftretenden <u>Kosten</u> ab. Wir betrachten
beide Möglichkeiten:

Fall 1: $S \leq t$ ———————————→ Risiko einer ungewollten Schwangerschaft im Zeitintervall (S,t)

Fall 2: $t \leq S$ ———————————→ Abstoßungsrisiko,
Verschwendung knapper Mittel,
Unbehagen

Bewertet man die Kosten einer als ungewollt angesehenen Schwangerschaft mit c[1], dann kommt es im <u>Fall 1</u> zu folgenden

---

1) Auf die Schwierigkeit für den Familienplanungs- Programmanager,
zu einer vernünftigen volkswirtschaftlichen Einschätzung von c
zu gelangen, braucht hierbei nicht extra hingewiesen werden.

$$\text{Kosten} = \begin{cases} c, & \text{falls es in (S,t) zu einer Schwangerschaft kommt} \\ 0 & \text{sonst} \end{cases}$$

Wir nehmen an, daß die Konzeptionsintensität einer ungeschützten
Frau μ betrage. Die Wahrscheinlichkeit, daß es im Intervall (S,t)
zu keiner Schwangerschaft kommt, beträgt dann $\exp\{-\mu(t-S)\}$. Im
Falle 1 treten somit die Durchschnittskosten $c[1-\exp\{-\mu(t-S)\}]$ auf.
Vernachlässigt man in der Exponentialreihe ab dem quadratischen
Term alle Glieder, so kommt es im Fall 1 zu den erwarteten Kosten[1]:

Kosten im Fall 1, d.h. für $S \leq t$: $c\mu(t-S)$ (1)

Im <u>Fall 2</u> bewerten wir das Unbehagen, die Vergeudung knapper Mittel
und das Abstoßrisiko pro Zeiteinheit mit den Kosten von k monetären
Einheiten. In einem Zeitraum der Länge S-t laufen somit folgende
Kosten auf:

Kosten im Fall 2, d.h. für $t \leq S$: $k(S-t)$ (2)

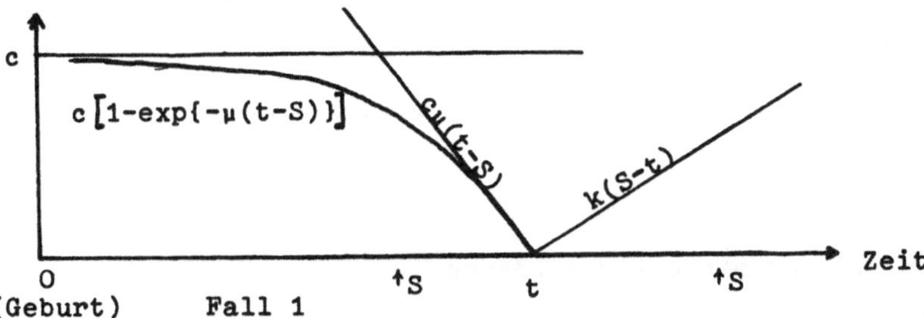

Kostenstruktur beim Anpassungsproblem (Anpassungszeitpunkt t,
Länge S der Postpartumperiode).

Die Wahl des Anpassungszeitpunktes t im Hinblick auf die Realisierung der Zufallsgröße S verursacht gemäß (1,2) die zufälligen
Kosten

$$K(t) = \begin{cases} c\mu(t-S) & \text{für } S \leq t \\ k\,(S-t) & \text{für } S > t \end{cases} \tag{3}$$

---

1) Durch die lineare Approximation werden die Kosten einer ungewollten Schwangerschaft (grob) nach oben abgeschätzt, sodaß
man sich gewissermaßen auf der sicheren Seite befindet.

Für den Erwartungswert $\bar{K}(t)$ von $K(t)$ gilt

$$\bar{K}(t) = E\left[K(t)\right] = E\left[K(t) \mid S \leq t\right] P\{S \leq t\} + E\left[K(t) \mid S > t\right] P\{S > t\} \tag{4}$$

Da die gestutzte Zufallsgröße $S \leq t$ die Dichtefunktion $f(s)/F(t)$
mit $F(t) = \int_0^t f(s)ds = P\{S \leq t\}$ besitzt, gilt für den bedingten
Erwartungswert

$$E\left[K(t) \mid S \leq t\right] = E\left[c\mu(t-S) \mid S \leq t\right] = \frac{c\mu}{F(t)} \int_0^t (t-s)f(s)ds \tag{5}$$

Aus (3,4,5) folgt somit

$$\bar{K}(t) = c\mu \int_0^t (t-s)f(s)ds + k \cdot \int_t^\infty (s-t)f(s)ds \tag{6}$$

Zur Ermittlung des bezüglich $\bar{K}(t)$ minimalen $t=t^*$ leiten wir
(6) nach t ab und setzen den Differentialquotienten[1] gleich Null

$$\frac{d\bar{K}(t)}{dt} = c\mu \int_0^t f(s)ds - k \int_t^\infty f(s)ds = o \tag{7}$$

Aus (7) folgt

$$F(t) = \frac{k}{c\mu+k} \tag{8}$$

als Bestimmungsgleichung für t^*[2]. Wegen $f(o)=f(\infty)=o$ gilt

$$\frac{d^2\bar{K}(t)}{dt^2} = (c\mu+k)f(t) > o, \tag{9}$$

sodaß es sich bei der eindeutigen Lösung

$$t^* = F^{-1}\left(\frac{k}{c\mu+k}\right) \tag{10}$$

von (8) in der Tat um eine Minimalstelle von $\bar{K}(t)$ handelt. Damit
ist der optimale Anpassungszeitpunkt des Kontrazeptivums in Abhängigkeit von der Verteilungsfunktion der Postpartum- Periode,
der Bewertung einer ungewollten Schwangerschaft, der Intensität
für deren Zustandekommen sowie den Kosten k dargestellt. (10) er-

---

1) Es handelt sich hierbei um die Differentiation eines Parameter-
   integrals; vgl. dazu etwa v. MANGOLDT- KNOPP, (1958, 3. Band,
   S. 337).
2) Wegen $c\mu > o$ ist (8) für empirisch bestimmte Postpartum- Verteilungen eindeutig lösbar.

möglicht eine Sensitivitätsanalyse des Minimums t^* bezüglich k, c
und μ. Dazu setzten wir $u=k/c\mu+k$ und erhalten unter Beachtung von

$$\frac{dF^{-1}(u)}{du} = \left(\frac{dF}{du}\right)^{-1}$$

$$\frac{\partial t^*}{\partial k} = \frac{dF^{-1}(u)}{du}\;\frac{\partial u}{\partial k} = \left(\frac{dF}{du}\right)^{-1}\frac{c\mu}{(c\mu+k)^2} > o \tag{11}$$

In ähnlicher Weise ergibt sich

$$\frac{\partial t^*}{\partial c} < o \qquad \text{und} \qquad \frac{\partial t^*}{\partial \mu} < o \tag{12}$$

Der kostenminimale Anpassungszeitpunkt t^* steigt also mit den
Verschwendungskosten; er sinkt hingegen mit dem negativen Nutzen,
der einer ungewollten Schwangerschaft unterstellt wird, sowie mit
der Intensität für deren Zustandekommen. Qualitativ würde man die
se Abhängigkeit der Lösung t^* von k, c und μ erwarten.

Nun sind wir auch in der Lage, uns __Problem 1__ zuzuwenden: Wie
sehr soll sich der Manager bemühen, das Kontrazeptivum schon in
der Klinik nach der Endbindung anzupassen? Es seien ζ_1 die Kosten
des Schleifeneinsatzes unmittelbar nach der Entbindung und ζ_2
die Anpassungskosten, die nach Verlassen der Klinik entstehen.
Aus den angegebenen Gründen ist es vernünftig,

$$\zeta_1 < \zeta_2 \tag{13}$$

anzunehmen. __Aktion 1__ bestehe im Einsetzen unmittelbar nach der
Geburt, also im Zeitpunkt $t=0$. In Übereinstimmung mit (6) kommt
es hierbei lediglich zu Abstoßung- bzw. Verschwendungskosten im
Ausmaß von $k\int_0^\infty sf(s)ds$ Geldeinheiten. Insgesamt verursacht diese
Aktion Kosten im Ausmaß von

$$\zeta_1 + kE(S) = \zeta_1 + \bar{K}(0), \tag{14}$$

während die __Aktion 2__, welche in der Wahl von t^* als Anpassungszeitpunkt (nach Verlassen der Klinik) besteht, mit den Kosten

$$\zeta_2 + \bar{K}(t^*) \tag{55}$$

verknüpft ist. Wegen $k>o$ und $F(0)=0$ ist gemäß (10) $t^*>0$ und es gilt

$$\bar{K}(0)>\bar{K}(t^*) \tag{16}$$

Infolge der gegenläufigen Relationen (13) und (14) hat man die
Kosten (14) bzw. (15) der beiden Aktionen von Fall zu Fall zu ver-
gleichen und danach zu unterscheiden. Man würde jedoch erwarten,
daß Aktion 1 vorzuziehen ist. Das Verhältnis von (15) zu (14) gibt
ein Maß, in welchem die Aktion 2 der Strategie 1 zu präferieren
wäre.

2.2. Sequentielle Entscheidungsprozesse der Familienplanung

Beim Aufbau einer Familie besitzt ein Paar durch Kontrazeption
die Möglichkeit, die Anzahl und die zeitliche Verteilung seiner
Geburten zu steuern. Wird eine bestimmte **geschlechts- und alters-
mäßige Zusammensetzung** der Familie als optimal angesehen, so kann
man sich für jene Kontrazeptionspolitiken interessieren, welche
diesem Optimum möglichst nahe kommen. Unter einer Kontrazeptions-
politik versteht man dabei das zeitliche Muster der Anwendung und
des Aussetzen eines Kontrazeptivums.

> **Beispiel:** Ein Paar wünscht sich genau **ein Kind** und von der Be-
> wertung des Geburtszeitpunktes werde der Einfachheit halber ab-
> gesehen. Setzt das Paar **zu früh** mit der Kontrazeption aus, so
> besteht die Gefahr, daß es später zu weiteren ungewollten
> Schwangerschaften kommt. Eine **zu späte** Beendigung der Kontra-
> zeption führt zur Gefahr, daß die reproduktive Periode unge-
> schützt verstreicht. Nun taucht allerdings die Frage auf, was
> hierbei negativer bewertet wird- zwei Kinder oder gar keines.

Allgemein stößt die Spezifikation von Zielfunktionen in der Bevölkerungsforschung auf wesentliche Schwierigkeiten. Diese Schwierigkeit stellt - neben anderen - einen Hemmschuh für die frucht-
bare Anwendung von Optimierungsverfahren in der Demographie dar.
Dieses Problem haben beispielsweise ARTHUR und McNICOLL (1971)
für den Markobereich und REINKE (1969) im Hinblick auf Nutzenfunk-
tionen beim Familienbildungsprozeß angeschnitten. Eine Analyse der
Familienplanung hätte also zunächst das Problem der rationalen
Bewertung der Familiengröße und ihrer geschlechts- und alters-
mäßigen Zusammensetzung zu lösen.

Beim **Aufbau einer Familie** kommt es folgenderweise zu einem
sequentiellen stochastischen Entscheidungsprozeß: In Abhängigkeit
vom erreichten Zustand (= Familienzusammensetzung) und der bis
zum Ende der reproduktionsfähigen Periode verbleibenden Zeit ist

die __Entscheidung__ "Kontrazeption, ja oder nein" zu fällen. In Abhängigkeit von dieser Entscheidung transformiert sich der Zustand in stochastischer Weise: Bei ungeschütztem Verkehr kommt es nur mit gewisser Wahrscheinlichkeit zu einer Konzeption bzw. Schwangerschaft, in Abhängigkeit von Alter und der Anzahl der bisherigen Geburten der Frau, sowie von der Zeitdauer seit ihrer letzten Geburt. Umgekehrt verhindert die Verwendung eines kontrazeptiven Mittels eine Konzeption nur mit einer bestimmten Wahrscheinlichkeit, deren Höhe abhängig ist von der Wirksamkeit des Mittels. Aufgrund dieses Fehlers 1. und 2. Art sowie der Sterblichkeit ändert sich die Kinderzahl in Abhängigkeit vom Kontrazeptionsentscheid in stochastischer Weise. Als __Zielfunktion__ diene allgemein ein bestimmtes Timing der Geburten. Ferner können in das Kriterium die Kosten des Kontrazeptivums eingehen sowie das Unbehagen, das durch die Anwendung gelegentlich hervorgerufen wird (etwa in Form einer Bewertung der Beschwerden, welche manche Frauen bei Einnahme der Pille haben).

Da dieses Problem in seiner allgemeinen Form aussichtslos anzupacken sein wird, empfiehlt es sich zunächst __Spezialfälle__ zu untersuchen. Dazu wird man zunächst die Zeitpunkte, in denen ein Kontrazeptionsentscheid möglich ist, gemäß einer diskreten Zeitskala festlegen. Neben der Art der Zielfunktion wird das optimale zeitliche Kontrazeptionsverhalten von der Wirksamkeit der Kontrazeption sowie von der Fruchtbarkeit der ungeschützten Frau abhängen. (Im bewährten Beispiel ist es klar, daß bei 100 %ig wirksamer Kontrazeption das Kind gegen Beginn der reproduktiven Periode geplant werden wird). Eine typische Eigenschaft des untersuchten Prozesses besteht darin, daß eine Konzeption eine Frau vom Risiko einer neuerlichen Konzeption entfernt, wobei die Länge dieser Entfernung vom Ausgang der Schwangerschaft (Fehl-, Tot- bzw. Lebendgeburt) abhängt.

Zur Lösung derartiger Probleme eignen sich bekanntlich __dynamische Programmierungsverfahren__. Aufgrund des komplexen Zustandsraumes wird man sich bei numerischen Auswertungen auf vereinfachte Modellversionen beschränken müssen. Es dürften sich auch Zusammenhänge mit den in den letzten Jahren stark an Bedeutung gewinnenden __Stopprozessen__ ergeben (Wann soll beispielsweise im Zustand "kein Kind" die Verwendung des Kontrazeptivums "gestoppt" werden?)

2.3. Die Ableitung optimaler Kontrazeptions- Strategien mittels dynamischer Optimierung

Durch die Ananhme einer speziellen Zielfunktion ist es O'Hara (1972) gelungen, optimale Kontrazeptionsstrategien mittels eines dynamischen Programmierungsansatzes numerisch zu ermitteln. Da seine Arbeit eine der wenigen tatsächlich durchgeführten Anwendungen von Optimierungsverfahren in der Demographie darstellt, gehen wir hier etwas ausführlicher darauf ein:

Die Bevölkerungsforschung führt den dramatischen Bevölkerungszuwachs in den Entwicklungsländern neben anderen Ursachen auf das Bestreben der Eltern nach <u>Altersversorgung</u> zurück. Danach streben Eltern nach möglichst vielen männlichen Nachkommen, um mangels an persönlichem Besitz, an staatlicher Versorgung und privater Versicherung iher Versorgung im Alter sicherzustellen. HEER und SMITH (1969) haben die Wirkungsweise der folgenden – allein auf Altersversorgung abgestellten - Familienplanungsstrategie auf den Bevölkerungszuwachs untersucht: Wenn - bei gegebenen Sterblichkeitsverhältnissen - mindestens ein Sohn bis zum 65. Geburtstag seines Vaters <u>mit mindestens 95 % Wahrscheinlichkeit</u> überlebt, so verzichtet das Paar auf zusätzliche Kinder. Wenn diese Wahrscheinlichkeit unter 0,95 liegt, so plant das Paar sofort ein weiteres Kind. Diese starre Strategie führt zu relativ hohen Zuwachsraten der Bevölkerung. Die Idee O'HARA's besteht darin, durch Anwendung von <u>Kontrazeptiva</u> wesentlich <u>flexiblere Familienplanungsstrategie</u> zuzulassen, indem den Eltern ein zeitlich adaptives Verhalten in Abhängigkeit von der jeweiligen Familienzusammensetzung empfohlen wird. Als Beispiel für eine derartige Strategie, welche bei Mortalitätsverhältnissen mit einer Lebenserwartung von 52,5 Jahren die 95 %ige Erfolgswahrscheinlichkeit erreicht, erwähnen wir folgende: "Setzt keine zusätzlichen Kinder in die Welt, außer (a) Du hast keinen lebenden Sohn oder (b) Du bist über 40 und hast nur einen lebenden Sohn". Eine globale Anwendung dieser einfachen Regel zum Geburten- Timing würde eine Reduzierung der tatsächlichen natürlichen Zuwachsrate von 2,4 auf 1,4 bewirken.

Während die ursprünglich genannte Strategie eine Reihe, im Hinblick auf eine 95 % sichere Altersversorgung

unnötiger[1] Geburten zuläßt, beruht die Kontrazeptionsstrategie auf
den im Zeitablauf <u>anwachsenden</u> Informationsstand über das Überle-
bensverhalten der Söhne. Diese Strategie gestattet das Aufschieben
der Entscheidung für ein zusätzliches Kind bis vorhandene Söhne
beispielsweise der erhöhten Kindersterblichkeit entronnen sind.
O'HARA hat gezeigt, daß diese Möglichkeit zum Timing der Geburten
zu einem bemerkenswerten Rückgang der Zuwachsraten führt, und zwar
handelt es sich bei Lebenserwartungen im Bereich von 40- 65 Jahren
um Rückgänge der Raten von 2,5 auf 1-1,5 %.

Eine optimale Strategie ist ein Kontrazeptionsverhalten, welches
die Grenzwahrscheinlichkeit von 0,95 mit einer <u>minimalen durchschnittlichen Geburtenzahl</u> erreicht. Zur Auffindung solcher Strategien mit Hilfe der Dynamischen Programmierung betrachtet O'HARA
eine Periodenskala mit 3,5 Jahren als Zeiteinheit. In jeder Periode
<u>entscheiden</u> sich die Eltern in Abhängigkeit von der eingetretenen
<u>Situation</u>, ob sie jetzt eine zusätzliche Geburt wünschen oder ob
ein kontrazeptives Mittel zum Einsatz gelangen soll. Die Situation
wird dabei durch den <u>Zustand</u> - d.i. die Anzahl und das Alter der
lebenden Söhne sowie das Alter des Vaters-beschrieben. Letzteres
beeinflußt sowohl die Zeit, welche die Söhne noch überleben sollen,
sowie die restliche Länge der reproduktiven Periode. In jedem Zustand erfolgt nun die <u>Entscheidung</u> über die Planung eines zusätzlichen Kindes <u>zweistufig</u>:

---

1) O'HARA (1972) gibt zur Illustration folgendes Beispiel: Es handelt sich dabei um einen 27- jährigen Vater mit einem einjähri-
   gen und einem sechsjährigen Sohn. Die Mortalitätsverhältnisse
   seien so beschaffen, daß die Lebenserwartung 45 Jahre beträgt.
   Die Wahrscheinlichkeit, daß beide Söhne vor dem 65. Lebensjahr
   sterben, beträgt fast 7 %, so daß die ursprüngliche Strategie
   nach einer weiteren Geburt verlangt. Wenn jedoch beide Söhne 5
   Jahre überleben (und dann also 6 und 11 Jahre alt sind), beträgt
   die fragliche Todeswahrscheinlichkeit nur noch 4,5 %. In 88 %
   aller Fälle überleben jedoch beide Söhne diese 5 Jahre, sodaß
   in nahezu 90 % der Fälle sich diese 27- jährigen Väter ein zusätzliches Kind zur Altersversorgung anschaffen, das retrospek-
   tiv gesehen - <u>unnötig</u> ist.

<u>Stufe 1</u>: Zunächst wird bestimmt, ob mindestens einer der gegenwärtig lebenden Söhne mit einer Wahrscheinlichkeit von 95 % den 65. Geburtstag seines Vaters erreicht.
<u>Falls das der Fall ist</u>, so wird von einer erneuten Schwangerschaft abgesehen.
<u>Wenn das nicht der Fall ist</u>, so besteht (im Gegensatz zu der ursprünglichen starren Strategie) <u>die Entscheidung nicht automatisch darin, ein zusätzliches Kind zu haben</u>, sondern man geht über zur

<u>Stufe 2</u>: Hier wird überprüft, ob die erwartete Anzahl zusätzlicher Kinder, welche erforderlich sind, damit mindestens ein Sohn den 65. Geburtstag des Vaters überlebt, kleiner ist, je nachdem ob

- ein zusätzliches Kind <u>jetzt</u> geboren wird

- zwar jetzt kein zusätzliches Kind geplant ist, dafür aber möglicherweise später (insbesondere im Falle, daß zwischenzeitlich einer der beiden existierenden Söhne stirbt).

Obwohl die Zahl der möglichen Fälle naturgemäß sehr groß ist, ist es O'HARA (1972, Anhang; 1973) gelungen, ein <u>dynamisches Programmierungsmodell</u> durchzuziehen. Als <u>Zustandsvariable</u> dient hierbei der Vektor $(a_1, a_2, \ldots)$ der Altersangaben der in der Periode t lebenden Söhne. Als <u>Entscheidungsvariable</u> fungiert die Anzahl S_t an zusätzlichen Geburten in der Periode t, d.h.

$$S_t = \begin{cases} 1 \text{ wenn es in t zu einer zusätzlichen Geburt kommt} \\ 0 \text{ sonst} \end{cases}$$

Die stochastische <u>Zustandstransformation</u> geschieht gemäß den aus der Sterbetafel stammenden Überlebenswahrscheinlichkeiten. Es sei nun $B_t(a_1, a_2, \ldots)$ die erwartete Anzahl zusätzlicher Geburten, zu denen es bei Anwendung einer optimalen Strategie ab dem Zeitpunkt t kommt, falls die zur Zeit t lebenden Söhne a_1, a_2, ... Jahre zählen. Ferner sei $F_t(a_1, a_2, \ldots ; S_t)$ die Wahrscheinlichkeit, daß mindestens einer der Söhne noch am Leben ist, wenn sein Vater 65 Jahre alt ist und ab der Periode t eine optimale Strategie einschlagen wird. Impräzise läßt sich das Problem dann folgendermaßen formulieren (O'HARA, 1973):

$$\min_{(S_t)} B_t(a_1, a_2, \ldots) \text{ unter der Nebenbedingung}$$

$$F_t(a_1, a_2, \ldots ; S_t) \geq 0{,}95 \tag{15}$$

Da die Nebenbedingung (15) nicht immer erfüllbar ist, muß
das Problem in präziser Form etwas aufwendiger formuliert werden;
siehe dazu O'HARA (1972, Gleichungen (2) auf S. 497; und auch 1973).
Bemerkungen: Das primäre Ziel besteht bei O'HARA in der Erfüllung
der Nebenbedingung (15), die möglichst nicht verletzt werden soll.
Allerdings scheint es unrealistisch, eine Wahrscheinlichkeitsgrenze
derart scharf zu formulieren. Adäquater dürfte es sein, diese Ziel-
wahrscheinlichkeit in Abhängigkeit von der Schwierigkeit sie zu erreichen (also z.B. abhängig von den Sterblichkeitsverhältnissen) zu
wählen. Während die primäre Zielsetzung individuellen Charakter
trägt, ist sekundär die erwartete Anzahl der Kinder zu minimieren
- ein makrodemographisches Ziel also. In der Formulierung von O'HA-
RA ist zwischen diesen beiden Zielsetzungen keine Gewichtung erlaubt - tatsächlich werden die Eltern jedoch eine solche implizite
durchführen. Formal würde dem ein zweidimensionales Vektormaximumproblem entsprechen, in welchen eine Gewichtung aus erwarteter Kinderzahl und Abweichung der Grenzwahrscheinlichkeit nach unten minimiert werden soll. Natürlich erwartet niemand, daß der Familien-
vater derartige Berechnungen auch nur näherungsweise durchführt.
Die DP könnte jedoch Faustregeln[1] liefern, die einerseits subop-
timalen Strategien entsprechen, andererseits aber leicht zu realisieren sind. O'HARAs Modelle ignoriert andere Fertilitätsmotive
als Altersversorgung völlig. Ferner wird bezüglich Mortalität und
Fertilität homogene Bevölkerung unterstellt. Eine realitätsnähere
Lockerung dieser Annahmen wäre wünschenswert.

---

1) Eine solche Faustregel könnte etwa lauten: "Versuche solange
   Kinder zu zeugen, bis Du einen Sohn hast. Dann wende Kontrazeption an, solange Dein Sohn am Leben ist oder bis Du 40
   bist. Danach versuche einen zweiten Sohn zu haben, insbesondere wenn Dein erster noch jung oder schon alt ist".

2.4. Weitere Optimierungsprobleme in der Bevölkerungsforschung

Abschließend sei auf einige weitere Arbeiten hingewiesen, welche sich mit Optimierungsgesichtspunkten in der Demographie bzw. verwandten Problemstellungen beschäftigen. Obwohl diesbezüglich Aufsätze recht spärlich erscheinen, erheben die nachstehenden Zitate keinen Anspruch auf Vollständigkeit.

JAQUETTE (1972) behandelt mit Lagerhaltungs- ähnlichen Techniken ein dynamisches Programmierungsmodell zur optimalen Ausbeutung einer tierischen oder pflanzlichen Population. Vgl. dazu auch ein Aufsatz von MANN (1973). LAWRENCE et al. (1972) haben ein mathematisches Modell zur optimalen Ressourcen- Allokation in Familienplanungsprogrammen erstellt. KABAK (1972) hat einen kurzen Aufsatz über das richtige Timing eines Geburtshelfers bei Entbindungen geschrieben (Management im Kreißsaal; bei Weiterverfolgung dieser Ideen könnten sich dynamische Lagerhaltungstechniken und Warteschlangenmodelle erfolgversprechend erweisen). Auf ein Paper von ARTHUR und McNIOLL (1971) wurde bereits hingewiesen. Beide Autoren haben ihren kontrolltheoretischen approach zur Behandlung makrodemographischer und ökonomischer Probleme weiterverfolgt (McNICOLL, 1971; ARTHUR, 1972).

Literaturverzeichnis

ARTHUR,W.B., and G.McNICOLL (1971): Optimal population policy: a report on work in progress. Paper presented at the Fourth Conference on the Mathematics of Population, The East- West Center, Honolulu, Hawaii, July 28- August 1, 1971.

ARTHUR,W.B. (1972): Population policy under an arbitrary welfare criterion: theory and issues. Working paper of the East- West Population Institute, Honolulu.

BALINSKY,W., and A.REISMAN (1972): Some manpower planning models based on levels of educational attainment. Management Science 18, B, 691 - 705.

BARTHOLOMEW,D.J. (1970): Stochastische Modelle für soziale Vorgänge. Oldenbourg, München.

BARTHOLOMEW,D.J. (1971): The statistical approach to manpower
   planning. The Statistician $\underline{20}$, 3 - 26.

BECKMANN,M.J. (1973): Alternative strategies for promotion and
   optimal salary scales in hierarchical organizations.
   Unveröffentlichtes Vortragsmanuskript.

COALE,A.J. (1972): The growth and structure of human populations.
   A mathematical investigation. Princeton University Press,
   Princeton.

FEICHTINGER,G. (1971a): Stochastische Modelle demographischer
   Prozesse. Lecture Notes in Operations Research and Mathematical
   Systems, Vol. 44 (M.Beckmann and H.P.Künzi, eds.), Springer,
   Berlin.

FEICHTINGER,G. (1971b): Ein Optimierungsproblem in der Familienplanung. Vortrag, gehalten auf der 10. Jahrestagung der DGU in
   Bochum.

FEICHTINGER,G. (1972): Neue Entwicklungen der formalen Demographie
   II. Mitteilungsblatt der Österreichischen Gesellschaft für
   Statistik und Informatik. November 1972, No. 6., 53 - 64.

FEICHTINGER,G. (1973): Bevölkerungsstatsstik. De Gruyter Lehrbuch.
   De Gruyter, Berlin.

FERSCHL,F. (1970): Markovketten. Lecture Notes in Operations
   Research and Mathematical Systems (M.Beckmann and H.P.Künzi,
   eds.) Vol. 35, Springer, Berlin.

FORBES,A.F. (1969): Promotion and recruitment policies for the
   control of quasi- stationary hierarchical systems. Paper for
   the NATO Conference on Mathematical Models for the Management
   of Manpower Systems at Oporto, Portugal, September, 1969.

GANI,J. (1963): Formulae for projecting enrolments and degrees
   awarded in universities. J.R. Statist. Soc. A, $\underline{126}$, 400-409.

HEER,D.M., and D.O.SMITH (1969): Mortality level, desired family
   size and population increase: further variation on a basic
   model. Demography $\underline{6}$, 141 - 149.

JAQUETTE,D.L. (1972): A discrete time population control model. Mathematical Biosciences 15, 231 - 252.

KABAK,I.W. (1972): On scheduling the delivery of babies. Operations Research 20, 19 - 23.

KEIDING,N. (1973): Lecture Notes on the Stochastic Population Model. Institute of Mathematical Statistics, University of Copenhagen.

KEYFITZ,N. (1968): Introduction to the Mathematics of Population. Addison- Wesley, Reading, Massachusetts.

KEYFITZ,N. (1972a): What mathematical demography tells that we would not know without it. Working paper of the East- West Population Institute. Honolulu.

KEYFITZ,N. (1972b): Population waves. In: Population Dynamics (T.N.E. Greville, ed.) 1 - 38, Academic Press, New York.

LAWRENCE,C.E.,A.I.MUNDIGO, and C.S.REVELLE (1972): A mathematical model for resource allocation in population programs. Demography 9, 465 - 483.

LOPEZ,A. (1961): Problems in stable population theory. Office of Population Research, Princeton University, Princeton.

LURY,D.A., ed. (1971): Statistics and manpower planning in the firm. The Statistican 20, No. 1, March 1971.

MANN,S.H. (1972): On the optimal size for exploited natural animal populations. Operations Research 21, 672 - 676.

MARSHALL,K.T. (1973): A comparison of two personnel prediction models. Operations Research 21, 810 - 822.

McFARLAND,D.D. (1972): A dynamic theory of the growth and structure of organizations. Bisher unveröffentlichtes Manuskript.

McNICOLL,G.)1971): On aggregative economic models and population policy. Working paper of the East- West Population Institute, Honolulu.

O'HARA,D.J. (1972): Mortality risks, sequential decisions on births, and population growth. Demography 9, 485 - 498.

O'HARA,D.J. (1973): Persönliche Mitteilung.

POLLARD,J.H. (1967): Hierarchical population models with Poisson recruitment, J. Appl. Prob. $\underline{4}$, 209 - 213.

POLLARD,J.H. (1968): A note on the age structures of learned societies. J.R. Statist. Soc. A, $\underline{131}$, 569 - 578.

POLLARD,J.H. (1973): Mathematical Models for the Growth of Human Populations. Cambridge at the University Press.

REINKE,W.A. (1970): The role of Operations Research in population planning. Operations Research $\underline{18}$, 1099 - 1111.

RYDER,N.B. (1964): Notes on the concept of a population. The American Journal of Sociology, Vol. 68, 447 - 463.

SCHULTZ,T.P. (1971): The effectiveness of population policies: alternative methods of statistical inference. Draft prepared for presentation to the Fourth Conference on the Mathematics of Population, Honolulu, Hawaii, July 28- August 1, 1971.

THONSTAD,T. (1969): Education and Manpower. Theoretical Models and Empirical Applications. Oliver and Boyd. Edinburgh.

WAUGH,W.A.O'N. (1971): Career prospects in stochastic social models with time - varying rates. Paper presented at the Fourth Conference on the Mathematics of Population, The East- West Center, Honolulu, Hawaii, July 28- August 1, 1971.

WILSON,N.A.B; ed. (1969):. Manpower research. Proceedings of a conference held under the aegis of the NATO Scientific Affairs Committee in London from 14 th - 18 th August, 1967, The English Universities Press, London.

Rückführung der Testgrößen nichtparametrischer Tests auf die der parametrischen Pendants

W. Eberl jun., Karlsruhe

Summary

In this paper it is shown that with the aid of a general formula it is possible to get from the statistic of a parametric test - computed with the "ranks" of the observations - the statistic of the corresponding nonparametric test for all nonparametric one-, two- or more-sample tests with an asymptotically normally- or χ^2 - distributed statistic under H_o.

Die Durchführung nichtparametrischer Tests bei k Stichproben $(x_{ij})_{1 \leqslant i \leqslant n_j}$ vom Umfang $n_j (n \leqslant j \leqslant k)$ erfordert i.a. drei Schritte:

1) Eine Transformation der Daten, die jedem Beobachtungswert x_{ij} einen transformierten Wert $a_{ij} = a(x_{ij}; \mathcal{X}_{ij})$ zuordnet, der jeweils von einer aus den Elementen der Menge $\mathcal{X}$ aller Beobachtungswerte konstruierten Menge $\mathcal{X}_{ij}$ abhängen kann.

2) Berechnung der Testgröße.

3) Vergleich der Testgröße mit dem (oder den) kritischen Wert(en).

In dieser Arbeit soll nur auf die Berechnung der Testgrößen eingegangen werden. Insbesondere soll die Berechnung solcher Testgrößen behandelt werden, die asymptotisch normal- bzw. χ^2-ver-
teilt sind. Für einzelne dieser Testgrößen stehen spezielle Be-
rechnungsformeln zur Verfügung, die im Einzelfall die Arbeit erheblich vereinfachen und für die Fälle gedacht sind, daß die Berechnungen von Hand oder mit kleinen Tischrechenmaschinen durchgeführt werden müssen. Stehen dagegen programmierbare Kleincom-
puter oder größere bzw. Großrechenanlagen zur Verfügung, so ist
zu prüfen, ob der Vorteil relativ einfacher Berechnungsweise
nicht in einigen Fällen durch den Nachteil vieler jeweils getrennt zu erstellender Programme mehr als aufgewogen wird. Hier
wird gezeigt, daß für eine umfangreiche Gruppe bekannter nichtparametrischer Tests die Programme für die t-Tests und für die
klassische Varianzanalyse unverändert eingesetzt werden können,
wobei anschließend nur eine einfache Umrechnung der Teststatistik vorzunehmen ist. Ein Vorteil dieser Vorgehensweise liegt
auch darin, daß die Teststatistiken bei einem eventuellen Auftreten von Bindungen ("ties") automatisch entsprechend der modifizierten Varianz korrigiert werden, ohne daß die in den sonst
üblichen Formeln auftretenden t_i-s (= Vielfachheit der i-ten
Bindung) herangezogen werden.

Folgende Größen werden benötigt:

$$n := \sum_{j=1}^{k} n_j \; ;$$

$$a_{.j} := \sum_{i=1}^{n_j} a_{ij}, \quad \bar{a}_{.j} := \frac{a_{.j}}{n_j} , \quad Q_{.j} := \sum_{i=1}^{n_j} (a_{ij} - \bar{a}_{.j})^2 \quad (1 \leqslant j \leqslant k) \; ;$$

$$a_{..} := \sum_{j=1}^{k} a_{.j}, \quad \bar{a}_{..} := \frac{a_{..}}{n}, \quad Q_{..} := \sum_{i,j} (a_{ij} - \bar{a}_{..})^2 \; .$$

Dabei gilt

$$Q_{..} = \sum_{j=1}^{k} Q_{.j} + \sum_{j=1}^{k} n_j (\bar{a}_{.j} - \bar{a}_{..})^2 \; . \tag{1}$$

Zweistichprobentests für unabhängige Stichproben

Bei den nichtparametrischen Zweistichprobentests für unabhängige
Stichproben wird von den Beobachtungswerten x_{ij} ($1 \leqslant i \leqslant n_j$; $j = 1,2$)
zu den Transformierten $a_{ij} = a(x_{ij}; \mathcal{X})$ übergegangen, d.h., daß
jedes einzelne a_{ij} von den x-Werten beider Stichproben abhängt.
Die a_{ij} können z.B. Ränge sein, wobei die Behandlung von Bindungen ("ties") und die Art der vorgenommenen Transformation
unwesentlich sind. Als mögliche Anwendungen seien hier der Rang-
summen-Test und der X-Test von Van der Waerden zitiert. Die Testvorschrift besteht dann bei den hier betrachteten Tests in der
Berechnung von $a_{.1}$.

Für kleine Stichprobenumfänge n_1 und n_2 liegen bei den klassischen Tests Tabellen der kritischen Werte vor. Bei Datensätzen
mit größeren Stichprobenumfängen wird die Beurteilung auf Grund
der standardisierten Maßzahl

$$ z = \frac{a_{.1} - n_1 \bar{a}_{..}}{\sigma} \quad \left(\sigma := \sqrt{\frac{Q_{..} \, n_1 n_2}{n \, (n-1)}} \right), $$

die als Realisation einer näherungsweise normalverteilten Zufallsvariablen mit Erwartungswert 0 und Varianz 1 interpretiert werden kann, vorgenommen.

$$ \text{Wegen} \quad \bar{a}_{..} = \frac{n_1 \bar{a}_{.1} + n_2 \bar{a}_{.2}}{n_1 + n_2} $$

$$ \text{ist} \quad a_{.1} - n_1 \bar{a}_{..} = \frac{n_1 n_2}{n_1 + n_2} (\bar{a}_{.1} - \bar{a}_{.2}), $$

so daß gilt

$$ z = \frac{(\bar{a}_{.1} - \bar{a}_{.2}) \sqrt{\dfrac{n_1 n_2}{n_1 + n_2}}}{\sqrt{\dfrac{Q_{..}}{n-1}}} . \tag{2} $$

Aus (1) und wegen

$$(\bar{a}_{.j} - \bar{a}_{..})^2 = \frac{n_1^2 n_2^2 \, (\bar{a}_{.1} - \bar{a}_{.2})^2}{(n_1+n_2)^2 \, n_j^2} \qquad (j = 1,2)$$

folgt

$$\frac{Q_{..}}{n-1} = \frac{n-2}{n-1} \cdot \frac{Q_{.1} + Q_{.2}}{n-2} \left\{ 1 + \frac{(\bar{a}_{.1} - \bar{a}_{.2})^2 \, \frac{n_1 n_2}{n_1 + n_2}}{Q_{.1} + Q_{.2}} \right\} . \qquad (3)$$

Mit

$$t = \frac{(\bar{a}_{.1} - \bar{a}_{.2}) \sqrt{\frac{n_1 n_2}{n_1 + n_2}}}{\sqrt{\frac{1}{n_1 + n_2 - 2} \, (Q_{.1} + Q_{.2})}}$$

erhält man aus (2) und (3)

$$z = \sqrt{\frac{n-1}{n-2}} \; \frac{t}{\sqrt{1 + t^2/(n-2)}} \qquad (4)$$

Man kann also die Testgröße für die hier betrachteten Zweistichprobentests dadurch erhalten, daß man den Zweistich-
proben-t-Test für unverbundene Stichproben mit den a_{ij} durchrechnet und den dabei erhaltenen t-Wert gemäß (4) umformt.

Mehrstichprobentests für k unabhängige Stichproben

Bei den nichtparametrischen Mehrstichprobentests für k unabhängige Stichproben wird von den Beobachtungswerten x_{ij}
($1 \leqslant i \leqslant n_j$; $1 \leqslant j \leqslant k$) zu den Transformierten $a_{ij} = a(x_{ij}; \mathfrak{X})$ übergegangen, d.h., daß jedes einzelne a_{ij} von den x-Werten aller
k Stichproben abhängt. Die a_{ij} können wieder z.B. Ränge sein,
wobei auch hier die Behandlung von Bindungen und die Art der
vorgenommenen Transformation unwesentlich sind. Als mögliche
Anwendungen seien hier der Kruskal-Wallis-Test, der Test von
Fisher-Yates-Hoeffding, der X-Test von Van der Waerden und der
Median-Test (vgl. jeweils [1], pp.104) angegeben. Die Test-

vorschrift besteht in all diesen Fällen in der Berechnung der
Maßzahl

$$x^2 = \frac{n-1}{Q_{..}} \sum_{j=1}^{k} n_j \, (\bar{a}_{.j} - \bar{a}_{..})^2 \quad , \tag{5}$$

die als Realisation einer näherungsweise χ^2_{k-1} -verteilten Zufallsvariablen angesehen werden kann, falls die Stichprobenumfänge n_j $(1 \leqslant j \leqslant k)$ hinreichend groß sind.

Wegen (1) erhält man mit

$$F = \frac{\frac{1}{k-1} \sum_{j} n_j \, (\bar{a}_{.j} - \bar{a}_{..})^2}{\frac{1}{n-k} \sum_{i,j} (a_{ij} - a_{.j})^2}$$

aus

$$x^2 = (n-1) \, \frac{\frac{k-1}{n-k} \, F}{1 + \frac{k-1}{n-k} \, F} \quad . \tag{6}$$

Man kann also die Teststatistik für einen der hier betrachteten
Mehrstichprobentests dadurch erhalten, daß man mit den a_{ij} eine
einfache Varianzanalyse durchrechnet und den dabei erhaltenen
F-Wert gemäß (6) umrechnet.

Mehrstichprobentests für k abhängige Stichproben

Bei nichtparametrischen Mehrstichprobentests für k abhängige
Stichproben, die alle den Stichprobenumfang m haben, wird von
den Beobachtungswerten x_{ij} $(1 \leqslant i \leqslant m \, ; \, 1 \leqslant j \leqslant k)$ zu den Transformierten $a_{ij} = a \, (x_{ij} \, ; \, \mathcal{X}_i)$ übergegangen, wo $\mathcal{X}_i = \{x_{i1}, \ldots, x_{ik}\}$
$(1 \leqslant i \leqslant m)$ ist, d.h., daß die einzelnen a_{ij} jeweils bei festem i
von den Werten $x_{i1}, \ldots, x_{ik}$ abhängen. Werden z.B. m Objekte
unter jeweils k verschiedenen Bedingungen untersucht, so können
die a_{ij} die Ränge der k Versuchsergebnisse für das i-te
Objekt darstellen. Auch hier ist wieder die Behandlung von Bindungen und die Art der Transformation unwesentlich. Mögliche An-

wendungen sind hier z.B. der Friedman-Test oder im Fall m=2 die
Berechnung des Spearman'schen Rangkorrelationskoeffizienten. Die
Testvorschrift für die hier betrachteten Tests besteht in der
Berechnung der Maßzahl

$$\chi^2 = \frac{k-1}{k} \sum_{j=1}^{k} \frac{(a_{.j} - \mu_j)^2}{\sigma_j^2} \tag{7}$$

mit

$$\mu_j := \frac{1}{k} a_{..} \quad \text{und} \quad \sigma_j^2 := \sum_{i=1}^{m} \frac{Q_{i.}}{k}$$

$$(Q_{i.} := \sum_{j=1}^{k} (a_{ij} - \bar{a}_{i.})^2 \ , \ \bar{a}_{i.} := \frac{1}{k} \sum_{j=1}^{k} a_{ij} \quad (1 \leq i \leq m)) \ ,$$

die als Realisation einer näherungsweise χ^2_{k-1}-verteilten Zufallsvariablen angesehen werden kann, falls m groß genug ist.

Wegen

$$\sum_{j=1}^{k} (a_{.j} - \mu_j)^2 = m^2 \cdot \sum_{j=1}^{k} (\bar{a}_{.j} - \bar{a}_{..})^2$$

und

$$\sum_{i=1}^{m} Q_{i.} = \sum_{i,j} (a_{ij} - \bar{a}_{i.} - \bar{a}_{.j} + \bar{a}_{..})^2 + \sum_{j=1}^{k} m(\bar{a}_{.j} - \bar{a}_{..})^2$$

gilt

$$\chi^2 = \frac{k-1}{\sum_{i=1}^{m} Q_{i.}} \sum_{j=1}^{k} (a_{.j} - \mu_j)^2$$

$$= (k-1) \, m \, \frac{\sum_{j=1}^{k} m(\bar{a}_{.j} - \bar{a}_{..})^2}{\sum_{i,j} (a_{ij} - \bar{a}_{i.} - \bar{a}_{.j} + \bar{a}_{..})^2 + \sum_{j=1}^{k} m(\bar{a}_{.j} - \bar{a}_{..})^2}$$

Mit

$$F = \frac{\dfrac{1}{k-1} \displaystyle\sum_{j=1}^{k} m(\bar{a}_{.j} - \bar{a}_{..})^2}{\dfrac{1}{(m-1)\,(k-1)} \displaystyle\sum_{i,j} (a_{ij} - \bar{a}_{i.} - \bar{a}_{.j} + \bar{a}_{..})^2}$$

ergibt sich daher

$$X^2 = (k-1)\, m\ \frac{\dfrac{k-1}{(m-1)\,(k-1)} \cdot F}{1 + \dfrac{k-1}{(m-1)\,(k-1)} \cdot F} = (k-1)m\ \frac{\dfrac{F}{m-1}}{1 + \dfrac{F}{m-1}}\ . \tag{8}$$

Die Teststatistik eines der hier betrachteten Mehrstichprobentests für abhängige Stichproben läßt sich also dadurch berechnen, daß man mit den a_{ij} eine zweifache Varianzanalyse (mit
einer Besetzung pro Zelle) durchrechnet und den dabei gewonnenen
F-Wert gemäß (8) umrechnet.

Symmetrie-Tests

Wir betrachten nun nichtparametrische Symmetrie-Tests
($k = 2$, $n_1 = n_2 =: m$), bei denen den von 0 verschiedenen Differenzen $d_i = x_{i2} - x_{i1}$ (o.B.d.A.: $1 \leqslant i \leqslant m'$) auf Grund ihres Ab-
solutbetrages Transformierte $a_i = \hat{a}(d_i;\ \{d_1, \ldots, d_m\})$ zugeordnet
werden, deren Vorzeichen sich jeweils nach dem von d_i richtet.
Die a_i können hier z.B. die mit dem Vorzeichen versehenen
Ränge der Absolutbeträge der d_i sein. Die Behandlung von Bindungen und die Art der vorgenommenen Transformation sind wieder
unwesentlich. Als Beispiel sei hier der "Wilcoxon matched-pairs
signed-ranks test" (Wilcoxon-Symmetrie-Test) genannt.

Sei im folgenden

$$a_+ := \sum_{d_i > 0} |a_i|\ , \qquad a_- := \sum_{d_i < 0} |a_i|\ ;$$

$$a_. := a_+ - a_-\ , \qquad |a|_. := a_+ + a_-\ ;$$

$$\bar{a}_. := \frac{1}{m'}\, a_.\ \ .$$

Die Testvorschrift besteht dann in der Berechnung von $\min\{a_+, a_-\}$. Für $m' \leq 65$ findet man z.B. für den Wilcoxon-Symmetrie-Test in [2], Seite 245, eine Tabelle der kritischen Werte für die Verteilung dieser Testgröße. Für größere m' kann die Beurteilung der Daten auf Grund der standardisierten Maßzahl

$$z = \frac{a_+ - \frac{1}{2}\,|a|_\cdot}{\sqrt{\frac{1}{4}\sum_{i=1}^{m'} a_i^2}} \tag{9}$$

die als Realisation einer näherungsweise normalverteilten Zufallsvariablen mit Erwartungswert 0 und Varianz 1 interpretiert werden kann, vorgenommen werden.

Anwendung der Definitionen von $|a|_\cdot$ und $a_\cdot$ ergibt unmittelbar

$$z = \frac{a_\cdot}{\sqrt{\sum_{i=1}^{m'} a_i^2}} = \frac{\sum_{i=1}^{m'} a_i}{\sqrt{\sum_{i=1}^{m'} a_i^2}} \tag{10}$$

Weiter folgt

$$z = \frac{m'\,\bar{a}_\cdot}{\sqrt{\sum_{i=1}^{m'} (a_i - \bar{a}_\cdot)^2 + m'\bar{a}_\cdot^2}}$$

weswegen mit

$$t = \frac{\bar{a}_\cdot}{\sqrt{\dfrac{\sum_{i=1}^{m'} (a_i - \bar{a}_\cdot)^2}{m'(m'-1)}}}$$

die in (9) angegebene Maßzahl in der Form

$$z = \sqrt{\frac{m'}{m'-1}} \cdot \frac{t}{\sqrt{1 + \frac{t^2}{m'-1}}} \qquad (11)$$

geschrieben werden kann. Das bedeutet, daß die Testgröße der
hier betrachteten Symmetrie-Tests dadurch berechnet werden
kann, daß man mit den a_i den t-Test für 2 verbundene Stichproben durchrechnet und den dabei erhaltenen t-Wert gemäß (11)
umrechnet. Hier ist besonders auffallend, daß man in (10) eine
ganz einfache spezielle Formel zur Berechnung von z hat und
(11) eigentlich nur wegen der Rückführung auf den t-Test für
verbundene Stichproben von Interesse ist.

Schlußbemerkung

Durch die Formeln (4), (6), (8) und (11) wird die Berechnung
der Testgröße für den Großteil der nichtparametrischen Tests
auf die Berechnung der Testgröße des jeweiligen parametrischen
Pendants zurückgeführt. Rechnet man mit den "Rangzahlen" das
jeweilige parametrische Pendant durch, so erhält man die Testgröße für den anstehenden nichtparametrischen Test mit Hilfe
der einheitlichen Formel

$$\chi^2 = (\gamma_1 + \gamma_2)\ \frac{\frac{\gamma_1}{\gamma_2} F}{1 + \frac{\gamma_1}{\gamma_2} F})$$

wobei F die Testgröße des parametrischen Pendants oder das
Quadrat dieser ist, je nachdem ob sie unter den Voraussetzungen
der parametrischen Theorie F- oder t-verteilt ist, und
γ_1 sowie γ_2 die entsprechenden Freiheitsgrade sind.

Literatur

[1] J. Hájek, Z. Šidak: Theory of Rank tests,
     Acad. Press, New York, London, 1967.

[2] L. Sachs: Statistische Auswertungsmethoden,
     Springer, Berlin, Heidelberg, New York,
     3. Auflage, 1972.

Monotonieeigenschaften bei Zuverlässigkeitsproblemen

K.-W. Gaede, Darmstadt

Summary: Using a special class of reliability problems as example, it is shown how one can construct bounds for the distribution function of the time to system failure and for the pointwise availability in the steady state provided there are given bounds for the input parameters of the system.

O. Einleitung. Wie bei den meisten praktischen Problemen sind auch in den Anwendungen der Zuverlässigkeitstheorie die Eingangsdaten selten exakt vorgegeben. Sie müssen i.a. aufgrund vorliegender Stichproben bzw. aufgrund mehr oder minder fundierter Vermutungen geschätzt werden. Üblicherweise erhält man dabei Intervalle, in denen die Eingangsdaten mit einer gewissen Sicherheitswahrscheinlichkeit oder auch fast sicher liegen. Sind die Eingangsdaten reelle Zahlen, so handelt es sich um Intervalle im $\mathbb{R}^1$. Liegen jedoch Verteilungsfunktionen (Abkürzung: Vfn = Verteilungsfunktionen, Vf = Verteilungsfunktion) F als Eingangsdaten vor, so erhält man für sie vielfach Abschätzungen der Form

$$\overset{\vee}{\underset{}{\Phi}}(x) \leq F(x) \leq \overset{\wedge}{\underset{}{\Phi}}(x), \qquad x \in \mathbb{R} \qquad\qquad (0.1)$$

wobei $\overset{\vee}{\Phi}$, $\overset{\wedge}{\Phi}$ durch Testergebnisse oder andern Überlegungen ermittelte Vfn sind.
(Sind T, $\hat{T}$ Zufallsgrößen, für deren Verteilungsfunktion $\overset{\vee}{\Phi}$, $\overset{\wedge}{\Phi}$ (0.1) gilt, so ist es anschaulich, $\hat{T}$ "stochastisch nicht kleiner (größer)" als T zu nennen. Näheres siehe [Gaede, (1973)]).
Für die interessierenden Ergebnisgrößen, die durch Verarbeitung der Eingangsdaten in einem mathematischen Modell gewonnen werden, wird man wieder nur Abschätzungen erhalten, d.h. man wird gewisse Mengen (von möglichst geringem Umfang) ermitteln, in denen die Ergebnisgrößen enthalten sind. Vorzugsweise wird man - wegen der bequemen

Interpretation und um eine Weiterverarbeitung der Ergebnisse
zu erleichtern - für die Ergebnisgrößen wieder Intervalle oder
Abschätzungen der Form (0.1) angeben wollen.

Hierfür werden im Folgenden einige Hilfsmittel bereitgestellt. Um
die Anschaulichkeit zu erhöhen, werden sie an einem konkreten Modell der Zuverlässigkeitstheorie exemplarisch erläutert.

1. **Beschreibung des Systems**. Betrachtet wird ein System aus n+1
Komponenten (n $\in$ $\mathbb{N}$), die "intakt" bzw. "ausgefallen" sein können.
Jeweils eine der intakten Komponenten ist die "operative" Komponente, die übrigen werden als Reservekomponenten betrachtet. Das
System sei ausgefallen, solange alle n+1 Komponenten ausgefallen
sind, also keine Komponente als operative Komponente eingesetzt
werden kann. Es ist eine Reparaturstelle verfügbar, die jeweils
höchstens eine der ausgefallenen Komponenten zur gleichen Zeit re-
parieren kann. Es sei

Φ die Vf der Lebensdauer der operativen Komponente
   mit Φ(t) = 0 für t $\leq$ 0;

$1-e^{-\lambda t}$ die Vf der Lebensdauer jeder Reservekomponente
   für t $\geq$ 0 mit 0$<\lambda \in \mathbb{R}$;

$1-e^{-\mu t}$ die Vf der Reparaturdauer
   für t $\geq$ 0 mit 0 $< \mu \in \mathbb{R}$.

Lebensdauern und Reparaturdauern werden wie üblich als unabhängig
vorausgesetzt.
Hier werden beispielhaft folgende Ergebnisgrößen betrachtet:

A_i(t): Die Vf der Zeitspanne bis zum Systemausfall, falls zur Zeit
t = 0 mit i ausgefallenen Komponenten gestartet wird.

Die Verfügbarkeit r(∞) des Systems für t $\to \infty$, d.h.

r(∞) := $\lim_{t \to \infty}$ w(System ist intakt zur Zeit t).

Eine ausführliche Systembeschreibung, die Herleitung der Gleichungen (2.8) und einige numerische Ergebnisse findet man in
[Kistner, Subramanian].

2. Bezeichnungen; das Gleichungssystem für die $A_i(t)$

Mit den bei Markov-Erneuerungsprozessen üblichen Schlußweisen
(siehe z.B. $\left[\text{Çinlar, 1969}\right]$) ergibt sich ein System von Faltungsgleichungen für die gesuchten Vfn $A_i(t)$. Um die Schreibweise zu
vereinfachen und zu komprimieren werden folgende Bezeichnungen verwendet:

$$\alpha_i := (n-i)\lambda, \ i = 0(1)n; \ \beta_j = \mu, \ j = 1(1)n; \ \beta_o = 0. \tag{2.1}$$

$$B = (B_{ij}) \text{ mit } B_{ij} = \begin{cases} -(\alpha_j + \beta_j) & \text{falls } i = j \\ \beta_{j+1} & \text{falls } i = j+1, \ j = 0(1)n-1 \\ \alpha_{j+1} & \text{falls } i = j-1 \\ 0 & \text{sonst} \end{cases} \tag{2.2}$$

$$P_o(t) = (P_{ij}(t)); \ i, j = 0(1)n.$$

Unterstrichene Buchstaben bezeichnen Spaltenvektoren, über-
strichene Buchstaben bezeichnen Zeilenvektoren. Übergesetzter
Punkt bezeichne Differentiation nach t. Differentiation, Integration von Matrizen soll stets elementweise vorgenommen werden.
Auch die Relationen "größer" oder "gleich" zwischen Matrizen sind
elementweise zu verstehen, ebenso Aussagen über Isotonie und Nicht-
negativität.

$I :=$ Einheitsmatrix passender Dimension.

P_o ist Lösung von

$$\dot{P}_o(t) = P_o(t) \, B \text{ mit } P_o(0) = I. \tag{2.3}$$

Ist $M = (M_{ij})$ eine m×n Matrix, $N = (N_{ij})$ eine n×r Matrix und sind
$M_{ij}: \mathbb{R} \rightarrow \mathbb{R}$ isotone Funktionen, so bezeichne

$$M*N(t) := \left(\sum_{k=0}^{m} \int_o^t dM_{ik}(x) N_{kj}(t-x) \right) = \left(\sum_{k=0}^{m} M_{ik} * N_{kj} \right).$$

Weiter sei

$$\underline{p} := (P_{in}), \quad i = O(1)n$$

die letzte Spalte von P_O und P die Matrix der übrigen Spalten von P_O, also

$$P_O = (P, \underline{p}) \tag{2.5}$$

und es sei

$$Q := \int_O^t (\underline{O}, P(x)) d\overline{\Phi}(x), \tag{2.6}$$

wobei

> $\underline{O}$:= Spaltenvektor passender Dimension dessen Komponenten alle Null sind.

Allgemein sei

> O := Die reelle Zahl O oder eine Matrix passender Dimension, deren Elemente alle Null sind.

Für den Spaltenvektor

$$\underline{a} := (A_i), \qquad i = O(1)n, \tag{2.7}$$

der gesuchten Vfn der Zeiten bis zum ersten Systemausfall, wenn zur Zeit $t = O$ mit i ausgefallenen Komponenten gestartet wird, ergibt sich dann

$$\underline{a}(t) = Q * \underline{a}(t) + \int_O^t \underline{p}(x) d\overline{\Phi}(x), \quad t \geq 0. \tag{2.8}$$

(Trivialerweise ist $\underline{a}(t) = \underline{O}$ für $t < O$).

Ist

$$U = (U_{ij}) \text{ mit } U_{ij} = \begin{cases} 1 \text{ falls } i \leq j \\ O \text{ sonst} \end{cases}, \quad j = O(1)n \tag{2.9}$$

$$\underline{u} := (1,1,\ldots,1)^T \text{ (jeweils passende Dimension)}, \tag{2.10}$$

so gilt wegen $\sum_{j=O}^{n} P_{ij} = 1$, $i = O(1)n$

$$\underline{u} = P_O \underline{u} = (P, \underline{p})\underline{u} = (\underline{O}, P)\underline{u} + \underline{p}.$$

Integriert bezüglich Φ liefert dies mit (2.6)

$$u\underline{\overline{\Phi}} = Q\underline{u} + \int_0^t \underline{p}\,d\overline{\Phi}. \tag{2.11}$$

Eliminiert man hiermit $\int_0^t \underline{p}\,d\overline{\Phi}$ in (2.8), so ergibt sich

$$\underline{a} = \underline{u}\,\overline{\Phi} - Q\underline{u} + Q*\underline{a}. \tag{2.12}$$

<u>3. Auswirkung der Änderung von λ und μ</u>. Verwendet man im vorigen Abschnitt statt der Parameter λ, μ neue Parameter $\hat{\lambda}$, $\hat{\mu} > 0$ mit $\hat{\lambda} \leq \lambda$, $\hat{\mu} \geq \mu$ und läßt $\overline{\Phi}$ unverändert, so wird die Reparaturzeit stochastisch kleiner, die Lebensdauer der Reservekomponenten stochastisch größer.

Zur Kennzeichnung der Auswirkungen dieser Parameteränderung sei vereinbart die

<u>Notation:</u> (3.1)

Eine durch übergesetztes $\wedge$ gekennzeichnete Größe entsteht aus λ, μ > 0 auf dieselbe Weise, wie die mit denselben Buchstaben bezeichnete Größe ohne übergesetztes $\wedge$ aus λ, μ > 0 entsteht.

Intuitiv wird die Vermutung nahegelegt, daß durch die beschriebene Änderung von λ und μ die Systemlebensdauer stochastisch größer wird und auch die Verfügbarkeit größer wird. Diese Vermutung wird bestätigt und formalisiert in

<u>Satz 1:</u> Ist $\hat{\lambda} \leq \lambda$, $\hat{\mu} \geq \mu$, so gilt

(i) $\quad \hat{\underline{a}}(t) \leq \underline{a}(t), \quad t \geq 0$

(ii) $\quad \hat{r}(\infty) \geq r(\infty)$

(Bezeichnungen gemäß (3.1) und Abschnitt 2.)

<u>Beweis von Satz 1:</u> Er wird gegliedert in mehrere Behauptungen (Beh.), die nacheinander bewiesen werden.

<u>Beh.1:</u> Ist $M = (M_{ij})$, $M_{ij} \in \mathbb{R}$, $M_{ij} \geq 0$ für $i \neq j$, $i,j = 0(1)n$,

und $\dot{Y} = YM$, $Y(0) = 0$,

so gilt $Y(t) \geq 0$ für $t \geq 0$.

__Beweis:__ Mit $c := \max\limits_{i=0(1)n} |M_{ii}|$ liefert die Substitution $X = e^{ct}Y$

$$\dot{X} = X(M+cI), \quad X(0) = Y(0) \geq 0.$$

Wegen $M+cI \geq 0$ folgt sofort $X(t) \geq 0$ für $t \geq 0$ und damit auch

$$Y(t) = e^{-ct}X(t) \geq 0 \text{ für } t \geq 0.$$

__Beh. 2:__ Ist $\hat{\lambda} \leq \lambda$, $\hat{\mu} \geq \mu$, so ist $(\hat{Q}-Q)U$ nichtnegativ und isoton.

__Beweis:__ Wie man sich leicht überzeugt, liefert Satz 4i) in $\llbracket$Gaede, 1973$\rrbracket$ im vorliegenden Problem $P_o U \leq \hat{P}_o U$. Daraus folgt

$$0 \leq ((\underline{O}, \hat{P}) - (\underline{O}P))U.$$

Nach (2.6) ist aber

$$(\hat{Q}-Q)U = \int\limits_{0}^{t} ((\underline{O}, \hat{P}) - (\underline{O}, P))U\,d\bar{\Phi}.$$

Mit der vorangehenden Ungleichung ergibt sich daraus Beh. 2.

__Beh. 3:__ $U^{-1}QU$, $U^{-1}\hat{Q}U$ sind nichtnegativ und isoton.

__Beweis:__ Wegen $\dot{P}_o = P_o B$, $P_o(0) = I$, siehe (2.3), ist

$$U^{-1}\dot{P}_o U = U^{-1}P_o U U^{-1}BU; \quad U^{-1}P_o(0)U = I.$$

Wie man nachrechnet, hat $U^{-1}BU$ folgende Komponenten

$$(U^{-1}BU)_{ij} = \begin{cases} -(\alpha_{j+1}+\beta_j) & \text{falls } i = j \\[2mm] \beta_{j+1} & \text{falls } i = j+1, \text{ für } j = 0(1)n \\[2mm] \alpha_j & \text{falls } i = j-1 \\[2mm] 0 & \text{sonst,} \end{cases}$$

Daher ist mit $Y := U^{-1}P_o U$, $M := U^{-1}BU$ Beh. 1 anwendbar und liefert $U^{-1}P_o(t)U \geq 0$ für $t \geq 0$. Mit der Zerlegung

$$U = \begin{pmatrix} U_o & \underline{u}_o \\ 0 & 1 \end{pmatrix},$$

wobei U_o, $\underline{u}_o$ n-reihige Matrizen bzw. Spaltenvektoren gemäß (2,9), (2.10) sind, ergibt die letzte Ungleichung zusammen mit (2.5)

$$O \leq U^{-1}(P, \underline{p}) \begin{pmatrix} U_o & \underline{u}_o \\ \underline{O} & 1 \end{pmatrix}, \text{ also insbesondere}$$

$$O \leq U^{-1}PU_o.$$

Andererseits ist

$$U^{-1}(\underline{O}, P)U = U^{-1}(O,P) \begin{pmatrix} 1 & \underline{u}^T_o \\ \underline{O} & U_o \end{pmatrix} = (\underline{O}, U^{-1}PU_o)$$

und die letzte Ungleichung liefert

$$O \leq U^{-1}(O,P)U.$$

Aus (2.6) folgt aber

$$U^{-1}QU = \int_o^t U^{-1}(\underline{O}, P)U d\Phi$$

und mit der letzten Ungleichung folgt die Beh. 3 für $U^{-1}QU$ und wegen der Notation (3.1) auch für $U^{-1}\hat{Q}U$.

<u>Beh. 4</u>: Sind M, N: $[O,\infty) \to \mathbb{R}$ nichtnegative und isotone Funktionen, so sind auch M*N und M+N nichtnegativ und isoton. Dasselbe gilt, falls M, N nichtnegative, isotone Matrizen passender Dimension sind.

<u>Beweis</u>: klar.

<u>Beh. 5</u>: Ist $R := \sum_{j=0}^{\infty} Q^{*j}$, und gilt $\hat{\lambda} \leq \lambda$, $\hat{\mu} \geq \mu$,

so ist $(\hat{R}-R)U$ nichtnegativ und isoton.

<u>Bemerkung</u>: $\hat{R}$ ergibt sich gemäß (3.1) als $\hat{R} = \sum_{j=0}^{\infty} \hat{Q}^{*j}$. Wie üblich sei

$$Q^{*O} = \begin{cases} I & \text{für } t \geq O \\ O & \text{für } t < O \end{cases}, \quad Q^{*1} := Q; \quad Q^{*j} = Q^{(j-1)} * Q, \; j \in \mathbb{N}.$$

Aus Bequemlichkeit identifiziert man in geeignetem Kontext Q^{*O} und I. Dies soll hier auch geschehen.

<u>Beweis</u>: Bekanntlich (siehe z.B. [Çinlar, 1969]) konvergieren wegen $\Phi(O) = O$ und damit $Q(O) = O$ die Reihen für R und $\hat{R}$ und es gilt

$$R = I + R*Q, \quad \hat{R} = I + \hat{R}*\hat{Q} . \tag{3.2}$$

Subtraktion und Umformung liefert

$$(\hat{R}-R)U = (\hat{R}-R)U*U^{-1}QU+R*(\hat{Q}-Q)U. \tag{3.3}$$

Nach Beh. 3 ist $U^{-1}QU$ isoton und nichtnegativ. Damit ist $(U^{-1}QU)^{*j}$ definiert und es gilt $(U^{-1}QU)^{*j} = U^{-1}Q^{*j}U$.

Also ist

$$H := U^{-1}RU = \sum_{j=0}^{\infty} (U^{-1}QU)^{*j}$$

konvergent und aus (3.3) folgt mit dieser Resolvente H

$$(\hat{R}-R)U = \hat{R}*(\hat{Q}-Q)U*H.$$

Nun ist offenbar $\hat{Q}$ nichtnegativ und isoton. Weiter ist nach Beh. 3 $U^{-1}QU$ nichtnegativ und isoton. Nach Beh. 4 gilt daher dasselbe für $\hat{R}$ und H. Beachtet man noch, daß nach Beh. 2 auch $(\hat{Q}-Q)U$ diese Eigenschaft hat, so folgt mit Beh. 4 aus der letzten Gleichung die zu beweisende Beh. 5.

<u>Beh. 6</u>: Es gilt Satz 1(i), d.h. $\hat{\underline{a}}(t) \leq \underline{a}(t)$ für $t \geq 0$.

<u>Beweis</u>: Mit $R = \sum_{j=0}^{\infty} Q^{*j}$ folgt aus (2.12)

$$\underline{a} = R*(\underline{u}\bar{\phi} - Q\underline{u}) = R*(\underline{u}\bar{\phi}) - R*(Q\underline{u}) .$$

Versteht man analog zu I in der Bemerkung zu Beh. 5 unter $\underline{u}$ auch die Abbildung $\mathbb{R} \rightarrow \mathbb{R}^{n+1}$ mit $t \mapsto \underline{u}$ für $t \geq 0$, $t \mapsto \underline{0}$ für $t < 0$, so kann man statt $\underline{u}\phi$ auch $\underline{u}*\phi$ und statt $Q\underline{u}$ auch $Q*\underline{u}$ schreiben. Aus der letzten Gleichung wird daher

$$\underline{a} = R*\underline{u}*\bar{\phi} - R*Q*\underline{u} .$$

Aus (3.2) folgt $R*Q = R-I$ und damit für $t \geq 0$

$$\underline{a} = R*\underline{u}*\bar{\phi} - (R-I)*\underline{u}$$
$$= R*\underline{u}*\bar{\phi} - R*\underline{u} + I*\underline{u}$$
$$= \underline{u} - R*(\underline{u}*I_1 - \underline{u}*\bar{\phi}),$$

wobei I_1 die eindimensionale Einheitsabbildung $\mathbb{R} \rightarrow \mathbb{R}$ ist mit $t \mapsto 1$ für $t \geq 0$, $t \mapsto 0$ für $t < 0$.

Also ist

$$a = u - R*u*(I.-\bar{\phi}) \tag{3.4}$$

und analog $\quad \hat{\underline{a}} = \underline{u} - \hat{R} * \underline{u} * (I_1 - \hat{\Phi})$.

Subtraktion gibt $\underline{a} - \hat{\underline{a}} = (\hat{R} - R) * \underline{u} * (I_1 - \Phi)$. $\hspace{2cm}$ (3.5)

Nun ist $\underline{u}$ die letzte Spalte von U und daher ist nach Beh. 5
$(\hat{R} - R) * \underline{u}$ nichtnegativ und isoton. Da wegen $I_1 - \Phi = \begin{cases} 1 - \Phi & \text{für } t \geq 0, \\ 0 & \text{sonst} \end{cases}$
$I_1 - \Phi$ nichtnegativ ist, ergibt sich mit Beh. 4 aus (3.5) die zu
zeigende Beh. 6: $\underline{a} - \hat{\underline{a}} \geq \underline{0}$.

<u>Beh. 7</u>: Es gilt Satz 1(ii), d.h. $\hat{r}(\infty) \geq r(\infty)$.

<u>Beweis</u>: Die Zeitpunkte, in denen das System ausfällt und in denen
es wieder intakt wird, bilden einen alternierenden Erneuerungspro-
zess. Dabei haben - abgesehen von der Inbetriebnahme des Systems
zur Zeit Null bis zum ersten Ausfall - die Reparaturzeiten für
$t > 0$ die Vf $1 - e^{-\mu t}$ und die Betriebszeiten die Vf $A_n(t)$, denn bei
Wiederaufnahme des Systembetriebs nach einer Systemreparatur sind
ja alle n Ersatzteile nicht intakt. Existiert der zu $A_j(t)$ gehörige
Erwartungswert

$$\tau_j := \int_0^\infty (1 - A_j(t))dt, \quad j = 0(1)n, \hspace{2cm} (3.6)$$

so gilt bekanntlich, da $1/\mu$ der Erwartungswert der Reparaturzeit
ist,

$$r(\infty) = \frac{\tau_n}{\frac{1}{\mu} + \tau_n} = 1 - \frac{1}{1 + \mu \tau_n} \quad .$$

Aus $\hat{\lambda} \leq \lambda, \hat{\mu} \geq \mu$ folgt nach Satz 1(i) $\hat{A}_n(t) \leq A_n(t)$, also mit (3.6)
auch $\hat{\tau}_n \geq \tau_n$ und nach der letzten Gleichung $\hat{r}(\infty) \geq r(\infty)$ also Beh. 7.
Nun zur Existenz von τ_n. Es ist bekanntlich $P_0(t) > 0$ für $t \geq 0$,
also auch insbesondere $\underline{p}(t) > 0$ für $t > 0$. Aus (2.11) folgt für
$t \to \infty$: $\underline{u} > \lim_{t \to \infty} Q(t)\underline{u} = \tilde{Q}\underline{u}$, wobei $\tilde{Q} = \lim_{t \to \infty} Q(t)$. $\tilde{Q}$ erfüllt also das
Zeilensummenkriterium und daher konvergiert

$$\tilde{R} = \sum_{j=0}^\infty \tilde{Q}^j = (I - \tilde{Q})^{-1}$$

und der Satz über die monotone Konvergenz gibt

$$\tilde{R} = \lim_{t \to \infty} R(t).$$

Aus (3.4) folgt aber

$$\int_0^t (\underline{u}-\underline{a})\,dx = \int_0^t R * \underline{u} * (1-\overline{\Phi})\,dx = R * \underline{u} * (\int_0^t (1-\overline{\Phi}(y))\,dy).$$

Falls der Erwartungswert $\lambda_0^{-1} := \int_0^\infty (1-\overline{\Phi}(y))\,dy$ der Lebensdauer der operativen Einheit existiert, folgt hieraus mit $t \to \infty$ für den Spaltenvektor $\underline{\tau}$ der Erwartungswerte τ_j

$$\underline{\tau} = \widetilde{R}\underline{u}\,\lambda_0^{-1} = (I-\widetilde{Q})^{-1}\underline{u}\,\lambda_0^{-1},$$

d.h. mit λ_0^{-1} existiert auch $\underline{\tau}$ und ebenso $\hat{\underline{\tau}}$.

Bemerkung: Hiermit stehen also explizite (und bekannte) Ausdrücke für $\underline{\tau}$ und $r(\infty)$ zur Verfügung.

Literatur:

Cinlar, E.: Markov Renewal Theory. Adv. Appl. Prob. $\underline{1}$, 123-187(1969).

Gaede, K.-W.: Einige Abschätzungen in der Bedienungstheorie. Proceedings in OR 1972, 241-255, Physica Verlag Würzburg 1973.

Kistner, K.P.
Subramanian, R.: Die Zuverlässigkeit eines Systems mit redundanten störanfälligen Komponenten und Reparaturmöglichkeiten. Erscheint in: Zeitschrift für Operations Research.

Zuverlässige Inspektionsstrategien
E. Höpfinger, Karlsruhe

A multi-stage inspector's game is treated in which the inspector can prevent
the aggressor from a gain by an aggressive action if he has sufficient means
for inspections. He obtains the means in a random process with distribution
R. The question is solved for which R the inspector can prevent the aggressor
from a gain by an aggression.

Es wird ein Zweipersonennullsummenspiel zwischen Aggressor und Inspektor
über mehrere Zeitperioden betrachtet, das im Zusammenhang steht mit den
Modellen in [Dr] und [Bie]. Der Aggressor wünscht, in einer der Zeitperioden,
eine aggressive Aktion unentdeckt durchzuführen. Zur Aufdeckung einer
aggressiven Aktion werden dem Inspektor in einem Zufallsexperiment mit
der Verteilung R die Mittel für eine Anzahl r von Inspektionen zugeteilt.
Im Verlauf einer Partie wird der Aggressor jeweils darüber informiert, ob
in der zurückliegenden Zeitperiode eine Inspektion durchgeführt wurde.

Die Durchführung einer aggressiven Aktion bringt dem Aggressor einen
von der Zeitperiode der Durchführung abhängenden Gewinn, wenn der Inspektor in derselben Zeitperiode nicht inspiziert. Inspiziert dieser
jedoch, so erleidet der Aggressor einen Verlust. Nichtaggressives Verhalten bringt dem Aggressor weder Gewinn noch Verlust.

Eine Inspektionsstrategie des Inspektors gilt als zuverlässig, falls
nichtaggressives Verhalten für den Aggressor gegen diese Strategie optimal
ist. In Abhängigkeit von den Auszahlungsparametern wird eine notwendige und
hinreichende Bedingung an die Verteilung R dafür gegeben, daß zu R eine
zuverlässige Inspektionsstrategie existiert.

Die Resultate lassen sich auf die Modelle mit unendlich vielen Zeitperioden
und auf Modelle mit kontinuierlicher Zeit, sofern eine aggressive Aktion
eine feste Zeit dauert, übertragen.

[Dr]   Dresher, M.: A Sampling Inspection Problem in Arms Control
        Agreements: A Game-Theoretic Analysis.
        RAND Corp: RM -2972 - ARPA 1962

[Bie]   Bierlein, D.: Auf Bilanzen und Inventuren basierende Überwachungs-
        systeme
        Operations Research Verfahren VIII (1970), p. 36 - 43

        Höpfinger, E.: Reliable Inspectionsstrategies
        (erscheint in Mathematical Systems in Economics, Verlag
        Anton Hain).

Zur Approximation von Maximintests
J. Hülsmann, Karlsruhe

Summary: It is well known that the problem to obtain a maximin size-α test ϕ^* can be formulated as an infinite linear programming problem, if the sample space or the parameter space is not finite. To approximate ϕ^* a series of finite linear programming problems is constructed such that its solution is feasable for the infinite problem and you can get an upper bound for the distance to an optimal solution.

Zur Beschreibung von Maximin-Tests zum Niveau α soll die Notation von Witting (1966) benutzt werden.

$W = \{w_\theta | \theta \in \Theta_H + \Theta_K\}$ ist eine Menge von Wahrscheinlichkeitsmaßen auf dem Stichprobenraum (X,B), parametrisiert durch disjunkte Parametermengen, die mit σ-Algebren B_H bzw. B_K versehen sind.

$\Phi = \{\phi | \phi : X \longrightarrow R^1$ meßbar, $0 \leq \phi \leq 1\}$ bezeichne die Menge aller Tests und zu $0 < \alpha < 1$ $\Phi_\alpha = \{\phi \in \Phi | E_\theta \phi \leq \alpha \ \forall \ \theta \in \Theta_H\}$ die Menge aller Tests zum Niveau α.

$\phi^* \in \Phi_\alpha$ heißt dann Maximin-Test zum Niveau α für H gegen K, wenn

$$\inf_{\theta \in \Theta_K} (E_\theta \phi^*) = \sup_{\phi \in \Phi_\alpha} \ \inf_{\theta \in \Theta_K} (E_\theta \phi)$$

Im Folgenden soll vorausgesetzt werden

1. Voraussetzung: X, Θ_H und Θ_K sind Teilmengen geeigneter euklidischer Räume versehen mit der natürlichen σ-Algebra und es existiere eine $B \times B_H$ bzw. $B \times B_K$ meßbare Festlegung $p(x,\theta)$

der Dichten von $w_\theta \in W$ bzgl. des Lebesquemaßes m auf X.

Unter dieser Voraussetzung gilt dann - vgl. Krafft und Witting (1967) -

1. Hilfssatz: Gilt Voraussetzung 1., dann existiert ein Maximin-Test ϕ^* und seine Bestimmung ist äquivalent zu dem folgenden (i.A. unendlichen) linearen Programm in den Variablen $\phi(x)$ und s

$$LP1 \qquad f(\phi,s) = s \overset{!}{=} \sup$$

$$\int_X \phi(x)p(x,\theta)dm \leq \alpha \quad \forall\, \theta \in \Theta_H$$

$$s - \int_X \phi(x)p(x,\theta)dm \leq 0 \quad \forall\, \theta \in \Theta_K$$

$$0 \leq \phi(x) \leq 1, \ 0 \leq s$$

In diesem LP1 ist, wie von Krafft und Witting in derselben Arbeit gezeigt wird, das folgende lineare Programm in den Variablen λ (Maße auf (Θ_H, B_H)) und ν (Maße auf (Θ_K, B_K)) sowie $v(x)$ (meßbare Funktionen auf X) ein duales.

$$LP2 \qquad g(\lambda,\nu,v) = \alpha \cdot \lambda(\Theta_H) + \int_X v(x)dm \overset{!}{=} \inf$$

$$\int_{\Theta_H} p(x,\theta)d\lambda - \int_{\Theta_K} p(x,\theta)d\nu + v(x) \geq 0 \qquad m - f.s.$$

$$\nu(\Theta_K) \geq 1$$

$$v(x) \geq 0 \qquad m - f.s.$$

$$\lambda(B) \geq 0 \qquad \forall\, B \in B_H$$

$$\nu(B) \geq 0 \qquad \forall\, B \in B_K$$

2. Hilfssatz: Gilt Voraussetzung 1., dann ist
$$f(\phi,s) \leq g(\lambda,\nu,v)$$
für alle zulässigen (ϕ,s) bzw. (λ,ν,v)
und
$$\sup f(\phi,s) = \inf g(\lambda,\nu,v) \ .$$

Falls X, Θ_H und Θ_K endliche Mengen sind, ergeben sich LP1 und LP2 natürlich als duale endliche lineare Programme. Es soll nun eine Approximation der Maximin-Tests vorgenommen werden, falls mindestens eine der obigen Mengen nicht endlich ist, wobei noch die folgende Voraussetzung gelten soll.

2. Voraussetzung: $p(x,\theta)$ ist beschränkt und stetig in $X \times (\Theta_H + \Theta_K)$ mit Ausnahme einer Lebesgue-Nullmenge und $m(X)$

A. Betrachten wir zunächst den Fall endlicher Parametermengen und stetiger Verteilungen, d.h.

$$\Theta_H = \{\theta_1^H,\ldots,\theta_h^H\}, \qquad \Theta_K = \{\theta_1^K,\ldots,\theta_k^K\} \ .$$

Sei weiter

$$Z = (Z_1,\ldots,Z_N)$$

eine meßbare Zerlegung von X, dann bezeichne

$$p_{ij} = \int_{Z_i} p(x,\theta_j^H)\,dm \qquad \text{und} \qquad q_{ij} = \int_{Z_i} p(x,\theta_j^K)\,dm \qquad \forall\, i,j$$

und

$$\overline{p}_{ij} = \inf_{Z_i}\ p(x,\theta_j^H) \qquad \text{und} \qquad \overline{q}_{ij} = \sup_{Z_i}\ p(x,\theta_j^K) \qquad \forall\, i,j \ .$$

Mit diesen Größen definieren wir die folgenden linearen Programme

LP1A $\qquad\qquad s = \sup$

$$\sum_i \phi_i p_{ij} \leq \alpha \qquad\qquad j = 1,\ldots,h$$

$$s - \sum_i \phi_i q_{ij} \leq 0 \qquad\qquad j = 1,\ldots,k$$

$$0 \leq \phi_i \leq 1 \qquad\qquad i = 1,\ldots,N$$

$$s \geq 0$$

und

LP2A
$$\alpha \sum_j \lambda_j + \sum_i v_i m(Z_i) = \inf$$

$$\sum_j \lambda_j P_{ij} - \sum_j \nu_j q_{ij} + v_i \geq 0 \qquad\qquad i = 1,\ldots,N$$

$$\sum \nu_j \geq 1$$

$$0 \leq v; \quad 0 \leq \nu; \quad 0 \leq \lambda$$

Aufgrund der Konstruktion zeigt man nun leicht die beiden Aussagen

Lemma A 1: Es gelte Voraussetzung 2; $\overline{\phi} = (\overline{\phi}_1,\ldots,\overline{\phi}_N)$
sei eine Lösung von LP1A, dann ist

$$\overline{\phi}(x) = \sum_i \overline{\phi}_i \, 1_{Z_i}(x)$$

Test zum Niveau α und

$$\sup (\text{LP1A}) = \inf_{\theta^K} E_\theta(\overline{\phi}(x)) \leq \inf_{\theta^K} E_\theta(\phi^*) \leq \inf (\text{LP2A}) \ .$$

Lemma A 2: Es gelte Voraussetzung 2; Z^N sei eine Folge meßbarer
Zerlegungen von X mit

$$\lim_{N \to} (\max_{1 \leq i \leq N} m(Z_i^N)) = 0 \ ,$$

dann gilt:
ϕ^* ist Maximin Test genau dann, wenn eine Folge $\overline{\phi}^{n_j}$ von Optimallösungen bzgl. der Zerlegung Z^{n_j} existiert mit

$$\phi^*(x) = \lim_{j \to \infty} \overline{\phi}^{n_j}(x) \quad m\text{ -f.s.}$$

B. Ähnlich kann man nun vorgehen, wenn $X = \{x_1,\ldots,x_n\}$ endlich ist
und Θ_H bzw. Θ_K abgeschlossene Mengen sind. Es bezeichne

$$U = (U_1,\ldots,U_k) \text{ eine Zerlegung von } \Theta_H,$$

$$V = (V_1,\ldots,V_k) \text{ eine Zerlegung von } \Theta_K,$$

$$P_{ij} = \sup_U p(x_i,\theta), \quad q_{ij} = \inf_V p(x_i,\theta).$$

Damit ist

LP1B
$$s = \sup$$

$$\sum_i \phi_i p_{ij} \le \alpha \qquad j = 1,\ldots,k$$

$$s - \sum_i \phi_i q_{ij} \le 0 \qquad j = 1,\ldots,k$$

$$0 \le \phi_i \le 1; \; 0 \le s$$

und

LP2B
$$\alpha \sum_{i,j} \lambda_{ij} + \sum_i v_i = \inf$$

$$\sum_j \lambda_{ij} p_{ij} - \sum_j \nu_{ij} q_{ij} + v_i \ge 0 \qquad i = 1,\ldots,n$$

$$\sum_{ij} \nu_{ij} \ge 1$$

$$0 \le v_i; \; 0 \le \lambda_{ij}; \; 0 \le \nu_{ij} \quad .$$

Man zeigt nun wieder leicht, daß in diesem Fall die zum Fall A analogen Aussagen gelten, nämlich

Lemma B 1: Sei $\overline{\phi} = (\overline{\phi}_1,\ldots,\overline{\phi}_n)$ eine Optimallösung von LP1B, dann gilt
$$\sup(\text{LP1B}) \le \inf_{\theta^K} E_\theta(\overline{\phi}) \le \inf_{\theta^K} E_\theta(\phi) \le \inf)\text{LP2B}).$$

Lemma B 2: Seien U^k, V^k Folgen von Zerlegungen, die beliebig fein werden, dann gilt: ϕ^* ist Maximin Test genau dann, wenn ϕ Häufungspunkt einer Folge von Optimallösungen $\overline{\phi}^{n_j}$ ist.

C. Den allgemeinen Fall nicht endlicher Mengen X, Θ_H und Θ_K kann man nun auf die beiden vorigen Fälle zurückführen, indem man in folgender Weise vorgeht.

$Z = (Z_1,\ldots,Z_n)$ sei eine Zerlegung von X, bestimme zunächst

$$p_i(\theta) = \int_{Z_i} p(x,\theta)dm \qquad i = 1,\ldots,n$$

und zu den Zerlegungen U bzw. V

$$t_{ij}^{H} \text{ und } p_{ij} \text{ durch } p_{ij} = p_i(t_{ij}^{H}) = \sup_{U_j} p_i(\theta)$$

bzw.

$$t_{ij}^{K} \text{ und } q_{ij} \text{ durch } q_{ij} = p_i(t_{ij}^{K}) = \inf_{V_j} p_i(\theta) \ .$$

Durch die zunächst vorgenommene Diskretisierung in X mit Hilfe Z hat man also den Fall B vorliegen und die Bestimmung der angenähert optimalen Tests wird mit LP1B durchgeführt.

Zur Abschätzung der Schärfe durch das duale Programm benutzt man nun die t_{ij}^{H} bzw. t_{ij}^{K}, indem man das Problem durch die Festsetzung

$$\Theta_H = \{t_{ij}^{H}\}, \qquad \Theta_K = \{t_{ij}^{K}\}$$

auf den Fall A zurückführt und LP2A zur Bestimmung des Wertes benützt.

Damit kann man nun dieselben Abschätzungen und Konvergenzeigenschaften zeigen.

Literatur

Krafft und Witting: Optimale Tests und ungünstigste Verteilungen. Z.Wahrscheinlichkeitstheorie verw. Geb. 7 289-302 (1967)

Witting: Mathematische Statistik. Eine Einführung in Theorie und Methoden, Stuttgart: Teubner 1966.

Optimale Lagergröße und Anfangsbestand bei stochastischen Lagern

E. Krug, Karlsruhe

Summary:

We want to compute the optimal size and the optimal initial stock of a special stochastic store, which for example can be found in the motor-industry. For the calculation of these quantities, we apply theorems of the martingale theory.

In den üblichen Modellen der stochastischen Lagerhaltung geht man gewöhnlich von der Annahme aus, daß der Lagerverwalter stets die Möglichkeit hat, sich zu entscheiden, ob und wieviel von dem zu lagernden Gut er in sein Lager aufnehmen will (siehe etwa Hochstätter [2]). Doch ist diese Möglichkeit durchaus nicht immer gegeben. Man denke etwa an das Lager einer Automobilfabrik und anderer Industriebetriebe für Großgeräte, das ja zunächst einmal alles Produzierte aufnehmen muß. Bei diesem Typ von Lager kommt es vorwiegend darauf an, daß stets genügend Vorrat vorhanden ist, ohne daß bei mangelndem Absatz übergroße Halden auftreten, die das Lager nicht aufnehmen kann. Das zu lösende Problem besteht also eher darin, die Größe und einen gewissen Sockelbestand für dieses Lager anzugeben.

Mit dem oben angegebenen Beispiel einer Automobilfirma vor Augen, werde ich in der folgenden Arbeit eine ganz spezielle Lagerentwicklung annehmen. Jede vernünftige Produktionsplanung wird sich nämlich am Erwartungswert des Absatzes orientieren. Deshalb kann man annehmen, daß in jeder Periode gerade dieser Erwartungswert produziert wird und daher im Lager aufgenommen werden muß. (Gewisse Schwankungen wie sie gerade im Absatz von Autos auftreten, können unter den benachbarten Perioden ausgeglichen werden, etwa durch spätere Liefertermine).

Dieses Lager hat nun folgendes mathematisches Aussehen: Sei X_i der (zufällige) Absatz in der Periode $[i,i+1]$ für $i \in \mathbb{N}$ und Z_i der Lagerbestand zum Zeitpunkt i. Dann ergibt sich folgende Rekursionsformel:

$$Z_{i+1} = Z_i + E(X_i) - X_i$$

mit einem konstanten Anfangsbestand $Z_0 > 0$, der später noch festgelegt werden soll. Ferner soll der Absatz X_i von den Vorperioden als unabhängig angenommen werden. Dieses Verhalten, stets den Erwartungswert des Absatzes nachzufüllen, wird bei Lagern mit langer Laufzeit auch durch das starke Gesetz der großen Zahl nahegelegt, abgesehen von der innerbetrieblichen Motivation, die wir oben angegeben haben.

Bei der Untersuchung dieses Lagers wird die Martingaltheorie eine bedeutende Rolle spielen. Dazu zunächst die

__Definition:__ Sei $(Z_n)_{n \in \mathbb{N}}$ eine Folge von Zufallsvariablen über einem Wahrscheinlichkeitsfeld $(\Omega, \mathcal{B}, P)$ und $\mathcal{F}_m = \sigma(Z_i \mid i=1,\ldots,m)$ die von den Z_i bis zum Zeitpunkt m erzeugte σ-Algebra. Die Folge $(Z_n)_{n \in \mathbb{N}}$ heißt Martingal, falls

$$E(Z_j \mid \mathcal{F}_i) = Z_i \qquad \forall j \geq i.$$

Um die Theorie der Martingale auf unser Lager anwenden zu können, müssen wir nachweisen, daß dieses obige Bedingung erfüllt:

__Satz:__ Sei $(Z_n)_{n \in \mathbb{N}}$ der oben rekursiv definierte Lagerbestand. Dann ist $(Z_n)_{n \in \mathbb{N}}$ ein Martingal.

Bew.: Es genügt natürlich zu zeigen:

$$E(Z_{j+1} \mid \mathcal{F}_j) = Z_j \qquad \forall j \in \mathbb{N}.$$

Ferner ist wegen der Unabhängigkeit der Entnahme X_i diese auch von den Z_j für alle $j \leq i$ unabhängig, also auch unabhängig von allen $\mathcal{F}_j$ für $j \leq i$. Damit ergibt sich wegen der Eigenschaften der bedingten Erwartungen:

$$E(Z_{j+1} \mid \mathcal{F}_j) = E(Z_j + E(X_j) - X_j \mid \mathcal{F}_j)$$
$$= E(Z_j \mid \mathcal{F}_j) + E(X_j) - E(X_j \mid \mathcal{F}_j)$$
$$= Z_j + E(X_j) - E(X_j) = Z_j.$$

Wir interessieren uns zunächst für die Möglichkeit, daß das Lager die Produktion nicht aufnehmen kann. Dazu zunächst folgender Satz der Martingaltheorie (siehe etwa Doob [1] oder Meyer [4]):

<u>Satz:</u> Sei $(Z_n)_{n \in \mathbb{N}}$ ein Martingal und $\lambda \in \mathbb{R}$. Dann gilt:

$$P(\max_{1 \le j \le n} Z_j(\omega) \ge \lambda) \le E(|Z_n|).$$

Interpretieren wir in obigem Satz λ als Lagergröße, so erhalten wir gerade die Wahrscheinlichkeit dafür, daß die Aufnahmefähigkeit bis zum Zeitpunkt n überschritten wird. Da $E(|Z_n|)$ etwas unhandlich ist, geben wir eine weitere Abschätzung an:

$$E(|Z_n|) = \int |Z_n| \, dP = \int_{|Z_n| \le 1} |Z_n| \, dP + \int_{|Z_n| > 1} |Z_n| \, dP$$

$$\le 1 + \int Z_n^2 \, dP = 1 + \int (Z_o + \sum_{i=1}^{n} X_i - E(X_i))^2 \, dP$$

$$\overset{*}{=} 1 + Z_o^2 + \sum_{i=1}^{n} \sigma^2(X_i) = 1 + Z_o^2 + v_n$$

$$\text{mit } v_n = \Sigma \sigma^2(X_i)$$

wobei die Gleichheit $*$ aus der Unabhängigkeit der X_i folgt. Damit erhalten wir folgenden

<u>Satz:</u> Sei $(Z_n)_{m \in \mathbb{N}}$ die Folge der Lagerbestände und $\lambda \in \mathbb{R}$ die maximale Aufnahmefähigkeit. Dann gilt für die Wahrscheinlichkeit der Überfüllung des Lagers bis zum Zeitpunkt n:

$$P(\max_{1 \le j \le n} Z_j \ge \lambda) \le \frac{1 + Z_o^2 + v_m}{\lambda}$$

Konvergiert v_n und damit die Summe der Varianzen der X_i gegen ein v, so erhält man die globale Abschätzung

$$P(\,\underset{1\leq j\leq n}{\text{Max}}\ Z_j \geq \lambda\,) \leq \frac{1+Z_o^2+v}{\lambda}$$

für alle $n\in\mathbb{N}$.

Man wird also so vorgehen, daß man sich ein gewisses Risiko α vorgibt, mit dem man die Gefahr einer Überfüllung eingeht, und berechnet hieraus die nötige Lagergröße in Abhängigkeit vom Anfangsbestand Z_o.

Auf der anderen Seite ist es natürlich von größtem Interesse, ob eine vorhandene Nachfrage einmal nicht befriedigt werden kann, was ja erhebliche Kosten durch Verlust an Kundschaft verursacht oder aber, falls dies verhindert werden soll, durch die erforderlichen Überstunden bei der Produktion. Wir werden auch auf dieses Problem den obigen Martingalsatz anwenden. Dazu müssen wir aber zunächst ein neues Martingal $\tilde{Z}_n$ betrachten, das durch Zentrieren aus dem alten Martingal entsteht:

$$\tilde{Z}_n = Z_n - Z_o.$$

Dies ist, wie man leicht nachprüft, ebenso wie $(-\tilde{Z}_n)$ ein Martingal. Mit dem obigen Satz, angewandt auf $(-\tilde{Z}_n)$ und $\lambda = Z_o$ ergibt sich:

$$Z_o \cdot P(\,\underset{1\leq j\leq n}{\text{Max}}\ (-\tilde{Z}_j(\omega)) \geq Z_o) \leq E(|\tilde{Z}_n|)$$

Durch Umformen und Einsetzen der Definition von Z_n folgt:

$$Z_o \cdot P(\text{Min } Z_j(\omega) \leq 0) \leq E(|\tilde{Z}_n|).$$

Weitere Abschätzung ergibt:

$$E(|\tilde{Z}_n|) = \int |Z_n - Z_o|\,dP = \int |\Sigma(X_i - E(X_i))|\,dP \leq 1+v_n$$

wie bei der Abschätzung für $E(|Z_n|)$.

Damit erhalten wir:

<u>Satz:</u> Sei $(Z_n)_{n\in\mathbb{N}}$ die Folge des Lagerbestandes, Z_o der Anfangsbestand >0 und $v_n = \Sigma\sigma^2(X_i)$. Dann ergibt sich für die

Wahrscheinlichkeit, daß der Lagerbestand nicht positiv ist bis
zum Zeitpunkt n:

$$P(\min_{1 \leq j \leq n} Z_j(\omega) \leq 0) \leq \frac{1+v_n}{Z_o}$$

Auch hier kann man sich also ein Risiko γ vorgeben und daraus
den Anfangsbestand derart zu berechnen, daß man höchstens mit der
Wahrscheinlichkeit γ irgendwann bis zum Zeitpunkt n ein leeres
Lager und damit eventuell verbundene hohe Kosten für nichtbefrie-
digte Nachfrage hat.

Ist ein Lager auf lange Sicht geplant, womit auch das oben zi-
tierte starke Gesetz der großen Zahl anwendbar wird, so gibt uns
die Martingaltheorie einen Grenzwertsatz an die Hand:

Satz: Sei $\lim_{n \to \infty} E(|Z_n|) \leq K < \infty$. Dann gibt es eine Zufallsvariable
Z_∞ derart, daß $Z_n \to Z_\infty$ fast sicher und $E(|Z_\infty|) \leq K$.

Dieser Satz besagt, daß wir nach hinreichend langer Zeit eine
fast konstante Verteilung des Lagerbestandes haben, man sich also
aus dieser Verteilung zu vorgegebenen Risiken wieder Lagergröße
und Anfangsbestand berechnen kann.

Dieses Konzept der Martingaltheorie ist noch erweiterungsfähig.
So kann man Lager mit (s,S)-Politik als gestoppte Martingale darstellen, die wieder ein Martingal ergeben. Man erhält auch hier
wieder Grenzwertsätze.

Literaturverzeichnis

[1]   J.L. Doob,   Stochastic Processes, Wiley 1953

[2]   D. Hochstädter, Stochastische Lagerhaltungsmodelle,
       Lecture Notes in Operations Research
       and Mathematical Economics Nr. 10, 1969

[3]   S. Karlin,   Optimal Policy for Inventory Process
                       with Varying Stochastic Demands
                       Management Science, Vol.6, Nr.3, 1960,
                       pp 231 - 258

[4]   P.A. Meyer,   Probability and Potentials, Blaisdell,
                       1966

Praxisnahe Stichprobenpläne mit Vorinformation

M. Kühlmeyer, Bochum

Die in der Praxis bekannten Stichprobenpläne gehen meist davon aus, daß eine Stichprobe aus dem vorgelegten Los gezogen und mit Hilfe eines Annahme-Kriteriums beurteilt wird. Das entscheidet über Annahme oder Ablehnung des Loses. Als zugehörige Wahrscheinlichkeitsaussage wird i. a. die sogenannte Annahmekennlinie angegeben, die aussagt, mit welcher Wahrscheinlichkeit das Los angenommen wird, wenn es höchstens einen Ausschußanteil p enthält. Es ist i. a. unbekannt

a) welchen Ausschuß man tatsächlich mit gewisser Wahrscheinlichkeit annimmt und

b) im Fall von stetig verteilten Merkmalen, wie groß die Abweichungen des Merkmals vom gewünschten Wert mit akzeptabler Wahrscheinlichkeit werden können - eine Fragestellung, die für den Techniker wesentlich ist. (Überschreitet das Merkmal riskante Grenzen, nennt man dies den Risikoanteil.)

Diese beiden Fragen können mit Hilfe der Theorie der Stichprobenpläne mit Vorinformation beantwortet werden. Zusätzlich ergibt sich der angenehme Effekt, daß bei allgemein guter Qualität der Lose ein wesentlich geringerer Probenaufwand zur Beurteilung hinreicht, bzw. bei gleichem Probenaufwand wie im klassischen Fall eine "trennschärfere" Charakteristik errechnet werden kann.

Die bekannte Annahmewahrscheinlichkeit stellt im Grunde eine bedingte Wahrscheinlichkeit dar, wobei die Wahrscheinlichkeit für das Ereignis A = "Annahme des Loses" vom Eintreten des Ereignisses B = "höchstens Ausschußanteil p im Los" abhängt. Im allgemeinen wird jedoch die Randverteilung für das Eintreten von B bei den klassischen Verfahren nicht in die Betrachtung mit einbezogen.

Sei $W_{Ann}(\underline{p} \leq p)$ die Annahmewahrscheinlichkeit für ein Los mit höchstens 100 p % Ausschuß bei Verwendung des betreffenden Stichprobenplans mit $W(\underline{p} \leq p)$ die Wahrscheinlichkeit für das Auftreten eines solchen Loses mit höchstens 100 p % Ausschuß, so ist

$$W(\underline{p} \leq p)\ W_{Ann}(\underline{p} < p) = W(Ann, \underline{p} \leq p)$$

die Wahrscheinlichkeit für das <u>tatsächliche</u> Auftreten von als "gut" beurteilten Losen mit höchstens 100 p % Ausschuß, was bereits für den Praktiker mehr aussagt als eine Annahmekennlinie.
Beurteilungskriterium für die Güte des Stichprobenplans ist dann nicht primär die Annahmekennlinie $W_{Ann}(p \leq p)$, sondern die Charakteristik $W(Ann, \underline{p} \leq p)$.
Im Vortrag wurden Formelausdrücke für die Charakteristik, die komplementäre Charakteristik, die angibt, mit welcher Wahrscheinlichkeit der Kunde mit einem höheren Ausschußanteil als p rechnen muß, den durchschnittlichen Ausschußanteil im angelieferten bzw. im geprüften Los, den Risikoanteil an nicht mehr tolerierbaren Werten im angelieferten und im geprüften Los sowie die zugehörigen durchschnittlichen Größen angegeben, die alle für den Praktiker, der Prüfpläne anwenden soll, wesentliche und anschauliche Aussagen liefern. Die Theorie der bekannten Stichprobenpläne ist als Spezialfall enthalten, insbesondere erhalten Annahmekennlinie und Durchschlupf eine umfassendere Deutung als im herkömmlichen Fall.

Im Vortrag wurden Verfahren zur Gewinnung und Einbeziehung von Vorinformation in Stichprobenpläne für Attributivprüfung und Variablenprüfung gezeigt, wobei u. a. bei der Variablenprüfung Themen wie Vorinformation bei Fertigung in größeren Einheiten, die ihrerseits für das jeweils betrachtete Merkmal eine Verteilung der Los-Erwartungswerte besitzen; bei laufender Fertigung, bei der entweder die losweise Trennung durch Mischen aufgehoben wird oder bei der von vorneherein nicht in größeren Einheiten produziert wird. Außerdem wurde ein Verfahren zur Nutzbarmachung von Vorinformationen aus Regressionsrechnungen vorgestellt. Eine Skizze für Stichprobenpläne bei Prüfung an Schwachstellen wurde ebenfalls gegeben, was i. a. zusätzlich zu einer Verbesserung der Annahmekennlinie selbst führt. Dazu ist es nötig, eine umfassendere Definition des Ausschußanteils einzuführen. Eine Kombination von Schwachstellenprüfung und Stichprobenplänen mit Vorinformation ergibt eine zusätzliche Erhöhung an nutzbarer Information.

Eine ausführlichere Darstellung erscheint in den Forschungsberichten der Technischen Mitteilungen KRUPP, Jahrgang 1974, Heft 2.

Die Anwendung statistischer Verfahren für die Vorbereitung betrieblicher Entscheidungen auf dem Gebiet der Instandhaltung

P. Matthias, Essen

The characteristic figures, found by the method decribed in the paper, for the duration of the repair and the reliability of the conveyors permit to determine machines requiring small repairs only, to find basic data for the design of technical installations, to study systematically problems of rationalization in practice and to plan systematic maintenance.

Im gesamten Steinkohlenbergbau werden Unterbrechungen im Betriebsablauf nach einem einheitlichen EDV-orientierten halbautomatischen System erfaßt. Etwa 20 % der Unterbrechungen sind maschinentechnischer und elektrotechnischer Art und können für die Vorbereitung betrieblicher Entscheidungen auf dem Gebiet der vorbeugenden Instandhaltung mit Hilfe mathematisch statistischer Methoden analysiert werden.

Statistisch gesehen ermöglichen die betrieblichen Zustandsmeldungen im Sinne des gestellten Themas Auswertungen in drei Richtungen:

Zeitreihen

Da für jede Unterbrechung im Betriebsablauf der Zeitpunkt festgehalten wird, lassen sich Zeitpunkte bestimmter Störungshäufigkeit ermitteln. Im einfachsten Fall genügt eine Zeitreihenanalyse, wenn eklatante Unterschiede in der Störungshäufigkeit ins Auge fallen. Immerhin gibt der Anblick einer Zeitreihe einen ersten Eindruck von der Streuung und von der Reproduzierbarkeit der Messungen. Um die zweifellos subjektiven Betrachtungen ausschalten zu können, verwendet man das Verfahren der Reihenkorrelation. Ein Verfahren für die Reihenkorrelation ist von Ralston, Wilf ausführlich beschrieben worden. Ein weiteres Verfahren, die Spektralanalyse, ist aus den Naturwissenschaften bekannt. Die in Zeitfunktionen enthaltenen Schwingungen verschiedener Frequenz, Amplitude und Phase lassen sich durch eine Fourieranalyse ermitteln und die Zeitfunktionen als Fourierreihen oder Fourierintegrale darstellen. Es ergibt sich dabei eindeutig, welche Frequenzen auftreten und wie groß die zugehörigen Amplituden und Phasen sind.

Wie schon erwähnt, dienen Zeitreihenuntersuchungen dazu, Zeitpunkte bestimmter Störungshäufigkeit über den Tagesablauf, den Wochenablauf und Jahresablauf festzustellen. Mit den Ergebnissen von Zeitreihenanalysen läßt sich die Instandhaltungsarbeit organisatorisch sehr gut planen, weil aus dem Mensch-Maschine-Verhältnis an bestimmten Tagen bzw. zu bestimmten Zeiten sich unterschiedliche Störungshäufigkeiten ergeben.

Zeitkalkulation der Instandhaltung

Die statistischen Verfahren für die Ermittlung von Kalkulationswerten für die Instandhaltung sind denkbar einfach. Bei fast allen bisher ermittelten Werten aus den Basisdaten
wurde deutlich, daß linksasymetrische Verteilungen vorliegen. Das ist auch einleuchtend,
weil die Werte bis zu einem unteren festzusetzenden Grenzwert erfaßt werden. Deshalb
sind für die Ermittlung statistischer Kennwerte hier von Interesse: arithmetischer Mittelwert, dichtester Wert, geometrischer Mittelwert sowie ihre Vertrauensbereiche. Für die
Bestimmung des Funktionsverlaufes der Kurven wendet man zweckmäßig die lineare
Regression an; die Ergebnisse lassen sich im Normalfall mit Polynomen 4. – 5. Grades
beschreiben.

Auf Grund des Aufbaus des Erfassungssystems können für die Betriebsmittel insgesamt wie
auch für wesentliche Betriebsmittelelemente Instandsetzungsstandards ermittelt werden.
Zusätzlich können die Instandsetzungsstandards als Funktion vorgegebener Einflußgrößen
(Raum, Temperatur, Verschüttungsgrad) mit dem Programmsystem ermittelt werden.

Das Ergebnis kann für den Betrieb in zweifacher Hinsicht von Bedeutung sein. Handelt
es sich um eine lange dauernde Unterbrechung im Betriebsablauf, so bedeutet die Kenntnis des Instandsetzungsstandards für die Behebung und den anderweitigen Einsatz der
betroffenen Leute eine wesentliche Verbesserung der Ausnutzungsgrade. Zum anderen
können die Instandsetzungsstandards bei großen Unterschieden in Abhängigkeit von
einer Einflußgröße der Instandsetzungsabteilung Anlaß sein, das Maschinenteil auf
seine schadensgerechte Konstruktion zu untersuchen und entsprechend den Verhältnissen
zu verbessern.

Technische Maßzahlen

Die Häufigkeit der auftretenden Störungen wird für die Ermittlung technischer Maßzahlen
herangezogen. Eine dieser technischen Maßzahlen ist der Zuverlässigkeitsgrad. Zu
seiner Bestimmung unterscheidet man zwei Zustände an Maschinen:

1. den Zustand der Funktionsfähigkeit und

2. den Zustand der Funktionsunfähigkeit.

Aus den unterschiedlichen Betriebszuständen lassen sich nun die Parameter der Weibull-
Funktion berechnen, die mit ihrem exponentiellen Verlauf zwei Aussagen ermöglicht.

1. Mit der Ermittlung des Zuverlässigkeitsgrades über der Laufzeit läßt sich
   für Gesamt- oder Teilsysteme von Betriebsmitteln eine Planungszahl über das
   Betriebsverhalten finden, die für die vorbeugenden Maßnahmen der Instandhaltung, die Ersatzteilhaltung und die Abschätzung der Ausfallkosten Aufschluß
   gibt.

2. Läßt sich eine Weibull-Funktion mit ausreichender statistischer Sicherheit ermitteln, bedeutet das für ein Betriebsmittel, daß zwischen der Laufzeit und dem
   Verschleiß eine funktionale Abhängigkeit besteht.

Entscheidungstheorie

Dynamische Optimierung und ihre Weiterentwicklung

(Übersichtsvortrag)
K. Neumann und P. Gessner, Karlsruhe

Zusammenfassung

Unter dynamischer Optimierung im weitesten Sinne soll die optimale Steuerung
zeitabhängiger Prozesse verstanden werden. Hierzu gehören z.B. kontinuierliche
Kontrollprobleme, dynamische Stufenprozesse und Markowsche Entscheidungsprozesse. Anwendungsmöglichkeiten und Grenzen klassischer Optimierungsverfahren und Optimalitätskriterien wie Bellmans Methode, Howards Politikiteration
und Pontrjagins Maximumprinzip werden aufgezeigt. An Hand eines allgemeinen
Optimierungsmodells, das alle diskutierten dynamischen Optimierungsprobleme
erfaßt, wird eine konstruktive Methode zur Verbesserung einer beliebigen
gegebenen Steuerung entwickelt. Die Methode ist auch dort anwendbar, wo die
klassischen Verfahren versagen. Schließlich wird gezeigt, daß man aus dem konstruktiven Ansatz klassische Ergebnisse, insbesondere das Maximumprinzip von
Pontrjagin und Howards Politikiteration, herleiten kann.

Summary

All dynamic problems in economics and technology, which may be controlled
in an optimal way, shall be called dynamic optimization problems in our
sense.
Continuous control problems, Bellmans method of dynamic programming and
Markovian decison processes belong to this class of problems.
First we discuss classical optimization techniques and prinziples of
optimality as Bellman's method, Howard's policy iteration and Pontryagin's
maximum principle which may be applied on several special classes of
dynamic optimization problems.
By means of a general optimization model for all dynamic optimization
problems discussed we develop a method for the improvement of a given
control which may be applied where classical methods fail to work. This
direct approach leads also to a new proof of classical results as Pontryagin's
maximum principle and Howard's policy iteration.

1. Aufgabenstellung der dynamischen Optimierung

Dynamische Optimierung wollen wir als Zusammenfassung aller derartigen
Optimierungsprobleme verstehen, die eine optimale Steuerung wirtschaft-
licher, technischer o.a. in der Zeit ablaufender Prozesse beschreiben.
Die dynamische Optimierung entspricht dann also dem Gebiet, das auch
unter dem Namen Kontrolltheorie bekannt ist.
Ein aus der Praxis stammendes dynamisches Optimierungsproblem braucht
nun aber keineswegs von vornherein einen steuerbaren, in der Zeit ab-
laufenden Prozeß darzustellen. Wesentlich ist nur, daß das der praktischen
Aufgabenstellung entsprechende mathematische Modell eine Interpretation
als ein solcher Prozeß zuläßt. Eine derartige Interpretation nennt man
dann auch manchmal "künstliche Dynamisierung" des Problems. Wir betrachten
hierzu folgendes Beispiel [Neumann 1969]:
Gegeben seien m unabhängig voneinander operierende in Serie geschaltete
Elemente mit den Zuverlässigkeiten $r_1,\ldots,r_m$. Zu jedem Element
können gleichartige, wieder unabhängig voneinander arbei-
tende Elemente parallel geschaltet werden (s. Abb. 1), um die Zuverlässigkeit des Systems zu er-
höhen. Die Anzahl der auf der
"Stufe" i parallel geschalteten
Elemente sei u_i, und ein Element
der Stufe i koste jeweils c_i

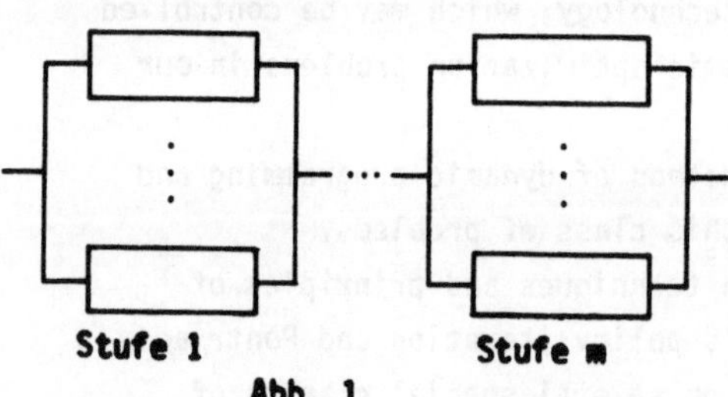

Geldeinheiten (i=1(1)m). Gesucht ist eine Schaltung, die unter der Nebenbedingung, daß insgesamt nur ein Geldbetrag C zur Verfügung stehe, die
größtmögliche Zuverlässigkeit besitzt.
Da es sich um eine Reihenschaltung einzelner Parallelschaltungen handelt,
ist die Zuverlässigkeit der Gesamtschaltung gleich $\prod\limits_{i=1}^{m} R_i(u_i)$ mit

$$R_i(u_i) = 1-(1-r_i)^{u_i} \quad (i=1(1)m).$$

Die Problemstellung lautet dann

$$\prod_{i=1}^{m} R_i(u_i) \to \text{Max.} \tag{1}$$

$$\sum_{i=1}^{m} c_i u_i \leq C$$

$$u_i \in \mathbb{N} \quad (i=1(1)m).$$

Wir führen nun - bei Ganzzahligkeit von c_i $(i=1(1)m)$ und C ebenfalls ganzzahlige - Größen x_i gemäß

$$\left. \begin{array}{l} x_0 = C \\[2mm] x_i = x_{i-1} - c_i u_i \quad (i=1(1)m) \end{array} \right\} \tag{2}$$

ein. x_i stellt den für die Stufen $i+1,\ldots,m$ noch zur Verfügung stehenden Geldbetrag dar. Als Beschränkungen für die Variablen x_i und u_i erhalten wir mit (2)

$$\left. \begin{array}{l} 0 \leq x_i \leq C \\[2mm] 0 \leq u_i \leq \dfrac{x_{i-1}}{c_i} \\[2mm] u_i \in \mathbb{N} \end{array} \right\} \quad (i=1(1)m).$$

Ein etwas realistischeres, aber ganz ähnliches Problem besteht darin, eine kostengünstigste Schaltung zu ermitteln, die eine vorgeschriebene Mindestzuverlässigkeit besitzt und deren Gesamtgewicht (die Gewichte der einzelnen Elemente seien gegeben) eine gewisse Grenze nicht überschreitet. Im Prinzip handelt es sich jedoch stets um folgende Aufgabenstellung - wobei berücksichtigt ist, daß man aus einer Zielfunktion in Produktform wie in (1) mit positiven Faktoren durch Logarithmierung stets eine Summenform erhält und ein Maximierungs- immer in ein Minimierungsproblem übergeführt werden kann -

$$\sum_{i=1}^{m} g_i(x_{i-1},u_i) \to \text{Min.} \tag{3}$$

$$\left. \begin{array}{l} x_0 = x_a \\[2mm] x_i = f_i(x_{i-1},u_i) \quad (i=1(1)m) \end{array} \right\} \tag{4}$$

$$\left. \begin{array}{l} x_i \in X_i \\[2mm] u_i \in U_i(x_{i-1}) \end{array} \right\} (i=1(1)m). \tag{5}$$

(3), (4), (5) läßt nun in folgendem Sinn eine Deutung als steuerbarer Prozeß zu: Gegeben sei ein wirtschaftliches, technisches o.a. System während eines Zeitintervalles $t_a \leq t \leq t_e$. Die Änderung des Systemzustandes im Laufe der Zeit sei von gewissen äußeren Entscheidungen abhängig, wobei innerhalb des Intervalles $[t_a, t_e]$ nur endlich viele Entscheidungen getroffen werden sollen und entsprechend nur endlich viele Zustandsänderungen möglich sind. Dann teilen wir das Intervall $[t_a, t_e]$ in endlich viele, etwa m, Teilintervalle (Zeitperioden) derart ein, daß sich der Zustand des Systems lediglich von Periode zu Periode ändert und innerhalb einer Periode gleich bleibt. Ferner werde nur jeweils zu Beginn einer Periode eine Entscheidung gefällt. Gesucht ist nun eine solche Folge von Entscheidungen, so daß eine bestimmte den Prozeß bewertende Zielgröße minimiert wird.

Wir nehmen an, daß der Zustand des betrachteten Systems durch einen sogenannten Zustandsvektor $x = \begin{pmatrix} x^1 \\ \vdots \\ x^n \end{pmatrix}$ charakterisiert werde. Analog sei ein __Entscheidungsvektor__ $u = \begin{pmatrix} u^1 \\ \vdots \\ u^r \end{pmatrix}$ eingeführt. Am Anfang des Prozesses (Zeitpunkt t_a)

befinde sich das System im vorgegebenen Zustand $x_o = x_a$. Zu Beginn der ersten Periode werde eine Entscheidung u_1 getroffen, vermöge der das System in den Zustand $x_1 = f_1(x_o, u_1)$ übergebe. Ferner sollen in der ersten Periode die Kosten $g_1(x_o, u_1)$ entstehen. Am Anfang der zweiten Periode fällen wir eine Entscheidung u_2, durch die das System den Zustand $x_2 = f_2(x_1, u_2)$ erreiche, und es werden die Kosten $g_2(x_1, u_2)$ verursacht. Ganz analog verlaufe der Prozeß in den weiteren Perioden. Setzen wir noch voraus, daß in der i-ten Periode die möglichen Zustände x_i innerhalb eines __Zustandsbereiches__ $X_i \subseteq R^n$ und die möglichen Entscheidungen innerhalb eines __Entscheidungs-__ oder __Steuerbereiches__ $U_i(x_{i-1}) \subseteq R^r$ gelegen seien (i=1(1)m) und die Gesamtkosten minimiert werden sollen, so erhalten wir gerade die Problemstellung (3), (4), (5).

Eine Folge $(u_1, \ldots, u_m)$ von Entscheidungen - oder wie man auch sagt, eine __Politik__ der __Steuerung__ -, die den Bedingungen (4), (5) genügt, heißt wie üblich __zulässig__ und eine zulässige Entscheidungsfolge, für die in (3) das Minimum angenommen wird, __optimal__.

Optimierungsaufgaben der Gestalt (3), (4), (5) treten u.a. in der Lagerhaltung, der Produktions- und Investitionsplanung, bei Instandhaltungs-
und Erneuerungsproblemen oder beispielsweise auch in der chemischen Ver-
fahrenstechnik bei der optimalen Steuerung chemischer Reaktionen auf. Bei
Lagerhaltungsproblemen etwa stellt die Zielfunktion in (3) die Lagerkosten
dar. u_i kann als Lagerzugang zu Beginn der i-ten Periode und x_i als Lagerbestand am Ende der i-ten Periode aufgefaßt werden, während (4) die Gestalt

$$x_0 = x_a$$
$$x_i = x_{i-1} + u_i - z_i$$

hat, wobei z_i der Lagerabgang (Nachfrage) in der i-ten Periode ist. Da die
Nachfrage in der Regel zufälligen Schwankungen unterworfen ist, betrachtet
man z_i und entsprechend x_i zweckmäßigerweise als Zufallsgrößen. Damit erhält
man ein sogenanntes stochastisches dynamisches Optimierungsproblem (zur
stochastischen dynamischen Optimierung vgl. [Hinderer 1970]).
Eine weitere Modifikation ergibt sich, wenn man statt eines endlichen
einen unendlichen Planungshorizont zugrundelegt, also etwa das Intervall
$[t_a, t_e]$ durch $[t_a, \infty)$ ersetzt. Der zu steuernde Prozeß umfaßt dann unendlich
viele Zeitperioden, und man spricht auch von einem <u>unendlichstufigen Entschei-
dungsprozeß</u>.
Eine spezielle Klasse stochastischer unendlichstufiger Probleme stellen die
Markowschen Entscheidungsprozesse dar. Handelt es sich um einen ergodischen
Markowprozeß mit etwa s möglichen Zuständen, bezeichnet mit $1, \ldots, s$, und
ist nur das Verhalten des Systems im stationären Fall von Interesse, so
kann der Prozeß durch eine Fixpunktgleichung der Form

$$w = P^T(v)w \qquad (6)$$

beschrieben werden. Hierbei ist $w = \begin{pmatrix} w_1 \\ \vdots \\ w_s \end{pmatrix}$, $v = \begin{pmatrix} v_1 \\ \vdots \\ v_s \end{pmatrix}$, $P(v) = (p_{\rho\sigma}(v))_{s,s}$.

w_σ stellt die Wahrscheinlichkeit, daß das System im Zustand σ ist, v_σ die
getroffene Entscheidung, wenn das System im Zustand σ ist, und $p_{\rho\sigma}(v)$ die
Wahrscheinlichkeit, daß das System vermöge der Entscheidung v vom Zustand
ρ in den Zustand σ übergeht, dar. Seien $q_\sigma(v)$ die bei einem Übergang vom
Zustand σ aus bei Wahl der Entscheidung v anfallenden Kosten $(\sigma=1(1)s)$, und
soll der Erwartungswert der Kosten pro Übergang minimiert werden, so erhält man als Minimierungsbedingung

$$q^T(v)w \to \text{Min.} \qquad (7)$$

$$\text{mit } q = \begin{pmatrix} q_1 \\ \vdots \\ q_s \end{pmatrix}.$$

Neben dem sogenannten <u>diskreten</u> dynamischen Optimierungsproblem (3), (4), (5) ist es oft sinnvoll, kontinuierliche Prozesse zu betrachten (z.B. bei der Steuerung von Raketen). Der Zustandsvektor x und die Steuerung u sind hierbei kontinuierliche Funktionen der Zeit t, und an die Stelle von (3), (4), (5) tritt jetzt

$$\int_{t_a}^{t_e} g(x(t),u(t),t)\,dt \to \text{Min.} \qquad (8)$$

$$\left.\begin{array}{l} \dot{x}(t_a) = x_a \\[4pt] \dot{x}(t) = f(x(t),u(t),t)\ ^{1)} \quad (t\epsilon[t_a,t_e]) \end{array}\right\} \qquad (9)$$

$$\left.\begin{array}{l} x(t)\epsilon X(t) \\[4pt] u(t)\epsilon U(x(t),t) \end{array}\right\} \quad (t\epsilon[t_a,t_e]) \qquad (10)$$

mit $X(t_a) = \{x_a\}$. Zusätzlich muß jetzt noch festgelegt werden, aus welcher Funktionenklasse die zulässigen Steuerungen gewählt werden sollen (z.B. aus der Klasse der stückweise stetigen oder derjenigen der integrierbaren Funktionen). Bei derartigen <u>kontinuierlichen</u> dynamischen Optimierungsproblemen ist neben bzw. vor der Bestimmung einer optimalen Steuerung noch die in der Regel keineswegs triviale Frage zu klären, ob überhaupt eine optimale Steuerung existiert.

2. Die Bellmansche Funktionalgleichungsmethode

Wir befassen uns nun mit Verfahren zur Lösung dynamischer Optimierungsprobleme. Als erstes skizzieren wir die von Bellman entwickelte <u>Funktionalgleichungsmethode</u>, die wir an der diskreten Aufgabenstellung (3), (4), (5) erläutern. Wir definieren Funktionen $\phi_i : X_{i-1} \to \mathbf{R}$ gemäß

$$\phi_i(x_{i-1}) := \min_{\substack{u_\nu \epsilon U_\nu(x_{\nu-1}) \\ \nu=i(1)m}} \sum_{\nu=i}^{m} g_\nu(x_{\nu-1},u_\nu) \qquad (i=1(1)m)$$

$$\phi_{m+1}(x_m) := 0$$

---

1) Der Punkt bedeute die Ableitung nach der Zeit t.

mit den Nebenbedingungen (4), (5). $\phi_i(x_{i-1})$ stellt die minimalen Kosten eines die Perioden $i, i+1, \ldots, m$ umfassenden Teilprozesses mit dem Anfangszustand x_{i-1} dar. ϕ_i genügt der <u>Bellmanschen Funktionalgleichung</u>

$$\phi_i(x_{i-1}) = \min_{u_i \epsilon U_i(x_{i-1})} \{g_i(x_{i-1}, u_i) + \phi_{i+1}(x_i)\} \quad (i=1(1)m), \quad (11)$$

wobei wieder die Nebenbedingung (4) zu berücksichtigen ist.

Eine rechentechnisch besonders günstige Version des Verfahrens von Bellman besteht darin, zunächst in einer sogenannten <u>Rückwärtsrechnung</u> die Funktionen ϕ_i durch Auswertung der Funktionalgleichungen (11) zu ermitteln, und zwar "rückwärts" für $i=m(-1)1$. Daran schließt sich eine <u>Vorwärtsrechnung</u> an: Zuerst bestimmt man u_1^* so, daß

$$\psi_1(x_0, u_1^*) = \min_{u_1 \epsilon U_1(x_0)} \psi_1(x_0, u_1)$$

ist, wobei

$$\psi_i(x_{i-1}, u_i) := g_i(x_{i-1}, u_i) + \phi_{i+1}(f_i(x_{i-1}, u_i)) \quad (i=1(1)m)$$

gilt. Hiermit ergibt sich $x_1^* = f_1(x_0, u_1^*)$. Danach berechnet man eine Minimalstelle u_2^* der Funktion $\psi_2(x_1^*, .)$ auf $U_2(x_1^*)$ sowie $x_2^* = f_2(x_1^*, u_2^*)$ und fährt entsprechend fort. Die so bestimmte Entscheidungsfolge $(u_1^*, u_2^*, \ldots, u_m^*)$ stellt dann eine optimale Steuerung dar. Unter welchen Voraussetzungen über die Funktionen f_i und g_i sowie die Mengen X_i und $U_i(x_{i-1})$ $(i=1(1)m)$ die Bellmansche Funktionalgleichungsmethode anwendbar ist, insbesondere also auch die auftretenden Minima existieren, ist in [Neumann 1969, S. 18 ff.] angegeben.

Da bei der numerischen Rechnung die Zustands- und Steuerbereiche diskret abgetastet werden müssen, steigt der Rechenaufwand der Funktionalgleichungsmethode exponentiell mit der Dimension n bzw. r dieser Mengen. Es ist also nur zweckmäßig, diesen Algorithmus für kleine n und r anzuwenden. Für spezielle dynamische Optimierungsprobleme sind Verfahren entwickelt worden, die zu einer Reduzierung des Rechenaufwandes führen, wie etwa das Suchschlauchverfahren, Dekompositionsmethoden und die Methode der sukzessiven Approximation [Neumann 1970[b]].

Ist der Planungshorizont unendlich, so wird die entsprechende Version der Funktionalgleichungsmethode auch <u>Wertiteration</u> genannt, da hierbei die

Berechnung einer Folge von Näherungen für den optimalen <u>Wert</u> des Prozesses, d.h. den optimalen Zielfunktionswert in (1) (mit m durch ∞ ersetzt) im Vordergrund steht. Neben dieser Wertiteration ist noch ein zweites Verfahren, die sogenannte <u>Politikiteration</u>, entwickelt worden, bei der eine Folge von Näherungen für eine optimale Politik konstruiert wird. Die Politikiteration spielt insbesondere bei den erwähnten Markowschen Entscheidungsprozessen eine große Rolle und ist zuerst von Howard in Form eines effektiven Lösungsalgorithmus angegeben worden (s. [Howard 1965]).
Die Funktionalgleichungsmethode läßt sich auch auf kontinuierliche dynamische Optimierungsprobleme übertragen. Hierbei sind jedoch noch zusätzliche theoretische und numerische Fragen zu klären (vgl. etwa [Bauer, Neumann 1969]).

3. Das Pontrjaginsche Maximumprinzip

Eine zweite Möglichkeit, dynamische Optimierungsprobleme zu lösen, basiert auf dem Pontrjaginschen Maximumprinzip. Wir wollen diese Vorgehensweise anhand des kontinuierlichen Problems (8), (9),)10) erläutern, wobei wir der Einfachheit halber $X(t) := R^n$ für alle $t\varepsilon(t_a,t_e)$ und U unabhängig von $x(t)$ annehmen. Als zusätzliche Endbedingungen für das Differentialgleichungssystem in (9) geben wir

$$x^j(t_e) = x_e^j \quad (j=1(1)q \leq n) \tag{12}$$

vor [2].

Für die Klasse der zulässigen Steuerungen wählen wir die auf $[t_a,t_e]$ stückweise stetigen oder die dort integrierbaren Funktionen u mit $u(t)\varepsilon U(t)$, wobei $U(t)$ für alle $t\varepsilon[t_a,t_e]$ eine kompakte Teilmenge des R^r sei. Die weiteren Voraussetzungen, unter denen die folgenden Überlegungen gelten (beispielsweise muß sichergestellt sein, daß das Anfangswertproblem (9) für jede zulässige Steuerung u genau eine Lösung besitzt), seien nicht extra angegeben (vgl. etwa [Bauer, Neumann 1969]).
Aus Zweckmäßigkeitsgründen führen wir noch eine Komponente x^0 durch

$$\dot{x}^0(t) = g(x(t),u(t),t) \quad (t\varepsilon[t_a,t_e]), \quad x^0(t_a) = 0$$

---

[2] Es gilt also $X(t_a) = \{x_a\}$, während $X(t_e)$ der Durchschnitt der q durch (12) festgelegten Hyperebenen des R^n ist.

sowie entsprechend $f^0 := g$ und ferner die Vektoren

$$\hat{x} := \begin{pmatrix} x^0 \\ x \end{pmatrix} \quad , \; \hat{f} = \begin{pmatrix} f^0 \\ f \end{pmatrix}$$

ein. Weiter benötigen wir den Begriff des <u>Kozustandsvektors</u> $\hat{p}(.) = \begin{pmatrix} p^0(.) \\ p^1(.) \\ \vdots \\ p^n(.) \end{pmatrix}$,

der eine Lösung des Differentialgleichungssystems

$$\dot{p}^j(t) = -\hat{p}^T(t)\frac{\partial \hat{f}}{\partial x^j}\,(x(t),u(t),t) \quad (j=0(1)n, t\varepsilon[t_a,t_e]) \tag{13}$$

sei, sowie die durch

$$H(\hat{p},x,u,t) := \hat{p}^T\hat{f}(x,u,t)$$

gegebene <u>Hamiltonfunktion</u> H und die gemäß

$$M(\hat{p},x,t) := \sup_{u\varepsilon U(t)} H(\hat{p},x,u,t)$$

festgelegte Funktion M. Dann lautet das <u>Pontrjaginsche Maximumprinzip:</u>

u^* sei eine optimale Steuerung und x^* die zugehörige Lösung des Anfangs-
wertproblems (9). Dann existiert eine nichttriviale Lösung $\hat{p}$ von (13)
mit $x = x^*$ und $u = u^*$, die den Bedingungen

$$p^{0*}(t) \leq 0$$
$$p^{j*}(t_e) = 0 \quad (j=q+1(1)n)$$

genügt, so daß

$$H(\hat{p}^*(t),\, x^*(t),u^*(t),t) = M(\hat{p}^*(t),x^*(t),t) \tag{14}$$

gilt [3]. Ist als Klasse der zulässigen Steuerungen diejenige der stückweise stetigen Funktionen gewählt, so ist (14) auf ganz $[t_a,t_e]$ bis auf endlich
viele Punkte erfüllt, im Fall von (Lebesgue-)integrierbaren Funktionen als
zulässigen Steuerungen für fast alle $t\varepsilon[t_a,t_e]$.
Zunächst ist festzustellen, daß ein auf dem Maximumprinzip basierendes
Lösungsverfahren nur anwendbar ist, wenn die Existenz einer optimalen Steuerung
gesichert ist. Die generelle Schwierigkeit, das Maximumprinzip für ein Lösungsverfahren konstruktiv zu nutzen, besteht darin, daß bei der (14) ent-

---

3) Aus (13) ergibt sich sofort, daß p^0 auf $[t_a,t_e]$ konstant ist. Aufgrund der
   Homogenität der Hamiltonfunktion H bezüglich $\hat{p}$ kann man sich dann wegen

sprechenden Maximierung der Hamiltonfunktion bezüglich u bereits optimale $\hat{p}^*, x^*$ bekannt sein müssen. Dies bedingt, daß die folgenden beiden Teilaufgaben parallel zu lösen sind:

1. Maximierung der Hamiltonfunktion bezüglich u
2. Bestimmung von "geeigneten" Anfangswerten für die
   Funktionen p^j (j=1(1)n).

Die Teilaufgabe 2 besteht darin, einen Vektor p_a so zu finden, daß eine Lösung des Systems (9), (13)- für j=1(1)n - mit der zusätzlichen Anfangsbedingung $p(t_a) = p_a$ ein optimales Lösungstripel (p^*, x^*, u^*) darstellt (d.h. insbesondere u^* eine optimale Steuerung ist).
Hat $\hat{f}$ die Gestalt

$$\hat{f}(x,u,t) = A(t)x + \hat{h}(u,t), \tag{15}$$

so kann die Teilaufgabe 2 darauf zurückgeführt werden, mithilfe eines Gradientenverfahrens eine Folge von Normalenvektoren an die sogenannte Menge der erreichbaren Punkte, d.h. die Menge aller möglichen Werte $\hat{x}(t_e)$, wobei u alle zulässigen Steuerungen durchläuft, zu konstruieren (s. [Neumann 1970[a]]). Die Teilaufgabe 1 ist besonders dann einfach zu behandeln, wenn in (15) $\hat{h}$ von der Form

$$\hat{h}(u,t) = \sum_{k=1}^{r} \hat{c}_k(t) b_k(u^k) + \hat{d}(t)$$

und der Steuerbereich U(t) für jedes $t \varepsilon [t_a, t_e]$ ein r-dimensionaler Quader ist.
Das Maximumprinzip kann auch auf den Fall diskreter dynamischer Optimierungsprobleme übertragen werden, allerdings nur unter zusätzlichen Konvexitätsannahmen [Gessner, Spremann 1972].
Das exponentielle Ansteigen des Rechenaufwandes der Funktionalgleichungsmethode mit wachsender Dimension des Problems und die erwähnten Schwierigkeiten bei der konstruktiven Nutzung des Maximumprinzips haben den Wunsch nach effektiveren, generell anwendbaren Lösungsverfahren entstehen lassen.

Überlegungen, die in den letzten Jahren von Gessner sowie seit dem vergangenen Jahr auch von Spremann angestellt worden sind, haben nun zur Herleitung einer zentralen Ungleichung für eine verallgemeinerte Hamiltonfunktion geführt, aus der man einerseits ein Verfahren zur Korrektur einer gegebenen zulässigen Steuerung (Iterationsprinzip) und andererseits eine notwendige Bedingung für die Optimalität einer Steuerung (verallgemeinertes Maximumprinzip) gewinnen kann (s.[Gessner Spremann 1972] und [Spremann, Gessner 1973]). Das Iterationsprinzip liefert dann neue, numerisch besonders günstige Verfahren zur Lösung zahlreicher Klassen dynamischer Optimierungsprobleme.

Zunächst wollen wir hierzu alle bis jetzt vorgestellten dynamischen Optimierungsprobleme durch ein allgemeines Optimierungsmodell beschreiben.

An Hand dieses Modells soll dann zunächst ein für alle Probleme numerisch praktikables Verfahren zur systematischen Verbesserung einer beliebigen gegebenen Steuerung entwickelt werden. Klassische notwendige Kriterien für die Optimalität einer Steuerung wie das Maximumprinzip von Pontrjagin können wir dabei nicht in Form eines Gradientenverfahrens zum Ausgangspunkt für die schrittweise Verbesserung wählen:

Eine Steuerung, die das Maximumprinzip besser als eine andere, aber nicht exakt, erfüllt, muß deshalb nicht besser bezüglich des ursprünglichen Zielkriteriums sein - exakt kann man die Maximum-Bedingung numerisch sowieso nicht erfüllen.

Es zeigt sich jedoch, daß man andererseits aus dem konstruktiven Ansatz das Maximumprinzip von Pontrjagin und andere notwendige Optimalitätsbedingungen, etwa den Satz von Kuhn und Tucker, sehr übersichtlich entwickeln kann. Aber auch die bei speziellen dynamischen Optimierungsproblemen bewährten Optimierungsverfahren wie die Bellmansche Methode oder Howardsche Politikiteration lassen sich sehr übersichtlich aus dem allgemeinen konstruktiven Ansatz entwickeln. Auch da führt der neue Ansatz jedoch zu wesentlich effektiveren Algorithmen, worüber z.B. im Vortrag von Spremann in diesem Band berichtet wird. Eine genaue Ausarbeitung der hier nur skizzierten Gedankengänge findet sich insbesondere in [Spremann, Gessner 1973].

4. Das allgemeine dynamische Optimierungsmodell

Wir formulieren unser Modell in allgemeinen linearen Räumen. Hierzu
sind

X, U lineare Räume

x, u Elemente dieser Räume

$\langle \cdot , \rangle$ ein Skalarprodukt in diesen Räumen

$Z = X{\times}U$ der Produktraum von X und U

$z = (x,u)$ Elemente des Produktraumes

Die Existenz eines Skalarprodukts in X und U wird nicht unbedingt benötigt.
Die Darstellung wird aber durchsichtiger, wenn man lineare Funktionale
als Skalarprodukte schreiben kann. Mit zwei Abbildungen $T : Z \rightarrow X$ und
$S : Z \rightarrow \mathbb{R}$ lassen sich damit die untersuchten dynamischen Optimierungsprobleme
durch das folgende Modell darstellen:

$$
(A) \quad \left\{
\begin{array}{ll}
Tz = 0 & (16) \\
Sz \rightarrow \text{Sup.} & (17) \\
z \in Q_z & (18)
\end{array}
\right.
$$

Wir wollen uns bei dem allgemeinen Modell auf den Fall festlegen, daß die
Zielfunktion möglichst groß werden soll. Liegt bei einem Problem die umgekehrte Zielsetzung vor, so kann man durch eine Umkehrung des Vorzeichens
in der Zielfunktion unsere Darstellung gewinnen.
Definieren wir die Operatoren T und S als

$$
Tz(t) := x(t) - x_a - \int_{t_a}^{t} f(x(\tau),u(\tau),\tau)d\tau \quad (t_a \leq t \leq t_e) \quad (19)
$$

und

$$
Sz := \int_{t_a}^{t_e} g(x(t),u(t),t)dt, \quad (20)
$$

so sieht man, daß kontinuierliche Kontrollprobleme vom Typ (8), (9), (10)
durch unser Modell (A) erfaßt werden. Die Restriktionen (10) werden dabei
durch die Bedingung $z \in Q_z$ erfaßt.

Um diskrete Probleme der Art (3), (4), (5) durch (A) zu beschreiben, sei
X der lineare Raum der Folgen $x = (x_0, x_1, \ldots, x_m)$ und U der lineare Raum
der Folgen $u = (u_1, u_2, \ldots, u_m)$. Die Operatoren $T : X \times U \to X$ und
$S : X \times U \to \mathbb{R}$ sind dann zu definieren als

$$Tz(i) = \begin{cases} x_0 - x_a & \text{für } i = 0 \\ x_i - f_i(x_{i-1}, u_i) & (i=1(1)m) \end{cases} \tag{21}$$

und

$$Sz = \sum_{i=1}^{m} g_i(x_{i-1}, u_i). \tag{22}$$

Bei Markowschen Entscheidungsprozessen im stationären Zustand (Problem (6),
(7)) ist X der reelle $\mathbb{R}^S$. Die stationären Wahrscheinlichkeitsdichten

$w = \begin{pmatrix} w_1 \\ \vdots \\ w_s \end{pmatrix}$ sind die Elemente $x \in X$. U braucht hier nur eine Menge zu sein

(siehe Vortrag Spremann) und enthält als Elemente $u \in U$ die in (6) mit

$v = \begin{pmatrix} v_1 \\ \vdots \\ v_s \end{pmatrix}$ bezeichneten Entscheidungen. Die Abbildungen $T : X \times U \to X$

und $S : X \times U \to \mathbb{R}$ sind dann zu definieren als

$$Tz := x - P^T(u)x \tag{23}$$

und

$$Sz := q^T(u)x \tag{24}$$

5. Iterationsverfahren zur Verbesserung einer beliebigen gegebenen Steuerung

Wie ist nun eine gegebene beliebige Steuerung $\bar{u}$ zu verbessern? Durch
Lösen der Prozessgleichung mit $\bar{u}$ verschaffen wir uns die zugehörige
Trajektorie $\bar{x}$, so daß $\bar{z} = (\bar{x}, \bar{u})$ Nullstelle von T ist. An dieserNull-
stelle werden wir die beiden Operatoren T und S linearisieren.

Können wir nun voraussetzen, daß T und S stetige Frêchet-Ableitungen DT bzw. DS auf einer offenen Menge $\tilde{Q}_z \supset Q_z$ besitzen, so gilt

$$||T_z - T\bar{z} - DT(\bar{z}) \cdot \underbrace{(z-\bar{z})}_{\substack{\Delta z = (\Delta x, \Delta u), \\ L\Delta x + M\Delta u}}|| \leq n_T(z,\bar{z}) \cdot ||z - \bar{z}|| \, ,$$

wobei n_T gegen Null geht, wenn z gegen $\bar{z}$ geht. Eine entsprechende Abschätzung gilt für die Entwicklung von S an der Stelle $\bar{z}$.

Um nun von $\bar{z}$ zu einem besseren z zu gelangen, das bis auf Glieder höherer Ordnung wieder Nullstelle von T ist, wobei S eine möglichst große Änderung erfahren soll, haben wir ein lineares Problem folgender Art zu lösen:

$$(LA) \begin{cases} L\Delta x = - M\Delta u & (23) \\ \Delta S \ = <1,\Delta x> +<g,\Delta u> \rightarrow \text{Sup}. & (24) \\ \Delta u \ \epsilon \ Q_{u\Delta} & (25) \end{cases}$$

Ein Steuerbereich für Δu ergibt sich aus den beiden Forderungen, daß die Norm von Δz klein bleiben muß und daß mit $\bar{z}$ auch das neue Element z im zulässigen Bereich Q_z liegen soll.
Für das Weitere setzen wir voraus, daß die Gleichung

$$L^{ad}p = 1 \tag{26}$$

eine eindeutige Lösung $\bar{p}$ habe. Dabei ist L^{ad} der zu L verallgemeinerte adjungierte Operator und 1 das lineare Funktional des ersten Terms der Zielfunktion.
Bei Kontrollproblemen stellt (26) eine Volterrasche Integralgleichung dar, die eine eindeutige Lösung hat und sich numerisch als lineares gewöhnliches Differentialgleichungssystem lösen läßt.
Bei diskreten Problemen stellt (26) ein gestaffeltes lineares Gleichungssystem dar, das eine eindeutige Lösung hat.
Für Markowsche Entscheidungsprozesse wird die eindeutige Lösbarkeit von (26) in der Arbeit von Spremann untersucht.
Damit können wir den ersten Term der Zielfunktion umformen wie folgt:

$$<1,\Delta x> = <L^{ad}p,\Delta x> = <\bar{p},L\Delta x> = <\bar{p}, - M\Delta u> = <-M^{ad}\bar{p},\Delta u>,$$

und die gesamte lineare Zielfunktion lautet:

$$\Delta S = <- M^{ad}\bar{p} + g, \Delta u>.\tag{27}$$

Hieraus kann man das optimale Δu in Abhängigkeit von der zulässigen Menge $Q_{u\Delta}$ sofort ablesen. Stellt $Q_{u\Delta}$ einen Quader dar, so ergibt sich ein bang-bang-Prinzip:
Δu nimmt die obere Schranke des Quaders an, wo der Funktionswert von $[-M^{ad}\bar{p} + g]$ positiv ist und die untere sonst. Stellt $Q_{u\Delta}$ eine Beschränkung bezüglich der L^2-Norm dar, so ist Δu proportional zu $[-M^{ad}\bar{p} + g]$ zu wählen.

Mit der "verbesserten" Steuerung $\bar{u} + \Delta u$ gewinnt man aus der Prozeßgleichung die zugehörige Trajektorie $\bar{\bar{x}}$, so daß $\bar{\bar{z}} = (\bar{\bar{x}}, \bar{u} + \Delta u)$ sogar wieder numerisch exakte Nullstelle von T ist u.s.w.
Das gesamte Verfahren hat sich inzwischen bei allen diskutierten dynamischen Optimierungsproblemen, also bei kontinuierlichen Kontrollproblemen, diskreten Kontrollproblemen und Markowschen Entscheidungsprozessen, aber auch bei weiteren Problem-Klassen wie Kontrollproblemen mit verzögerten Differential-gleichungen oder Integro-Differentialgleichungen praktisch gut bewährt.
Man ist bei Kontrollproblemen dabei nicht auf den Funktionenraum der stück-weise.stetigen Funktionen oder den $L^2\,[t_a, t_e]$ für die Kontrollvariablen angewiesen. Man kann als Kontrollraum einen beliebigen Funktionenraum, etwa einen endlichdimensionalen Spline-Raum oder bestimmte Treppenfunktionen, zulassen.

6. Ein neuer Zugang zum Maximumprinzip von Pontrjagin

Um aus dem konstruktiven Ansatz die bekannten notwendigen Optimalitätskriterien, etwa das Maximumprinzip von Pontrjagin, zu entwickeln, darf man die Operatoren T und S nicht total linearisieren. Beim klassischen Beweis erfolgt die Lineari-sierung durch die Konstruktion der Kegel. Ihr entspricht bei unserer Betrachtungs-weise eine partielle Linearisierung von T und S nach x, wobei die Differenz in u stehen bleibt.
Diese Linearisierung sei wie folgt angedeutet:

$$T(x,u) - T(\bar{x},\bar{u}) \approx \underbrace{D_x T(\bar{x},\bar{u}) \cdot \Delta x}_{L\Delta x} + T(\bar{x},u) - T(\bar{x},\bar{u})$$

$$S(x,u) - S(\bar{x},\bar{u}) \approx \underbrace{D_x S(\bar{x},\bar{u})\Delta x}_{<1,\Delta x>} + S(\bar{x},u) - S(\bar{x},\bar{u})$$

Wollen wir jetzt ganz analog wie bei der totalen Linearisierung vorgehen, so ist die Änderung ΔS der Zielfunktion, die beim Übergang von $\bar{u}$ zur neuen Steuerung u entsteht, unter der Nebenbedingung zu berechnen, daß die rechte Seite der oberen Gleichung Null wird. Die Umrechnung des Terms $<1,\Delta x>$ liefert deshalb

$$<1,\Delta x> = <L^{ad}\bar{p},\Delta x> = <\bar{p},L\Delta x> = <\bar{p},-(T(\bar{x},u) + T(\bar{x},\bar{u}))>,$$

und damit ist

$$\Delta S \approx \underbrace{S(\bar{x},u) - <\bar{p},T(\bar{x},u)>}_{H(\bar{x},\bar{p},u)} - \underbrace{(S(\bar{x},\bar{u}) - <\bar{p},T(\bar{x},\bar{u})>}_{H(\bar{x},\bar{p},\bar{u})}$$

wobei $H(x,p,u)$ die Hamilton-Funktion ist (siehe (13), (14)).
Eine genaue Abschätzung ergibt

$$|H(\bar{x},\bar{p},u) - H(\bar{x},\bar{p},\bar{u}) - \Delta S| \leq \underbrace{n_\Delta(\bar{x},\bar{u},x,u) \cdot ||x - \bar{x}||}_{rest}, \quad (28)$$

wobei $n_\Delta(\bar{x},\bar{u},x,u)$ Nullfunktion ist.

Aus dieser Abschätzung kann man sofort folgern:

Ist $\bar{u}$ optimal, also $\Delta S \leq 0$, so gilt

$$H(\bar{x},\bar{p},u) \leq H(\bar{x},\bar{p},\bar{u}) + rest \qquad (28)$$

bezüglich aller anderen zulässigen u.

Aufgrund ganz spezieller Eigenschaften des Funktionenraumes der stückweise stetigen Funktionen oder des $L^2[t_a,t_e]$ kann man dann durch einen einfachen Widerspruchsbeweis (Spremann) zeigen, daß diese Ungleichung exakt und global gilt. Das abgeleitete Prinzip gilt für Probleme, bei denen der Steuerbereich durch zeitabhängige Schranken begrenzt wird.
Für die Trajektorie x dürfen $2n$ Randbedingungen, aber keine weiteren Restriktionen vorgeschrieben sein.
Man braucht aber die Ungleichung (28) nicht nur in bezug auf einen negativen Zuwachs der Zielfunktion zu sehen. Ist $\bar{u}$ beliebige nichtoptimale

Steuerung, so zeigt (28) den Zusammenhang zwischen Wachsen der Hamiltonfunktion und Wachsen der Zielfunktion. Damit gilt tatsächlich, daß eine
Steuerung besser als eine andere ist, wenn für sie die Hamiltonfunktion
größer ist - eine Aussage, die man aus dem klassischen Beweisweg von
Pontrjagin nicht folgern kann.

Die Ungleichung (28) bietet weitere Ansatzpunkte für die konstruktive Nutzung,
insbesondere bei Kontrollproblemen und dynamischen Optimierungsproblemen,
bei denen die Modell-Operatoren T und S nicht mehr nach u differenzierbar
sind.

Ober eine konstruktive Nutzung der Beziehung (28) für bewertete Markow-Ketten
wird in dem Vortrag von Spremann berichtet.

288

Literatur

Bauer, H. und K. Neumann: Berechnung optimaler Steuerungen; Springer-
     verlag, Berlin/Heidelberg/New York 1969

Bellman, R.: Dynamic Programming; Princeton University Press,
     Princeton 1957

Gessner, P. und K. Spremann: Optimierung in Funktionenräumen;
     Springer-Verlag Berlin/Heidelberg/New York 1972

Gessner, P. und H. Wacker: Dynamische Optimierung; Carl-Hanser-Verlag,
     München 1972

Hinderer, K.: Foundations of Non-stationary Dynamic Programming with
     Discrete Time Parameter; Springer-Verlag, Berlin/Heidelberg/
     New York 1970

Howard, R.A.: Dynamische Programmierung und Markov-Prozesse; Verlag
     Industrielle Organisation, Zürich 1965

Lee, E.B., and L. Markus: Foundations of Optimal Control Theory;
     John Wiley & Sons, New York/London/Sydney 1968

Neumann, K.: Dynamische Optimierung; Bibliographisches Institut, Mannheim/
     Wien/Zürich 1969

Neumann, K.: Ein Verfahren zur Lösung gewisser nichtlinearer Kontroll-
     probleme; Computing 6 (1970[a]), S. 249-263

Neumann, K.: Reduzierung des Rechenaufwandes bei der Behandlung sequentieller
     Entscheidungsprozesse; Operations-Research-Verfahren VIII (1970[b]),
     S. 184-201

Pontrjagin, L.S.et al.: Mathematische Theorie optimaler Prozesse; Oldenbourg-
     Verlag, München/Wien 1967

Spremann, K. und P. Gessner: Konstruktive Optimierung dynamischer und
     stochastischer Prozesse; Verlag Anton Hain, Meisenheim 1973

Prognoseprobleme bei zufällig gestörten dynamischen Systemen

L. Fahrmeir, München

Stochastic dynamic systems with continuous state space and time scale may be
defined as diffusion processes or as real physical processes described by
ordinary differential equations with right hand sides containing 'coloured'
noise. The relation between real and diffusion processes is established by a
convergence theorem. By this theorem filter and prediction problems for real
processes are reduced to the corresponding problems for diffusion processes.
The same theorem shows how to approximate numerically economic models defined
by diffusion processes and how to use simulation in forecasting.

1. Einführung

Zufällig gestörte dynamische Systeme mit kontinuierlichem Zustands-
und Parameterraum traten zuerst bei technischen Problemstellungen
auf. Sie gewinnen jedoch auch in der Wirtschaftstheorie zunehmend
an Bedeutung, da sie geeignete Modelle für viele Bereiche - Wachs-
tumstheorie ([13],[14]), Preistheorie ([11],[12]), Marketing ([9],
[10]) - liefern.

Wir gehen von einem einfachen ökonomischen Modell aus ([7]). Sei
$x(t)$ die Preisabweichung eines Preises von einem Gleichgewichts-
punkt zum Zeitpunkt t. Die Veränderung der Preisabweichung setze
sich zusammen aus der Trendbewegung des Marktes und aus unerklär-
ten (zufälligen) Störgrößen im Marktablauf. Dann kann man für den
Zuwachs $dx(t)$ ansetzen

$$(1) \qquad dx(t) = a(t,x(t))dt + b(t,x(t))dw(t), \quad x(0) = x_0$$

Dabei ist $\{w(t),\ t \geq 0\}$ ein Wiener - Prozeß auf einem Wahrscheinlichkeitsraum (Ω,A,p) und $b(t,x)$ charakterisiert die zufälligen Eigenschaften des Marktes im Zustand x zur Zeit t. (1) ist zu verstehen als stochastische DGL im Sinne von Ito ([1],[6],[7]) und darf daher nicht als gewöhnliche DGL für die Pfade $x(t,\omega)$, $\omega \in \Omega$ bei gegebenem Pfad $w(t,\omega)$ interpretiert werden! Wir gehen nicht näher auf diese exakte Definition ein, sondern befassen uns nur mit den für das Folgende wichtigen Konsequenzen.

(1) sei nun eine Vektor - DGL, d.h. x(t), a(t,x) seien n-dim. Vektoren, w(t) ein m-dim. Wiener - Prozeß mit unabhängigen Komponenten und b(t,x) eine $n \times m$ - Matrix.

Unter gewissen Bedingungen ([1]) ist dann x(t) ein Diffusionsprozeß mit Driftvektor a(t,x) und der Diffusionsmatrix $b(t,x)\cdot b(t,x)'$. Das bringt den *Vorteil*, daß für analytische Zwecke der math. Apparat für Diffusons - und Markov - Prozesse auf x(t) anwendbar ist. Für praktische Untersuchungen ergibt sich aber der *Nachteil*, daß die Pfade x(t,ω) aus (1) nicht direkt numerisch erhältlich und außerdem nicht "glatt" sind. Nun sind reale physikalische Prozesse immer glatt und somit bestenfalls approximative Diffusionsprozesse. Diese realen Prozesse $\tilde{x}(t)$ lassen sich vielfach darstellen durch eine gewöhnliche DGL für die Pfade $\tilde{x}(t,\omega)$:

$$(2) \qquad \frac{d\tilde{x}(t)}{dt} = \tilde{a}(t,\tilde{x}(t)) + \tilde{b}(t,\tilde{x}(t))n(t)$$

n(t) ist dabei "farbiges" Rauschen, d.h. approximatives "weißes" Rauschen.

2. Diffusionsprozesse und approximative reale Prozesse

Man kann nun die Frage stellen, ob Diffusionsprozesse mittels realer Prozesse approximiert werden können ([3],[16]). Wir beantworten dieses Problem durch einen Konvergenzsatz.

$n^r(t) = (n_1^r(t),\ldots,n_m^r(t))'$ sei stückweise stetiges Gaußsches Rauschen mit unabhängigen Komponenten, $E\,n_i^r(t) \equiv 0$, und mit "deltaähnlichen" Kovarianzfunktionen $K_i^r(t)$, die für $r \to \infty$ gegen die Deltafunktion $\delta(t)$ konvergieren ("deltaähnlich" ist in [4],[5] streng gefaßt, r kann als physikalische Kenngröße aufgefaßt werden).

$x(t) = (x_1(t),\ldots,x_n(t))'$ sei Lösung von (1)

$x^r(t) = (x_1^r(t),\ldots,x_n^r(t))'$ sei Lösung folgender gewöhnlichen DGL für die Pfade:

$$(3) \qquad \frac{dx^r(t)}{dt} = a(t,x^r(t)) - \frac{1}{2}b_x(t,x^r(t)) \times b(t,x^r(t)) + b(t,x^r(t))n^r(t)$$
$$x^r(0) = 0$$

wobei die i-te Komponente von $b_x \times b$ erklärt ist durch

$$(4) \qquad (b_x \times b)_i := \sum_{j,k=1}^{n} (\partial b_{ij}/\partial x_k)b_{kj}\,, \qquad 1 \le i \le n$$

Die Pfade von $x(t)$ bzw. $x^r(t)$, $t \ge 0$, sind stetig, also Elemente von $C[0,\infty)$. Dieser Raum läßt sich so metrisieren ([4]), daß die Topologie der kompakten Konvergenz (= gleichmäßige Konvergenz auf allen beschränkten Teilmengen) induziert wird.

B_C sei die σ - Algebra der Borelschen Teilmengen.

Die (meßbaren) Abbildungen

x bzw. x^r: $(\Omega,A,p) \to (C,B_C)$, die $\omega \in \Omega$ die Pfade $x(t,\omega)$ bzw. $x^r(t,\omega)$, $t \ge 0$, zuordnen, erzeugen auf (C,B_C) die Bildmaße P bzw. P^r von p.

P bzw. P^r heißt *Verteilung* von $x(t)$ bzw. $x^r(t)$.

Satz 1: Die Elemente von $a(t,x)$ bzw. $b(t,x)$ seien in jedem Intervall $[0,m]$, $m \in N$, einmal bzw. zweimal stetig differenzierbar und samt diesen Ableitungen beschränkt. Dann konvergieren für $r \to \infty$

die Prozesse $x^r(t)$ schwach gegen $x(t)$; i.Z.:

$$P^r \Rightarrow P \qquad (r \to \infty)$$

Beweis: Der in [4] gegebene Beweis für den Fall $n = m$ und $a(t,x) =$
$= a(x)$, $b(t,x) = b(x)$ gilt ohne wesentliche Abänderung (Beweis-
prinzip in [5]).

Bemerkung: Zum Begriff der schwachen Konvergenz bei stochastischen Prozessen muß auf die Literatur verwiesen werden. Für die
Anwendung wichtig ist, daß aus $P^r \Rightarrow P$ die Konvergenz der endlichdimensionalen Verteilungen von $x^r(t)$ gegen die entsprechenden end-
lich-dimensionalen Verteilungen von $x(t)$ folgt. Der Vorteil der
stärkeren Aussage $P^r \Rightarrow P$ wird sich bei Satz 2 und Satz 3 in Abschnitt 4 erweisen.

Als *Faustregel* ergibt sich:

Ist der Diffusionsprozeß $x(t)$ Lösung von (1) und der reale Prozeß
Lösung von (2) mit

$$(5) \qquad \tilde{b}(t,x) = b(t,x), \quad \tilde{a}(t,x) = a(t,x) - \frac{1}{2} b_x(t,x) \times b(t,x)$$

dann sind $x(t)$ und $\tilde{x}(t)$ approximativ stochastisch äquivalent. Wesentlich ist die *Beachtung der trendbeeinflussenden Therme* $-\frac{1}{2} b_x \times b$!

Dieses Ergebnis zieht Konsequenzen für Prognoseprobleme nach sich.
Zunächst gehen wir auf die Folgerung für Filter- und Vorhersage-
probleme bei realen Prozessen ein ([3]), anschließend ausführlicher auf die Möglichkeit der Prognose durch Simulation.

3. Prognose mit Hilfe der Filtertheorie

Der reale Prozeß $\tilde{x}(t)$ genüge (2). Die Beobachtung $\tilde{z}(t)$ liege vor
durch

(6) $\qquad \dfrac{d\tilde{z}(t)}{dt} = c(t,\tilde{x}(t)) + m(t)$, $\quad$ $m(t)$ "farbiges" Rauschen

(6) kann auch in diskretisierter Form vorliegen, was einer Beobachtung zu diskreten Zeitpunkten entspricht. Gesucht ist beidemale eine erwartungstreue Schätzfunktion minimaler Varianz ([7],[8]) $\hat{x}(t)$ von $\tilde{x}(t)$.

Mittels der Faustregel aus Abschnitt 2 ersetzt man $\tilde{x}(t)$ durch $x(t)$ und $\tilde{z}(t)$ durch $z(t)$ und erhält ein Filter- oder Prognoseproblem für $x(t)$. Dessen Lösung ([8],[3]) wird dann als Näherungslösung des ursprünglichen Problems angenommen. Der Fall, daß $\tilde{x}(t)$ vorgegeben ist, taucht vor allem bei technischen Problemen auf. Im nächsten Abschnitt wird $x(t)$ als vorgegeben betrachtet, wie das bei wirtschaftswissenschaftlichen Modellen oft der Fall ist.

4. Prognose durch Simulation

Wir gehen von stetigen stochastischen Wirtschaftsmodellen aus, die mathematisch als Diffusionsprozeß $x(t)$ beschreibbar sind. Dabei kann $x(t)$ auf Grund theoretischer Überlegungen durch Angabe von Drift- und Diffusionskoeffizienten (oder Übergangswahrscheinlichkeiten) oder durch eine stochastische DGL (1) definiert sein. Letzteren Fall wollen wir am Beispiel eines geschlossenen dynamischen Leontief - Modells erläutern.

$x_i(t)$, $i = 1,\ldots,n$ sei die Produktion der Industrie i (Industrie n sind die Haushalte). Für $x(t) = (x_1(t),\ldots,x_n(t))'$ gibt dann *Leontief* (1953) ein System von linearen Differentialgleichungen an:

(7) $\qquad \dfrac{dx(t)}{dt} = Ax(t)$

A gibt dabei die Beziehungen zwischen den einzelnen Industrien wieder. Wenn nun die Elemente von A durch eine zufällige Störung additiv überlagert sind bekommt (7) die Gestalt

$$(8) \qquad \frac{dx(t)}{dt} = (A + R(t))x(t)$$

Die Elemente $r_{ij}(t)$ von $R(t)$ sollen dabei unabhängige Weiße Gaußsche Rauschprozesse mit den Spektraldichten σ_{ij}^2 sein. Mit $r_{ij}(t)dt = \sigma_{ij}dw_{ij}(t)$, $w_{ij}(t)$ unabhängige Wiener‑Prozesse, läßt sich (8) in eine stochastische DGL überführen.

Sei $w(t) = (w_{11}(t),\ldots,w_{1n}(t),\ldots,w_{n1}(t),\ldots,w_{nn}(t))'$ und $B(x)$ eine $n \times n^2$ - Matrix mit den Elementen

$$b_{ij}(x) = \begin{cases} \sigma_{i,j-n(i-1)}x_{j-n(i-1)}, & n(i-1) < j \le ni \\ 0 & , \text{ sonst} \end{cases}$$

(8) geht dann über in

$$(9) \qquad dx(t) = Ax(t) + B(x(t))dw(t)$$

Im folgenden nehmen wir nun an, daß der Diffusionsprozeß $x(t)$, der das wirtschaftliche Modell beschreibt, in der Gestalt (1) mit gegebenen Koeffizienten $a(t,x)$ und $b(t,x)$ - die auch aus bereits vorliegenden Beobachtungen ermittelt sein können ([14]) - vorliegt. Will man Vorhersagen machen über analytisch schwer zugängliche Ereignisse so bietet sich die Simulation als Hilfsmittel der Prognose an:

Wir ordnen (1) mittels Satz 1 den durch (3) definierten realen Prozeß zu. Steht ein Rauschgenerator mit den statistischen Eigenschaften von $n(t)$ zur Verfügung, so läßt sich (3) numerisch lösen und zur *Prognose durch Modellsimulation* verwenden.

Oft interessieren Vorhersagen über das Verhalten von gewissen Funktionalen des Prozesses $x(t)$ (etwa $\max x(t)$, erstes Über- oder Unterschreiten von Schranken u.ä.).

Die Abbildungen x bzw. x^r seien wie oben bei Satz 1 erklärt. Weiter sei eine Abbildung Y

$$(10) \qquad Y: (C, B_C) \to (R^n, B_n)$$

gegeben. Hintereinanderschalten von x bzw. x^r und Y liefert die Abbildung

$$(11) \qquad \begin{aligned} Y \circ x \; &: (\Omega, A, p) \xrightarrow{\;x\;} (C, B_C, P) \xrightarrow{\;Y\;} (R^n, B_n) \\ Y \circ x^r &: (\Omega, A, p) \xrightarrow{\;x^r\;} (C, B_C, P^r) \xrightarrow{\;Y\;} (R^n, B_n) \end{aligned}$$

Ist Y zusätzlich meßbar, so sind auch $Y \circ x$, $Y \circ x^r$ meßbar und somit $y = Y \circ x$ und $y_r = Y \circ x^r$ Zufallsvariable auf (Ω, A, p) .mit Werten $y(\omega)$ bzw. $y_r(\omega)$ in (R^n, B_n).

Für ihre Verteilungsfunktionen $F(x)$ bzw. $F_r(x)$ gilt nun folgender

Satz 2: Ist $Y: (C, B_C) \to (R^n, B_n)$ meßbar und P - fast überall stetig und sind außerdem die Voraussetzungen zu Satz 1 erfüllt, so konvergiert für $r \to \infty$ $F_r(x)$ schwach (d.h. punktweise an allen Stetigkeitsstellen von $F(x)$) gegen $F(x)$.

Beweis: Satz 2 ist eine direkte Anwendung von [2], Theorem 5.1. und Satz 1.

Anwendung: Wollen wir etwa die Wahrscheinlichkeit $p(y \leq x)$ für ein solches Funktional y des Prozesses $x(t)$ vorhersagen, so nähern wir zunächst $p(y \leq x)$ durch $p(y_r \leq x)$ an, indem wir $x(t)$ durch $x^r(t)$ approximieren. Durch wiederholte numerische Simulation von $x^r(t)$ kann dann $p(y_r \leq x)$ durch die relative Häufigkeit angenähert werden. Man gelangt so zu einem *Monté - Carlo - Verfahren* zur näherungsweisen Berechnung von $p(y \leq x)$. Wir präzisieren dieses Vorgehen noch an einem

Beispiel: In der kollektiven Risikotheorie ([15]) heißen die durch
(1) definierten Prozesse mit $n = m = 1$ Risikoprozesse 2.Art. Man
interessiert sich für den zufälligen Zeitpunkt τ, zu dem zum er-
stenmal das Ereignis $x(t) < 0$ eintritt, wenn das Startkapital
$x(0) = x_0$ positiv ist. Die Wahrscheinlichkeit $p(\tau \leq t_0)$, daß der
"Ruin" $x(t) < 0$ bis zum Zeitpunkt t_0 eingetreten ist, heißt "Ruinwahrscheinlichkeit". τ wird charakterisiert durch

$$(12) \qquad x(t) \geq 0 \ \text{ für } \ t \leq \tau \ \text{ und } \ \min_{\tau \leq t \leq \tau + \varepsilon} x(t) < 0 \ \text{ für alle } \ \varepsilon > 0.$$

Die analytische Berechnung von $p(\tau \leq t_0)$ bereitet i.a. große
Schwierigkeiten. Wir können jedoch Satz 2 und die daran anschließende Bemerkung anwenden. Sei τ_r der Zeitpunkt, wann zum ersten-
mal $x^r(t) < 0$ eintritt. Dann gilt

Satz 3: Sind die Voraussetzungen zu Satz 1 erfüllt, so konvergiert
für $r \to \infty$ Die Ruinwahrscheinlichkeit $p(\tau_r \leq t_0)$ des Prozesses $x^r(t)$
gegen die Ruinwahrscheinlichkeit $p(\tau \leq t_0)$ von $x(t)$.

Beweis: $T: (C, B_C) \to (\overline{R}, \overline{B})$ ordne $\{x(t), t \geq 0\} \in C$ die durch (12)
definierte erste Eintrittszeit τ in $x < 0$ zu. Aus beweistechni-
schen Gründen führen wir (um den Fall $\tau = \infty$ leichter behandeln zu
können) die Abbildung $T': (C, B_C) \to (R, B)$ ein, die bis auf den Fall
$\tau = \infty$, d.h. $x(t) \geq 0$ für alle t, wie T erklärt ist. Falls $x(t) \geq 0$
für alle t, setzen wir T' durch $\tau' = T' \circ x = t_1 > t_0$ fest. Es ist
also $\tau' = \tau$ für $\tau < \infty$ und $\tau' = t_1$ für $\tau = \infty$. Auf T' wenden wir
Satz 2 an.

a) T' ist (B_C, B)-meßbar: Sei $s > t_1$. Dann ist

$$\{x \in C: \tau > s\} = \bigcap_{t \in [0,s]} \{x \in C: x(t) \geq 0\} = \bigcap_{t_i \in Q \cap [0,s]} \{x \in C: x(t_i) \geq 0\} \in B_C$$

Der Fall $s \leq t_1$ verläuft analog.

b) T' ist P - fast überall stetig:

Sei S die Menge der $x \in C$, die in einem Punkt $t^* > 0$ ein lokales Minimum mit dem Wert O besitzen und $x(t) > 0$ für $t < t^*$ gilt. Es ist

$$S \subset \bigcup_{t_i \in Q} \{ \min_{0 \leq s \leq t_i} x(s) = 0 \}$$

Die Beweisidee aus [6], S. 284 für den Fall, daß $x(t)$ ein Wiener-Prozeß ist, läßt sich leicht verallgemeinern um

$$P\{ \min_{0 \leq s \leq t} x(s) = 0 \} = 0 \qquad \text{für alle} \quad t \geq 0$$

zu zeigen. Damit folgt dann

$$P(S) = 0$$

Sei nun $x \in C \backslash S$ und τ die erste Eintrittszeit in $x < 0$. $x_n \in C$ konvergiere gleichmäßig auf jedem beschränkten Intervall gegen x. Dann zeigt man leicht $\tau_n \to \tau$ und daraus $\tau'_n \to \tau'$. Damit ist P - fast überall die Stetigkeit von T' bewiesen. Da die Verteilungsfunktion von τ mit der von τ' für $0 \leq x \leq t_o$ übereinstimmt und stetig ist, folgt aus Satz 2 die Behauptung.

Satz 3 führt zu folgender *Monte - Carlo - Methode für die Ruinwahrscheinlichkeiten:*

Wir simulieren den Prozeß 2.Art $x(t)$ durch $\tilde{x}(t)$ mittels der Zuordnung (5). Bei N - maliger Simulation sei M die Anzahl der Pfade $\tilde{x}(t,\omega)$, die in $0 \leq t \leq t_o$ negative Werte annehmen. Dann ist die relative Häufigkeit M/N für großes N ein Näherungswert für die Ruinwahrscheinlichkeit:

$$\frac{M}{N} \approx p(\tau \leq t_o)$$

Literatur:

1. Arnold, L.: Stochast. Differentialgleichungen. München: R.Oldenbourg 1973.

2. Billingsley, *P.*: Convergence of Prob. Measures. New York: J. Wiley & Sons 1968.

3. Clark, J.M.C.: The Representation of Nonlinear Stochastic Systems with Applications to Filtering. Ph. D. Thesis, Imperial College. London 1966.

4. Fahrmeir, L.: Schwache Konvergenz von W-maßen und ein hybrides Monte-Carlo-Verfahren für lineare Randwertaufgaben. Diss. TU München 1972.

5. Fahrmeir, L.: Schwache Konvergenz gegen Diffusionsprozesse. GAMM-Tagung München 1973.

6. Gikhman, I.I., Skorohod, A.V.: Introduction to the Theory of Random Processes. London: W.B. Saunders Comp. 1969.

7. Hauptmann, H.: Schätz- und Kontrolltheorie in stetigen dynamischen Wirtschaftsmodellen. Berlin: Springer Verlag, Lecture Notes in Economics and Mathematical Systems 1971.

8. Jazwinski, A.: Stochastic Processes and Filtering Theory. London: Academic Press 1970.

9. Massy,W.F., Montgomery,D.B., Morrison, D.G.: Stochastic Models of Buying Behavoir. London 1970.

10. Montgomery, D.B., Urban, G.L.: Applications of Management Science in Marketing. London: Prentice-Hall 1970.

11. Robinson, E.A.: Stoch. Diff. Theory of Price. Econometrica, Vol.27, 1959.

12. Sengupta, S.S.: Operations Research in Seller's Competition. New York: John Wiley 1968.

13. Tintner, G.,Pollan, W.: Ein logarithmisch-normaler Diffusionsprozeß mit Anwendungen auf die wirtschaftliche Entwicklung Österreichs. Leipzig: Wiss. Zeitschr. der Karl-Marx-Univ., 17, 1965.

14. Tintner,G., Sengupta,J.: Stochastic Economics. New York: Academic Press 1972.

15. Wolff,K.-H.: Versicherungsmathematik. Wien: Springer Verlag 1970.

16. Wong, E., Zakai, M.: On the Convergence of Ordinary Integrals to Stochastic Integrals. Ann. Math. Stat. 36, 1965.

Steuerung von Warteschlangen durch die Abfertigungsraten

R. Feindor, Rosenheim

Summary:
Usually, queueing theory is not directly concerned with optimization. In this
paper a finite birth-death process is investigated, where costs depend on service
rates and on the number of customers waiting.
The queueing system is controlled by the service rates. Optimal service rates are
computed by a policy-iteration method, derived from a functional analytic
maximum principle.

0. Einführung: Zusammenhang mit der Literatur

In der klassischen Literatur werden Wartesysteme meist beschreibend dargestellt
/3,6,9/. Unter gewissen Annahmen über die Struktur des Wartesystems und die
beteiligten Verteilungen leitet man für die interessanten Größen x (z.B. Anzahl
Kunden im System, Wartezeit, ...) Prozeßgleichungen ab, die meist von
einem Parametersatz u (z.B. Ankunftsraten , Abfertigungsraten,...) abhängen.
Wir schreiben die Prozeßgleichung in der Gestalt $\quad T (x , u) = 0$.

Der Parametersatz u wird als fest vorgegeben betrachtet. Der Optimierungsgedanke
tritt bei dieser klassischen Betrachtungsweise in den Hintergrund.

Faßt man hingegen den Parametersatz u als variabel auf, so kann der Warteprozeß
durch ihn gesteuert werden.
Durch eine vorgegebene Zielfunktion $S (x , u) \longrightarrow \max$ werden verschiedene
Steuerungen u und die durch die Prozeßgleichung $T(x,u)=0$ mit ihnen verknüpften Warteprozesse bewertet.

In der Literatur /z.B. 1,7,8,10,13/ wird hier häufig folgender Weg beschritten:
Man greift eine besonders einfache Klasse von Steuerungen (z.B. (s,S)-Regel)
heraus und untersucht, für welche Wartesysteme solche Steuerungen optimal sind.

Diese Arbeit möchte einen anderen Weg aufzeigen:
Die Anwendung funktionalanalytisch begründeter Optimierungsverfahren /5,6,11,12/
erlaubt es, ohne solche Einschränkungen für die Steuergrößen, sehr verschiedene
Wartesysteme optimal zu steuern.

An einem einfachen Beispiel wird diese Vorgehensweise für ein spezielles
Wartesystem dargestellt.

1. Ein Reparaturproblem

Eine Getränkefirma hat n Getränkeautomaten aufgestellt, die bei Ausfall
von der Firma repariert werden müssen. Für die anfallenden Reparaturen
stehen zwei unterschiedlich qualifizierte Monteure zur Verfügung, die im
Betrieb jederzeit auch anderweitig eingesetzt werden können.
Es soll nun ein Jahresplan erstellt werden, dem zu entnehmen ist, welche
Reparaturkräfte zu jedem Zeitpunkt t eingesetzt werden sollen, wenn dann
gerade i Getränkeautomaten auf Reparatur warten.

Für einen optimalen Plan brauchen wir weitere Informationen über die Verteilungen der Automatenausfälle und der Reparaturzeiten, sowie besonders
über die entstehenden Kosten.

a) Aus Erfahrung sei bekannt, daß die Automatenausfälle einer saisonabhängigen Poisson-Verteilung genügen. Wenn zum Zeitpunkt t schon i
   Geräte auf Reparatur warten, so sei der Parameter der Poisson-Verteilung $\alpha_i(t)$.

b) Die Reparaturzeiten genügen einer Exponentialverteilung. Der Parameter
   der Verteilung hängt von den eingesetzten Reparaturkräften ab und wird
   als Reparaturrate bezeichnet.

Entscheidung	eingesetzte Reparaturkräfte	Reparaturrate
0	kein Monteur	$\beta_0 = 0$
1	Monteur 1	β_1
2	Monteur 2	β_2
3	beide	β_3

c) Die eingesetzte Reparaturkapazität kostet die Firma Geld, da die
   Arbeitskräfte nicht mehr für andere Arbeiten zur Verfügung stehen. Diese
   Kosten sind durch eine Tabelle gegeben:

Reparaturrate	β_i
Kosten/Zeiteinheiten	$r(\beta_j)$

Andererseits kostet es auch Geld, daß Automaten auf Reparatur warten, da
inzwischen keine Getränke verkauft werden können. Diese saisonabhängigen
Kosten sind ebenfalls durch eine Tabelle gegeben:

Anzahl ausgefallener Automaten	i
Kosten/Zeiteinheit (abhängig von t)	$c_i(t)$

2. Darstellung als steuerbares Wartesystem

An einer Servicestelle (=Reparaturwerkstatt) warten Kunden (=ausgefallene Getränkeautomaten) auf Bedienung (=Reparatur). Abhängig von der Zahl i der wartenden Kunden und dem Zeitpunkt t treffen weitere Kunden ein. Das Eintreffen ist Poisson-verteilt mit dem Parameter $\alpha_i(t)$.
Die Bedienung erfolgt mit einer Abfertigungsrate $u_i(t)$, die ebenfalls vom Zeitpunkt t und der Anzahl i der wartenden Kunden abhängt.
Es können insgesamt höchstens n Kunden warten. Die Wahrscheinlichkeit, daß zur Zeit t genau i Kunden warten, sei $x_i(t)$.

Wir betrachten also einen zeitabhängigen endlichen birth-death-Prozeß. Nach der Theorie der Warteschlangen /2, 3, 6, 9/ genügen die Zustandswahrscheinlichkeiten $x_i(t)$ unter den angegebenen Bedingungen folgendem System linearer Differentialgleichungen:

$$\dot{x}_0(t) = -\alpha_0(t)\, x_0(t) + u_1(t)\, x_1(t)$$

$$\dot{x}_i(t) = \alpha_{i-1}(t) x_{i-1}(t) - (\alpha_i(t) + u_i(t))\, x_i(t) + u_{i+1}(t) x_{i+1}(t) \quad \text{für } i = 1(1)n-1$$

$$\dot{x}_n(t) = \alpha_{n-1}(t)\, x_{n-1}(t) - u_n(t)\, x_n(t)$$

In Matrixschreibweise:

$$\dot{x}(t) = A(u(t),t)\, x(t)$$

mit der Tridiagonalmatrix

$$
A(u(t),t) =
\begin{pmatrix}
-\alpha_0(t) & u_1(t) & 0 & & & \\
\alpha_0(t) & -\alpha_1(t) - u_1(t) & u_2(t) & & \mathbf{O} & \\
& \ddots & \ddots & \ddots & & \\
& & \alpha_{n-2}(t) & -\alpha_{n-1}(t) - u_{n-1}(t) & u_n(t) \\
\mathbf{O} & & 0 & \alpha_{n-1}(t) & -u_n(t)
\end{pmatrix}
$$

Bei bekanntem Anfangszustand $x(0) = a$ erhalten wir als Prozeßgleichung das Integralgleichungssystem

$$x(t) = a + \int_0^t A(u(s),s)\, x(s)\, ds$$

Der Parametersatz $u = u_i(t)$ ist variabel. In jeder Situation sind vier Entscheidungen möglich:

$$u_i(t) \in \left\{ \beta_0, \; \beta_1, \; \beta_2, \; \beta_3 \right\}$$

Eine Bewertung ergibt sich durch die entstehenden Kosten, die minimiert werden sollen. Wenn zum Zeitpunkt t gerade i Kunden warten, so entstehen bei Entscheidung $u_i(t)$ folgende Kosten:

$$\text{Kosten} \quad = \quad \text{Wartekosten} \quad + \quad \text{Kosten für Reparaturkräfte}$$

$$- q_i(\, u_i(t), t) = \quad c_i(t) \quad + \quad r(\, u_i(t)\,)$$

Diese Kosten treten mit der Wahrscheinlichkeit $x_i(t)$ auf. Zum Zeitpunkt t sind also folgende Gesamtkosten zu erwarten:

$$\sum_{i=0}^{n} - q_i(\, u_i(t), t)\; x_i(t)$$

In Vektorschreibweise: $\qquad - q^T(\, u(t), t\,)\; x(t)$

Die während der Zeiteinheit von einem Jahr zu erwartenden Kosten, die minimiert werden sollen, betragen demnach

$$\int_0^1 - q^T(\, u(t), t)\; x(t)\;\; dt \longrightarrow \min$$

Zusammengefaßt erhalten wir das folgende Optimierungsproblem:

$$T(\, x, u\,) = x(t) - a - \int_0^t A(\, u(s), s\,)\; x(s)\; ds = 0$$

$$S(\, x, u\,) = \int_0^1 q^T(\, u(t), t\,)\; x(t)\; dt \longrightarrow \max$$

$$u_i(t) \in Q_{u_i(t)} = \left\{ \beta_0, \; \beta_1, \; \beta_2, \; \beta_3 \right\}$$

Im nächsten Abschnitt zeigen wir, wie man für ein allgemeines Optimierungsproblem dieser Art eine optimale Steuerung u erhält.
Anschließend wenden wir die erhaltene Methode auf unser Optimierungsproblem an und ermitteln so optimale Abfertigungsraten.

3. Optimierung durch Politikiteration

Auf der Grundlage der Arbeiten von GiESSNER und SPREMANN /4, 5, 11, 12/
stellen wir eine Methode zur Optimierung durch Politikiteration dar.
Wir betrachten ein allgemeines Optimierungsproblem der Gestalt

$$T\ (x,u) \quad = \quad 0$$

$$S\ (x,u) \quad \longrightarrow \quad \sup$$

$$u \in Q_u \qquad \qquad x \in X$$

mit den Operatoren $\quad T \; : \; X \times Q_u \longrightarrow X \quad$ und $\quad S \; : \; X \times Q_u \longrightarrow \mathbb{R}$.

Das Optimierungsproblem möge die folgenden drei Voraussetzungen erfüllen:

V1: X ist ein reeller, unitärer Raum.
   Skalarprodukt sei $\langle \, . \, , \, . \, \rangle$.
V2: T ist Prozeßoperator, d.h. zu jedem $u \in Q_u$ gibt es genau ein $x \in X$,
   sodaß $T(x,u) = 0$
V3: Zu jedem $u^* \in Q_u$ gibt es einen linearen beschränkten Operator $L(u^*):X \rightarrow X$
   und ein $l(u^*) \in X$, sodaß

$$T(x^* + h, u^*) \quad = \quad T(x^*, u^*) + L(u^*) \; h$$

$$S(x^* + h, u^*) \quad = \quad S(x^*, u^*) + \langle l(u^*), h \rangle$$

$$\text{wobei} \; T(x^*, u^*) = \quad T(x,u) \; = \; 0$$

Wir bezeichnen den Zuwachs der Zielfunktion bei Übergang von Steuerung
u^* zu u mit

$$\Delta S(u, u^*) := \; S(x,u) - S(x^*, u^*)$$

Für $u, u^* \in Q_u$ definieren wir:

$$u \text{ besser als } u^* : \Longleftrightarrow \; \Delta S(u, u^*) \geqslant 0$$

$$u \text{ echt besser als } u^* : \Longleftrightarrow \; \Delta S(u, u^*) > 0$$

$$u^* \text{ optimal} \quad : \Longleftrightarrow \; u^* \text{ besser als alle } u$$

$$\Longleftrightarrow \text{ für alle } u \in Q_u : \Delta S(u^*, u) \geqslant 0$$

$$\Longleftrightarrow \text{ es gibt kein } u, \text{ das echt besser als } u^* \text{ ist}$$

$$\Longleftrightarrow \text{ für alle } u \in Q_u : \Delta S(u, u^*) \leqq 0$$

Da $L(u^*)$ ein beschränkter linearer Operator im unitären Raum X ist, existiert der adjungierte Operator $L^{ad}(u^*)$, für den für alle $x,y \in X$ gilt

$$\langle y, Lx \rangle = \langle L^{ad} y, x \rangle .$$

Wir betrachten nun ein beliebiges, aber festes $u^* \in Q_u$. Sei $\lambda^* \in X$ eine Lösung der

$$\underline{\text{Kovariablengleichung}} \qquad L^{ad}(u^*)\, \lambda^* = I(u^*)$$

Mit $x: = x^* + h$ und $T(x,u) = T(x^*,u^*) = O$ gilt dann

für $\Delta S(u,u^*) = S(x,u) - S(x^*,u^*)$

mit $S(x^*,u^*) = S(x,u^*) - \langle I(u^*),h \rangle$ \qquad (nach V3)

und $\langle I(u^*),h \rangle = \langle L^{ad}(u^*)\, \lambda^*,h \rangle = \langle \lambda^*, L(u^*)\, h \rangle =$

$$= \langle \lambda^*, T(x,u^*) - T(x^*,u^*) \rangle =$$

$$= \langle \lambda^*, T(x,u^*) - T(x,u) \rangle =$$

$$= \langle \lambda^*, T(x,u^*) \rangle - \langle \lambda^*, T(x,u) \rangle$$

schließlich

$$\Delta S(u,u^*) = S(x,u) - \langle \lambda^*, T(x,u) \rangle - S(x,u^*) + \langle \lambda^*, T(x,u^*) \rangle$$

Wir bezeichnen den Ausdruck

$$H(\lambda,x,u) := S(x,u) - \langle \lambda, T(x,u) \rangle \qquad \text{als "Hamiltonfunktion".}$$

Ist die Hamiltonfunktion bis auf einen von u unabhängigen Term $c(\lambda,x)$ in x linear, so können wir mit einem $h(\lambda,u) \in X$ schreiben

$$H(\lambda,x,u) = \langle h(\lambda,u), x \rangle + c(\lambda,x)$$

Es gilt dann

$$\Delta S(u,u^*) = H(\lambda^*,x,u) - H(\lambda^*,x,u^*)$$

$$= \langle h(\lambda^*,u) - h(\lambda^*,u^*), x \rangle$$

In diesem Fall können wir unter zusätzlichen Voraussetzungen ein allgemeines Verfahren zur Optimierung durch Politikiteration angeben.

Wir verlangen:

V1 a: X sei zusätzlich halbgeordnet durch $\gg$
     und es gelte für alle $x,y \in X$
     (1) $\quad y \gg 0, \ x \gg 0 \ \Rightarrow \ \langle y,x \rangle \gg 0$
     (2) $\quad y \leqq 0, \ x \gg 0 \ \Rightarrow \ \langle y,x \rangle \leqq 0$

V2 a: Für den Prozeßoperator T gilt
     $T(x,u) = 0 \ \Rightarrow \ x \gg 0$

Gelingt es, ein $\bar{u} \in Q_u$ zu finden, für das für alle $u \in Q_u$

$$h(\lambda^*, \bar{u}) \geqslant h(\lambda^*, u)$$

dann gilt:

1. $\bar{u}$ besser als u^*

Beweis: $h(\lambda^*, \bar{u}) \geqslant h(\lambda^*, u^*)$
> $h(\lambda^*, \bar{u}) - h(\lambda^*, u^*) \geqslant 0$
> (V1a, V2a) $\quad \triangle S(\bar{u}, u^*) \geqslant 0$
> $\bar{u}$ besser als u^*

2. $\bar{u} = u^* \rangle u^*$ optimal

Beweis: für alle $u \in Q_u$ gilt:
$h(\lambda^*, u^*) \geqslant h(\lambda^*, u)$
> $h(\lambda^*, u) - h(\lambda^*, u^*) \leqslant 0$
> (V1a, V2a) $\quad \triangle S(u, u^*) \leqslant 0$
> u^* optimal

Zusammengefaßt wird man im Fall der linearen Hamiltonfunktion auf folgendes Optimierungsverfahren durch Politikiteration geführt:

SO: <u>Start:</u>   Wähle ein beliebiges $u^* \in Q_u$

S1: <u>Lösung der Kovariablengleichung:</u>
Ermittle ein $\lambda^* \in X$, sodaß $\quad L^{ad}(u^*)\, \lambda^* = l(u^*)$

S2: <u>Politikverbesserung:</u>

Suche ein $\bar{u} \in Q_u$, sodaß für alle $u \in Q_u$
$$h(\lambda^*, \bar{u}) \geqslant h(\lambda^*, u)$$

Ist $\bar{u} = u^*$, so hat man eine optimale Steuerung gefunden. Sonst ist $\bar{u}$ besser als u^* und man setzt das Verfahren mit der verbesserten Steuerung $u^* := \bar{u}$ bei S1 fort.

4. Anwendung zur Berechnung optimaler Abfertigungsraten

Wir zeigen nun, wie das im vorigen Abschnitt dargestellte Optimierungsverfahren zur Berechnung einer optimalen Steuerung für unser Wartesystem eingesetzt werden kann. Unser Optimierungsproblem lautete

$$T(x,u) = x(t) - a - \int_0^t A(u(s),s)\, x(s)\, ds = 0$$

$$S(x,u) = \int_0^T q(u(t),t)\, x(t)\, dt \longrightarrow \max$$

$$u_i(t) \in Q_{u_i(t)} = \{\beta_0, \ldots, \beta_3\}$$

Wir prüfen die Voraussetzungen:

V1: $X = \{x/x: [0,1] \to \mathbb{R}^{n+1} \wedge x \text{ stetig}\}$
ist ein reeller unitärer Raum mit dem Skalarprodukt

$$\langle y, x \rangle := \int_0^1 y^T(t)\, x(t)\; dt$$

V2: T ist Prozeßoperator: klar

V3: erfüllt mit

$$L(u^*)\, h(t) = h(t) - \int_0^t A(u(s),s)\, x(s)\; ds$$

$$l(u^*) = q(u^*)$$

Auch die zusätzlichen Voraussetzungen V1a und V2a sind erfüllt:

V1a: X ist halbgeordnet durch $x = \left(x_i(t)\right) \geqslant \left(y_i(t)\right) = y :\Leftrightarrow x_i(t) \geqslant y_i(t)$

$$\text{für alle } i, t$$

und nach Sätzen aus der Analysis gilt auch

(1) $y \geqslant 0$, $x \geqslant 0$ $\Rightarrow$ $\langle y, x \rangle \geqslant 0$ und

(2) $y \leqslant 0$, $x \geqslant 0$ $\Rightarrow$ $\langle y, x \rangle \leqslant 0$

V2a: Für $x_i(t)$ gilt als Zustandswahrscheinlichkeit sogar

$$0 \leqslant x_i(t) \leqslant 1$$

Nach Sätzen aus der Funktionalanalysis (bzw. durch partielle Integration) erhalten wir den adjungierten Operator zu dem Volterra'schen Integraloperator $L(u^*)$.

$$L^{ad}(u^*)\, h(t) = h(t) - A^T(u^*(t),t) \int_t^1 h(s)\; ds$$

Mit der Substitution $\eta^*(t) := \int_t^1 \lambda^*(s)\, ds$ erhalten wir als Kovariablengleichung
das lineare Dgl.-System

$$\dot{\eta}^*(t) = -q(u^*(t),t) - A^T(u^*(t),t)\, \eta^*(t)$$

mit $\eta^*(1) = 0$.

Dieses Dgl.-System besitzt für stückweise stetiges $u(t)$ eine verallgemeinerte Lösung $\eta^*(t)$, die man durch Integration erhält.

Wir berechnen die Hamiltonfunktion:

$$H(\lambda,x,u) = S(x,u) - \langle \lambda, T(x,u) \rangle$$
$$= \langle q(u),x \rangle \quad - \langle \lambda, L(u)\, x \rangle + \langle \lambda, a \rangle$$
$$= \langle q(u),x \rangle \quad - \langle L^{ad}(u)\, \lambda, x \rangle + \langle \lambda, a \rangle$$
$$= \langle q(u),x \rangle \quad + \langle A^T(u(t),t)\, \eta(t), x \rangle + \langle \lambda, a-x \rangle$$
$$= \langle h(\lambda,u), x \rangle + \quad c(\lambda,x)$$

mit
$$h(\lambda,u)(t) = q(u(t),t) + A^T(u(t),t)\, \eta(t)$$

Damit sind alle Voraussetzungen erfüllt und wir können die Politikiteration anwenden.

Die i-te Zeile der Matrix $A^T(u(t),t)$ hängt nur von der i-ten Komponente des Vektors $u(t)$ ab, wir bezeichnen sie mit $A_i^T(u_i(t),t)$.

Es gelingt daher, ein $\bar{u} \in Q_u$ zu finden, sodaß für alle $u \in Q_u$ wie verlangt
$h(\lambda^*,\bar{u}) \geqslant h(\lambda^*,u)$, indem man punktweise für alle t und alle i ein $\bar{u}_i(t)$
bestimmt, sodaß
$$h_i(\lambda^*,\bar{u}_i(t)) = \max_{u_i(t) \in Q_{u_i(t)}} \left\{ q_i(u_i(t),t) + A_i^T(u_i(t),t)\, \eta^*(t). \right\}$$

Zusammengefaßt wird man auf folgendes Iterationsverfahren für alle t von 1 bis 0 geführt:

S0: <u>Start:</u> Wähle ein beliebiges $u^*(t) \in Q_{u(t)}$

S1: <u>Lösung der Kovariablengleichung</u>

Berechne eine verallgemeinerte Lösung $\eta^*(t)$ aus
$$\dot{\eta}^*(t) = - q(u^*(t),t) - A^T(u^*(t),t)\, \eta^*(t) \quad \text{und} \quad \eta^*(1) = 0$$

S2: <u>Politikverbesserung</u>

Bestimme für alle i ein $\bar{u}_i(t)$, sodaß
$$h_i(\lambda^*,\bar{u}_i(t))(t) = \max_{u_i(t) \in Q_{u_i(t)}} \left\{ q_i(u_i(t),t) + A_i^T(u_i(t),t)\, \eta^*(t) \right\}$$

Ist $\bar{u}(t) = u^*(t)$, so ist die optimale Politik gefunden. Sonst ist $\bar{u}(t)$ echt besser als $u^*(t)$ und das Verfahren wird mit der verbesserten Politik bei S1 fortgesetzt.

Durch Anwendung dieses Iterationsverfahrens gelingt es, für unser Wartesystem optimale Abfertigungsraten zu berechnen.

Unser grundsätzliches Vorgehen zur Optimierung von Wartesystemen bleibt auf den
in dieser Arbeit dargestellten speziellen Fall nicht beschränkt.
Allgemein sind zur Optimierung eines Wartesystems folgende Schritte erforderlich:

1. Bestimme "Zustandsgrößen" $x \in X$ und zulässige "Steuerungsgrößen" $u \in Q_u$.

2. Untersuche, ob aus der Theorie der Warteschlangen ein Prozeßoperator $T(x,u)=0$
bestimmt werden kann, durch den das Wartesystem beschrieben wird.

3. Aus dem konkreten Problem leite man eine Zielfunktion $S(x,u) \to \sup$ ab.

4. Gelingt es auf diese Weise, ein Optimierungsproblem der Form

$$T(x,u) = 0$$
$$S(x,u) \to \sup$$
$$u \in Q_u$$

zu bestimmen, so untersucht man, welches der vorhandenen /4, 5, 11, 12/
Optimierungsverfahren für dieses Problem anwendbar ist.

Literatur:

/1/ BELL, C.E.: Characterization and computation of optimal policies for
operating an M/G/1 Queueing System with removable server. OR 19, 208-218

/2/ FELLER, W.: An Introduction to Probability Theory and its Applications.
Wiley New York 1957 Vol I

/3/ FERSCHL, F.: Zufallsabhängige Wirtschaftsprozesse. Physica Würzburg 1964

/4/ GESSNER, P./ SPREMANN, K.: Optimierung bewerteter Markovprozesse mit
einem verallg. Maximumprinzip. Zeitschr. f. Wahrsch.theorie u.v.G. (ersch.)

/5/ GESSNER, P./WACKER, H.J.: Dynamische Optimierung. Hanser Verl. 1972

/6/ GNEDENKO, B.V./KOVALENKO, I.N.: Introduction to Queueing Theory.
Israel Program for Scientific Translations. Jerusalem 1968, Moskau 1966
deutsch: Einführung in die Bedienungstheorie Berlin 1970 Akademie-Verlag

/7/ HEYMAN, D.P.: Optimal Operating Policies for M/G/1 Queueing Systems.
Operations Research 16, 2 p. 362-382 (1968)

/8/ MEYER, K.H.F.: Wartesyst. mit var. Bearbeitungsrate. Springer Lec.61(1971)

/9/ SAATY, T.L.: Elements of Queueing Theory. Mc Graw Hill New York 1961

/10/SCARF, H.: The Optimality of (S,s)-Policies in the Dynamic Inventory Prob.
in Arrow, Karlin, Scarf (eds) Math. Methods in the Social Sciences.
Stanford Univ. Press 1960

/11/SPREMANN, K.: Beweisprinzipien für Optimalitätsbedingungen bei zeitabhängigen Prozessen. Dissertation TU München 1972

/12/SPREMANN,K./GESSNER,P.: Konstr. Optimierung dynamischer u.stoch-
astischer Prozesse. Math.Syst. in Economics, Hain, Meisenheim 1973

Konstruktive Anwendung von verallgemeinerten Lagrange-Multiplikatoren auf nichtlineare Kontrollprobleme

E. Götz, München

Summary: The paper presents a method for the solution of nonlinear optimal control problems including state constraints. An optimal piecewise continuous control function is computed iteratively by approximation in the decision space. Control functions and the initial state vector of corresponding trajectories may be restricted to prescribed subsets by inequality constraints. The algorithm is numerically applicable and tested.

§1 Problemstellung

Wir beschäftigen uns mit Problemen der optimalen Steuerung: auf dem Intervall $[0,1]$ der reellen Zahlengeraden betrachten wir ein autonomes System gewöhnlicher Differentialgleichungen:

$$(1.1) \qquad \dot{x}(t) = f(x(t), u(t))$$

$$f: R^{m+n} \rightarrow R^n,$$

$$(1.2) \qquad x(0) = a, \qquad a \in X_a \subset R^n$$

mit $x(t)$ als n-dimensionale Zustands- und $u(t)$ als m-dimensionale Steuervariable. Zusätzlich sind für x und u Restriktionen zu beachten

$$(1.3) \qquad u(t) \in SB(t) \subset R^m \qquad\qquad t \in [0,1], \quad SB(t) \text{ beschränkt}$$

$$(1.4) \qquad x(1) \in Z(1) \subset R^n$$

Als Zielfunktional verwenden wir die Lagrange - Form:

$$(1.5) \qquad \int_0^1 g(x(t),\, u(t))\, dt \to \max \qquad g: R^{n+m} \to R$$

Die Funktionen x und u fassen wir als Elemente der linearen Räume X und U (Teilräume von L_2^n [0,1] bzw. L_2^m [0,1] mit den entsprechendenSkalarprodukten und -normen) auf:

$$(1.6) \qquad U := \{u|u:\ [0,1] \to R^m \wedge u \text{ stückweise stetig mit end-}$$
$$\text{lichvielen Sprungstellen 1.Art}\}$$

Damit existieren für das Differentialgleichungssystem (1.1) nach Existenzsatz von Carathéodory nur Lösungen im verallgemeinerten Sinn, d.h. $x \in X$ mit:

$$(1.7) \qquad X := \{x|x:\ [0,1] \to R^n \wedge x \text{ stetig } \wedge x \text{ stückweise}$$
$$\text{stetig differenzierbar}\}$$

Wir definieren ein allgemeines Modell (M), auf das wir unser Optimierungsproblem in §2 transformieren:

$$Z := X \times E^n \times U \qquad (\text{Raum der Lösung } z \in Z)$$

$$Tz = 0_x, \qquad z \in Z$$
$$(M) \qquad z \in Q_z \subset Z$$
$$Sz \to \max$$

Dabei wird der Nebenbedingungsoperator T durch (1.1) und (1.2), der Bewertungsoperator S durch (1.5) festgelegt. Die Restriktionen (1.3) und (1.4) sind unter $z \in Q_z$ zusammengefaßt.

§2 <u>Lösungsverfahren</u>

In der Form des Modells (M) lautet das Optimierungsproblem (RK):

$$(2.1) \quad (Tz)(t) := x(t) - a - \int_0^t f(x(s),u(s))\, ds = 0_n \ \bigwedge\ t \in [0,1]$$

$$(2.2) \quad (a,u) \in X_a \underset{\bullet}{\times} U_{SB} =: Q_U$$

(RK) mit

$$X_a := \{a \in R^n \mid a^- \le a \le a^+,\ a^-,\ a^+ \in R^n\}$$

$$U_{SB} := \{u \in U \mid u^-(t) \le u(t) \le u^+(t) \bigwedge t \in [0,1], u^-,u^+ \in U\}$$

$$(2.3) \quad Rz := k(x(1)) - d = 0_r , \qquad d \in R^r,\ \text{fest}$$

$$k: R^n \to R^r$$

$$(2.4) \quad Sz := \int_0^1 g(x(t),\ u(t))\, dt \to \max$$

Die Lösung $x(t)$ der Integralgleichung (2.1) ist dann der verallgemeinerten Lösung von (1.1), (1.2) äquivalent, wenn man (2.1) jeweils für die Stetigkeitsintervalle des Integranden löst und die
endlichvielen Lösungskurven stetig aneinanderfügt.

Den Lösungsbegriff für (RK) definieren wir wie üblich:

$$\left.\begin{array}{l}\text{zulässige Steuerung: } (a,u) \in Q_U \\ \text{zulässige Trajektorie: } x \in X \text{ erfüllt (2.3)}\end{array}\right\}\ \text{zulässige Lösung } z = (x,a,u)$$

$$\left.\begin{array}{l}\text{zulässige Steuerung:} \\ \text{zugehörige Trajektorie } x \in X\end{array}\right\}\ \text{zulässige Pseudo - Lösung}$$

Für das Lösungsverfahren müssen wir als erfüllt voraussetzen:

(V1) f,k und g stetig in allen Variablen und (komponentenweise)
      zweimal stetig differenzierbar nach allen Argumenten

(V2) Definitionsbereiche von T, R, S konvex

(V3) Zielmenge Z(1) abgeschlossen

(V4) Restriktion (2.3) regulär, d.h. Rang der Jacobi‑Matrix von
      k auf Z(1) stets maximal (=r).

(V5) $\|f(x(t), u(t))\|_2 \leq M(\|x(t)\|_2 + 1), \quad M < \infty$

Auf Grund von (V5) ist zu jedem $(a,u) \in Q_U$ implizit eine Trajektorie $x(\cdot;a,u)$ eindeutig festgelegt. Man kann zeigen, daß (V2) und
(V3) durch (2.2) und (2.3) bereits erfüllt sind.

Wir wenden nun das Verfahren der Linearisierung an einer bekannten
Nullstelle $\bar{z} = (\bar{x},\bar{a},\bar{u})$ an, wie es für den Fall ohne die Zustandsrestriktion (2.3) und ohne variablen Anfangszustand ausführlich
bei GESSNER u.a. in (L2), (L3), (L4) beschrieben ist. Wir geben
hier nur einen kurzen Überblick. Unter den Voraussetzungen (V1)
und (V2) sind die Operatoren T, R und S an der festen Stelle $\bar{z}$ linear approximierbar:

$$T(\bar{z} + \Delta z) = T\bar{z} + D_{\bar{z}} T \, \Delta z \qquad\qquad \Delta z \in Z$$
$$S(\bar{z} + \Delta z) = S\bar{z} + D_{\bar{z}} S \, \Delta z \qquad \text{für} \quad \|\Delta z\|_Z \leq \varepsilon$$
$$R(\bar{z} + \Delta z) = R\bar{z} + D_{\bar{z}} R \, \Delta z \qquad\qquad \varepsilon > 0$$

Daraus läßt sich (in 1.Näherung) eine verbesserte Nullstelle $\bar{z} + \overline{\Delta z}$
(d.h. $S\bar{z} < S(\bar{z} + \overline{\Delta z})$) der beiden Operatoren T und R berechnen, mit
$\overline{\Delta z}$ als optimaler Lösung des folgenden linearen Modells:

$$
\begin{aligned}
D_{\bar{z}} T \, \Delta z &=: P \, \Delta z = O_X \, , & P &\in \mathcal{L}(Z,X) \\
D_{\bar{z}} R \, \Delta z &=: V \, \Delta z = -R\bar{z} \, , & V &\in \mathcal{L}(Z,E^r) \\
D_{\bar{z}} S \, \Delta z &=: Q \, \Delta z \to \max \, , & Q &\in \mathcal{L}(Z,R) \\
\|\Delta z\|_Z &\leq \varepsilon \, , \ \varepsilon > 0 \, , & \bar{z} + \Delta z &\in Q_Z
\end{aligned}
$$

(LM)

Für unsere Problemstellung (RK) lautet das linearisierte Problem (LRK):

$$(2.5) \quad (P\Delta z)(t) := \Delta x(t) - \Delta a - \int_0^t (A(s)\,\Delta x(s) + B(s)\,\Delta u(s))\,ds = O_n \,\bigwedge\, t \in [0,1]$$

$$(2.6) \quad V\Delta z := C(1)\,\Delta x(1) - \Delta d = O_r$$

$$\text{mit} \quad \Delta d := d - k(\overline{x}(1))$$

(LRK)

$$(2.7) \quad Q\Delta z := (g_x \,|\, \Delta x)_{\widetilde{X}} + (g_u \,|\, \Delta u)_U \to \max$$

$$(2.8) \quad \|\Delta a\|_2 + \|\Delta u\|_U \leq \gamma, \quad \gamma > 0$$

$$(2.9) \quad (\Delta a, \Delta u) \in \Delta Q_U$$

Dabei haben wir abkürzend verwendet:

$$A(t) := D_{\overline{z}}^x f = \left(\frac{\partial f}{\partial x}\right)_{\overline{z}} = \left(\frac{\partial f_i}{\partial x_k}\right)(\overline{x}(t), \overline{u}(t)), \quad i,k = 1(1)n$$

$$B(t) := D_{\overline{z}}^u f = \left(\frac{\partial f}{\partial u}\right)_{\overline{z}} = \left(\frac{\partial f_i}{\partial u_j}\right)(\overline{x}(t), \overline{u}(t)) \quad \text{für } i = 1(1)n,$$
$$j = 1(1)m$$

$$C(1) := D_{\overline{z}} k = \left(\frac{\partial k}{\partial x(1)}\right)_{\overline{z}} = \left(\frac{\partial k_i}{\partial x_j(1)}\right)(\overline{x}(1)) \quad \text{für } i = 1(1)r,$$
$$j = 1(1)n$$

$$g_x(t) := (D_{\overline{z}}^x g)^T = \operatorname{grad}^x g(\overline{x}(t), \overline{u}(t)) \in R^n$$

$$g_u(t) := (D_{\overline{z}}^u g)^T = \operatorname{grad}^u g(\overline{x}(t), \overline{u}(t)) \in R^n$$

$\widetilde{X} \subset X$ sei der Raum der stückweise stetigen n-dim. Vektorfunktionen. Die beiden Ungleichheitsrestriktionen aus (LM) lassen sich durch (2.8) bzw. (2.9) ersetzen, da das durch $(\Delta a, \Delta u)$ eindeutig festgelegte $\Delta x(.; \Delta a, \Delta u)$, wie man zeigen kann, beschränkt ist bzw. $\overline{x} + \Delta x \in Q_x$ bereits durch (2.6) berücksichtigt wird.

Durch Einsetzen von (2.5) in (2.6) ergibt sich:

314

$$(2.10) \qquad V\Delta z = C(1)\,\Delta a + \int_0^1 C(1)(A(t)\,\Delta x(t) + B(t)\,\Delta u(t))\,dt - \Delta d = 0_r$$

Durch die Verbesserung von $\bar z$ zu $\bar{\bar z} := \bar z + \overline{\Delta z}$ und erneute Linearisierung erhalten wir ein Iterationsverfahren, das eine konvergente Folge von zulässigen Pseudo - Lösungen[1] von (RK) konstruiert. Die Grenz - Lösung ist dann zulässige Lösung von (RK), falls für $(a,u) \in Q_U$ überhaupt zulässige Lösungen existieren (vgl. (L5)).

Auf das lineare Problem (LRK) wenden wir nun im Zustandsraum X konstruktiv den verallgemeinerten Lagrange - Multiplikator - Satz (ausführlicher Beweis in (L6), (L7)) an. Die nötigen Regularitätsvoraussetzungen sind wie in (L5) gezeigt wird, erfüllt. Dann sichert der Satz für $\overline{\Delta z} = (\overline{\Delta x}, \overline{\Delta a}, \overline{\Delta u})$ als Maximum von (2.7) unter den Bedingungen (2.5) und (2.6) die Existenz von stetigen linearen Funktionalen (Elemente der Dualräume) $\lambda^* \in X^*$ und $\mu^* \in (E^r)^*$, die der adjungierten Gleichung genügen:

$$(2.11) \qquad D_{\Delta z}^{\Delta x} Q + \lambda^* D_{\Delta z}^{\Delta x} P + \mu^* D_{\Delta z}^{\Delta x} V = 0_{X^*}$$

Diese Funktionale werden nach (L5) eindeutig durch Elemente $\lambda \in \tilde{X}$ und $\mu \in E^r$ erzeugt, es gilt mit den entsprechenden partiellen Fréchet - Ableitungen aus (LRK):

$$(D_{\Delta z}^{\Delta x} Ph)(t) = h(t) - \int_0^t A(s)\,h(s)\,ds \qquad \bigwedge t \in [0,1]$$

$$D_{\Delta z}^{\Delta x} P \in \mathcal{L}(X,X)$$

$$D_{\Delta z}^{\Delta x} Qh = \int_0^1 g_x(t)^T h(t)\,dt, \qquad\qquad D_{\Delta z}^{\Delta x} \cdot Q \in \mathcal{L}(X,R)$$

---

[1] Zahl und Lage der Unstetigkeitsstellen von $u \in U$ sind invariant.

$$D_{\Delta z}^{\Delta x} \, Vh = \int_0^1 C(1) \, A(t) \, h(t) \, dt, \qquad D_{\Delta z}^{\Delta x} \, V \in \mathcal{L}(X, E^r)$$

die zu (2.11) äquivalente Gleichung:

$$(2.12) \qquad (h|g_x)_{\tilde{X}} + (D_{\Delta z}^{\Delta x} \, Ph|\lambda)_{\tilde{X}} + (D_{\Delta z}^{\Delta x} \, Vh|\mu)_{E^r} = 0 \quad \bigwedge h \in X$$

Ausgeschrieben lautet (2.12):

$$\int_0^1 h(t)^T \, g_x(t) \, dt + \int_0^1 (h(t) - \int_0^t A(s) \, h(s) \, ds)^T \lambda(t) \, dt + (\int_0^1 C(1) \, A(t) \, h(t)dt)^T\mu = 0$$
$$\bigwedge h \in X$$

Nach Umrechnung mit partieller Integration:

$$\int_0^1 h(t)^T \, (\lambda(t) - A(t)^T \, (\int_t^1 \lambda(s) \, ds - C(1)^T \, \mu)) \, dt = -\int_0^1 h(t)^T \, g_x(t) \, dt \quad \bigwedge h \in X$$

Damit können wir $\lambda \in \tilde{X}$ berechnen aus:

$$\lambda(t) - A(t)^T \, (\int_t^1 \lambda(s) \, ds - C(1)^T \, \mu) = -g_x(t)$$

Die Substitution $\eta(t) := -\int_t^1 \lambda(s) \, ds + C(1)^T \, \mu,$

$$\eta(1) = C(1)^T \, \mu$$

liefert dann das adjungierte Differentialgleichungssystem:

$$(2.13) \qquad \begin{aligned} \dot{\eta}(t) &= -A(t)^T \, \eta(t) - g_x(t) \\ \eta(1) &= C(1)^T \, \mu, \qquad\qquad \mu \in R^r \end{aligned}$$

Im folgenden betrachten wir die Lösungen $\eta \in X$ (im verallgemeinerten Sinn) von (2.13) sowie $\Delta x \in X$ das zu (2.5) äquivalenten Systems:

$$(2.14) \qquad \Delta\dot{x}(t) = A(t) \, \Delta x(t) + B(t) \, \Delta u(t), \qquad \Delta x(0) = \Delta \, a$$

Füt die Produktableitung von η und Δx gilt dann:

$$\frac{d}{dt} \, (\eta(t)^T \, \Delta x(t)) \in \tilde{X}$$

Mit (2.13) und (2.14) haben wir im einzelnen:

$$\frac{d}{dt}\left(\eta(t)^T \, \Delta x(t)\right) = \eta(t)^T \, B(t) \, \Delta u(t) - g_x(t)^T \, \Delta x(t)$$

Integration über [0,1] ergibt:

$$\eta(1)^T \, \Delta x(1) - \eta(0)^T \, \Delta x(0) = \int_0^1 \eta(t)^T \, B(t) \, \Delta u(t) \, dt - \int_0^1 g_x(t)^T \, \Delta x(t) \, dt$$

Mit $\eta(1)$ und $\Delta x(0)$ aus (2.13) bzw. (2.14) läßt sich das Zielfunktional (2.7) allein in Abhängigkeit von der Steuerung $(\Delta a, \Delta u)$ und dem Lagrange - Multiplikator μ ausdrücken:

$$(2.15) \qquad (g_x | \Delta x)_{\tilde{X}} + (g_u | \Delta u)_U + \mu^T C(1) \, \Delta x(1) = (\eta(0) | \Delta a)_{E^n} + (B^T \eta + g_u | \Delta u)_U \rightarrow \max$$

Eine optimale Steuerung von (LRK) muß (2.6) erfüllen, wir können also statt (2.15) schreiben:

$$(2.16) \qquad (g_x | \Delta x)_{\tilde{X}} + (g_u | \Delta u)_U + (\mu | \Delta d)_{E^r} = (\eta(0) | \Delta a)_{E^n} + (B^T \eta + g_u | \Delta u)_U \rightarrow \max$$

Die rechte Seite von (2.16) kann mit Hilfe der Cauchy - Schwarz'schen Ungleichung unter der Bedingung (2.8) maximiert werden. Der Lagrange - Multiplikator μ geht über den Anfangswert in das adjungierte System (2.13) ein und beeinflußt damit die nach (2.16) zu berechnende Richtung $(\Delta a^*, \Delta u^*)$ des stärksten Zuwachses. Für μ gleich dem Nullvektor ergibt sich die Richtung des stärksten Anstieges der Zielfunktion (2.7). Damit die Randbedingung (2.6) zumindest näherungsweise erfüllt wird, muß μ^* mit Δd komponentenweise vorzeichengleich gewählt und dadurch der (normierte Zuwachs bei (2.7) verringert werden. Da wir nur ein lokal günstiges μ^* suchen, genügt:

$$(2.17) \qquad \mu^* := \frac{\delta}{\|\Delta d\|_2} \, \Delta d \qquad\qquad \delta > 0$$

Nach der Schwarz'schen Ungleichung gilt:

$$(2.18) \quad \Delta a^* := \frac{k\gamma}{\|\eta(0)\|_2} \, \eta(0) \, , \qquad 0 < k < 1$$

$$(2.19) \quad \Delta u^*(t) := \frac{(1-k)\gamma}{\|B^T \eta + g_u\|_U} \, (B(t)^T \eta(t) + g_u(t)) \quad \bigwedge t \in [0,1]$$

$(\Delta a^*, \Delta u^*)$ genügt noch nicht der Bedingung (2.9). Die optimale zulässige Steuerung $(\overline{\Delta a}, \overline{\Delta u})$ erhält man aus $(\Delta a^*, \Delta u^*)$, indem man entsprechend den durch (2.9) implizit festgelegten Schranken Δa^- und Δa^+, jede der n Komponenten von Δa^*, welche die entsprechende Komponente einer der beiden Schranken übertrifft, durch diese ersetzt. Analog für Δu^* auf $[0,1]$.

§3 Numerische Behandlung

Die beiden Optimierungsziele: a) Erfüllen der Zustandsrestriktion (Randbedingungen (2.3)) und b) Maximieren des Zielfunktionals (2.4) werden in einer Zwei - Phasen - Methode mit alternierender Priorität so berücksichtigt, daß die Werte des Zielfunktionals S in jeder der beiden Phasen für sich eine monoton wachsende Folge bilden. Für Einzelheiten verweisen wir auf (L5).

Literatur:

(L1)   FEILMEIER,M./GESSNER,P./WACKER,H.J.:   Lineare Kontrollprobleme, Unternehmensforschung <u>14</u> (1970) 4 S. 263 - 273

(L2)   GESSNER,P.:   Mehrdimensionale Entscheidungsmodelle
       ZAMM <u>50</u> (1970) 6/7

(L3)   GESSNER,P./SPREMANN,K.:   Optimierung in Funktionenräumen
       Lecture Notes in Economics and Mathematical Systems,Vol.64,1972

(L4)   GESSNER,P./WACKER,H.J.: Dynamische Optimierung
       C. Hanser Verlag, München 1972

(L5)   GÖTZ,E.: Nichtlineare dynamische Systeme mit Zustandsbe-
       schränkungen
       Interner Bericht, TU München 1973 (wird demnächst veröffentl.)

(L6)   LJUSTERNIK,L.A./SOBOLEW,W.I.: Elemente der Funktionalana-
       lysis
       Akademie - Verlag, Berlin 1968

(L7)   LUENBERGER,D.G.: Optimization by Vector Space Methods
       Wiley, New York 1969

Dynamische Sicherheitsäquivalente in linearen Systemen mit quadratischem Kriterium und linearer Beschränkung des Entscheidungsraumes

K. Jäger, Berlin

Abstract

SIMON [13] and THEIL [15] showed that in a linear system with quadratic criterion function and unrestricted decision and state spaces the process can be optimally controlled if the stochastic variable is replaced by its conditional expected value. These values are therefore called certainty equivalents.

The present paper is concerned with the same system and criterion function but with linearly restricted decision space. It is shown that in some cases there exist certainty equivalents though WHITE [19] is right in most other cases.

Résumé

SIMON [13] et THEIL [15] démontraient que le procès d'un système linéaire avec un critérium quadratique peut être contrôlé optimalement si les espérances mathématiques conditonnelles de la variable stochastique sont traitées comme valeurs d'une variable déterministique. Pour cette raison elles sont nommées équivalents de sécurité.

Ce discours s'occupe de ces systèmes et fonctions objectives mais avec un espace de décisions linéairement borné. Il en résulte qu'il y a des équivalents de sécurité en quelques cas spéciales quoique WHITE [19] ait raison du reste.

1. Einführung

Stochastische Prozesse treten z.B. bei der Lagerhaltung auf. Der
Lagerhalter will unter Aufrechterhaltung einer gewissen Lieferbereitschaft möglichst kostengünstig den Zeitpunkt und die Menge
des Lagerzugangs bestimmen. Tritt die Nachfrage so kurzfristig
ein, daß sie nur aus dem Bestand befriedigt werden kann, stellt
sich neben dem Problem der Optimierung noch das der Bedarfsprog-
nose. THEIL [17] spricht vom "information animal", das diese Prognose liefert, und vom "choice animal", das die optimale Entscheidung errechnet. Es ist zu untersuchen, ob diese "animals" voneinander unabhängig arbeiten dürfen (Fig. 1) oder nicht (Fig. 2) und
welcher Art die vom "information animal" zu liefernden Daten sein
müssen.

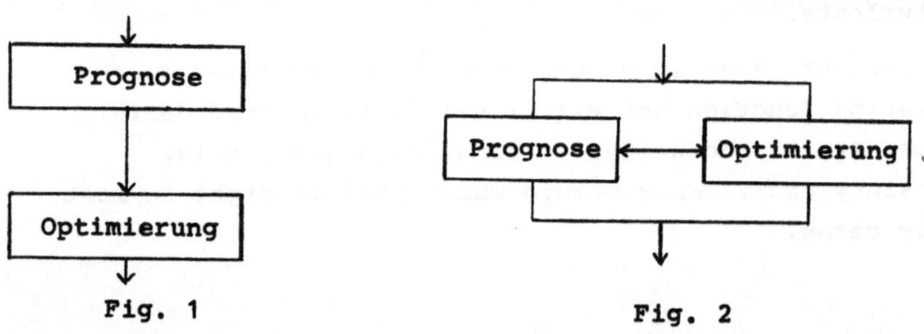

In der Praxis geht man oft davon aus, daß Prognose und Optimierung
getrennt werden dürfen. Zur Gewinnung einer Prognose wird häufig
das Verfahren der Exponentiellen Glättung angewandt. Man gewich-
tet dabei Vergangheitswerte der betreffenden Größe verschieden
stark - mit größerem zeitlichen Abstand von der Gegenwart nehmen
die Gewichte ab - und errechnet einen geglätteten Wert, von dem
man hofft, daß er eine gute Prognose sein wird.

Eine aus solchen Daten berechnete Bestellpolitik wird nur in sel-
tenen Fällen optimal bezüglich des Kriteriums sein, weil dabei unberücksichtigt bleibt, ob andere Charakteristika des stochastischen Prozesses, wie z.B. die Varianz, einen Einfluß auf die
Optimierung haben. Die gewonnenen Informationen werden also nicht

optimal bezüglich des Kriteriums ausgenutzt.

SIMON [13] und THEIL [15] haben gezeigt, daß im Fall eines quadratischen Kriteriums und linearer dynamischer Nebenbedingungen
(das sind Zustandstransformations-, etwa Lagerbilanzgleichungen)
der Prozeß optimal gesteuert werden kann, wenn mit den bedingten
Erwartungswerten wie mit deterministischen Größen gerechnet wird.
In diesem Fall können Prognosen (Bildung der bedingten Erwartungswerte) und optimale Entscheidung getrennt berechnet werden(vergl.
Fig. 1). Da diese bedingten Erwartungswerte für die Steuerung des
Prozesses die gleiche Rolle spielen wie "sichere", d.h. deterministische Größen im entsprechenden deterministischen Modell,
spricht man von "Dynamischen Sicherheitsäquivalenten".

Anwendbar sind diese Ergebnisse von SIMON und THEIL z.B. auf das
bekannte Modell von HOLT, MODIGLIANI, MUTH und SIMON [4] .

Eine Ausweitung dieser Theorie kann in zwei Richtungen vorangetrieben werden
     a) Betrachtung nichtquadratischer Kriterien
     b) Einbeziehung von Nebenbedingungen in das Modell

Diese Arbeit ist ein Versuch in der zweiten Richtung.

Bei der Behandlung ökonomischer Probleme treten oft implizite Nebenbedingungen auf, die nicht oder unvollständig auf das Modell
abgebildet werden, wenn etwa negative Produktionsmengen oder
große Schwankungen des Kapazitätsanforderung verhindert werden
sollen. Nebenbedingungen dieser Art lassen sich als lineare Ungleichungen zwischen Zustands- und Entscheidungsvariablen des
gleichen Zeitpunktes formulieren.

2. Das Modell

Im folgenden befassen wir uns mit einem Ein-Produkt-Modell, das
einen Zeitraum von N Perioden umfaßt. Wir benutzen folgende Symbole

Zustandsvariable (Lagerbestand) $\quad x_K \qquad K = 0(1)N$

Entscheidungsvariable (Bestellmenge) $u_K \qquad K = 0(1)N-1$

Störvariable (Nachfrage) $\qquad\qquad r_K \qquad K = 0(1)N$

Es soll hier durch die Schreibweise nicht zwischen stochastischer Variable und ihrer Realisierung unterschieden werden.

Der Anfangszustand x_0 ist gegeben.

Es erscheint sinnvoll, noch folgende Größen zu definieren:

$$(2.1) \qquad v_K := \begin{pmatrix} x_K \\ r_K \\ 1 \end{pmatrix} \; ; \qquad y_K := \begin{pmatrix} u_K \\ v_K \end{pmatrix} = \begin{pmatrix} u_K \\ x_K \\ r_K \\ 1 \end{pmatrix}$$

Die allgemeine Form der linearen dynamischen Nebenbedingung lautet:

$$(2.2) \qquad x_{K+1} = \Gamma_K u_K + \Phi_K x_K + \Pi_K r_K \qquad \text{für } K = 0(1)N-1$$

Verkürzt kann man schreiben

$$(2.3) \qquad x_{K+1} = T_K y_K$$

mit

$$(2.4) \qquad T_K := (\; \Gamma_K \quad \Phi_K \quad \Pi_K \quad 0 \;)$$

Die allgemeine Form des quadratischen Kriteriums ist im deterministischen Fall (r_K deterministisch)

$$(2.5) \qquad C_d = \sum_{K=0}^{N-1} y_K^T W_K^{yy} y_K + v_N^T W_N^{vv} v_N$$

und im stochastischen Fall (r_K stochastisch)

$$(2.6) \qquad C_s = E \{ C_d / x_0 \}$$

Dabei bedeutet ^{T} die Transposition des Vektors $\;y_K\;$ bzw. $\;v_N\;$ und $W_K^{yy}\;$ bzw. $\;W_K^{vv}\;$ Matrizen folgender Bauart

$$(2.7) \quad W_K^{yy} := \begin{pmatrix} W_K^{uu} & W_K^{uv} \\ W_K^{vu} & W_K^{vv} \end{pmatrix} := \begin{pmatrix} W_K^{uu} & W_K^{ux} & W_K^{ur} & W_K^{u1} \\ W_K^{xu} & W_K^{xx} & W_K^{xr} & W_K^{x1} \\ W_K^{ru} & W_K^{rx} & W_K^{rr} & W_K^{r1} \\ W_K^{1u} & W_K^{1x} & W_K^{1r} & W_K^{11} \end{pmatrix}$$

Ohne Einschränkung der Allgemeinheit kann angenommen werden, daß die Matrizen W_K^{yy} (K = O(1)N-1) und W_N^{vv} symmetrisch sind, d.h. es gilt

$$(W_K^{pq})^T = W_K^{qp} \qquad \text{für } p,q \in \{u,x,r,1\}.$$

Es ist erforderlich, die folgenden Betrachtungen auf den Fall zu beschränken, daß

$$(2.8) \quad W_K^{uu} + W_{K+1}^{xx} \, \Gamma^2_{K} \qquad \text{für } K = N-1(-1)O$$

positiv definite Matrizen sind.

Bis hierher handelt es sich um das von SIMON und THEIL untersuchte Modell. Wie schon in der Einführung angekündigt, betrachten wir hier dieses Modell mit zusätzlichen linearen Nebenbedingungen der Form

$$(2.9) \quad e_K \, u_K + d_K \, x_K \leq c_K$$

$$\text{mit } e_K = +1 \quad \text{oder} \quad e_K = -1$$

Es können also keine Nebenbedingungen folgender Art betrachtet werden

$$(2.10) \quad d_K \, x_K \leq c_K$$

oder

$$(2.11) \quad \underline{u}_K \leq u_K \leq \bar{u}_K$$

Nebenbedingungen vom Typ (2.10) sind im allgemeinen ökonomisch nicht sinnvoll. Mit r_{K-1} ist bei entsprechendem Koeffizienten Π_{K-1} in (2.2) auch x_K eine stochastische Variable, deren Realisierung man über u_{K-1} nur eingeschränkt beeinflussen kann. Es wäre bei einem solchen Problem sinnvoller, Nebenbedingungen der Form

$$(2.12) \qquad Pr\,(\,d_K\,x_K \leq c_K\,) \geq \alpha_K$$

wie im Chance-Constrained-Programming [5] zu betrachten.

KUSHNER und SCHWEPPE [7] haben bewiesen, daß im Fall (2.11) für

$$\bar{u}_K = -\underline{u}_K = 1$$

keine Dynamischen Sicherheitsäquivalente existieren.

Das hier untersuchte Problem ist also

$$\text{Minimiere } C_d \text{ bzw. } C_s \qquad ((2.5) \text{ bzw. } (2.6))$$
$$\text{unter Beachtung von } (2.3) \text{ und } (2.9).$$

3. Ergebnisse

Bei der Anwendung der Dynamischen Optimierung treten im deterministischen Fall (Kriterium (2.5), r_K deterministisch) auf der letzten Stufe folgende KUHN-TUCKER-Bedingungen auf:

$$(3.1) \qquad e_{N-1}\,u^*_{N-1} + g_{N-1} = c_{N-1} - d_{N-1}\,x_{N-1}$$

$$(3.2) \qquad v^{uu}_{N-1}\,u^*_{N-1} + e_{N-1}\,h_{N-1} = -v^{uv}_{N-1}\,v_{N-1}$$

$$(3.3) \qquad g_{N-1} \cdot h_{N-1} = 0$$

$$(3.4) \qquad g_{N-1} \geq 0$$

$$(3.5) \qquad h_{N-1} \geq 0$$

u^*_{N-1} ist die zu bestimmende optimale Steuerung.

Die Koeffizienten V^{up}_{N-1} ($p\epsilon\{u,x,r,1\}$) sind zusammengesetzte Ausdrücke aus W^{up}_{N-1}, W^{pq}_{N-1} ($q\epsilon\{u,x,r,1\}$) und $\hat{T}_{N-1}$.

Das System (3.1) - (3.5) kann für festes x_{N-1} mit den Verfahren der quadratischen Optimierung ([1], [2], [10], [18], [20]) gelöst werden. Für den nächsten Schritt des Dynamischen Programms ist es aber auch notwendig zu wissen, welche funktionale Abhängigkeit zwischen u^*_{N-1} und x_{N-1} besteht.

Es kann gezeigt werden, daß g_{N-1} und h_{N-1} existieren, die zusammen mit

$$(3.6) \quad u^*_{N-1} = - V^{uu}_{N-1}{}^{-1} (e_{N-1} h_{N-1} + V^{ux}_{N-1} x_{N-1} + V^{ur}_{N-1} r_{N-1} + V^{u1}_{N-1})$$

das System (3.1) - (3.5) erfüllen. Dabei ist h_{N-1} eine stückweise lineare Funktion von x_{N-1} und r_{N-1}. Damit ist auch u^*_{N-1} eine stückweise lineare Funktion von x_{N-1} und r_{N-1}. Darüberhinaus ist u^*_{N-1} stetig in x_{N-1}.

Im stochastischen Fall (Kriterium (2.6)) gelten die analogen Überlegungen, wobei statt (3.2)

$$(3.7) \quad V^{uu}_{N-1} u^*_{N-1} + e_{N-1} h_{N-1} = - V^{ux}_{N-1} x_{N-1} - V^{ur}_{N-1} \hat{r}_{N-1} - V^{u1}_{N-1}$$

zu betrachten ist. Nach analogen Schlüssen zu oben ergibt sich

$$(3.8) \quad u^*_{N-1} = - V^{uu}_{N-1}{}^{-1} (e_{N-1} h_{N-1} + V^{ux}_{N-1} x_{N-1} + V^{ur}_{N-1} \hat{r}_{N-1} + V^{u1}_{N-1})$$

Dabei ist

$$\hat{r}_{N-1} := E \{ r_{N-1} / r_{N-2}, r_{N-3}, \cdots , r_0, x_0 \}$$

der bedingte Erwartungswert von r_{N-1}.

h_{N-1} und damit auch u^*_{N-1} sind stückweise lineare Funktionen von x_{N-1} und $\hat{r}_{N-1}$.

Die Übertragung dieser Überlegungen auf die nächsten Stufen des
Dynamischen Programms stößt i.a. auf erhebliche Schwierigkeiten,
da nur in Ausnahmefällen dann noch eine Struktur der Form (3.7)
erhalten bleibt. Man muß im Einzelfall prüfen, ob die Konstella-
tion aus Koeffizienten W_K^{pq} ($p,q\epsilon\{u,x,r,1\}$) des Kriteriums, Wahrscheinlichkeitsverteilung bzw. -dichte und Koeffizienten der Nebenbedingung diese Struktur erhalten.

Aus der Menge solcher Fälle soll hier ein Beispiel angegeben werden:

$$d_K = \frac{V_K^{ux}}{V_K^{uu}} \quad , \quad e_K = +1$$

mit

$$V_K^{uu} := W_K^{uu} + \Gamma_K \, Q_{K+1} \, \Gamma_K$$

$$V_K^{ux} := W_K^{ux} + \Gamma_K \, Q_{K+1} \, \Phi_K$$

$$V_K^{xx} := W_K^{xx} + \Phi_K \, Q_{K+1} \, \Phi_K$$

$$Q_{N+1} := 0 \; ; \quad Q_N := W_N^{xx}$$

$$Q_K \quad := V_K^{xx} - \left(V_K^{ux}\right)^2 / V_K^{uu}$$

für $K = N-1(-1)0$.

Weitere Beispiele lassen sich in Verbindung mit den Ergebnissen
von MIDLER [8] konstruieren.

Wie man sich leicht deutlich machen kann, fällt es wegen des Zusammenspiels der Einflüsse der Koeffizienten aus Kriterium und
Nebenbedingung mit der Verteilung schwer, diese Menge durch ein
einfaches Kriterium zu charakterisieren. Bleibt die Struktur der
KUHN-TUCKER-Bedingungen erhalten, so ist die Existenz von Dynamischen Sicherheitsäquivalenten einfach zu beweisen.

Wie jedoch das Beispiel

$$c_K = d_K = 0 \ , \quad e_K = -1$$

$$\Gamma_K = \Phi_K = - \ \Pi_K = +1$$

$$W_N^{vv} = 0 \ , \qquad W_K^{yy} = \begin{pmatrix} 1 & 1 & 0 & 0 \\ 1 & 1 & 0 & 0 \\ 0 & 0 & 0 & 0 \\ 0 & 0 & 0 & 0 \end{pmatrix}$$

r_K nimmt mit Wahrscheinlichkeit $1/2$ die Werte $r_K^{(1)}$ und $r_K^{(2)}$ an

zeigt,können auch Dynamische Sicherheitsäquivalente existieren, ohne daß die Struktur der KUHN-TUCKER-Bedingungen auf allen Stufen des Dynamischen Programms mit (3.1), (3.3) - (3.5), (3.7) übereinstimmt.

Literaturverzeichnis

1 BOOT, J.C.G.: Quadratic Programming. Amsterdam, 1964

2 FINKBEINER, B., KALL,P.: Direct Algorithms in Quadratic Programming. Zeitschrift für Operations Research 17 (1973), S. 45 - 54

3 HOCHSTÄDTER, D.: Stochastische Lagerhaltungsmodelle. Lecture Notes in OR and Math. Economics 10, Berlin, 1969

4 HOLT, C.C., MODIGLIANI, F., MUTH, J.F., SIMON, H.A.: Planning Production, Inventories and Work Force. Englewood Cliffs, N.J., 1960

5 KALL, P.: Der gegenwärtige Stand der Stochastischen Programmierung. Unternehmensforschung 12 (1968), S. 81 - 95

6 KLEINDORFER, G.B., KLEINDORFER, P.R.: Quadratic Performance Criteria with Linear Terms in Discrete-Time Control. IEEE Transactions on Automatic Control 12 (1967), S. 320 und 321

7   KUSHNER, H.J., SCHWEPPE, F.C.: A Maximum Principle for
              Stochastic Control Systems. Journal of Mathe-
              matical Analysis and Applications 8 (1964),
              S. 287 - 3o2

8   MIDLER, J.L.: Optimal Control of a Discrete Time Stochastic
              System Linear in State. Journal of Mathematical
              Analysis and Applications 25 (1969), S. 114 - 12o

9   NADDOR, E.: Inventory Systems. New York, 1966

1o NOUR ELDIN, H.A.: Optimierung linearer Regelsysteme mit qua-
              dratischer Zielfunktion. Lecture Notes in OR
              and Math.Sys. 47, Berlin, 1971

11 SCHNEEWEISS, C.: Regelungstechnische stochastische Optimierungs-
              verfahren. Lecture Notes in OR and Math.Sys.49,
              Berlin, 1971

12 SCHNEEWEISS,C.: On the Theory of Dynamic Certainty Equivalents
              of Simon and Theil. (unveröffentlichtes Dis-
              kussionspapier)

13 SIMON, H.A.: Dynamic Programming under Uncertainty with a
              Quadratic Criterion Function. Econometrica 24
              (1956), S. 74 - 81

14 SORENSON, H.W.: Controllability and Observability of Linear,
              Stochastic, Time-Discrete Control Systems.
              Advances in Control Systems 6 (1968), S.95 -158

15 THEIL, H.: A Note on Certainty Equivalence in Dynamic Planning.
              Econometrica 25 (1957), S. 346 - 349

16 THEIL, H.: Optimal Decision Rules for Government and Industry.
              Amsterdam, 1964

17 THEIL, H.: Economic Forecasts and Polica, Amsterdam , 197o

18 VAN DE PANNE, C., WHINSTON, A.: The Symmetric Formulation of
              the Simplex Method for Quadratic Programming.
              Econometrica 37 (1969), S. 5o7 - 527

19 WHITE, D.J.: Dynamic Programming. San Francisco, California,1969

2o WOLFE,P.: The Simplex Method for Quadratic Programming. Econo-
              metrica 27 (1959),S. 382 - 398

Behandlung von Kontrollproblemen mit unendlichem Planungshorizont

M. Morlock, Karlsruhe

Zur Lösung der Aufgabe, eine optimale Steuerung $u(.)$ des Kontrollproblems

$$\int_{t_0}^{\infty} (x(s)^T W x(s) + u(s)^T U u(s))ds \rightarrow \text{Min.} \tag{K}$$

$$\dot{x}(t) = Ax(t) + Bu(t) \ , \quad x(t_0)=x_0 \ , \quad t\epsilon[t_0,\infty)$$

mit reellen Matrizen A,B,W,U und $x(t)\epsilon\mathbb{R}^n$, $u(t)\epsilon\mathbb{R}^m$ - wobei W und U positiv definit und der Kontrollprozess als steuerbar vorausgesetzt wird - kann von sehr verschiedenen Ansätzen ausgegangen werden.

Die meisten Verfahren benutzen die Eigenschaft des Prozesses (vergl. etwa [2]), daß in jedem Zustand $x^*(t)$ des Systems die optimale Steuerung $u^*(t)$ durch

$$u^*(t) = U^{-1}B^T E x^*(t)$$

festgelegt ist, wobei die Matrix E die eindeutig bestimmte symmetrische negativ definite Lösung der Gleichung vom Riccatischen Typ

$$A^T E + EA + EBU^{-1}B^T E = W \tag{R}$$

ist.

Diese Matrix E kann nach POTTER [5] aus n Eigenvektoren einer $2n\times2n$-Matrix gebildet werden, während MAN [3] die Lösung durch Minimierung einer skalaren Funktion mit Hilfe eines auf Davidon zurückgehenden Gradientenverfahrens bestimmt, das als Spezialfall die Newton - Raphson - Methode enthält.

Ersetzt man den unendlichen Planungshorizont durch einen endlichen Zeitraum, so tritt an die Stelle von (R) das Matrix-Riccati-Differentialgleichungssystem

$$\dot{E}(t) = W - A^T E(t) - E(t)A - E(t)BU^{-1}B^T E(t) \ , \tag{R'}$$

$$t\epsilon[t_0,T] \ , \quad E(T)=0,$$

wobei nach KALMAN [1] das durch Rückwärsintegration von (R') zu bestimmende $E(t_0)$ für wachsende Werte T gegen die Lösung von (R) strebt.

Eine direktere Anwendung kontrolltheoretischer Methoden anstelle der Auswertung von (R) bzw.(R') führt auf ein Problem mit einem endlichen, geeignet zu wählenden Zeitintervall und vorgegebenem Endzustand $x(T)=0$. Eine Näherungslösung von (K) wird dabei durch schrittweise Verbesserung des Anfangskozustandsvektors gefunden.

Ein Vergleich dieser fünf Verfahren wurde als Rechenzeitvergleich durchgeführt [4]. Dabei ergaben die Verfahren nach POTTER und die Rückwärtsintegration von (R') die besten Ergebnisse, sowohl hinsichtlich der numerischen Stabilität als auch der - etwa gleich großen- Rechenzeit, während die beiden Gradientenverfahren in der Mehrzahl der gerechneten Beispiele versagten und selbst bei Konvergenz gegen die gesuchte Lösung von (R) fast die doppelte Rechenzeit benötigten. Auch die näherungsweise Lösung von (K) nach der letzten, "direkten" Methode stellte sich als nicht sehr effektiv heraus (etwa 6-facher Zeitbedarf im Vergleich zum Verfahren nach POTTER). Der Vorteil dieses Vorgehens liegt jedoch darin, daß sie sich leicht auch auf andere, allgemeinere Problemstellungen übertragen läßt, bei denen die ersteren Verfahren versagen.

Literatur:

1. KALMAN, R. E.: Contributions to the Theory of Optimal Control. Bol. Soc. Mat. Mex., vol. 5, pp. 102-119, 1960.
2. LEE, E. und L. MARKUS: Foundation of Optimal Control Theory. New York - London - Sydney: John Wiley & Sons. 1967.
3. MAN, F.: The Davidon Method of Solution of the Algebraic Matrix Riccati Equation. Int. J. Control, vol. 10, No. 6, 713-719, 1969.
4. MORLOCK, M.: Behandlung von Kontrollproblemen mit unendlichem Planungshorizont. Discussion paper No. 6, Institut für Wirtschaftstheorie und Operations Research, Universität Karlsruhe.
5. POTTER, J.: Matrix Quadratic Solutions. J. SIAM. Appl. Math. vol. 14. No. 3 May, 496-501, 1966.

A Class of Markovian Decision Processes

D. Reetz, Berlin

Summary: A class of Markovian decision processes is characterized using a weak row sum criterion. The criterion is shown to be necessary and sufficient for the absolute convergence of present values. A modified successive value iteration procedure is obtained.

The purpose of the following investigation is to characterize a class of finite Markovian Decision Processes (MDP) using a new condition which can easily be verified. The class of MDP under consideration has previously been examined by [Veinott 1969]. Cf. also [Denardo 1967]. However, our approach is somewhat different and allows us to construct an efficient successive value iteration procedure as a by-product.

A MDP is a dynamic system which is observed at times $t=1,2,\ldots$ and found to be in some state $i' \epsilon \bar{I} = \{0,1',\ldots,i',\ldots j',\ldots M'\}$. Upon observing the state i' a decision element $k_{i'}$ from a finite feasible decision space $K_{i'}$, must be selected. As a result an immediate finite reward $r(i',k_{i'})$ is paid out and the system moves to a new state j' with probability $p(j'|i',k_{i'}) \geq 0$ depending on i' and $k_{i'}$. We have $\sum_{i' \epsilon \bar{I}} p(j'|i',k_{i'}) = 1$ for all $i' \epsilon \bar{I}$ and $k_{i'} \epsilon K_{i'}$. Let $\rho \geq 0$ denote our discount factor. State 0 represents a (possibly aggregated) absorbing state with (1) $r(0,k_0) = 0$, $p(0|0,k_0) = 1$. The elements of the remaining state space $I' = \bar{I}-\{0\}$ are now permuted to form the set $I = \{1,\ldots,i,j,\ldots,M\}$ and a sequence $\{\beta_i\}$, $1 \leq i \leq M$, of constants is determined using the following recursion: If $I_{i-1} = \{1,\ldots,i-1\}$ and $\{\beta_j\}_{1<j<i-1}$ are given, obtain a state i and a constant β_i according to $\overline{(2)}$, with I'_{i-1} denoting the set $I'-I_{i-1}$.

$$(2) \quad \rho\min_{i' \epsilon I'_{i-1}} \max_{k_{i'} \epsilon K_{i'}} \left\{ \sum_{j \epsilon I_{i-1}} p(j|i',k_{i'})\beta_j + \sum_{j' \epsilon I'_{i-1}} p(j'|i',k_{i'}) \right\}$$

$$= \rho \max_{k_i \in K_i} \left\{ \sum_{j \in I_{i-1}} p(j|i,k_i)\beta_j + \sum_{j' \in I'_{i-1}} p(j'|i,k_i) \right\} = \beta_i$$

We require

$$(3) \quad \beta = \max_{i \in I} \beta_i < 1.$$

Let $k^t = (k_1^t, \ldots, k_i^t, \ldots k_n^t)$ denote a decision vector, according to which the decision element $k_i \in K_i$ must be selected if state $i \in I$ has occurred at time t. Furthermore let $r(k^t)$ represent the column vector with components $r(i,k_i^t)$, and $P(k^t)$ the MxM matrix with (i,j)-th entry $p(j|i,k_i^t)$. A (non-stationary) N-stage policy π^N is a sequence of decision vectors $\{k^t\}_{1 \leq t \leq N}$. An infinite stage policy is denoted by $\pi = \{k^t\}_{1 \leq t}$. If $k^t = k$ for all t, we call $\pi = \{k\}$ stationary. The vector of expected rewards using policy π^N is given by

$$(4) \quad u(\pi^N) = \sum_{t=1}^{N} \rho^{t-1} P(\pi^{t-1}) r(k^t),$$

where $P(\pi^o)$ denotes the identity matrix and $P(\pi^{t-1}) = P(k^1) \ldots P(k^{t-1})$. The i-th component of $u(\pi^N)$ will be represented by $u_i(\pi^N)$. With each k we associate a linear operator mapping the vector u onto the vector $L(k)u = r(k) + \rho P(k)u$. Obviously $u(\pi^N) = L(k^1) \cdots \ldots L(k^N)0$. In the following we will show the convergence of (4) under condition (3) using a transformed vector norm.

We define a strictly positive sequence $\{\lambda_i\}_{1 \leq i \leq M}$ by setting $\lambda_1 = 1$ and calculating recursively

$$(5) \quad \lambda_i = 1 + \rho \max_{k_i \in K_i} \sum_{j < i} p(j|i,k_i)\lambda_j.$$

Let ξ satisfy

$$(6) \quad 0 < \xi < \min_{i \in I} \frac{1-\beta_i}{\lambda_i},$$

so that we obtain a strictly positive sequence $\{\beta_i^*\}_{1 \leq i \leq M}$ using the recursion

$$(7) \quad \beta_i^+ = \xi + \rho \max_{k_i \in K_i} \left\{ \sum_{j<i} p(j|i,k_i) \beta_j^+ + \sum_{j \geq i} p(j|i,k_i) \right\}.$$

Set $\beta^+ = \max\limits_{i \in I} \beta_i^+$. Let $u = (u_1, \ldots, u_i, \ldots u_M)$ be a vector in M-dimensional real vector space R^M. In the following we shall use the norm $\|u\| = \max\limits_{i \in I} |u_i|$ and the transformed norm

$$(8) \quad \|u\|_T = \max_{i \in I} \frac{|u_i|}{\beta_i^+}$$

We remark that R^M is a complete metric space with respect to both norms [Collatz 1964, p. 143].

<u>Lemma 1</u>: Let

$$(9) \quad \gamma = \max_{i \in I} \max_{k_i \in K_i} \frac{\rho}{\beta_i^+} \sum_{j \in I} p(j|i,k_i) \beta_j^+$$

Then for all $k = (k_1, \ldots k_i \ldots k_M)$ and all $u, v \in R^M$

$$(10) \quad \|L(k)u - L(k)v\|_T \leq \gamma \|u-v\|_T$$

<u>Proof</u>: Denoting the i-th component of $L(k)u$ by $[L(k)u]_i$ we have

$$(11) \quad \frac{[L(k)u]_i - [L(k)v]_i}{\beta_i^+} \leq \frac{\rho}{\beta_i} \sum_{j \in I} p(j|i,k_i) \beta_j^+ \frac{|u_j - v_j|}{\beta_j^+}$$

$$\leq \gamma \|u-v\|_T$$

and similarly

$$(12) \quad \frac{[L(k)u]_i - [L(k)v]_i}{\beta_i^+} \geq -\gamma \|u-v\|_T$$

Inequality (10) follows from (11) and (12):

334

Lemma 2: If $\beta < 1$, then $\gamma < 1$.

Proof: For all $i \in I$ we show

$$(13) \qquad \beta_i^+ \leq \beta_i + \xi\, \lambda_i$$

If $i=1$, equality holds in (13) by definition. Suppose $\beta_j^+ \leq \beta_j + \xi \lambda_j$ for $j < i$. Then

$$(14) \qquad \beta_i^+ \leq \xi + \rho \max_{k \in K_i} \left\{ \sum_{j<i} p(j|i,k_i)(\beta_j + \xi\lambda_j) + \sum_{j \geq i} p(j|i,k_i) \right\}$$

$$\leq \xi + \rho \max_{k \in K_i} \sum_{j<i} p(j|i,k_i)\, \xi\lambda_j + \rho \max_{k_i \in K_i} \left\{ \sum_{j<i} p(j|i,k_i)\beta_j + \right.$$

$$\left. + \sum_{j<i} p(j|i,k_i) \right\}$$

$$= \xi\lambda_i + \beta_i$$

so that (13) obtains. Since ξ satisfies (6) we have $\xi\lambda_i + \beta_i < 1$ and consequently, in view of (13), $\beta_i^+ < 1$ for all $i \in I$. Hence for all i and k_i

$$(15) \qquad \beta_i^+ > \rho\left[\sum_{j<i} p(j|i,k_i)\beta_j^+ + \sum_{j \geq i} p(j|i,k_i) \right]$$

$$\geq \rho \sum_{j \in I} p(j|i,k_i)\beta_j^+$$

Thus, inequality (15) yields $\gamma < 1$.

Theorem 1: Suppose $\beta < 1$. Then $u(\pi^N)$ converges for all policies π and reward matrices $[r(i,k_i)]$.

Proof: Let $c = \max\limits_{i,k} (\beta_i^+)^{-1} |r(i,k)|$. Repeated application of Lemma 1 yields

$$(16) \qquad \| u(\pi^N) - u(\pi^{N-1}) \|_T \leq \gamma^{N-1} \| r(k^N) \|_T \leq \gamma^{N-1} c$$

Hence for all $m \geq 0$

$$\|u(\pi^{N+m-1})-u(\pi^{N-1})\|_T \leq \|u(\pi^N)-u(\pi^{N-1})\|_T + \ldots + \|u(\pi^{N+m-1})-u(\pi^{N+m-2})\|_T$$

$$(17) \qquad \leq \frac{\gamma^{N-1}(1-\gamma^m)c}{1-\gamma}$$

Thus $\|u(\pi^N)\|_T$ is a Cauchy-sequence converging to $\|u(\pi)\|_T$.

Using standard arguments, as given for example in [Maitra, 1965] it can be shown that the optimal present values $u_i^* = \sup\limits_{\pi} u(\pi)$ satisfy the functional equation

$$(18) \qquad u_i^* = \max_{k_i \in K_i} \left\{ r(i,k_i) + \rho \sum_{j \in I} p(j|i,k_i)u_j^* \right\} \qquad i \in I$$

An optimal policy which is stationary exists and may be obtained by solving (18). We note that $u_0(\pi)=0$ for all π, so that $u_0^*=0$. The remaining optimal u_i^*, values are obtained by mapping u_i^* onto u_i^*, using the inverse of the permutation mapping (2).

By Lemma 2 and an argument of the type used in Lemma 1, convergence of value iteration procedure (19) may be proven

$$(19) \qquad u_i^{(n)} = \max_{k_i \in K_i} \left\{ r(i,k_i) + \rho \sum_{j \in I} p(j|i,k_i)u_j^{(n-1)} \right\} \qquad (i \in I)$$

The superscript (n) represents the iteration index. An error estimate using the transformed norm is given by $\|u^*-u^{(n)}\|_T \leq \gamma \ (1-\gamma)^{-1} \|u^{(n)}-u^{(n-1)}\|_T$. On the other hand, a successive value iteration procedure

$$(20) \qquad v_i^{(n)} = \max_{k_i \in K_i} \left\{ r(i,k_i) + \rho \sum_{j<i} p(j|i,k_i)v_j^{(n)} + \rho \sum_{j \geq i} p(j|i,k_i)v_j^{(n-1)} \right\}$$
$$(i \in I)$$

using the permuted state space I and the usual norm allows us to obtain the error estimate $\|u^*-v^{(n)}\| \leq \beta \ (1-\beta)^{-1}\|v^{(n)}-v^{(n-1)}\|$. Cf [Reetz, 1973].

The following Theorem demonstrates the necessity of (3) for the convergence of $u(\pi^N)$ if arbitrary reward matrices are allowed.

Theorem 2: Suppose $\beta \geq 1$. Then there exists a stationary policy π and a reward matrix such that $u(\pi^N)$ diverges.

Proof: Set $r(i,k)=1$ and let $i^* = \min \{i \mid \beta_i \geq 1, i \epsilon I\}$, $[i,i^*]^- = \min \{i, i^*\}$. Define $\bar{k}$ by

$$(21) \quad \max_{k_i \epsilon K_i} \left\{ \sum_{j < [i,i^*]^-} p(j \mid i, k_i) \beta_j + \sum_{j \geq [i,i^*]^-} p(j \mid i, k_i) \right\} = \sum_{j < [i,i^*]^-} p(j \mid i, \bar{k}_i) \beta_j + \sum_{j \geq [i,i^*]^-} p(j \mid i, \bar{k}_i)$$

and take $\pi = \{\bar{k}\}$. Let s_i^{t-1} denote the i-th component of $\rho^{t-1} \cdot P(\pi^{t-1}) r(k^t)$. We show by induction that $s_i^{t-1} \geq \beta_{[i,i^*]^-}$ for $t \geq 2$. As a consequence $u_i(\pi^N) \geq N \to \infty$ if $i^* \leq i \leq M$. If $t=2$ we obtain

$$(22) \quad s_i^1 \geq \rho \left[\sum_{j < [i,i^*]^-} p(j \mid i, \bar{k}_i) \beta_j + \sum_{j \geq [i,i^*]^-} p(j \mid i, \bar{k}_i) \right]$$

$$\geq \rho \min_{i' \epsilon I_{[i-1,i^*-1]^-}} \max_{k_i \epsilon K_i'} \left\{ \sum_{j \epsilon I_{[i-1,i^*-1]^-}} p(j \mid i', k_i') \beta_j + \sum_{j' \epsilon I_{[i-1,i^*-1]^-}} p(j \mid i, k_i) \right\}$$

$$= \beta_{[i,i^*]^-}$$

Suppose $s_i^{t-1} \geq \beta_{[i,i^*]^-}$. Then

$$(23) \quad s_i^t = \rho \sum_{j \epsilon I} p(j \mid i, \bar{k}_i) s_j^{t-1}$$

$$\geq \rho \left[\sum_{j < [i,i^*]^-} p(j \mid i, \bar{k}_i) \beta_j + \sum_{j \geq [i,i^*]^-} p(j \mid i, k_i) \right] \geq \beta_{[i,i^*]^-}$$

Each of the following three examples belongs to the class of MDP under consideration

Example 1: Discounted MDP

Interpret state 0 as a fictitious state, such that

$p(0|i',k_{i'}) = 0$, $i'\varepsilon I'$, with (1) satisfied. If $\rho<1$, then the reduced system with state space I' is equivalent to a discounted MDP. Obviously, $\beta_i = \rho$, $i\varepsilon I$, so that condition (3) is fulfilled.

Example 2: Non-discounted transient MDP

Let $\rho = 1$ and denote the $(i',0)$-entry of $P(\pi^t)$ by $p(0|i',\pi^t)$. Then a MDP satisfying (1) is called <u>transient</u> if there exists $t\geq 1$ such that $p(0|i', \pi^t) = 1$ for all $i'\varepsilon I'$ and arbitrary π. Obviously $\beta\leq 1$. Suppose $\beta=1$. Then permuting I' according to (2) and defining $\pi = \{\overline{k}\}$ by (21) we have for $i\geq i^*$

$$(24) \quad s_i^t = \sum_{j\varepsilon I} p(j|i,\pi^t) = 1 \qquad (t = 1,2,\ldots)$$

Hence $p(0|i,\pi^t) = 0$ for $t = 1,2,\ldots$, in contradiction to the transience of the MDP. Therefore $\beta<1$. We note that the optimal first-passage problem [Derman 1970] p. 28ff., 53ff., and the problem of stopping a transient Markov chain [Derman 1970] p. 103ff, can <u>formally</u> be transformed into the above. In such transformed problems the process continues indefinitely after reaching the target (or absorbing) state with a reward sequence equal to 0.

Example 3: Transient MDP with $\rho>1$.

The problem of solving a MDP with uniformly inflationary reward functions leads us to consider the case $\rho>1$. We omit the details. Inductively, it can be shown that each β_i is monotonically increasing in ρ. Hence $\beta(\rho)\nearrow$. If the MDP is transient, then there exists a unique critical $\rho^*>1$, which can easily be calculated, such that $\beta(\rho)<1$ for all $\rho<\rho^*$.

References

Collatz, L.: Funktionalanalysis und Numerische Mathematik, Springer-Verlag, Berlin 1964.

Denardo, E.: Contraction mappings in the theory underlying dynamic programming. SIAM Rev., 9, 165-177, 1967.

Derman, C.: Finite State Markovian Decision Processes, Academic Press, New York, 1970.

Maitra, A.: Dynamic programming for countable state systems. Sankya $27A$, 241-248, 1965.

Reetz, D.: Solution of a Markovian Decision Problem by successive overrelaxation. Z.O.R. 17, 29-32, 1973.

Veinott, A.F.: Discrete dynamic programming with sensitive discount optimality criteria, Ann. Math. Statist. 40, 1635-1660, 1969.

Bewertete Markovprozesse:
Ein neuer Lösungsalgorithmus
K. Spremann, Karlsruhe

Summary :

Starting with a model for general problems of optimal
control, a maximumprinciple can be derived by partial
deviation of objective functional and process in direction of state variables.
Application of model and method to ergodic Marcovpro-
cesses with rewards results in Howard's method of policy iteration and a new, more effective algorithm.

0. EINFÜHRUNG

(0.1) In $[10,13]$ hatten wir gesehen, wie man ausgehend von dem allgemeinen Modell

$$
\begin{aligned}
S(x,u) &\longrightarrow \quad \sup \\
T(x,u) &= \quad 0 \\
u &\in \quad Q_U
\end{aligned}
$$

zur Erfassung verschiedener Probleme der optimalen Steuerung, durch

partielle Linearisierung von Zielfunktional S und Prozeßoperator

$\overset{.}{T}$ in Richtung der Zustandsvariablen x auf ein verallgemeinertes

Maximumprinzip geführt wird, das den Wertzuwachs und auch die Opti-

malität durch eine HAMILTONfunktion charakterisiert.

(0.2) Der Beweis dieses allgemeinen Maximumprinzipes vereinfacht

sich natürlich wesentlich, wenn S und T bereits linear in x

sind (es entfallen die Bildung der partiellen FRECHETableitungen

$D_1S(\bar{x},\bar{u})$ und $D_1T(\bar{x},\bar{u})$ mit den Abschätzungen der Restglieder und die Globalisierung, d.h. der Widerspruchsbeweis zur Vernachlässigbarkeit dieser Restglieder) außerdem braucht dann Q_U nicht mehr Teilmenge eines linearen oder sogar normierten Raumes U zu sein und die Abhängigkeit von S und T von der (nun Politik genannten) Variablen u kann durch Tabellen gegeben sein (wenn Q_U endliche Menge ist, wie dies in der Praxis oft der Fall ist).

(0.3) Besonders bei <u>stochastischen Prozessen</u>, wenn die Zustandsvariable x eine Wahrscheinlichkeitsverteilung ist und wenn wie bei Markovprozessen die Zustandsübergänge durch lineare Abbildungen beschrieben sind, eignet sich dieses Modell mit dem Maximumprinzip. Bei

(a) <u>diskreten Stufenprozessen</u>, aufgefaßt als diskrete endliche Markovkette, liefert es die dynamische Programmierung von BELLMAN,

(b) <u>bewerteten Markovprozessen</u> im stationären Zustand führt es auf die Politikiteration von HOWARD und einen effizienteren Algorithmus,

(c) in den Zustandsvariablen linearen <u>Kontrollproblemen</u> führt es auf das Maximumprinzip von PONTRJAGIN für diesen Problemkreis.

Nach dem Beweis dieses 'stochastischen Maximumprinzipes' werden wir auf das Beispiel (b) bewerteter Markovprozesse eingehen.

1. <u>DER BEWEIS DES MAXIMUMPRINZIPS</u>

(1.0) Die folgenden Voraussetzungen V0,V1,V2,V3 mögen erfüllt sein

VO : X unitärer Raum

$Q_U \neq \emptyset$ beliebige (meist endliche) Menge (zulässiger Politiken)

$S : X \times Q_U \longrightarrow \mathbb{R}$ (Zielfunktional)

$T : X \times Q_U \longrightarrow X$ ist Prozeßoperator, d.h. für alle

$u \in Q_U$ gebe es genau ein $x \in X$ mit $T(x,u) = 0$

Bemerkung : Ohne Schwierigkeiten können folgende Verallgemeinerungen berücksichtigt werden : X nur normierter Raum, das Bild von T ist nicht X sondern ein normierter Raum P, dessen Dualraum P* dann Raum der Kovariablen ist.

V1 : Zu jeder Politik u^o gebe es einen beschränkten linearen

Operator $L : X \longrightarrow X$ und ein $1 \in X$ mit :

$$Lh = T(x^o+h,u^o) - T(x^o,u^o)$$
$$\langle 1,h \rangle = S(x^o+h,u^o) - S(x^o,u^o)$$

für alle $h \in X$

Wir betrachten nun zwei Variable (x,u), (x^o,u^o) die zulässig sein

sollen,

V2 : $T(x,u) = 0$ und $T(x^o,u^o) = 0$

Ferner fordern wir die Lösbarkeit der linearen Kovariablenglei-

chung,

V3 : Es gibt eine Kovariable p^o mit $L^* p^o = 1$

Dann gilt der

(1,1) Satz über den Wertzuwachs $\Delta S := S(x,u) - S(x^o,u^o)$ des

Zielfunktionals $S(x,u) - \langle p^o, T(x,u) \rangle =$

$$= S(x,u^o) - \langle p^o, T(x,u^o) \rangle + \Delta S$$

Bemerkung : Nur wenn in V1 L und 1 von u^o unabhängig sind, ist diese $H(p^o,x,u)$ verwendende Schreibweise mit der aus [12] bekannten ...$H(p^o,x^o,u)$... äquivalent.

Beweis. $T(x,u^o) - T(x,u) \underset{V1}{=} L(x-x^o) \underset{V2}{=} T(x,u^o)$ und für

jede Kovariable p^o gilt dann die Umformung

$$\langle 1, x-x^o \rangle = \langle L^* p^o, x-x^o \rangle = \langle p^o, L(x-x^o) \rangle =$$

$$= \langle p^o, T(x,u^o) \rangle - \langle p^o, T(x,u) \rangle \quad ;$$

setzt man dies in $\langle 1, x-x^o \rangle = S(x,u^o) - S(x,u) + \Delta S$ ein,

folgt die Behauptung. Q.e.d.

Die Aussage des Satzes (1.1) formulieren wir als konstruktive

Vorschrift zur Verbesserung von Politiken in

(1.2) <u>Korollar</u>. Sei u^o eine beliebige vorliegende Politik.

Wählt man dann $u \in Q_U$ so, daß es das Maximum

$$\max_{u \in Q_U} \left[S(x,u) - \langle p^o, T(x,u) \rangle - (S(x,u^o) - \langle p^o, T(x,u^o) \rangle) \right]$$

wobei x die zu u gehörige Zustandsvariable ist

annimmt, dann hat man damit die optimale Politik gefunden. Selbst

wenn es nur gelingt, u so zu wählen, daß der zu maximierende

Term positiv wird, ist u echt besser als u^o.

Beweis. Der zu maximierende Term gibt gerade den Wertzuwachs ΔS

der Politik u gegenüber u^o an. Q.e.d.

Bemerkung zur Terminologie. Obwohl der Term $\langle p^o, T(x,u) \rangle$ wegen
V2 verschwindet, wurde er weder im Satz noch im Korollar weggelassen. Denn bei Anwendung auf spezielle Optimierungsprobleme ist das
Skalarprodukt durch eine Summe definiert und einige Summanden in
$\langle p^o, T(x,u) \rangle$ stimmen mit entsprechenden in $\langle p^o, T(x,u^o) \rangle$ überein
und heben sich weg.

2. <u>BEWERTETE MARKOVPROZESSE IM STATIONÄREN ZUSTAND</u>

Gegeben sei eine Menge I möglicher Zustände (hier $|I| = n$) und

zu jedem Zustand $i \in I$ eine Menge Q_{U_i} zulässiger Entscheidungen und weiter zu jedem $u_i \in Q_{U_i}$ eine Wahrscheinlichkeitsdichte auf I,

die i-te Spalte $(P_{i1}(u_i), \ldots P_{in}(u_i))^T$ einer stochastischen

Matrix und eine Gewinnzahl $q_i(u_i) \in \mathbb{R}$.

Alle Politiken $u \in Q_U := \underset{I}{\times} Q_{U_i}$ sollen mit der Zustandsüber-

gangsmatrix $P(u)$ vollständig ergodische Markovprozesse bewirken;

es existiert also zu jedem $u^o \in Q_U$ genau eine Wahrscheinlich-

keitsdichte $x^o \in R^I$ mit $x^o = P(u^o)^T x^o$. Gefunden werden soll

eine Politik u^o, die einen größten Gewinn $\langle q(u^o), x^o \rangle$ pro Über-

gang liefert (dabei ist $q(u) := q_i(u_i)_{i \in I} \in \mathbb{R}^I$).

(2.1) Zur Beschreibung dieses Optimierungsproblems durch unser
Modell wählen wir

$$X = R^I \quad \text{(Zustandsvariable sind Wahrscheinlichkeitsdichten)}$$

$$S(x,u) \underset{\text{vorläufig}}{:=} \quad q(u)^T x \quad \longrightarrow \quad \sup$$

$$T(x,u) := \quad x - P(u)^T x \quad = \quad O$$

$$\text{und } x \text{ Wahrscheinlichkeitsdichte}$$

Dann sind alle Voraussetzungen außer V3 erfüllt, um unser Maximum-

prinzip anwenden zu können. Eine Rangbetrachtung im $R^I = R^n$ führt

auf einen einfachen Trick, mit dem durch Addition einer für die

Optimierung unbedeutenden Konstanten zum Zielfunktional auch

$1 \in \text{Bild}(L^*)$ erreicht werden kann.

(2.2) Das lineare Gleichungssystem $L^* p^o = 1$ für die Kovariable

KOVARIABLENGLEICHUNG : zu einer vorgegebenen Politik u^o

berechne man ein p^o mit $g^o + p^o = q(u^o) + P(u^o) p^o$.

(Es gibt genau einen Hilfsvektor g^o mit n identischen Kom-

ponenten, für den die Kovariablengleichung ein Gleichungs-

system vom rang n-1 für p^o ist)

liefert bereits die 'value-determination operation'.

(2.3) Unser Korollar (1.2) verlangt die

MAXIMIERUNG DER HAMILTONFUNKTION : will man bei vorgegebener
beliebiger Politik u^O $u \in Q_U$ so wählen, daß der Gewinnzu-
wachs $S := q(u)^T x - q(u^O)^T x^O$ maximal wird, hat man

$$\max_{u \in Q_U} \; (q(u) + P(u)p^O - q(u^O) - P(u^O)p^O)^T x$$

zu finden.

Gelänge dies, hätte man mit einem Schlag die optimale Politik
bestimmt. Da aber der zu maximierende Term auch von x abhängt,
das sich aus u nur über die Fixpunktgleichung $x = P(u)^T x$ ergibt, ist die Maximierung in einem Schritt unmöglich. Was aber
kann man aus (2.3) folgern ?

(2.4) Da die Wahrscheinlichkeiten x_i (des Auftretens des 'Zustan-
des' i) in jedem Fall nichtnegativ sind und die i-te Komponente
von $q(u) + P(u)p^O$ nur von der Entscheidung u_i abhängt, liegt
es nahe, für alle i=1(1)n

$$\max_{u_i \in Q_{U_i}} \; q(u_i)_i + \sum_{j=1}^{n} P_{ij}(u_i) \cdot p_j^O$$

zu bestimmen (HOWARD's policy-improvement routine). Die so gefundenen Entscheidungen bilden eine Politik, die besser als u^O ist.
Die Konvergenz zur optimalen Politik ist klar.

(2.5) Es gelingt, diesen Lösungsalgorithmus noch zu verbessern,
wenn man zwei Änderungen vornimmt, auf die uns das Maximumprinzip führt :

(a) <u>Partition von I</u>. In (2.3) tauchen die Zustandswahrscheinlichkeiten x_i als Faktor auf. Deshalb sollen die Entscheidungen zu-

nächst für solche Zustände i mit großem x_i verbessert werden, da diese den größten Einfluß in der Hamiltonfunktion haben. Zur Realisierung nehmen wir an, es gelte $x \approx x^o$. Das ist dann der Fall, wenn man bei Problemen mit großem n in einem Schritt nur die Entscheidungen weniger Zustände i verbessern will. Dieser Gedanke, nur 'wenig lokal zu verbessern' zeigte sich um so leistungsfähiger, je mehr Entscheidungen pro Zustand möglich sind und sollte auch an Markovproblemen mit nichtlinearer Zielfunktion erprobt werden.

(b) Die Kovariable p^o wird nur mit einer relativ geringen Genauigkeit benötigt, die gerade ausreicht, die einzelnen Werte der Hamiltonfunktion auf Q_{U_i} so zu separieren, daß das Maximum größter Wert bleibt. Deshalb kann man die Kovariable durch einige Nachiterationen aus der alten gewinnen.

Bei der numerischen Realisation von (a) und (b) wurden Schrankenfolgen o.5, 1/n, O, O ... für die Zustandswahrscheinlichkeiten (die festlegten, welche Zustände i bei der Maximierung der Hamiltonfunktion berücksichtigt werden) und 1, o.1, o.o1 ... für die geforderte relative Genauigkeit der Kovariablen verwendet. Außerdem wurde bei gerechneten Lagerhaltungsproblemen durch einfache Rechnungen eine sS-Politik als Startpolitik ermittelt. Die Ersparnis an Rechenzeit gegenüber dem Verfahren von HOWARD lag bei kleinen Problemen mit n=8 beim Faktor 2 der mit der Problemgröße bis zu 10 wuchs. Der vorgestellte Ansatz sollte aber die Möglichkeit öffnen, nichtlineare Probleme und große Probleme bei mehreren Produkten sowie mit fastsingulärer Übergangsmatrix anzugehen.

3. Literatur

[1] BROWN, A.L. / PAGE, A.: Elements of Functional Analysis.
Van Nostrand Comp. London, 1970

[2] CANON, M.D. / CULLUM Jr., C.D. / POLAK, E.: Theory of Optimal Control and Mathematical Programming. Mc Graw-Hill Series
in Systems Science, New York 1970

[3] DIEUDONNE, J.: Foundations of Modern Analysis; Pure and Applied Mathematics, vol. 10, Academic Press, New York 1960

[4] HOWARD, R.A.: Dynamic Programming and Marcov Processes; 2nd
ed., pp. 32-43; Cambridge, Massachusetts, MIT Press, 1962

[5] KUSHNER, H.: Introduction to stochastic Control; Holt,
Rinehart and Watson, Inc., New York 1971

[6] LAURENT, P.J.: Approximation et optimisation. Collection
Enseignement des sciences, 13; Hermann, Paris 1972

[7] LUENBERGER, D.G.: Optimization by Vector Space Methods.
Wiley & Sons, New York 1969

[8] SPREMANN, K.: Beweisprinzipien für Optimalitätsbedingungen
bei zeitabhängigen Prozessen. Diss. TU München 1972

[9] SPREMANN, K.: Optimierung verschiedener Steuerungsprobleme
mit einem funktionalanalytischen Maximumprinzip. Vortrag
auf der 1. Diskussionstagung des ADOW in Rheda im Mai 1973;
ersch. in ZAMM

[10] SPREMANN, K.: Ein funktionalanalytischer Beweis des Maximumprinzips von Pontrjagin und dessen Verwendung zur Herleitung der Politikiteration von Howard. COMPUTING $\underline{9}$, (1972)

[11] SPREMANN, K.: Eine konstruktive Methode zur Lösung von Kontrollproblemen. Discussion Papers des Instituts für Wirtschaftstheorie und Operations Research, Nr.4; Universität
Karlsruhe 1973

[12] SPREMANN, K.: Ein Maximumprinzip für stochastische
Prozesse. Vortrag in Oberwolfach im Juli/August 1973

[13] SPREMANN, K./ GESSNER, P.: Konstruktive Optimierung
dynamischer und stochastischer Prozesse. Mathematical
Systems in Economics 8; A.Hain, Meisenheim am Glan 1973

Mathematische Wirtschaftstheorie

Zyklen und Trends in speziellen Zweisektorenmodellen

K. Ballarini, Karlsruhe

Summary:

The aim of this paper is to examine cyclical developments in special two-sectoral growth-models. In the first part a rather general formulation is made, and it is easily seen that complex solutions, which are responsible for cycles, are not sensible in this case. In the second part, we assume that net investment depends on profits. Here it can be shown that exploding cyclical developments can never take place. A growing tendency may only be superposed by diminishing cycles.

Es sollen zyklische Entwicklungen in Konjunktur- und Wachtums-modellen untersucht werden, besonders auf die Frage hin, ob explosive Entwicklungen vorkommen können. Dabei werden auch Schwierigkeiten deutlich, die bei der Konstruktion solcher Modelle auftreten.

1. Zunächst soll ein etwas allgemeinerer Ansatz mit n Produktionssektoren gemacht werden. Alle von der Zeit abhängigen Größen sollen stetige und differenzierbare Funktionen sein. Es sei also

$X_i(t)$ Output des i-ten Sektors $(i,j = 1,\ldots,n)$

$x_{ij}(t)$ Reproduktionsfluß von Sektor i nach Sektor j, das sind Produktionsmittel aus i, die in j in die Produkte eingehen und zur Wiederholung des Produktionsprozesses aus Sektor i bezogen werden

$I_{ij}(t)$ Nettoinvestitionsfluß von i nach j

$K_{ij}(t)$ Aus i stammende Produktionsmittel in j

$x_i^{(o)}(t)$ konsumiertes Endprodukt in i

Folgende Relationen sollen gelten:

$$\bar{x}_{ij}(t) = a_{ij} X_j(t) \qquad a_{ij} \geq 0 \qquad \text{konstant}$$

$$K_{ij}(t) = b_{ij} X_j(t) \qquad b_{ij} \geq 0 \qquad \text{konstant}$$

Die Bruttoinvestitionsrate wird definiert durch:

$$\alpha_i X_i(t) = X_i(t) - x_i^{(o)}(t)$$

Der Investitionsfluß ist nun gerade gleich der Änderung des Kapitalstocks:

$$I_{ij}(t) = \frac{d K_{ij}}{dt}, \qquad \text{also} \qquad I_{ij}(t) = b_{ij} \frac{d X_j}{dt}$$

Der Output wird nun bezüglich seiner Verwendung aufgeteilt:

$$X_i(t) = \sum_{j=1}^{n} x_{ij}(t) + \sum_{j=1}^{n} I_{ij}(t) + x_i^{(o)}(t)$$

Berücksichtigt man die oben angegebenen Relationen, ergibt sich:

$$\alpha_i X_i(t) = \sum_{j=1}^{n} a_{ij} X_j(t) + \sum_{j=1}^{n} b_{ij} \frac{d X_j}{dt} \qquad (1)$$

Damit hat man ein System von Differentialgleichungen erhalten.

Wir wollen uns nun auf den Zwei-Sektorenfall beschränken, und zwar soll angenommen werden, daß Sektor 1 Produktionsmittel, Sektor 2 Konsumgüter herstellt.

Durch das übliche Lösungsverfahren (Einsetzen von Versuchslösungen und Lösen der charakteristischen Gleichung) erhält man:

$$X_1(t) = k_{11} e^{v_1 t} + k_{12} e^{v_2 t}$$

$$X_2(t) = k_{21} e^{v_1 t} + k_{22} e^{v_2 t}$$

mit gewissen Konstanten k_{ij}, die sich aus den Anfangsbedingungen ergeben.

Nehmen wir an, es finde kein Reproduktions- bzw. Investitionsfluß von Sektor 2 nach Sektor 1 statt, d.h. $a_{21} = 0$ und $b_{21} = 0$, so ergeben sich die Wachstumsraten

$$v_1 = \frac{\alpha_1 - a_{11}}{b_{11}} \qquad v_2 = \frac{\alpha_2 - a_{22}}{b_{22}} \qquad \begin{array}{l} b_{ii} \neq 0 \\ i = 1,2 \end{array}$$

Da die $b_{ii} > 0$ sind (siehe Definition der b_{ij}), hängt das Vorzeichen der Wachstumsraten nur von der Differenz $\alpha_i - a_{ii}$ ab. Es ist unmittelbar einzusehen: Ein Wachstum mit positiver Rate findet statt, wenn die Bruttoinvestitionsrate die Ersetzungsrate übersteigt.

Nehmen wir weiter an, die in Sektor 2 produzierten Konsumgüter könnten nicht zur Reproduktion bzw. Investition in Sektor 2 benutzt werden, also $a_{22} = 0$ und $b_{22} = 0$, so erhalten wir

$$v = \frac{\alpha_1 - a_{11}}{b_{11}}$$

Beide Sektoren wachsen mit dieser Rate, die nur noch von Größen des Sektors 1 abhängt.

Nach diesen Spezialfällen wollen wir untersuchen, ob komplexe Lösungen vorhanden sind. Die charakteristische Gleichung war eine quadratische Gleichung in v, so daß eventuelle komplexe Lösungen zueinander konjugiert sein müssen.
Man setze also

$$\begin{array}{l} v_1 = r + is \\ v_2 = r - is \end{array} \qquad r,s \in \mathbb{R}$$

und erhält nach Anwendung der Eulerrelation ($e^{i\phi} = \cos \phi + i \sin \phi$)

$$X_1(t) = k_1 e^{rt} \cos st$$

$$X_2(t) = k_2 e^{rt} \cos st$$

Man sieht hier schon unmittelbar, daß die zyklische Lösungen, die hier herauskommen, nicht sinnvoll sind. Die Outputs oszillieren je nach Vorzeichen von r um O mit wachsenden, abnehmenden oder konstanten Amplituden.

Hätte man etwa eine Einteilung der Ökonomie in drei Sektoren vorgenommen, wäre die Existenz mindestens einer reellen Lösung gesichert, da die charakteristische Gleichung eine solche 3. Grades wäre, die bekanntlich immer eine reelle Lösung besitzt.

Dieser einen reellen Lösung, die für den Trend sorgt, können sich eventuell vorhandene komplexe Lösungen, die Zyklen hervorrufen, überlagern.

2. Für den zweiten Teil sollen die wichtigsten Überlegungen kurz skizziert werden.

Die Nettoinvestition soll im folgenden als vom Gewinn abhängig angesehen werden.

Es wird unterstellt, daß die Investitionsneigung mit steigendem Kapitalstock abnimmt.

Wir führen noch zwei weitere Größen ein:

$G_i(t)$ Gewinn im i-ten Sektor

$K_i(t)$ Kapitalstock im i-ten Sektor

Wir erhalten dann:

$$\alpha_i X_i(t) - \sum_{j=1}^{n} a_{ij} X_j(t) = \gamma_i G_i(t) - g_i K_i(t) \tag{2}$$

$$\gamma_i, g_i > O$$

Der Gewinn $G_i(t)$ sei proportional dem Output:

$$G_i(t) = \pi_i X_i(t)$$

Mit einigen einfachen zusätzlichen Überlegungen, die hier nicht
näher ausgeführt werden sollen, wird (2) zu

$$-\gamma_i \, \pi_i \, X_i(t) + g_i \sum_{j=1}^{n} b_{ij} \, X_j(t) + \sum_{j=1}^{n} b_{ij} \frac{d \, X_j}{dt} = 0 \qquad (3)$$

Man kann annehmen, daß jede geplante Investition eine gewisse
Zeit θ bis zu ihrer Realisierung benötigt, d.h. die zum Zeit-
punkt t erfolgende Investition ist abhängig vom Gewinn und vom
Kapitalstock zur Zeit $t-\theta$.
Wir wählen $\theta = 1$ und erhalten

$$-\gamma_i \, \pi_i \, X_i(t-1) + g_i \sum_{j=1}^{n} b_{ij} \, X_j(t-1) + \sum_{j=1}^{n} b_{ij} \frac{d \, X_j}{dt} = 0 \qquad (4)$$

Im Gegensatz zu dem System (1), das ein reines Differentialgleichungssystem war, haben wir hier ein Differential-Differen-
zengleichungssystem, das sich aber auf dieselbe Weise lösen
läßt.
Wir betrachten wieder den Zwei-Sektorenfall. Aus der charakteristischen Gleichung erhält man

$$ve^v = \frac{\gamma_1 \pi_1}{b_{11}} - g_1, \qquad \text{vorausgesetzt, daß } b_{21}=0 \\ \text{und } b_{22}= 0$$

Den Ausdruck auf der rechten Seite wollen wir zur Abkürzung
mit y_o bezeichnen.
y_o ist nicht von v abhängig, wir betrachten also den folgenden
Graphen

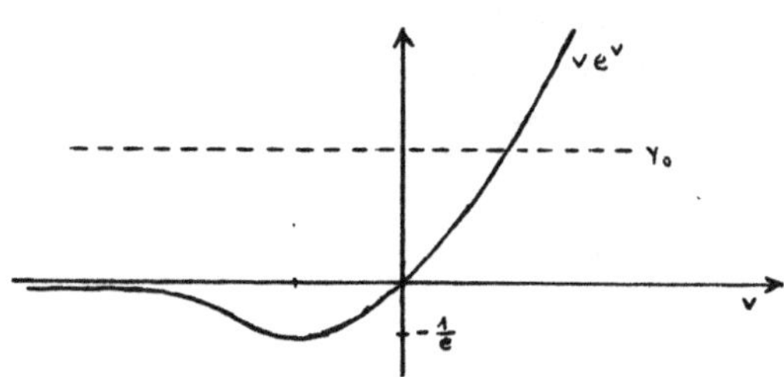

Je nach der Größe von y_o gibt es reelle Lösungen oder nicht.
In einer kleinen Tabelle sieht das folgendermaßen aus:

$$y_o > 0 \qquad \text{eine positive reelle Lösung (wachsender Trend)}$$

$$y_o = 0 \qquad \text{eine reelle Lösung} = 0$$

$$-\frac{1}{e} < y_o < 0 \qquad \text{zwei negative reelle Lösungen}$$

$$y_o = -\frac{1}{e} \qquad \text{eine negative reelle Doppellösung}$$

$$y_o < -\frac{1}{e} \qquad \text{keine reelle Lösung}$$

Man interessiert sich nun wieder für die Frage, ob eine positive
reelle Lösung (also ein wachsender Trend) zusammen mit komplexen
Lösungen auftritt und welcher Art diese komplexen Lösungen sind.
Man setzt $v = r+is$, $r,s \varepsilon R$, und erhält, wieder nach Anwendung
der Eulerrelation

$$\frac{s}{r} = -\tan s \quad \text{und} \quad re^r = y_o \cos s$$

mit y_o wie oben definiert.
Nun bringen einige einfache Überlegungen bezüglich des Vorzeichens von y_o, r und $\cos s$ das folgende Ergebnis:

Ein wachsender Trend kann nur von abnehmenden Schwingungen
überlagert werden, ein explodierendes Wachstum kann in diesem
Modell nicht stattfinden.

Wir geben das exakte Aussehen der Outputfunktion nur für einen
Sektor ohne Indices an:

$$X(t) = k_1 e^{v_1 t} + k_2 e^{v_2 t} + k_3 e^{v_3 t}$$

wobei $v_1 \varepsilon R$ und $v_1 > 0$

$v_2, v_3 \varepsilon \mathbb{C}$ $\quad \text{Re } v_2 < -1$

$$-1 < \text{Re } v_3 < 0$$

Graphisch sieht das etwa so aus:

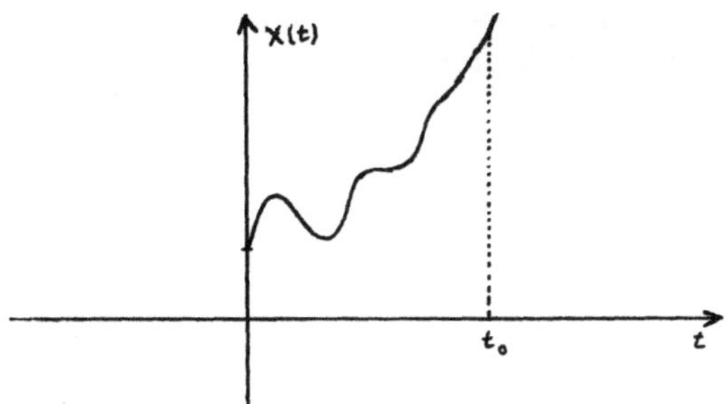

Diese Überlegungen galten für eine konstante Technologie (gegeben durch die a_{ij} und b_{ij}). Man kann sich nun eine Änderung der
Technologie in einem bestimmten Zeitpunkt, etwa t_o, vorstellen
und diesen als neuen "Nullpunkt" interpretieren. Dann würden
rechts davon wieder Schwingungen einsetzen bis zum erneuten
Einpendeln auf eine Trendlinie.

<u>Literatur:</u>

Frisch, R. und H. Holme: The characteristic solutions of a mixed
difference and differential equation occuring in economic dynamics, in: Econometrica 3, 1935, p. 225-239

Lange, O.: Politische Ökonomie, Bd. 1 und 2, Frankfurt, 1968

Lange, O.: Theory of Reproduction and Accumulation, Warschau
1969

Lange, O.: Einführung in die ökonomische Kybernetik, Tübingen
1970.

Ein funktionaler Zusammenhang zwischen Pareto-optimalen Input- und Output-Vektoren

G. Bol, Karlsruhe

Summary:

For a production correspondence P and its inverse L, we use
a criterion for continuity with respect to the Hausdorff-to-
pology on the set of all nonempty compact subsets of $\mathbb{R}^n$ to
point out connections between continuity of P and/or L and
the assumption of O.Opitz [6]: "x∊P(v) is efficient in the
set P(v) of possible output vectors to a given input vector
v if and only if v is efficient in the set L(x) of all input
vectors, with which x is obtainable".In the case of one output and one input this assumption is equivalent to continuity of P and L.

Einleitung:

Wie in den Arbeiten von Opitz [6,7] und Shephard [8] (vgl.
auch Jacobson [5]) werden in dieser Arbeit zwei Korrespondenzen zur Beschreibung von Mehr-Güter-Produktionen benützt.
Dabei sei zu einer Faktorkombination $v\in\mathbb{R}^m_+$ (m Faktoren) P(v)
die Menge der Produktkombinationen, die mit v produziert werden können. Entsprechend sei L(x) zu gegebener Produktkom-
bination x die Menge der Faktorkombinationen, die zur Produktion von x ausreichen. Hier wird von den Annahmen ausgegangen, wie sie O.Opitz macht. Dies bedeutet, dass freie Verfügbarkeit sowohl für Faktoren als auch für Produkte angenommen wird, andererseits aber im Gegensatz zu Shephard keine Annahmen über Konvexität der Mengen P(v) bzw. L(x) gemacht werden. Darüber hinaus wird angenommen, daß die Faktoren nur in
beschränkter Quantität verfügbar sind: Faktorraum und Produktraum sind kompakt.

§ 1 Definition und Stetigkeit von Produktionskorrespondenzen[1]

1.1 Definition:

Sei $W \subset \mathbb{R}^n_+$ und $V \subset \mathbb{R}^m_+$ mit $W \neq \emptyset \neq V$.

Ein Paar (P,L) von Abbildungen

$L : W \longrightarrow 2^V - \{\emptyset\}$ [2]

$P : V \longrightarrow 2^W - \{\emptyset\}$

wird Produktionssystem genannt, wenn P und L die folgenden Bedingungen erfüllen:

1. W, V sind kompakt

2 a). für alle $x \in W$: $[0,x] \subset W$ [3]

  b). für alle $v \in V$: $[0,y] \subset V$

3. für alle $x \in W$, $v \in V$: $x \in P(v) \Longleftrightarrow v \in L(x)$

4 a). für alle $v \in V$: $P(v)$ abgeschlossen

  b). für alle $x \in W$: $L(x)$ abgeschlossen

5 a). für alle $v_1, v_2 \in V$: $v_1 \leq v_2 \Longrightarrow P(v_1) \subset P(v_2)$

  b). für alle $x_1, x_2 \in W$: $x_1 \leq x_2 \Longrightarrow L(x_1) \supset L(x_2)$

6. $P(0) = \{0\}$

Eine ausführliche Interpretation dieser Eigenschaften findet man in $[6]$, $[7]$ und $[8]$.

1.2 Satz:

Für ein Produktionssystem (P,L) ist der Graph von P (= Graph von L):

$\{(v,x) \mid x \in P(v), v \in V\}$ abgeschlossen.

---

[1] Diese Veröffentlichung ist die Kurzfassung einer Arbeit, die unter dem Titel: Continuity of production correspondences and a relation between efficient inputs and outputs, in W. Eichhorn, R.W.Shephard: Seminar in production theory, Karlsruhe, Lecture Notes. Springer Verlag, erscheinen wird.

[2] 2^V sei die Potenzmenge von V.

[3] Für $x \in \mathbb{R}^n$ sei $[0,x] = \{y \in \mathbb{R}^n \mid 0 \leq y \leq x\}$, wobei
$$x_1 \leq x_2 \Longleftrightarrow x_{1,i} \leq x_{2,i} \quad \text{für } i = 1,\ldots,n. \quad \text{Ferner sei}$$
$$x_1 \leq x_2 \Longleftrightarrow x_1 \leq x_2 \text{ und } x_1 \neq x_2 \text{ und } x_1 < x_2 \Longleftrightarrow x_{1,i} < x_{2,i} \text{ für } i=1,\ldots,n.$$

Da die Mengen $P(x)$ bzw. $L(v)$ kompakt sind, kann man zur Beschreibung von Stetigkeitseigenschaften von P und L die Hausdorff-Topologie auf der Menge der kompakten, nichtleeren Teilmengen von $\mathbb{R}^n : \mathcal{K}(\mathbb{R}^n)$ verwenden.

Bezüglich dieser Topologie gilt:

$f : \mathbb{R}^m \longrightarrow \mathcal{K}(\mathbb{R}^n)$ ist stetig in $x_0 \in \mathbb{R}^m \Longleftrightarrow$

1. Für alle offenen Mengen $G \subset \mathbb{R}^n$ mit $f(x_0) \subset G$ gibt es eine
   Umgebung U von x_0 mit: $x \in U \longrightarrow f(x) \subset G$

2. Für alle offenen Mengen $G \subset \mathbb{R}^n$ mit $f(x_0) \cap G \neq \emptyset$ gibt es eine
   Umgebung U von x_0 mit : $x \in U \longrightarrow f(x) \cap G \neq \emptyset$.

Eine Abbildung $f : \mathbb{R}^m \longrightarrow \mathcal{K}(\mathbb{R}^n)$ mit Eigenschaft 1.(2.) heißt oberhalb-halbstetig in x_0 (unterhalb-halbstetig in x_0).

1.3 Korollar von Satz 1.2:

Für ein Produktionssystem (P,L) sind P und L oberhalb-halbstetig in V bzw. W.

1.4 Satz:

Sei (P,L) Produktionssystem, dann ist P stetig in
$v_0 \in \text{int}V$(L stetig in $x_0 \in \text{int}W$) genau dann, wenn
$$P(v_0) = \bigcup_{v < v_0} P(v) \quad (L(x_0) = \bigcup_{x > x_0} L(x)).$$

§ 2 Technische Optimalität

2.1 Definition:

Sei (P,L) ein Produktionssystem. x heißt technisch optimal
in $P(v)$, wenn es kein $x' \in P(v)$ gibt mit $x' > x$. v heißt technisch
optimal in $L(x)$, wenn es kein $v' \in L(x)$ gibt mit $v' < v$. Es sei
$P^*(v) = \{x \in P(v) | x \text{ technisch optimal in } P(v)\}$ und
$L^*(x) = \{v \in L(x) | v \text{ technisch optimal in } L(x)\}$.
Eine Voraussetzung der neoklassischen Theorie ist (vgl. [6], [7])
die Gültigkeit der Eigenschaft: $(*) \; x \in P^*(v) \longleftrightarrow v \in L^*(x)$[4].
Wie man an Beispielen mit einem Produkt und einem Faktor sieht,
ist dort $(*)$ gleichbedeutend mit der Stetigkeit von P und L.
Für den Fall von mehr als einem Produkt oder Faktor gilt dies
nicht. Folgende Teilaussagen sind aber möglich.

---

[4] Bei Henn/Opitz 4 als eindeutiger funktionaler Zusammenhang
zwischen Produkte- und Faktorraum bezeichnet.

2.2 Lemma:

Sei (P,L) Produktionssystem mit einem Input. Dann gilt:

1. $[\forall x \in W \wedge \forall v \in V : v \in L^*(x) \Rightarrow x \in P^*(v)]$
   $\Rightarrow P$ ist stetig in intV

2. L stetig in intW $\Rightarrow [\forall v \in V \wedge \forall x \in \text{intW} : x \in P^*(v) \Rightarrow v \in L^*(x)]$

2.3 Lemma:

Sei (P,L) Produktionssystem mit einem Produkt, dann gilt

1. $[\forall x \in W \wedge \forall v \in V : x \in P^*(v) \Rightarrow v \in L^*(x) \Rightarrow$ L stetig in intW

2. P stetig in intV $\Rightarrow [\forall x \in W \wedge \forall v \in \text{intV} : v \in L^*(x) \Rightarrow x \in P^*(v)$

2.4 Korollar:

Sei P,L Produktionssystem mit einem Produkt und einem Faktor, so gilt für alle $x \in \text{intW}$ und $v \in \text{intV}$: $x \in P^*(v) \Rightarrow v \in L^*(x) \Leftrightarrow$ P, L stetig in x,v.

Die Lemmata 2.2 und 2.3 können nicht für den Fall von mehr als einem Produkt bzw. Faktor verallgemeinert werden.

Literatur:

1	Bol, Gerrit	Über Auswahlsätze. Math.Physikl.Semesterberichte XII (1965).
2	Bol, Georg	Stetigkeit bei mengenwertigen Produktionsfunktionen. R.Henn: Operations-Research-Verfahren XI, 1972.
3	Förstner, K.	Produktions- und Verbrauchsfunktionen bei der Herstellung eines Gutes mit zwei Faktoren. R.Henn: Operations-Research-Verfahren V.
4	Henn,R./ Opitz,O.	Konsum- und Produktionstheorie II. Lecture Notes in OR. Springer, 1972.
5	Jacobson	Production correspondences. Econometrica 38 (1970).
6	Opitz, O.	Zum technischen Optimierungsproblem des Unternehmers. Schweizerische Zeitschrift für Volkswirtschaft und Statistik, 1970.
7	Opitz, O.	Zum Problem der Aktivitätsanalyse. Zeitschrift für die gesamte Staatswissenschaft, 1971.
8	Shephard, R.W.	Theory of cost and production functions. Princeton University Press, 1970.

Expansionsgleichgewichte in einem dynamischen Leontief-Modell mit variablen Koeffizienten

H. Kogelschatz, Karlsruhe

Summary:

The paper is concerned with a dynamic input-output model with variable production structure. The existence of growth equilibria is shown to be equivalent to a generalized eigenvalue problem for a matrix whose coefficients are functions. As a consequence, equilibrium growth rates of the price - quantity model are already determined by a pure quantity model.

1. Einleitung

Das geschlossene dynamische Input-Output-Modell, das von Leontief eingeführt wurde, hat bei proportionalem Wachstum des Outputs mit einer konstanten Rate $\lambda \geq 0$ folgende Form:

$$(1.1) \qquad (I-A-\lambda B)\ x = 0.$$

Dabei bezeichnen $A = (a_{ij})$ und $B = (b_{ij})$ die nxn Matrizen der current input-Koeffizienten bzw. der Kapitalkoeffizienten. x ist ein nx1 Outputvektor. Alle Größen sind nicht-negativ.

Das reine Mengenmodell (1.1) wurde später ergänzt durch ein Preismodell

$$(1.2) \qquad p(I-A-rB) = 0,$$

wobei p ein 1xn Preisvektor und r der Zinssatz ist.

In Verallgemeinerung von (1.1) und (1.2) wurden Ungleichungssysteme betrachtet (vgl. [1], S.281 ff.), um der Möglichkeit von Überschußproduktion und negativen Profiten Rechnung zu tragen:

$$(1.3) \qquad (I-A-\lambda B)\ x \geq 0$$

$$(1.4) \qquad p(I-A-rB) \ \leq 0$$

In [6] wird anstelle der konstanten Produktionsstruktur (A,B)
eine variable Produktionsstruktur (A.,B.) eingeführt, wobei die
Koeffizienten der Matrizen A.,B. stetige nicht-negative Funk-
tionen von λ sind. Mit A_λ, B_λ seien die Matrizen der Funktionswerte
der Koeffizienten an der Stelle λ bezeichnet.

Während in den vorangehenden Modellen eine gegebene Produktionsstruktur (A,B) die möglichen gleichgewichtigen Wachstumsraten
determinierte, ist jetzt eine Rückkoppelung von der Wachstumsrate auf die langfristig eingesetzte Produktionsstruktur zugelassen.

Das betrachtete Modell lautet:

$$(1.5) \qquad (I-A_\lambda-\lambda B_\lambda)\ x \geq 0$$

$$(1.6) \qquad p(I-A_\lambda-rB_\lambda) \leq 0$$

$$(1.7) \qquad px > 0$$

Durch (1.7) wird sichergestellt, daß mindestens ein Gut mit einem
positiven Preis produziert wird.

Hier soll gezeigt werden, daß die Existenz von Expansionsgleich-
gewichten, die in [6] mit spieltheoretischen Mitteln untersucht
wird, äquivalent ist mit der Lösbarkeit eines verallgemeinerten
Eigenwertproblems.

Daraus ergeben sich einige Beziehungen zwischen dem Preis-Mengen-
modell und einem reinen Mengenmodell. Expansionsgleichgewichte
im Preis-Mengenmodell existieren genau dann, wenn im reinen
Mengenmodell ein proportionales Wachstum ohne Überschußproduktion
möglich ist. Die Bestimmung von gleichgewichtigen Expansionsraten
im Preis-Mengenmodell läßt sich zurückführen auf die Betrachtung
eines reinen Mengenmodells.

2. Semipositive Eigenvektoren einer Funktionenmatrix

Gegeben sei eine nxn Matrix M., deren Koeffizienten m_{ij} reell-
wertige Funktionen über $\mathbb{C}$ seien ($m_{ij}: \mathbb{C} \to \mathbb{R}$). Für jedes $\lambda \varepsilon \mathbb{C}$
bezeichne M_λ die Matrix der Funktionswerte $m_{ij}(\lambda)$ an der Stelle
λ. Wir betrachten folgendes Eigenwertproblem:

$$(2.1) \qquad\qquad (\lambda I - M_\lambda)\, x = O.$$

Ist $(\bar{\lambda}, \bar{x})$ eine Lösung von (2.1) mit $\bar{x} \neq O$, so nennen wir $\bar{\lambda}$ Eigenwert und $\bar{x}$ Eigenvektor der Funktionenmatrix M.. Für den Spezialfall einer Matrix mit konstanten Koeffizienten ($M_\lambda = M \ \forall \lambda$) erhält man das gewöhnliche Eigenwertproblem. Das Eigenwertproblem (2.1) hat offensichtlich genau dann eine Lösung, wenn es ein $\bar{\lambda} \varepsilon \mathbb{C}$ gibt, derart daß das gewöhnliche Eigenwertproblem $(\lambda I - M_{\bar{\lambda}})x = O$ genau dieses $\bar{\lambda}$ als Eigenwert besitzt, d.h. wenn $\bar{\lambda}$ zum Spektrum Λ von $M_{\bar{\lambda}}$ gehört: $\bar{\lambda} \varepsilon \Lambda(M_{\bar{\lambda}})$.

Die folgenden Beispiele zeigen, daß das Eigenwertproblem (2.1) nicht lösbar sein muß (Bsp. a)), daß es endlich viele Lösungen haben kann (z.B. für den Spezialfall des gewöhnlichen Eigenwertproblems), daß aber auch abzählbar unendlich viele Eigenwerte (Bsp. b)) oder sogar ein Kontinuum von Eigenwerten (Bsp. c)) möglich sind.

$$\text{a) } M_\lambda = \begin{pmatrix} \lambda & 1 \\ 1 & 0 \end{pmatrix} \quad , \quad \text{b) } M_\lambda = \begin{pmatrix} \lambda & \sin \lambda & 0 \\ 0 & & \lambda-1 \end{pmatrix} \quad , \quad \text{c) } M_\lambda = \begin{pmatrix} \lambda & 0 \\ 0 & \lambda \end{pmatrix}$$

Im Zusammenhang mit der ökonomischen Problemstellung aus Abschnitt 1 werden im folgenden nur Matrizen M. betrachtet, deren Elemente reelle nicht-negative Funktionen sind ($m_{ij}: \mathbb{R} \to \mathbb{R}_+$). Aus ökonomischer Sicht interessiert dabei die Frage, ob es semipositive [1] Eigenvektoren $x \geq O$ der Funktionenmatrix M. gibt. In Satz 1 wird in Verallgemeinerung eines Satzes von Łoś ([8], S.976) ein Kriterium für die Existenz semipositiver Eigenvektoren angeben:

<u>Satz 1</u>: Sei M. eine nxn Matrix, deren Koeffizienten nicht-negative Funktionen über $\mathbb{R}$ sind.

a) Das Eigenwertproblem

$$(2.2) \qquad\qquad (\lambda I - M_\lambda)\, x = O, \quad x \geq O$$

besitzt genau dann eine Lösung, wenn das Ungleichungssystem

---

1) Ein Vektor x heißt semipositiv ($x \geq O$), wenn $x \geq O$ und $x \neq O$.

(2.3) $\qquad (\lambda I - M_\lambda)\tilde{x} \geq 0, \quad y(\lambda I - M_\lambda) \leq 0, \quad \tilde{x} \geq 0, \quad y \geq 0, \quad y\tilde{x} > 0$

lösbar ist.

b) Seien Λ_1 bzw. Λ_2 die Menge der λ-Werte, für die (2.2) bzw. (2.3) lösbar sind, dann gilt $\Lambda_1 = \Lambda_2$.

c) Sei $(\bar{\lambda},\bar{x})$ eine Lösung von (2.2), dann gibt es ein $\bar{y} \geq 0$, derart daß $(\bar{\lambda},\bar{x},\bar{y})$ Lösung von (2.3) ist.

<u>Beweis</u>: Offensichtlich sind (2.2) und (2.3) für negative λ-Werte nicht lösbar, so daß man sich beim Beweis auf $\lambda \geq 0$ beschränken kann.

Sei $(\hat{\lambda},\hat{x},\hat{y})$ eine Lösung des Systems (2.3).

Ist $\hat{\lambda} = 0$, so ist $-M_0\hat{x} \geq 0$. Wegen $M_0 \geq 0$ folgt daraus $-M_0\hat{x} = 0$, womit $(\hat{\lambda},\hat{x})$ Lösung von (2.2) ist.

Für $\hat{\lambda} > 0$ betrachtet man folgende Vektoren

(2.4) $\qquad x_\nu := \hat{\lambda}^{-\nu} M_{\hat{\lambda}}^\nu \hat{x} \qquad\qquad \nu \in \mathbb{N}$

Multipliziert man in (2.3) $(\hat{\lambda}I - M_{\hat{\lambda}})\hat{x} \geq 0$ mit $\hat{\lambda}^{-\nu-1}M_{\hat{\lambda}}^\nu$, so ergibt sich $x_\nu \geq x_{\nu+1} \;\; \forall \nu \in \mathbb{N}$. Wegen $x_\nu \geq 0$ existiert daher $\lim\limits_{\nu\to\infty} x_\nu = \check{x}$ und nach (2.4) gilt $\check{x} = \hat{\lambda}^{-1}M_{\hat{\lambda}}\check{x}$. Daher ist $(\hat{\lambda},\check{x})$ eine Lösung von (2.2), wenn nur gilt $\check{x} \neq 0$. Das Tripel $(\hat{\lambda},\hat{x},\hat{y})$ erfüllt als Lösung von (2.3) $(\hat{\lambda}I - M_{\hat{\lambda}})\hat{x} \geq 0$ und $\hat{y}(\hat{\lambda}I - M_{\hat{\lambda}}) \leq 0$, woraus folgt $\hat{y}x_\nu = \hat{y}\hat{x} \;\; \forall \nu \in \mathbb{N}$. Daher ist auch $\hat{y}\check{x} = \hat{y}\hat{x}$. Nach (2.3) gilt $\hat{y}\hat{x} > 0$, folglich $\check{x} \neq 0$.

Sei anderseits $(\bar{\lambda},\bar{x})$ eine Lösung des Systems (2.2), also

(2.5) $\qquad (\bar{\lambda}I - M_{\bar{\lambda}})\bar{x} = 0, \quad \bar{x} \geq 0.$

Zum Beweis dieser Richtung wird ein Alternativtheorem von Gale ([2], S.47) herangezogen. Es sagt aus, daß genau eines der beiden folgenden Ungleichungssysteme lösbar ist:

(2.6) $\qquad Mx \geq b, \quad x \geq 0$

(2.7) $\qquad yM \leq 0, \quad yb > 0, \quad y \geq 0.$

Man betrachte das Alternativtheorem für $M := (\bar{\lambda}I - M_{\bar{\lambda}})$ und $b := \bar{x}$.

Annahme: (2.6) besitzt eine Lösung $x^* \geq 0$. Dann gilt

$$(2.8) \qquad \bar{x} + M_{\bar{\lambda}} x^* \leq \bar{\lambda} x^*$$

Sei $\bar{\lambda} = 0$. Dann folgt aus (2.8) $\bar{x} + M_0 x^* \leq 0$. Das ist aber nicht möglich, da $M_0 x^* \geq 0$ und $\bar{x} \geq 0$. Folglich hat (2.7) eine Lösung $\bar{y}$, und $(\bar{\lambda}, \bar{x}, \bar{y})$ ist Lösung von (2.3). Sei nun $\bar{\lambda} > 0$. Dann zeigt man mit vollständiger Induktion

$$(2.9) \qquad k\bar{x} + \bar{\lambda}^{1-k} M_{\bar{\lambda}}^k x^* \leq \bar{\lambda} x^* \quad \forall\, k \in \mathbb{N}$$

Für $k = 1$ liefert (2.8) die Behauptung. Sei (2.9) für $n=k$ richtig. Indem man (2.9) mit $\bar{\lambda}^{-1} M_{\bar{\lambda}}$ multipliziert und beidseitig $\bar{x}$ addiert, erhält man:

$$(2.10) \qquad \bar{x} + k\bar{\lambda}^{-1} M_{\bar{\lambda}} \bar{x} + \bar{\lambda}^{-k} M_{\bar{\lambda}}^{k+1} x^* \leq M_{\bar{\lambda}} x^* + \bar{x},$$

woraus mit (2.5), (2.8) die Gültigkeit der Behauptung für $k+1$ folgt. Wegen $\bar{\lambda} > 0$, $M_{\bar{\lambda}} \geq 0$ liefert (2.9) $k\bar{x} \leq \bar{\lambda} x^*$ $\forall k \in \mathbb{N}$. Das ist aber nicht möglich, da der Eigenvektor $\bar{x}$ semipositiv ist. Folglich ist (2.6) nicht lösbar, aber (2.7) besitzt eine Lösung $\bar{y}$, so daß gilt:

$$(2.11) \qquad \bar{y}(\bar{\lambda} I - M_{\bar{\lambda}}) \leq 0, \quad \bar{y}\bar{x} > 0, \quad \bar{y} \geq 0.$$

Aus (2.5) und (2.11) folgt, daß $(\bar{\lambda}, \bar{x}, \bar{y})$ eine Lösung von (2.3) ist, womit auch Behauptung c) folgt.

Gleichzeitig wurde gezeigt, daß $\lambda \in \Lambda_1 \Longleftrightarrow \lambda \in \Lambda_2$, womit der Satz bewiesen ist.

3. Charakterisierung von Expansionsgleichgewichten

Das im vorangehenden Abschnitt formulierte Kriterium für die Existenz semipositiver Eigenvektoren einer nichtnegativen Funktionenmatrix ermöglicht einige Aussagen über Expansionsgleichgewichte im Modell (1.5) - (1.7). Es zeigt sich, daß für dieses Preis-Mengen-Modell Expansionsgleichgewichte genau dann existieren, wenn in einem reinen Mengenmodell ein proportionales Wachstum möglich ist.

<u>Definition</u>: Eine Lösung $(\bar{\lambda},\bar{r},\bar{x},\bar{p})$ des Modells (1.5)-(1.7) heißt Gleichgewichtslösung; $\bar{\lambda}$ wird gleichgewichtige Wachstumsrate genannt. Eine Gleichgewichtslösung mit $\bar{\lambda} = \bar{r} > 0$ [1] heißt Expansionsgleichgewicht; $\bar{\lambda}$ wird dann gleichgewichtige Expansionsrate genannt.

<u>Satz 2</u>:

a) Das dynamische Input-Output-Modell (1.5)-(1.7) besitzt genau dann ein Expansionsgleichgewicht, wenn das System

$$(3.1) \qquad (I-A_\lambda-\lambda B_\lambda)x = 0, \quad \lambda > 0, \ x \geq 0$$

eine Lösung hat.

b) Die Menge der gleichgewichtigen Expansionsraten wird gegeben durch die Menge der λ-Werte, für die (3.1) lösbar ist.

c) Ist $(\bar{\lambda},\bar{x})$ eine Lösung von (3.1), dann gibt es ein $\bar{r} > 0$ und ein $\bar{p} \geq 0$, derart daß $(\bar{\lambda},\bar{r},\bar{x},\bar{p})$ ein Expansionsgleichgewicht ist.

<u>Beweis</u>: Man betrachte Satz 1 für $M_\lambda := \lambda A_\lambda + \lambda^2 B_\lambda$. Sei $(\bar{\lambda},\bar{x})$ eine Lösung von (3.1) und damit auch von (2.2). Nach Satz 1 hat dann auch (2.3) eine Lösung $(\bar{\lambda},\bar{x},\bar{y})$. Dann existiert aber auch für das Modell (1.5)-(1.7) eine Lösung $(\bar{\lambda},\bar{r},\bar{x},\bar{p})$ mit $\bar{\lambda} = \bar{r} > 0$ und $\bar{p} = \bar{y} \geq 0$, also ein Expansionsgleichgewicht. Damit ist auch Aussage c) bewiesen.
Sei andererseits $(\bar{\lambda},\bar{r},\bar{x},\bar{p})$ ein Expansionsgleichgewicht. Wegen $\bar{\lambda} = \bar{r}$ ist dann $(\bar{\lambda},\bar{x},\bar{p})$ eine Lösung von (2.3). Nach Satz 1 existiert daher auch eine Lösung $(\bar{\lambda},\bar{x})$ von (2.2) und damit auch von (3.1) wegen $\bar{\lambda} > 0$.
Die Aussage b) ergibt sich unmittelbar (Vgl. Satz 1, Teil b)).

<u>Bemerkung</u>: $\lambda = 0$ ist offensichtlich genau dann gleichgewichtige Wachstumsrate, wenn die Matrix A_o einen Eigenwert 1 hat, zu dem ein semipositiver Eigenvektor existiert.

---

[1] Diese Eigenschaft ist charakteristisch für Expansionsgleichgewichte des von Neumannschen Wachstumsmodells.

Aus ökonomischer Sicht erscheinen folgende Implikationen von
Satz 2 bemerkenswert:

1) Die gleichgewichtigen Expansionsraten des Preis-Mengen-Modells
   (1.5)-(1.7) werden bereits bestimmt durch das reine Mengenmodell (3.1).

2) Wenn im Mengenmodell (3.1) proportionales Wachstum mit einer
   positiven Rate $\bar{\lambda}$ für einen Outputvektor $\bar{x}$ möglich ist, dann
   läßt sich ein Preisvektor $\bar{p}$ und ein Zinssatz $\bar{r}$ finden, derart
   daß $(\bar{\lambda},\bar{r},\bar{x},\bar{p})$ ein Expansionsgleichgewicht des Preis-Mengen-
   Modells (1.5)-(1.7) ist, (Vgl. Aussage c)).

3) Zu einer gleichgewichtigen Expansionsrate $\bar{\lambda}$ des Modells (1.5)
   -(1.7), das ausdrücklich Überschußproduktion zuläßt (Vgl.
   (1.5)), gibt es stets einen gleichgewichtigen Outputvektor $\bar{x}$,
   bei dem keine Überschußproduktion stattfindet (Vgl. (3.1)).

4) Für den Spezialfall einer konstanten Produktionsstruktur
   $(A_{\lambda} = A, B_{\lambda} = B)$ entspricht das Modell (1.5)-(1.7) dem System
   (1.3),(1.4),(1.7). Aus (3.1) wird das klassische dynamische
   Leontief-Modell (1.1) mit $\lambda > 0$.
   Man erhält, daß ein Expansionsgleichgewicht genau dann existiert, wenn im klassischen dynamischen Leontief-Model ein
   proportionales Wachstum mit einer positiven Wachstumsrate
   möglich ist.

Literatur

[1] Dorfman, R.; Samuelson, P.; Solow,R.: Linear Programming and Economic Analysis. New York, Toronto, London 1958.

[2] Gale, D.: The Theory of Linear Economic Models. New York, Toronto, London 1960.

[3] Gantmacher, F.R.: The Theory of Matrices. Vol.II, New York 1960.

[4] Henn, R.: Lineare Methoden des Operations Research und makroökonomische Expansionsmodelle. Zeitschrift für Nationalökonomie 22 (1962), 297–310.

[5] Kemeny, J.G.; Morgenstern, O.; Thompson, G.L.: A Generalization of the von Neumann Model of an Expanding Economy. Econometrica 24 (1956), 115–135.

[6] Kogelschatz, H.: A Dynamic Input-Output-Model with Variable Production Structure. Erscheint in: Karlsruher Seminar on Production Theory (ed. by W. Eichhorn, R.Henn, R.A.Shephard). Springer Verlag, Berlin-Heidelberg-New York 1974.

[7] Leontief, W.: Input-Output Economics. New York 1966.

[8] Łoś, J.: A Simple Proof of the Existence of Equilibrium in a von Neumann Model and Some of Its Consequences. Bulletin de l'Académie Polonaise des Sciences. Vol. XIX, No. 10 (1971), 971–979.

[9] Nikaido, H.: Convex Structures and Economic Theory. New York, London 1968.

[10] Schumann, J.: Input-Output-Analyse. Berlin-Heidelberg-New York 1968.

[11] Steinmetz, V.: Zur Existenz von Wachstumsgleichgewichten in Wachstumsmodellen vom von Neumannschen Typ. Mathematical Systems in Economics 1, Meisenheim 1972.

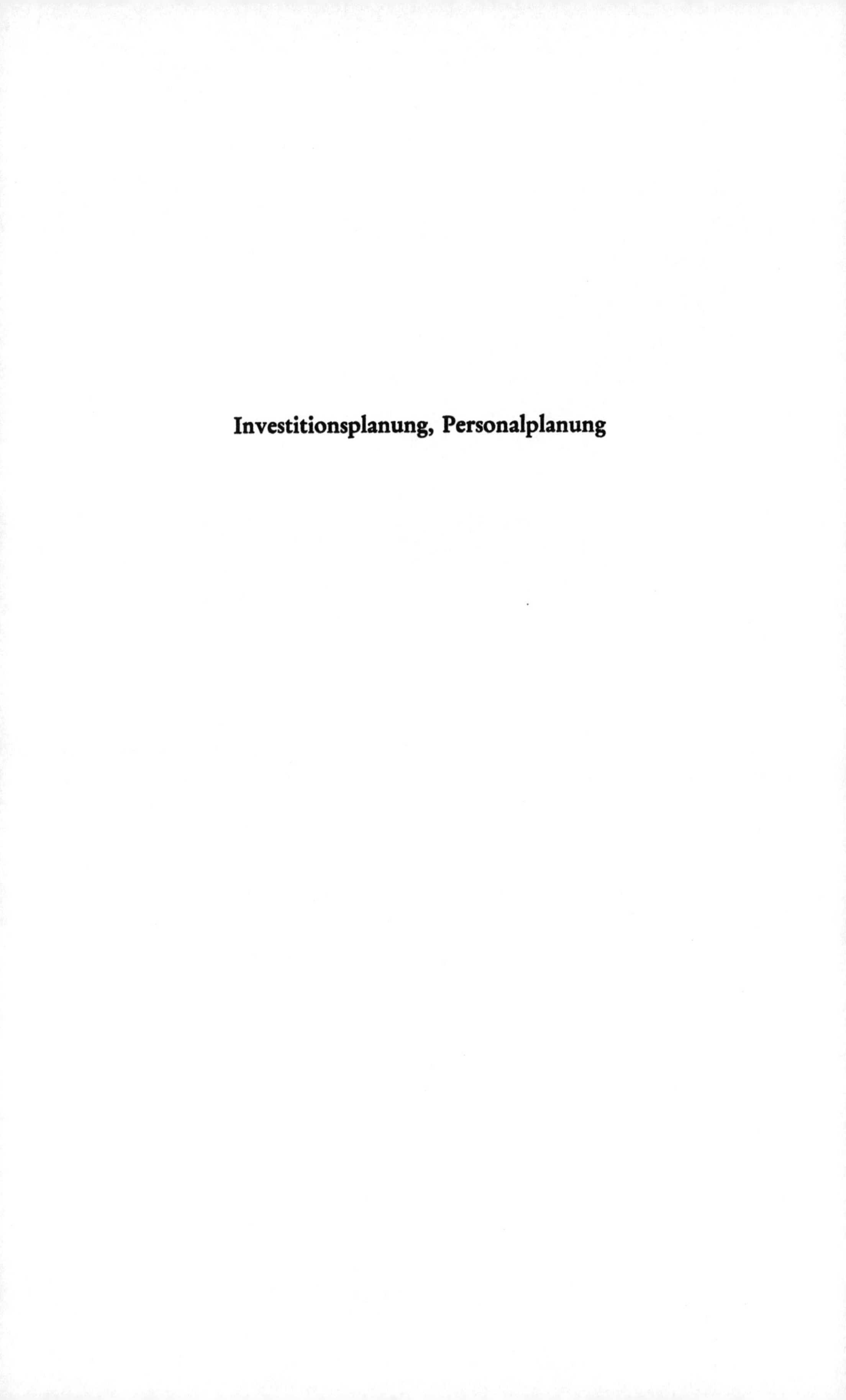

Investitionsplanung, Personalplanung

Personalplanung im Vertriebsbereich mit ganzzahliger linearer Optimierung

V. Bergold, Hannover

<u>Zielsetzung</u> ist die planungsmäßige Erfassung des optimalen Auf- und Ausbaus eines Direktvertriebssystems unter Berücksichtigung von Personal- und Kapazitätsrestriktionen innerhalb eines strategischen Planungszeitraums von 5 Jahren.

Das Planungssystem besteht aus drei Teilen:

1. ein Vorprogramm zur Berechnung von Deckungsbeiträgen als Kosten- und Ertragskoeffizienten für die einzelnen einzustellenden Personen bzw. Personengruppen;

2. ein LP zur Berechnung einer mengenmäßig und zeitlich optimalen Ausbau- bzw. Einstellstrategie unter Berücksichtigung von Mengen- und Kapitalrestriktionen sowie Ganzzahligkeit der Personen;

3. ein Auswertungsprogramm, welches gegebene Daten sowie die Ergebnisse des LP's zusammenfassend für verschiedene Planungsbereiche (Personal, Umsatz, Ertrag) darstellt.

<u>Grundlagen</u> des Planungssystems sind eine formelmäßige Umsatzberechnung aus Erfahrungs- und Prognosedaten des bestehenden Vertriebssystems sowie detaillierte und intensive Untersuchungen der Kosten- und Ertragsstruktur im Unternehmen.

Das Planungssystem wird sowohl für die periodischen Planungen als auch für Systemuntersuchungen und Sensitivitätsanalysen angewandt. Die Reduzierung auf nur ein Planungsjahr eröffnete außerdem die Möglichkeit eines kontinuierlichen Soll-Ist-Vergleichs.

Die Geschäftsführung erhält **damit eine** schnelle, flexible und
exakte Planungshilfe, da sowohl die optimale Strategie als auch
teilweise vorgegebene Strategien sofort auf alle ihre Auswirkungen hin (personelle Realisierbarkeit, Kosten und Erlöse etc.)
untersucht und dargestellt werden können.

<u>Technische Daten</u>

Matrix ca. 300 x 300,   ca. 250 Integervariable

Density: 1.06

Software: Vor- und Auswertungsprogramm Fortran IV
           LP IBM-Standardprogramm MPSX-MIP

Hardware: IBM /370-155

Speicherbedarf: 200 K

Kontinuierliche Lösung: 500 Iterationen

1. ganzzahlige Lösung: weitere 350 - 400 Iterationen

Laufzeiten: Vorprogramm   20 CPU-Sekunden
                LP   ca. 800 CPU-Sekunden
                Auswertungsprogramm   30 CPU-Sekunden

Die Theoreme von Everett und die Lösung ganzzahliger Investitionsprogramme

K. Hellwig, Karlsruhe

The derivation of optimal investment policies through mathematical programming frequently involves computational difficulties. Therefore usually one tries to find a solution by applying the classical investment criteria. In this paper it is shown, that two theorems originally proved by Everett are a suitable basis for the comparison of these methods. Conditions are developed, under which the classical methods provide a correct solution. An upper bound for the deviation from the exact optimum is given in cases, where the classical methods lead to a nonoptimal solution of the problem.

1. Einleitung

Bei der Investitionsplanung hat man es mit Optimierungsaufgaben des folgenden Typs zu tun:

$$(1.1) \quad \max \, (-a_T \, x - b_T \, y)$$

$$a_t x + b_t y \leq c_t \qquad t = 0 \, (1) \, T-1$$

$$\left. \begin{array}{l} 0 \leq x_i \leq 1 \\[1ex] x_i \text{ ganzz.} \end{array} \right\} \quad i = 1 \, (1) \, n$$

$$y \geq 0$$

$$a_t = (a_{t1}, \ldots, a_{tn}) \qquad b_t = (b_{t1}, \ldots, b_{tm})$$

$$x' = (x_1, \ldots, x_n) \qquad y' = (y_1, \ldots, y_m)$$

Hierbei ist a_{ti}, $i = 1(1) \, n$, bzw. b_{tj}, $j = 1(1) \, m$, der Ausgabenüberschuß bei einmaliger Durchführung der i-ten Sachinvestition bzw. j-ten Finanzaktivität in t, $t = 0(1)T$, sowie c_t der entscheidungsunabhängige Einnahmenüberschuß in t, $t = 0(1) \, T-1$.

(1.1) ist ein gemischt-ganzzahliges Lineares Programm, dessen Lösung mit den bekannten Schwierigkeiten verbunden ist. In der Praxis versucht man daher, mit

Hilfe der klassischen Investitionsrechenverfahren eine optimale Entscheidung abzuleiten.

Im folgenden wird

- gezeigt, daß dieses Vorgehen nicht hinreicht, um stets eine Lösung von (1.1) zu garantieren,
- gezeigt, unter welchen Bedingungen die klassischen Verfahren (1.1) lösen,
- eine Abschätzung des mittels klassischer Verfahren erreichten Zielfunktionswertes vom exakten Optimum angegeben.

Dabei werden die folgenden Sätze von Everett [1] zugrundegelegt:

(1.2) <u>Satz:</u> Seien $g(x)$, $g_t(x)$ reellwertige Funktionen über einer beliebigen Menge X, $u_t \in \mathbb{R}$, $u_t \geqslant 0$, $t = 0(1)T-1$.

$\bar{x}$ maximiere $L(x,u): = g - \sum_t f_t u_t$

Dann ist $\bar{x}$ optimal für die folgende Optimierungsaufgabe:

$$\max_{x \in X} g(x)$$
$$g_t(x) \leqslant g_t(\bar{x}) \quad t = 0(1)T-1$$

(1.3) <u>Satz:</u> Sei $\hat{x} \in X$, $\varepsilon > 0$, $L(\hat{x}, u) \geqslant L(x,u)-\varepsilon$, $\forall\, x \in X$ sowie $\bar{x}$ optimal für

$$\max_{x \in X} g(x)$$
$$g_t(x) \leqslant g_t(\hat{x}) \quad t = 0(1)T-1.$$

$$\Rightarrow \quad g(\hat{x}) \geqslant g(\bar{x}) - \varepsilon$$

2. Die partielle Lösbarkeit von (1.1)

Im folgenden werden zunächst Bedingungen entwickelt, unter denen (1.1) mittels klassischer Investitionsrechenverfahren gelöst werden kann.

Dabei gelte:

(2.1) $b_{t,t+1} = 1$, $t = 0(1)$ T-1, $b_{t,t} = - (1+r)$, $r \geqslant 0$, $t = 1(1)T$,

   $b_{tj} = 0$, $j = 1(1)T$, $t \neq j$, $t \neq j + 1$, $T \leqslant m$

---

1) Everett, H.: Generalized Lagrange Multiplier Methods for Solving Problems of Optimum Allocation of Resources. Operations Research 11(1963), S.399-417

(2.1) bedeutet, daß in (1.1) kurzfristige Finanzmittelanlagen zum Zins r zugelassen sind, wobei r = 0 die Möglichkeit der Kassenhaltung einschließt.

Sei

$$a_i = (-a_{oi}, \ldots, -a_{Tj}), \quad b_j = (-b_{oj}, \ldots, -b_{Tj}),$$

$$E_i: = a_i\bar{u}, \quad F_j: = b_j\bar{u}, \quad i = 1(1)n, \quad j = 1(1)m, \text{ wobei } \bar{u} = (\bar{u}_0, \ldots, \bar{u}_{T-1}, 1)'$$

ein reellwertiger, semipositiver Vektor sei für den gelte: $F_j \leqslant 0$, $j = 1(1)m$[1])

(2.2) <u>Definition:</u> Sei $\bar{x} = (\bar{x}_1, \ldots, \bar{x}_n)'$, $\bar{y} = (\bar{y}_1, \ldots, \bar{y}_m)'$

optimal für (1.1).

(1.1) heißt partiell lösbar, $\bar{u}$ partielle Lösung von (1.1),
$i = 1(1)n$, $j = 1(1)m$, wenn gilt:

(2.2.1) $E_i > 0 \Rightarrow \bar{x}_i = 1$

(2.2.2) $E_i < 0 \Rightarrow \bar{x}_i = 0$ $\qquad\qquad$ $F_j < 0 \Rightarrow \bar{y}_j = 0$

Eine mit gegebenem $\bar{u}$ entsprechend (2.2.1) und (2.2.3) abgeleitete Lösung $(\hat{x}, \hat{y}) = (\hat{x}(\bar{u}), \hat{y}(\bar{u}))$ heiße Lösung im Partialmodell. Damit gilt der folgende

(2.3.) <u>Satz:</u> (1.1) ist genau dann partiell lösbar, wenn $\bar{x}$, $\bar{y}$ optimal für das
zu (1.1) gehörige kontinuierliche Lineare Programm ist.

Beweis: Ist (1.1) partiell lösbar mit der partiellen Lösung $\bar{u}$, dann maximiert
$(\bar{x}, \bar{y})$ $L(x, y, \bar{u})$ mit

$g(x,y) = -a_T x - b_T y$, $g_t(x,y) = a_t x + b_t y$, $t = 0(1)T-1$,

$X = \{(x,y) \mid 0 \leqslant x_i \leqslant 1, i = 1(1)n, y \geqslant 0\}$. Daher ist $(\bar{x}, \bar{y})$ nach

Satz (1.2) optimal für das zu (1.1) gehörige kontinuierliche Lineare Programm.

Stimmen das ganzzahlige und kontinuierliche Optimum von (1.1) überein
und sind $\bar{u}_0, \ldots, \bar{u}_{T-1}$ die den ersten T Restriktionen von (1.1) zugeordneten Dualvariablen im Optimum, dann folgt unter Anwendung des Satzes
vom komplemtären Schlupf, daß $\bar{u}' = (\bar{u}_0, \ldots, \bar{u}_{T-1}, 1)$ partielle Lösung
von (1.1) ist.

---

1) Bei geeigneter Wahl von $\bar{u}$ ist E_i bzw. F_j der Kapitalendwert der Mäßn. i bzw.j

Da in der Regel das kontinuierliche und ganzzahlige Optimum von (1.1) nicht übereinstimmen führen insbesondere die klassischen Investitionsrechenverfahren meist nicht zu einer Lösung von (1.1).

Satz (2.3) ist dabei in praktischen Fällen kein geeignetes Mittel zur Überprüfung der partiellen Lösbarkeit von (1.1).

Dies leistet vielmehr der folgende

(2.4) <u>Satz</u>: Sei $(\bar{x}(\bar{u}); \bar{y}(\bar{u}))$, eine Lösung im Partialmodell. $\bar{u}$ ist genau dann partielle Lösung von (1.1) wenn gilt:

$$a_t\bar{x} + b_t\bar{y} = c_t, \quad t = 0(1)\ T-1$$

<u>Beweis</u>: Sei $(\bar{x}(\bar{u}), \bar{y}(\bar{u}))$ Lösung im Partialmodell mit

$a_t\bar{x} + b_t\bar{y} = c_t, \quad t = 0(1)\ T-1.$ $(\bar{x}, \bar{y})$ maximiert $L(x,y,\bar{u})$ und ist daher nach Satz (1.2) optimal für (1.1).

Gilt umgekehrt für $(\bar{x}(\bar{u}), \bar{y}(\bar{u}))$:

$a_t\bar{x} + b_t\bar{y} \neq c_t$ für mindestens ein $t \in \{0, \ldots, T-1\}$, dann kann $(\bar{x},\bar{y})$

wegen (2.1) nicht optimal für (1.1) sein.

Im Falle $r > 0$ sowie $u_t^1 = (1+r)^{T-t}$, $t = 0(1)T$, ist E_i bzw. F_j der Kapitalendwert der Maßnahme i bzw. j und (2.2.1), (2.2.2) entspricht der Kapitalendwertmethode. Dabei gilt:

(2.5) <u>Korollar</u>: Eine Lösung im Partialmodell $(\hat{x}(u^1), \hat{y}(u^1))$[1] ist genau dann optimal für (1.1), wenn gilt:

$$a_t\hat{x} + b_t\hat{y} \leq c_t, \quad t = 0(1)T-1$$

3. Die Bestimmung hinreichend guter Lösungen von (1.1)

Nach Satz (2.4) ist man in der Lage, zu überprüfen, ob eine Lösung im Partialmodell optimal für (1.1) ist. Insbesondere läßt sich analog zu Korollar (2.5) stets feststellen, ob die bei Anwendung der Kapitalwertmethode verwandten

---

1) Die Bedingung $F_j \leq 0\ \forall\ j$ ist für u^1 stets erfüllt, da r der kleinstmögliche Kalkulationszins aller Finanzierungsmaßnahmen ist.

Kalkulationszinsfüße "richtig" sind, das heißt zu einer Lösung von (1.1) führen.

In den meisten Fällen wird man auf diese Weise keine Lösung von (1.1) finden zumal nach Satz (2.4) keine richtigen Kalkulationszinsfüße existieren müssen.   Oft wird man sich jedoch mit einer hinreichend guten Lösung im Partialmodell begnügen. Eine Möglichkeit der Abschätzung einer mit vorgegebenem $\bar{u}$ abgeleiteten Lösung im Partialmodell vom exakten Optimum liefert unmittelbar Satz (1.3):

(3.1.) <u>Satz:</u> Sei $(\mathfrak{X}(\bar{u}), \mathfrak{Y}(\bar{u}))$ Lösung im Partialmodell, $\bar{x}$ optimal für (1.1),
$(\bar{\bar{x}}, \bar{\bar{y}}) \in X$ mit

$$a_t \bar{\bar{x}} + b_t \bar{\bar{y}} = c_t, \quad t = 0(1)T-1, \text{ sowie}$$

$$I := \{i \mid \bar{\bar{x}}_i \neq \mathfrak{X}_i, \; i=1(1)n\} \; , \; J := \{j \mid \bar{\bar{y}}_j \neq \mathfrak{Y}_j, \; j=1(1)m\}$$

$$\text{Dann folgt: } -a_T \mathfrak{X} - b_T \bar{y} \geq -a_T \bar{x} - b_T \bar{y} - \sum_{i \in I} |E_i| - \sum_{j \in J} |F_j|$$

Ist etwa $(\mathfrak{X}(\bar{u}), \mathfrak{Y}(\bar{u}))$ Lösung im Partialmodell, so erhält man unter der Annahme, daß die Liquidität in $t=0(1)T-1$ durch geeignete Finanzmaßnahmen mit der Zahlungsreihe $(d_0, \ldots, d_T)$ hergestellt werden kann, als maximale Abweichung die Summe

$$\left| \sum_{t=0}^{T} \bar{u}_t \, d_t \right| \; .$$

Wie Brooks und Geoffrion [1] gezeigt haben, läßt sich darüberhinaus mit Hilfe der Linearen Programmierung unter Umständen ein neuer Vektor $\hat{u}$ ableiten, mit dem eine bessere Approximation von (1.1) erreicht werden kann.

---

[1] Brooks, R., Geoffrion, A.: Finding Everett's Multiplier by Linear
Programming. Operations Research 14 (1966), S. 1149-1153

Investitionsplanung der schweizerischen Zuckerfabriken mit Dynamischer Programmierung

D. Onigkeit und H. Nef, Zürich

Summary: The quantity of sugarbeets produced in Switzerland is processed in two plants. In the future the production of sugar-beets is expected to increase. Therefore the capacity of the sugarbeet plants has to be enlarged. The objective of this study was to investigate how the enlargement of the capacity of the two sugarbeet plants should be accomplished in order to minimize total processing and transportation costs during the planning period considered. A dynamic programming model was used to solve the problem.

I. Einleitung

In diesem Referat soll über eine Untersuchung berichtet werden, die im Auftrag der schweizerischen Zuckerfabriken an der Profes-sur für Wirtschaftslehre des Landbaues der Eidg. Techn. Hoch-schule, Zürich, durchgeführt wurde. Es handelt sich um eine mit-telfristige Investitionsplanung für die beiden schweizerischen Zuckerfabriken Aarberg und Frauenfeld. Zur Lösung wurde die Me-thode der Dynamischen Programmierung herangezogen.

Das Referat ist folgendermassen aufgebaut: Als erstes wird kurz die agrarpolitische Situation charakterisiert, die zur Auftrags-erteilung führte. Dann folgt eine Analyse des Problems und eine Beschreibung des Modellansatzes. Im Vordergrund werden dabei je-ne Ueberlegungen stehen,welche zur Vereinfachung der Modellkon-struktion und der Datenbeschaffung geführt haben. Da bei Aufträ-gen dieser Art die Resultate üblicherweise vertraulich sind, wird hier abschliessend nur auf die Struktur der Ergebnisse eingegar. gen.

II. Ausgangssituation und Problemstellung

1. Zuckerrübenanbau

Die Schweiz deckt gegenwärtig knapp ein Viertel des Zuckerbe-
darfs aus der Inlandproduktion. Hierzu wird jährlich eine Zuk-
kerrübenmenge von ca. 450'000 to zu ungefähr gleichen Teilen in
den beiden Zuckerfabriken verarbeitet. Die Anbaufläche für Zuk-
kerrüben ist kontingentiert und liegt heute bei ca. 10'000 ha.
Das Produktionsprogramm der Abteilung Landwirtschaft in Bern
sieht vor, im Laufe der nächsten Jahre die Kontingente perio-
disch zu erhöhen. Es wird eine regional unterschiedliche Ausdehnung erwartet. Für diese Untersuchung wird eine Steigerung
der Anbaufläche bis zum Jahre 1982 auf 12'000 ha angenommen.

2. Zuckerherstellung

Die Verarbeitungskapazität beider Zuckerfabriken zusammen beträgt heute ca. 6300 Tagestonnen (tato) bei durchschnittlich
75 Tagen Kampagnedauer. Da die Kampagnedauer nicht verlängert
werden kann, ist 1982 zur Verarbeitung der anfallenden 600'000
to Zuckerrüben eine Kapazität von 8000 tato erforderlich. Die
Kapazitätserhöhung kann aus technischen Gründen nur stufenweise
erfolgen, wobei die einzelnen Ausbaustufen 50 bis 300 tato betragen.

3. Zuckermarktordnung

Der Zuckerpreis richtet sich in der Schweiz nach dem Importpreis,
der in der Regel dem Weltmarktpreis entspricht. Die Zuckerfabriken kaufen die Rüben zum von der Regierung festgelegten Ein-
heitspreis und tragen zusätzlich die Transportkosten. Da der
Rübenpreis aus agrarpolitischen Gründen relativ hoch ist, reicht
die Spanne nicht aus, um die Verarbeitungskosten zu decken. Dabei sind Subventionen vom Bund notwendig.

4. Problemstellung

Ziel der Investitionsplanung ist es, jenen Ausbau der Verarbei-
tungskapazitäten zu bestimmen, bei dem die vorgegebene Rüben-

menge mit einem Minimum an Bundessubventionen verarbeitet werden
kann. Dies wird erreicht durch eine Optimierung

- der zeitlichen Folge der Investitionen in
  beiden Zuckerfabriken,

- der Aufteilung der Rübenanbaugebiete auf die
  Zuckerfabriken und

- der Zuteilung der Produktionsmengen zu den
  einzelnen Zuckerfabriken.

III. Problemanalyse und Modell

1. Vorgehen

Zur Lösung des Problems bietet sich als beste Methode die Dynamische Optimierung an. Dazu sind zuerst in einer Kostenanalyse
die Entscheidungsvariablen zu bestimmen. Alle entscheidungsun-
abhängigen Kostenelemente können in der Optimierung unberücksichtigt bleiben.

2. Kostenarten

Die Gesamtkosten können unterteilt werden in die Kostenarten
- Rübenbeschaffung (Ankauf, Transport)
- Produktion (Hilfsstoffe, Energie, Personal)
- Anlagen (Investitionen, Unterhalt).

a) Rübenbeschaffung

Der Rübenpreis ist für beide Fabriken gleich hoch und damit ent-
scheidungsunabhängig. Die Transportkosten von einem Ort zu den
beiden Zuckerfabriken sind in der Regel unterschiedlich. Es entsteht ein Transportmodell mit zwei Zielorten. Da sich die Anbau-
orte nach der Höhe des Transportkostenvorteils zu einer der Fabriken ordnen lassen, hängen die Transportaufwendungen im Jahr t
nur von den Verarbeitungsmengen (PA_t, PF_t) der Zuckerfabriken
Aarberg und Frauenfeld ab.

b)   Produktionskosten

Die Erhebungen von Fachleuten haben gezeigt, dass die Hilfs-
stoffaufwendungen in beiden Fabriken gleich hoch und damit ent-
scheidungsunabhängig sind. Infolge der unterschiedlichen Organisation der Wärmeversorgung unterscheiden sich aber die Kostenfunktionen der Energieversorgung. Sie sind also abhängig von den
Verarbeitungsmengen PA_t und PF_t und von den Kapazitäten KA_t bzw.
KF_t. Der Personalbestand dagegen ist nur kapazitätsabhängig.

c)   Kosten der Anlagen

Reinvestitionen und Unterhalt bestehender Anlagen sind entschei-
dungsunabhängig. Die Kosten der Erweiterungsinvestitionen hängen
jeweils von den im Jahr t verlangten und den im Vorjahr t-1 bereits realisierten Kapazitäten ab, deren Unterhaltskosten dagegen von der Zeitdauer, die zwischen dem Investitionszeitpunkt
und dem Planungshorizont liegt, und dem Investitionsbetrag. Nach
Diskontierung auf den Investitionszeitpunkt können sie mit den
Investitionskosten zusammengefasst werden.

d)   Resultat der Kostenanalyse

Als Ergebnis dieser Analyse lässt sich festhalten, dass sich die
jährlich anfallenden Kosten C_t zusammensetzen aus

$$(1) \qquad C_t = I_t + P_t + T_t \qquad , \text{ wobei}$$

$$I_t \ (KA_t, KF_t / KA_{t-1}, KF_{t-1}) \qquad \text{Investitions- und Folgekosten}$$

$$P_t \ (KA_t, KF_t, PA_t, PF_t) \qquad \text{Produktionskosten}$$

$$T_t \ (PA_t, PF_t) \qquad \text{Transportkosten}$$

bedeuten.

Der Zustandsvektor, der das System in einer Periode charakterisiert, besteht also aus den 4 Komponenten

$$\zeta_t = (KA_t, KF_t, PA_t, PF_t / R_t) \qquad (R = \text{Anbaumenge})$$

wobei wegen $R_t = PA_t + PF_t$ eine Reduktion um eine Variable
möglich ist.

3. Erster Modellansatz

Als Entscheidungsgrösse zur Auswahl des optimalen Investitions-
planes werden die auf den Zeitpunkt t = 1 diskontierten Kosten K
aller entscheidungsabhängigen Aufwendungen herangezogen, die
während des Planungszeitraumes anfallen. Die sachliche und zeitliche Gliederung für diese Kosten lassen sich am besten an einem Schema (Abb. 1) erläutern.

Abb. 1:   Gliederung der Entscheidungsgrösse K

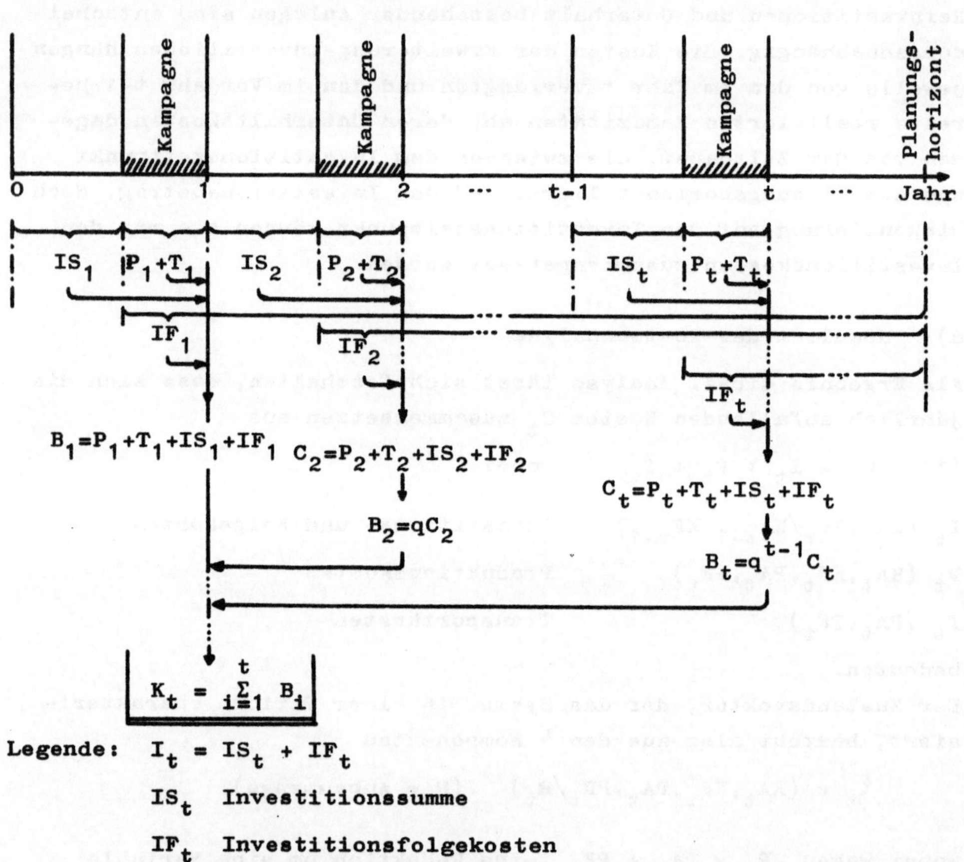

Legende: $I_t = IS_t + IF_t$

IS_t Investitionssumme

IF_t Investitionsfolgekosten

übrige Bezeichnungen siehe Text

Vor der Kampagne des Jahres t werden die Investitionen getätigt, die die Kosten IS_t verursachen. Die Produktion und der Transport erfolgen während der Kampagnedauer. Nur die Investitionsfolgekosten IF_t für Unterhalt, Reparaturen usw. der Neuanlagen fallen mit Beginn der Kampagnedauer bis zum Planungsende an. Alle diese Kosten werden auf den Zeitpunkt t als fällig angenommen. Bezüglich der Investitionsfolgekosten ist zu beachten, dass die jährlich bis zum Planungshorizont anfallenden Kosten auf den Zeitpunkt t diskontiert werden. Aus der Summe aller zum Zeitpunkt t anfallenden Kosten (C_t) wird der Barwert B_t berechnet. Die Entscheidungsgrösse K_t ergibt sich durch Addition der einzelnen Barwerte.

Zur Berechnung von K_t wird eine Rekursionsformel aufgestellt. Sie lautet:

$$K_t \, (KA_t, KF_t, PA_t, PF_t) \tag{2.1}$$

$$= \min_{(KA_{t-1}, KF_{t-1})} \left\{ \min_{(PA_{t-1}, PF_{t-1})} K_{t-1}(KA_{t-1}, KF_{t-1}, PA_{t-1}, PF_{t-1}) \right.$$

$$+ q^{t-1} \left[I_t \, (KA_t, KF_t / KA_{t-1}, KF_{t-1}) \right.$$

$$\left. \left. + P_t \, (KA_t, KF_t, PA_t, PF_t) + T_t \, (PA_t, PF_t) \right] \right\}$$

unter den Restriktionen

$$KA_t + KF_t \geq R_t, \qquad PA_t + PF_t = R_t \tag{2.2}$$

$$KA_t \geq KA_{t-1} \quad \text{und} \quad KF_t \geq KF_{t-1} \tag{2.3}$$

$$KA_t \geq PA_t \quad \text{und} \quad KF_t \geq PF_t \tag{2.4}$$

Die Rekursionsformel besagt, dass der Barwert aller an dem Zeitpunkt t aufgelaufenen Kosten (K_{t-1}) plus alle während des t. Jahres anfallenden, entscheidungsabhängigen Kosten für Investitionen (I_t), Produktion (P_t) und Transport (T_t), diskontiert auf den Zeitpunkt $t = 1$, nach Minimumauswahl die neuen Kosten K_t bilden. Bei $t = N$ (Planungshorizont) ist K_N identisch mit der Entscheidungsgrösse K.

4. Marginalanalyse von Transport und Produktion

Die Rekursionsformel ist mit den 4 Zustandsvariablen noch sehr rechenintensiv. Das Modell kann aber durch die Elimination der beiden Zustandsvariablen PA_t und PF_t noch weiter vereinfacht werden. Die Marginalanalyse für Transport und Produktion zeigt nämlich, dass wegen des transportkostengünstigen Standortes der Fabrik Aarberg immer die Beziehung $PA_t = KA_t$ gilt und folglich $PF_t = R_t - KA_t$ ist. Der Zustandsvektor lautet nun also:

$$\xi_t = (KA_t, KF_t / R_t).$$

5. Vereinfachtes Modell

Die Rekursionsformel (2.1) kann dadurch vereinfacht werden, und der endgültige Modellansatz lautet:

$$
\begin{aligned}
K_t \,(KA_t, KF_t) \hspace{8cm} (3.1) \\[4pt]
= \min_{(KA_{t-1}, KF_{t-1})} \Big\{ K_{t-1}(KA_{t-1}, KF_{t-1}) \\[4pt]
+ q^{t-1} \big[I_t(KA_t, KF_t / KA_{t-1}, KF_{t-1}) \\[4pt]
+ P_t(KA_t, R_t - KA_t) + T_t(KA_t, R_t - KA_t) \big] \Big\}
\end{aligned}
$$

unter den Restriktionen

$$KA_t + KF_t \geq R_t \tag{3.2}$$

$$KA_t \geq KA_{t-1} \quad \text{und} \quad KF_t \geq KF_{t-1} \tag{3.3}$$

Die Rekursionsformel wird durch Abb. 2 erläutert. Von allen möglichen Kapazitätskombinationen (KA, KF) erfüllen im Jahr t jene die Restriktion (3.2), die über der Geraden R_t liegen. Da die K_t-Funktion nicht konkav ist, muss K_t für alle Kombinationen (KA_t, KF_t) des zulässigen Bereiches berechnet werden. Dabei sind für jede Kombination (KA_t, KF_t) alle Kombinationen (KA_{t-1}, KF_{t-1}) zu berücksichtigen, die in dem Bereich liegen, der durch (3.2) für das Jahr $t-1$ und durch (3.3) begrenzt wird. Er ist für $(KA_t^{\bullet}, KF_t^{\bullet})$ in Abb. 2 eingezeichnet. Aus ihnen wird die bezüglich (KA_t, KF_t) optimale Kombination (KA_{t-1}, KF_{t-1}) mit Hilfe der Rekursionsformel (3.1) bestimmt. Die Kombination ist in Abb. 2 mit $(KA_{t-1}^{\bullet}, KF_{t-1}^{\circ})$ bezeichnet.

Abb. 2:   Uebergang zu einem Zustand $\left(KA^{o}_{t}, KF^{o}_{t}\right)$

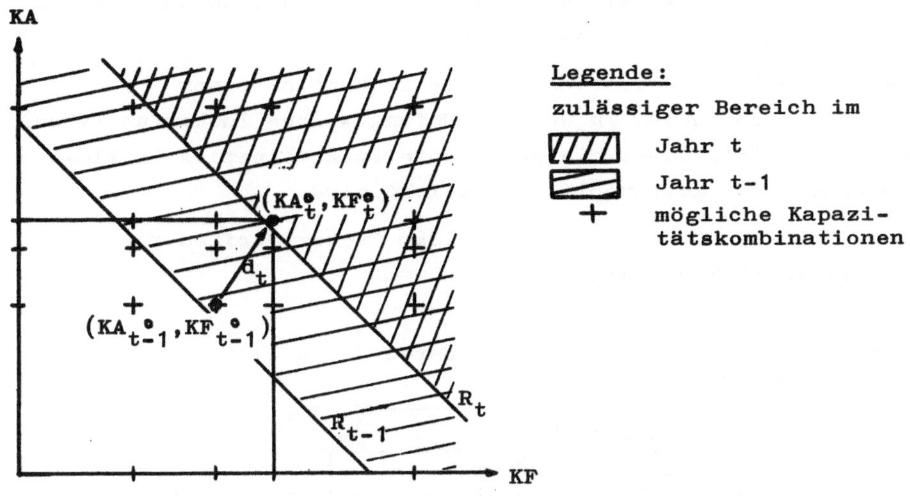

Der t. Iterationsschritt führt also durch die Entscheidung
$d_t = (\Delta KA, \Delta KF)$ vom Ausgangszustand $\left(KA^{o}_{t-1}, KF^{o}_{t-1}\right)$ zum folgenden
Zustand $\left(KA^{o}_{t}, KF^{o}_{t}\right)$. Mit ihr werden zu den diskontierten Kosten
K_{t-1} des Ausgangszustandes noch die von d_t abhängigen Kosten
I_t, P_t und T_t (nach Diskontierung) hinzugefügt, um die neuen
diskontierten Kosten K_t für den Zustand $\left(KA^{o}_{t}, KF^{o}_{t}\right)$ zu erhalten.

IV. Resultate

Verschiedene Alternativen, insbesondere in bezug auf die regionale Anbauentwicklung, konnten dadurch mit geringem zusätzlichen
Aufwand berechnet werden, dass für die Lösung des Problems ein
Computerprogramm geschrieben wurde. Die Ergebnisse der Berechnungen geben Auskunft über:

a) Alle zulässigen End(-ausbau-)kombinationen für die Kapazitäten der beiden Fabriken

Für die geforderte Verarbeitungskapazität am Ende des Pla-
nungshorizontes werden die Kapazitäten beider Zuckerfabriken

und die dazugehörigen diskontierten entscheidungsabhängigen
Kosten aufgeführt. Ein Kostenvergleich zeigt, welche von den
Endkombinationen die kostenoptimale ist.

b) Den optimalen Ausbaupfad für alle Endkombinationen
   Er gibt an, wann und in welchem Umfang welche Zuckerfabrik zu
   erweitern ist, damit die gewünschte Endkombination im Planungshorizont kostenoptimal erreicht wird.

c) Die optimalen Einzugsgebiete beider Zuckerfabriken für die
   einzelnen Endkombinationen.

Abb. 3:   Entscheidungsabhängige Kosten der zulässigen
           Endkombinationen

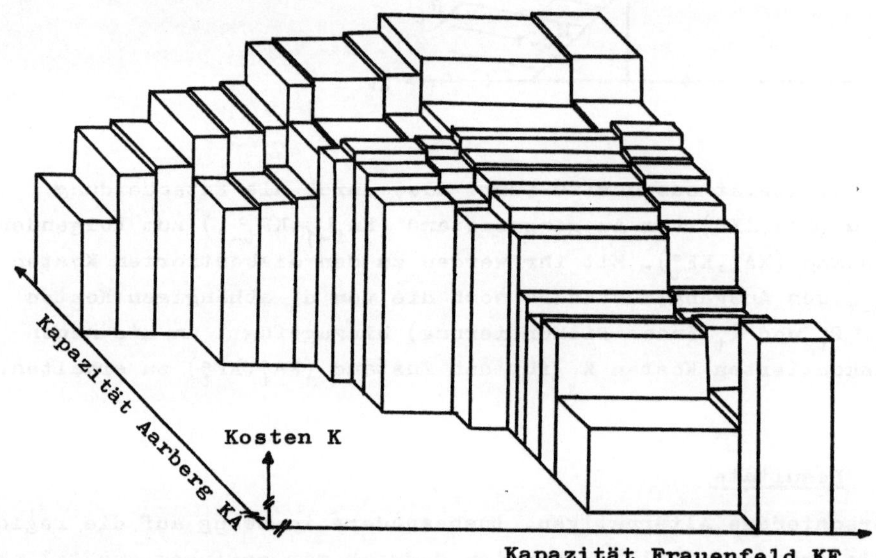

Aus den Resultaten geht hervor, dass das Optimum beim bevorzug-
ten Ausbau nur einer Fabrik liegt. Abb. 3 zeigt diesen Sachver-
halt. Aufgrund der ermittelten Investitionskostenfunktionen war
dieses Ergebnis zu erwarten. Ohne eingehende Analyse konnte aber
der Transportkostenvorteil der einen im Hauptanbaugebiet liegenden Fabrik nicht gegen den Investitionskostenvorteil der anderen
Fabrik, die wesentlich bessere Gebäudeverhältnisse aufweist, ab-
gewogen werden.

Termin- und Personaleinsatzplanung bei EDV-Projekten

G. Waschek, Frankfurt

Im EDV-Bereich der Deutschen Lufthansa sind zur Zeit rund 180 Mitarbeiter für etwa 240 EDV-Projekte eingesetzt, deren Grössenordnung von kleineren Programmänderungen bis zur EDV-Übernahme größerer Aufgaben mit vielen Mannjahren Personalaufwand variiert.

Für die terminliche Planung und Verfolgung der Projekte wird schon seit langem mit Netzplänen und einfacheren Hilfsmitteln der Terminplanung gearbeitet. Diese projektbezogenen Terminpläne eignen sich jedoch kaum für die Personaleinsatzplanung von Mitarbeitern, vor allem wenn sie gleichzeitig an mehreren Projekten tätig sind. Dagegen fehlten bei mitarbeiterbezogenen Terminplänen der Personaleinsatzplanung wiederum projektbezogene Gesamtübersichten. Es wurde deshalb ein Verfahren entwickelt, das projektbezogene Terminplanung (Netzpläne, Balkendiagramme, Terminlisten usw.) mit mitarbeiterbezogener Terminplanung kombiniert. Der letztere Zweck wird durch ein extern beschafftes Programmsystem mit der Bezeichnung "Project Analysis and Control I" (PAC I) abgedeckt.

PAC I ist für die mitarbeiterbezogene Planung, Steuerung und Verfolgung von Projekten konzipiert, denen ein einheitliches Ablaufschema zugrundegelegt werden kann. Deshalb wurde ein Standard-Projektstrukturplan geschaffen, der auch gleichzeitig für Netzpläne gilt. (Aus dem Standard-Projektstrukturplan wurden auch Standardnetzpläne entwickelt.) Anhand des Standard-Projektstrukturplanes wird jedes Projekt individuell in Phasen, Segmente und Tasks unterteilt. Die Segmente werden aus den Vorgängen der Terminpläne abgeleitet, wobei über die Segment- bzw. Vorgangs-Nummern jederzeit eine Verbindung zwischen PAC und den Terminplänen besteht.

Der Ablauf des Verfahrens ist folgendermaßen:

a) Projektbezogener Abschnitt (vorwiegend Projekt-Terminplanung)

- Eröffnen eines Projektes

- grobe Personalzuordnung (Festlegen des Projektleiters und der verfügbaren Personalkapazität)

- Projekt-Terminplanung in Form von Netzplänen oder anderen

Terminplänen mit Angabe der Arbeitsmenge (Mannstunden) je Vorgang

b) Mitarbeiterbezogener Abschnitt (Übergang vom projektbezogenen Terminplan zu PAC I unter gleichzeitiger Betrachtung mehrerer Projekte)

- Mitarbeiter-Terminplanung (meist in Form von Balkendiagrammen, deren Segmente von Vorgängen aus allen für jeweils einen Mitarbeiter relevanten, projektbezogenen Terminplänen abgeleitet sind und denen für den Mitarbeiter bestimmte Arbeitsmengen zugeordnet sind sowie die Prozentsätze, die er als Teil seiner Arbeitszeit für diese Segmente aufwenden soll)

c) Zeitbezogener Abschnitt (vorwiegend PAC I; wöchentlicher Zyklus)

- Eingabe von PAC-Stammdaten (u.a. neue oder geänderte Sollwerte wie Termine und Mannstunden für die Segmente von Projekten)

- Berichterstattung der Mitarbeiter über Projektfortschritte (und nicht projektbezogenen Zeitaufwand)

- Auswertung der gespeicherten und neu eingegebenen Daten mit EDV

- Besprechung der Ergebnisse zwischen Vorgesetzten und Mitarbeitern

- Einleiten erforderlicher Maßnahmen

Das Verfahren hat sich seit März 1972 im Einsatz gut bewährt. Eine stärkere Automatisierung und die Integration mit weiteren Stabsfunktionen des EDV-Bereiches sind vorgesehen.

Weitere Einzelheiten des Verfahrens sind beschrieben in:

Waschek, G.: MANAGEMENT VON EDV-PROJEKTEN mit einem aus Netzplantechnik und PAC I (Project Analysis and Control) kombinierten Verfahren. DGOR-Schrift Nr. 7, Beuth-Vertrieb, Berlin 30, Köln, Frankfurt/Main, 1973.

Marketing

Produktlebenszyklen und stochastische Prozesse

K. Egle und O. Opitz, Karlsruhe

A deterministic long-term forecast model for consumer durables is generalized to a stochastic model. Its structure is a birth process with diminishing birth rates = sales rates. This concept is extended to a birth and death process for nondurables. A few decision theoretical aspects are added.

1. Einleitung

Zur Klärung und für ein erstes quantitatives Verständnis der Problemstellung soll das Modell von [Bass] , ein deterministisches langfristiges Absatzprognosemodell für dauerhafte Güter, skizziert werden.

Die Einführung und der "Lebensweg" eines Produktes auf dem Markt wird im Marketing grob gekennzeichnet durch die Phasen product development (o), market development (1), market growth (2), -maturity (3) und -decline (4).
Diese Beschreibungsweise wird mit dem zeitlichen Verlauf der Absatzrate des Produktes in den folgenden schematischen Zusammenhang gebracht:

Figur 1:

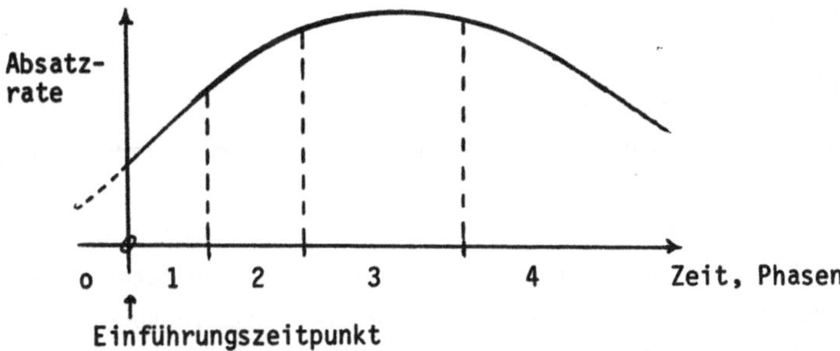

Zur quantitativen Erklärung dieses Verlaufs dient eine Hypothese über das Konsumentenverhalten: ihr zufolge werden die Käufer in Gruppen zusammengefaßt, die in der zeitlichen Reihenfolge ihres Wirksamwerdens am Markt als innovators,

early adopters, early majority, late majority und laggards das Marktgeschehen
bestimmen.

Eine vereinfachte Hypothese, wie sie dem Bass´schen Ansatz zugrunde liegt, reduziert die genannten Gruppen auf zwei: die innovators vorwiegend in Phase (1)
und die imitators vorwiegend in den Phasen (2) bis (4). Hier findet die Auf-
fassung ihren Niederschlag, daß die Markteroberung einem epidemischen Prozeß
gleicht. (Die innovators entsprechen den befallenen Individuen einer Population
zu Beginn des Ansteckungsprozesses).

Der Ansteckungsprozeß genügt im Bass´schen Modell der gewöhnlichen homogenen
Differentialgleichung

$$\dot{A} = \alpha(N - A) + \beta \frac{A}{N}(N - A), \qquad A(0) = 0$$

Hierin bedeutet $A(t)$ den Gesamtabsatz bis zum Zeitpunkt t (in Figur 1 die Flä-
che unter der Kurve bis zu einem Zeitpunkt t); von den drei Parametern N, α, β
der Gleichung bedeutet N den Marktsättigungswert, $\alpha \geqq 0$ die sog. Innovations-
rate und $\beta \geqq 0$ die sog. Imitationsrate; es soll gelten $\alpha + \beta \leqq 1$.
Mit $\gamma = \alpha + \beta$ lautet die Lösung

$$A(t) = N \frac{1 - e^{-\gamma t}}{1 + \frac{\beta}{\alpha} e^{-\gamma t}} \quad ,$$

die für $t \to \infty$ (und für $\gamma \neq 0$) evidenterweise gegen die Sättigungsgrenze N ten-
diert. Mit einer schwachen Verallgemeinerung dieses Ansatzes, nämlich mit der
Differentialgleichung

$$\dot{A} = \alpha(N - A) + \beta \frac{A}{N}(N - A) - \eta A,$$

der Parameter η ist analog zu α, β als Abgangsrate zu interpretieren - sind von
[Gross] Simulationsversuche vorgenommen worden.
Diese deterministischen Modelle finden ihr stochastisches Pendant in Geburts-
prozessen mit variabler Geburtenrate. Die Geburtenrate ist zu interpretieren
als Absatz- oder Nachfragerate. Sie soll - entsprechend dem Vorhandensein eines "market decline" - gegen 0 tendieren.
Läßt man die in den Modellen gemachte Annahme fallen, daß es sich um dauerhafte Produkte handelt, so hat man überzugehen zu Geburts- und Sterbensprozessen
mit ebenfalls nach 0 tendierender Geburtenrate, aber mit einer festen Sterberate. Diese bringt die begrenzte Gebrauchsdauer zum Ausdruck.

Derartige stochastische Beschreibungsmöglichkeiten bilden den Gegenstand der folgenden Abschnitte.

2. Zum reinen Geburtsprozeß

Mit $P(i,t|j,\theta)$ ($\theta \leqslant t$, $i,j \in N_0 = N \cup \{0\}$) wird die Wahrscheinlichkeit bezeichnet, daß zum Zeitpunkt t genau i Einheiten des Produktes abgesetzt sind unter der Bedingung, daß zum Zeitpunkt θ j Einheiten abgesetzt waren, also im Intervall $[\theta,t]$ insgesamt $i - j$ Einheiten nachgefragt wurden.
Der Prozeß wird homogen vorausgesetzt, es gilt also $P(i,t|j,\theta) = P(i,t-\theta|j,0)$, sodaß man für $\tau = t - \theta$ anstatt $P(i,\tau|j,0)$ auch $P(i,\tau|j)$ schreiben kann.
Nach Einführung der Matrix $P(t) := (P(i,t|j))_{(i,j) \in N_0 \times N_0}$ kann der reine Geburtsprozeß durch das lineare homogene Differentialgleichungssystem

$$\dot{P} = Q\,P$$

mit der Anfangsbedingung $P(o) = I$ beschrieben werden; I ist die Einheitsmatrix und Q die konstante Matrix

$$Q := \begin{pmatrix} -\lambda_0 & 0 & 0 & \cdots \\ \lambda_0 & -\lambda_1 & 0 & \cdots \\ 0 & \lambda_1 & -\lambda_2 & \\ 0 & 0 & \lambda_2 & \\ \vdots & \vdots & \vdots & \end{pmatrix}$$

Der allgemeine Parameter λ_i in Q ist die Geburtenrate, das ist die mittlere Anzahl Käufe pro Zeiteinheit, wenn bereits i Einheiten des Produkts am Markt abgesetzt sind [*].

---

[*] die mathematische Definition lautet $\lambda_i = \lim\limits_{\Delta t \to 0} \frac{1}{\Delta t} P(i+1,\Delta t|i)$; die Homogenitätseigenschaft ist u.a. äquivalent damit, daß alle λ_i zeitunabhängig sind.

Die Lösung lautet in Matrixschreibweise

$$P(t) = e^{Qt} = I + Q \cdot t + \frac{1}{2!} Q^2 \cdot t^2 + \ldots$$

und elementweise

$$P(j,t|j) = e^{-\lambda_j t}$$

$$P(i,t|j) = \sum_{r=j}^{i-1} \lambda_r \sum_{s=j}^{i} \frac{e^{-\lambda_s t}}{\prod_{\substack{k=j \\ k \neq s}}^{i} (\lambda_k - \lambda_s)} \quad \text{für } i > j$$

$$P(i,t|j) = 0 \quad \text{für } i < j \qquad (\text{vgl. } [\text{Le Gal}], \text{ S. 88})$$

Das Datum des Prozesses ist offensichtlich die Folge der Geburtenraten λ_0, λ_1, λ_2,... bzw. die Funktion $\lambda : \mathbf{N}_0 \to \mathbf{R}_+$.

Eine notwendige und hinreichende Bedingung dafür, daß der Geburtsprozeß nicht explodiert, d.h., daß $\forall t : \sum_{i=j}^{\infty} P(i,t|j) = 1$ gilt, ist die Divergenz

$$\sum_{0}^{\infty} \frac{1}{\lambda_j} \to \infty \quad .$$

Unter die bekannten Geburtsprozesse zählt der Bernoulli-Prozeß mit $\lambda(j) = \alpha(N - j)$ und $\lambda(j) = 0$ für $j > N$, sowie der "Ansteckungs"-Prozeß $\lambda(j) = \alpha + \beta j$ ($\alpha = 0$: Yule-Prozeß, $\beta = 0$: uniformer Poisson-Prozeß).

Das stochastische Pendant zum Bass-Modell würde lauten $\lambda(i) = \alpha(N - i) + \frac{\beta}{N} i(N - i)$ und $\lambda(i) = 0$ für $i > N$. Setzt man dieses $\lambda(i)$ ein in die für Geburtsprozesse ableitbare Gleichung

$$\frac{dE}{dt} = \sum_{i=0}^{\infty} \lambda_i P(i,t|0)$$

für den Erwartungswert $E(t) = \sum_{i=0}^{\infty} i P(i,t|0)$ und eliminiert das auftretende zweite Moment mittels der Beziehung $\text{var}(t) = \sum_{i=0}^{\infty} i^2 P(i,t|0) - E(t)^2$, so erhält man eine gewöhnliche Differentialgleichung

$$\dot{E} = (N-E) + \frac{\beta}{N} E(N-E) - \frac{\beta}{N} \text{Var}(t) \; ;$$

diese stimmt überein mit der Bass´schen Differentialgleichung in A bis auf den Varianzterm, der eine Verflachung der Lösungskurve gegenüber der deterministischen Lösung bewirkt.

λ soll in dieser Arbeit lediglich der ökonomisch motivierten Bedingung $\lim\limits_{i \to \infty} \lambda(i) = 0$ genügen, die u.a. eine "Geburtenexplosion" ausschließt. Ist $\lambda = 0$ für $i > N$ ($N \in \mathbb{N}_0$), so spielt N die Rolle eines Markt-Sättigungswertes.

Die Funktion λ ist empirisch zu schätzen. Dazu könnte das Produkt auf einem unabhängigen Testmarkt mit früherem Einführungszeitpunkt beobachtet werden, um Schlüsse auf den Absatzratenverlauf im Gesamtmarkt zu ziehen.

Einem zumindest formalen Bedürfnis folgend könnte man den beschriebenen Geburtsprozeß in zwei Richtungen verallgemeinern: Einerseits ist es in gewissen Fällen wünschenswert, bei den Geburtenraten eine Zeitabhängigkeit zuzulassen und somit von einer Funktion $\lambda : \mathbb{N}_0 \times T \to \mathbb{R}_+$ als Prozeßdatum auszugehen. (T bezeichne die Zeitachse). Das Differentialgleichungssystem wird dadurch <u>inhomogen</u>,

$$\dot{P} = Q(t) \cdot P,$$

und die numerische Lösung um den Anfangspunkt kann durch analytische Fortsetzung etwa mit Hilfe von Liereihenmethoden (vgl. [Wanner]) berechnet werden. Denn die Lösungsintegrale (s. [Le Gal], S. 93) können nur in günstigen Fällen explizit angegeben werden.

Eine andere Verallgemeinerungsidee bestünde in der Anwendung <u>mehrdimensionaler</u> Geburtsprozesse. Diese sind geeignet, die simultane Ausbreitung von zwei oder mehr (gegenseitig substituierbaren oder komplementären) Produkten auf dem Markt zu beschreiben.

3. Zum Geburts- und Sterbeprozeß

Der reine Geburtsprozeß beschreibt den Fall unbegrenzter Gebrauchsdauer eines Produktes und eignet sich zur Beschreibung von dauerhaften Produkten, bei denen Wiederholungskäufe vernachlässigt werden können.

Für das folgende Modell soll das Produkt eine begrenzte Lebensdauer aufweisen, d.h., einem Sterbensprozeß unterliegen. Käufer, die das Produkt konsumiert haben, werden wieder frei für weitere Käufe. Der Geburtsprozeß kommt auf diese Weise nie zum Stillstand; würde man ihn stoppen, so würde der Sterbeprozeß zum völligen Verschwinden des Produkts am Markt führen.

Der interessierende Geburts- und Sterbeprozeß ist homogen und determiniert durch Angabe der Geburtsfunktion $\lambda : \mathbf{N}_0 \to \mathbf{R}_+$ und einer festen Sterberate μ. Deren Kehrwert $\tau = \frac{1}{\mu}$ ist die mittlere Lebens- oder Gebrauchsdauer des Produktes.(für $\mu \to 0$, d.i. für $\tau \to \infty$ gelangt man wieder zum reinen Geburtsprozeß zurück).

$$\text{mit } Q = \begin{pmatrix} -\lambda_0, & \mu, & 0 & \cdots & & 0 \\ \lambda_0, & -(\lambda_1+\mu), & \mu & \cdots & & 0 \\ 0, & \lambda_1, & -(\lambda_2+\mu), & \cdots & & \cdot \\ 0, & 0, & \lambda_2, & & & \cdot \\ \vdots & \vdots & \vdots & & \boxed{\lambda_{N-1}, \ -\mu} \end{pmatrix} \qquad *)$$

genügt die Matrix P(t) der linearen homogenen Differentialgleichung

$$\dot{P} = Q \cdot P, \qquad P(0) = I,$$

mit der formalen Lösung $P(t) = e^{Qt}$.

Für eine endliche Sättigungsgrenze N führt grundsätzlich die Anwendung von Eigenwertmethoden (Transformation von Q auf Diagonal- oder Jordanform) zum Ziel.

Das Datum des Prozesses ist die Funktion $\sigma : \mathbf{N}_0 \to \mathbf{R}_+$, mit $\sigma = \frac{1}{\mu}\lambda$.

Bedingung dafür, daß der Prozeß im Grenzwert ein statistisches Gleichgewicht erreicht, ist die Konvergenz der Reihe

$$\sum_{k=0}^{\infty} \prod_{0}^{k} \sigma_j \qquad (\text{mit } \sigma_j = \frac{1}{\mu}\lambda(j)).$$

---

*) In Q kommt im Falle einer endlichen Sättigungsgrenze N die eingerahmte letzte Zeile zu stehen. Andernfalls ist Q unendlich groß.

Hinreichend dafür und ökonomisch sinnvoll ist sicher, daß für Indizes $j \geq J$ ($J \in \mathbb{N}_0$) die Werte σ_j unter 1 bzw. die λ_j unter μ sinken. Dann bilden die Wahrscheinlichkeiten $P_j := \lim_{t \to \infty} P(j,t|0)$ die Grenzverteilung:

$$P_0 = \frac{1}{1 + \sum_{k=0}^{\infty} \prod_{0}^{k} \sigma_j} \quad \text{und} \quad P_j = \prod_{0}^{j-1} \sigma_i \cdot P_0 \quad \text{für} \quad j \geq 1.$$

Zusätzlich zur Testgröße λ des reinen Geburtsprozesses ist hier der Parameter μ zu schätzen; $\tau = \frac{1}{\mu}$ ist dann die mittlere Gebrauchs- oder Lebensdauer einer Produkteinheit.

Die in 2. besprochenen Verallgemeinerungen auf den inhomogenen und den mehr-dimensionalen Fall können sinngemäß auf Geburts- und Sterbeprozesse übertragen werden.

4. Entscheidungstheoretische Aspekte

Bei Beschränkung auf homogene Prozesse versehen mit einer zeitunabhängigen Nutzenfunktion $u : \mathbb{N}_0 \to \mathbb{R}$ (Gewinn, Umsatz, Produktions- und Lagerkosten usw.) würde von einer Menge K zu vergleichender Prozesse $P^{(k)}$ mit $\dot{P}^{(k)} = Q_k \, P^{(k)}$ ($k \in K$) jener Prozeß bevorzugt, der die größte Nutzenerwartung

$$U(t) = \sum_{0}^{\infty} u_i \, P(i,t|0)$$

besitzt. Soll der betreffende Prozeß für alle t optimal sein, so sind die Wahrscheinlichkeiten der Grenzverteilung einzusetzen:

$$U = P_0 \cdot \left(u_0 + \sum_{i=1}^{\infty} u_i \cdot \prod_{j=0}^{i-1} \sigma_j \right)$$

Interessiert aber z.B. die Nutzenerwartung in der Umgebung des Einführungszeitpunktes, so könnte folgende Näherung verwendet werden:

bezeichnet $p(t) = e^{Qt} \, e_0$, mit $e_0 = \begin{pmatrix} 1 \\ 0 \\ 0 \\ \vdots \end{pmatrix}$

398

die erste Spalte, d.i. die Spalte $(P(i,t|0))_{i \in \mathbf{N}_0}$ der Lösungsmatrix $P(t) = e^{Qt}$, so ist für kleine t

$$\overset{\approx}{p}(t) = e_0 + Q\, e_0 \cdot t + \frac{1}{2} Q^2\, e_0 \cdot t^2$$

oder explizit

$$\overset{\approx}{p}(t) = (\overset{\approx}{p}_i(t)) = \begin{pmatrix} 1 - \lambda_0\, t + \frac{1}{2}\lambda_0(\lambda_0 + \mu)\, t^2 \\[2mm] \lambda_0\, t - \frac{1}{2}\lambda_0(\lambda_0 + \lambda_1 + \mu)\, t^2 \\[2mm] \frac{1}{2}\lambda_0\,\lambda_1\, t^2 \\[2mm] 0 \\ \vdots \end{pmatrix}$$

eine Näherung bis zur 2. Potenz in t. Für die angenäherte Nutzenerwartung gilt:

$$\tilde{U}(t) = \sum_{i=0}^{\infty} u_i\, \overset{\approx}{p}_i(t) \qquad\qquad *).$$

Für die Veränderung der Nutzenerwartung findet man:

$$\frac{\partial U}{\partial t} = \sum_{0}^{\infty} (u_{i+1} - u_i)\,(\lambda_i\, P_i - \mu\, P_{i+1})$$

Eine erste Überlegung könnte darin bestehen, den Produktionsprozeß zu stoppen, wenn der Nutzenzuwachs $\frac{\partial u}{\partial t}$ unter einen (rentabilitätsbedingten) Mindestwert sinkt.

Wenn die mittlere Lebensdauer des Produkts, m.a.W. der Parameter μ nicht Gegenstand von Marketingaktionen sein soll, so reduziert sich der Vergleich von zwei Prozessen $P^{(k)}(t)$ und $P^{(1)}(t)$ auf den Vergleich der Funktion $\lambda^{(k)} : \mathbf{N}_0 \to \mathbf{R}_+$ und $\lambda^{(1)} : \mathbf{N}_0 \to \mathbf{R}_+$. Diese Funktionen können durch Werbung

---

*) Diese Darstellung bricht bei u_2 ab; sie ist immerhin sinnvoll, wenn Stückzahlen von 10, 100 oder 1000 usw. als Einheiten gewählt werden.

zweifellos empfindlich beeinflußt werden, wenngleich die Allokation des Werbeerfolgs nur ungenau wiederzugeben sein wird.

Läge ein Submodell vor in Form eines quantitativen, empirisch brauchbaren Zusammenhangs zwischen Art und Umfang von Werbeaktivitäten und der Absatzratenfunktion λ, so könnte aus einer Variation der Werbeaktivitäten die Variation der zugehörigen Nutzenerwartung berechnet werden. Das Entscheidungskriterium würde lauten: maximiere den Nettonutzen = Nutzenerwartung vermindert um den Werbeaufwand.

Bibliographie

Bailey, N.:
The Mathematical Theory of Epidemics;
Griffin & Company, London, 1957

Bass, F.:
A New Product Growth Model for Consumer Durables;
Management Science, 1969

Coleman, J.S.:
Introduction to Mathematical Sociology;
Free Press of Glencoe, London, 1964

Gross, U.:
Programmsysteme zur Behandlung von Simulationsmodellen des Marketing;
Wirtschaftsinformatiksymposium, IBM Deutschland, Wildbad, 1973

Haines, G.H.:
A Theory of Market Behavior After Innovation;
Management Science, 1964

Le Gal, P.:
Les systemès avec ou sans attente et les processus stochastiques; Dunod, Paris, 1962

Mansfield, E.:
Technological Change and the Rate of Imitation;
Econometrica, 1961

Massy, W.,
Montgomery, D.,
Morrison, D.:
Stochastic Models of Buying Behavior;
MIT Press, Cambridge, 1970

Rogers, E.M.:
Diffusion of Innovations;
The Free Press, New York, 1962

Wanner, G.:
Integration gewöhnlicher Differentialgleichungen;
Mannheim, 1969

A Re-Issue Policy Model for the Recording Industry
P. Hammann und J. Posse, Berlin

1. INTRODUCTION: THE PROBLEM

In the book and recording industries it is a common policy to re-issue books and records in a different format, some time after their first introduction to and subsequent withdrawal from the market. As a particular book or record aims at some specific market segment there will normally be some saturation or even a decline in sales. Reissuing the same product in a different format, especially when the price is cut considerably, will overcome this saturation or open another market segment to which the product's slightly different characteristics (and the new price) might appeal. Two typical formats with which we are dealing here are

- paperback books and
- budget label records

as opposed to the original hard-cover editions or full price discs.

This reissue policy poses two difficult questions (see also (4) for a general discussion) :

(1) Should the product be reissued and, if so, at what time ?
(2) At what price (or in which price category) should the product be reissued ?

In managerial practice, rules of thumb, based on experience and a good deal of background information, are applied to facilitate decision-making for these problems. As support for these appears to be somewhat weak, we shall try, therefore, to supply a simple model collecting relevant details and information available to the manager. In this, we are guided to some extent by LITTLEs principles of a decision calculus (3), in as much as the model will be simple, robust, easy to control, complete on the important issues and easy to communicate with. The model, however, shows adaptive properties only to a limited degree as the decision will be a unique one. Though the problem comes up every half year or so, the alternatives have changed completely. Information on the performance of reissued products at time t-1 cannot be brought to bear directly on the list of alternatives for decision at time t.

In the following we shall restrict ourselves to the case of record reissue policies which have to cover both of the questions revised above. Book reissues, quite often, do not touch the first of these, as paperbacks follow closely on the heels of hard-cover editions with the possibility of temporary overlaps of product life cycles. Fig. 1 shows this graphically :

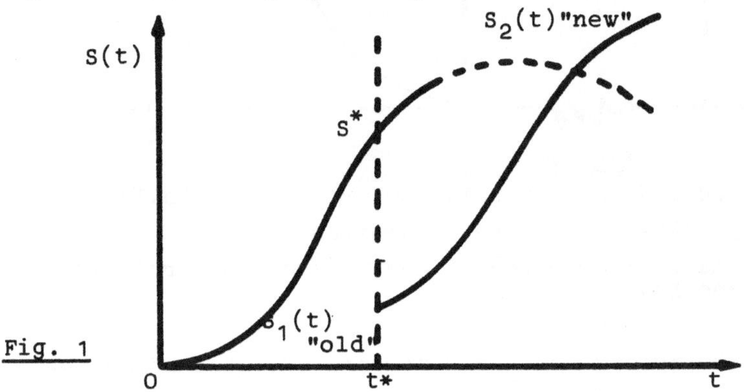

Fig. 1

The earliest moment for a replacement of a hard-cover edition by a paperback one may theoretically have come when - for the former - average sales equals marginal sales, i.e. when average sales is maximum. Let S(t) be hard-cover sales as a function of time t. Then we would have :

1.1
$$\frac{S(t)}{t} = \frac{dS(t)}{dt}$$

At the time t^*, when the original edition is withdrawn, another life cycle begins for the new edition, leading hopefully to increased sales. With books, it may even happen that both editions continue to exist side by side, supposedly to attract different buyer classes in a particular market segment.

In the classical record business, which we shall consider primarily, there will be nearly always a considerable time lag between the withdrawal of a disc from the catalog and its reinstalment on a budget label. A typical example is the appearance of so called "historical" recordings from the Thirties or Forties that have been

buried in the companies' archives for some decades. Fig.2 illustrates this clearly :

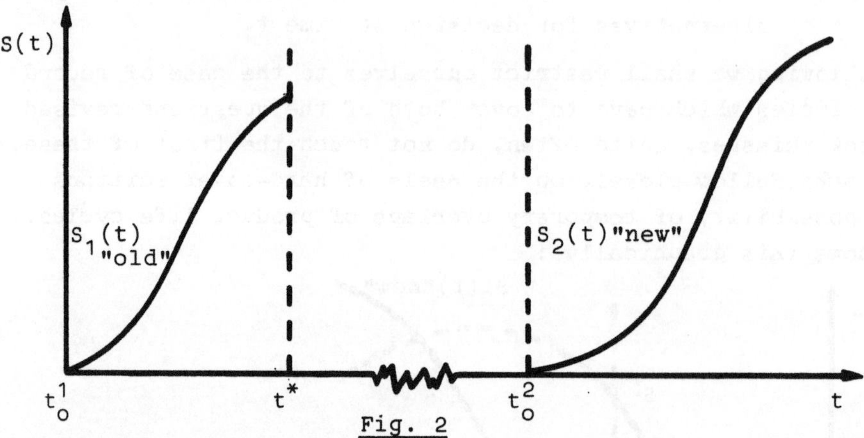

<u>Fig. 2</u>

The market of any record is typically composed of the following
(often overlapping) sub-sets of the population :

- devotees of the work or piece of music (e.g., a particular
  symphony by Beethoven)

- devotees of the artist(s) involved

- devotees of the record make (for reasons of outstanding recording quality, pressing, finish or presentation)

- devotees of a particular coupling (if the record offers a
  coupling of works or artists)

The market audience for budget records is made up of the following
categories of potential customers, each of them being an element
of one or more of the above population sub-sets:

- those who missed the record the first time round for some
  reason

- those who had to miss it the first time because they could
  not afford it

- those who might like to replace a worn-out copy (relatively
  insignificant)

- those who were interested to have the disc but did not think
  it worth the full price asked

- those who came new to the scene during the interval t^*, t_o^2
  (see Fig. 2)

- those who are interested in duplicating works in different
  interpretations (relatively insignificant)

As will be clear from these specifications, there is nothing more relevant market potentials. Things can even get more difficult,if older titles are coupled across. In the following, we shall assume that older material will be reissued "straight", i.e., without changing the coupling, as was the general rule with the company for which this case was investigated.

However, even with "straight" reissuing of deletions, the firm will incur costs, not only of pressing, packing, handling and marketing the disc. In many cases, there will be additional costs such as

- cost of technical refurbishing
- cost of new sleeves (cover art, design, sleeve notes, printing, laminating and pasting)
- cost of new matrices

With every disc, therefore, we can associate some fixed investment. Cost of recording, on the other hand, will be regarded as sunk, also considering the long time lags between deletion and reissue. Record companies will subject the decision on what,when and how to reissue older material to a budget constraint as is also the case with new projects.

In production planning, companies usually set aside some capacity for pressing and packing of reissues. This is done with respect to seasonal fluctuations in production when some job smoothing is called for. Another characteristic seems to be that at the beginning reissues are produced in limited lots only. In case of commercial success, companies are willing to follow up rapidly with additional output on a stand-by basis. This requires a-priori surplus production of a base stock of sleeves, cost for which has to be incorporated in the fixed investment. The base stock, incidentally, is an arbitrary figure set by management according to experience. We have not subjected this to sensitivity analyses in the process of the study. Therefore, analysis of the system's flexibility was not undertaken in detail.

As will be seen later, the model depends in a critical way on a variety of subjectively estimated data or subjectively estimated corrections of historical data that lend themselves to adaptation for the present case. However, this should not hamper any successwith effectively and quickly.

The model to be developed does not feature any explicit types of
response functions or behavioral patterns in different market segments. This is due to a lack of empirical data from the history of
similar cases. Unless behavioral studies or regression analyses
can be conducted in the future, this deficiency shall not be overcome. The multitude of non-controllable variables, however, may
still prove to be a stumbling block. Hence, inspection of the
problem indicated a black box model as representation of all behavioral aspects of market response. Bayesian decision theory offers
a framework for analyses of this kind. In this, non-controllable
variables are treated as events with a finite number of possible
states. Events form a "chain", with conditional probabilities assigned to each of them, reflecting risk and uncertainty of occur-
rence.

2. THE MODEL

Having structured the problem in detail, we can now proceed to develop the model. Assume that we have a list of n discrete reissue
alternatives (i=1,...,n). Typically, there will be a number of discrete price categories in which the reissued product could be mar-
keted. Let p_{ik} be the k-th price category for product i (k=1,...,e).
We shall develop the model for a planning period of T time units
(t=1,...,T). During this time span the product may be either re-
leased immediately or postponed to a later date. Hence, we define a
binary variable:

$$2.1 \qquad y_{ikt} = \begin{cases} 1, & \text{if i is selected for reissue at time t and price k} \\ 0, & \text{otherwise} \end{cases}$$

$$(i=1,...,n \; ; \; k=1,...,e \; ; \; t=1,...,T)$$

Assume further that the market has been divided into a set of market segments (s=1,...,m). Any product i will not necessarily appeal
to potential customers in segment s. Therefore, the market potential in any such segment will be zero. Let the market potential of
segment s at time t be denoted by M_{st} (in units). As the company
will have to face competition on its markets, it will eventually
succeed in capturing only a fraction of the market potential in
any segment. This fraction of the market potential in segment s at

time t will be denoted by α_{st} and

2.2 $\qquad 0 \leq \alpha_{st} \leq 1$ $\qquad\qquad\qquad$ (s=1....,m ; t=1,...,T)

As we have to regard market segments as open to a variety of products, α_{st} covers the entire line of those products of the firm which appeal to a particular segment. For any product out of this line there will be again only a fraction of the firm's total share α_{st} in segment s. Let this (expected) product share be denoted by β_{ikst}. This parameter reflects the life cycle of the reissued product. It will not only depend on i, but on the price category k in which the product i has been placed. On the other hand, there will be a dependency of β_{ikst} on a variety of other more or less indirect - factors, such as

- competition through other albums of the firm's existing catalog (C_k)
- competition through albums of competitors' existing catalogs (Γ_k)
- forthcoming new releases by the company (D_k)
- forthcoming new releases by the company's competitors (Δ_k)

where we could further differentiate according to the price categories applicable to the various products. The list of factors may be reduced or augmented according to the scope of the problem. We may assume, on the basis of empirical evidence, that price categories in this highly oligopolistic market are the same for all firms concerned. Thus, we should rewrite β_{ikst} as follows :

2.3 $\qquad \beta_{ikst} = \beta_{ikst}(P_{ik}|C_k,\Gamma_k,D_k,\Delta_k)$ $\qquad$ (all i,k,s,t)

and define

2.4 ' $\quad 0 \leq \beta_{ikst} \leq 1$ $\qquad$ (i=1,...,n ; k=1,...,e ; s=1,...,m ; t=1,...,T)

In Chapter 3 we shall discuss (2.3) and a method for estimating the quantity β_{ikst} .

We are now in a position to describe sales x_{ikst} of a product i at price k in segment s at any time t. Using 2.1 and 2.3, we have:

2.5 $\qquad x_{ikst} = \beta_{ikst} \cdot \alpha_{st} \cdot M_{st}$ $\qquad\qquad$ (t,i,k,s as above)

As we are considering a planning period of T time units we shall discount net earnings and cost to present value, adopting q^{-t} as the discount factor. Cost can be roughly broken down into two categories. Let c_i be variable production cost per output unit. This cost is often seen to be linearly dependent on the output x_{ikst} and constant over time. The second category will be some "fixed" cost, denoted by r_i, which includes cost of technical refurbishing, cover art and design, sleeve notes and base stock. The parameter r_{it} can be viewed as to be time – invariant and incurred when i is selected at reissue time t^*, i.e.

$$2.6 \qquad r_{it} = \begin{cases} r_{it}, & t = t^* \\ 0, & \text{otherwise} \end{cases}$$

Contrary to common belief, r_{it} will <u>not</u> be different for alternative price categories k. Thus, total variable production cost K_t at any time t can be written as follows :

$$2.7 \qquad K_t = \sum_{iks}\sum\sum c_i x_{ikst} y_{ikt} \qquad \text{(all t)}$$

Likewise, total "fixed" cost R_t at time t will be :

$$2.8 \qquad R_t = \sum_{ik}\sum r_{it} y_{ikt} \qquad \text{(all t, } t=t^* \text{ if } y_{ikt} = 1)$$

where t^* denotes the time of reissue. Let B_o be the budget related to R and B_t the periodical budget related to K_t. Then the following constraints hold :

$$2.9 \qquad \sum_t R_t q^{-t} \le B_o \qquad (t=t_i^*)$$

and

$$2.10 \qquad K_t \le B_t \qquad \text{(all t)}$$

Besides budget constraints we shall have to observe capacity restrictions on production. Let b_{jt} be the capacity of production facility j in t (j=1,...,h ; t=1,...,T) and a_{ij} the technical coefficient of producing one output unit of i at facility j (i=1,...,m). Then the capacity constraint reads as follows :

$$2.11 \qquad \sum_{iks}\sum\sum a_{ij} x_{ikst} y_{ikt} \le b_{jt} \qquad (j=1,...,h;t=1,...,T)$$

So far we have not dealt with the problem of defining an appropriate decision criterion. As we have to compare earnings and costs, it follows necessarily that profit will have to be adopted as the objective. Profit need not be the only criterion. We have not considered in detail the flexibility aspects of the problem. Hence, in another context, some flexibility criterion might be applied, too. Here we have as the objective function :

$$2.12 \quad \text{Maximize } Q = \sum_{t=1}^{T} \{\Sigma\Sigma\Sigma[(p_{ik}-c_i)x_{ikst}-r_{it}]y_{ikst}\}q^{-t}$$

where

$$2.13 \qquad Q \geq 0$$

is the present value of cash flow surplus. Typically, Q should be constrained to be greater than or equal to zero. In some cases, however, a company may be prepared to accept some negative maximum Q if the reissues considered have a special "cultural value" (adding to the firm's prestige) and no financial harm is done. The optimization problem, thus, will be to maximize (2.12) subject to (2.9) – (2.11), observing the definitions in (2.1) – (2.5). As we want to know whether, when and at which price product i should be reissued, we evaluate Q for a variety of (t^*, p_{ik}) combinations. This involves the manager's judg/ment if the number of combinations is to be kept within operational bounds. We shall discuss a heuristic evaluation routine in Chapter 4.

3. OBTAINING THE DATA

It will not be necessary to deal extensively with the gathering of information on such parameters as c_i, a_{ij} and b_{jt}. They can be obtained by conventional methods in the company's plants. Rather, we shall have to look more closely to such critical external parameters as α_{st}, M_{st} and, most important, β_{ikst} .

Let us begin with M_{st} for which either historical data or subjective estimation or forecasts or both will be required. If historical data is available we could transfer it as follows. Assume that, at the beginning of operations, there existed a market potential in segment s of M_{s1}. Then we have M_{st} (t=2,...,T) from this relation:

$$3.1 \qquad M_{st} = (1+\gamma_s)^{t-1}M_{s1} \qquad\qquad (s=1,\ldots,m \; ; \; t=2,\ldots,T)$$

where γ_s is a growth factor in segment s that will have to be estimated by analogy with the help of the historical data and present municipal statistical material. M_{s1}, however, would have either to be borrowed from historical information (updated by extrapolation or some other more refined technique) or estimated subjectively, making use of the manager's knowledge and experience (see (2) for

The parameter α_s may be estimated according to past market positions. Typically, management will have at hand some statistics of past market shares versus past promotional expenditures and new product investment which might provide some first clues to this quantity. Subjective judgment, however,will have to be applied, too, at this point in order to estimate possible increases in market share from changes in expenditures.

The greatest difficulties, no doubt, will be incurred when dealing with product shares of market potentials as represented by β_{ikst}. As was noted in (2.3) these parameters depend on a multitude of controllable and uncontrollable variables. Moreover, the parameters β_{ikst}, measuring market response, suffer highly from uncertainty. Hence, we shall propose that these parameters might not be estimated directly and deterministically. Rather, it is recommended to apply a Bayesian concept in this case, as was done in (1) for another type of pricing strategy. According to this, we transform the implicit function (2.3) into a decision tree of the following form (Fig. 3 shows some excerpt) for product i in segment s at time t :

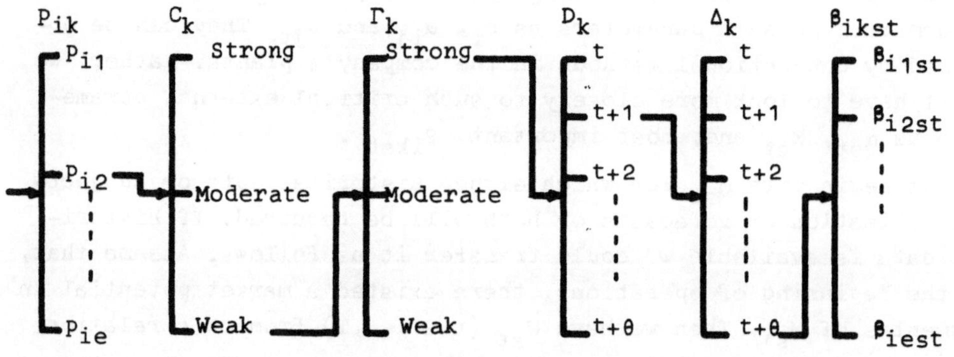

Fig. 3

At any of these stages we shall have to estimate conditional probabilities for the various events subjectively. The conditional probability of β_{ikst} will then be obtained by sequential application of the multiplication rule of probabilities, where we are supposed to observe the following definitions of events :

- price of product

3.2 $P_{ik} = \{P_{i1}, P_{i2}, \ldots, P_{il}\}$

- "internal" competition from the product line

3.3 $C_k = \{C_{k1}, C_{k2}, C_{k3} | P_{ik}\}$

- "external" competition from the product line

3.4 $\Gamma_k = \{\Gamma_{k1}, \Gamma_{k2}, \Gamma_{k3} | C_k, P_{ik}\}$

- forthcoming new releases from the company

3.5 $D_k = \{D_{ko}, D_{k1}, D_{k2}, \ldots, D_{k\theta} | \Gamma_k, C_k P_{ik}\}$

- forthcoming new releases from the competitors

3.6 $\Delta_k = \{\Delta_{ko}, \Delta_{k1}, \Delta_{k2}, \ldots, \Delta_{k\theta} | D_k, \Gamma_k, C_k, P_{ik}\}$

In any case, an estimate of the consequence β_{ikst} of the chain of events is required which, normally, can be provided only by subjective judgment. Usually, at least optimistic, pessimistic and most likely estimates are provided. Hence, we shall use expected values of the β_{ikst} and not their direct estimates in the analysis. In doing so, we may hope to clarify the intricate dependencies of these parameters and to give better support to managerial judgment in data collection.

The method sketched above may seem to be cumbersome if agreat many alternatives in products and price categories exist. This is true. However, in the company's practice, the list of alternatives will not exceed a dozen items at each stage from which about one half are chosen for immediate reissue. Moreover, the number of price categories does not exceed three and not all of them will be applicable to any product i. Low price categories are highly correlated to the age of the material considered for reissue as technical deficiencies require some compensatory discount.

Attention should be drawn to the fact that market segmentation in the record business has been done judgmentally. We have left this status quo untouched so far. This amounts to some fuzzy definition of segments. Possible overlapping might introduce some bias into the analysis. However, we have the feeling that such biases are balanced by the fact that the problem's structure has been laid open for the first time. No doubt, things ought to improve in available. At this point we should stress the necessity of sensitivity analyses which we shall have to conduct in view of a multitude of highly uncertain, subjectively estimated parameters. At least, optimistic, pessimistic and most likely values of certain parameters will have to be tried in testing model and solution.

4. A HEURISTIC EVALUATION ROUTINE

Though the model appears to be clear cut in structure and dimensions, it is impossible to apply a standard optimization algorithm. Therefore, we shall develop a heuristic evaluation routine, which should prove to be satisfactory. Solutions obtained may not be optimal, but in practice we could make do with near-optimal ones. The heuristic might best be described as a ranking-cum-checking routine as is common in capital budgeting problems of a similar kind. Here we could try to rank projects by the following quantity (see (2), p.215 ff. for a similar approach) :

4.1
$$\rho_i = Q_i/(K_i+R_i) \qquad (i=1,\ldots,n)$$

where

4.2
$$Q_i = \sum_{t=1}^{T} \{\sum\sum_{ks}[(p_{ik}-c_i)x_{ikst} - r_{it}]y_{ikt}\}q^{-t} \qquad (i=1,\ldots,n)$$

4.3
$$K_i = \sum_t[\sum\sum_{ks}c_i x_{ikst}y_{ikt}]q^{-t} \qquad (i=1,\ldots,n)$$

4.4
$$R_i = \sum_t[\sum_k r_{it}y_{ikt}]q^{-t}$$

Having ranked projects in this way, we delete those from the list as probably unsuccessful which have $\rho_i \leq 1$. Hence, we arrive at a reduced list i'_t. We save the deleted items for a project list i_{t+1}. The next stages will be a sequence of constraint checks (see Fig. 4).

Here we calculate :

4.5
$$B^*_{ot} = B_{ot} - \sum_{\tau=1}^{t-1} \sum\sum_{ki} r_{i\tau}y_{ik\tau} , \qquad i = i'_t$$

4.6
$$B_{ot} = B_o - \sum_{\tau=1}^{t-1} \sum\sum_{ik} r_{i\tau}y_{ik\tau}$$

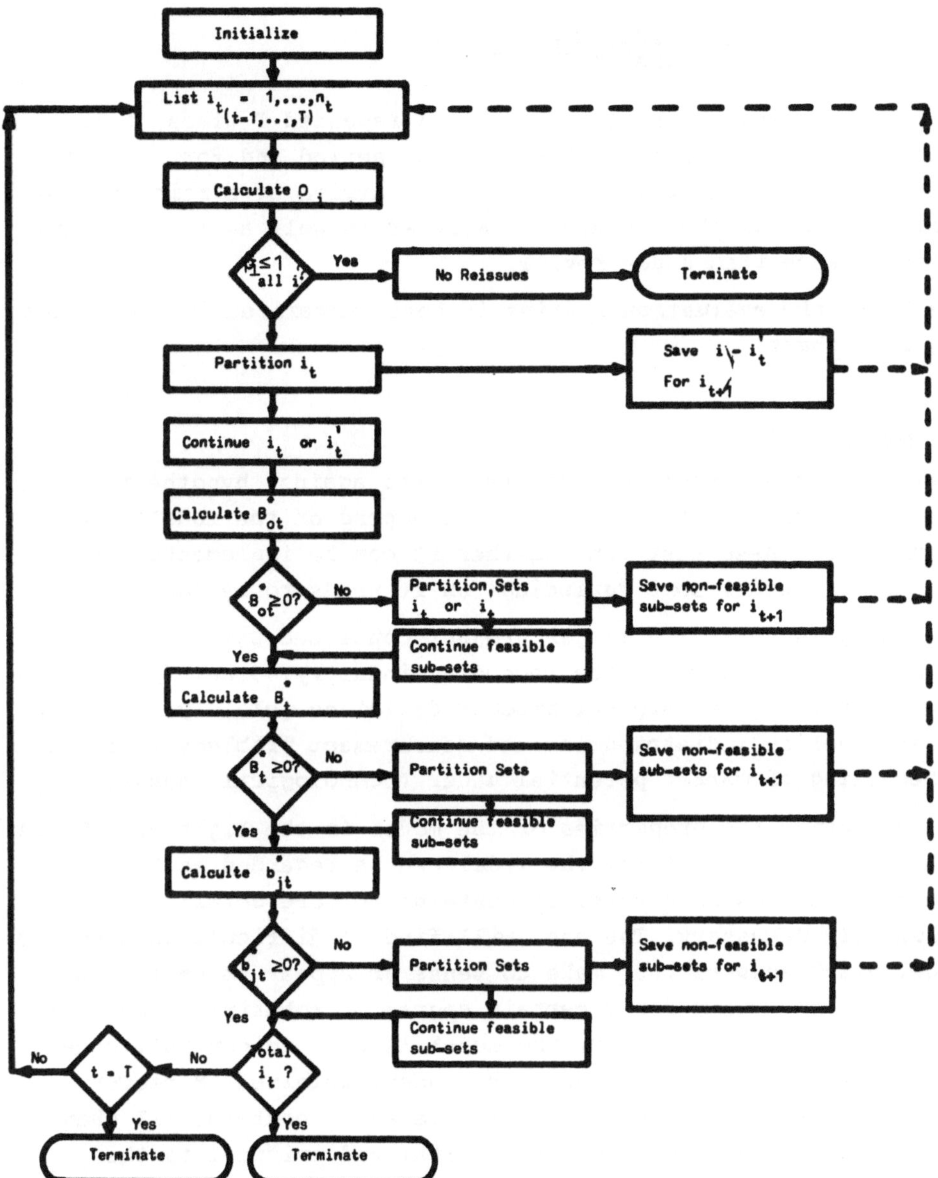

Fig. 4: FLOW CHART

where K_t is given by (2.7),

$$4.8 \qquad b^*_{jt} = b_{jt} - \sum_{iks}\sum\sum a_{ij} x_{ikst} y_{ikt} \; ,$$

This ranking and checking procedure is repeated T times, i.e., according to the length of the planning period and for, possibly, different price categories. Finally, we arrive at a reissue program, telling us what should be reissued as well as the time and price of each item under review.

The heuristic evaluation routine is best summarized in the following flow chart.

5. CONCLUSIONS

Presently, the foregoing model is tested against hypothetical, though not unrealistic data. It will depend on the model's performance in these test runs whether it can be implemented as it stands or whether some "grinding" on it needs to be done.

The study is part of a larger project concerned with the analysis of repertoire policy in the recording industry. Other fields currently investigated are new product decisions (closely linked to reissue policy), distribution and measurement problems (such as forecasting of market potential under technological change).

Let us review the properties of the model in the light of LITTLEs (3) postulates. As it is, the model can be regarded as being of the simplest possible form. It contains no more detail than is absolutely necessary. The user will find it difficult to make the model yield answers that make no sense or appear to be trivial. Hence, we may claim for a certain degree of robustness. As will be seen from the flow chart, the model is easy to control, once the meaning of set partitioning has been explained. Moreover, the model will be found to be complete as it contains all phenomena which management regards as vital and critical to the problem under analysis. We have taken no liberties in "assuming away" important characteristics which we felt were "too hot to handle". Subjective judgment and estimation have been the basis of our analysis. Of course, as time passes with implementation, we should be in a position to adapt incoming new information for the purposes of restructuring the model and redefining as well as estimating its parameters. Though the model, hitherto, has not been put on line, communication appears to be easy, the more so as project lists, price categories and time horizons are not too long or numerous, respectively. An attempt will and must be made to use an on-line system in order to facilitate efficient communication between the model and the decision-maker.

<u>LITERATURE</u>

1. GREEN, P.E.: "Bayesian Decision Theory in Pricing Strategy", in: Journal of Marketing, Vol. 27, No. 1, 1963, pp. 5-15

2. HANSSMANN, F.: Operations Research Techniques for Capital Investment
   Wiley, New York 1968

3. LITTLE, J.D.C.: "Models and Managers: The Concept of a Decision Calculus".
   Working Paper No. 403-69, Sloan School of Management, M.I.T., Cambridge /Massachusetts, September 1969

4. MONTGOMERY, D.B., URBAN, G.L.: Management Science in Marketing.
   Prentice-Hall, Englewood Cliffs, New Jersey, 1969, pp. 312 ff.

Bedarfsvorhersage via Cluster Analysis
H. Späth, Nürnberg

Faktoren- und Clusteranalyse, Multidimensional Scaling
usw. sind in Psychologie, Marketing und Medizin heuristische Methoden zur Informationsverdichtung.
Unserer Meinung nach gehören diese Methoden auch zum
OR-Instrumentarium, obwohl sie in keinem OR-Lehrbuch
zu finden sind.
Wir zeigen an Beispielen, wie eine spezielle Methode
aus der Cluster Analysis erfolgreich zur Klassifizierung
von 30.000 Nachfragekurven angewandt werden kann.
Die erhaltenen Ergebnisse dienen als Grundlage zur Bedarfsvorhersage.

Ein quadratisches Programmierungsmodell zur quantitativen Beurteilung der Konsequenzen von Interventionen
und Importbeschränkungen am Markt für Tafeläpfel in
der BRD

H. Weindlmaier, Stuttgart

Abstract: For the determination of the price equilibrium on the
market for dessert apples in Western Germany an interregional
and intertemporal allocation model with quadratic objective
function is formulated and discussed. Then, using ex post data,
the market results in terms of prices and quantities sold in the
different periods and regions in case of quantity interventions
and import quota are computed.

Für die Analyse der quantitativen Konsequenzen aktueller agrar-
politischer Maßnahmen am Apfelmarkt der BRD wird versucht, die
für den Preisbildungsprozeß und das Marktgleichgewicht wichtigen Bestimmungsfaktoren in einem Marktmodell zu erfassen und
durch Simulation entscheidender Parameter entsprechende Ent-
scheidungshilfen zu erarbeiten,[1]

Wegen der saisonalen und regionalen Differenzen im Hinblick auf
wichtige Bestimmungsgrößen des Apfelmarktes - etwa der saisonalen Nachfrageelastizitäten oder der regionalen Ausstattung mit
Lagerkapazitäten - werden in dem Modell saisonale und regionale
Teilmärkte unterschieden. Die Preis - Mengenbeziehungen auf
diesen Märkten werden durch - in den endogenen Variablen Preise
und Absatzmengen von Tafeläpfel linearen - Nachfrage- und Import-
funktionen sowie preisunelastischen Angebotsfunktionen für in-
ländische Tafeläpfel erfaßt. Die beim Ausgleich der saisonalen
und regionalen Ungleichgewichte auf den Submärkten entstehenden
Kosten und Verluste der Lagerung, Sortierung, Verpackung und des
Transportes sowie die dazu verfügbaren Kapazitäten werden für
die einzelnen Teilbereiche erfaßt.

---

1) Vgl. WEINDLMAIER, H.: Zur Anwendung von Gleichgewichtsmodellen
   mit quadratischer Zielfunktion für die Analyse von Agrar-
   märkten. "Agrarwirtschaft", Sonderheft 54, 1973, sowie die
   dort angegebene Literatur.

Der Formulierung der Zielfunktionen der Modelle liegen zwei
alternative Annahmen über die Marktform zugrunde:

a) Die eine Gruppe von Modellen basiert auf der Unterstellung,
daß auf dem Apfelmarkt vollkommene Konkurrenz sowohl auf der Sei
te der Marktanbieter als auch auf der Seite der Marktnachfrager
besteht. Die adäquate Zielfunktion ist dann die Maximierung der
Summe des "Net Social Pay-Off" inländischer und importierter
Tafeläpfel.

b) Um die Konsequenzen von Angebotskontrolle zu erfassen werden
alternativ dazu Modelle formuliert, denen die Annahme zugrunde
liegt, daß die Marktproduzenten für Tafeläpfel in der BRD organisatorisch eine Einheit bilden und am Markt dem Großhandel als
Kollektivmonopol gegenüber treten. In den Modellen wird daher
ein Teilmonopol der inländischen Produzenten unterstellt, während
für die Importeure weiterhin die Situation von Mengenanpassern
zugrunde gelegt wird. Als Zielfunktion wird die Maximierung der
Summe aus dem Umsatzgewinn inländischer Tafeläpfel und dem"Net
Social Pay-Off" von Importäpfeln formuliert.

In beiden Fällen resultieren Modellstrukturen bestehend aus einer quadratischen Zielfunktion und linearen Ungleichungen als
Restriktionen, so daß eine Lösung mit Algorithmen der quadratischen Programmierung möglich ist.

Auf Grund der bisher durchgeführten Testrechnungen mit ex post
Daten scheinen die Modelle sowohl für die Quantifizierung agrar-
politischer Maßnahmen als auch zur Planung optimaler Vermark-
tungsstrategien der Produzenten geeignet zu sein. Die wesentlich-
sten Limitationen für einen verbreiteten Einsatz entsprechender
Modelle stellen auf Grund der gemachten Erfahrungen die Notwendigkeit der Beschränkung auf die Marktformen "vollkommener Wett-
bewerb" und "Monopol" bei der Modellformulierung, die unzurei-
chende Verfügbarkeit entsprechend regional und temporal differen-
zierter makroökonomischer Daten sowie das mangelnde Vorhandensein leistungsfähiger Computerprogramme zur Lösung von Problemen
der quadratischen Programmierung dar.

Produktionsplanung

Praktische Erfahrungen bei der Anwendung der linearen Optimierung auf Mehrproduktunternehmen mit Kuppelproduktion

J. Biethahn, Frankfurt

Eine wesentliche Aufgabe der Betriebswirtschaftslehre besteht in der Ermittlung des kostenoptimalen Produktionsprogrammes. Auch im Bereich der Kuppelproduktion wurde immer versucht, hierzu Lösungsmethoden zu finden und zwar durch Methoden, die eine isolierte Kalkulation der einzelnen Produkte gestatteten. Doch gerade damit können nur durch Zufall optimale Lösungen gefunden werden, denn bei jedem Zerlegeprozeß entstehen mindestens zwei Produkte und eine willkürliche Zuordnung der Kosten auf <u>ein</u> Produkt steht immer im Widerspruch zum Identitätsprinzip und ist somit falsch. Grundlage einer sinnvollen Planung kann nur eine Methode sein, die dem Verbund der Produktion Rechnung trägt.

Um z.B. das optimale Fleischproduktionsprogramm zu bestimmen, müssen viele Kuppelproduktionsprozesse - die Zerlegeprozesse der Tiere, bei denen unterschiedlichste Anzahlen an Zerlegeprodukten entstehen - parallel im Verbund betrachtet werden. So etwas wurde erst möglich durch die Entwicklung der modernen EDV-Anlagen, die sich durch große Speicher und schnelle Rechenzeiten auszeichnen und die auch die Entwicklung von schnellen Programmen zur Lösung von großen linearen Optimierungsproblemen ermöglichten, wie sie bei der Abbildung von Problemen realer Größenordnung entstehen.

Zur Bestimmung des optimalen Produktionsprogrammes wird der gesamte Produktionsprozeß auf ein lineares Optimierungsmodell abgebildet, bei dem der Absatz innerhalb bestimmter Grenzen vorgegeben wird. Das EDV-Programm ermittelt dann über die möglichen Produktions- und Zerlegemethoden, welche Einkaufsartikel eingekauft werden sollen, damit der Deckungsbeitrag über den variablen Kosten am größten wird. Versuche an einem Unternehmen der Fleischindustrie zeigten, daß durch eine solche Anwendung der linearen Programmierung der Deckungsbeitrag über den variablen Kosten um ca. 40% gesteigert werden konnte.

Ein allgemeines Simulationsmodell für mehrstufige kontinuierliche Fertigung

B. Fleischmann und H.-D. Saur, Hamburg

Summary. For any multi-stage production structure processing continuous goods and including intermediate storages a scheduling method is proposed. A model is described which uses this method and simulates the production flow. Its application to projecting new plants and experiences are discussed.

1. Struktur einer mehrstufigen Fertigung

Wir fassen einen mehrstufigen Fertigungsbetrieb für kontinuierliche Güter, z. B. Flüssigkeiten oder Massengüter, als endliches Netzwerk (X, U) auf: Die Knoten $x \in X$ stellen Anlagen, Behälter oder Lagerräume dar, zu denen technische Daten (Durchsätze, Fassungsvermögen, Bearbeitungszeiten usw.) gegeben sind. Die Kanten $u \in U$ sind Verbindungswege, im Fall von Flüssigkeiten also Leitungen.

Eine Fertigungsstufe (kurz: Stufe) $S \subset X$ sei eine Menge von Knoten gleicher Funktion. Stufen in diesem Sinne sind auch die Lager, die im folgenden eine besondere Rolle spielen. Die Menge der Stufen Σ sei eine Zerlegung von X. Die Menge der Lager sei $\Lambda \subset \Sigma$.

Wir unterscheiden 5 verschiedene Typen von Knoten:

Konti-Anlage: Das ist eine Anlage, die von dem Produkt mit einer bestimmten Geschwindigkeit kontinuierlich durchlaufen wird.

Batch-Anlage: Hier wird eine bestimmte Charge des Produktes eingefüllt, bleibt für eine vorgeschriebene Bearbeitungszeit in der Anlage und wird dann entleert.

Semikonti-Anlage: Diese arbeitet ähnlich wie eine Batch-Anlage, nur wird die Charge in festen Zeitabständen automatisch eingezogen.

Behälter: Dieser hat eine Pufferfunktion zwischen zwei Anlagen und kann von mehreren Sorten nacheinander benutzt werden.

Lagerraum: Dies ist ein Knoten einer Lager-Stufe; er ist nur von einer bestimmten Sorte benutzbar.

Es werden verschiedene Produkt-Sorten $q \in Q$ gefertigt. Jede Sorte q habe einen vorgeschriebenen Produktionsweg W^q, das ist eine Folge von Stufen, die mit einem Lager endet und sonst kein Lager enthält:

$$W^q = (W^q_1, \ldots, W^q_{n_q}) \text{ mit}$$

$$W^q_i \in \Sigma - \Lambda \quad (i = 1, \ldots, n_q - 1); \; W^q_{n_q} \in \Lambda$$

Ein Lager enthalte genau einen Knoten (Lagerraum) für jede Sorte, die darin endet.

Eine Komposition ist eine Sorte, die aus einer oder mehreren anderen Sorten (Komponenten) in einem vorgeschriebenen Verhältnis zusammengesetzt wird. Fertigsorten sind Sorten, die in einem bestimmten Lager, dem Fertiglager, enden; sie sollen nicht als Komponenten einer Komposition vorkommen. (Der Begriff "Sorte" umfaßt hier also sowohl Halbfertig- als auch Fertigprodukte.) Für jede Fertigsorte seien Bedarfsmengen (Verbrauch, Absatz) als Funktion der Zeit t für den Planungszeitraum $0 \leq t \leq T$ vorgegeben.

2. Fragestellung

Eine wichtige Fragestellung bei der gegebenen Fertigungsstruktur ist die Ablaufplanung: Wann soll welche Sorte auf welcher Anlage gefertigt werden? Ab einem gewissen Umfang des Netzwerks - wir haben Fälle mit 200 Knoten und 80 Sorten untersucht (vgl. Abschnitt 4) - unterscheidet sich jedoch die Zielsetzung der Ablaufplanung von der sonst üblichen: Ähnlich wie bei einem komplexen Stundenplanproblem ist das Hauptziel, überhaupt eine zulässige Lösung zu finden. Darüber hinaus gibt es mehrere Kriterien für die Güte einer Lösung, etwa kurze Lagerzeiten (aus Qualitätsgründen) oder niedrige Bestände. Für die Losgrößen wird man eher technisch sinnvolle Mindestgrößen als Nebenbedingungen vorgeben.

Wir beschäftigen uns im folgenden mit einer anderen Fragestellung, nämlich Projektierungsfragen für einen neu zu bauenden oder zu erweiternden Betrieb. Während die erforderliche Anlagen-Kapazität relativ einfach zu ermitteln ist, ist die bei gegebenen Anlagen erforderliche Lagerkapazität schwer zu bestimmen. Diese Frage läßt sich aber durch Ablaufplanung für einen charakteristischen sondern ermittelt die mindestens erforderliche Lagergröße in folgender Weise:

Aus einem bestimmten Ablaufplan A resultieren für jede Sorte q in ihrem Lager $W_{n_q}^q$ Zufluß- und Abflußfunktionen $u_q^A(t)$, $v_q^A(t)$ $(0 \leq t \leq T)$. Für eine Fertig-sorte ist v_q^A die vorgegebene Bedarfs-Funktion. Der Bestand von q ist dann bei einem Anfangsbestand B_q

$$\tilde{b}_q^A(t) = B_q + b_q^A(t), \text{ mit}$$

$$b_q^A(t) = \int_0^t (u_q^A(\tau) - v_q^A(\tau)) \, d\tau \, .$$

Der für A erforderliche Anfangsbestand an Sorte q ist dann

$$B_q^A = - \min_t \, b_q^A(t) \, ,$$

die erforderliche Lagerraumgröße

$$V_q^A = \max_t \, b_q^A(t) + B_q^A$$

und die gesamt erforderliche Lagerkapazität

$$C = \min_A \, \sum_q \, V_q^A \, .$$

Wir suchen also einen Ablaufplan A, der die (evtl. gewichtete) Summe der V_q^A minimiert. Dies bedeutet nach dem vorigen, daß für jede Sorte die produzierte Menge und die verbrauchte Menge zu jedem Zeitpunkt möglichst gut überein-stimmen sollen.

Wir geben im folgenden einige theoretische Grundlagen für die Ablaufplanung mit dem Ziel der Lager-Minimierung. Sie sind aber zum größten Teil auch auf die zu Beginn dieses Abschnitts geschilderte Fragestellung der laufenden Ablauf-planung anwendbar, nur haben wir damit noch keine praktische Erfahrung.

<u>Ablaufplanung</u>

Wir beschränken uns hier auf die grobe Darstellung der Grundlagen und einer Vorgehensweise für die Ablaufplanung. Alle Beweise und die genaue Beschrei-bung eines Verfahrens werden an anderer Stelle veröffentlicht.

Ein <u>Los</u> ist eine zusammenhängend gefertigte Produktionseinheit, charakteri-siert durch eine Sorte q, die Losgröße, eine Folge von Knoten $x_i \in W_i^q$ $(i = 1, \ldots, n_q)$ und Belegungszeit-Intervalle für jedes x_i. Das Los wird also auf seinem Produktionsweg nicht geteilt. Ein **Plan** ist eine Menge von Losen derart, daß sich die Belegungszeiten der Lose für die einzelnen Knoten nicht überschneiden.

Ein wesentliches Merkmal mehrstufiger kontinuierlicher Fertigung ist die mögliche Überlappung der Produktionszeiten eines Loses auf benachbarten Anlagen. Der folgende Satz ermöglicht die genaue Erfassung dieser Überlappung. Ein Los benutze nacheinander die Anlage x, den Behälter y und die Anlage z. (Man kann zwischen zwei Anlagen stets einen Behälter, evtl. mit dem Fassungsvermögen 0, annehmen.) Die Anfangszeiten auf x bzw. z seien t_x bzw. t_z.

<u>Satz:</u>   Es gibt reelle, von der Losgröße L, dem Typ und den technischen Daten von x, y, z abhängige Funktionen f_1, f_2 mit den Eigenschaften:

$$t_x + f_1 \ (L, \ x, \ y, \ z) \leqslant t_z \leqslant t_x + f_2 \ (L, \ x, \ y, \ z) \qquad (1)$$

f_1, f_2 können explizit angegeben werden. f_1 ist monoton nicht fallend in L, f_2 monoton nicht wachsend in L. Es gibt ein größtes $L > 0$ mit

$$f_1 \ (L, \ x, \ y, \ z) \ \leqslant \ f_2 \ (L, \ x, \ y, \ z) \qquad (2)$$

oder dies gilt für alle $L > 0$. Für jedes L mit (2) gibt es ein Los, das in (1) die rechte bzw. linke Relation mit Gleichheit erfüllt.

Wir zerlegen nun das Fertigungsnetzwerk auf folgende Weise in Bereiche und erhalten dann eine entsprechende Zerlegung der Ablaufplanungsaufgabe in Teilprobleme:

Λ enthalte r Läger $L_1, \ldots, L_r$. Wir definieren zugehörige <u>Sortenklassen</u>

$$Q_k = \left\{ q \in Q \,|\, W_{n_q}^q = L_k \right\} \qquad (k = 1, \ldots, r)$$

<u>und Bereiche</u>

$$B_k = \left\{ W_i^q \,|\, q \in Q_k \,; \, i = 1, \ldots, n_q \right\} \qquad (k = 1, \ldots, r).$$

B_k enthält genau ein Lager, L_k, und alle Stufen, die von den in L_k endenden Sorten durchlaufen werden.

Folgende Voraussetzungen seien erfüllt:

(V 1)   Für jede Komponente $q' \in Q_j$ einer Sorte $q \in Q_k$ gelte $j > k$.

(V 2)   Die Bereiche B_i sind paarweise fremd.

(V 3) Die Produktionswege enthalten keine Schleifen, d. h.

$$W_i^q \neq W_j^q \quad (i \neq j) \quad \text{für alle } q.$$

(V 4) Lose können sich nicht überholen, d. h. beginnt von zwei Losen das eine auf seiner ersten Stufe früher als das andere, so beginnt es auf jedem gemeinsam benutzten Knoten früher.

(V 1) bedeutet keine Einschränkung der Allgemeinheit, da es durch geeignete Numerierung der Läger und ggf. durch Aufteilen eines Lagers in mehrere Läger immer erfüllbar ist. Die Voraussetzungen (V 2) bis (V 4) können, sofern sie nicht von vornherein vorliegen, oft durch Verfeinerung der Stufeneinteilung erreicht werden, z. B. durch Splitten von Stufen, die mehreren Bereichen oder mehreren Produktionswegen gemeinsam sind oder in einem Produktionsweg mehrfach auftreten. Bei den Anwendungen zeigte sich, daß dies auch in der Praxis zu einer sinnvollen Produktionsaufteilung führt.

Der Zweck der Voraussetzungen ist folgender: (V 1) und (V 2) erlauben es, den gesuchten Plan <u>einzeln für jeden Bereich</u> in der Reihenfolge B_1, B_2, ... B_r aufzustellen. Denn wegen (V 1) ist L_1 das Fertiglager, für das die Abflußfunktion gleich den Bedarfen gegeben ist. Ist der Plan für die Bereiche B_1, ... B_{k-1} festgelegt, so steht wegen (V 1) auch die Abflußfunktion für L_k fest, und es kann der Plan für B_k so aufgestellt werden, daß der Lagerbedarf in L_k minimiert wird. Natürlich führt diese Optimierung für die einzelnen Bereiche nicht notwendig zu einem Gesamt-Optimum. Da wir aber beim Planen der Bereiche ohnehin heuristisch vorgehen, ist diese Zerlegung des Problems sinnvoll.

Wegen (V 3) und (V 4) kann der Plan <u>losweise</u>, in der Reihenfolge der Anfangszeiten der Lose, so erstellt werden, daß das jeweils neu einzuplanende Los alle Knoten später als die schon geplanten Lose benutzt. Dies hat den Vorteil, daß man die Lücken zwischen den schon geplanten Losen nicht zu beachten braucht, da sie nicht mehr ausgefüllt werden können.

Zur Ermittlung des Ablaufplans für einen Bereich B_k kann man nun nach folgendem Schema vorgehen: Man wiederholt die folgenden Schritte, bis der Bedarf für jede Sorte $q \in Q_k$ für den Planungszeitraum gedeckt ist:

(a) Suchen des am frühesten freien Knotens $x \in \bigcup_{q \in Q_k} W_1^q$

(b) Auswahl einer Sorte $q \in Q_k$, die x braucht.

(c) Wahl der Losgröße entsprechend dem Bedarf.

(d) Auswahl je eines Knotens aus W_i^q (i $= 2, \ldots, n_q$).

(e) Bestimmung der frühestmöglichen Anfangs- und Belegungszeiten der benutzten Knoten mit Hilfe der Beziehung (1).

In den Schritten (b), (c), (d) benötigt man <u>heuristische Auswahlregeln</u>, die das Erreichen des gewünschten Ziels, möglichst gute Übereinstimmung zwischen Produktion und Verbrauch jeder Sorte, gewährleisten. Am wichtigsten dafür ist Schritt (b), in dem die Prioritäten unter den Sorten, die um die gleiche Anlage x konkurrieren, zu setzen sind. Dabei ist auch zu entscheiden, ob zum entsprechenden Zeitpunkt überhaupt eine Sorte gefertigt werden soll.

Das angegebene Schema eignet sich auch für die übliche Ablaufplanung bei gegebener Lagergröße, wenn die Auswahlregeln entsprechend angepaßt werden.

4. Das EDV-System

Zur Lösung der Problemstellung (Abschnitt 2) wurde ein EDV-System konzipiert, das aus den drei Subsystemen (s. Bild 1)

     o Generator

     o Planung

     o Simulator

besteht.

Der <u>Generator</u> baut entsprechend den Daten die in Abschnitt 1 beschriebene Netzwerk-Struktur auf. Dabei werden auch reihenfolgeabhängige Sortenwechselseiten und sortenabhängige Anlagen-Daten berücksichtigt.

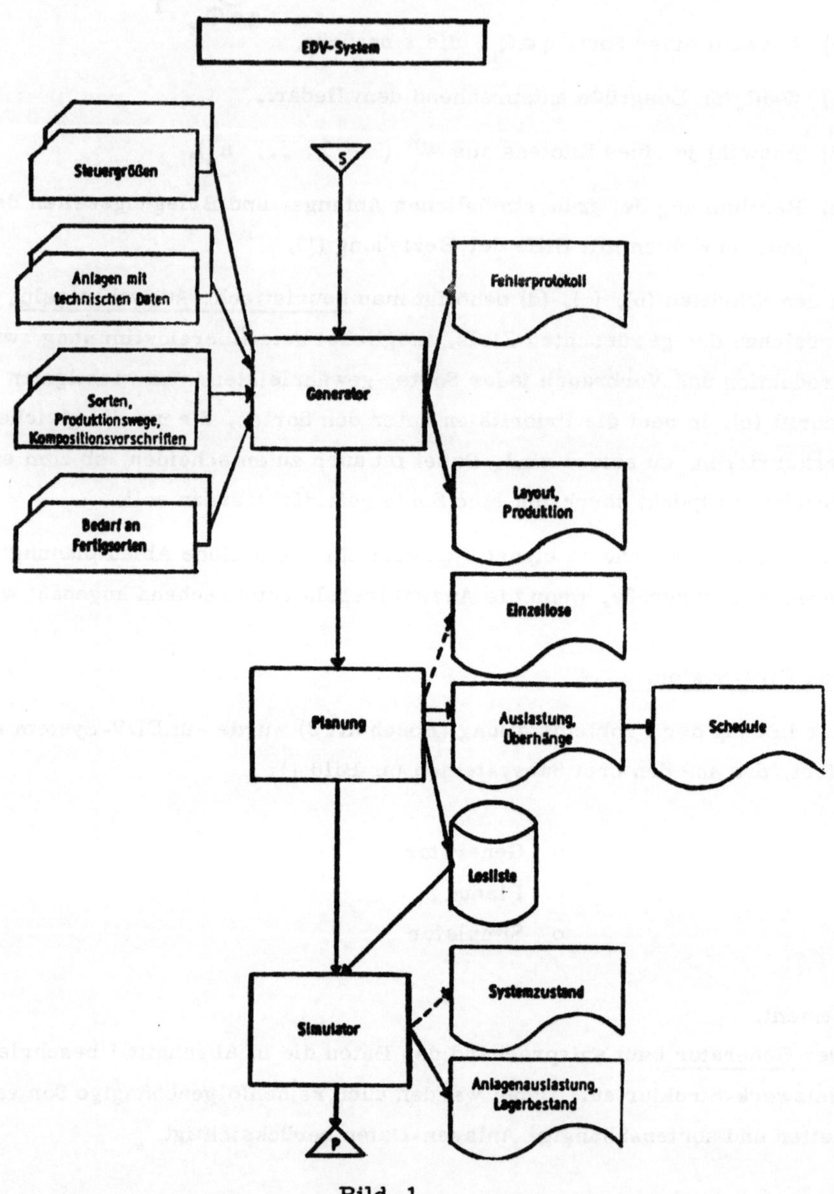

EDV-System
S
Steuergrößen
Anlagen mit
technischen Daten
Sorten,
Produktionswege,
Kompositionsvorschriften
Bedarf an
Fertigsorten
Generator
Fehlerprotokoll
Layout,
Produktion
Einzellose
Planung
Auslastung,
Überhänge
Schedule
Losliste
Simulator
Systemzustand
Anlagenauslastung,
Lagerbestand
P

Bild 1

Vor der eigentlichen Generierung des Fertigungsbetriebes werden die Eingabedaten in gewissem Rahmen auf Plausibilität geprüft und ein Fehlerprotokoll erstellt. Nach erfolgter Generierung des Systems wird die gesamte Fertigung auf-
gelistet.

Die Planung verplant das für den Planungszeitraum vorgegebene Produktionsprogramm den in Abschnitt 3 angeführten Planungsregeln gemäß in Einzellose.
Als Ergebnis werden pro Los die Sorte, die Losgröße, die Anfangszeit des Loses
und die Aggregatfolge mit zugehörigen Anfangs- und Endzeiten in eine Losliste
eingetragen. Dieser Plan stellt eine zulässige Lösung des Ablaufplanungsproblems
in diesem System dar. Gegebenenfalls fallen Produktionsüberhänge an. Aus dieser Losliste kann ein graphischer Produktions-Schedule erzeugt werden.

An die Generierung des Systems und die Ablaufplanung schließt sich nun der
Teil Simulation an: Der Simulator führt die Planung aus und ermöglicht die Berechnung der Lagerkapazitäten. In diesem Teil des Systems wird auch das Pla-
nungsverfahren auf Plausibilität geprüft.

Ausgangspunkt für den Simulator ist die von der Planung erstellte Losliste.
Daraus werden als Ereignisse alle Zeitpunkte der Änderungen des Produktions-
flusses (ein stückweise stationärer Fluß im Netzwerk) berechnet und in eine
Liste eingetragen. Zu jedem Ereigniszeitpunkt wird das System auf Plausibilität geprüft, d. h. auf Anlagenfehlbelegung oder Behälterunter- bzw. -überlauf
untersucht. Erst nach erfolgreicher Prüfung des Systems werden Anlagenauslastung und Lagerbestände fortgeschrieben.

Als Ergebnisse werden die Anlagenauslastung sowie mittlere, maximale und
Anfangs-Bestände der Lagerräume ausgegeben. Darüber hinaus ist es möglich,
in beliebigen Zeitabständen den Zustand des gesamten Systems anzulisten.

Das EDV-System ist in Fortran IV geschrieben und läuft auf IBM Anlagen der
Serien /360 und /370 unter DOS und OS. Bei einer Problemgröße von

- o   5 Bereichen
- o   50 Stufen
- o   210 Knoten
- o   90 Sorten
- o   21 Perioden

(dieser Umfang entspricht etwa dem größten bisher gelösten Problem) benötigt
das Programm ca. 130 KBytes Kernspeichergröße.

Das System hat alle Daten im Kernspeicher resident. Dies ist durch Verwendung mehrfach gekoppelter Indexlisten erreicht worden. Ein Lauf des Systems benötigt auf einer /370 - 155 je nach Größe des behandelten Problems zwischen 1 und 3 Minuten CPU-Zeit.

5. Anwendung des Modells

Eine Einzelanwendung des Modells simuliert die Abwicklung der Produktion der für einen Planungszeitraum vorgegebenen Bedarfsmengen an Fertigsorten in einem Fertigungsbetrieb. Man erhält neben dem Produktionsablaufplan und der Anlagenauslastung auch die erforderliche Lagerkapazität pro Sorte.

Zur Lösung der in Abschnitt 2 angeführten Fragestellung ist in der Regel aber eine Reihe von Simulationsläufen notwendig. So hat sich bei <u>Projektierungsfragen</u> in der Praxis die folgende Vorgehensweise bewährt:

Das technische Management stellt eine Liste möglicher <u>Layouts</u> (Anlagen und Lagerräume mit technischen Daten) zusammen. Produktions- und Kompositionsvorschriften sowie Fertigsortenbedarf bleiben zunächst unverändert. Mit jeder Layoutvariante wird ein Simulationslauf durchgeführt, der die oben angeführten Informationen liefert. Das technische Management sucht nun anhand bestimmter Kriterien (Anlagenauslastung, Lagerraum, Anfangsbestände, Produktionsabwicklung) mehrere günstige Layouts heraus. In der Regel tritt hier ein Rückkopplungseffekt auf, und es werden weitere Ideen für Layoutvarianten geboren. Diese Untersuchung schließt meist mit der Entscheidung für ein "optimales" Layout oder zumindest mit einer stark begrenzten Auswahl.

In einer zweiten Untersuchung wird nun jeweils ein bestimmtes Layout auf Sensitivität gegenüber einer Reihe von Änderungen untersucht, z. B. Veränderungen der Produktionsmengen (Minimal-, Durchschnitts-, Maximalproduktion, Saisonerscheinungen), Produktions- und Kompositionsvorschriften und technischen Daten (Unsicherheit). Zwar arbeitet das Modell rein determiniert, über solche Sensitivitätsstudien lassen sich sowohl Unsicherheiten als auch Flexibilität quantitativ in den Griff bekommen.

6. Erfahrungen in der Praxis

Das Modell wurde bisher mit Erfolg zur Untersuchung von

      o   5 Nahrungsfett-Raffinerien
      o   1 Milchproduktefabrik

im In- und Ausland eingesetzt.

Dabei lagen die unterschiedlichsten Anlagentyp-Kombinationen und Produktionsverfahren vor. Auch die Produktionsweise bewegte sich von voll kontinuierlichem Betrieb bis hin zu reinem Batch-Betrieb. So kam die allgemeine Konzeption des Modells, speziell im Teil Generator und Planung, voll zum Tragen.

Als Test wurden auch einige bestehende Betriebe simuliert. Dabei wurden erzeugte Produktionspläne sowie berechnete Anlagenauslastung und Lagerräume von den Technikern als durchaus realistisch beurteilt. Zum Teil erwiesen sich die Produktionspläne als günstiger als die bisher manuell erstellten. Sie können auch Basis einer laufenden Planung sein.

Die untersuchten Fragestellungen umfaßten eine weite Range:

    o   Projektierung, Erweiterung und Modernisierung eines Fertigungsbetriebs

    o   Bestimmung von Kapazitätsgrenzen

    o   Änderung des Produktionsverfahrens

    o   Neueinführung von Produkten

Das größte untersuchte Investitionsvorhaben hatte ein Budgetvolumen von ca. 25 Mio DM.

7. Schlußbemerkung

Neben dem unmittelbar quantifizierbaren Nutzen - mit Hilfe des Modells lassen sich Fehlinvestitionen von beträchtlicher Höhe vermeiden - hat die Anwendung des Modells weitere Vorteile. So liefert es mehr und vor allem schnell Informationen, der Umfang mit ihm zeitigt Lerneffekte (vgl. Abschnitt 5) und macht dem technischen Management die Produktionsvorgänge bewußter.

Neben dem Einsatz des Modells als Entscheidungshilfe bei Investitionsvorhaben ist demnächst auch der Einsatz für die operationale Planung einer Raffinerie vorgesehen.

Rechnerunterstützte Austaktung von Fließbandlinien

W. Hardeck, Erlangen

Eine wichtige Aufgabe bei der Planung und Umrüstung von Fließbändern besteht darin, die Tätigkeiten, die für die Montage eines Gerätes durchgeführt werden müssen, derart auf die einzelnen Stationen eines Fließbandes zu verteilen, daß der Taktverlust minimal wird.

Es wurde ein Programmsystem vorgestellt, das auf der Grundlage des bekannten heuristischen Verfahrens von Helgeson und Birnie unter Berücksichtigung von in der Praxis vorkommenden Nebenbedingungen eine günstige Zuordnung der Tätigkeiten zu den Arbeitsstationen bestimmt.

Dieses Programmsystem besteht aus 3 einzelnen Programmen, die man am besten getrennt nacheinander einsetzen sollte. Denn nur so hat der Planer die Möglichkeit, schrittweise evtl. vorhandene Datenfehler zu eliminieren.

Im einzelnen handelt es sich um die folgenden Programme:

1. GRAPH: Dieses Programm unterstützt den Planer bei der Erstellung des Vorranggraphen, indem es die direkten Vorgänger der einzelnen Arbeitselemente ermittelt, den Graphen auf Zyklen untersucht und gegebenenfalls die vorhandenen Zyklen als Fehlermeldung ausdruckt. Außerdem wird die Struktur des Graphen auf dem Schnelldruckerprotokoll ausgedruckt, wobei in einer Zeile jeweils die Knoten derselben Niveauebene des Graphen zusammengefaßt werden.

2. VORPRO: In diesem Programm werden die weiteren Nebenbedingungen auf Widerspruchsfreiheit überprüft und zur Kontrolle alle Eingabedaten ausgedruckt.

3. HPTPRO: Dies ist das eigentliche Zuordnungsprogramm, das auf der Grundlage des heuristischen Verfahrens von Helgeson und Birnie die eigentliche Zuordnung der Arbeitselemente zu den Arbeitsstationen durchführt.

In dem folgenden Flußdiagramm sind die einzelnen Schritte, die bei der rechnerunterstützten Austaktung von Fließlinien zu durchlaufen sind, zusammengefaßt.

Für die dick umrandeten Felder der Abbildung gibt es Programme; alle anderen Arbeiten müssen vom Planer durchgeführt werden.

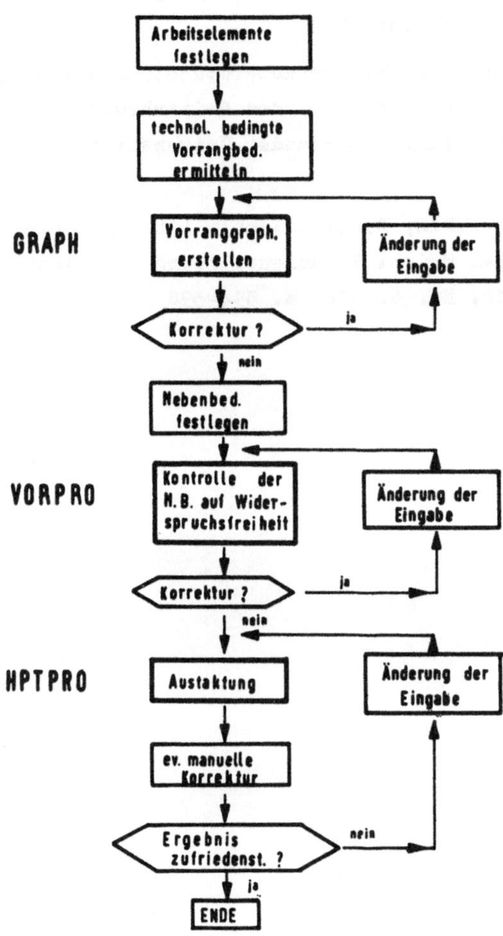

Literaturverzeichnis

1) BUSSMANN, K.F. und MERTENS, P.: Operations Research und Datenverarbeitung bei der Produktionsplanung.
   Stuttgart: Poeschel, 1968 S. 313-356

2) HAHN, R.: Produktionsplanung bei Linienfertigung.
   Berlin, New York/ de Gruyter 1972

3) HARDECK W./SCHÖNFELDER G.: Rechnerunterstützte Austaktung von
   Fließlinien, Arbeitspapier Nr. 10 des Betriebswirtschaftli-
   chen Instituts der Friedrich-Alexander-Universität
   Erlangen-Nürnberg

4) HELGESON, W.P. und BIRNIE, D.P.: Assembly Line Balancing Using
   the Ranked Positional Weight Technique. Journal of Industrial
   Engineering, Vol. 12, No. 6, 1961 S. 394-398

Zur Güte von Produktionsglättungsmodellen mit linearen Entscheidungsregeln

K. Inderfurth, Berlin

Summary:

Three methods of solving a stochastic dynamic production smoothing model with linear cost functions and stochastically independent demands are compared, viz. 1) the exact procedure using dynamic programming, 2) the procedure of Holt, Modigliani, Muth and Simon (quadratic approximation of costs), 3) the procedure of Schneeweiss (restriction to the class of linear policies). Numerical results for the quality of these three procedures are presented.

1. Problemstellung

Zur Lösung stochastischer dynamischer Produktionsglättungsmodelle (PGM) bieten sich drei Verfahren an:

1) Das AHM-Verfahren
2) Das HMMS-Verfahren   } Lineare Verfahren
3) Das Schneeweiß-Verfahren

Die optimale Lösung von PGM läßt sich analog zum Verfahren, das ARROW, HARRIS und MARSHAK [1] für die Lagerhaltungstheorie entwickelt haben, mit Hilfe des stochastischen Dynamischen Programmierens bestimmen (AHM-Verfahren). In diesem Optimierungsansatz liegen aber auch die Grenzen des AHM-Verfahrens. Lösungen können nur bei sehr einfacher Korrelation des Nachfrageprozesses und bei geringer Anzahl von Entscheidungs- und Zustandsvariablen ermittelt werden.
Um realistischere und somit kompliziertere Modelle lösen zu können, muß man sich anderen Lösungsverfahren zuwenden. Hier helfen die Verfahren weiter, die mit linearen Entscheidungs-

434

<u>regeln</u> (LE) arbeiten. Bei diesen <u>linearen Verfahren</u> ist die Politik auf Funktionen beschränkt, bei denen die Entscheidungen linear von den Zustandsvariablen abhängen.

Der Vorteil der linearen Verfahren liegt darin, daß bei Anwendung von LE die stochastischen Variablen durch ihre bedingten Erwartungswerte (die sog. dynamischen Sicherheitsäquivalente) ersetzt werden können, wodurch sich das stochastische in ein deterministisches Entscheidungsproblem umwandelt.

Es gibt zwei Verfahren, die mit LE arbeiten:

1) Das bekannte Verfahren der quadratischen Approximation der Kosten von <u>H</u>OLT, <u>M</u>ODIGLIANI, <u>M</u>UTH und <u>S</u>IMON [3] (<u>HMMS-Verfahren</u>)

2) Das vor kurzem von SCHNEEWEISS [5] entwickelte Verfahren der Beschränkung auf die Klasse der linearen Politiken (<u>Schneeweiß-Verfahren</u>).

Beide Verfahren führen gewöhnlich zu unterschiedlichen (linearen) Entscheidungen, wobei das Schneeweiß-Verfahren die optimale lineare Politik liefert. Jedoch hat jede lineare Politik den Nachteil, daß sie nur für quadratische Kostenkriterien optimal ist. Weil quadratische Kostenverläufe für praktische Probleme recht unrealistisch sind, kann auch die beste LE gewöhnlich nur eine Annäherung der optimalen Politik sein und liefert somit suboptimale Entscheidungen. Vom Ausmaß dieser Abweichung vom Optimum hängt es nun ab, ob die Anwendung der linearen Verfahren gerechtfertigt ist.

Um die Güte der Verfahren mit LE zu prüfen, sollen an Hand eines einfachen PGM, das sich mit allen drei genannten Verfahren lösen läßt, die Ergebnisse dieser Lösungsverfahren verglichen werden.

2. Ein einfaches Produktionsglättungsmodell

Ausgangspunkt der Betrachtung ist ein Periodenmodell mit einem einzigen Produkt und Lager, in dem nach Feststellung des Lagerbestands zu Beginn jeder Periode eine Entscheidung über die Produktion getroffen wird.

Die Variablen sind:

x_k ... Lager zu Beginn der Periode k   (Zustandsvariable)

u_k ... Produktion in Periode k (Entscheidungsvariable)

r_k ... (stochastische) Nachfrage in Periode k (Störvariable)

mit $x_k, u_k, r_k \in \mathbb{R}$ $\forall$ k = 1,2,3,...

Die Zustandstransformationsbeziehung (Lagerbilanzgleichung) lautet:

$$x_k = x_{k-1} + u_{k-1} - r_{k-1} \tag{2.1}$$

Die Nachfragewerte $\{r_k\}$ bilden eine stationäre Folge unabhängiger, normalverteilter Zufallsgrößen mit

$$E\{r_k\} = 0 \quad \text{und} \quad E\{r_k^2\} = \sigma_r^2 \quad \forall \quad k = 1,2,3,...$$

Wegen der Unabhängigkeit der Nachfragewerte ist die jeweilige Entscheidung nur vom zuletzt beobachteten Zustand abhängig. Die Entscheidungsfunktion lautet also:

$$u_k = U_k(x_k) \tag{2.2}$$

Das Kostenkriterium besteht aus dem Erwartungswert der Durchschnittskosten pro Periode für einen unendlichen Planungszeitraum:

$$K = E\left\{ \lim_{T \to \infty} \frac{1}{T} \sum_{k=1}^{T} \left[P(u_k) + L(x_{k+1}) \right] \right\} \tag{2.3}$$

Hierbei stellen $P(u_k)$ die Produktionskosten und $L(x_{k+1})$ die Lagerhaltungskosten für Periode k dar. Diese beiden Kostenfunktionen haben einen stückweise linearen Verlauf:

Produktionskosten   Lagerhaltungskosten

$$P(u) = \begin{cases} p \cdot u & \text{für } u \geqslant 0 \\ -q \cdot u & u < 0 \end{cases} \qquad L(x) = \begin{cases} h \cdot x & \text{für } x \geqslant 0 \\ -v \cdot x & x < 0 \end{cases}$$

Für die Kostenparameter gilt: $p, q; h, v \geqslant 0$.

3. Das AHM-Verfahren

Für das zugrundeliegende PGM mit proportionalen Produktionskosten, konvexen Lagerhaltungskosten und stochastisch unabhän-

gigen Nachfragewerten liefert das AHM-Verfahren eine optimale
Politik $u_0(x)$, die folgende einfache, aber nichtlineare Form hat
(vgl. EPPEN und FAMA [2]):

$$u_0(x) = \begin{cases} t-x & \text{für} & x < t \\ 0 & & t \leq x \leq z \\ z-x & & x > z \quad \text{mit } t \leq z \end{cases} \qquad (3.1)$$

Die optimale Politik ist durch zwei Parameter, die sog. Umkehrpunkte t und z charakterisiert. Diese (t,z)-Politik besagt: Ist
zu Beginn einer Periode der Lagerbestand kleiner als t, dann
fülle man das Lager bis zur Menge t auf, ist der Lagerbestand
größer als z, dann vermindere man das Lager bis zur Menge z
(durch negative Produktion), und liegt das Lager schließlich
zwischen t und z, dann ändere man den Lagerbestand nicht!
Die (t,z)-Politik hat folgende graphische Form:

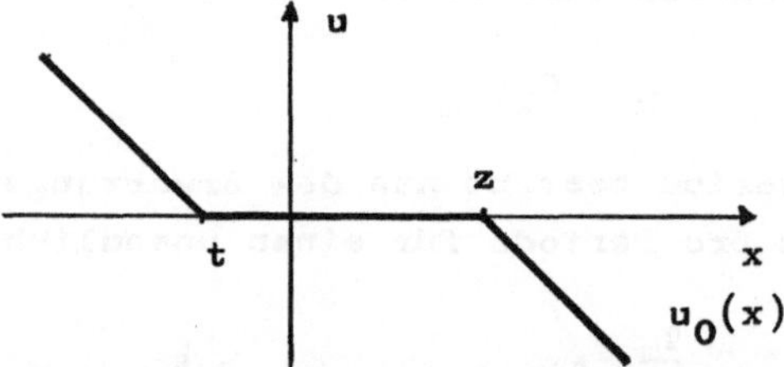

Die Umkehrpunkte t und z sind natürlich Funktionen der Kostenparameter p,q,h und v aus (2.4) und der Nachfragestreuung σ_r^2.
Trotz der einfachen Struktur der Politik lassen sich diese Abhängigkeiten aber nicht analytisch bestimmen, sondern sie können
nur numerisch ermittelt werden. Die günstigste Methode hierfür
liefert die Wertiteration des Dynamischen Programmierens. Für
das vorliegende Modell läßt sich damit ein Iterationsverfahren
entwickeln, mit dem die Werte für t und z auf einer elektro-
nischen Rechenanlage ohne großen Aufwand an Speicherplatz und
Rechenzeit zu erlangen sind (vgl. INDERFURTH [4]).

4. Die linearen Verfahren

Bei Anwendung von LE ist die Entscheidungsfunktion U(x) in (2.2)
auf lineare Funktionen beschränkt. Die Produktionsglättungs-

politik hat damit folgende Struktur:

$$u_1(x) = \varkappa \cdot (x-\mu) \qquad (4.1)$$

mit $-1 < \varkappa < 0$

Diese Politik besagt: Ist zu Beginn einer Periode mehr oder
weniger als ein bestimmter Bestand μ auf Lager, dann reagiere
man auf diese Abweichung vom kritischen Bestand μ dadurch, daß
man einen bestimmten Anteil $\varkappa$ dieser Abweichung durch (negative
oder positive) Produktion kompensiert. Wie bei der (t,z)-Politik
gibt es hier zwei Lösungsparameter, den Sicherheitslagerbestand
μ und den Kompensationskoeffizienten $\varkappa$.
Die lineare Politik hat folgende graphische Form:

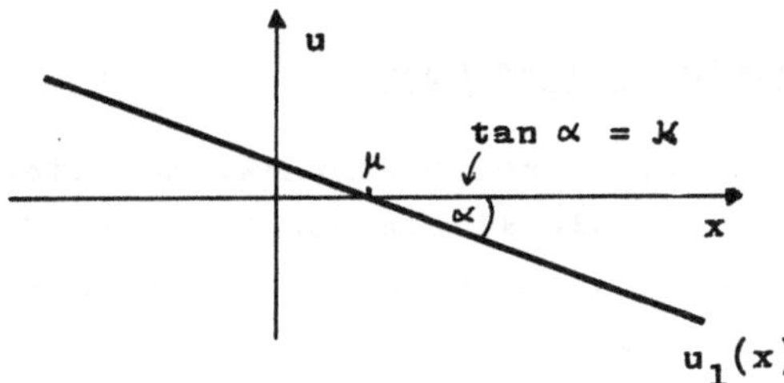

4.1. Das HMMS-Verfahren

Beim HMMS-Verfahren werden die tatsächlichen (hier stückweise
linearen) Kostenverläufe durch quadratische Funktionen approximiert, wie es etwa in folgender Graphik dargestellt ist:

Produktionskosten   Lagerhaltungskosten

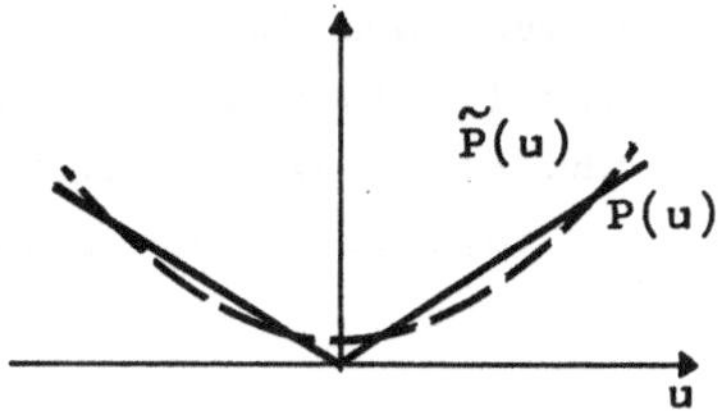

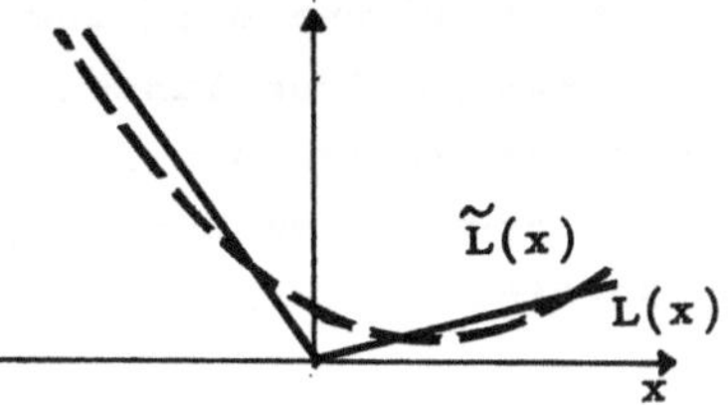

mit $P(u)$ und $L(x)$ aus (2.4) und mit

$$\tilde{P}(u) = c_u(u-b_u)^2 + a_u \quad \text{und} \quad \tilde{L}(x) = c_x \cdot (x-b_x)^2 + a_x \qquad (4.2)$$

Durch Einsetzen von (4.2) in das Kostenkriterium (2.3) erhält
man quadratische Durchschnittskosten $\tilde{K}$, die von den Anpassungskoeffizienten abhängen:

$$\tilde{K} = \tilde{F}(a_u, b_u, \ldots, c_x) \qquad (4.3)$$

Bei der Minimierung dieser modifizierten Kostenfunktion kann
man mit dynamischen Sicherheitsäquivalenten arbeiten. Als Lösung
erhält man wegen des quadratischen Kostenkriteriums eine lineare
Produktionsglättungspolitik, deren Parameter $\tilde{\varkappa}$ und $\tilde{\mu}$ einfache
analytische Funktionen eines Teils der Anpassungskoeffizienten
sind (vgl. THEIL [6]):

$$\tilde{\varkappa} = \tilde{G}\left(\frac{c_u}{c_x}\right) \quad \text{und} \quad \tilde{\mu} = b_x \qquad (4.4)$$

4.2. Das Schneeweiß-Verfahren

Beim Schneeweiß-Verfahren beschränkt man die möglichen Lösungen
von vornherein auf die Klasse der linearen Politiken und sucht
daraus diejenige Entscheidungsregel, die das exakte Kostenkriterium aus (2.3) minimiert.
Die optimale lineare Politik findet man über die stationären
Grenzverteilungen für die Zustands- und Entscheidungsvariable.
Weil laut Modell die stochastischen Variablen normalverteilt
sind, und weil Zustandstransformationsbeziehung (2.1) und Entscheidungsfunktion (4.1) linear sind, sind auch alle Zustands-
und Entscheidungsvariable normalverteilte Zufallsgrößen. Es
existieren stationäre Grenzverteilungen, die wiederum Normalverteilungen sind und sich somit durch Mittelwert und Varianz vollständig beschreiben lassen. Weil diese Mittelwerte und Varianzen
von den Parametern der linearen Politik abhängen, lassen sich
auch die erwarteten Durchschnittskosten im asymptotischen Fall
als Funktionen von μ und $\varkappa$ darstellen:

$$K_1 = F(\mu, \varkappa) \qquad (4.5)$$

Durch Minimierung dieser Kostenfunktion bezüglich μ und $\varkappa$ erhält man die optimalen Parameter der linearen Politik als einfache Funktionen der Kostenparameter und der Nachfragestreuung:

$$\mu^* = H(p,q,h,v,\sigma r) \quad \text{und} \quad \varkappa^* = G(p,q,h,v) \qquad (4.6)$$

Der Anwendungsbereich des Schneeweiß-Verfahrens ist dadurch beschränkt, daß es nur in Fällen mit unendlichem Planungshorizont
und normalverteilter (aber nicht notwendig unabhängiger!) Nachfrage benutzt werden kann. Diese Einschränkung ist aber nicht
allzu restriktiv, weil diese Bedingungen in der Praxis (wenigstens angenähert) häufig vorliegen.

4.3. Vergleich der beiden linearen Verfahren

Beim HMMS-Verfahren hängen $\tilde{\mu}$ und $\tilde{\varkappa}$, die Parameter der LE, allein
von der Form der quadratischen Anpassung ab (hier von b_x, c_x und
c_u). Kostenparameter und Nachfragestreuung werden explizit nicht
berücksichtigt, sondern gehen nur implizit in dieses Verfahren
ein, indem versucht wird, die tatsächlichen Kostenstrukturen
möglichst gut durch quadratische Funktionen zu approximieren.
Eine Methode, wie man diese Anpassung in Bezug auf die gegebenen
Kosten- und Nachfragedaten optimal durchführen kann, liefert das
HMMS-Verfahren nicht.
Beim Schneeweiß-Verfahren werden alle Informationen über die
Kosten- und Nachfragestruktur berücksichtigt, und es wird diejenige LE ermittelt, die in Bezug auf diese Daten optimal ist. Da-
mit liefert dieses Verfahren auch die optimalen Anpassungskoeffi-
zienten $(c_u/c_x)^*$ und b_x^* für die quadratische Approximation.
Abweichungen von dieser optimalen Approximation, wie sie beim
HMMS-Verfahren gewöhnlich auftreten, führen zu LE, die u.U. er-
heblich höhere Kosten verursachen als die optimale lineare Politik. Dies bestätigt die folgende Tabelle, in der die relative
Kostendifferenz $(K_1-K_1^*)/K_1^*$ [1] (in %) zwischen den beiden linearen
Verfahren in Abhängigkeit von den Anpassungskoeffizienten c_u/c_x
und b_x dargestellt ist:

---

[1] $\tilde{K}_1 = K_1(\tilde{\mu},\tilde{\varkappa})$ und $K_1^* = K_1(\mu^*,\varkappa^*)$ nach (4.5)

[2] σ^* ist die optimale Standardabweichung des Lagers bei Anwendung
von LE

b_x / c_u/c_x	$\mu^*-\sigma^*$ [2]	$\mu^*-\frac{1}{2}\sigma^*$	$b_x^*=\mu^*$	$\mu^*+\frac{1}{2}\sigma^*$	$\mu^*+\sigma^*$
$0,1\cdot\rho$	48	22	18	31	53
$0,5\cdot\rho$	30	8	2	10	28
$\rho=(c_u/c_x)^*$	28	7	0	6	22
$2\cdot\rho$	30	9	2	5	18
$10\cdot\rho$	45	28	18	18	24

5. Vergleich der optimalen LE und der AHM-Politik

Wenn auch das Schneeweiß-Verfahren die optimale LE liefert,
so kann diese Politik die gesamtoptimale AHM-Politik (hier
(t,z)-Politik) nur approximieren.
Aus numerischen Berechnungen geht hervor, daß der optimale
Sicherheitsbestand μ^* immer zwischen den beiden Umkehrpunkten
t und z liegt, und daß der Steigungswinkel α der linearen Entscheidungsfunktion um so größer ist, je näher die beiden Umkehrpunkte beieinanderliegen (nähere Angaben bei INDERFURTH [4]).
Damit ist schon aus der Graphik leicht zu sehen, daß die lineare Politik als Approximation der optimalen (t,z)-Politik
umso besser ist, je kleiner der Abstand zwischen den Umkehrpunkten t und z ist.

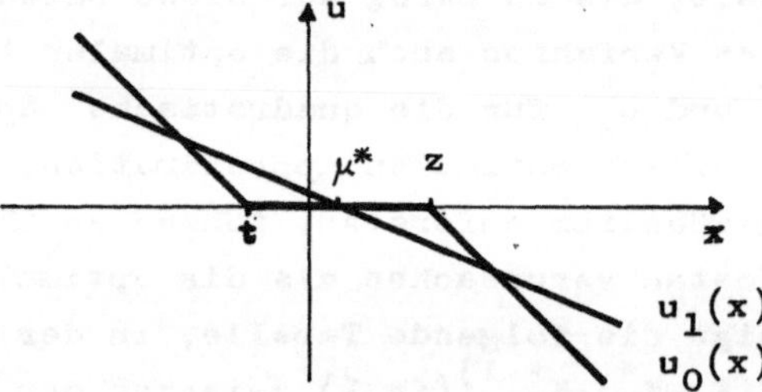

Maßstab für die Güte der linearen Approximation ist die relative Kostendifferenz $(K_1^*-K_0)/K_0$. [1] Diese Kostendifferenz ist
weder von der Nachfragestreuung noch vom absoluten Niveau der
Kostenparameter abhängig, sondern nur vom Verhältnis der Parameter p,q,h und v zueinander. In der folgenden Tabelle ist die

---

[1] K_0 sind die Kosten bei Anwendung der (t,z)-Politik.

Höhe der Kostendifferenz (in %) für Kostenstrukturen dargestellt wie sie in realen Kassenhaltungsproblemen mit täg-
licher Disposition auftreten:

$p=q$ \ v	$0,5 \cdot h$	h	$1,5 \cdot h$	$2 \cdot h$	$3 \cdot h$
$0,1 \cdot h$	0,5	0,2	0,2	0,2	0,2
h	6,5	4,8	4,1	3,7	3,1
$2 \cdot h$	9,3	7,6	6,9	6,5	6,0
$10 \cdot h$	12,9	11,5	11,2	11,8	12,6
$20 \cdot h$	13,2	12,0	12,3	12,9	14,2

Bemerkenswert ist, daß auch bei noch wesentlich stärkerer Erhöhung der Produktionskosten (p,q) gegenüber den Lagerkosten
(h,v) die Kostendifferenz nur noch unwesentlich zunimmt. Die
Ergebnisse zeigen also, daß für realistische Fälle die Kostendifferenz kaum über 10% hinausgeht, so daß die lineare Politik
durchaus zu brauchbaren Ergebnissen führt. Der Vorteil der Anwendung LE, nämlich die Ersetzung der stochastischen Variablen
durch Erwartungswertprognosen, die in der Praxis häufig unre-
flektiert und unzulässig vorgenommen wird, wird also kaum durch
Optimalitätsverlust gemindert.
Um allgemeinere Aussagen machen zu können, muß die Güte der linearen Approximation noch für Modelle mit komplizierterer Kostenstruktur (z.B. Fixkosten) und Nachfragebeziehung (z.B. Korrelation) untersucht werden. Die Ergebnisse für das hier betrachtete
einfache PGM lassen aber hoffen, daß auch in realistischeren
Fällen, in denen die optimale AHM-Lösung nicht mehr erhältlich
ist, die LE noch eine gute Approximation der optimalen Politik
darstellen.

Literatur:

[1] ARROW, K.J., T. HARRIS and T. MARSHAK: "Optimal Inventory
          Policy", Econometrica, Vol. 19, (1951),
          pp 250-272.

[2] EPPEN, G.D. and E.F. FAMA: "Cash Balance and Simple Dy-

namic Portfolio Problems with Proportional Costs",
International Economic Revue, Vol. 10, (1969),
pp 119-133.

[3] HOLT, C., F. MODIGLIANI, J.F. MUTH and H.A. SIMON: "Planning Production, Inventories, and Work Force", Prentice Hall, 1960.

[4] INDERFURTH, K.: "Zur Güte von Produktionsglättungsmodellen mit linearen Entscheidungsregeln", Diskussionsarbeit Nr. 10 des Quantitativ ökonomischen Kolloquiums (in der WE I des Fachbereichs 10 der Freien Universität Berlin), 1973.

[5] SCHNEEWEISS, Ch.: "Optimal Production Smoothing and Safety Inventory", Management Science, erscheint 1974

[6] THEIL, H.: "Optimal Decision Rules for Government and Industry", North Holland Publishing Company, Amsterdam, 1964.

BÖMKL – ein kosten- und erlösorientiertes betriebliches, rekursives Mehrgleichungsmodell
L. Kruschwitz und H.-J. Lenz, Berlin

Summary

The microeconometric model BÖMKL describes an n-stage multiproduct firm. Production is modelled by input-output-technology and the firm operates in oligopolistic markets. BÖMKL is designed for the short run, i.e. technology, capacities and work forces are assumed to be constant. The model is based on nominal values and uses as a performance index the gross-profit of the period summed over the planning horizon. From the formal point of view BÖMKL is a dynamic, stochastic, and recursive system. Control is introduced by application of Simon-Theil's certainty equivalences or by Monte-Carlo-simulation.

1. Einleitung

Unter Betriebsökonometrie wird das modellmäßige Abbilden eines Betriebes in der Form eines stochastischen Beziehungsgefüges zwischen kontrollierten und nicht-kontrollierten Variablen (x bzw. y verstanden. Stellt ε Störvariablen dar, so kann die Unternehmung durch das folgende System Γ stochastischer Gleichungen beschrieben werden:

$$(1.1) \qquad \Gamma(x,y) = \varepsilon$$

Mit derartigen betriebsökonometrischen Modellen (BÖM) werden folgende Ziele verfolgt: erstens betriebliche Parameter zu schätzen, zweitens betriebswirtschaftliche Hypothesen zu prüfen, drittens betriebliche Prognosen aufzustellen und schließlich erfolgversprechende Unternehmungspolitiken zu entwickeln.
Sieht man von deterministischen betrieblichen Modellen

$$(1.2) \qquad \Gamma(x,y) = 0$$

ab, so beschränkt man sich in der Literatur einerseits darauf,

444

allgemeine Aspekte betriebsökonometrischer Modelle zu diskutieren
[1,2] , andererseits sind hauptsächlich betriebliche Einzelglei-
chungen - insbesondere Kostenfunktionen - aufgestellt und geschätzt worden (z.B. [3,4]). Ein ökonometrisches Mehrgleichungs-
system einer Zwei-Produkt-Unternehmung ist u.W. erstmalig von
MARSCH [5] formuliert worden. Dieses Modell ist u.a. dadurch gekennzeichnet, daß nur Produktionsmengen als exogene Variable auftreten, daß Lagerbestandsveränderungen und die Technologie explizit unberücksichtigt bleiben und daß aufgrund einer allzu engen
Anlehnung an die klassische Betriebsabrechnung eine Reihe von
Kalkulationsgrößen im Modell auftreten, die sich letztlich gegenseitig aufheben.
Mit BÖMKL wird der Versuch unternommen, einige bei MARSCH auftretende Schwächen betriebsökonometrischer Modellbildung zu überwinden. Insbesondere werden die technologischen Beziehungen dadurch berücksichtigt, daß die Leistungsverflechtungen durch ein
statisches, offenes Input-Output-Modell abgebildet (vgl. [6,7,
8,9]), sowie Nachfragefunktionen auf unvollkommenen Faktormärk-
ten und Lagerbestände in das Modell eingebaut werden.

2. Grundannahmen des Modells

BÖMKL bildet eine industrielle Mehrproduktunternehmung der Ma-
schinenbaubranche mit Massen- oder Serienfertigung ab. Die Pro-
duktionsfunktion der Unternehmung ist linear und limitational;
die Produktion einer größeren Anzahl von Endprodukten ist mehr-
stufig und wechselseitig verflochten. Es wird unterstellt, daß
jede Produktionsstelle genau eine Produktart erzeugt (vgl. [9]).
Die Unternehmung sieht sich unvollkommenen Märkten auf der Be-
schaffungs- und Absatzseite gegenüber. Die Finanzsphäre bleibt
unberücksichtigt (vgl. jedoch Kap. 7 hierzu).
BÖMKL lehnt sich an das Grundmodell der betrieblichen periodischen Kosten- und Erlösrechnung an. Dabei wird angenommen, daß
innerhalb des Beobachtungs- und Planungszeitraums die Kapazitäten
und die Technologie sowie der Personalbestand konstant bleiben.
Das Modell ist also für die kurze Periode konstruiert. Da außerdem
alle im Modell auftretenden Nominalwerte auf den Index der Erzeu-
gerpreise industrieller Produkte bezogen sind, ist BÖMKL als
stationäres Modell anzusehen.

Vom ökonometrischen Standpunkt aus gesehen, handelt es sich um
ein rekursives Gleichungssystem, dessen vorherbestimmte Variablen
teilweise nicht kontrollierbar sind.

Unter dem Gesichtspunkt der Steuerung werden die Instrumentalvariablen (kontrollierbare Variable) so festgelegt, daß der
erwartete Bruttobetriebserfolg unter Berücksichtigung von Faktor-
und Kapazitätsbeschränkungen im gesamten Planungszeitraum maximiert wird. Zur Lösung wird ein Monte-Carlo-Verfahren herangezogen.

Gibt ein quadratisches Kriterium mit einem Plangewinn als Füh-
rungsgröße (z.B. Dividendenversprechen) die Entscheidungssituation angemessen wieder, so läßt sich die Steuerung mit Hilfe
Simon-Theil'scher Sicherheitsäquivalente lösen, vorausgesetzt,
daß das betriebsökonometrische Modell linearisiert wird und nur
einseitige Beschränkungen des Steuerraums wirksam sind.

3. BÖMKL-Graph

Der BÖMKL-Graph veranschaulicht die Beziehungen, die zwischen
den in den einzelnen Gleichungen auftretenden Variablen bestehen. Dabei bedeutet ein von einer Variablen zu einer anderen
führender Pfeil, daß die erste die letztere beeinflußt.

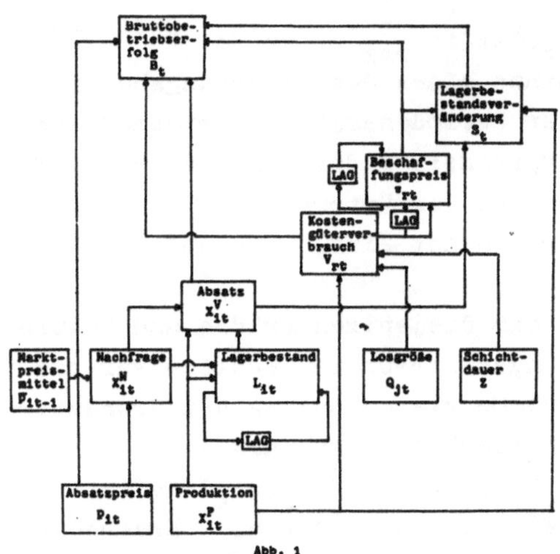

Abb. 1
BÖMKL - Graph

Endogene Variable: B_t, S_t, V_{rt}, w_{rt}, X_{it}^N, L_{it}, X_{it}^V

Exogene Variable : P_{it}, X_{it}^P, Q_{jt}, $\bar{P}_{it-1}$, z

Verzögerte Variable: V_{rt-1}, w_{rt-1}, L_{it-1}

4. System der strukturellen Gleichungen

1. Definitorische Identitäten

(4.1) Bruttobetriebserfolg (Deckungsbeitrag)
$$B_t := \sum_{i=1}^{n} p_{it} X_{it}^V - \sum_{r=1}^{m} V_{rt} \pi_{rt} + S_t$$

(4.2) Lagerbestandsveränderung
$$S_t := \sum_{i=1}^{n} (X_{it}^P - X_{it}^V)(\sum_{r=1}^{m} v_{ri} \pi_{rt})$$

(4.3) Absatzfunktion
$$X_{it}^V := \begin{cases} X_{it}^N & \text{falls } X_{it}^N \leq L_{it-1} + X_{it}^P \\ L_{it-1} + X_{it}^P & " \quad 0 \leq L_{it-1} + X_{it}^P < X_{it}^N \\ X_{it}^P & " \quad L_{it-1} + X_{it}^P < 0 \end{cases}$$

2. Technisch-wirtschaftliche Beziehung

(4.4) Verbrauchsfunktion
$$V_{rt} = \sum_{i=1}^{n} v_{ri} X_{it}^P + w_{r1} Z + \sum_{j=2}^{n+1} w_{rj} Q_{j-1t} + \varepsilon_{rt}$$

3. Verhaltensfunktionen

(4.5) Preis-Beschaffungs-Funktion
$$\pi_{rt} = \alpha_r + \beta_r V_{rt} + \gamma_r \sum_{i \in I_k} V_{1t-1} \pi_{1t-1} + \varepsilon_{m+rt}$$

(4.6) Nachfragefunktion
$$X_{it}^N = a_1 + b_1 p_{it} + c_1 (\overline{p}_{it-1} - p_{it}) + \varepsilon_{2m+it}$$

4. Bestandsgleichung

(4.7) Lagerbestandsfunktion
$$L_{it} = L_{it-1} + X_{it}^P - X_{it}^N$$

5. Nebenbedingungen

(4.8) Kapazitätsbeschränkungen
$$\sum_{i=1}^{n} b^{ji} X_{it}^P \leq k_j - \sum_{i=1}^{n} b^{ji} (u_j Z + v_j Q_{jt})$$

(4.9) Faktormengenbeschränkungen
$$\sum_{i=1}^{n} v_{ri} X_{it}^P \leq f_r - w_{r1} Z - \sum_{j=2}^{n+1} w_{rj} Q_{j-1t}$$

(4.10) Nicht-Negativitäts-Bedingungen
$$X_{it}^P, p_{it} \geq 0$$

5. Modellerläuterungen

Gleichung (4.1) $B_t := \sum_{i=1}^{n} p_{it} X_{it}^V - \sum_{r=1}^{m} V_{rt} \pi_{rt} + S_t$ definiert den Bruttobetriebserfolg B_t im Sinne eines Gesamtdeckungsbeitrags der Unternehmung als Saldo der Periodenerlöse, Periodenkosten und der wertmäßigen Bestandsveränderung der Periode. Da die Fixkosten der Periode für die Steuerung der Unternehmung auf Grund der oben getroffenen Annahmen irrelevant sind, wird auf ihre Erfassung vollständig verzichtet.

Es wird unterstellt, daß diejenigen Erlöse und Kosten erfaßt werden, die im Betrachtungszeitraum tatsächlich verursacht werden (vgl. Abgrenzungsprobleme wie Anzahlung bei Großaufträgen, Problem der zeitbedingten Abschreibungen usw.).

Gleichung (4.2) $S_t := \sum_{i=1}^{n} (X_{it}^P - X_{it}^V)(\sum_{r=1}^{m} v_{ri} \pi_{rt})$ definiert die Bestandsveränderung S_t der Periode t als über alle Erzeugnisarten aggregiertes Produkt von Menge und Wert. Die Mengenkomponente des i-ten Erzeugnisses $X_{it}^P - X_{it}^V$ ergibt sich als Differenz zwischen den produzierten und verkauften Stückzahlen. Während die Produktionsmengen

X_{1t}^P von der Unternehmung nach einem weiter unten näher spezifizierten Zielkriterium festgelegt werden, sind die Verkaufsmengen durch Gleichung (4.3) bestimmt.

Die Bewertung mengenmäßiger Bestandsveränderungen erfolgt auf der Basis der stückzahlproportionalen Kosten, zu denen Kostenarten wie Material- und Lohneinzelkosten und proportional variierende Gemeinkosten gehören. Dies entspricht der Bewertungskonzeption der Deckungsbeitragsrechnung. Dabei wird der Wertansatz der i-ten Erzeugnisart in der t-ten Periode $\sum_{r=1}^{m} v_{ri} \pi_{rt}$ dadurch gewonnen, daß die zu einer Einheit des i-ten Erzeugnisses gehörende Inputmenge v_{ri} mit ihrem Beschaffungspreis π_{rt} multipliziert und über alle m Inputarten des Erzeugnisses summiert wird. Die v_{ri} werden aus dem Produkt der inversen Koeffizientenmatrix der Leistungsverflechtung $\mathcal{L}_{11}^{-1}$ mit der Koeffizientenmatrix der primären Inputs $\mathcal{L}_{21}$ gewonnen, wie weiter unten ausführlich erläutert wird. Die Beschaffungspreise π_{rt} werden durch Gleichung (4.5) erklärt.

Gleichung (4.3) definiert die Verkaufsmengen des i-ten Erzeugnisses in der t-ten Periode (X_{1t}^V) als stückweis lineare Funktion in Abhängigkeit von der Nachfrage X_{1t}^N, Produktion X_{1t}^P und des Lageranfangsbestandes L_{1t-1}.

Gleichung (4.4) $V_{rt} = \sum_{i=1}^{n} v_{ri} X_{1t}^P + w_{r1} Z + \sum_{j=2}^{n+1} w_{rj} Q_{j-1t} + \varepsilon_{rt}$ erklärt den (mengenmäßigen) Input der r-ten Faktorart in der Periode t (V_{rt}). Da in der Verbrauchsfunktion kein Absolutglied auftritt, handelt es sich um die Mengenkomponente der variablen Periodenkosten. Der Verbrauchsfunktion liegt das folgende Input-Output-Modell zu Grunde (vgl.[7,8,9]):

Die Unternehmung besteht aus n Produktionsstellen, die bis zu m primäre Inputs wie Arbeitsleistungen, Werkstoffe, fremdbezogene Energien, Abschreibungen usw. beziehen, sich wechselseitig beliefern und n Endprodukte erzeugen. Es wird angenommen, daß die Leistungsabgabe der i-ten an die j-te Produktionsstelle X_{ij} (aus Gründen der Übersichtlichkeit werden der Index t und die Kennung P fortgelassen) proportional zum Durchsatz der belieferten Stelle (D_j), zur Betriebs- oder Schichtzeit Z und zur Fertigungslosgröße der liefernden Stelle (Q_i) ist. Man kann dann ansetzen:

$$(5.1) \quad X_{ij} = b_{ij} D_j + \mu_{ij} Z + \varphi_{ij} Q_i \qquad (i,j=1(1)n; i \neq j)$$

Da für den Durchsatz der i-ten Abteilung (D_i) die Budgetgleichung

$$(5.2) \quad D_i = X_{ii} + \sum_{\substack{j=1 \\ i \neq j}}^{n} X_{ij} = X_{ii} + \sum_{\substack{j=1 \\ i \neq j}}^{n} b_{ij} D_j + \mu_i Z + \varphi_i Q_i \qquad (i=1(1)n)$$

gilt, kann man das Gleichungssystem auf die Form bringen:

$$(5.3) \quad \varkappa = \mathscr{L}_{11} \vartheta + \mathscr{L}_{12} q$$

Daraus läßt sich die Abhängigkeit des Durchsatzvektors ϑ vom Fertigproduktvektor $\varkappa$ eindeutig bestimmen, falls die inverse Koeffizientenmatrix der Leistungsverflechtung $\mathscr{L}_{11}^{-1}$ existiert:

$$(5.4) \quad \vartheta = \mathscr{L}_{11}^{-1}(\varkappa - \mathscr{L}_{12} q) = \mathscr{L}_{11}^{-1} \varkappa - \mathscr{L}_{11}^{-1} \mathscr{L}_{12} q$$

Nimmt man an, daß sich der primäre Input V_r proportional zu den Durchsätzen D_j, zur Betriebszeit Z und zur Losgröße Q_j verhält, so erhält man die Beziehung :

$$(5.5) \quad V = \mathscr{L}_{21} \vartheta + \mathscr{L}_{22} q$$

Setzt man (5.4) in (5.5) ein, so folgt:

$$(5.6) \quad V = \mathscr{L}_{21}(\mathscr{L}_{11}^{-1} \varkappa - \mathscr{L}_{11}^{-1} \mathscr{L}_{12} q) + \mathscr{L}_{22} q = \mathscr{L}_{21} \mathscr{L}_{11}^{-1} \varkappa + (\mathscr{L}_{22} - \mathscr{L}_{21} \mathscr{L}_{11}^{-1} \mathscr{L}_{12}) q$$

Aus Vereinfachungsgründen wird ein Element der Matrix $\mathscr{L}_{21} \mathscr{L}_{11}^{-1}$ mit v_{ri} und ein Element der Matrix $\mathscr{L}_{22} - \mathscr{L}_{21} \mathscr{L}_{11}^{-1} \mathscr{L}_{12}$ mit w_{rj} bezeichnet. Die durch die Einflußgrößen X_{it}, Z und Q_{jt} nicht erfaßten Verbrauchsmengen werden durch die Störvariablen ε_{rt} berücksichtigt, so daß (5.6) folgendermaßen stochastisiert wird:

$$(5.7) \quad V = \mathscr{L}_{21} \mathscr{L}_{11}^{-1} \varkappa + (\mathscr{L}_{22} - \mathscr{L}_{21} \mathscr{L}_{11}^{-1} \mathscr{L}_{12}) q + \varepsilon$$

Der Verbrauch einer Faktorart V_{rt} setzt sich damit aus einem produktmengenproportionalen Anteil und einem Anteil zusammen, der proportional zur Schichtzeit Z und zu den Losgrößen Q_{jt} variiert. Während die produktmengenproportionalen Kosten dem klassischen Ansatz der Kostentheorie entsprechen und damit Einsatzgüterarten wie Fertigungsmaterial, Fertigungslohn, Energien und verbrauchsbedingte Abschreibungen erfassen, sollen durch die Einflußgröße Losgröße die auftragsfixen Kosten erfaßt werden (Auftragsvorbereitung, Werkzeuge, Konstruktionen usw.). Bei den betriebszeitproportionalen Einsatzgütern handelt es sich schließlich um Dampf, Strom , Wasser, Licht und sonstige Versorgungsleistungen. Gleichung (4.5) $\pi_{rt} = \alpha_r + \beta_r V_{rt} + \gamma_r \sum_{l\in I_k} V_{lt-1} \pi_{lt-1} + \varepsilon_{m+rt}$ beschreibt die Abhängigkeit der Beschaffungspreise der r-ten primären Inputart in der Periode t (π_{rt}). Es wird von unvollkommenen Faktor-

märkten ausgegangen. Ferner wird unterstellt, daß eine Faktorart
nur bei einem Lieferanten gekauft wird, daß aber gleichzeitig vom
k-ten Lieferanten mehrere Faktorarten, deren Indizes zur Indexmenge I_k zusammengefaßt werden, bezogen werden können. Der Beschaffungspreis setzt sich aus einem faktorindividuellen Grundpreis α_r,
der Beschaffungsmenge dieser Faktorart in der t-ten Periode (V_{rt})
und dem Umsatz der Vorperiode $\sum_{l \in I_k} V_{lt-1} \pi_{lt-1}$ zusammen, der mit dem-
jenigen Lieferanten erzielt worden ist, bei dem die r-te Faktor-
art gekauft wird. Im Hinblick auf Roh-, Hilfs- und Betriebsstoffe
sowie Energien soll damit erfaßt werden, daß die Lieferanten Men-
genrabatte sowie umsatzabhängige Treuerabatte bzw. Boni gewähren.
Da solche Rabatte im allgemeinen in Staffelform eingeräumt werden,
beschreibt Gleichung (4.5) diesen Zusammenhang approximativ linear.
Der dabei auftretende Fehler wird mit im Störterm ε_{m+rt} berücksichtigt. Für solche Faktoren, bei denen keine Rabatte oder sonstige
mengenabhängige Preisvorteile erzielt werden können - hier ist besonders an Lohnsätze zu denken -, sind die Parameter β_r und γ_r identisch Null. Es wird also unterstellt, daß der Reallohnsatz innerhalb eines kurzen Betrachtungszeitraums um α_r schwankt.
Gleichung (4.6) $X_{1t}^N = a_1 + b_1 p_{1t} + c_1 (\bar{p}_{1t} - p_{1t}) + \varepsilon_{2m+1t}$ erklärt die Nach-
frage-Preis-Funktion auf einem oligopolistischen Markt. Die Nach-
frage nach dem i-ten Gut in der Periode t (X_{1t}^N) setzt sich aus einer unternehmungsindividuellen Grundnachfrage a_1 (Standort, akqui-
sitorisches Potential), dem von der Unternehmung gesetzten Preis
der laufenden Periode p_{1t} und dessen "Abstand" zum Branchendurch-
schnitt der Vorperiode $(\bar{p}_{1t-1})$ zusammen.
Gleichung (4.7) $L_{1t} = L_{1t-1} + X_{1t}^P - X_{1t}^N$ gibt die Lagerbestandsglei-
chung wieder. Die Lagerbestände dürfen negative Werte annehmen
(Auftragsbestände). Es wird also von einem Lagerhaltungssystem mit
vorgemerkter Nachfrage ausgegangen.
Die Ungleichungen (4.8) bis (4.1o) stellen Nebenbedingungen für
die Steuerung dar. (4.8) besagt, daß die Durchsätze in den einzelnen Stellen die jeweiligen Kapazitäten nicht überschreiten dürfen.
Ungleichung (4.9) bedeutet, daß der Faktorverbrauch V_{rt} die Res-
source f_r nicht überschreitet. Die Nicht-Negativitätsbedingung
ergibt sich aus der Irreversibilität der Produktion.

6. Steuerung des Modells

Die Steuerung des betriebsökonometrischen Modells kann mit Hilfe
von Simon-Theil'schen Sicherheitsäquivalenten [10] oder auf dem
Wege der Simulation erfolgen.

Die Verwendung von Sicherheitsäquivalenten erfordert die Linearisierung des Gleichungssystems (4.1) bis (4.7), ein quadratisches
Zielkriterium und im allgemeinen den Verzicht auf Beschränkungen
der Steuerbereiche (vgl.(4.8) bis (4.10)). Da diesem Konzept Er-
wartungswertmaximierung zu Grunde liegt, erscheint insbesondere
für die kurze Periode die Modellsteuerung mit Hilfe von Monte-
Carlo-Verfahren zweckmäßiger, zumal selbst bei der Verwendung von
Sicherheitsäquivalenten simuliert werden muß, um die Sensibiliät
der Steuerung in Bezug auf Schätzfehler der Systemparameter zu
analysieren.

Auf der Grundlage des in Kap.5 erläuterten Verflechtungsmodells
sind ausschließlich zu Illustrationszwecken die Abhängigkeiten
zwischen Betriebserfolg B_t und den Instrumentalvariablen X_t^P bzw.
p_t untersucht worden. Unter Vernachlässigung von Schätzfehlern in
den Parametern, unter der Annahme um Null normalverteilter Störungen in den Gleichungen (mit endlicher Streuung) und für einen
Planungshorizont von einer Periode ergaben sich die folgenden
Zusammenhänge:

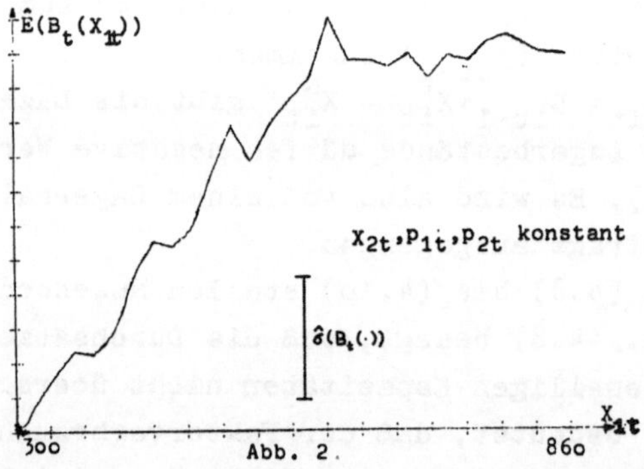

Abb. 2.

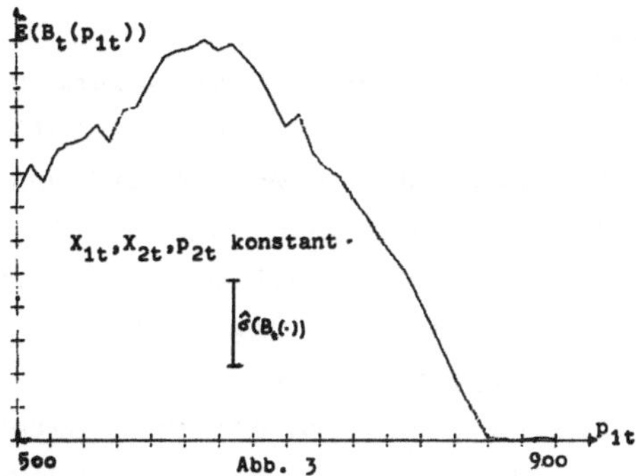

7. Modellerweiterungen

Die Finanzsphäre der Unternehmung kann durch die Einbeziehung
von Umsatzeinnahmnen U_t und Verbrauchsausgaben A_t in Form von
Distributed-Lag-Modellen modelliert werden(vgl.[11]):

$$(7.1) \qquad U_t = \sum_\tau \phi_\tau \sum_{i=1}^{n} P_{1t-\tau} X_{1t-\tau}^{V} + \epsilon_{Ut}$$

$$(7.2) \qquad A_t = \sum_\tau \delta_\tau \sum_{r=1}^{m} V_{rt-\tau} \pi_{rt-\tau} + \epsilon_{At}$$

Hinzu kommt die Liquiditätsbedingung, die unter Einbeziehung von
Beständen an liquiden Mittel (M_t) wie folgt lautet:

$$(7.3) \qquad M_{t-1} + U_t - A_t \geq 0$$

Des weiteren lassen sich der Leistungszusammenhang zeitlich struk-
turieren, eine Bestandsbewertung des Absatzproduktlagers einführen
und Beschaffungslager im Modell aufnehmen.

8. Schlußbemerkung

Es zeigt sich, daß die Variablen betriebsökonometrischer Modelle
sehr stark disaggregiert sind, was z.B. allein schon ein Vergleich
der Variablen "Produktion" in Makromodellen mit "Produktionsmenge
des i-ten Erzeugnisses" deutlich macht. Entsprechend hoch ist der
Anteil von Instrumentalvariablen in BÖM.
Da ganz im Gegensatz zu den klassischen Makromodellen Prognose
und Optimierung im Rahmen der Unternehmungspolitik einen anderen

452

Stellenwert haben als Schätzen und Testen von betrieblichen Parametern, kommt "vernünftigen" Zielfunktionen und Restriktionen besondere Bedeutung zu.

Schließlich ergeben sich spezielle Schätzprobleme dadurch, daß Allokationsprobleme (sehr geringe Variation von Einflußgrößen) auftreten. Besondere Steuerungsprobleme werden dadurch hervorgerufen, daß die Unbestimmtheit der Zielgrößen und der Steuerung selbst zunimmt, je weiter die berechneten (optimalen) Werte der Instrumentalvariablen vom zugehörigen Beobachtungsintervall, das der Parameterschätzung zu Grunde lag, entfernt sind.

Nicht unerwähnt soll bleiben, daß BÖM den rein deterministischen Modellen insofern überlegen ist, als sie wirksamere Sensibilitätsanalysen der Parameter und der Modellspezifikation ermöglichen. Denn ein Teil der Zufälligkeit (errors in the equation) wird explizit im Modell berücksichtigt.

Literaturhinweise

[1] Adam,A.:   "Probleme und Methoden einer Betriebsökonometrie",in: Statistische Vierteljahresschrift, 1956, S.101$_{ff}$

[2] Menges,G.:   "Elemente einer Betriebsökonometrie", in: Operations-Research-Verfahren,Bd.V, S.248$_{ff}$, Meisenheim 1968

[3] Dean,J.:   "Managerial Economics", New York 1951

[4] Johnston,J.:   "Statistical Cost Analysis", New York 1960

[5] Marsch,G.:   "Ein betriebsökonometrisches Prognosesystem und seine Auswirkungen auf den Entscheidungsprozeß im Industriebetrieb", Diss. FU Berlin, 1971

[6] Vaszonyi,A.:   "Die Planungsrechnung in Wirtschaft und Industrie", Wien, München 1962

[7] Schumann,J.:   "Input-Output-Analyse", Berlin-Heidelberg 1968

[8] Pichler,O.:   "Anwendung der Matrizenrechnung bei der Betriebskostenüberwachung",in: Anwendungen der Matrizenrechnung auf wirtschaftliche und

        statistische Probleme,hrsg.von A.Adam,
        Würzburg 1959

[9]   Dück,W.,   "Operationsforschung 3, Mathematische Grund-
       Bliefernich,M.   lagen, Methoden und Modelle", Berlin 1972
       (Hrsg.):

[10]   Theil,H.:   "Optimal Decision Rules for Government and
                         Industry", Amsterdam 1964

[11]   Langen,H.   "Der Betriebsprozeß in dynamischer Darstel-
                         lung", in: Zeitschrift für Betriebswirt-
                         schaft 38,1968, S.867$_{ff}$

Die Erfassung der Kapazitätsanpassung bei der sequentiellen Produktions- und Investitionsplanung mit Hilfe der Dynamischen Programmierung

M. Layer, Karlsruhe

Summary:

The object of a partial planning problem in sequential production planning and capital budgeting is a production project. Each production project includes one production activity as well as the hereby induced capital budgeting activities. This aggregation leads to an allocation problem of dynamic programming with variable resources.

The paper shows the different ways to treat the induced capital budgeting activities in those problems and the respective storage requirements. The result is that the adjustment of algorithm to the specific structure of the problem involves an important decrease in storage requirements.

1. Einführung

Die Notwendigkeit zur Erfassung der Kapazitätsanpassung in den Teilplanungsproblemen der sequentiellen Produktions- und Investitionsplanung ergibt sich aus folgender ökonomischer Problemstellung.

a) Ökonomische Problemstellung

Bei der sequentiellen Produktions- und Investitionsplanung wird das Gesamtplanungsproblem der Produktions- und Investitionsplanung in der Weise zerlegt, daß seine Lösung durch die Aneinanderreihung von Entscheidungen über einzelne Produktionsprojekte erreicht wird.

Ein Produktionsprojekt umfaßt jeweils eine Aktionsmöglichkeit der Produktionsplanung (z.B. die Hereinnahme eines Kundenauftrags) sowie die hierbei auftretenden Kapazitätsanpassungsmaßnahmen (z.B. die Beschaffung zusätzlicher Betriebsmittel).

Die Erreichung der Optimallösung des Gesamtplanungsproblems muß dadurch gesichert werden, daß durch die Anwendung der Dynamischen Programmierung (DP) das Optimalitätsprinzip eingehalten wird.

b) <u>Kennzeichnung des Problems für die Lösung mit Hilfe der DP</u>

Die sequentielle Produktions- und Investitionsplanung ist als Aufteilungspro-
blem der DP zu kennzeichnen, bei dem der aufzuteilende Bestand variiert werden
kann. Dies ergibt sich daraus, daß auf den einzelnen Stufen der DP sowohl

(1) die <u>Aufteilung</u> der einzusetzenden Kapazität auf die einzelnen Produktions-
    projekte als auch

(2) der <u>Umfang</u> der einzusetzenden Kapazität

erfolgsoptimal zu bestimmen sind.

Der Gesamtumfang der einzusetzenden Kapazität ist abhängig vom vorhandenen Kapazitätsbestand und dem Umfang der durchzuführenden Investitionen/Desinvestitionen
Es gilt

(1.1) $$Z \gtreqless X - Y$$

wobei Z : = Vorhandener Kapazitätsbestand
      X : = Gesamtumfang der einzusetzenden Kapazität
      Y : = Gesamtumfang der Investition/Desinvestition

Die Investition/Desinvestition darf hierbei einen bestimmten Steuerbereich nicht
überschreiten.

(1.2) $$Y \in S_Y$$

wobei S_Y: = Steuerbereich für die Investition/Desinvestition

Die Beziehungen (1.1) und (1.2) begrenzen den Aktionsraum der Produktions- und
Investitionsplanung. Die Erfassung des <u>zulässigen</u> Aktionsraums durch die Zustandsvariablen der DP kann daher alternativ mit Hilfe der einen oder der anderen
Seite von (1.1) erfolgen. Aus diesem Grund ist im folgenden zu zeigen, wie sich
die Wahl einer der Seiten auf die Problemformulierung auswirkt. Von großer praktischer Bedeutung ist ferner der erforderliche Speicherumfang der alternativen
Problemformulierung, der den Umfang numerisch lösbarer Probleme determiniert.Als
Indikator für den Speicherumfang wird jeweils die notwendige Zeilenzahl der Ergebnistabelle bestimmt.

2. <u>Die Erfassung der Kapazitätsanpassung durch die Definition von Zustandsvariablen für den Einsatz und die Investition</u>

Die Erfassung der Kapazitätsanpassung durch die rechte Seite der Beziehung (1.1)
erfordert die Definition von <u>Zustandsvariablen</u> für den Einsatz der Kapazität

und die Investition/Desinvestition.

a) Problemformulierung

Die Zielfunktion des Problems ergibt sich aus der Aufgabe, den Gewinn aus den Zuweisungen der einzusetzenden und der bereitzustellenden Kapazität zu den einzelnen Produktionsprojekten zu maximieren. Es gilt

$$(2.1) \quad G(x_1, \ldots, x_N, y_1, \ldots, y_N) = \sum_{i=1}^{N} g_i(x_i, y_i) \rightarrow \text{Max !}$$

wobei $G := $ Gesamterfolg des Produktions- und Investitionsprogramms

$x_i := $ Umfang der für Aktivität i einzusetzenden Kapazität

$y_i := $ Umfang der bei Aktivität i bereitzustellenden Kapazität

$N := $ Zahl der Aktivitäten

$g_i := $ Erfolgsbeitrag der Aktivität i

Die Summe der bei den einzelnen Produktionsprojekten einzusetzenden Kapazität muß dem Gesamtumfang der einzusetzenden Kapazität entsprechen, wobei die x_i innerhalb eines bestimmten Steuerbereichs liegen müssen. Dasselbe gilt für die Einzelzuweisungen der bereitzustellenden Kapazität. Es gelten die Beziehungen

$$(2.2) \quad \sum_{i=1}^{N} x_i = X$$

$$(2.3) \quad x_i \in S_{xi}$$

$$(2.4) \quad \sum_{i=1}^{N} y_i = Y$$

$$(2.5) \quad y_i \in S_{yi}$$

sowie

$$(1.1) \quad Z \overset{\geq}{=} X - Y$$

$$(1.2) \quad Y \in S_Y$$

wobei $S_{xi} := $ Steuerbereich für die Allokation der einzusetzenden Kapazität zur Aktivität i

$S_{yi} := $ Steuerbereich für die Allokation der bereitzustellenden Kapazität bei Aktivität i

Die Rekursionsbeziehung, die die Verbindung zwischen zwei Teilplanungsproblemen der DP herstellt, bestimmt den optimalen Gesamtertrag aller Aktivitäten aus den alternativ zulässigen Zuweisungen zur Aktivität N unter der Voraussetzung, daß der optimale Gesamterfolg für die restlichen Aktivitäten aus der Aufteilung des verbliebenen Aktionsraums bereits bestimmt ist. Es gilt

$$(2.6) \quad f_N(X, Y) = \max_{\substack{x_N \in S_{xN} \\ y_N \in S_{xN}}} \{g_N(x_N, y_N) + f_{N-1}(X-x_N, Y-y_N)\}$$

wobei f_N : = Funktion der erfolgsoptimalen Zuweisungen zu N Aktivitäten.

b) Zeilenzahl der Ergebnistabelle

Die Verwendung von zwei Zustandsvariablen führt zu einem zweidimensionalen Allokationsproblem, bei dem im Algorithmus die Möglichkeit vorgesehen werden muß, jede zulässige Zuweisungsquantität x_i mit jeder zulässigen Zuweisungsquantität y_i zu kombinieren. Die Zahl der notwendigen Rechenschritte für jedes zulässige X ergibt sich aus dem jeweils zulässigen Variationsspielraum ($X-a_{iXmin}$) und der Schrittweite der Allokation. Der Variationsspielraum der Kapazitätsanpassung resultiert aus der maximalen Investition und der maximalen Desinvestition. Es gilt

$$(2.7) \quad U = \sum_{X \in \{A_X, A_X+D_X, \ldots, B_X\}} \left(\frac{X-a_{iXmin}}{D_X} + 1 \right) \left(\frac{Y_{max}-(-Y_{max})}{D_Y} + 1 \right)$$

mit

$$(2.8) \qquad\qquad A_X = a_{iXmin}$$

$$(2.9) \qquad\qquad B_X = Z + Y_{max}$$

wobei U : = Anzahl der Zeilen der Ergebnistabelle

A_X : = Mindestumfang der einzusetzenden Kapazität

D_X : = Schrittweite bei der Variation der einzusetzenden Kapazität

B_X : = Maximalumfang der einzusetzenden Kapazität

a_{iXmin} : = Minimum der bei einer einzelnen Aktivität einzusetzenden Mindestkapazität

Y_{max} : = Maximaler Investitionsumfang

$-Y_{max}$: = Schrittweite bei der Variation der bereitzustellenden Kapazität

3. Die Erfassung der Kapazitätsanpassung durch die Definition von Steuervariablen für den Einsatz und die Investition

Die zweite Möglichkeit zur Erfassung der Kapazitätsanpassung besteht - ausgehend von der linken Seite der Beziehung (1.1) - in der Definition einer Zustandsvariablen für den Kapazitätsbestand und zweier <u>Steuervariablen</u> für den Gesamtumfang des Einsatzes und der Kapazitätsbereitstellung.

a) Problemformulierung

Bei der Definition einer Steuervariablen für den Bereitstellungsumfang sind Investitionen als positive y_i, Desinvestitionen als negative y_i zu definieren. Die Allokationsquantität des Kapazitätsbestands beläuft sich auf einer beliebigen Stufe i des Allokationsprozesses auf (x_i-y_i), da Investitionen dem "Verbrauch" des Kapazitätsbestands entgegenwirken. Die Rekursionsbeziehung lautet bei dieser Art der Problemformulierung

$$(3.1) \quad f_N(Z) = \max_{\substack{x_N \in S_{xN} \\ y_N \in A_{yN}}} \{g_N(x_N,y_N) + f_{N-1}[Z-(x_N-y_N)]\}$$

b) Zeilenzahl der Ergebnistabelle

Bei der Ermittlung der notwendigen Zeilenzahl ist zu erfassen, daß der als Zustandsvariable dienende Kapazitätsbestand zwischen der Untergrenze $\bar{Z}$ und der Obergrenze Z_{max} zu variieren ist. Für jeden alternativ anzusetzenden Kapazitätsbestand ergibt sich die Zeilenzahl aus dem Umfang des Bestands, der maximalen Investition und dem Mindestumfang des Einsatzes. Außerdem müssen noch Zeilen für rechnerisch notwendige Überschuß-Investitionen vorgesehen werden. Die Zeilenzahl ergibt sich aus

$$(3.2) \quad U = \sum_{Z' \in \{\bar{Z},\ \bar{Z}+D_Y,\ldots,\ Z_{max}\}} (\frac{Z'+Y_{max}-a_{iXmin}}{D_X} + 1) + \sum_{Y \in \{A_Y, A_Y+D_Y,\ldots,\ B_Y\}} (\frac{Y-D_Y}{D_X} + 1)$$

mit

$$(3.3) \qquad a_{iXmin} \geqq \bar{Z} > (a_{iXmin} - D_Y)$$

$$(3.4) \quad \min \{b_{iXmax},\ Z+Y_{max}\} \leqq Z_{max} < (b_{iXmax} + D_Y)$$

> wobei Z' : = Kapazitätsbestand bei der Variation der Zustandsvariablen
>
> $\bar{Z}$: = Mindestumfang des zu variierenden Kapazitätsbestands
>
> Z_{max} : = Maximalumfang des zu variierenden Kapazitätsbestands
>
> A_Y : = Mindestumfang der bereitzustellenden Kapazität

$$B_Y \qquad : = \text{Maximalumfang der bereitzustellenden Kapazität}$$

$$b_{iXmax} \qquad : = \text{Maximum des bei einer einzelnen Aktivität einzusetzenden Maximalumfangs}$$

In einem Rechenbeispiel ergab sich aus (3.2) U = 280 gegenüber U = 4921 aus Gleichung (2.7).

4. Die Erfassung der Kapazitätsanpassung durch die Definition einer Zustands- und Steuervariablen für den Einsatz und die Definition einer Investitionsaktivität

Eine noch weitergehende Verringerung des Speicherumfangs ist erreichbar, wenn unter Ausnutzung der spezifischen Problemstruktur der Produktions- und Investitionsplanung der Einsatzumfang als Zustandsvariable verwendet und eine zusätzliche Investitionsaktivität definiert wird. Dieses Vorgehen ist zulässig, weil die Produktions- und Investitionsplanung folgende Merkmale aufweist:

(1) Die Investitionsausgaben für identische Investitionsobjekte sind unabhängig von der Aktivität i, bei der sie rechnerisch realisiert werden. Die Ertragsfunktion des Produktionsprojekts i ist daher in die Ertragsfunktion der Verwendungsaktivität und die Ertragsfunktion der Investitionsaktivität zerlegbar. Es gilt

$$(4.1) \qquad g_i(x_i, y_i) = g_i'(x_i) + g_i''(y_i)$$

wobei g_i' : = Erfolgsbeitrag der Verwendungsaktivität i

$\quad\ \ g_i''$: = Erfolgsbeitrag der Investitionsaktivität i

Die Unabhängigkeit der Investitionsausgaben bewirkt weiter, daß

$$(4.2) \quad g_1''(y_1) = g_2''(y_2) = \ldots = g_N''(y_N) = g''(Y) = g''(X-Z)$$

mit

$$(4.3) \qquad y_i \neq 0, \ y_{i'} = 0 \qquad \begin{array}{l} \forall \ i = 1(1)N \\ \forall \ i' \in \{1, \ldots \ i-1, \ i+1, \ \ldots, \ N\} \end{array}$$

(2) Ferner gilt, daß die Investitionsausgaben für ein Investitionsobjekt nie kleiner sein können als die Desinvestitionseinnahmen aus der simultanen Desinvestition. Es gilt

$$(4.4) \qquad p'(Y) \geqq p''(Y)$$

wobei p' : = Investitionsausgaben

p'' : = Desinvestitionseinnahmen

Es ist daher lediglich die <u>notwendige</u> Kapazitätsbereitstellung zu erfassen.

Diese spezifische Problemstruktur führt zu folgender Problemformulierung.

a) <u>Problemformulierung</u>

Die Zielfunktion lautet

$$(4.5) \quad G(x_1,\ldots,x_N,y_1,\ldots,y_N) = \sum_{i=1}^{N} g_i'(x_i) + g''(Y) \to \text{Max !}$$

Es gelten die Nebenbedingungen (1.1), (1.2), (2.2) - (2.5).
Die Rekursionsbeziehung ist wie folgt zu schreiben:

$$(4.6) \quad f_N(X,Y) = \max_{x_N \in S_{xN}} \{g_N'(x_N) + f_{N-1}(X-x_N)\} + g''(Y)$$

Die Beschränkung auf eine einzige Zustands- und Steuervariable macht bei der Lösung folgendes Vorgehen notwendig:

(1) Die aufzuteilende Kapazität ist als <u>benötigte</u> Kapazität zu interpretieren.

(2) Das Verfahren zur Bestimmung des Erfolgsoptimums ist in die Allokations-phase und die Bereitstellungsphase aufzuteilen.

(3) Die Lösung des Gesamtplanungsproblems ergibt sich aus der zeilenweisen Addition des Ertrags aus der Aufteilung auf die Verwendungsaktivitäten und des "Ertrags" der Kapazitätsanpassung.

b) <u>Zeilenzahl der Ergebnistabelle</u>

Die Zeilenzahl der Ergebnistabelle wird bei Verwendung des einzusetzenden Gesamtumfangs der Kapazität als einziger Zustands- und Steuervariablen determiniert durch den maximalen Einsatzumfang und die Schrittweite bei der Variation des Einsatzumfangs. Es gilt

$$(4.7) \qquad U = \frac{B_X}{D_X} + 1$$

mit

$$(4.8) \qquad B_X = \min.\{b_{iXmax}, Z + Y_{max}\}$$

Für das erwähnte Rechenbeispiel ergibt sich aus (4.7) U = 37 Zeilen gegenüber 280 bzw. 4921 Zeilen ohne Anpassung des Algorithmus an die spezifische Problemstruktur.

5. Zusammenfassung

Der Vergleich der Bestimmungsgleichungen (2.7), (3.2) und (4.7) zeigt, wie
wichtig es ist, sämtliche Möglichkeiten zur Erfassung der Kapazitätsanpassung
bei der sequentiellen Produktions- und Investitionsplanung systematisch zu untersuchen. Die Erfassung mittels einer einzigen Zustands- und Steuervariable
ist ferner der Beweis dafür, welche Verbesserungen durch die konsequente Anpassung des Algorithmus an die spezifische Problemstruktur erreicht werden
können. Die Speicherplatzverminderung führt zu einer erheblichen Ausdehnung
der numerisch lösbaren Planungsprobleme. Die gezeigten Unterschiede im erforderlichen Speicherumfang verstärken sich bei zeitlich strukturierten Planungs-
zeiträumen und/oder mehreren Resourcen entsprechend der Zahl der Planperioden
und/oder der Zahl der Resourcen.

Evolutorische und stationäre Modelle mit variablen Zeitintervallen zur simultanen Produktions- und Ablaufplanung

D. B. Pressmar, Hamburg

1. Struktur und Planungsaufgabe

Wie die meisten Planungsprobleme der Unternehmung ist auch die Produktions- und Ablaufplanung von zwei Interdependenzphänomenen (siehe [Jacob 1964]) geprägt. Diese sollen als Sachinterdependenz und Zeitinterdependenz bezeichnet werden. In Abb. 1a sind anhand eines Strukturmodelles der industriellen Unternehmung die wichtigsten sachlichen Verflechtungen zwischen den vier grundlegenden Funktionsbereichen dargestellt. Ursache dieser Verflechtungen sind der Güterstrom und der Geldstrom. Das Netz des Informationsstromes ist aus Gründen der Vereinfachung weggelassen; er soll im folgenden Zusammenhang nicht in die Betrachtung einbezogen sein. Jede Aktivität in einem der Funktionsbereiche, insbesondere im Produktionsbereich, wird gleichermaßen von dem Güterstrom und dem Geldstrom beeinflußt, da beide Ströme im Beschaffungs- und Absatzbereich zwangsläufig miteinander gekoppelt werden.

Die Unternehmung steht mit ihrer ökonomischen Umwelt über die Beschaffungs-, Absatz und Kapitalmärkte in Verbindung. Diese üben von außen zusätzliche Einflüsse aus, die zu den innerbetrieblichen Sachzusammenhängen hinzukommen und so das gesamte Netz der Sachinterdependenzen bilden.
Als zweite Dimension des Interdependenzproblems kann die Zeitinterdependenz aufgefaßt werden. Sie ergibt sich, wie Abb. 1b zeigt, aus der Tatsache, daß jede für den Zeitpunkt t geplante Aktivität auf andere geplante Aktivitäten zu den Zeitpunkten $t - \Delta_1$ bzw. $t + \Delta_2$ Auswirkungen hat. Wegen dieses zeitlichen Zusammenhanges muß die Ablaufplanung aller Maßnahmen innerhalb des Planungszeitraumes gemeinsam vorgenommen werden. Planungstechnisch können dazu grundsätzlich zwei Ausprägungen eines dynamischen Modelles verwendet werden. Entsprechend der in Abb. 1b angedeuteten Unterteilung sollen sie als evolutorischer bzw. stationärer Modelltyp bezeichnet werden.
Im Gegensatz zum statischen Modell wird im dynamischen Modell die zeitliche Entwicklung der zu planenden realen Entscheidungssituation abgebildet. Die Entscheidungsvariablen des dynamischen Planungsmodells sind demnach Funktionen der Zeit. Wird der Vektor X der Entscheidungsvariablen betrachtet, so gilt für das evolutorische Modell:

$$X = \{ x_1(t), x_2(t), \ldots x_r(t), \ldots x_{rmax}(t) \},$$

wobei die $x_r(t)$ im einzelnen nicht spezifizierte Funktionen der Zeit sind.

Im stationären Modell gilt für den Entscheidungsvektor dagegen die Gleichgewichtsbedingung:

$$X(t) = X(t+nT); \quad n > 0, \text{ganzzahlig}; \quad T \geq 0;$$

dabei bezeichnet T [ZE] die Zyklusdauer des stationären Prozessablaufes.

Stationäre Planungsmodelle können naturgemäß nur dann angewandt werden, wenn die zu planende Entscheidungssituation im Zeitablauf eine stationäre Entwicklung zuläßt und der Übergang von dem nichtstationären in den stationären Zustand bei der Planung vernachlässigt werden kann. Wesentliche Voraussetzung für den Ablauf stationärer Entwicklungen ist in diesem Zusammenhang die Existenz stationärer Umweltbedingungen der Entscheidungssituation, wobei aus Gründen der Planungstechnik im allgemeinen statische, d.h. zeitunabhängige Randbedingungen gefordert werden müssen. Auch wenn solche Einschränkungen zu beachten sind, kommt dem stationären Modell insofern eine große Bedeutung zu, als es hinsichtlich des Planungsaufwandes erhebliche Vorteile bietet. Während im evolutorischen Modell die Zeitinterdependenz für den gesamten Planungszeitraum abgebildet werden muß, kann sich das stationäre Modell auf die Planung einer einzelnen Zyklusdauer beschränken, die im allgemeinen nur einen Bruchteil des vorgegebenen Planungszeitraumes umfaßt.

2. Dynamische Planungsmodelle auf der Grundlage entscheidungsabhängiger Zeitintervalle

Zeitinterdependenzen werden in dynamischen Planungsmodellen traditionell dadurch abgebildet, daß der Planungszeitraum a priori in (äquidistante) Zeitintervalle fester Länge unterteilt und auf der Grundlage dieses Zeitrasters das System der dynamischen Beziehungen zwischen den Zeitintervallen formuliert wird (vgl.[Krelle 1958],[Adam 1963]). Der inzwischen offenkundige Nachteil dieses Verfahrens (vgl. z.B. [Mensch 1968]) ergibt sich aus dem mit dieser Art der Intervallteilung verbundenen, nicht beherrschbaren Planungsaufwand. Sowohl die Zahl der Variablen als auch die Zahl der Nebenbedingungen erhöht sich proportional zur Anzahl der Zeitintervalle. Um eine akzeptable Modellisomorphie zu erzielen, muß dem Planungszeitraum ein feiner Zeitraster mit vielen Intervallen unterlegt werden. Wird diese Forderung erfüllt, entstehen Planungsmodelle, die wegen ihres Umfanges numerisch nicht mehr auszuwerten sind.

Anstelle der a priori fixierten Intervallteilung soll nun

ein variabler Zeitraster dem dynamischen Modell zugrundegelegt werden (vgl. Abb.2). Der Zeitraster ist so definiert, daß die Länge der Intervalle entscheidungsabhängig
im Rahmen der Modelloptimierung bestimmt wird. Auf diese
Weise gelingt es, die relative Kalenderzeit explizit als
Variable in das dynamische Planungsmodell einzuführen (siehe
[Pressmar 1973] sowie die dort angegebene Literatur).
Der Planungszeitraum wird in insgesamt τ_{max} Intervalle der
variablen Länge T_τ unterteilt. Anfang und Ende dieser Intervalle markieren jeweils Zeitpunkte, in denen sich bestimmte Variablen, z.B. Stromgrößen oder Leistungszustands-
größen der Produktionskapazitäten ändern können. Zwischen
diesen Zeitpunkten werden jene Variable als zeitlich konstant betrachtet.

Für die Belegung der Produktionskapazitäten ergibt sich das
in Abb.2 dargestellte Bild. In einem Intervall τ sind für
irgendein Aggregat i grundsätzlich drei Belegungszustände
einzeln oder in Kombinationen möglich: Leerlauf, Produktion
für $t_{\tau zsij}$ [ZE] oder Umrüstung für die Zeitdauer H_i [ZE].
Mithilfe von Definitionsrelationen muß im Planungsmodell dafür gesorgt werden, daß diese Variationsmöglichkeiten innerhalb des Zeitnetzes erhalten bleiben. Die Simultanität bei
der Planung zeit- und sachinterdependenter Zusammenhänge läßt
sich erreichen, wenn das für die Kapazitätsbelegung dargestellte Zeitnetz auf andere Funktionsbereiche der Unternehmung ausgedehnt wird. Wie Abb. 2 zeigt, lassen sich alle relevanten Verflechtungen auf der Grundlage eines aus drei Teilen zusammengesetzten Zustandsdiagramms darstellen. Auf der
Abszisse ist jeweils die Kalenderzeit abgetragen; die Be-
grenzungspunkte der Zeitintervalle markieren in allen drei
Diagrammen wichtige Ereignisse, die aufgrund der Sachin-ter-
dependenzen zeitlich synchron eintreten müssen. So wird
z.B. bei einer Änderung des Belegungszustandes der Produktionsanlagen die Produktionsleistung variieren und sich damit der Aufbau- bzw. Abbau der Rohstoff-, Waren- und Zwi-
schenproduktläger beschleunigen oder verzögern. Zugleich
wird auch die Liquiditätslage in der Weise beeinflußt, daß
Kapital gebunden oder - ungehemmter Absatz vorausgesetzt-
Kapital freigesetzt wird. Aufgabe der Modellformulierung
ist es nunmehr, die in Abb.2 aufgezeigten sachlichen und
zeitlichen Verflechtungen mit der nötigen Isormorphie ab-
zubilden. Um den Modellumfang in Grenzen zu halten, werden
die in Abb. 2 mit Hilfe der Strich-Punkt-Linien angedeuteten Vereinfachungen zur Erfassung der Bestandsbewegungen
im Diagramm der Lagerhaltungen und Kassenhaltungen in Kauf
genommen.

3. Evolutorisches Modell zur simultanen Produktions- und Ablaufplanung

Das Modell ist so formuliert, daß folgende Planungsaufgaben gelöst werden können: Verschiedene Produkte z werden

in mehreren Produktionsstufen s auf unterschiedlichen Produktionsanlagen i hergestellt. Die Produktionsanlagen können zeitlich und intensitätsmäßig auf verschiedenen Lei - stungsstufen j angepaßt werden. Umrüstungstatbestände werden hinsichtlich ihrer Kosten- und Kapazitätswirkungen berücksichtigt. Kosteneinflüsse der Lagerhaltung und Finanzierung gehen ebenso in die Planung ein wie die Sicherstellung der erforderlichen Liquidität in Abhängigkeit von den übrigen Maßnahmen im Produktions-, Beschaffungs- und Absatzbereich.

Aus der folgenden Zusammenstellung gehen die im Modell benutzten Variablen und Parameter hervor:

Indizes

τ = Nr. des Zeitintervalls; $\tau \in \{1,2, \ldots, \tau max\}$
z = Nr. des Produkts; $z \in \{1, 2, \ldots, zmax\}$
s = Nr. der Produktionsstufe; $s \in \{1, 2, \ldots, smax\}$
i = Nr. der Produktionskapazität; $i \in \{1, 2, \ldots, imax\}$
j = Nr. der Intensitätsstufe; $j \in \{1, 2, \ldots, jmax\}$

Reelle Variable

$t_{\tau zsij}$ [ZE] = Produktionsdauer

T_τ [ZE] = Länge eines Zeitintervalls
$L_{\tau zs}$ [ME] = Lagerbestand
S_τ [GE] = Kassenbestand
C [GE] = Kreditaufnahme

Binärvariable

$u_{\tau zsij}$ [-] = 1, falls ein Produktionszustand ($\tau zsij$) eintritt
= 0, sonst

$v_{\tau zsij}$ [-] = 1, falls eine Umrüstung zum Produktionszustand ($\tau zsij$) stattfindet
= 0, sonst

Parameter und Koeffizienten

x_{zsij} [ME/ZE] = Produktionsleistung
y_z^u [ME/ZE] = Absatzgeschwindigkeit (Obergrenze)
y_z^o [ME/ZE] = Absatzgeschwindigkeit (Untergrenze)

m_{zsij} [-]   = Mengenfaktor zur Quantifizierung von Montagevorgängen und/oder Ausschußproduktion

K_{zsij} [GE/ZE]= Produktionskosten

q_z [GE/ME]= Verkaufspreis für Rohstoffe

p_z [GE/ME]= Verkaufspreis der Fertigprodukte

H_{zsi} [ZE]   = Umrüstdauer

A_{zsi} [GE]   = Umrüstkosten

e_{zs} [GE/(ME*ZE)]=Lagerkosten

D [ZE]   = Planungszeitraum

a [GE/(GE*ZE)] = Kreditzinsen (Sollzinsen)

b [GE/(GE*ZE)] = Zinsen für Kapitalinvestitionen (Habenzinsen)

$\hat{T}_\tau$ [ZE]   = Schätzwert für T_τ

Das Planungsmodell ist in seiner mathematischen Struktur
so gestaltet, daß es mit einem Verfahren der gemischt-
ganzzahligen linearen Programmierung optimiert werden kann.
Daher mußte versucht werden, sowohl in der Formulierung
der Zielfunktion als auch bei der Konstruktion der Nebenbedingungen lineare Ausdrücke zu verwenden. Das System der
Nebenbedingungen erfüllt zwei Aufgaben: Einmal muß es sicherstellen, daß die dem Konzept der entscheidungsabhängigen
Zeitintervalle zugrunde liegenden Definitionen des Zeitnetzes erfüllt sind; zum anderen müssen die aus den betriebs-
wirtschaftlichen Sachzusammenhängen resultierenden Forderungen, wie z.B. Kontinuität des Güter- und Geldstromes oder
Kennzeichnung eines Umrüstungsvorganges formuliert werden.

Im einzelnen gilt für das System der Nebenbedingungen:

(1) Definition der Zeitintervalle

$$\sum_\tau T_\tau \leq D \; ;$$

(2) Kapazitätsbelegung

$$\sum_{zsj} t_{\tau zsij} + \sum_{zs} v_{\tau zsi} H_{zsi} \leq T_\tau \; ; \quad \forall \, \tau, i$$

(3) Definition der Zustandsvariablen

$$t_{\tau zsij} \leq u_{\tau zsij} D \; ; \quad \forall \, \tau, z, s, i, j$$

(4) Eindeutigkeit des Produktionszustandes

$$\sum_{zsj} u_{\tau zsij} \leq 1 \; ; \quad \forall \, \tau, i$$

(5) Definition des Umrüstungszustandes

$$v_{\tau zsi} = \sum_j u_{\tau zsij} - \sum_j u_{\tau-1,zsij} \; ; \quad \forall \, \tau, z, s, i$$

(6) Lagerhaltung (Erhaltung der Mengenkontinuität)

$$L_{\tau zs} \leq L_{\tau-1,zs} + \sum_{ij} m_{zsij}\, x_{zsij}\, t_{\tau zsij}$$

$$- \sum_{ij} x_{z,s+1,ij}\, t_{\tau z,s+1,ij};\ \forall \tau,z,s$$

(7) Kassenhaltung (Liquiditätserhaltung)

$$S_\tau \leq S_{\tau-1}$$

$$+\sum_{zij} \left(P_z\, m_{z,smax,ij}\, x_{z,smax,ij} - K_{z,smax,ij}\right)\cdot t_{z,smax,ij}$$

$$- \sum_{\substack{zsij \\ 1 \leq s \leq smax}} K_{zsij}\, t_{zsij} - \sum_{zij}\left(q_z x_{z1ij} + K_{z1ij}\right) t_{\tau z1ij}$$

$$- \sum_{zsi} A_{zsi}\, v_{\tau zsi} - 0{,}5 \sum_{zs} e_{zs}\, \hat{T}_\tau (L_{\tau-1,zs} + L_{\tau zs}) - a\hat{T}_\tau C;\ \forall \tau$$

mit: $S_1 = C\,(1 - a\hat{T}_1) + \ldots$

(8) Absatzbeschränkung

$$\sum_{\tau ij} m_{zsij}\, x_{zsij}\, t_{\tau zsij} \begin{cases} \leq y_z^o \\ \geq y_z^u \end{cases};\ \forall\ z$$

Die Zielfunktion des Modells ist unter dem Aspekt der Deckungs-
spannenmaximierung formuliert. Für diese Version sprechen einige betriebswirtschaftliche Gründe, die hier nicht erörtert werden sollen. Selbstverständlich können auch andere quantifizier-
bare Zielvorstellungen im Rahmen dieses Modells zum Ausdruck gebracht werden. In der vorliegenden Zielfunktion werden Verkaufs-
erlöse, Material-, Produktions-, Lagerungs- und Zinskosten sowie
Umrüstungskosten und Zinserlöse berücksichtigt; sie lautet:

Maximiere G !

$$G = \sum_\tau \{ \sum_{zij} \left(P_z\, m_{z,smax,ij}\, x_{z,smax,ij} - K_{z,smax,ij}\right) t_{\tau z,smax,ij}$$

$$- \sum_{\substack{zsij \\ 1 \leq s \leq smax}} K_{zsij}\, t_{\tau zsij} - \sum_{zij}\left(q_z\, x_{z1ij} + K_{z1ij}\right) t_{\tau z1ij}$$

$$- 0{,}5 \sum_{zs} e_{zs}\, \hat{T}_\tau (L_{\tau-1,zs} + L_{\tau zs}) - a\, \hat{T}_\tau C - \sum_{zsi} A_{zsi}\, v_{\tau zsi}$$

$$+ 0{,}5\, b\, \hat{T}_\tau (S_{\tau-1} + S_\tau)\ \}$$

Im Zusammenhang mit der Optimierung dieses Ansatzes treten einige Probleme auf, die kurz diskutiert werden sollen:

a) Sowohl in der Zielfunktion als auch in der Finanzierungsbe-
   dingung treten z.B. bei der Formulierung der Lagerkosten

und der Zinskosten bzw. Zinserlöse nichtlineare Ausdrücke auf. Hier müssen Bestandsvariable mit der ebenfalls variablen Länge des entsprechenden Zeitintervalls multipliziert werden. Diese quadratischen Glieder lassen sich vermeiden, wenn an Stelle der Variablen T_τ a priori festgelegte Schätzwerte $\hat{T}_\tau$ verwendet werden. Mit Hilfe eines in Abb.3 dargestellten iterativen Näherungsverfahrens wird der Schätzwert $\hat{T}_\tau$ dem optimalen Wert der Variablen T_τ angenähert, und dadurch der Approximationsfehler verkleinert.

b) Die Konstruktionsprinzipien des mathematischen Modells erfordern es, daß die mit τmax bezeichnete Zahl der im Planungszeitraum insgesamt vorgesehenen variablen Zeitintervalle a priori festgelegt wird. Da auf diese Weise zugleich die im Modell verfügbaren Freiheitsgrade für die Gestaltung der zeitinterdependenten Aktivitäten entschieden wird, beeinflußt die Wahl von τmax zugleich das modelltechnisch erzielbare Optimum des Planungsproblems. Auch in diesem Fall wird ein iteratives Anpassungsverfahren (vgl. Abb.3) angewandt, um von einem vorgewählten $\hat{\tau}max$ zu dem im Optimum erforderlichen τmax zu gelangen. Durch schrittweises Erhöhen von $\hat{\tau}max$ um 1 muß untersucht werden, ob sich der Zielfunktionswert noch steigern läßt. Wird $\hat{\tau}max$ zu groß gewählt, so treten lediglich Intervalle der Länge Null auf. Da nun die Anzahl der variablen Zeitintervalle einen erheblichen Einfluß auf den Umfang des Modells hat, kann $\hat{\tau}max$ auch so gewählt werden, daß unter Verzicht auf das theoretisch erreichbare globale Optimum eine suboptimale Lösung mit begrenztem Planungsaufwand erzeugt wird.

c) Schließlich ist auch das dem Modell zugrunde liegende Verfahren der gemischt-ganzzahligen Programmierung mit Problemen verbunden. Es ist bekannt, daß die gegenwärtig verfügbaren und für die maschinelle Verarbeitung eingerichteten Algorithmen nur eine begrenzte Anwendungsmöglichkeit im Hinblick auf die Modellgröße aufweisen. Das für die folgenden Beispiele eingesetzte Verfahren wurde von [Fleischmann 1972] entwickelt; mit diesem Programm konnten in Einzelfällen Modelle mit rund 100 Binärvariablen, ebenso vielen reellen Variablen und rd. 200 Restriktionen ausgewertet werden. Für die praktische Anwendung des vorgegebenen Planungsansatzes kommt es somit darauf an, das reale Entscheidungsproblem durch Aggregation oder problemorientierte Dekomposition zu vereinfachen, um den Rahmen der gegenwärtig noch rechenbaren Modelle nicht zu überschreiten. Der Ablauf des Optimierungsprozesses ist zusammenfassend in Abb. 3 dargestellt. Um die Handhabung des Modells zu erleichtern, wird ein Modellgenerator eingesetzt, der mithilfe weniger Parameterdaten das vollständige Planungsmodell maschinell erzeugt. Anschließend wird die Optimierung durchgeführt und die dann vorliegenden Ergebnisse analysiert, wobei zu entscheiden ist, ob eine weitere Anpassung der Werte für $\hat{\tau}max$ und $\hat{T}_\tau$ erforderlich ist.
In Abb.4 sind die Eingabedaten des Modellgenerators (Problem

Nr. 20) für das nun folgende Anwendungsbeispiel wiedergegeben.
Es handelt sich um die Planung zweier zweistufiger Produktions-.
prozesse, die mit z.T. funktionsgleichen aber kostenverschiede-
nen Produktionsanlagen ausgeführt werden können. Die Werte für
die Mengenfaktoren deuten an, daß im Verlauf des Güterstromes
Aggregierungs- oder Montagevorgänge auszuführen sind. Ferner
müssen Begrenzungen für die Absatztätigkeit berücksichtigt werden.
Der optimale dynamische Produktionsplan ist in Abb.5 dargestellt; er enthält neben dem Maschinenbelegungsdiagramm auch
die Bewegungen der Lagerbestände und der Bestände an liquiden
Mitteln. Das Produkt $z = 1$ wird im Planungszeitraum zweimal
aufgelegt und dabei in geschlossenen Losen gefertigt. Die größte Kreditaufnahme zur Finanzierung der noch nicht verkaufsfä-
higen Vorprodukte wird durch die Größe C angegeben.
An diesem Zahlenbeispiel soll schließlich auch der Zusammenhang zwischen der Entwicklung der Zielgröße des Modells und
der Vergrößerung der dynamischen Freiheitsgrade bei der Planung untersucht werden. Wie Abb. 6a zeigt, lassen sich bei einem $T_{max} > 2$ nur noch relativ kleine Verbesserungen erzielen;
für $T_{max} = 5$ ist das globale Optimum erreicht. Um den Planungsaufwand zweckmäßig zu begrenzen, könnte durchaus überlegt werden, das vorliegende Planungsproblem mit nur 3 oder 4 Zeitintervallen suboptimal zu lösen. Gegenüber 5 Zeitintervallen beträgt
für 3 Zeitintervalle die Einsparung an Variablen und Restriktionen mehr als 50%.

4. Stationäre Modelle zur simultanen Produktions- und Ablaufplanung

Der stationäre Planungsansatz beruht auf der Prämisse, daß
sich der Ablauf des zu planenden Geschehens in immer gleichen
Zyklen vollzieht.
Neben den anderen Entscheidungsvariablen des Planungsmodelles
ist vor allem die Zyklusdauer optimal zu bestimmen. Wird unterstellt, daß der Planungszeitraum D ein ganzzahliges Vielfaches
n der Zyklusdauer T ist, so 1-äßt sich der Gesamtgewinn G als
Summe der von der Zyklusdauer abhängigen Zyklusgewinne $g(T)$
angeben:

$$G = n\ g(T) \text{ mit } nT = D \quad \text{oder}$$

$$G = D\ g(T)\ /\ T.$$

Die Optimierung erfordert demnach die Maximierung des Quotienten $g(T)/T$, da D als Konstante vorgegeben ist.
Der Aufbau des stationären Modells unterscheidet sich nur in
wenigen Nebenbedingungen von dem des evolutorischen Modells.
Vor allem muß mit Hilfe definitorischer Restriktionen sichergestellt werden, daß sich ein stationärer Zyklus identisch
gleich ad infinitum wiederholen kann. In diesem Zusammenhang
müssen die stationären Lagerbestände am Beginn und Ende eines
Zyklus gleich groß sein (vgl.(6')). Ferner muß der Betriebszustand der Produktionsanlagen am Zyklusanfang so bestimmt

werden, daß er auf den in der Zyklusfolge zeitlich unmittelbar vorgelagerten Betriebszustand am Zyklusende folgen kann
(vgl.(5')). Da mit jedem Zyklus Überschüsse erzielt werden,
d.h. vereinfachend die Einnahmen jeweils die Ausgaben über-
steigen, nimmt der Bestand an liquiden Mitteln andauernd zu.
Das stationäre Gleichgewicht des Geldstromes ist damit gestört.
Dieses Problem kann mit Hilfe einer Prämisse über die Gewinn-
entnahmepolitik eliminiert werden, indem davon ausgegangen
wird, daß sämtliche verfügbaren Gewinne jeweils am Ende eines
Zyklus abgezogen werden. Schließlich ist noch auf die Bestimmung des im Produktionsprozeß dauernd gebundenen Kapitals einzugehen. Während dieses Kapitalvolumen im evolutorischen Modell durch eine Variable für die Kreditaufnahme erfaßt wird,
läßt sich dieser Ansatz im stationären Fall nicht anwenden.
Hier ist eine zusätzliche Kreditaufnahme grundsätzlich nicht
erforderlich, da ausreichende Kapitalreserven in den stationären Lagerbeständen am Beginn eines Zyklus gebunden sind und
nach Bedarf frei gesetzt werden können. Es gilt nun, ein Verfahren zu finden, daß die in den stationären Lagerbeständen ge-
bundene Kapitalmenge angibt. Die anstehende Frage läßt sich
auch so stellen: Wie groß ist im Verlauf eines Zyklus die größte zur Finanzierung des Produktionsprozesses erforderliche Liquidität?
Um dies festzustellen, wird für jeden Anfangszeitpunkt eines variablen Zeitintervalles innerhalb des Zyklus das künftig benötigte Liquiditätsvolumen bestimmt und dabei zugleich das gesuchte Maximum C festgestellt (vgl. (9)). Die für das stationäre Modell modifizierten oder zusätzlich erforderlichen Nebenbedingungen haben folgende Gestalt:

(5') Umrüstzustand; $\tau = 1$

$$v_{1zsi} = \sum_j u_{1zsij} - \sum_j u_{\tau max, zsij}$$

(6') Lagerhaltung; $\tau = 1$

$$L_{1zs} \leq L_{\tau max, zs} + \sum_{ij} m_{zsij}\, x_{zsij}\, t_{1zsij}$$
$$- \sum_{ij} x_{z,s+1,ij}\, t_{1z,s+1,ij}$$

(9) Definition von C im stationären Fall

$$. \quad C \geq s_\tau - s_{\tau+\mu} \qquad \forall \left\{ \begin{array}{l} \tau < \tau max - \mu \\ \mu < \tau max - \tau \end{array} \right.$$

Wie eingangs gezeigt wurde, muß für das stationäre Modell der
Quotient G/Zyklusdauer optimiert werden. Da das hier angewandte stationäre Modell aus dem dargestellten evolutorischen Ansatz entwickelt wurde, gibt nunmehr die Konstante D (vgl.z.B.
(1) und (3)) die Zyklusdauer an. Zur Bestimmung der gewinnop-
timalen Zyklusdauer wird nun nach Maßgabe des Quotienten G/D
die Konstante D parametrisch variiert. Dieses Verfahren hat den

Vorteil, daß einmal die Schwierigkeiten der Quotientenprogrammierung vermeidbar sind und zum anderen die für das evolutorische Modell vorgeschlagene Optimierungstechnik beibehalten werden kann.
Als Beispiel für einen stationären Planungsansatz mag das in Abb.4 angegebene Problem Nr. 25 dienen. Es handelt sich um die Planung der Produktionsprozesse zweier Produkte, die auf zwei Aggregaten in zwei Produktionsstufen hergestellt werden. Unter bzw. Obergrenzen für die Absatzgeschwindigkeiten sind neben den übrigen aus der Tabelle ersichtlichen Daten gegeben. In Abb.7 ist das Planungsergebnis für einen stationären Zyklus dargestellt, wobei die optimale Zyklusdauer von 70 [ZE] dem Diagramm zugrunde gelegt ist. Den Zusammenhang zwischen der Zyklusdauer und den Optimierungskriterien zeigt Abb. 6b; dabei wird die vergleichsweise geringe Empfindlichkeit der Gewinnentwicklung bei Variation der Zyklusdauer D deutlich. Die optimale Zyklusdauer ergibt einen Gewinn von 27.09 [GE/ZE]; bei einer Abweichung von 10% von der optimalen Zyklusdauer sinkt der Gewinn um weniger als 0.04 [GE/ZE]. Bei einer Änderung der Zyklusdauer auf das doppelte der optimalen Zyklusdauer reduziert sich der Gewinn um nur rd. 0.6 [GE/ZE]. Unter diesem Aspekt ist eine mathematisch exakte Bestimmung der optimalen Zyklusdauer für praktische Planungszwecke von untergeordneter Bedeutung.

5. Literaturhinweise:

[Adam 1963]: Adam, D.: Simultane Ablauf- und Programmplanung bei Sortenfertigung mit ganzzahliger linearer Programmierung, in: ZfB 1963, S. 233 ff.
[Fleischmann 1972]: Fleischmann, B.: Eine primale Version des Dekompositionsverfahrens von Benders, in: International Series of Numerical Mathematics, Basel 1972.
[Jacob 1964]: Jacob, H.: Neuere Entwicklungen in der Investitionsrechnung, in: ZfB 1964, S. 487 ff, S. 551ff.
[Krelle 1958]: Krelle, W.: Ganzzahlige Programmierungen. Theorie und Anwendungen in der Praxis, in: Unternehmensforschung 1958, S. 161 ff.
[Mensch 1968]: Mensch, G.: Ablaufplanung, Köln und Opladen 1968
[Pressmar 1973]: Pressmar, D.B.: Theorie der dynamischen Produktionsplanung, Habilitationsschrift Hamburg 1973.

INTERDEPENDENZPROBLEME DER BETRIEBLICHEN PLANUNG

Sachinterdependenz

Abb. 1a

Zeitinterdependenz

Abb. 1b

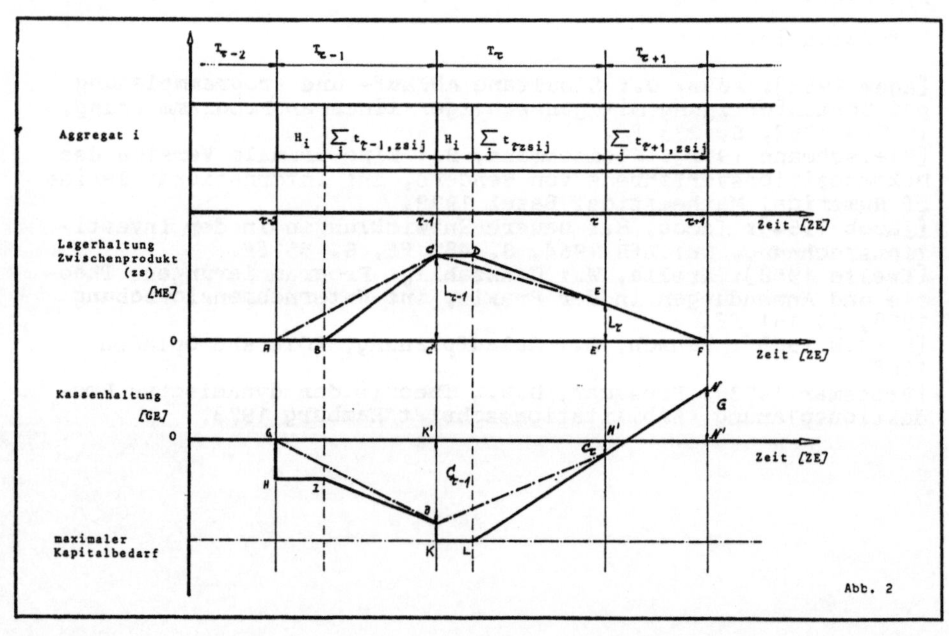

Abb. 2

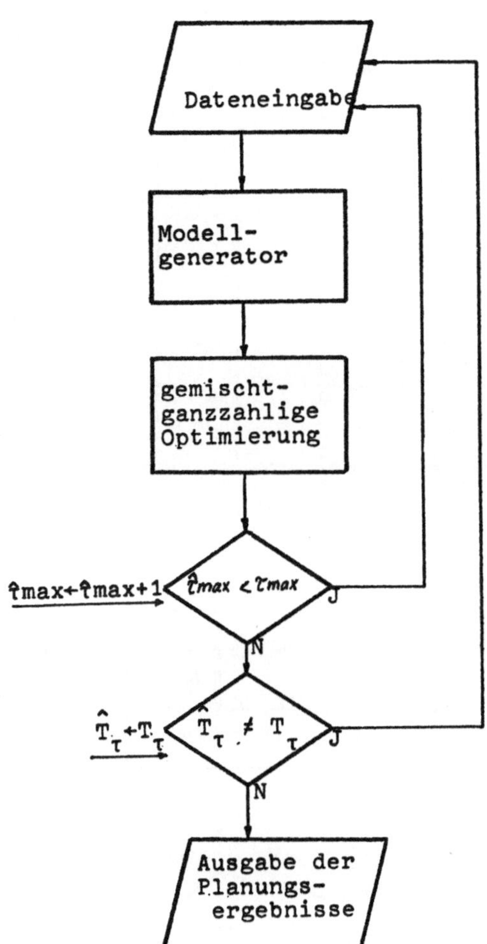

Dateneingabe
Modell-generator
gemischt-ganzzahlige Optimierung
$\hat{\tau}max < \tau max$
$\hat{\tau}max \leftarrow \hat{\tau}max + 1$
J
N
$\hat{T}_\tau \neq T_\tau$
$\hat{T}_\tau \leftarrow T_\tau$
J
N
Ausgabe der Planungs-ergebnisse

Abb. 3

Menge relevanter Indexkombinationen	Produktionsleistung	Mengenfaktor	Produktionskosten	Verkaufspreis Rohstoffe	Verkaufspreis Fertigprodukte	Absatzgeschwindigkeit Untergrenze	Obergrenze	Umrüstdauer	Umrüstkosten	Lagerkosten	Planungszeitraum
$z\ e\ i\ j$	x_{zeij}	m_{zeij}	K_{zeij}	q_z	p_z	y_z^u	y_z^o	H_{zei}	A_{zei}	e_{ze}	D
1 1 1 1	0,4	0,498	5,5	16,3	-	-	-	3,0	19,0	0,01	
1 1 2 1	0,5	0,49	9,5	16,3	-	-	-	2,0	12,0	0,01	160
1 2 1 1	1,7	0,9	6,825	-	107,5	0,2	-	0,75	3,5	0,0	Problem No. 20
2 1 2 1	4,0	0,97	12,0	9,25	-	-	-	1,5	10,0	0,09	
2 2 2 1	3,0	0,99	9,6	-	58,0	-	0,5	1,0	10,0	0,001	
1 1 1 1	0,4	0,498	5,5	16,3	-	-	-	3,0	19,0	0,01	
1 1 2 1	0,5	0,49	9,5	16,3	-	-	-	2,0	12,0	0,01	-
1 2 1 1	1,7	0,9	6,825	-	107,5	0,2	-	0,75	3,5	0,0	Problem No. 25
2 1 2 1	4,0	0,97	12,0	9,25	-	-	-	1,5	10,0	0,09	
2 2 2 1	3,0	0,99	9,6	-	58,0	-	0,5	1,0	10,0	0,0	

Kreditzinsen $a = 0{,}00006$

Zinsen für Kapitalinvestitionen $b = 0{,}00002$

Abb. 4

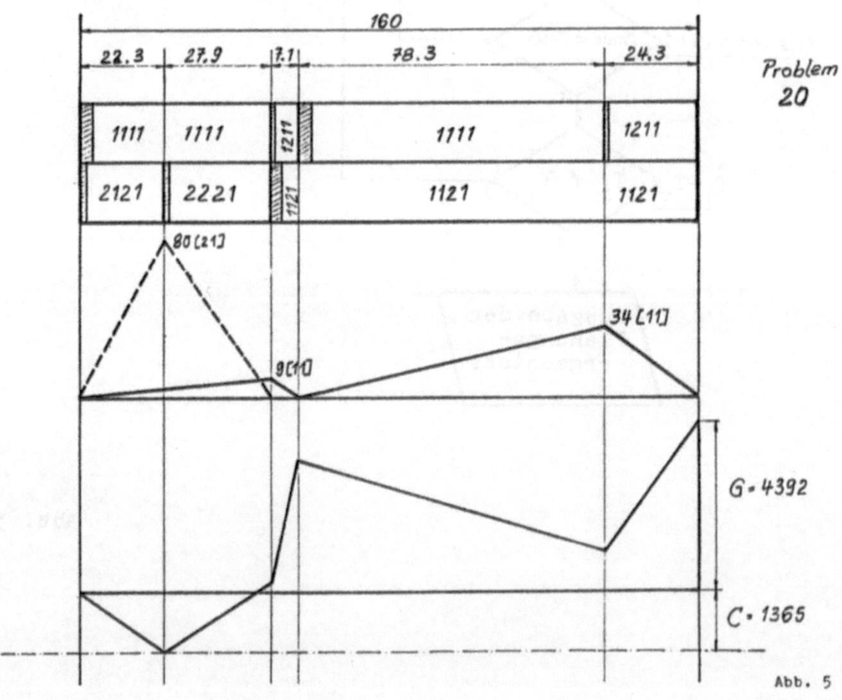

Abb. 5

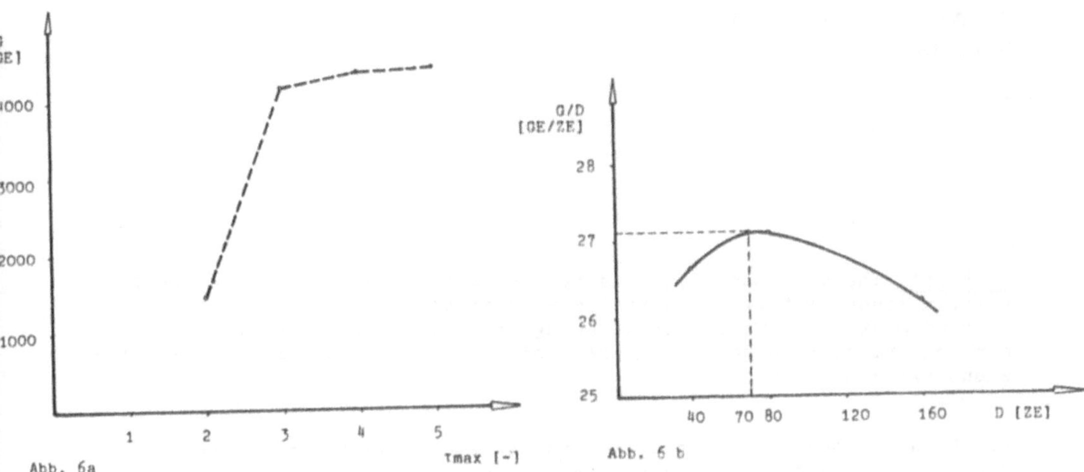
G
[GE]
4000
3000
2000
1000
1
2
3
4
5
τmax [-]
Abb. 6a
G/D
[GE/ZE]
28
27
26
25
40
70 80
120
160
D [ZE]
Abb. 6 b

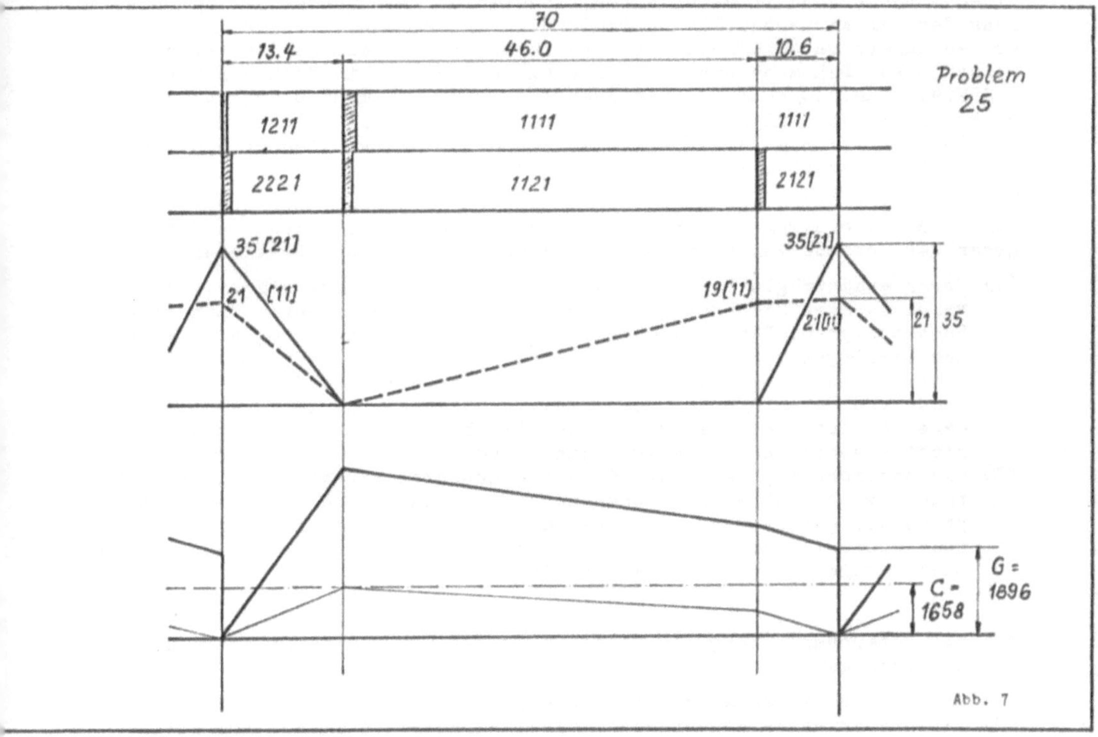

70
13.4
46.0
10.6
Problem
25
1211
1111
1111
2221
1121
2121
35 [21]
35 [21]
21 [11]
19 [11]
2100
21 35
G =
1896
C =
1658
Abb. 7

Zur Anwendung linearer Dekomposition

G. Schiefer, Stuttgart

Abstract: The Decomposition Principle of DANTZIG/WOLFE has been used to solve a linear optimization system with about 900 rows. (A spatial equilibrium model for production planning in German agriculture). Some experiences in using different starting solutions and matrix divisions are discussed.

Zur Lösung großer linearer Optimierungssysteme mit block-angularer Matrixstruktur wurde eine Vielzahl von Methoden entwickelt. Eine ähnlich intensive Beschäftigung mit Fragen der praktischen Anwendung dieser Methoden hat bisher noch nicht stattgefunden. Angeregt durch Arbeiten an einem entsprechend strukturierten linearen Optimierungsmodell zur Planung der landwirtschaftlichen Produktion in der BRD, für das in einem ersten Ansatz ca 8000 Restriktionen formuliert werden sollen, wurden verschiedene Dekompositionsmethoden (im einzelnen die Methoden von ROSEN(4), DANTZIG/WOLFE(1) und KORNAI/LIPTAK(2)) im Hinblick auf ihre Praktikabilität analysiert. Dabei konnte unterstellt werden, daß im allgemeinen effiziente Rechenprogramme zur Optimierung linearer Systeme allgemeiner Struktur zur Verfügung stehen.

Maßgebend für (a) die Auswahl der erwähnten Methoden, sowie (b) die Durchführung einiger erster Versuchsrechnungen in Anlehnung an das Vorgehen der Methode von DANTZIG/WOLFE waren unter diesen Umständen

(1) deren ausgeprägte Zerlegungseigenschaft, die es ermöglicht, ein vereinfachtes Rechenprogramm unter Einschluß existenter "Linearer Rechenprogramme" zu erstellen (evtl. in Form eines Programmzyklus);
(2) das Vorliegen von Versuchsergebnissen (vgl. z.B. OHSE (3)), die, soweit es die dabei berücksichtigten Methoden betrifft, für die Methode von DANTZIG/WOLFE Rechenzeiten angeben, die im Vergleich mit denen anderer Methoden durchschnittlich niedriger oder zumindest nicht wesentlich ungünstiger sind, und
(3) die Möglichkeit, den iterativen Rechenprozeß sinnvoll schon vor Erreichung des Optimums beenden zu können, da (a) während des Rechenprozesses generierte Zwischenlösungen primal zulässig sind, und (b) nach jeder Iteration eine untere und obere Grenze für den optimalen Zielfunktionswert kalkulierbar sind.

Mit den Versuchsrechnungen sollten in erster Linie Informationen über die Auswirkungen

(1) unterschiedlicher Ausgangslösungen,
(2) der Einbeziehung von Diagonal-Nichtnullmatrizen in das koordinie-

rende Teilsystem (das "master program" (1)) und
(3) der Abgrenzung unterschiedlich großer Teilsysteme

auf den Optimierungsaufwand gewonnen werden.

Als <u>Ergebnisse der durchgeführten Rechnungen</u> bleiben festzuhalten:

(1) Das Niveau des Zielfunktionswertes einer Ausgangslösung sowie Abweichungen der vorgegebenen von der gesuchten optimalen Basis (abgesehen von der Schwierigkeit, die ja noch unbekannte optimale Basis erst abschätzen zu müssen) sind als Kriterien für die "Güte" einer Ausgangslösung ungeeignet.

(2) Die Einbeziehung einer Teilsystemmatrix in das koordinierende Teilsystem trägt (a) zu einer Einschränkung der benötigten Iterationen und (b) bei Systemen mit relativ wenigen verbindenden Restriktionen auch zu einer Reduzierung der Dauer einer Iteration bei.
Das letztere trifft bei Einbeziehung weiterer Teilsystemmatrizen allerdings u.U. wegen abhängig von Rechenanlage und -programm progressiv zunehmender Rechenzeit je Simplexiteration im koordinierenden Teilsystem nicht mehr zu.

(3) Durch eine Variation der Zahl und Größe der abgegrenzten Teilsysteme werden in ähnlicher Weise die Anzahl der benötigten Iterationen sowie deren von Rechenanlage und -programm abhängige Dauer beeinflußt. Während sich so (a) die Anzahl der benötigten Iterationen durch Abgrenzung einer möglichst großen Zahl von Teilsystemen reduzieren läßt, werden (b) die Veränderungen in der Dauer einer Iteration in erster Linie dadurch bestimmt, daß bei vermehrter Abgrenzung von Teilsystemen einerseits die durchschnittlich notwendige Rechenzeit abnimmt, andererseits jedoch die aufzuwendenden Umspeicherzeiten, insbesondere bei Verwendung vorhandener "Linearer Rechenprogramme" u.U. progressiv zunehmen.

<u>Literatur</u>:

(1) DANTZIG,G.B. und WOLFE,P.: Decomposition Principle of Linear Programs; Operations Research <u>8</u> (1960), S. 101 - 111

(2) KORNAI,J. und LIPTAK,T.: Two-Level-Planning; Econometrica <u>33</u> (1965), Seite 141 - 169

(3) OHSE,D.: Ein dualer Dekompositionsalgorithmus zur Lösung blockangularer Probleme der linearen Planungsrechnung; Diss. Darmstadt, 1971.

(4) ROSEN,J.B.: Primal Partition Programming for Block Diagonal Matrices; Numerische Mathematik <u>6</u> (1964), S. 250 - 260.

(5) SCHIEFER,G.: Zur Theorie und Praxis der iterativen Optimierung großer linearer Systeme; 1974 zur Veröffentlichung vorgesehenes Manuskript, Stgt.-Hohenheim.

Erfahrungen beim Aufbau und Einsatz eines Richtkosten- und Planungsmodells PRISMA in einem Stahlwerk

V. Steinecke, Dortmund

Summary

Results from a pilot-study obtaining experiences in tackling a general information system for production planning and standard cost control by matrix algebra in manufacturing enterprises of the mass production.

Mit Hilfe einer Pilotstudie sollten Erfahrungen für die Vorgehensweise bei der Takelung eines allgemeinen Planungs-, Richtkosten- und Informations-Systems mittels Matrizenrechnung (PRISMA) in Produktionsbetrieben der Massen- oder Serienfertigung gewonnen werden.

Ende der fünfziger Jahre begannen in der deutschen Eisen- und Stahlindustrie erste Bemühungen, ein solches Rechenwerk [1, 2] mit dem von O. PICHLER [3] vorgeschlagenen Matrizenkalkül aufzustellen. Mit einem solchen "Betriebsmodell" können bei vorgegebenem Produktionsprogramm die benötigten Einsatzgüter und Kosten errechnet werden. Oder bei vorgegebenen Einsatzpreisen können die Kostenträger-Kostensätze (Voll- oder Teilkosten) kalkuliert werden. Schließlich gestattet ein Hinzuspielen geeigneter Istdaten die Möglichkeit, Abweichungen zwischen Soll und Ist zu berechnen, um daraus Handlungen im Betrieb einzuleiten bzw. das Betriebsmodell zu korrigieren.

Das Pilot-Modell für ein beispielhaft ausgewähltes Siemens-Martin-Stahlwerk [4, 5] besteht aufgrund des vorgegebenen Detaillierungsgrades aus vielen Einzelmatrizen mit festen Koeffizienten für Verbrauchsstandards und Rezepturen, Summierungs- und Zuordnungsvorschriften, Dispositionen über Freiheitsgrade und Normalanteile, einer Kapazitätsbedingung sowie den aktuellen Vektoren für variable Preise und Mengen (insgesamt etwa 10000 Koeffizienten, davon 60 % vom Zahlenwert "1"). Nebenbedingungen sind nicht angefügt, da eine lineare Optimierung der Einsatzverhältnisse bzw. des Produktionsprogrammes für einen Einzelbetrieb im Unternehmensverbund allein nicht sinnvoll erscheint und Alternativrechnungen hinreichende Informationen liefern. Diese Bausteine sind mit den zugehörigen, als Komponentenlisten bezeichneten Randbeschriftungen in einer übergeordneten PRISMA-Strukturmatrix mosaikartig zusammengefügt.

Das erforderliche Programmsystem besteht aus einer Matrizensprache (MATLAN [6]) und gewissen, auf die speziellen Bedürfnisse der

Anwender zugeschnittene Rahmenprogramme. Nach dreimonatiger laufender Anwendung waren hinreichende Erfahrungen gewonnen, um wesentliche Verbesserung besonders im Hinblick auf den zu hohen
Detaillierungsgrad zu erkennen:

- Die Palette der erzeugten Einzelprodukte ändert sich ständig
  und kann nicht laufend nachgehalten werden,
- die Erstellung und Wartung einer sehr großen Anzahl von Koeffizienten ist aufwendig,
- die umfangreichen Computerlisten (Rechenzeit!) der Einzelab-
  weichungen werden nicht gelesen,
- eine ausführliche monatliche Dokumentation der Ist-Seite liegt
  ohnehin vor.

Obwohl eine Richtkalkulation vom Rechenverfahren her wesentlich
einfacher abläuft als ein Soll/Ist-Vergleich, legen die Benutzer
auf den Soll/Ist-Vergleich zunächst weit größeren Wert. Die Rechenzeiten für die MATLAN-Programme lagen in der Größenordnung
von 1 CPU-Minute (IBM 360/65 mit 208 K), die der Rahmenprogramme bei 104 K um eine Zehnerpotenz höher.

Die Gesamtentwicklung des Betriebsmodells gestaltete sich zeitlich und sachlich in zwei Phasen und wurde durch einen Netzplan
verfolgt. Nach der 1. Phase (1970) lag als Ergebnis von netto
etwa 3 Mannjahren die Strukturmatrix mit ihren Koeffizienten be-
legmäßig vor. Die 2. Phase der "Montage" der Bausteine zu einem
rechenbaren Modell (1971) benötigte mit netto etwa 1 Mannjahr
relativ lange, weil die parallel durchgeführte Konzeption und
Programmierung der Rahmenprogramme noch in der Testphase lag.

Als wichtigstes Ergebnis der abgeschlossenen Pilotstudie liegt
bei den beteiligten Stellen Produktionsbetrieb, Rechnungswesen,
OR-Abteilung und Datenverarbeitung ein "know-how" vor, das für
den nur im Team durchzuführenden zügigen Aufbau eines die Betriebe des ganzen Unternehmens umspannenden, in das Rechnungswesen
integrierten Planungs- und Richtkostensystems PRISMA von großem
Vorteil ist [7].

SCHRIFTTUM:

[1] *Wartmann, R., Kopinek, H. J., und Hanisch, W.:* »Funktionelles Arbeiten in
Kostenrechnung und Planung mit Hilfe von Matrizen«, Arch. Eisenhütten-
wes. *31* (1960), S. 441/450.

[2] *Steffen, M., und Steinecke, V.:* »Einflußgrößenrechnung zur Kostenplanung
eines kontinuierlichen Feinstahlwalzwerkes mittels Matrizen«, Stahl und
Eisen *82* (1962), S. 155/165.

[3] *Pichler, O.:* »Anwendung der Matrizenrechnung auf betriebswirtschaftliche
Aufgaben«, Ingenieur-Archiv *21* (1953), S. 119/140.

[4] *Mosebach, P.:* »Empirisch ermitteltes Prozeßmodell zur Vorausschätzung
von Ofenleistung und Zuschlagsmengen für basische Siemens-Martin-
Schmelzen verschiedener Qualität und unterschiedlicher Einsatzbedingun-
gen«, Dissertation Leoben 1968.

[5] *Franke, R.:* »Ein Richtkostenmodell auf der Grundlage von Matrizen für die
Zwecke der Planung, Kontrolle und Kalkulation (dargestellt am Beispiel
eines SM-Stahlwerkes)«, Dissertation Aachen 1970.

[6] System/360 Matrix Language (MATLAN), IBM Application Program,
Program Description Manual, Form Nr. H 20-0564-0, Stuttgart 1969.

[7] *Steinecke, V., Wartmann, R.:* »Erfahrungen beim Aufbau und Einsatz eines
Richtkosten- und Planungsmodells für ein SM-Stahlwerk«, HOESCH
Berichte aus Forschung und Entwicklung unserer Werke 8 (1973) 2,
S. 60–68.

Lager- und Instandhaltungstheorie

Optimale Entwurfszuverlässigkeit nicht reparierbarer Geräte bei vorgegebener Verbrauchsstrategie

D. Oesterer, Ulm

Zur Sicherstellung einer dauernden Funktionsbereitschaft elektronischer Großsysteme ist eine umfangreiche und damit kostspieliege Ersatzteilhaltung nötig. Als Ersatzteile treten neben Bauelementen komplexe Baugruppen oder Subsysteme auf, für die ihrerseits bei Entnahme aus dem Lager eine gewisse Zuverlässigkeit gefordert wird. Der Einbau der Subsysteme in das System erfolgt nur nach einem Test auf Funktionsfähigkeit. Diejenigen Geräte, die sich bei diesem Test als unbrauchbar erwiesen haben, werden weggeworfen, da sie aufgrund ihres Aufbaus einer Reparatur nicht zugänglich sind.

Man denke dabei z.B. an mechanisch-hydraulische Geräte, die unter Überdruck stehen oder mit einer Spezialatmosphäre ausgerüstet sind, oder an elektronische Baugruppen, die zur Absicherung gegen Beschleunigung und Schock vergossen oder verschäumt sind.

Für diese Art von Geräten soll ein Lager eingerichtet werden, welches so dimensioniert wird, daß für einen vorgegebenen Zeitraum eine bestimmte Menge guter Geräte zur Verfügung steht. Die Entnahme der Geräte aus dem Lager soll nach einem festgelegten Schema, im weiteren Entnahmestrategie geheißen, erfolgen.

Am Anfang eines Zeitraumes der Dauer T werden M Geräte mit der Zuverlässigkeit R eingelagert. Während des Zeitraumes werden jeweils zu den Zeitpunkten t_i die Teilmengen m_i zum Zwecke des Verbrauchs entnommen, von denen jedoch wegen $R^i \leqslant 1$ nur $n_i \leqslant m_i$ brauchbar sind. Sind zum Zeitpunkt $t_i = T$ alle M Geräte aus dem Lager entnommen, so waren darunter $N^i \leqslant M$ brauchbar.

Die Beschaffungskosten K für die M Geräte sind durch das Produkt aus Anzahl M der anfangs einzulagernden Geräte und ihrem Preis a gegeben, wobei a ebenfalls eine Funktion von R ist. Die beiden Faktoren M und a sind in gegenläufiger Weise von R abhängig, wie man aus folgender Überlegung sieht:

Fordert man am Ende des Zeitraumes T eine Zuverlässigkeit R für das Gerät, so wird bei hochzuverlässig konstruierten Geräten zwar die Anzahl N der brauchbaren nur wenig kleiner als die Anzahl M aller Geräte sein, dafür wird aber der Preis a eines Gerätes hoch sein. Sind umgekehrt die Geräte zuverlässigkeitsmäßig schwächer ausgelegt, so sind sie zwar billiger, aber die Anzahl der unbrauchbar gewordenen wird höher sein.

Hieraus erhebt sich die Frage, ob es eine Zuverlässigkeit gibt, die zu einem Minimum der Beschaffungskosten K führt. Dies ist die gesuchte optimale Entwurfszuverlässigkeit.

Die vorliegende Arbeit löst das Problem, welche Zuverlässigkeit den Geräten im Entwurf mitgegeben werden muß ("Entwurfszuverlässigkeit"), wie viele Geräte am Anfang des Bevorratungszeitraumes eingelagert werden müssen und was ihre Beschaffung kostet. Durch die Errechnung einer optimalen Entwurfszuverlässigkeit werden die Beschaffungskosten zu einem Minimum.

Die Ergebnisse werden für vier verschiedene Verbrauchsstrategien in Formeln und Kurven dargestellt. Für die einfachste Strategie erhält man eine explizite Lösung. Ein Rechenbeispiel zeigt die Verwendung der Diagramme. In einem Anhang wird ein einfaches Verfahren zur Bestimmung der Komponenten des Gerätepreises angegeben, die man als Eingangsgrößen für die Optimierungsrechnung benötigt.

Der vollständige Aufsatz wird in der Zeitschrift für Operations Research erscheinen.

Lagerbewirtschaftung im Spannungsfeld zwischen
Produktionsplanung und -steuerung

E. Soom, St. Gallen

Unter Produktionsplanung und -steuerung (PPS) versteht man gesamthaft gesehen
die vom Verkauf gewünschten Erzeugnisse in genügender Zahl zur richtigen Zeit
in der richtigen Qualität und Zusammensetzung zur Verfügung zu stellen unter
Voraussetzung möglichst tiefer Gesamtkosten bei gleichzeitig hoher Lieferbereitschaft, ausgeglichener Belastung und günstiger Materialbeschaffung.

Im einzelnen heisst Planen die planmässige Vorbereitung der Produktion und Beschaffung im Sinne des langfristigen und vorausschauenden Denkens und Entschei-
dens was morgen, übermorgen, in 1 Jahr, in 5, 10 Jahren zu tun ist. Die Produk-
tionssteuerung schafft die Voraussetzung, um die Zielsetzungen der Planung zu
realisieren. In diesem natürlichen Spannungsfeld eingebettet ist die sogenannte
Lagerbewirtschaftung. Man versteht darunter die mengenmässig und zeitmässig
richtige Dimensionierung und Alimentierung der verschiedenen Lager. Das eine ist
die optimale Festlegung der aufgrund der festgelegten Parameter zu erwartende
mittlere Lagerbestand und das andere ist die Art und Weise, wie im Einzelfall
die Lagerergänzung durchzuführen ist.

Es können insgesamt 3 Gründe für das Vorhandensein eines Spannungsfeldes aufge-
zählt werden:

Einmal ist es die polare Stellung von Planung und Steuerung. Das eine ist zu
verstehen als Ausdruck für die Wünsche und Forderungen des Marktes, und das andere für das Können und die Möglichkeiten der Beschaffung, gleichgültig wo sich
diese Beschaffung abspielt, ob innerhalb der Unternehmung, in der Produktions-
werkstatt oder ausserhalb bei Fremd- und Zulieferanten. Eng verbunden mit dieser
Polarität, ja sogar als Folge dieser Polarität, ist der Zielkonflikt zwischen Planung und Steuerung, zwischen Markt und Beschaffung. Der Markt verlangt kurze Lieferfristen, höchste Lieferbereitschaft, am liebsten natürlich 100%ige Lieferbereitschaft, höchste Reagibilität der Beschaffungsinstanzen und für sich selbst
eine recht hohe Dispositionsfreiheit. Diese Freiheit beinhaltet die Feststellung,
dass sich der Markt bis zuletzt nicht endgültig und eindeutig auf eine bestimmte Ausführung und Menge festlegen will. Tendenziell verlangt der Markt auch eher
kleine Mengen, um dem Risiko der Veralterung zu entgehen. Diese These wird eindeutig durch die Tatsache unterstützt, dass die durchschnittliche Lebensdauer
der Produkte ständig abnimmt. Konnte früher mit einem Durchschnittsleben von 20,
30 Jahren gerechnet werden, so sind es heute kaum mehr 3-4 Jahre, mitunter sogar viel kürzer.

Demgegenüber ist die Beschaffung grundsätzlich träge. Sie möchte höchste Stabilität der einmal festgelegten Programme, grosse Stückzahlen mit wenig Umstel-
lung, gleichmässige Auslastung ohne nennenswerte Spitzen.

Schliesslich sei auch noch ein dritter Verursacher dieses Spannungsfeldes genannt; er liegt auf dem Personalsektor und ist eindeutig eine Folge des steten Wachsens der Unternehmungen. Es sind in den allerseltensten Fällen die gleichen Menschen die planen und steuern. Damit tritt automatisch das Problem der Kommunikation in den Vordergrund. Hinzu kommt die unterschiedliche Berufsausbildung der einzelnen Funktionsträger mit ihrer z.T. doch sehr engen Ausbildung, die keinen Platz offen lässt für die Generalisten.

Das Vorhandensein dieses Spannungsfeldes ist somit eine feste Gegebenheit, die nicht wegzudenken ist. Was können nun Lagerbewirtschaftung und Operations Research beitragen, dieses Spannungsfeld zu überbrücken oder gar zu verringern?

Diskutiert man in Fachkreisen über das Problem der Lagerbewirtschaftung, dann steht im Vordergrund immer die Frage nach der richtigen Höhe der zu erwartenden Lagerbestände. Eine Diskussion darüber ist jedoch nur dann sinnvoll, wenn man erstens weiss, durch welche Parameter überhaupt die Höhe des Lagerbestandes beeinflusst wird und man zweitens im Einzelfall die Parameter genau fixiert oder den Randbedingungen anpasst. Dabei kommen die Einflussgrössen, welche die Inventarhöhe massgebend beeinflussen, sowohl von der Planungsseite, also vom Markt her, als auch von der Beschaffung her. Zu den ersteren gehören die Bedarfswerte auf oberster Stufe (Primärbedarf), die verlangte Lieferbereitschaft und die Güte der Bedarfsvorhersage im Sinne einer Planabweichung zwischen geplantem prognostiziertem Bedarf und der effektiven Nachfrage. Zur zweiten Kategorie der Einflussgrössen gehören die Beschaffungskosten, bestehend aus Bestell-, Lager- und Fehlmengenkosten, Wiederbeschaffungsfristen sowie div. Planabweichungen in den gegebenen Daten.

Man weiss heute sehr genau, dass die Höhe in entscheidendem Masse von diesen Parametern abhängig ist. Man weiss auch, in welcher Art und Weise diese Abhängigkeit ist,d.h. man kennt die einzelnen Funktionen. Das gibt uns die Mittel in die Hand, die Lagerbestände zu steuern, indem man klar erkennen kann, welche Parameter wie geändert werden müssen, damit im Durchschnitt eine Steigerung oder Senkung der Lagerbestände um so und so viele % realisierbar ist. In der ganzen Inventardiskussion muss selbstverständlich auch die Genauigkeit, mit der diese Parameter gemessen werden können, in Betracht gezogen werden. Dies sei an einem prägnanten Beispiel aufgezeigt, nämlich an der Bedarfsermittlung auf der Stufe des Sekundär- und Tertiärbedarfes. Der Laie geht im allgemeinen von der Annahme aus, dass die ganze Stücklistenauflösung mit Hilfe des Computers rein determiniert und darum fehlerfrei verlaufe. Geht man von der Tatsache aus, dass der Primärbedarf, wie er im Prinzip aus der Absatz- und Programmplanung hervorgeht, mit einem bestimmten Fehler $\pm\varepsilon$ behaftet ist, dann wird im allgemeinen stillschweigend angenommen, dass sich dieser Fehler zwar auf die Teile des Sekundär- und Tertiärbedarfes überträgt, sicher aber invariant bleibt, gleichgültig wie breit und wie tief die vorhandenen Stücklisten sind. Aufgrund praktischer Erfahrungen zeigt es sich, dass diese Annahme nicht zutrifft. Dieser Fehler nimmt zu und zwar aus den folgenden Gründen:

Einmal bestehen grundsätzlich gewisse Unsicherheiten in den sog. Mengenrelationen a_{ij} zwischen je zwei Teilen P_i und P_j benachbarter Teilestufen. Es gilt

$$a^*_{ij} = a_{ij} \pm \varepsilon$$

Dieser Fehler ε dürfte dabei umso grösser sein, je variantenreicher das Produktesortiment ist und je schlechter die Erstellung einer genau spezifizierten

Prognose möglich ist. Zum zweiten müssen mögliche Rechenfehler in Kauf genommen werden. Drittens spielt der Umfang und Güte des Mutationsdienstes für die Stammdaten eine wesentliche Rolle. Je umfangreicher die einzelnen Stücklisten sind, je breiter das Produktesortiment ist und je aktiver die Konstruktionsabteilung in Richtung technischer und technologischer Verbesserungen arbeitet, umso grösser ist das Risiko, dass zu irgend einem Zeitpunkt irgend ein Teil oder Material ändert, wegfällt oder vervielfacht wird. Und schliesslich sei auch auf den nicht unbeträchtlichen, nicht planbaren Zusatzbedarf infolge Ausschuss, Fremdlieferungen, Ersatzteildienst etc. hingewiesen. All diese Gründe führen dazu, dass trotz Stückliste und trotz Computer der Fehler zunimmt. Und so ist mit ähnlichen Fehlern in allen übrigen Parametern zu rechnen, sei es in den Kostenelementen, sei es in den Wiederbeschaffungsfristen, im Lieferbereitschaftsgrad u.a.m.

Entscheidende Auswirkungen auf die Lagerbestände hat auch die Wahl des Bewirtschaftungsmodells. Je dynamischer ein Modell gestaltet werden kann, umso geringer können die benötigten Sicherheitsbestände und damit die Lagerbestände insgesamt gehalten werden. So weiss man, dass das Q und s-S Modell im Durchschnitt 20 - 30 % kleinere Lager erfordern unter den gleichen, in jeder Beziehung vergleichbaren Bedingungen gegenüber etwa dem sogenannten P-Modell. Anderseits muss berücksichtigt werden, dass selbstverständlich die Kosten für die Handhabung eines Bewirtschaftungsmodelles umso grösser werden, je dynamischer das Modell ist. In diesem Sinne ist jedes Modell, dass auf der Basis eines Mindestbestandesverfahrens beruht, aufwendiger als die zyklischen Verfahren. Leider sind im Gegensatz zu den Inventarkosten diese "Systemkosten" sehr viel schwerer abzuschätzen.

Als drittes Kriterium für die Beurteilung der Inventarhöhen tritt die Frage auf, wo sollen die Lager gehalten werden, auf der Stufe des Primärbedarfes, also der Erzeugnisse oder auf der Stufe des Tertiärbedarfes? Als Grundtendenz darf man festhalten, dass auf der Primärstufe (Erzeugnisstufe) keine oder nur sehr knappe Lager zu halten sind, dass dagegen auf den untern und untersten Stufen reichliche Lager zu halten sind. Die Gründe hierzu lassen sich wie folgt zusammenfassen:

a) die Primärstufe ist die teuerste Stufe

b) Erzeugnisse können bei Nichtgebrauch nicht anderweitig verwendet werden. Eine Demontage kommt nicht in Frage, Anpassungen sind ebenfalls nur begrenzt möglich und sehr kostspielig.

c) Im allg. kurze Durchlaufzeiten für die Montage und Fertigstellung der Erzeugnisse, sofern das benötigte Material in genügenden Mengen zur Verfügung steht.

d) Materialien und Teile der Tertiärstufe sind relativ zum Erzeugnis billig. Im allgemeinen sind diese auch vielfach verwendbar.

e) Die Wiederbeschaffungszeit auf dieser untersten Stufe ist im allgemeinen gross. Das Fehlen dieser Teile und Materialien kann zu Produktionsunterbrüchen führen, die selten durch Sondermassnahmen zu beheben sind. Deshalb ist auch der Lieferbereitschaftsgrad auf diesen Stufen sehr hoch zu halten. Dies erzeugt zwar mengenmässig hohe Lager, die aber wegen des relativ tiefen Preises weniger kosten als Lager der teuren Fertigprodukte!

Wie weit auf den verschiedenen Stufen verschiedene Lagerhaltungsmodelle zu verwenden sind, kann nicht sehr eindeutig beantwortet werden. Wegen den zahlreichen Interdependenzen, wegen der Unstabilität der benützten Stücklisten und schliesslich wegen der unité de doctrin in allen Bewirtschaftungsfragen ist eher ein einheitliches Modell zu wählen. Erfahrungsgemäss ist jede Unterteilung, sei es nach der ABC Einteilung oder nach andern Kriterien, unscharf und unstabil, so dass mit dauernden Aenderungen gerechnet werden muss. Eine andere Frage ist natürlich, ob z.B. der Planbedarf konsequent über alle Stufen gerechnet werden soll oder ob von einer gewissen Stufe an nur noch verbrauchsgesteuert bewirtschaftet werden soll.

Weitere Möglichkeiten der Senkung der Lagerbestände sind einmal die Kürzung der Wiederbeschaffungsfristen und zum andern die Straffung des Sortimentes. Die Wiederbeschaffungsfristen können durch rationelle Fertigung, durch Reduktion des Abteilungsganges und durch Reduktion der Teilestufen ganz erheblich gekürzt werden. Dabei muss es sich aber um echte Kürzungen handeln. Mit einer blossen Kürzung der sogenannten Zwischenzeiten, resp. Liegezeiten, ist es nicht getan, da dies auf Kosten der Flexibilität der Produktionswerkstätten geht, was sich erfahrungsgemäss immer wieder sehr nachteilig auf die Montagebereitschaft auswirkt.

Mit der Straffung des Sortimentes wird eindeutig die Variantenvielfalt, welche einen enormen Einfluss auf die Höhe der Lager ausübt, gedrosselt. Schliesslich ist auch die Senkung des angebotenen Lieferbereitschaftsgrades eine wichtige und wirksame Möglichkeit zur Senkung der Lagerbestände. Freilich sind damit wieder andere Nachteile und Mehrkosten verbunden.

Was kann nun das eigentliche Operations Research zu einer Milderung dieses Spannungsfeldes beitragen? Im allgemeinen und im speziellen sind es die folgenden Massnahmen:

a) Deutlich machen der vorhandenen Unsicherheiten in allen Sparten der Produktionsplanung und -steuerung, im speziellen aber auch in der Lagerhaltung. Man muss mit allen Mitteln versuchen, die Heuchelei des Sicherheitsdenkens zu überwinden. Sicher ist es richtig und vernünftig, die bestehende Unsicherheit mit besseren Arbeitsmethoden, mit besserer Planung zu verringern, aber nur soweit, dass es wirtschaftlich vertretbar ist. Man muss sich einfach darüber klar sein, dass ein Rest von Unsicherheit bleibt, auch wenn die grössten Aufwände getrieben werden.

b) Konstruktion von Modellen, aus denen die gegenseitigen Beziehungen zwischen und innerhalb der beiden Pole hervorgehen.

c) Vermehrte Systematisierung einzelner Methoden, so z.B. in der Absatzprognose. Der Absatzplan ist die eigentliche Urgrösse, nicht nur der gesamten Produktionsplanung und -steuerung, sondern auch für die eigentliche Lagerhaltung. Je besser dieser Absatzplan mit den effektiven Bezügen übereinstimmt, um so einfacher ist die Planung, ist die Lagerhaltung. Hier kann einiges erreicht werden durch Verbesserung der Prognoseverfahren, vorab der math. und statistischen Verfahren. Die Vergangenheit ist noch immer der beste Lehrmeister für die Zukunft. Warum macht man nicht mehr Gebrauch von diesen Kenntnissen, warum nützt man nicht mehr aus von dem, was schwarz auf weiss vorliegt. In diesen Daten liegen doch sehr viel mehr Gesetzmässigkeiten ver-

borgen, als man gemeinhin glaubt. Die Dinge ändern sich nur selten derart
abrupt und sprunghaft, dass nicht mit hoher Sicherheit eine Extrapolation
gewagt werden kann. Dabei ist selbstverständlich vorausgesetzt, dass die
Rechnung rollend durchgeführt wird, so dass immer wieder auch die aktuell-
ste Situation mitberücksichtigt wird und etwaiger Tendenzumschwung früh-
zeitig genug erkannt werden kann. Vorausgesetzt wird auch die Vernunft der
Prognostiker, dass sie neben diesen rein statistischen und mathematischen
Methoden alle zusätzlichen, oft mehr qualitativen, Informationen mit in
ihre Prognose einweben.

Wenn von Prognosen gesprochen wird, dann ist noch ein weiterer Umstand zu
beachten, nämlich der Grad der Spezifizierbarkeit der Prognose. So sehr
eine Globalprognose für die mittel- und langfristige Grobplanung von Bedeutung ist, so reicht sie eben doch nicht aus, einen entscheidenden Beitrag
zur Verminderung des Spannungsfeldes zu leisten. Wenn man nur weiss, dass
der Verkauf 100 Waschmaschinen, 1000 Autos, x-Tausend Filzstifte pro Woche
haben will, die Detailausführung z.B. die Farbe jedoch erst kurz vor Aus-
lieferung bekannt ist, dann reicht dies für zeitgerechte Beschaffung des Materials einfach nicht aus, es sei denn, die Lager auf allen Stufen seien
so reichlich dotiert, dass einfach nichts passieren kann. Auch in dieser
Frage spielt der Variantenreichtum eine verhängnisvolle Rolle. Es ist un-
zweifelhaft so, dass der Spezifikationsgrad der Prognose umgekehrt proportional läuft zur Anzahl der angebotenen Produktvarianten.

Eine weitere Massnahme ist das dauernde Gespräch zwischen Absatz einerseits und der Beschaffung andererseits in Form periodischer Programmbe-
sprechungen, zu der nicht nur alle kompetenten Funktionäre zugezogen werden müssen, sondern für die auch konkrete, à jour gehaltene, Führungsun-
terlagen über alle relevanten Tatbestände vorliegen.

d) Optimierung
   Wirksame Beispiele sind etwa die folgenden:
   - Verkürzung der Transportzeiten und damit Verkürzung der Lieferfristen.
   - Ersatzpolitik für WZ- und Einrichtungen zur Minderung der Fertigungs-
     kosten.
   - Mehrmaschinenbedienung zwecks besserer Auslastung der vorhandenen Betriebs-
     mittel.
   - Optimale Reihenfolge der einzuplanenden Werkstatt- und Montageaufträge,
     zur besseren Auslastung der vorhandenen Kapazität und zur Verringerung
     der Herstellkosten und Verkürzung der DLZ. Ein sehr markantes Beispiel
     hierfür ist etwa das Sortenfolgeproblem in der Papier- und Textilindustrie.
     Die Umstellkosten von einer schwarzen auf eine weisse Sorte ist um ein
     Vielfaches grösser als im umgekehrten Fall.
   - Zuteilungsprobleme
   - Optimale Auftragszuteilung zu den einzelnen Arbeitsplätzen im Sinne der
     Warteschlangentheorie zur Reduktion von Wartezeiten für Personal und An-
     lagen.
   - Verschnittprobleme zur Verkleinerung der benötigten Materialmengen; und
     schliesslich ist an dieser Stelle die Gesamtheit der vorhandenen Lager-
     haltungsmodelle zu nennen, angefangen vom einfachsten Andler-Modell bis zu
     den kompliziertesten dynamischen Modellen.

e) Integration der einzelnen Funktionen der Produktionsplanung und -steuerung.
   Diese Integration wird u.a. notwendig, wenn es etwa darum geht zu erkennen,
   welche Folgen eine Aenderung des Programmes auf die Bereitstellung des Ma-

terials einerseits und das Nichteinhalten eines Materialtermins auf die
Fertigmontage anderseits haben. Bei einer vielstufigen Fertigung, bei mini-
maler Integration und manuellem Steuersystem sind diese Folgen kaum in nütz-
licher Frist zu erkennen. Die Folge davon ist, dass die Aenderungen auf gut
Glück durchgeführt werden, unbekümmert, was irgendwann einmal passiert. Das
Abfangen dieser Risiken kann nur durch höhere Puffer erfolgen.

Die letzten drei Dinge: Systematisierung, Optimierung und Integration tragen
also dazu bei, die Parameter zu verbessern und Zeit- und Mengenpuffer zu ver-
kleinern. Es muss nun aber bedacht werden, dass alle 3 Massnahmen nicht gratis
sind, sondern dass damit ein respektabler Planungsaufwand verbunden ist, der
wohl kostenmässig eher progressiv verläuft. Es ist darum im Einzelfall zu prüfen, ob diese Aufwendungen in einem vernünftigen Verhältnis stehen zur möglichen Reduktion der Puffer. Man wird zweifellos auch hier von einer Optimal-
situation zwischen Planungskosten einerseits und Pufferkosten anderseits sprechen können.

So wertvoll die Anwendung von Operations Research-Methoden im Gebiete der Produktionsplanung und -steuerung ist, so muss man sich doch stets der Grenzen be-
wusst werden. Als Praktiker steht man im Betrieb immer vor dem Dilemma, welche
der Methoden im einzelnen zu verwenden sind. Wie weit soll z.B. mit der Dynamisierung gegangen werden? Wieviel kann man vom eigenen Personal verlangen, ist
es fähig und reif für sehr dynamische Lösungen? Ist der Betrieb mit seiner Administration und Fertigung überhaupt reagibel genug, um beispielsweise den
steten Aenderungen der Aufgabemengen oder des Aufgabezeitpunktes, wie sie sich
aus einer hochgezüchteten Prognoserechnung und einem dynamischen Lagerhaltungs-
modell ergeben, zeitgerecht zu folgen?

Gewiss muss der Grundsatz anerkannt werden, dass sich der Betrieb und damit auch
die entsprechenden Beschaffungstellen bestmöglichst dem Markte anzupassen
haben, aber sicher nicht um jeden Preis. Man bedenke, dass die Kapazitäts-
elastizität einer Unternehmung trotz modernstem Management und trotz modern-
sten Planungsinstrumenten letztlich doch recht gering ist in unseren Breiten-
graden, vor allem im Hinblick auf kurzfristige Kapazitätsveränderung.

Nicht nur stösst das Verschieben von Arbeitskräften von einem Platz zum andern,
von einer Abteilung zur andern, auf zunehmende Schwierigkeiten, sondern auch
die Vergabe von Arbeit nach auswärts, sei es an eigene Konzerngesellschaften,
sei es an Fremdlieferanten, in Zeiten der Hochkonjunktur, auf erhebliche Schwierigkeiten. Vor allem ist dies immer ein zeitliches Problem. Oft glückt eine
Verlagerung erst in einem halben oder ganzen Jahr, oft zu einem Zeitpunkt, wo
eigentlich die Verlagerung nicht mehr benötigt wird. Auch die Entlastungslie-
feranten sind im allg. nicht mehr so flexibel wie früher. Sicher lässt sich
einiges auch durch komplizierte mathematische Modelle lösen. Ich meine aber,
dass es in sehr vielen Fällen auch mit einfacheren, robusteren Modellen geht.
Und zwar nicht nur deshalb, weil diese auch heute noch mehr Chance haben, durch
den Praktiker akzeptiert und damit angewendet zu werden, sondern auch wegen der
riesigen Unsicherheit in den zur Verfügung stehenden Ausgangsdaten. Diese Unsicherheit ist einfach zu gross, und zwar nicht nur im Sinne der eingangs erwähnten Fehlerquelle in der Prognose des Primärbedarfes, sondern auch wegen
der riesigen Datenmenge und der zwangsläufig mit ihr verbundenen Datenmutation.
Wenn man etwa daran denkt, dass in einer mittelgrossen Apparatefabrik pro Mo-

nat ca. 10'000 Operationsplandaten ändern oder ca. 2'500 Stücklistendaten ändern, dann kann man sich wohl ein Bild machen über die damit verbundenen Probleme. Es ist nicht allein der Mutationsdienst an sich, der ins Ungehäuerliche
wächst, sondern es ist auch das erhöhte Fehlerrisiko, das mit solchen Aenderungen stets verbunden ist.

Abschliessend kann festgestellt werden, dass von Seiten des Operations Research
recht viele Hilfsmittel zur Verfügung stehen, das vorhandene Spannungsfeld
zwischen Markt einerseits und der Beschaffung anderseits zu beherrschen oder
gar zu reduzieren. Es darf aber nicht übersehen werden, dass dies alles nichts
taugt, wenn nicht die Praktiker mitmachen und wenn man nicht die tausend
kleinen, alltäglichen Vorkommnisse beachtet, die in jedem Betrieb eben da
sind, als fest gegebenes Faktum akzeptiert und sich positiv dazu einstellt.

Auch in diesen Dingen gilt die alte Wahrheit, dass ein halbleeres Glas nie
dasselbe ist wie ein halbvolles Glas.

Mindestlagerbestand bei verschiedenen Produktionsrhythmen – eine Fallstudie aus der Nahrungsmittelbranche

H. Zang, Neukirchen

1. Problemstellung

Die Fallstudie wurde im Sommer 1973 in einem Unternehmen der Nahrungsmittelindustrie durchgeführt. Wir haben ein geschlossenes Sortiment von 52 Artikeln, von denen 12 nur einmal im Jahr zur Zeit der Rohstofferrnte produziert werden können und der Rest ernteunabhängig das ganze Jahr über produziert werden kann. Die Produkte werden zu den Kunden sowohl direkt vom Werkslager als auch über Auslieferungslager transportiert. Da der Vorstand der Meinung war, daß die Bestände zu hoch seien, wurden die bisherigen Bestandsrichtlinien überprüft. Das Ergebnis war eine Senkung der Reichweite zu Produktionsbeginn von generell 3 Monaten für alle Artikel auf generell 2,5 Monate. Außerdem wurde beschlossen, eine Untersuchung durchzuführen, um zu differenzierteren Bestandsrichtlinien zu kommen. Zu diesem Zeitpunkt war es noch nicht möglich, das Risiko bezüglich der Lieferfähigkeit anzugeben, das der Vorstand einzugehen bereit ist.

2. Untersuchung

Das Ziel der Untersuchung war es, neue Sollbestände festzulegen, wenn nötig nach Artikeln und Lagern getrennt. Dazu wurden zuerst die Abgangsschwankungen in den beiden Lagertypen Auslieferungslager und Werkslager untersucht.

Für die Auslieferungslager wurden wöchentliche Abgangsschwankungen untersucht, da die Wiederbeschaffungszeit hier 4 - 5 Tage beträgt. Eine statistische Auswertung für einen Zeitraum von 17 Wochen ergab, daß die relativen Abgangszahlen annäherungsweise normal verteilt sind. Es konnten weder zwischen den einzelnen Artikeln von einem Auslieferungslager noch zwischen den einzelnen Auslieferungslägern signifikante Unterschiede festgestellt werden. Es ergab sich folgende statistische Aussage: Die Wahrscheinlichkeit, daß für alle Artikel der relative Absatz in einer Woche unter 220 % bleibt, beträgt 88 %. Das heißt, der Fall, daß wenigstens 1 Artikel einen höheren relativen Absatz hat, tritt auf lange Sicht ungefähr alle 8 Wochen ein. Aufgrund dieses Ergebnisses wurde der Vorschlag gemacht, den Bestellpunkt von einem 4-Wochen-Bedarf (bisherige Richtlinie) auf einen 3-Wochen-Bedarf zu senken.

Wegen der unterschiedlichen Möglichkeit der Wiederproduktion mußte die Untersuchung der Abgangsschwankungen vom Werkslager getrennt nach ernteunabhängigen und ernteabhängigen Artikeln durchgeführt werden.
Für die ernteunabhängigen Artikel wurden aus Gründen der Produktionsflexibilität Schwankungen des Monatsabsatzes in % der Monatsprognose des Marketing untersucht. Der Untersuchungszeitraum betrug 2 Jahre. Eine Differenzierung nach einzelnen Artikeln war nicht notwendig. Das statistische Er-

gebnis war folgendes: Die Wahrscheinlichkeit, daß für alle Artikel der relative Absatz weniger als 160 % der Prognose ist, beträgt 67 %. Das heißt, auf lange Sicht beträgt der relative Absatz ca. alle 3 Monate mehr als 160 % der Prognose. Aufgrund dieses Ergebnisses wurde der Vorschlag gemacht, 160 % der Monatsabsatzschätzung als Mindestbestand bei Produktionsbeginn anzusteuern.

Für die ernteabhängigen Artikel ergab sich die Wahrscheinlichkeitsaussage, daß für diese Artikel mit 87 % Wahrscheinlichkeit der Absatz in einem Jahr weniger als 120 % der Jahresprognose ist. Es wurde der Vorschlag gemacht, für die ernteabhängigen Artikel 20 % der Jahresabsatzschätzung als Mindestbestand bei Beginn der Wiederproduktion anzusteuern. Das heißt, daß auf lange Sicht einmal in 8 Jahren ein solcher Artikel nicht lieferbar ist.

3. Ergebnisse

Ein Vergleich der gemachten Vorschläge mit der generellen Festlegung eines 2,5-Monats-Bedarfs bei Produktion ergab folgendes: Die Reduzierung stimmt bei den ernteunabhängigen Artikeln mit den Vorschläge überein, bei den ernteabhängigen Artikeln sollte die Mindestreichweite jedoch nicht reduziert werden, sondern knapp über einem Dreimonatsbedarf liegen. Man kann also bei dem gegebenen Sortiment nicht mit einer generellen Bestandsrichtlinie arbeiten. Ein Vorgespräch über die Ergebnisse der Untersuchung hat ergeben, daß der Vorstand bereit ist, in der Bestandsreduzierung über die Vorschläge hinauszugehen. Das heißt, er ist bereit, ein größeres Risiko einzugehen, als bei diesen Vorschlägen zugrundegelegt wurde. Man sieht daraus, daß erst nach dem Vorliegen der Vorschläge, also nachdem die Untersuchung durchgeführt ist, die Sicherheitswahrscheinlichkeiten, die zugrunde zu legen sind, klarer zutagetreten. Als neue Bestandsrichtlinie wurden beschlossen ein 2,5-Monats-Bedarf für ernteabhängige Artikel und ein 2-Monats-Bedarf für ernteunabhängige Artikel.

Weitere Schritte mit dem Ziel, Bestände zu reduzieren, müßten bei der Zuverlässigkeit der Marketingprognosen ansetzen, da diese bestimmend für die notwendigen Sicherheitsbestände auf den Werkslägern sind.

Transport- und Standorttheorie

Layout-Optimierung unter linearen Restriktionen

W. Burckhardt, Meerbusch

Abstract:

The problem is locating multiple new facilities with respect to multiple existing facilities under linear constraints; there is an interchange of materials between new facilities, and new and existing ones. A numeric value of a solution to the location problem is given as weighted sum of the square of the Euclidian distances among all facilities. Problem formulation applying Lagrange-multipliers, necessary and sufficient conditions for an optimum solution are developed. It results in the simultaneous solution of a set of linear equations in order to obtain the optimum location. Sensitivity studies can be pursued on the basis of the values of the Lagrange-multipliers.

Abstrakt:

1. Problemstellung

Gesucht sind die Koordinaten $(x_j, y_j \mid j \in N)$ von N anzuordnenden Zuordnungselementen (im folgenden ZE genannt), z. B. Maschinen, Arbeitsplätze, öffentliche Einrichtungen, wobei

(1) die Menge M ZE fest in $(x_i, y_i \mid i \in M)$ angeordnet sind,

(2) ein Fluß w_{ij} zwischen den ZE der Menge M und N sowie ein Fluß d_{jk} zwischen den ZE der Menge N herrscht,

(3) <u>Restriktionen bezüglich der Abstände zwischen dem ZE der Menge N bestehen</u> (neu gegenüber der gegenwärtig zugänglichen Literatur!) und

(4) der gesamte Fluß zwischen allen ZE zu minimieren ist.

2. Problemformulierung

Analog zu J. White: „A Quadratic Facility Location Problem", A. I. I. E. Transactions, Vol. 3/2, June 1971, wird das Problem approximiert durch die Betrachtung der Quadrate der direkten Abstände der ZE untereinander, wobei in Erweiterung zu White die linearen Restriktionen über Lagrange-Multiplikatoren in die Zielfunktion aufgenommen werden.

Somit ist zu minimieren:

$$\min Z = \sum_{j,k \in N} d_{jk} \left((x_j - x_k)^2 + (y_j - y_k)^2 \right)$$

$$+ \sum_{j \in N} \sum_{i \in M} w_{ji} \left((x_j - x_i)^2 + (y_j - y_i)^2 \right)$$

$$+ \sum_{p=1}^{n_x} u_{xp} (x_j - x_k - e_{jk}) + \sum_{p=1}^{n_y} u_{yp} (y_j - y_k - f_{jk})$$

wobei gilt:

e_{jk} = fixer Abstand zwischen x_j und x_k

f_{jk} = fixer Abstand zwischen y_j und y_k

n_x = Anzahl Restriktionen für ZE in x-Richtung

n_y = Anzahl Restriktionen für ZE in y-Richtung

u_{xp} = Lagrange-Multiplikator für p-te in x-Richtung; $p = 1, \dots, n_x$

u_{yp} = Lagrange-Multiplikator für p-te in y-Richtung; $p = 1, \dots, n_y$

Lösungsverfahren

Durch Bildung von partiellen Ableitungen von Z nach x_j, y_j, u_{xp} und u_{yp}, die notwendige und hinreichende Bedingung für ein globales Optimum darstellen, ergibt sich ein lineares Gleichungssystem der Form

$$A\,(x, y, u_x, u_y) \;=\; B$$

Die Lösung ist

$$(x, y, u_x, u_y) \;=\; A^{-1}\,B$$

wobei die Werte von u_x und u_y Ausgangsbasis für Sensitivitätsanalysen bilden.

Eine Analyse der Parksituation in der City West-Berlins

Y. Dirickx und P. Jennergren, Berlin

Abstrakt

Die Parksituation im Zoo-District West-Berlins wird betrachtet.
Die Nachfrage nach Parkplätzen in verschiedenen Zonen und Park-
zeitkategorien wird bestehenden Einrichtungen (Parkhäusern,
öffentlichen Parkplätzen usw.) so zugeteilt, daß die mit dem
Parksystem assoziierten sozialen Kosten minimiert werden. Die
Minimierung wird mit Hilfe eines LP-Modells des Transporttyps
durchgefürt. Diese Analyse gibt eine Übersicht über die optimale
Nutzung der existierenden Parkeinrichtungen. Z.B. wie weit
hätten Fahrer zu gehen, um von ihren Fahrzeugen ihren endgültigen Bestimmungsort zu erreichen? Wo befänden sich freie Plätze
auf der Straße? Das Paper schließt mit einigen Empfehlungen
für ein effektiveres Parksystem in der City West-Berlins ab.

Eine ausführliche Version des Vortrags ist in den Preprint
Series der IIMV erschienen.

500

Ein Lösungsverfahren für zweistufige Standort-
(Fixed-Charge-) Probleme

W. Domschke, Karlsruhe

Betrachtet wird das Modell mit den folgenden Annahmen:

A1: Eine Unternehmung besitzt für die Produktion eines bestimmten
Gutes die Produktionsstätten $P_1, P_2, \ldots, P_p$, in denen sie minimal ap_h und maximal bp_h ME/Periode (alle $h = 1(1)p$) produzieren kann. Die Kosten für die Produktion einer ME des Gutes in
P_h betragen cp_h GE.

A2: Es werden k Kunden $K_1, K_2, \ldots, K_k$ beliefert, die minimal ak_j
und maximal bk_j ME/Periode (alle $j = 1(1)k$) – je nach Lieferbereitschaft der Unternehmung – abnehmen. Kunde K_j bezahlt e_j
GE für eine ME.

A3: Die Unternehmung möchte Auslieferungslager errichten. In die
engere Wahl kommen die Standorte $L_1, L_2, \ldots, L_l$. Durch ein am
Ort L_i errichtetes Lager können pro Periode maximal bl_i ME
ausgeliefert werden. Wird in L_i ein Lager errichtet, so entstehen pro Periode Fixkosten von f_i GE, während die der Durch-
flußmenge proportionalen variablen Kosten pro ME cl_i GE betragen (Kapazitätsbeschränkungen und Kosten für alle $i = 1(1)l$).

A4: Die Transportkosten von den Produktionsstätten zu den Lagern
und von diesen zu den Kunden sind der transportierten Menge
proportional. Sie betragen c_{hi} GE für den Transport einer ME
von P_h nach L_i und $\bar{c}_{ij}$ GE für den Transport einer ME von L_i
nach K_j (alle $h = 1(1)p$, $i = 1(1)l$, $j = 1(1)k$).

Es ist das Ziel der Unternehmung, die Anzahl der zu errichtenden
Lager und deren Standorte sowie die Produktions- und Absatzmengen
und die zu benutzenden Lieferwege so auszuwählen, daß der maximal
mögliche Gewinn erzielt wird.

Das Problem läßt sich in ein Minimierungsproblem umformen, indem
man die Differenz aus Kosten und Erlösen minimiert.
Das Minimierungsproblem führt man über in ein graphentheoretisches
Flußproblem. Wegen der für die potentiellen Lagerstandorte zu be-
rücksichtigenden Fixkosten ist das Problem jedoch nicht unmittel-

bar durch Anwendung eines Flußalgorithmus, z.B. des Out-of-Kilter-Algorithmus oder eines der Verfahren von Domschke [3], zu lösen. Es ist vielmehr die Durchführung eines Branch-und-Bound-Verfahrens erforderlich, das ähnlich ausgeführt wird wie bei einstufigen Fixed-Charge-Problemen (hierzu gibt es bereits zahlreiche Arbeiten, vgl. z.B. Khumawala [6]). Im Laufe des Verfahrens wird eine Anzahl von linearisierten Teilproblemen gebildet. Zur Lösung des ersten dieser Teilprobleme bietet sich insbesondere der von Domschke in [2] veröffentlichte Flußalgorithmus an. Es läßt sich zeigen, daß die Lösungen aller weiteren Teilprobleme aus den Lösungen ihrer im Lösungsbaum unmittelbar vorhergehenden Probleme sehr leicht durch Bestimmung eines oder weniger kürzester Wege in einem zum ursprünglich konstruierten Flußnetzwerk gebildeten Inkrementnetzwerk erhalten werden können (Verfahren hierfür findet man z.B. in [1]).

Das Verfahren wurde bereits im Rahmen dreier Projekte zurBestimmung optimaler Standorte von Mülldeponien mit vorgeschalteten Umladestationen für ganze Landkreise erfolgreich eingesetzt.

Das Modell und das im Vortrag angegebene Lösungsverfahren werden, zusammen mit Beweisen, Anwendungsbeispielen aus dem Bereich des Umweltschutzes und Rechenerfahrungen mit einem Algol-Programm, in [5] veröffentlicht. Eine sehr ausführliche Beschreibung des Modells und eines Lösungsverfahrens, das sich im Wesentlichen in der Lösung des ersten linearisierten Teilproblems vom vorgetragenen unterscheidet, findet man in [4].

Literaturhinweise:

[1] Domschke, W.: Kürzeste Wege in Graphen: Algorithmen, Verfahrensvergleiche. Mathematical Systems in Economics, Heft 2, Anton Hain - Verlag, Meisenheim/Glan 1972.

[2] Domschke, W.: Ein neues Verfahren zur Bestimmung kostenminimaler Flüsse in Kapazitätendigraphen. Operations Research - Verfahren XVI (1973), S. 121 - 127.

[3] Domschke, W.: Two new algorithms for minimal cost flow problems. Computing 11 (1973), S. 275 - 285.

[4] Domschke, W.: Verfahren zur Bestimmung optimaler Betriebs- und Lagerstandorte. In: E. Bahke (Hrsg.): Materialflußsysteme, Bd. II: Materialflußmodelle, Krausskopf-Verlag, Mainz 1974.

[5] Domschke, W.: Graph-theoretical methods and their applications to assignment, transportation, and location problems. (In Vorbereitung, erscheint in der Reihe "Mathematical Systems in Economics" 1974/75).

[6] Khumawala, B.M.: An efficient branch and bound algorithm for the warehouse location problem. Management Science 18 (1972), S. B718 - B731.

Fahrwegoptimierung beim zweidimensionalen Kommissionieren

T. Gudehus, Hagen

Abstract

For the planning and efficient use of order picking systems the calculation and optimisation of the average travelling times are of great importance. This task is solved here for order picking machines which move the picker simultaneously in two dimensions along the racks. The analytical solutions of this problem can be used for different purposes. In particular, a possible improvement of the travelling time up to 7o % with an appropriate strategy can be achieved.

Kommissionieren ist das Zusammenstellen von Ware nach vorgegebenen Aufträgen.

Die Leistung eines Kommissionierers, also die Anzahl Positionen, die er im Verlaufe einer Stunde sammeln kann, ist abhängig von den vier Grundfunktionen des Kommissioniervorgangs:

- Bereitstellung der Ware

- Entnahme der Artikelmenge

- Fortbewegung des Kommissionierers

- Abgabe der Ware.

Vor allem die mittlere Wegzeit, also die Dauer des Fortbewegungsvorgangs, beeinflußt die mittlere Kommissionierzeit und damit die Kommissionierleistung. Der Wegzeitanteil der Kommissionierzeit liegt in der Regel zwischen 4o % und 5o %.

Um den Kommissionierer bei großen Regalflächen vom Laufen zu entlasten und die Wegzeiten zu verkürzen, wurden spezielle Regalförderzeuge entwickelt. Diese Geräte verfahren vollautomatisch oder handgesteuert auf einer Fahrschiene in einem schmalen Gang zwischen zwei Regalflächen. Sie befördern den Kommissionierer in einer überlagerten Fahr- und Hubbewegung in kürzester Zeit von einem Entnahmepunkt der Regalfläche zum nächsten. Darüber hinaus

hat der Einsatz derartiger Geräte den Vorteil, daß sich die für
ein Kommissioniersystem erforderliche Grundfläche erheblich reduzieren läßt, da Regalförderzeuge bis zu 4o m hoch gebaut werden
können.

Bei der Planung von Kommissioniersystemen, in denen derartige Regalförderzeuge eingesetzt werden sollen, treten folgende Probleme
auf:

- Wie groß ist die mittlere Fahrzeit bei Fachanfahrt von n über
  die Regalfläche zufallsverteilten Entnahmepunkten?

- Von welchen Parametern sind diese mittleren Fahrzeiten abhängig
  und wie stark ist der Einfluß der einzelnen Parameter?

- Gibt es geeignete Fahrwegstrategien zur Wegoptimierung und in
  welchem Ausmaß lassen sich hierdurch die Fahrzeiten verbessern?

Eine Beantwortung dieser Fragen ist die Voraussetzung für eine
richtige Dimensionierung von zweidimensionalen Kommissioniersystemen.

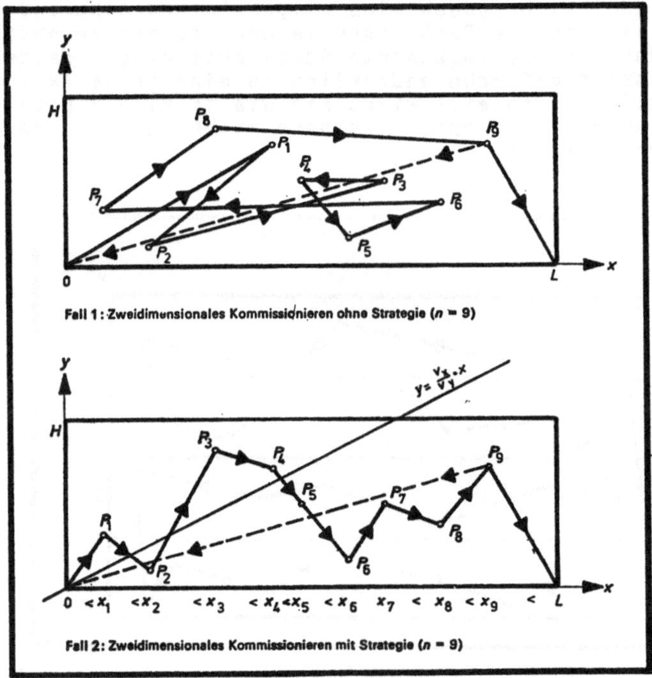

Bild 1
Zweidimensionale Kommissionierfläche mit möglichen Fahrwegen

Beim Abfahren der Regalfläche sind grundsätzlich zwei Fälle zu unterscheiden (s. Bild 1):

Fall 1: Kommissionieren ohne Strategie. Die Positionen des Kommissionierauftrags sind ungeordnet, so daß zwischen den aufeinanderfolgenden Entnahmeorten keine Korrelation besteht.

Fall 2: Kommissionieren mit Strategie. Die Positionen des Kommissionierauftrags sind nach einer geeigneten Strategie geordnet, zum Beispiel so, daß die x-Koordinaten eine aufsteigende Folge bilden.

Die Forderung einer Strategie zur Wegoptimierung führt auf das bekannte Travelling-Salesman-Problem (1), für das es bei großem n bekanntlich keinen einfachen und allgemein anwendbaren Algorithmus gibt. Eine Auswahl des jeweils zeitgünstigsten der insgesamt n! verschiedenen Wege zwischen den n Punkten wäre selbst mit Hilfe eines Elektronenrechners sehr aufwendig und würde mehr Rechenzeit erfordern, als kostenmäßig vertretbar ist.

Unter Berücksichtigung der speziellen Fahreigenschaften von Regalförderzeugen läßt sich jedoch eine allgemein anwendbare Strategie angeben, welche, wie die Rechnungen zeigen, zu nahezu optimalen Fahrzeiten führt. Diese sogenannte Streifenstrategie besteht darin, daß die Kommissionierfläche gedanklich in eine grade Zahl horizontaler Streifen aufgeteilt wird, die wie im Bild 2 gezeigt, nacheinander abwechselnd von links nach rechts und von rechts nach links abgefahren werden.

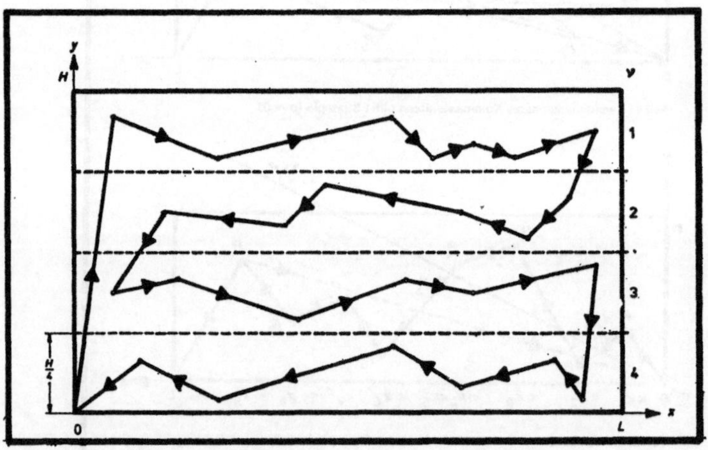

Bild 2
Die ν-Streifenstrategie (ν = 4)

Diese Strategie hat darüber hinaus den Vorteil, daß sich die mittleren Fahrzeiten in Abhängigkeit von Regallänge und Regalhöhe,
Fahrgeschwindigkeit und Hubgeschwindigkeit, Brems- und Beschleu-
nigungskonstanten, sowie von der Anzahl der Fachanfahrten pro
Rundfahrt und der Anzahl der Streifen mit Hilfe einer ánaly-
tischen Formel vorausberechnen läßt. Die nicht ganz einfache
Ableitung der hierfür geeigneten analytischen Beziehungen ist
an anderem Ort (2) ausführlich dargestellt und braucht daher
hier nicht wiederholt zu werden. Das Ergebnis der mit Hilfe dieser Formeln berechneten Fahrzeiten sind Fahrdiagramme der in
Bild 3 gezeigten Art. Die analytisch berechneten Fahrzeiten stimmen, wie ebenfalls in Bild 3 dargestellt, mit den Ergebnissen von
aufwendigen Simulationsrechnungen im Rahmen der zu erwartenden
Genauigkeit überein (3).

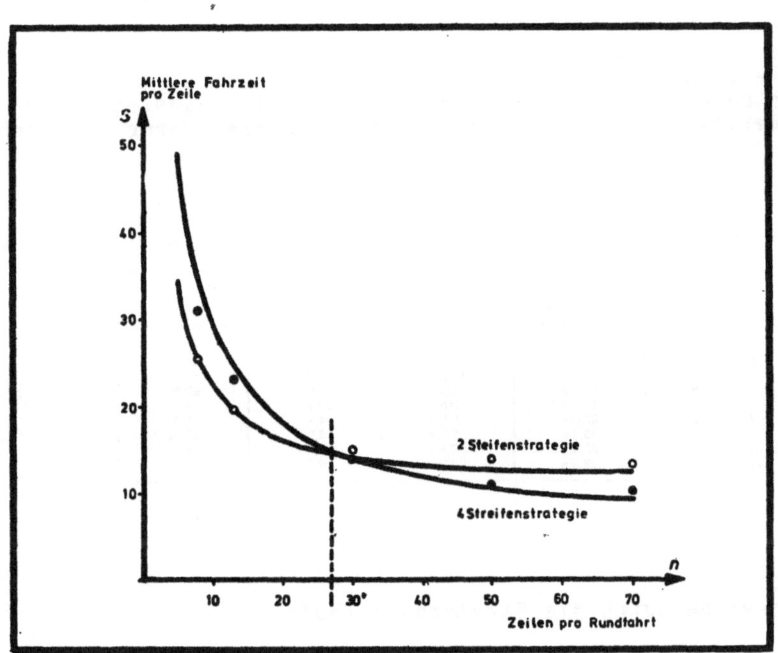

Bild 3
Mittlere Fahrzeiten für das zweidimensionale Kommissionieren von
n Zeilen nach der y-Streifenstrategie
Kurven: Analytisch berechneten Zeiten (2)
Punkte: Simulierte Zeiten nach J. Miebach (3)
Parameter: L = 5o m, H = 12 m, v_x = 5o m/min, v_y = 12 m/min

Es zeigt sich darüber hinaus, daß es sinnvoll ist, mit zunehmender Anzahl der Fachanfahrten zu immer höheren Streifenzahlen überzugehen. Auch die kritischen N-Werte für den Übergang von einer
Streifenzahl zur anderen sind vorausberechenbar. Im Grenzfall, daß
aus jedem Fach der Regalfläche Ware zu entnehmen ist, ist die
Zahl der Streifen gleich der Anzahl übereinanderliegender Fächer
zu setzen, so daß der Kommissionierer in einer Schleifenlinie
nacheinander alle Fächer anfährt. In diesem Grenzfall ebenso wie
in den anderen Grenzfällen n = 1, 2 sowie für sehr geringe Regal-
höhen, also im eindimensionalen Grenzfall, geht die Streifenstrategie in die für diese Fälle optimalen Algorithmen über. Es
ist daher zu vermuten, daß die Streifenstrategie auch in den
Zwischenbereichen zu mittleren Fahrzeiten führt, die nicht wesentlich von den theoretisch erreichbaren Minimalwerten abweichen.
Eine Überprüfung dieser Vermutung mit Hilfe von Simulationsrechnungen steht allerdings noch aus und stellt eine interessante Aufgabe dar.

Der Nutzen der Streifenstrategie wird deutlich erkennbar aus den
in Tabelle 1 gegenübergestellten anteiligen Fahrzeiten mit und
ohne Strategie, wie sie sich für ein spezielles, aber doch ty-
pisches Beispiel mit Hilfe der erwähnten Fahrzeitformeln berechnen
lassen.

n	Anteilige Fahrzeit		Fahrzeitgewinn	
	ohne Strategie	mit Strategie	absolut	relativ
2	39,0 s	39,0 s	0 s	0 %
5	29,2 s	22,0 s	7,2 s	25 %
10	25,9 s	14,6 s	11,3 s	44 %
15	24,8 s	11,9 s	12,9 s	52 %
20	24,3 s	10,6 s	13,7 s	56 %
25	24,0 s	9,9 s	14,1 s	59 %
30	23,7 s	9,2 s	14,5 s	61 %
35	23,6 s	8,4 s	15,2 s	64 %
40	23,5 s	7,8 s	15,7 s	67 %

Tabelle 1
Fahrzeitgewinne durch die Streifenstrategie

Abhängig von der Anzahl der Fachanfahrten ist durch die Streifenstrategie ein Fahrzeitgewinn bis zu weit über 6o % erreichbar. Bei
Berücksichtigung der übrigen Anteile der Kommissionierzeit result-
tieren hiermit Leistungsverbesserungen und damit Personal- und Ge-
räteeinsparungen zwischen 3o und 4o %. Ohne Zweifel rechtfertigen
Leistungssteigerungen von dieser Größenordnung den einmaligen Or-
ganisations- und Programmieraufwand, der für die Realisierung der
Streifenstrategie zu erbringen ist.

Literatur:

1. Bellore, M.
   Nembauser, G.L.

   Müller-Merbach, H.

The Travelling Salesman Problem, A Survey
Operations Research (1968) Nr. 16, H. 3,
S. 538 ff
Optimale Reihenfolgen, Springer Verlag
Berlin, Heidelberg, New.York (197o)

2. Gudehus, T.

"Grundlagen der Kommissioniertechnik,
Dynamik der Warenverteil- und Lagersysteme"
Girardet Verlag, Essen (1973)

3. Miebach, J.

Die Grundlagen einer systembezogenen Planung von Stückgutlagern, dargestellt am
Beispiel des Kommissionierlagers. Fördertechnische Mitteilungen 1/1971, DEMAG
Fördertechnik, Wetter (Dissertation TU
Berlin)

Kostenoptimaler Vertrieb eines Konsumgutes (einschließlich Standortbestimmung mit ganzzahliger linearer Optimierung)

R. Lott, Hannover

Zur Lösung des vorliegenden Problems ist ein LP-Modell mit der Zielsetzung entwickelt worden, den Kohlensäuretransport von Produktionsquellen über mehrere Zweigniederlassungen bis letztlich zum Kunden zu optimieren. Dieses Vertriebsmodell konnte nicht als Transportmodell formuliert werden, da bei allen Produktions-, Transport- und Abfüllvorgängen CO_2-Verluste berücksichtigt werden müssen, so daß die Matrix-Koeffizienten der gesuchten Vertriebsmengen im allgemeinen ungleich "1" sind.

Der Modellentwicklung ging zunächst eine detaillierte Aufnahme des Ist-Zustands des Vertriebssystems voraus. Dabei zeigte sich, daß ein Distributionsmodell dieser Art aufgrund des zeitlichen und rechnerischen Aufwandes nicht alle theoretisch möglichen Absatzwege zwischen allen Quellen, Zweigniederlassungen und Einzelkunden erfassen kann. Aus diesem Grunde wurde modellmäßig eine Vereinfachung des bestehenden Vertriebssystems vorgenommen. So wurde erstens die Anzahl der Einzelkunden durch Zusammenfassung mittels Postleitzahlen zu sog. Absatzzonen (Kundenzentralorten) reduziert und zweitens durch Ausschaltung von logisch nicht sinnvollen Transportwegen die Anzahl der noch verbleibenden Transportmöglichkeiten von vornherein erheblich vermindert.

Der Umfang des Modells beläuft sich trotz dieser Maßnahmen noch auf ca. 1.950 Strukturvarialbe und 700 Nebenbedingungen.

Dem Distributionsmodell liegen bzgl. der Entscheidungsfindung folgende Kostenarten zugrunde:

1. die variablen Transportkosten in Abhängigkeit von Transportweg,

Vertriebszustand der Kohlensäure (Behälter-CO_2, Flaschen-CO_2, Trockeneis) und eingesetztem Transportmittel (Eisenbahntankwagen, Straßentankwagen, LKW),

2. die fixen und variablen Kosten der Produktionsanlagen und des Vertriebsbereichs in den Zweigniederlassungen.

Das Modell, dessen Gültigkeit für die Praxis anschließend an Ist-Daten der Vergangenheit getestet wurde, errechnet daraus den kostengünstigsten CO_2-Transport und bildet darüber hinaus eine Entscheidungshilfe bei der Festlegung der optimalen Größe bestehender Zweigniederlassungen sowie bei der Wirtschaftlichkeitsprüfung eventuell neu einzurichtender Standorte.

Durch Einbeziehung solcher Kapazitäts- und Standortfragen und des damit verbundenen Fixkostenproblems spielt das Problem der Ganzzahligkeit in diesem Modell eine entscheidende Rolle. Es handelt sich um ein gemischt-ganzzahliges Problem mit ca. 100 Integer-Variablen. Davon erhalten im allgemeinen 70 eine feste Wertzuweisung je nach Problemlogik.

Die Lösung des Problems erfolgt mit Hilfe des IBM-Standardprogramms MPSX-MIP (revidierte Simplexmethode und Branch and Bound-Algorithmus).

Die Rechenzeit beläuft sich auf der IBM /370-155 bei 200 K bis zur Ermittlung der kontinuierlichen, also nicht-ganzzahligen Lösung auf 4,5 CPU-Minuten, bis zur Ermittlung der optimalen ganzzahligen Lösung unter Ausnutzung verfeinerter Lösungsstrategien auf weitere ca. 13 CPU-Minuten.

Informatik und Simulation

Simulation und Informatik
(Übersichtsvortrag)
M. Feilmeier, München

Abstract: This lecture attempts to give an overview on simulation languages. First we will discuss block-oriented and equation-oriented languages for continuous systems. Then we will treat discrete systems: GPSS - a block-oriented language - and SIMULA - a process-oriented language are discussed. Some examples for the application of simulation and of simulation languages are given.

A. Grundbegriffe der Simulation

Als Simulation bezeichnet man die Vorgehensweise, ein reales System dadurch zu untersuchen, daß man ein Ersatzsystem (Rechenmodell) untersucht. Unter einem System versteht man hierbei eine Menge von Objekten, die sich gegenseitig beeinflussen. Das Rechenmodell repräsentiert die wichtigsten Elemente des Systems und deren Attribute. Änderungen im System beeinflussen die Attribute und verändern so den Systemzustand. U.U. sind zwar auch statische Systeme von Bedeutung, i.a. aber beschäftigt man sich mit dynamischen Systemen, d.h. solchen, bei denen die zeitliche Änderung des Systems interessiert. Systeme, die sich überwiegend stetig mit der Zeit ändern, nennt man stetige Systeme; Systeme, die sich nur zu diskreten Zeitpunkten ändern, nennt man diskrete Systeme. Systeme, die sowohl stetige wie auch diskrete Teilsysteme in nicht zu vernachlässigender Weise enthalten, nennt man kombinierte stetig/diskrete Systeme.
Vor allem bei der Simulation diskreter Systeme hat man zwischen determinierter und stochastischer Simulation zu unterscheiden.

514

Bei der determinierten Simulation verändert sich der Systemzustand
bei vorgegebenem Anfangszustand nach deterministischen Regeln (z.
B. Probleme der Ablaufplanung wie die Fahrplanerstellung). Bei der
stochastischen Simulation treten Systemteile auf, deren Verhalten
stochastisch ist (z.B. das zufällige Eintreffen von Kunden bei
Warteschlangenproblemen). Hier besteht also für den Ablauf der
Vorgänge im System eine große Zahl von Möglichkeiten, die mathematisch durch die statistischen Eigenschaften der Systemgrößen
charakterisiert sind. Bei der Simulation geht man nun ganz wirk-
lichkeitsgetreu vor: Man wählt unter den nach den Gesetzen der
Statistik möglichen Abläufen einen einzigen "zufällig" aus, der
dann deterministisch durchgerechnet wird. Durch Wiederholung dieses Vorgangs lassen sich statistisch relevante Aussagen über interessierende Größen machen.

Da die Simulation vor allem für größere Probleme von Bedeutung
ist, kommt i.a. nur die Durchführung der Simulation auf einer
Rechenanlage in Frage. Die Simulation steht also in Beziehung zu
drei drei Disziplinen: zur Mathematik (Numerische Mathematik und
Statistik), zu den Anwendungen (beispielsweise im Operations Research) und zur Informatik. Mit dem letzten Aspekt befaßt sich
dieser Vortrag.

B. Simulationssprachen / Simulationsprogrammsysteme

Obwohl natürlich viele Simulationsprobleme in einer Standard-Programmiersprache wie ALGOL, FORTRAN oder PL/I programmiert werden,
halte ich die Bedeutung der Simulationssprachen und - Programmier-
systeme für die Simulation für so groß, daß ich sie in den Mittel-
punkt dieses Vortrags stelle.

Simulationssprachen (z.B. MIDAS für stetige Systeme, GPSS und
SIMSCRIPT für diskrete Systeme) und die zugehörigen Simulations-
programmsysteme wurden in den frühen sechziger Jahren eingeführt
um den Benutzer bei der Programmierung seiner Simulationsprobleme
zu entlasten. Hierzu enthält eine Simulationssprache eine Reihe
von Grundbegriffen, die die Festlegung des Rechenmodells und die
Vorgabe der damit durchzuführenden Experimente ermöglichen. Mit

diesen Grundbegriffen ist natürlich ein gewisser "world-view"
verbunden, d.h. eine bestimmte Art, ein zu simulierendes System
aus Grundkonzepten aufzubauen. Simulationssprachen und -Program-
miersysteme haben also eine vierfache Bedeutung.

(α) Eine Simulationssprache ermöglicht den Aufbau eines Rechenmodells in natürlicher Weise, d.h. aus eine dem Modelldenken
adäquate Art.

(β) Die Simulationssprache enthält gewisse Sprachelemente (oder
das - Programmsystem enthält gewisse Standardprozeduren) für
häufig wiederkehrende simulationsspezifische Grundaufgaben,
wie z.B. die Erzeugung von Zufallszahlen.

(γ) Der Übersetzer erzeugt aus dem in einer Simulationssprache
geschriebenen Programm ein rechenfähiges Programm.

(δ) Ein in einer Simulationssprache geschriebenen Programm kann
in natürlicher Weise unmittelbar zur Dokumentation und Kommunikation dienen.

Neben dieser direkten Bedeutung haben Simulationssprachen noch
eine indirekte Bedeutung als sie meist Konzepte enthalten, die
in Standard-Programmiersprachen wie ALGOL 60 oder FORTRAN nicht
enthalten sind, und so die allgemeine Entwicklung der Standard-
Programmiersprachen beeinflussen. Zu erwähnen sind hier etwa fle-
xiblere Datenstrukturen, das Co-Routinen-Konzept zur Bearbeitung
quasi-paralleler Prozesse usw.

I. Die Simulation stetiger Systeme

Die Simulation stetiger Systeme führt zu Rechenmodellen, die im
wesentlichen durch Systeme gewöhnlicher Differentialgleichungen
gegeben sind. Wir beginnen mit einem

I.1. Beispiel

aus der Gedankenwelt des Industrial-Dynamics. Industrial-Dynamics-
Studien fassen bekanntlich die verschiedenen diskreten Ereignisse
eines Wirtschaftssystems zusammen und betrachten das System als
ein stetiges System.

Eine Firma erhält Bestellungen von Kunden; diese Bestellungen werden aufbewahrt, bis sie aus dem Lager erfüllt werden können. Die Firma bestellt ihrerseits bei einer Fabrik um die verkauften Stücke zu ersetzen und den Lagerbestand auf einen Sollwert zu bringen. Die von der Firma bestellten Stücke werden mit einer gewissen Verzögerung geliefert. Für die interessierenden Systemgrößen $x_i(t)$ (tatsächlicher Lagerbestand, unerfüllte Bestellungen, Sendungen, die die Firma pro Woche erhält, usw.) ergibt sich ein System von 6 Differentialgleichungen (Fischer [8])

$$\dot{x}(t) = E\,x(t) + F\,z(t) + G\,y(t)$$

$x(t)$ ist hier ein sechsdimensionaler Zustandsvektor, $z(t)$ ein zweidimensionaler Ausgangsvektor (Sendungen an die Kunden pro Woche, Bestellungen an die Fabrik pro Woche) und $y(t)$ ein eindimensionaler Eingangsvektor (Kundenbestellungen pro Woche) der von einem vorgegebenen stochastischen Prozeß überlagert wird.

I.2. Blockorientierte Simulationssprachen

Das Rechenmodell für ein stetiges System festzulegen bedeutet also die das System charakterisierenden Differentialgleichungen festzulegen. Eine einfache Methode hierfür besteht darin, für die auftretenden Grundoperationen Blöcke zu definieren, die diese Operationen ausführen und das Modell in einem Blockdiagramm aus den elementaren Blöcken aufzubauen. Eine blockorientierte Simulationssprache stellt uns daher eine Anzahl verschiedener, genau definierter Blockarten zur Verfügung. Hiermit wird ein Blockdiagramm aufgebaut und nach gewissen einfachen Regeln programmiert. Hieraus erzeugt der Übersetzer ein ablauffähiges Programm indem er gemäß der über das Blockdiagramm gegebenen Modellbeschreibung numerische Standardverfahren (etwa zur Lösung von Differentialgleichungen) anschließt; die Zeitablaufsteuerung wird automatisch durchgeführt.

Die Bedeutung blockorientierter Simulationssprachen liegt, von ihrer leichten Erkennbarkeit abgesehen, vor allem darin, daß sie einen der wesentlichen Teile einer Simulation, die Modellbildung, zur Grundlage der Programmierung machen.

I.3. Gleichungsorientierte Simulationssprachen, CSSL.

Auf Grund ihrer größeren Flexibilität lösten, zumindest für größere Rechenanlagen, die gleichungsorientierten die blockorientierten Simulationssprachen ab. Bei einer gleichungsorientierten Simulationssprache (für stetige Systeme) können die zugrunde liegenden Differentialgleichungssysteme unmittelbar in einer standardisierten Form geschrieben werden. So wird z.B. in APACHE ([12]) die Differentialgleichung

$$\dddot{x}(t) = 4\ddot{x}^2(t) + x^3(t)$$

in der Form

$$DER3X = 4*(DER2X)**2 + X**3$$

kodiert.

Die große Flut von Simulationssprachen dieser Art konnte 1967/68 durch die Definition von CSSL (Continuous System Simulation Language) erfolgreich kanalisiert werden.

CSSL ([3]) geht aus von einer Standard-Programmiersprache, in der Praxis meist FORTRAN, und erweitert diese durch Modellbeschreibungsanweisungen. Es erlaubt so in natürlicher Weise den Modellaufbau und die Vorgabe der durchzuführenden Experimente.Die Blockstruktur von CSSL entspricht ebenfalls der Unterteilung eines Simulationsprogramms in die Modellbeschreibung und die durchzuführenden Experimente. Mit der Einführung von CSSL wurde ein erster, aber noch kein endgültiger Abschluß der Entwicklung von Simulationssprachen für stetige Systeme erreicht (z. B. Erweiterung des ARRAY-Konzepts, partielle Differentialgleichungen).

II. Die Simulation diskreter Systeme

Die Simulation diskreter Systeme überstreicht noch einen weitgrößeren Anwendungsbereich als die der stetigen Systeme. In sehr vielen Fällen und in gewissen Sinne typisch ist das Auftreten von Engpässen in solchen Systemen, vor denen sich Warteschlangen bilden.

II.1. Beispiel

Wir beginnen auch hier wieder mit einem Beispiel, einem Gewerbebetrieb (GORDON [9]).

Eine Werkzeugmaschine in einem Betrieb stößt alle 5 Minuten ein Werkstück aus. Danach geht das Werkstück zu einem von 3 Inspektoren, der zur Prüfung 12 ± 9 Minuten (gleichverteilt) benötigt. Vor dem Inspektorenstand kann sich eine Warteschlange bilden. Bei der Inspektion werden im Durchschnitt 10 % aussortiert. Es sollen 1000 Werkstücke erzeugt werden. Es interessiert die durchschnittliche Länge der Warteschlange und die durchschnittliche relative Beschäftigung der Inspektoren.

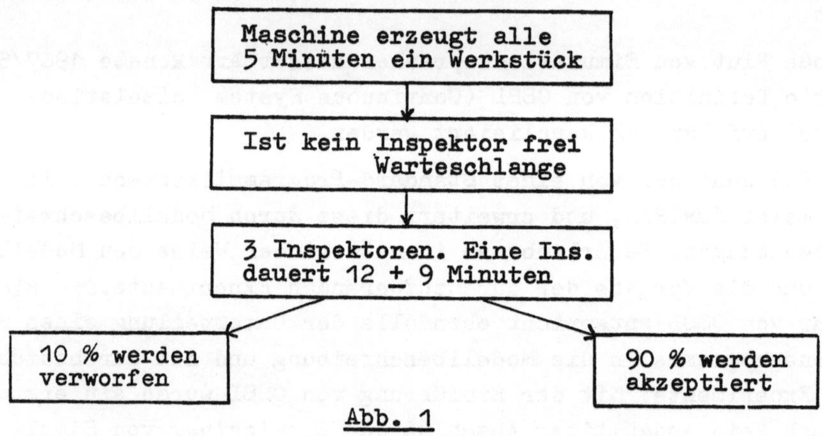

Abb. 1

II.2. Blockorientierte Simulationssprachen, GPSS

Blockorientierte Simulationssprachen sind auch für diskrete Systeme auf Grund ihrer leichten Erlernbarkeit von Bedeutung. Wir gehen deshalb auf GPSS, das am weitesten verbreitete dieser Art von Simulationssystemen, näher ein.

GPSS ([10]) dient zur Simulation vor allem solcher Systeme, bei denen komplexe Warteschlangenstrukturen auftreten. Permanente Systemelemente von GPSS (die permanente Ausrüstung eines realen Systems etwa mit Maschinen, Lagern, Inspektoren etc.) sind die "Facilities" und "Storages". Durch das System bewegen sich Ele-

mente, die von der Art des zu simulierenden Systems abhängen; in
einem Kommunikationssystem etwa kann es sich um Nachrichten, in
einem Transportsystem um Fahrzeuge handeln usw. Diese Elemente
heißen in GPSS Transaktionen. Transaktionen sind also temporäre
Elemente, die irgendwann erzeugt werden und irgendwann vernichtet werden. Der mögliche (dynamische) Fluß der Transaktionen
durch das System wird nun in einem Blockdiagramm dargestellt.
Dabei werden die auf die durchlaufenden Transaktionen wirkenden
Aktionen (z.B. Eintritt in eine Warteschlange, Verlassen der
Warteschlange, Verzweigung von Transaktionen, Verweildauer in
einem permanenten Systemelement) aber auch Wünsche des Benutzers
über zu sammelnde und auszugebende Daten (z.B. mittlere Länge
einer Warteschlange) in Form von Standardblöcken dargestellt,
die von den Transaktionen durchlaufen werden. Ein GPSS-Programm
ist nun nichts anderes als eine formalisierte Beschreibung dieses Blockdiagramms.

Da der Fluß der Transaktionen im Blockdiagramm eine gewisse
Durchlaufungsrichtung definiert, können wir dieses als einen gerichteten Graphen interpretieren. Die Reihenfolge, in der die
einzelnen Blöcke kodiert werden, entspricht der durch den gerichteten Graphen gegebenen Halbordnung.

Die Programmierung eines einzelnen Blocks erfolgt in der Form

    Kennung (Marke) Blockoperation Attribute des Blocks

Beispielsweise bedeutet

                GENERATE 20,5

daß im Abstand von 20 ± 5 (gleichverteilt) Zeiteinheiten, Transaktionen erzeugt werden.

Neben dieser abstrakten Beschreibung des Blockdiagramms sind
noch Angaben über die Attribute der permanenten Systemelemente
erforderlich. Diese treten im Blockdiagramm ja nur implizit in
Form ihrer Wechselwirkung mit den Transaktionen auf. Steuerkar-
ten geben nun noch Informationen über die Ausführung der Simulation, z.B. bedeutet

                START 100

520

<u>Abb. 2</u>

GENERATE	5,0	Transaktionen werden erzeugt
QUEUE	1	ein stat. Block: mißt die durchschnittliche Verweildauer in der Warteschlange Nr. 1
ENTER	1	Speicher Nr. 1 (= Inspektion) wird betreten, wenn ein Inspektor frei ist
DEPART	1	Das Gegenst. zu QUEUE. Warteschlange wird um 1 verringert
ADVANCE	12,9	Die Insp. dauert 12 ± 9 Min.
LEAVE	1	Gegenst. zu ENTER. Ein Insp. wird frei
TERMINATE	1 1	Die Transaktionen verlassen das System

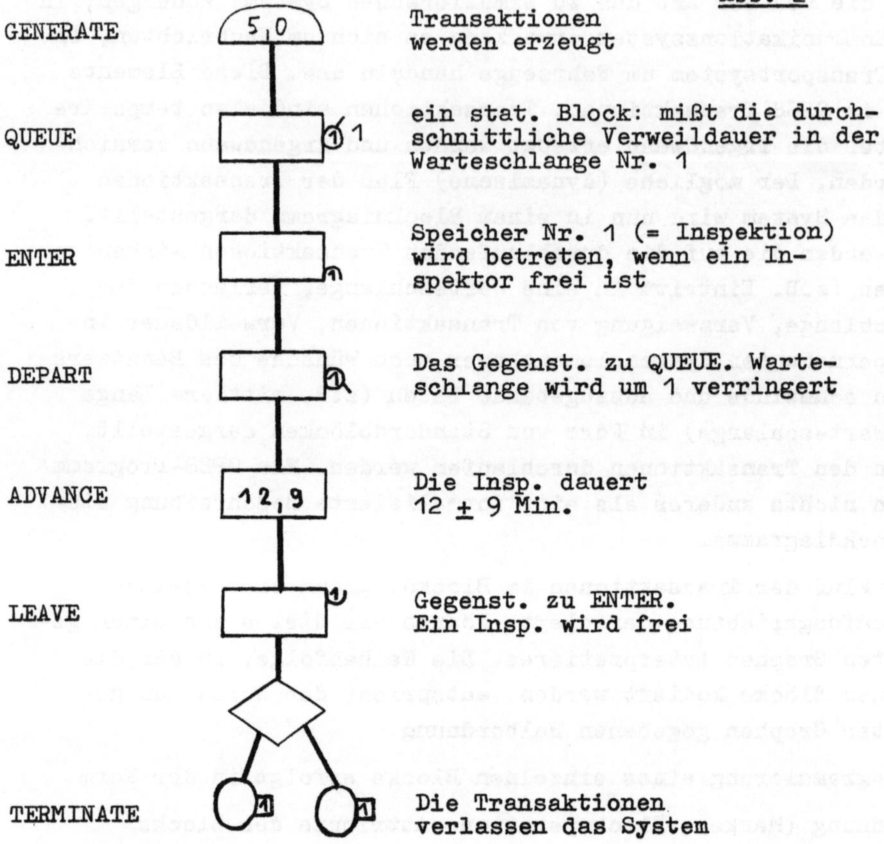

	GENERATE	5	
	QUEUE	1	
	ENTER	1	
	DEPART	1	Blockdiagramm-beschreibung
	ADVANCE	12,9	
	LEAVE	1	
	TRANSFER	.1,ACC,REJ	
ACC	TERMINATE	1	
REJ	TERMINATE	1	
1	STORAGE	3	Kapazität d. Speichers
	START	1000	1000 Trans. sollen durch das System laufen

daß die Simulation solange dauern soll, bis 100 Transaktionen
das System durchlaufen haben.

Wir betrachten nun wieder unser Beispiel, den Gewerbebetrieb.
Abb. 2 zeigt das Blockdiagramm und das entsprechende GPSS-
Programm.

Nach Simulationsende werden die interessierenden Ergebnisse wie
z.B. die durchschnittliche Länge der Warteschlange 1 ausgedruckt.

Der interne Ablauf einer GPSS-Simulation läßt sich nun vereinfacht so darstellen: Eine Transaktion wird erzeugt und durchläuft soviele Blöcke als ohne zeitverlust möglich. Tritt irgend-
wo eine Zeitverzögerung ein, so wird intern vorgemerkt, wann diese Transaktion weiterlaufen kann. In der Zwischenzeit werden- soweit vorhanden – andere, früher zu erledigende Transaktionen
durchgeführt. Sind verschiedene Transaktionen durchzuführen, so
wird diejenige zuerst verfolgt, der die höchste Priorität zuge-
wiesen wurde.

Obwohl GPSS verschiedene Male weiterentwickelt wurde (z.B. GPSS-
NORDEN [11]) blieben dennoch wesentliche Beurteilungsmerkmale
unverändert: Die Blockorientierung der Sprache erleichtert die
Programmierung sehr, solange man in den Grenzen der GPSS-Philo-
sophie bleibt. Für allgemeinere Aufgaben, insbesondere auch solche mit größeren arithmetischen Teilen, ist aber eine Blockdia-
grammsprache prinzipiell weniger geeignet. Wir bemerken deshalb
auch bei der Simulation diskreter Systeme einen zunehmenden
Übergang zu gleichungsorientierten Simulationssprachen wie SIM-
SCRIPT, SIMULA ([4], [2]) und SIMPL/I. Wir wollen hier aber
keine Simulationssprache, sondern ein Simulationskonzept - das
Prozeßkonzept - diskutieren. Dieses wurde beispielsweise (aber
nicht nur) in SIMULA realisiert ([4], [13]).

II.3. Das Prozeßkonzept

Ein diskretes System besteht, abstrakt betrachtet, aus Elementen mit gewissen Eigenheiten. Diese Elemente beeinflussen sich
gegenseitig, werden aber auch durch die Systemumwelt, d.h. von
außen, beeinflußt. Die so im System stattfindenden Veränderun-

gen folgen gewissen Verhaltensmustern (Prozeßbeschreibungen),
die in Form von Aktivitätsdeklarationen vorgegeben werden. Die
individuelle Realisierung einer Aktivität (Prozeßbeschreibung)
nennt man einen Prozeß. Die aktive Phase eines Prozesses dauert
von dem Zeitpunkt, an dem dem Prozeß die Kontrolle übertragen
wird bis zum Zeitpunkt der Kontrollabgabe. Während der aktiven
Phasen eines Prozesses bleibt die Systemzeit unverändert. Die
Stellen, an denen ein Prozeß die Kontrolle erhalten oder abgeben
kann, nennt man Interaction Points. Die Bedeutung der Interaction Points sieht man, sofern man sich die Zeitablaufsteuerung
bei der Simulation diskreter Systeme vor Augen hält. Dies geschieht ja in der Weise, daß eine innere Uhr, die die Simulationszeit repräsentiert, jeweils auf den Zeitpunkt gesetzt wird,
zu dem das nächste Ereignis eintreten soll. Dazu werden Ereig-
nislisten verwendet, die sowohl den Ereigniszeitpunkt als auch
eine genaue Spezifikation des zu startenden oder zu beendenden
Prozesses enthalten. Sind verschiedene Prozesse zum gleichen
Zeitpunkt zu aktivieren, so wird durch einen komplizierten Prio-
ritätsmechanismus dafür gesorgt, daß solche Prozesse quasi-
parallel ablaufen. D.h. die Simulationszeit wird festgehalten
und die Prozesse werden gemäß ihren Prioritäten sequentiell ab-
gearbeitet, wobei auch Unterbrechungen vorkommen können. Da die
meisten Variablen global verwendet werden, geht man vom Konzept
der lokalen Variablen ab und arbeitet mit Listen- und Kettungs-
techniken. Außerdem bedeutet die gleichberechtigte Stellung
verschiedener Prozesse eine Abkehr von der Blockschachtelung:
man stellt die einzelnen Blöcke frei nebeneinander (Co-Routinen-
konzept, DAHL u.a.[5]).

Im folgenden Beispiel ([13]) beschreibt die Aktivität CUSTOMER
einen Kunden, der mit einer gewissen zufälligen Anzahl N von
Artikeln an einer der beiden Kassen eines Geschäfts erscheint
und dort vor seiner Abfertigung u.U. warten muß. Die Aktivität
CLERK beschreibt einen Angestellten an der Kasse. Im Laufe der
Simulation, die wir von allem in der Praxis natürlich sehr
wichtigen Ein/Ausgabeoperationen freihalten, erfolgen zwei
(permanente) Realisierungen von CLERK und zu zufälligen Zeiten

100 (temporäre) Realisierungen von CUSTOMER. Abb. 3 zeigt das
entsprechende SIMULA-Programm.

C. Weiterentwicklungen

Wir wollen uns in diesem Absatz bewußt auf zwei Punkte beschränken und auf so interessante Aspekte wie etwa Echtzeitsimulation
oder simulationsorientierte Informationssysteme nicht eingehen.

I. Kombinierte stetig/diskrete Systeme

Als kombinierte stetig/diskrete Systeme bezeichnet man solche
Systeme, die sowohl stetige wie auch diskrete Teilsysteme enthalten. Wir wollen uns hier im wesentlichen mit einem Beispiel
begnügen ([6]).
Der Automobilverkehr auf einer Straße beinhaltet sowohl stetige
wie auch diskrete "Effekte": Die Autos fahren auf der Straße
mit einer mittleren Flußrate und einer bekannten Verteilung des
zeitlichen Abstands zwischen 2 Autos. Sie dürfen sich nicht
überholen und verlangsamen deshalb u.U. ihre Geschwindigkeit
um einen gewissen Sicherheitsabstand einzuhalten, bzw. halten
vor einer Ampel an. Nach Passieren der Ampel verlassen die Autos
das betrachtete System. Das dynamische Verhalten der Fahrzeuge
und ihrer Lenker führt zu einem umfangreichen stetigen Teilsystem, die sich bildenden und auflösenden Warteschlangen an der
Ampel, das Verhalten der Ampel selbst usw. führen zu einem umfangreichen diskreten Teilsystem.

Es scheint nun für diese Klassen von Anwendungen sinnvoll, eine
geeignete eigene Simulationssprache einzuführen, die Elemente
der "diskreten" mit denen der "stetigen" Simulationssprachen
vereint. Daß dies zu nicht ganz einfachen Problemen führen kann,
sieht man z.B. bei der Zeitablaufsteuerung. Während die Systemzeit bei stetigen Systemen i.a. in äquidistanten Stücken fortschreitet, springt die Systemzeit im diskreten Falle an den Beginn der nächsten aktiven Phase eines Prozesses (nächstes "Ereignis"). Im kombinierten Falle wären also beide Vorgehensweisen
zu vereinen, indem zwischen zwei aufeinanderfolgenden "Ereig-

524

```
0    simula: begin
1    activity CUSTOMER(N); value N; real N;
2    begin real STIME; integer I;
3       STIME:= time;
4       if N≤6.0 then I:=1 else I:= 2;
5       if empty (QUEUE(I)) then activate C(I) at time;
6       include (curent, QUEUE (I));
7       passivate;
8       hold (0.25);
9       activate C(I) at time;
10      NCUS:=NCUS+1; remove (first(QUEUE(I)));   end;

11   activity CLERK(I); value I; integer I;
12   begin
13      L1: if empty (QUEUE (I) then go to L2:
14      inspect first ;QUEUE (I) when CUSTOMER do
15         begin hold (max(0.25, 0.1*N));
16            activate first (QUEUE (I));
17            passivate;
18         go to L1; end
19      L2: passivate;
20         go to L1; end

21   set QUEUE (1:2); integer NCUS; element C (1:2);
22   NCUS:= 0;
23   C(1):= new CLERK(1), activate C (1) at time;
24   C(2):= new CLERK(2)  activate C (2) at time;
25   L1: activate new CUSTOMER (draw (1:25)) at time;
26   hold (expon (0.25)).
27   if NCUS ≥ 100 then go to L1
     -------
     end;
```

Haupt-programm

Abb. 3

nissen" im diskreten Teilsystem, die Zeit für das stetige Teilsystem in geeigneten Stücken fortschreitet.

II. Interaktive Simulation

Die interaktive Simulation ist im stetigen Fall, zumindest soweit es die dafür nötige soft- und hardware betrifft, durchaus
aktuell. Für den diskreten Fall sind, wohl vor allem des hohen
Rechenaufwands wegen, erst wenige Anstrengungen in dieser Richtung unternommen worden. Man vergleiche aber z.B. GPSS/Norden
([11]).

D. Zusammenfassung

Die Simulation von Systemen ist ein so weitgespanntes Gebiet,
daß auch der Themenkreis Simulationssprachen- und Programmier-
systeme viele Aspekte hat. Einige dieser Probleme anzusprechen
und auf mögliche Entwicklungen hinzuweisen war das Ziel dieses
Vortrags.

Literaturverzeichnis

[1] Bauknecht-Nef (Hrsg.) : Digitale Simulation.
Lecture Notes in Operations Research and Math. Systems.Bd.51,1971

[2] CDC : SIMULA 67 Reference Manual.

[3] CSSL : Continuous Systems Simulation Language.
SIMULATION 9, H. 6, 1967

[4] Dahl-Nygard : SIMULA, an ALGOL-based simulation language.

[5] Dahl-Dijkstra-Hoare : Structured Programming
Academic Press 1972

[6] Fahrland : Combined discrete-event continuous systems simulation.
SIMULATION 14, H. 2, 1970

[7] Feilmeier : CSSL-M und DARE II-M, zwei Simulationssprachen für kontinuierliche Systeme.
GAMM-Tagung 1973, München, erscheint in ZAMM

[8] Fischer : Zur Behandlung abhängiger Variabler in der direkten Methode.
In [1] enthalten

[9] Gordon : Systemsimulation.
Oldenbourg Verlag München, 1972

[10] GPSS 360 : Introductory User's Manual.
IBM, GH 20-0304-4

[11] GPSS NORDEN : Form 910-1, National CSS,Inc.,1971

[12] Green u.a. : APACHE, a breakthrough in analog computation
IRE Trans. EC, 1962

[13] Mc Neley : Simulation Languages.
SIMULATION 9, H. 2, 1967

Analyse- und Optimierungsverfahren für Hard- und Software

(Übersichtsvortrag)

D. Seibt, Köln

Abstract:
1. Difficulties with computer measurement and evaluation
2. Systems for measurement and analysis
2.1 Hardware-monitors
2.2 Software-monitors
2.3 Measurement-techniques and capabilities for analysis
2.4 Comparison of advantages and disadvantages
3. Optimization systems
3.1 Simulators
3.2 Analytical tools
4. Classification

1. Schwierigkeiten der Messung und Bewertung von Computer-Leistungen

Ergebnisse empirischer Untersuchungen lassen erkennen, daß die meisten Computer-Systeme zwar 24 Stunden pro Tag "arbeiten", ihre Zentraleinheiten jedoch nur während ca. 30 % dieser Zeit tatsächlich Instruktionen ausführen (vgl. Carlson 1971).

Zur Bestimmung der eigentlichen "produktiven" Zeit, d.h. der Zeitspanne, während der Instruktionen von Anwenderprogrammen ausgeführt werden, muß von den genannten 30 % noch einmal ein nicht unerheblicher Zeitaufwand für die Abwicklung von Betriebssystem-Funktionen subtrahiert werden.

Diese Beobachtungen induzieren die Vermutung, daß das Verhalten bzw. die Leistungen der Komponenten eines Computer-Systems während des Ablaufs von Programmen zu wenig kontrolliert werden und daß somit zwangsläufig Unwirtschaftlichkeiten beim Betrieb - vor allem beim Betrieb von großen Systemen - entstehen.

Die Schwierigkeiten der Leistungsmessung und -bewertung von Computer-Systemen ergeben sich u. a. aus folgendem:

a) Die Anforderungen, die die individuelle Aufgaben-Situation des Anwenders an den Computer stellt, sind so komplex und vielgestaltig, und sie verändern sich im Zeitablauf so schnell, daß sie nicht mit Hilfe objektiver Maßstäbe wie z.B. Grundgeschwindigkeiten, -kapazitäten gemessen werden können.

b) Man muß sich damit abfinden, daß die Messung und Bewertung von Computer-Leistungen auf subjektiven Grundlagen beruht. Primäre Basis ist, was beim Benutzer als individuelle "Workload", d.h. als individuelles Aufgabenpaket, auftritt.

528

Aussagen darüber, ob man mit der Leistung eines Computers zu-
frieden ist, oder wie stark man die Leistung steigern möchte,
sind immer auf diese individuell vorhandene Workload zu beziehen.

c) Ähnlich subjektiv sind die Ansätze, die die Entwickler, die
   Verkäufer, die Konfiguratoren und die "operierenden" Anwender
   bei der Bewertung von Computer-Leistungen wählen. Dementsprechend werden diese Gruppen auch das, was sie als "optimale" Computer-Leistung bezeichnen, unterschiedlich definieren.

d) Auf dem Wege zur Optimierung von Hardware/Software-Systemen - wobei hierunter "Optimierung" alle Maßnahmen zur Leistungssteigerung verstanden werden sollen - sind somit zunächst wesentliche
   Vorentscheidungen zu treffen, die sich auf die Auswahl der Maßstäbe und Meßinstrumente, auf die Skalierung und auf die Bewertung gemessener Größen beziehen.

Als Maßstäbe zur Beurteilung der Leistungen von Computer-Systemen
kommen sowohl quantitative als auch qualitative Größen in Betracht
(vgl. Abb. 1). Häufig benutzte quantitative Größen, deren Messung
relativ wenige Schwierigkeiten bereitet bzw. die als Kenngrößen
allgemein bekannt sind, sind Grundgeschwindigkeiten und -kapazitä-
ten einzelner Elemente bzw. Subsysteme des Computers, beispielsweise Zykluszeiten, Addierzeiten, mittlere Zugriffszeiten, Spei-
cherkapazitäten usw. Diese Größen bilden allerdings nur jeweils
bestimmte statische Teilaspekte der Computer-Leistung bzw. von
Teilleistungen ab. Sie sollen hier als "partielle strukturelle"
Maßstäbe bezeichnet werden.

Die Abwicklung eines Anwenderprogrammes setzt eine Kombination von
Teilleistungen voraus. Zur Messung der Gesamtleistung eines Hard-
ware-/Software-Systems sind infolgedessen "integrierte ablaufori-
entierte" Maßstäbe erforderlich. Derartige Maßstäbe sind beispielsweise

. Mixkennzahlen (vgl. Sonnleitner 1970),

. Kernels (vgl. Calingaert 1967) und

. Benchmarks (vgl. Joslin 1965).

Diesen Maßstäben ist gemeinsam, daß sie bei allen Anwendern häufig
auftretende Befehlsfolgen oder für einen einzelnen Anwender typische Aufgabenstellungen (= Programme oder Teile von Programmen)
herausgreifen und damit beispielsweise auf verschiedenen Computer-
Systemen Testläufe durchführen. Ein Vergleich der Zeiten für die
Abwicklung solcher Beispielprogramme auf unterschiedlichen Computer-Systemen bzw. -Konfigurationen liefert zuverlässige quantitative Grundlagen für die Leistungsbeurteilung, setzt allerdings voraus, daß wirklich typische Aufgabenstellungen existieren, die repräsentativ für die Gesamtsituation eines Anwenders sind. Wesentlich ist, daß die mit Hilfe solcher Vergleiche gwonnenen Informationen aufgrund der Individualität der Anwender-Situation meist
keinen Anspruch auf Allgemeingültigkeit haben.

Die bisher genannten Maßstäbe dienen zur Abbildung quantitativ er-
faßbarer Komponenten der Computer-Leistung. Darüber hinaus müßten

bei Leistungsvergleichen eine Reihe von qualitativen Komponenten
berücksichtigt werden, um ein vollständiges Bild zu gewinnen.
Beispiele für derartige Komponenten sind in der nachfolgenden
Abb. 1 aufgeführt (vgl. Seibt 1972).

Quantitative Maßstäbe	partielle strukturelle Maßstäbe	Zykluszeiten
		Addierzeiten
		mittlere Zugriffszeiten
		Speicherkapazitäten
	interaktive ablauf- orientierte Maßstäbe	Mixkennzahlen
		Ergebnisse von Kernels
		Ergebnisse von Benchmarks
	partielle ablauf- orientierte Maßstäbe	Anzahl von Ereignissen
		Dauer von Aktivitäten
		Dauer von Zuständen einzelner Hardware- und Softwarekomponenten
Qualitative Maßstäbe	Funktionale Fähigkeiten einzelner Hardware- und Softwarekomponenten	
	Flexibilität (Eignungsbreite, Anpassungs-Fähigkeit) von Hardware- und Softwarekomponenten	
	Zuverlässigkeit einzelner Subsysteme bzw. abgeleitet des Gesamtsystems	
	Benutzerfreundlichkeit bzw. Umfang der Anforderungen des H/S-Systems an unterschiedliche"Benutzer"-Gruppen	

Abb. 1: Maßstäbe zur Messung von Computer-Leistungen
(Beispiele)

Für die Messung unterschiedlicher Ausprägungen dieser Komponenten
in der Praxis sind bisher keine allgemeingültigen Verfahren entwickelt worden. Hinzu kommt, daß die Computer-Anwender diesen
Größen subjektiv unterschiedliche Bedeutung beimessen. Hier wird
die bereits erwähnte Beobachtung besonders deutlich, daß alle Meß-
und Beurteilungsaktivitäten - unabhängig davon, ob quantitative
oder qualitative Leistungskomponenten einbezogen werden - nur individuell für den jeweiligen Anwender relevant sind.

Seit einigen Jahren werden eine Reihe von Meß- und Analyse-Systemen auf dem Markt angeboten, die präzise Messungen und Analysen
dessen erlauben, was im Computer "zur Laufzeit" vor sich geht
(vgl. Hart 1970, Johnson 1970, Bell 1971). Diese Instrumente, sog.
Hardware- oder Software-Monitoren, können wesentliche Informationen liefern, die

- bei der Auswahl der Komponenten von Hardware-/Software-
  Konfigurationen,
- beim "Abstimmen" (Tuning) vorhandener Systemkomponenten
  untereinander
- und zur Verbesserung der Leistungen von Anwenderprogrammen benutzt werden können.

Darüber hinaus werden Software-Systeme angeboten, mit deren Hilfe
bestimmte alternative Computer-Konfigurationen im Hinblick auf
ihre Wirksamkeit bzw. Leistungsfähigkeit simuliert werden können.
Diese Systeme liefern somit Informationen, mit deren Hilfe aus
einer Reihe von realisierbaren Konfigurationen die für vorher bestimmte Aufgabenstellungen bestgeeignete bzw. wirtschaftlichste
Alternative ausgewählt werden kann.

Die Anwendung dieser Instrumente hat zu teilweise erstaunlichen
Verbesserungen von Computer-Leistungen geführt. Beispiele sind
Erhöhung des Gesamtdurchsatzes an Anwenderprogrammen pro Zeiteinheit (total system throughput), Verkürzung der Antwortzeiten im
Realzeit-Betrieb, verbesserte Ausnutzung einzelner Systemkomponenten (Hauptspeicher, Kanäle usw.) Folgen derartiger Verbesserungen sind das Freiwerden von Kapazitäten einzelner System-Komponenten (wodurch beispielsweise der Zeitpunkt der Anmietung zusätzlicher Geräte hinausgeschoben werden kann) und die Verringerung der Betriebskosten pro Arbeitseinheit, z.B. pro abzuwickeln-
dem Anwenderprogramm.

2. Meß- und Analyse-Systeme

2.1 Hardware-Monitoren

Hardware-Monitoren sind elektronische Meßgeräte, die an jedes beliebige Hardware-Element angeschlossen werden können. Diese Monitoren messen elektrische Aktivitäten in ähnlicher Weise wie Os-
zillographen. Sie besitzen Zähler, die Zeitabschnitte (z.B. Zeitspanne, während der ein Kanal in Arbeit ist) oder Ereignisse in
den gemessenen Hardware-Elementen zählen. Üblicherweise besitzt
ein Hardware-Monitor 8 - 32 derartige Zähler und kann auf diese
Weise simultan eine ebenso große Anzahl von Aktivitäten in verschiedenen Hardware-Elementen messen. Die ersten Hardware-Monitoren wurden in den frühen 60er Jahren von Computer-Herstellern
wie IBM, Honeywell und UNIVAC entwickelt und von ihnen zunächst
für interne Zwecke benutzt. Inzwischen wird bereits von der 3.
oder 4. Monitor-Generation gesprochen (Dunlavey 1972). Die erste
Generation bestand meist aus einem Satz elektromagnetischer Zähler
die "manuell" abgelesen werden mußten. Die Messungen waren auf
einfache Hardware-Funktionen beschränkt. Die Reduzierung der Meßdaten auf wesentliche aussagefähige Kenngrößen oblag ausschließlich dem Analytiker. - Ein wesentliches Merkmal der zweiten Monitor-Generation war die Benutzung von Magnetbandeinheiten zur Meß-
datenausgabe. Darüber hinaus gab es ein Register, das als Puffer
diente und einen Comparator, der die Meßwerte innerhalb vorgegebener Schranken zählte oder zeitlich bestimmte. - Die gegenwärtig

noch häufig benutzte dritte Monitor-Generation bedient sich eines
in seiner Größe flexiblen Kernspeichers als Puffer. Dieser wirkt
als Verteiler. Mit seiner Hilfe kann die Meßrate bei der Untersuchung logisch verknüpfter Signale wesentlich erhöht und eine
wirkungsvolle Aufzeichnung von Meßproben (beispielsweise durch
Erstellung eines Histogramms) durchgeführt werden. Die Puffer-
Zuteilung durch den Verteiler und die Signalverarbeitung ist entweder hardwaremäßig fixiert oder kann durch Anschluß eines Minicomputers programmiert werden. - Die neuesten Entwicklungen arbeiten mit leistungsfähigen Minicomputern und relativ großen Kern-
speichern, mit einer größeren Anzahl von Hochgeschwindigkeitsmeß-
fühlern, Kombinationen von Hardware- und Software-Elementen, Inte-
grierung von Akkumulatoren (Zählern) und Verteilern (Histogramm-
Moduln). Die neuen Systeme haben die Fähigkeit, diejenigen Meß-
techniken auszusuchen und anzuwenden, die den jeweils aktuellen
Anforderungen einer Aufgabe entsprechen. Außerdem existieren Pro-
tokoll-Generatoren, die die Meßdaten mit Hilfe des Minicomputers
verdichten.

2.2 Software-Monitoren

Im Gegensatz zu den Hardware-Monitoren, die als elektronische Meßgeräte neben dem zu messenden Computer-System stehen, handelt es
sich bei den Software-Monitoren um spezielle Meßprogramme, die im
Hauptspeicher des zu messenden "Computers" residieren und "gleichzeitig" mit den Anwenderprogrammen ablaufen. Sie können sowohl die
Aktivitäten der Hardware-Komponenten als auch die Aktivitäten der
Anwenderprogramme und Betriebssystem-Komponenten messen. Da ein
wirklich gleichzeitiger Ablauf der Routinen des Software-Monitors
und der Routinen von Anwenderprogrammen aus den gleichen Gründen
wie beim Multiprogramming nicht möglich ist, verursacht die Anwendung von Software-Monitoren eine Verlängerung der Ausführungszeiten der Anwenderprogramme. Mit Hilfe eines Software-Monitors können
jedoch die Leistungen von beliebig vielen Komponenten eines Computer-Systems gemessen werden. Die Anzahl der Zähler und Meßpunkte,
die für Hardware-Monitoren eine Grenze bezüglich der Menge der pro
Zeiteinheit möglichen Messungen setzt, gilt nicht für Software-
Monitoren. Eine praktische Grenze für die Menge der gleichzeitig
meßbaren System-Komponenten entsteht jedoch durch die Verlängerung
der Ausführungszeiten und durch die Notwendigkeit zur Bereitstellung von Hauptspeicherbereichen.

Software-Monitoren dürfen nicht mit Accounting-Routinen verwech-
selt werden. Während die meisten Accounting-Routinen nur diejenigen Aktivitäten von Anwenderprogrammen registrieren, die ausreichen, um dem Anwender seine Benutzung von System-Ressourcen in
Rechnung stellen zu können, messen Software-Monitoren im Hinblick
auf die Leistungen der Hardware/Software-Konfiguration beispielsweise die "active time" der Zentraleinheit (CPU), jeder Steuer-
einheit, jedes Kanals, jedes spezifizierten Eingabe-/Ausgabe-Gerä-
tes oder die Anzahl der "tasks" die auf bestimmte Eingabe-/Ausgabe-
Geräte warten. Software-Monitoren können darüber hinaus beispielsweise Informationen über den Zeitaufwand, der für Schreib-/Lese-
kopfbewegungen zwischen bestimmten Zylinder-Adressen von bestimmten Platteneinheiten bzw. Speicherzellen benötigt wird, oder über

die Häufigkeit, mit der bestimmte Typen von nicht-residenten Be-
triebssystem-Moduln während einer bestimmten Zeitspanne geladen
werden, liefern (vgl. Boole & Babbage 1970).

2.3 Meßtechniken und Analyse-Fähigkeiten

a) Meßtechniken

Die meisten kommerziell verfügbaren HM messen alles, was innerhalb
der für sie abgesteckten Grenzen geschieht. Dieses Verfahren wird
als "Full-Time Monitoring" bezeichnet. Die Meßergebnisse ·laufen
simultan auf allen Meßleitungen ein, die an bestimmte Meßorte angeschlossen sind. Maximal sind so viele Meßorte und Meßleitungen
möglich, wie Zähler vorhanden sind.

Bei einigen Hardware-Monitoren wird die Technik des "Sampling" verwendet. Bei dieser Technik werden nur zu bestimmten Zeitpunkten
Proben entnommen. Die Auswahl der Zeitpunkte kann von logischen
Bedingungen abhängig gemacht werden, die den Zustand des Systems
zu einem bestimmten Zeitpunkt beschreiben. Es kann jedoch auch so
vorgegangen werden, daß prinzipiell z. B. 100 mal pro Sekunde eine
Messung stattfindet. Die Meßergebnisse, die während mehrerer Minuten Meßzeit entstehen, kommen bei einer derartigen Meßhäufigkeit
den beim Full-Time Monitoring gewonnenen Ergebnissen bereits sehr
nahe.

Software-Monitoren messen häufig mit der Technik des "Tracing".
Beim Tracing wird jedesmal gemessen, wenn eine bestimmte Klasse
von Ereignissen stattfindet. Die Ereignisse selbst lösen somit die
Meßdatenerfassung aus. Das bedeutet, daß u.U. eine sehr große Menge
von Daten erfaßt wird. Bei einem in einem Bericht über das Betriebssystem GECOS II für die Anlage GE 625/635 geschilderten Beispiel wurden in 5 Minuten Meßzeit 350 000 Ereignisse mit dieser
Technik registriert (vgl. Cantrell, Ellison 1968). Die Menge der
registrierten Ereignisse kann stark eingeschränkt werden, wenn die
Anzahl der zu erfassenden Ereignis-Klassen klein gehalten wird.
Tracing-Programme benutzen den internen Zeitgeber. Die Genauigkeit
der Meßergebnisse kann nicht höher als die des internen Zeitgebers
sein. Zwischen zwei aufeinanderfolgenden Messungen kann bei diesem
Verfahren relativ viel im System ablaufen. Alle Ereignisse werden
so registriert, als hätten sie gleichzeitig stattgefunden. Daher
wird zur Generierung von Traces ein Zeitgeber mit hohem Auflösungsvermögen empfohlen. Tracing wird meistens auf relativ kurze
Zeiträume angewandt (2 - 30 Minuten). Der Hauptgrund für diese
relativ kurze Meßzeit weist gleichzeitig auf den Hauptnachteil
der Tracing-Technik hin: Die große Menge von Meßdaten, die als
Output in kürzester Zeit anfällt, erfordert die Reservierung eines
großen Speichers und bewirkt, daß nur während relativ kurzer Zeiträume gemessen werden kann, um sicherzustellen, daß beispielsweise
eine für diesen Zweck bereitgestellte Bandeinheit ausreicht.

Auch Software-Monitoren verwenden die Technik des "Sampling". Dies
geschieht, wenn relativ detaillierte Meßdaten gebraucht, diese
Daten jedoch über einen längeren Zeitraum verfolgt werden sollen.
Beim Sampling wird die CPU in regelmäßigen Intervallen unterbro-
chen. Spezielle Software des Betriebssystems im gemessenen Compu-

ter reagiert auf Interrupts durch Abspeichern aller Werte, die
für das Programm wesentlich sind, das zum Zeitpunkt des Interrupts
die "Control" hatte. Da diese Interrupt-Handler-Software alle
wichtigen Werte in bestimmten, dafür vorgesehenen Speicherstellen
ablegt, kann das Sampling-Programm diese Daten ohne weiteres überprüfen. Das Programm kann darüber hinaus gewöhnlich bestimmen,
welche Instruktionen kurz vor dem Interrupt ausgeführt worden sind,
in welchem Zustand sich bestimmte Kanäle, Steuereinheiten und I/O-
Einheiten befinden und welches die Ursachen für die jeweiligen Zustände sind. Die Intervalle zwischen den SAMPLES sind relativ lang
im Vergleich zur Geschwindigkeit, mit der CPU-Operationen ablaufen
(häufig in der Größenordnung von einer 50stel Sekunde zu 1 -
2 μsec). Die Zufälligkeit (RANDOMNESS), die das SAMPLING als
Technik voraussetzt, entsteht durch die große Zahl unbekannter
Zustandsveränderungen bzw. Ereignisse zwischen zwei SAMPLES, nicht
etwa dadurch, daß man die Intervalle zufällig lang wählt. Situa-
tionen, in denen diese Art der Messung zu völlig unrepräsentativen
Ergebnissen führt, sind theoretisch vorstellbar, ihr Eintreten erscheint bei den meisten Computer-Systemen jedoch unwahrscheinlich.

b) Analyse-Fähigkeiten

Ein Anwender wird umso mehr Konsequenzen aus den Meßergebnissen
von Hardware- oder Software-Monitoren ziehen, je besser er die
Auswirkungen bestimmter Programm- und Systemaktivitäten auf die
Leistungsfähigkeit seiner Datenverarbeitung kennt. Es genügt so
mit nicht allein, die Programm- und Systemaktivitäten zu messen,
sondern die Meßdaten sind zu analysieren und ihre Bedeutung zu
interpretieren. Die auf dem Markt angebotenen Monitoren unterscheiden sich in Bezug auf diese Fähigkeit sehr erheblich.

Hardware-Monitoren schreiben die Meßdaten von Zählern und Zeit-
gebern häufig auf Magnetband. Dies bedeutet, daß die eigentliche
Analyse der Daten nicht vom Hardware-Monitor vorgenommen wird,
sondern von separater Software, die die Bänder mit den Meßdaten
nachträglich verarbeitet. Diese Analyse-Software wird in einigen
Fällen vom Hersteller des Hardware-Monitors mitgeliefert, in anderen Fällen muß der Anwender sie sich selbst erstellen.

Bei den Software-Monitoren werden die Analyse-Programme meist als
Bestandteile der Monitoren betrachtet. Die erfaßten Meßdaten können entweder "on-line" analysiert oder zunächst - wie bei den Hardware-Monitoren - auf Band gespeichert werden. Die Art der Meßdaten-
Verdichtung ist kritisch für viele Arten der Analyse. Häufig werden zwei Arten der Meßdaten-Wiedergabe entweder einzeln oder kombiniert angewendet, zum einen die Reduzierung auf statische Werte
(z.B. einfache Zählersummen, Prozentsätze und Mittelwerte), zum
anderen zeitbezogene Ausgaben (z.B. Histogramme über die Benutzung
bestimmter Systemelemente während einer bestimmten Zeitspanne).

In jedem Falle ist die durch die Analyse-Programme erzielbare
Analyse-Leistung nicht ausreichend, um alle Schwächen einer
System-Konfiguration oder eines Anwenderprogramms zu erkennen.
Die wirklich gravierenden Verbesserungen werden meist erst möglich,
wenn der Anwender seine eigene Analyse-Fähigkeit durch Erfahrungen

mit dem Instrument geschult hat.

2.4 Vergleich der Vor- und Nachteile von HM und SM

Software-Monitoren können bestimmte Ereignisse und Zustände messen,
die Hardware-Monitoren unzugänglich sind. Allerdings beeinträchti-
gen sie häufig nicht unwesentlich die Leistung der Zentraleinheit.
In einigen Fällen können sie bis zu 20 % der CPU-Kapazität und bis
zu 10 % der I/O-Kapazität beanspruchen (vgl. Bell 1971). Da Software-Monitoren im Hauptspeicher residieren, haben sie Zugriff zu
allen vom Betriebssystem geführten Tabellen. Aus diesem Grunde ist
die Messung des Verhaltens von Anwenderprogrammen (Hauptspeicher-
Benutzung, Länge von Warteschlangen, spezielle Programm-Operati-
onen usw.) relativ einfach. Grundsätzlich sind die meisten Zustände
und Prozesse, die einen Programmierer interessieren, mit Hilfe von
Software-Monitoren meßbar, sofern man bereit ist, den entsprechenden Preis an Meß-Overhead dafür zu zahlen. Dennoch sind Software-
Monitoren den Hardware-Monitoren nicht in jeder Hinsicht funktional überlegen. Die Genauigkeit der Messungen des Software-Monitors
bzw. sein "Auflösungsvermögen" hängt ab von der Grundzeit des Zeitgebers des gemessenen Computer-Systems (häufig = 1/60 Sekunde).
Dies bedeutet häufig, daß maximal nur je 16,7 Millisekunden eine
Messung erfolgen kann. In bestimmten Fällen ergeben sich hier zu
wenig scharfe Abbildungen des Verhaltens von Systemkomponenten,
so daß man gezwungen ist, entweder einen Hardware-Monitor zu benutzen oder einen Timer mit einer entsprechend kürzeren Grundzeit
einzubauen (vgl. Bell 1971).

Software-Monitoren, die im Hauptspeicher residieren, erreichen
nicht alle Informationen über das Verhalten der auf der "anderen"
Kanalseite angeschlossenen Hardware-Elemente. Bei Messungen dieser
Aktivitäten ergeben sich häufig Interferenzen. Man ist gezwungen,
gewisse Näherungswerte zu akzeptieren. Falls sehr genaue Messungen
erforderlich sind, müssen Hardware-Monitoren anstelle von Software-Monitoren benutzt werden.

In der nachfolgenden Abbildung 2 sind noch einmal wesentliche Vor-
und Nachteile von Hardware- und Software-Monitoren stichwortartig
zusammengefaßt.

3. Optimierungs-Systeme (= Modellierungssysteme)

3.1 Systeme auf der Basis von Simulationsverfahren

Die anspruchsvollsten Instrumente zur Optimierung von Computer-
Systemen sind speziell für diesen Zweck entwickelte Simulationsprogramme. Abgesehen von einer Vielzahl von individuellen Simula-
toren, die von Anwendern großer Computer-Systeme meist für spezielle Problemstellungen entwickelt wurden, existieren bereits seit
mehreren Jahren einige Standardpakete, die zur Optimierung aller
marktgängigen Computer-Systeme eingesetzt werden können.

Optimierungssysteme auf der Basis von Simulationsverfahren können
zunächst danach unterschieden werden, ob sie zur Formulierung der

	HARDWARE-MONITOREN	SOFTWARE-MONITOREN
V O R T E I L E	. Kein Interferieren mit den im gemessenen Computer ablaufenden Operationen . Keine Reservierung von Hauptspeicherplatz . Echt gleichzeitiges Messen an verschiedenen Meßpunkten . Hohe Meßgenauigkeit (hohes Auflösungsvermögen) . Hersteller-Unabhängigkeit	. Große Anzahl "gleichzeitig" möglicher Meßpunkte (theoretisch unbegrenzt) . Zugriff auf Labels, Adressen, Tabellen sehr einfach . Ablauf wie Anwenderprogramme . Laden trivial, kein spezielles Know-how erforderlich . Anschaffungspreis (Miete) relativ niedrig
N A C H T E I L E	. Relativ kleine Anzahl von Zählern und Meßpunkten . Zugriff auf Labels, Adressen, Tabellen schwierig; keine direkte Messung der Software-Aktivitäten möglich . Spezielles Know-how für Einsatz des H-M und der Zähler erforderlich . Anschaffungspreis (Miete) relativ hoch	. Interferieren mit Operationen von Anwenderprogrammen bzw. des Betriebssystems . Kein simultanes Messen von echt gleichzeitig stattfindenden Ereignissen . Hersteller-Abhängigkeit . Hauptspeicher-Bedarf für den S-M

Abb. 2: Vor- und Nachteile von H- und S-Monitoren

Simulationsmodelle eine eigene speziell für diesen Zweck geschaffene Sprache besitzen oder ob die Formulierung der zu simulierenden Probleme und Bedingungen in Standardsprachen erfolgt (z.B. FORTRAN, GPSS). Als weiteres Unterscheidungskriterium, das allerdings üblicherweise nur auf die Systeme mit eigenen Sprachen anwendbar ist, kann das Vorhandensein oder Fehlen einer sog. "Faktorenbibliothek" angesehen werden. Beispiele für Software-Pakete mit einigen Simulationssprachen und Faktorenbibliotheken sind die Systeme CASE, SAM und SCERT (vgl. Abschnitt 4, Abb. 4). Sie bestehen jeweils aus einem Paket von Programmen, mit deren Hilfe zum einen das Verhalten (= die Leistung) bestimmter Anwenderprogramme in unterschiedlichen Hardware/Software-Konfigurationen, zum anderen das Verhalten (= die Leistungen) bestimmter Hardware-/Software-Konfigurationen bei Abwicklung unterschiedlicher Anwenderprogramme simuliert werden können. Die Definition der Arbeitslast (workload) und die Definition der Konfiguration ist vom Anwender zu geben. Der Anwender hat sich sowohl hinsichtlich der Art als auch hinsichtlich des Formats der Spezifikation

an bestimmte Vorschriften zu halten, die bei den drei genannten
Systemen variieren. Bei zwei der genannten Systemen besteht die
Möglichkeit, unterschiedlich detaillierte Definitionen zu verwenden bzw. den Detaillierungsgrad der Definitionen von Simulationslauf zu Simulationslauf zu verändern. Einige Definitionen
sind in Abb. 3 wiedergegeben.

Definitionsbeispiele zur Charakterisierung der Arbeitslast (Workload)	Definitionsbeispiele zur Charakterisierung der Konfiguration (hier Hardware)
• Dateien (Eingabe-, Ausgabe-, Arbeitsdateien) • Programm-Funktionen • Programm-Ablauffolgen • Verarbeitungsmodus (Batch-, Multiprogrammierung, Multi-processing, Realtime)	• Zentraleinheit • Hauptspeicher • Anzahl/Typen der Kanäle • Anzahl/Typen M-Bandeinheiten • Anzahl/Typen Direktzugriffs-speicher • Anzahl/Typen Kartenleser, - stanzer, Drucker usw.

Abb. 3: Komponenten, die zur Simulation von Computer-Systemen
zu definieren sind (Beispiele)

Diese Definitionen werden in einer Vorphase vor der eigentlichen
Simulation kombiniert mit einer Vielzahl von Parametern, die der
"Faktorenbibliothek" entnommen werden. Die Faktorenbibliothek ist
eine "Parameter-Bank", in der alle sich auf die Leistung auswir-
kenden Merkmale des jeweiligen Hardware-/Software-Systems mit sehr
hohem Detaillierungsgrad gespeichert sind. Die Ersteller der Si-
mulationspakete SCERT, CASE und SAM besitzen jeweils einen sehr
umfangreichen Parameter-Pool für alle marktgängigen Computersyste-
me, der mit den Herstellern dieser Systeme ständig abgestimmt und
auf dem neuesten Stand gehalten wird.

Nach Abschluß der Vorphase, in der ein Gesamtmodell der jeweiligen
Anwender-Computer-Situation entsteht, findet dann die eigentliche
Simulation statt. Die Ergebnisse der Simulation werden in einer
Serie von Berichten bzw. Statistiken ausgegeben. Sie führen nach
Analyse durch den Anwender zu einer Re-Definition der Ausgangs-
situation, die neue Simulationsläufe auslöst. Dieser Kreislauf
dauert so lange, bis die besten bzw. zufriedenstellende Ergebnisse
erzielt werden, die dann tatsächlich implementiert bzw. realisiert
werden.

3.2 <u>Systeme auf der Basis von fest vorgegebenen Algorithmen</u>

Optimierungssystemen auf der Basis von Simulationsverfahren oder
auf der Basis von festvorgegebenen Algorithmen ist gemeinsam, daß
sie Vorhersagen über das Verhalten bzw. die Leistungen von bereits
implementierten oder noch zu implementierenden potentiellen Computer-Systemen ermöglichen. Die Unterschiede zwischen beiden

Systemarten können etwa in folgendem gesehen werden: Bei den im vorangegangenen Abschnitt beschriebenen Simulationssystemen tastet sich der Anwender schrittweise durch mehrere Simulationsläufe an ein Optimum heran. Von Lauf zu Lauf vervollkommnet er die Definitionen, wobei das System flexibel sowohl auf eine Detaillierung der Parameter, als auch auf Variationen der jeweiligen Zielsetzung für das Optimum reagiert. Bei Systemen auf der Basis von fest vorgegebenen Algorithmen beschreibt der Anwender seine Aufgabenstellung mit fest vorgegebenen Parametern. Die Systeme liefern dann einen einmaligen, aus der Sicht des zugrundeliegenden Modells optimalen Lösungsvorschlag. Gegenwärtig existieren solche Modelle nur für Teilausschnitte des Systemverhaltens. Teilausschnitte, die in der Vergangenheit das Interesse der Forscher und Entwickler auf diesem Gebiet gefunden haben, sind beispielsweise (vgl. Literaturverzeichnis):

- Teleprocessing und Communication Networks,

- Multiprogramming Systeme,

- Time-Sharing-Systeme in Realzeit-Anwendungen.

Die hier entwickelten Systeme und Modelle sind keineswegs nur von theoretischem Interesse, sondern können zur Verbesserung real existierender Computer-Systeme bzw. der angegebenen Leistungsausschnitte dieser Systeme benutzt werden.

Analytische Gesamtmodelle des Verhaltens eines Computer-Systems sind bisher noch nicht bekanntgeworden. Dies ist einerseits erstaunlich angesichts der Tatsache, daß das Verhalten eines Computers absolut logisch und somit mathematisch exakt beschreibbar sein müßte. Andererseits wird hier deutlich, daß die Komplexität des Computer-Verhaltens so hoch ist, daß zumindest vorläufig keine eindeutige mathematische Beschreibung praktisch durchführbar ist.

4. Klassifikationsversuche

Versuche zur Systematisierung bzw. Klassifizierung der hier beschriebenen Systeme sind bisher relativ selten unternommen worden. Es wurde bereits zwischen Meß- und Analyse-Systemen auf der einen Seite, Optimierungssystemen auf der anderen Seite unterschieden. Eine eindeutige Zuordnung in folgender Weise

> Hardware-Monitor = Meßsystem
>
> Software-Monitor = Meß- und Analyse-System

ist aufgrund der in der Realität auftretenden Mischformen nicht möglich. In Abb. 4 wird versucht, einige wesentliche Klassen von Instrumenten zu unterscheiden.

Die auf der Seite der Optimierungssysteme verwendete Einteilung kann in folgender Weise fortgesetzt werden (vgl. Abb. 4):

- Systeme auf der Basis von Simulationsverfahren = Simulationssysteme mit oder ohne eigene Sprache zur Formulierung der Compu-

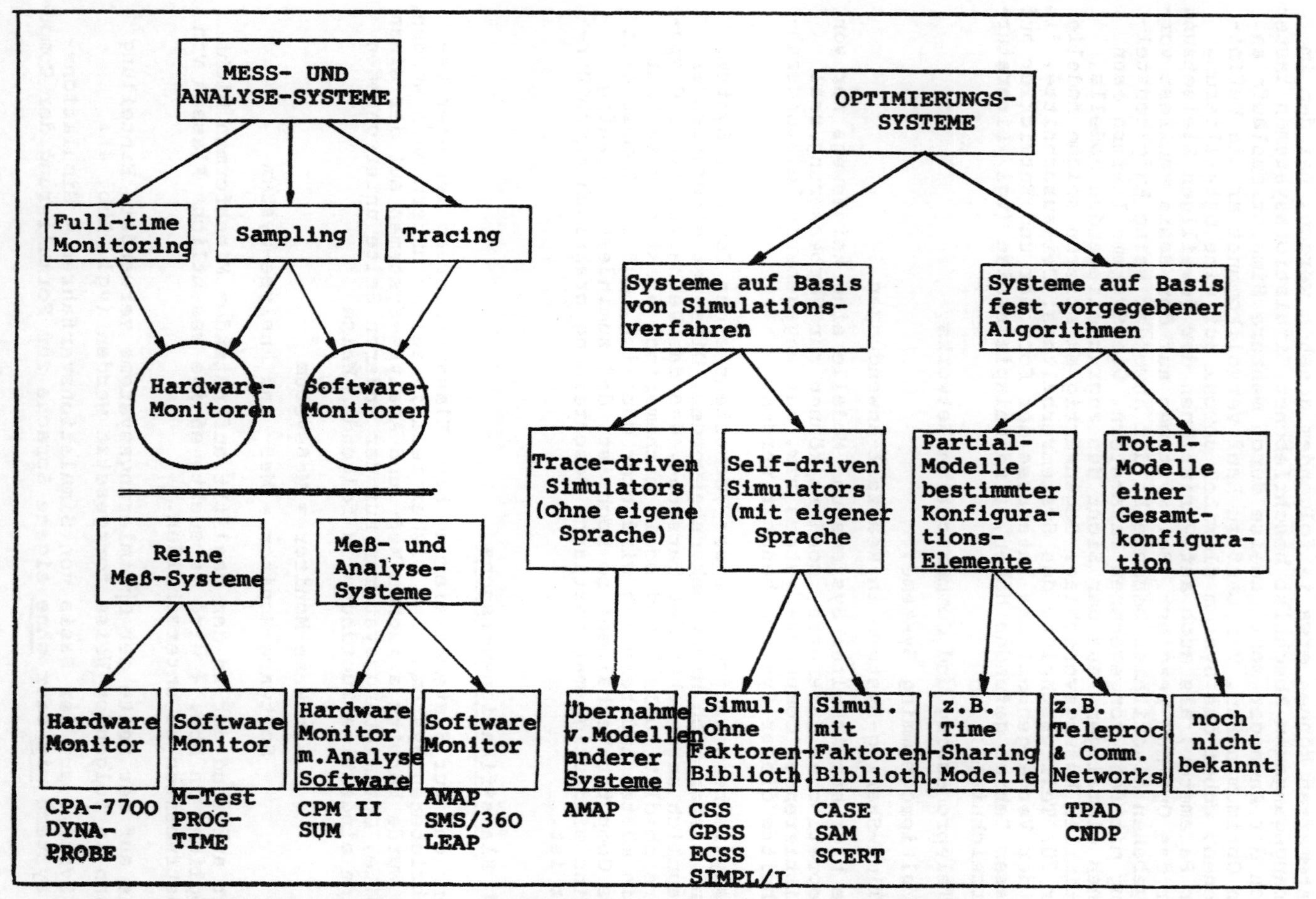

Abb. 4: Klassifikation von Meß-/Analyse und Modellierungssystemen

ter- und Workload-Modelle (self-driven oder trace-driven simulators);

Systeme auf der Basis von festvorgegebenen Algorithmen = Systeme, die Partialmodelle oder Totalmodelle einer Konfiguration (sowie der jeweils relevanten Workload) darstellen bzw. erzeugen helfen.

Unterhalb dieser Einteilungsstufe bestehen, wie aus Abb. 4 hervorgeht, gegenwärtig nur geringe Differenzierungsmöglichkeiten. Wichtig ist sicherlich die Unterscheidung zwischen Simulationssystemen mit oder ohne Faktorenbibliothek.

Wesentlich ist ein Hinweis auf die Möglichkeiten zur Verknüpfung von Meß- und Analyse-Systemen mit Optimierungssystemen. Input für Simulationssysteme können beispielsweise entweder relativ grobe Definitionen von potentiellen Konfigurationen und Workloads oder aber sehr detaillierte Meßergebnisse von bereits aktiv arbeitenden Systemen sein. Im ersten Fall dient der Einsatz des Optimierungssystems beispielsweise zur Auswahl der zukünftigen Computer-Konfiguration, im zweiten Fall beispielsweise zur Verbesserung/Rationalisierung der Abläufe auf dem bereits vorhandenen Computer. Gerade im zweiten Fall ist der Einsatz eines Hardware- oder Software-Monitors sehr empfehlenswert, denn die Qualität der Simulationsergebnisse ist umso besser, je genauer und detaillierter die Definitionen sind, die eingegeben werden. Das Simulationssystem ergänzt somit die Analysen des Monitors und bringt artmäßig andere zusätzliche Aussagen. Die eigentliche Analyse der Simulationsergebnisse, aus der heraus die Entscheidungen zur Veränderung eines zukünftigen Computer-Systems entstehen, bleiben jedoch auch weiterhin dem Systemplaner bzw. Systemprogrammierer vorbehalten.

In Abb. 5 wird (in Anlehnung an Bell 1973) der Versuch unternommen, schwerpunktartig wesentliche Teilaufgaben der Leistungskontrolle, Leistungssteigerung, Auswahl und Neuentwicklung von Computer-Systemen abzugrenzen und ihnen neben Monitoren und Optimierungssystemen auch andere wesentliche Verfahren und Instrumente zur Messung, Analyse, Bewertung und Optimierung zuzuordnen.

	Persönliches In-Augenscheinnehmen	Fingerspitzengefühl/Erfahrung	Accounting Systeme	Monitoren		Benchmarks	Optimierungssysteme	
				Hardware	Software		Sim.Modelle	Analyt. Modelle
Generelle Kontrolle des lfd. Betriebs			x	x				
Generierung von Hypothesen über Möglichkeiten zur Leistungssteiger.	x		x	(x)	(x)			
Testen von Hypoth. über Möglichk. zur Leistungssteiger.				x	x	x	x	x
Durchführung von H/S-Konfig.-Veränderungen (System-Tuning)						x	x	(x)
Auswahl neuer H/S für neue Anwendungsgebiete (System-Sizing)						(x)	x	
Entwicklung neuer H/S-Systeme				x	x		x	x

Abb. 5: Gegenüberstellung von Verfahren/Instrumenten zur
Messung, Analyse und Optimierung von Computer-
Systemen und ihren Einsatzzwecken (x = schwerpunkt-
artige Verwendung)

Literaturverzeichnis:

Bard, Y.: Experimental evaluation of system performance. In: IBM Systems Journal. Vol. 12/No 3/1973, S. 302 - 314

Bauknecht, K.; Graf, E.; Vollenweider: Performance Analysis of a University Computer System in a Multiprogramming and Time Sharing Environment. In: Computer Management 1972. Conferencebook, ed. by B. Scheepmaker. IFIP-IAG-Amsterdam 1972, S. 181 - 192

Bell, T.E.: Computer Performance Analysis: Measurement Objectives and Tools, hrsg. von Rand Corporation, Santa Monica/Calif. 1971, (Rand Paper R-584-NASA/PR).

Bell, Thomas E.: Performance Determination - The Selection of Tools, if Any. In: AFIPS Conf. Proceedings. Vol. 42, New York 1973

S. 31 - 38
Bischoff, Rainer: ECSS-Extendable Computer System Simulator. In:
"Analyse- und Optimierungsverfahren für Hardware und Software."
BIFOA-Arbeitsbericht 72/10, Köln 1972
Calingaert, P.: System Performance Evaluation. Survey and Appraisal.
In: Comm. of the ACM, Januar 1967, S. 12 - 18
Cantrell, H.N.; Ellison, A.L.: Multiprogramming System Performance,
Measurement and Analysis. In: AFIPS Conference Proceedings. Vol. 32
(Spring 1968), S. 213 - 221.
CAP-Computer Analysts & Programmers Ltd. (Ed.): OS/SMS - Product
Descriptions. (Firmenbroschüre), o. Ort, 1972
Carlson, Gary: A User's View of Hardware Performance Monitors or
How to Get More Computer for Your Dollar. In: IFIP Congress 71,
Ljubljana 1971, Conference Proceedings, Booklet TA-5, S. 128 - 132
Carlson, Gary: How to Save Money with Computer Monitoring. In:
Proceed. ACM 1972 Annual Conf. New York 1972, S. 1018 - 1023
Carlson, G.: Practical Economics of computer monitoring, In: Com-
puter Management 1972, Conferencebook ed. by B. Scheepmaker.
IFIP-IAG-Amsterdam 1972, S. 193 - 198
Drummond, Jr.M.E.: A Perspective on Systems Performance Evaluation.
In: IBM Systems Journal Vol. 8, No. 4 (1969), S. 252 - 263.
Dunlavey, R.F.: Eine Einführung in die Leistungsmessung an EDV-
Anlagen mit Hardware-Monitoren. (Firmenbroschüre). TESDATA Systems
Corp., Frankfurt 1972
Franta, William R.: A Flow Oriented Computer System Simulation
Language. In: Proceedings of 1971 ACM-Annual Conference. Chicago/
Ill., 1971, S. 578 - 595
Freiberger, Walter (Ed.): Statistical Computer, Performance Eva-
luation. New York, 1972
Hart, L.E.: The User's Guide to Evaluation Products. In: DATAMATION
15. Dez. 1970, S. 32 - 35
Heinrich, L.J.: Computer-Bewertungsverfahren - die Ermittlung der
Leistungsfähigkeit von Datenverarbeitungsanlagen, Baden-Baden 1971
Hermann, D.J.; Ihrer, F.C.: The Use of Computers to Evaluate Com-
puters. In: AFIPS Conference Proceedings, Vol. 25 (Spring 1964)
S. 383 - 395.
Hoffmann, John. M.; Gwynn, John. M.: Pre-Scheduling A Management
Tool. In: Proceedings of 1971 ACM-Annual Conference. Chicago/Ill.
1971, S. 2 - 12
IBM Corp. (Hrsg.): Advanced Multiprogramming Analysis Procedure
(AMAP), Service Description Manual. PROG-Nr. 360 A-SE-41 R
IBM Corp.(Hrsg.): Computer System Simulator/360, Version 2, Appli-
cation Description. IBM-Form GY 20-0028-2 (White Plains 1970)
Ihrer, Fred C.: The Projection of computer performance through si-
mulation. A technical description of the SCERT program. 5th Edition
(o. Ohrt 1968), Firmenbroschüre
Johnson, R.R.: Needed: A Measure for Measure, In: DATAMATION, 15th
Dec. 1970, S. 22 - 30
Joslin, Edward O.: Computer Selection Reading/ Mass. usw. (1968)
Kolence, Kenneth W.: A Software View of Measurement Tools. In:
DATAMATION, 1. Jan. 1971, S. 32 - 38
Kolence, K.W.: Software Physics and Computer Performance Measure-
ment. In: Proceed. ACM 1972 Annual Conf., New York 1972,
S. 1024 - 1040

Lucas, Henry C.Jr.: Synthetic Program Specifications for Performan-
ce Evaluation. In: Proceed. ACM 1972 Annual Conf. New York 1972,
S. 1041 - 1058
Madden, R.L.: Software Accounting and the Hardware Monitor: Their
Marriage in Performance Analysis. In: Proceed. ACM 1972 Annual
Conf. New York 1972. S. 1059 - 1060
Norland, Kenneth E.; Bulgren, William C.: A Simulation Model of
GECOS III. In: Proceedings of 1971, ACM Annual Conference, Chicago/
Ill. 1971, S. 596 - 612
Prowse, P.H.: Experiences with Optimizing Computer Systems. In:
Analyse- und Optimierungsverfahren für Hardware und Software.
BIFOA-Arbeitsbericht 72/10, Köln 1972
Schwertmann, H.D.; Brown, J.C.: An Experimental Study of Computer
System Performance. In: Proceed. ACM 1972 Annual Conf. New York
1972, S. 693 - 703
Seibt, Dietrich: Organisation von Software-Systemen, Band 18 der
Schriftenreihe des BIFOA, Wiesbaden 1972, S. 197 - 206
Seibt, Dietrich: Überblick über Verfahren zur Messung, Analyse und
Optimierung von Hardware-/Software-Systemen. In: Analyse- und
Optimierungsverfahren für Hardware und Software". BIFOA-Arbeits-
bericht 72/10, Köln 1972
Severance, D.G.; Merten, A.G.: Performance Evaluation of File
Organizations Through Modelling, In: Proceed. ACM 1972 Annual Conf.
New York 1972, S. 1061 - 1072
Sherwood, J.W. jr.; Piety, L.G.; Constable, A.C.: Computer Perfor-
mance Analysis and Optimization. In: Computer Management 1972
Conferencebook ed. by. B. Scheepmaker, IFIP-IAG-Amsterdam 1972,
S. 199 - 206
Smith, J.L.: MULTIPROGRAMMING UNDER A PAGE ON DEMAND STRATEGY.
Communications of the ACM (New York)Vol. 10, Nr. 10, 1967, S.
636 - 646
Stricker, K.: SCERT aus der Sicht eines Benutzers. In: Analyse
und Optimierungsverfahren für Hardware und Software". BIFOA-
Arbeitsbericht 72/10. Köln 1972
Tesdata Systems Corp. (Hrsg.): CASE IV - Eine allgemeine Beschrei-
bung (Firmenbroschüre) Frankfurt 1973
Treuarbeit AG (Hrsg.) Dynaprobe/Dynapar. Einführung in ein Meß-
system für elektronische Rechenanlagen (Firmenbroschüre) o. Ort
o. Jg.
Treuarbeit AG (Hrsg.): SCERT-Simulationsergebnisse und ausgewähl-
te Beispiele von Ergebnis-Ausdrucken der SCERT-Simulation (o.
Ort und Jg.) Firmenbroschüre
Ulrich, Hans: Bericht über die Erfahrungen mit dem Simulator
SCERT im Hause Volkswagenwerk AG. In: "Analyse- und Optimierungs-
verfahren für Hardware und Software."BIFOA-Arbeitsbericht 72/10,
Köln 1972
Wilkes, M.V.: A MODEL FOR CORE SPACE ALLOCATION IN A TIME-SHARING
SYSTEM, Proceedings of the AFIPS 1969 Spring Joint Computer
Conference, S. 265 - 271

Arbeitsweise und Einsatzmöglichkeiten von SCERT

G. Dittrich, Augsburg

SCERT (Systems and Computers Evaluation and Review Technique)
is a data processing, evaluation and planning tool. SCERT makes
use of the computer to generate by simulation information about
computers. This discourse gives an overview over input and output data of SCERT and areas where to use SCERT can be of great
benefit. These areas are especially equipment selection, feasi-
bility analysis, system design, implementation planning and
system tuning.

Allgemeines

SCERT (Systems and Computers Evaluation and Review Technique)
wurde 1962 von der Firma Comress, USA entwickelt, als Antwort
auf die zunehmende Komplexität von Computersystemen und den
daraus resultierenden Schwierigkeiten bei der Bewertung.

Im Gegensatz zu anderen Bewertungsverfahren ermöglicht das problemorientierte SCERT arbeitsbezogene und systembezogene Aussagen. Diese Aussagen werden möglich, weil bei SCERT Arbeitslast (Gesamtheit aller bei einem Anwender zu einem interessierenden Zeitpunt eingesetzten Programme) und Arbeitsmittel (zu unter-
suchende EDV-Systeme) durch SCERT-Definitionen beschrieben werden können. Durch Simulation der Verarbeitung der Arbeitslast
auf den zu untersuchenden EDV-Systemen wird das komplexe Zusammen-
spiel von Zentraleinheit, Peripherie, Betriebssystem usw. untersucht und ausgewertet.

Einsatzgebiete von SCERT

Gute Aussagen können mit SCERT vor allem auf den Gebieten
- System Design
- EDV-System-Optimierung
- Ihvestitionsplanung bzgl. Ausbau/Erweiterung von EDV-Anlagen
gewonnen werden.
Außerdem können z. B. folgende Problemstellungen untersucht wer-
den:
- Bestimmung einer der Arbeitslast möglichst gut angepaßten Kon-
figuration
- Simulation von existierenden und zukünftigen Arbeitslasten
- Simulation der Ubernahme von Software auf das eigene EDV-System
- Bestimmung von optimalen Dateiorganisationsformen
- Multiprogramming- und Realtimesimulationen

Eingabedaten für SCERT

Für die Durchführung der Simulationen sind eine Reihe von relativ einfach durchzuführenden Definitionen erforderlich, und zwar bzgl. Arbeitslast, zu untersuchenden EDV-Systemen und einigen benutzerspezifischen Eigenschaften.

Die Arbeitslastdefinitionen beschreiben im wesentlichen
- die zu verarbeitenden Dateien (Dateivolumen, Satzlänge, Feldzahl, Speichermedium)
- die Programme, die die Dateien verarbeiten (Art der Verarbeitung, durchzuführende Verarbeitungsschritte pro Eingabesatz)

Die Arbeitsmitteldefinitionen beziehen sich im wesentlichen auf
- die eingesetzte Hardware
- die zur Anwendung kommende Software

Benutzerspezifische Angaben beziehen sich im wesentlichen auf
- Prioritäten und Abhängigkeiten beim Ablauf der Programme
- Kernspeicherbeschränkungen für Einzelprogramme
- Ereignisbeschreibung bei Realtime-Anwendungen
- Angaben zum Erfahrungsprofil der Programmierer

Mit den angeführten Eingabedaten kann SCERT - unter bezug auf eine Faktorenbibliothek - die für die gewünschten Ausgabedaten erforderlichen Simulationsmodelle aufbauen und durchführen. In der Faktorenbibliothek sind alle charakteristischen Eigenschaften von Hard- und Software nahezu sämtlicher auf dem Markt befindlichen EDV-Anlagen enthalten. Mit dieser Faktorenbibliothek, die ständig auf dem neuesten Stand gehalten wird, steht SCERT eine der umfassendsten Datenbanken über Leistungscharakteristiken von EDV-Anlagen zur Verfügung.

Ausgabedaten von SCERT

Nach Durchführung der Simulationen liefert SCERT eine Vielzahl von Ausgabedaten, von denen die wichtigsten hier aufgeführt werden:
- Dokumentation der simulierten Anlagen-Konfigurationen in Hard- und Software
- Gegenüberstellung von Kauf- und Mietpreisen
- Aufstellung über die Inanspruchnahme von einzelnen Konfigurationsbestandteilen
- Inanspruchnahme des EDV-Systems (pro Tag, Monat, Jahr)
- Gegenüberstellung der Anlagenbelastung von einzelnen Arbeitsgebieten zum dafür erforderlichen Programmieraufwand
- Laufzeit und Kernspeicherbelegung der einzelnen Programme
- Ausnutzung der simulierten Anlage durch Multiprogramming
- Gegenüberstellung der Laufzeit von Programmen in Einzelverarbeitung und im Multiprogramming
- Zeitlicher Ablauf der gesamten Arbeitslast im Multiprogramming
- Belastung der Konfigurationselemente durch Realtime-Verarbeitung
- Zeitbedarf der Realtime-Verarbeitung
- Beeinflussung der Programme durch einen Timesharing-Betrieb
- Analyse eines laufenden Timesharing-Systems

SCERT-Einsatz

Ein SCERT-Projekt läuft im Prinzip in mehreren Phasen ab, die
sich teilweise überschneiden können:

Phase 1
- Aufnahme der IST- und SOLL-Abläufe
- Entwicklung eines Modells für die Arbeitslast
- Grobauswahl von EDV-Konfigurationen

Phase 2
- Erstellung der Eingabedefinitionen
- Simulationsabläufe

Phase 3
- Auswertung der SCERT-Ergebnisse
- Konfigurationsoptimierung pro Hersteller
- Anlagenvergleich

Tendenzen bei der Entwicklung von Simulationssprachen

M. Edlinger, Stuttgart

Die Simulationstechnik wird heute in zunehmendem Maße als Hilfsmittel bei der Entscheidungsfindung für betriebswirtschaftliche Probleme eingesetzt. Mit Hilfe der Simulationstechnik können noch Probleme gelöst werden, die stochastische und logische Elemente, Ganzzahligkeitsbedingungen, nichtlineare Beziehungen und als wesentlichstes Charakteristikum Variable besitzen, die sich über der Zeit ändern.

Für den Einsatz der Simulationstechnik sowohl für systemanalytische Untersuchungen, für Systementwürfe als auch für Systempostulate muß das reale System als Modell abgebildet werden.

Dabei wird zwischen der

1. Abbildung der internen Systemstruktur und
2. der Zurverfügungstellung der für eine Lösung notwendigen Eingabedaten

unterschieden. Die interne Struktur stellt dabei das reale System mit allen für eine Lösung notwendigen Elementen und deren Relationen dar. Der Bereich der Eingabedaten stellt primär die zeitliche Differenz zweier aufeinanderfolgender Einheiten und mit ihnen verbundene Parameterwerte dar.

Für die Lösung praxisnaher Probleme werden spezielle Simulationsprogramme benötigt, wobei für die Programmierung im Sinne einer allgemeinen Benutzerfreundlichkeit einige Forderungen für die Auswahl einer Programmiersprache vorgegeben werden können:

O Einfache Programmierung
  Der Aufbau der Sprache soll dem Aufbau des zu untersuchenden dynamischen Systems entsprechen.

O Fehlersuchhilfen
  Um eine effiziente Programmierung durchführen zu können, müssen umfangreiche Fehlermeldungen verfügbar sein.

O Ergebnisausgabe
  Ausgabe der Ergebnisse in festem und freiem Format.

O Zugriff zu externen Daten
  Durch eine zunehmende Erstellung von Datenbänken, deren Daten ebenfalls für eine Simulation verwendet werden können, muß diese Forderung an eine Simulationssprache gestellt werden.

o Interaktive Kommunikation

Über sogenannte "time-sharing" Optionen kann auch bei
der Erstellung, dem Austesten sowie den einzelnen Ex-
perimenten von Simulationen eine effiziente Programmierung erreicht werden.

Für die Programmierung kann prinzipiell jede Programm-
miersprache verwendet werden. Bei allgemeinen Programm-
miersprachen müssen jedoch die simulationsspezifischen
Anforderungen selbst programmiert werden (z. B. Zeit-
fortschreibung, Aufbau der Statistiken, Pseudozufalls-
zahlengenerierung).

Um dem Systemanalytiker die Programmierung zu erleichtern, wurden bereits seit 1960 spezielle Simulationssprachen entwickelt, die diese Routinen enthalten.

GPSS V

GPSS wurde erstmals ca. 1960 vorgestellt und GPSS V
stellt heute die fünfte Sprachengeneration dar. Die
Steuerung erfolgt in GPSS über Transaktionen, die von
der Generierung, dem Eingang in das Modell, bis zur Ter-
minierung aufgrund der Struktur durch das Modell be-
wegt werden. Durch diese Bewegungen wird der Status des
Modells verändert (z. B. Belegen einer Bedienungsein-
heit, Freigabe eines Lagerplatzes).

Spezielle Blöcke dienen für die Darstellung von Warteschlangen, Bedienungseinrichtungen und Läger sowie für
die Ablaufsteuerung der Transaktionen. GPSS stellt aufgrund der Blockstruktur eine von allgemeinen P.rogrammier-
sprachen unabhängige Sprache dar. Den Vorteilen, wie
leichte Erlernbarkeit, gute Fehlerdiagnostik, geringer
Kernspeicherbedarf und leichte Abbildbarkeit von gekop-
pelten Warteschlangensituationen, stehen die Nachteile,
wie schwierige algebraische Berechnungen, Zugriff zu aktuellen Datenbeständen und Erstellen einer benutzerorien-
tierten Ausgabe, gegenüber.

Neuere Entwicklungen versuchen, eine Kombination von höhe-
ren Programmiersprachen mit Routinen für die speziellen
Simulationsanforderungen zu verbinden. Dazu gehören u. a.
SIMSCRIPT und SIMULA.

SIMSCRIPT II Plus

SIMSCRIPT wurde von der RAND Corp. 1963 vorgestellt. Die
Grundversion besitzt einen FORTRANähnlichen Aufbau, die
neueste Version besitzt dagegen eine PL/I ähnliche Struktur. SIMSCRIPT stellt einen eigenen Compiler dar, die Fehlersuchhilfen sowie ein allgemeiner Zugriff zu Datenbanken sind daher nicht voll verfügbar. Der logische Ablauf
erfolgt über permanente und temporäre entities. Permanente entities bezeichnen Elemente, die sich während der

Simulation nicht ändern, temporäre entities enthalten
Informationen, die zugeordnet und vernichtet werden
können. Den Vorteil der Sprache bildet die Verwendungs-
möglichkeit von algebraischen Berechnungen sowie die
Lese- und Schreibbefehle für einen Dialogverkehr.

SUMULA 67

SIMULA baut auf ALGOL auf, d. h. ALGOL ist eine Untermenge von SIMULA. In dieser Sprache, die am Norwegi-
schen Computer Center seit 1964 entwickelt und verbessert wird, wurde das Prozeßkonzept verwirklicht (siehe
SIMPL/I). Durch die volle Verfügbarkeit von ALGOL können alle ALGOL Instruktionen verwendet werden und über
die Lese- und Schreibbefehle kann eine Dialogfähigkeit
realisiert werden. Datenbankzugriffe müssen an die speziellen Datenbankstrukturen angepaßt werden.

Der Tendenz folgend, höhere Programmiersprachen mit Routinen für spezielle Simulationsanforderungen zu verbinden, entspricht auch die Simulationssprache SIMPL/I.

SIMPL/I

Bei dieser Sprache ist PL/I eine Untermenge von SIMPL/I,
d. h. der gesamte Instruktonsvorrat von PL/I ist in
SIMPL/I verfügbar. Von besonderer Bedeutung sind dabei
die sehr flexiblen Ein- und Ausgabebefehle (Zugriff zu
IMS-Datenbanken über DL/I), der Installationsmöglichkeit
unter einer "time sharing organization", der Aufbau von
Strukturen und der Zugriff zur PL/I Bibliothek. Zusätzlich ist in SIMPL/I eine eigene Bibliothek vorhanden.
Spezielle Fehlerroutinen erleichtern ebenfalls die Programmierung. Das Prozeßkonzept dient wie bei ALGOL zur
logischen Ablaufsteuerung der dynamischen Prozesse. Die
Prozesse laufen dabei automatisch ab. Über weitere Prozesse können dabei Prozesse aufgehalten oder wieder frei-
gegeben werden. Dabei stellt ein Prozeß eine Instruk-
tionsfolge dar, die einen realen Prozeß abbildet (z. B.
Landung eines Flugzeuges). Durch einen modularen Aufbau,
jeder Prozeß ist als geschlossene Einheit programmierbar,
können komplexe Systeme graduell abgebildet werden.

Weitere Forderungen an zukünftige Entwicklungen von Simulationssprachen können wie folgt definiert werden:

- Verbesserung der graphischen Ausgabemöglichkeiten
- Verbesserte Fehlersuchhilfen
- Automatische Angabe der statistischen Sicherheit
  von Ergebnissen
- Entscheidungstabellen für parametergesteuerte Experi-
  mente

Simulation als Instrument zur Vorbereitung einer Investitionsentscheidung in der Linienschiffahrt

R. Giller, Hamburg

Investitionsentscheidungen verlangen eine weitgehend sichere Abschätzung aller Einflußfaktoren für die Zukunft. Liegen wie in der Linienschiffahrt jedoch nur Erfahrungswerte vor, die in hohem Maße stochastischer Natur sind, lassen sich die meisten analytischen Lösungen nicht anwenden. Für dieses spezielle Problem bietet sich als eine der Möglichkeiten die Methode der Simulation an.

Mit Hilfe eines Simulationsprogramms ist es möglich, verschiedene Investitionsalternativen im Einsatz zu testen. Die zu untersuchenden Alternativen sollen sowohl unterschiedliche Schiffstypen (Behälter-Verkehr, konventionelles System) als auch innerhalb der Systeme unterschiedliche Größenklassen umfassen.

Die Simulationen und die sich anschließenden Auswertungen in dem hier zu schildernden Modellversuch verfolgen zwei Ziele:

1. Durch Simulation auf Basis von Vergangenheitswerten für vorgegebene Häfen eine nahezu optimale Anlaufreihenfolge zu erhalten.

2. Durch Simulationen von Rundreisen in dem fixierten Fahrplan die zum Einsatz kommenden Schiffe in Größe, Anzahl und Geschwindigkeiten zu bestimmen.

Der Aufbau des Modells in den einzelnen Teilen zeigt sich wie folgt:

I. Erfassung von Vergangenheitsdaten und Zusammenstellung zu Wahrscheinlichkeitsverteilungen

II. Generation von Fahrplänen mittels der Monte-Carlo-Methode

III. Bewertung und Auswahl von Routen

IV. Die Ladungsgeneration über die Fahrplansimulation

V. Auswertung der Simulationsergebnisse

VI. Kritische Prüfung der ausgewählten Ergebnisse über wirtschaftliche Kriterien

Um die Simulationen auf einer ausreichend breiten Basis durchführen zu können, wurden in einem ersten Teil Alternativ-Fahrpläne generiert. Über Zufallszahlen können aus einem Vorrat von möglichen Häfen verschiedene Reihenfolgen erzeugt werden. Um praxisferne Lösungen auszuschließen, erfolgt eine Prüfung der

Lösungen über verschiedene Kriterien, wie Kosten, Auslastung
und Transportleistung.
Die für die einzelnen Ladungsarten auf den entsprechenden Hafen-
Hafen-Beziehungen anfallenden Ladungsmengen sind in Form von
kumulierten Verteilungen auf einem Magnetband gespeichert. Die
Verteilungen geben für jede vorkommende Kombination von Ladungsart, Ladehafen und Löschhafen die in der Vergangenheit angefalle-
nen Ladungsmengen pro Zeiteinheit mit den entsprechenden Ein-
treff-Wahrscheinlichkeiten an.

Für ausgewählte Routen aus dem Vorrat an erzeugten Fahrplänen erfolgen Simulationen von fiktiven Rundreisen. Die entsprechende
Ladung ergibt sich mit Hilfe der Monte-Carlo-Methode.

Anhand des für einen Simulationszyklus festgelegten Fahrplans
wird von jedem Ladehafen zu jedem vorgesehenen Löschhafen per
Zufallszahl aus den gegebenen Verteilungen Ladung in Tonnen per
Tag generiert. Die Generation erfolgt für jede vorkommende
Ladungsart. Saisoneinflüsse und Trends werden berücksichtigt.
Die durch die Simulationen erzeugte Ladung kann je nach Schiffs-
system in Behältern oder konventionell transportiert werden.

Als Ergebnis der Simulationen ergeben sich Datengruppen, die über
die Klassenanalyse zu Verteilungen zusammengestellt werden.

Für die Auswertung zeigen sich als wichtigste Ergebnisgruppen:

- Schiffsgröße
- notwendige Hafenkapazität
- Behälteranforderungen

Aufgrund dieser Angaben entscheidet der Praktiker, welche der
möglichen Lösungen auf Wirtschaftlichkeit untersucht werden sollen.
Eine Auswahl von Wirtschaftlichkeitskriterien - z.B. Break Even,
Liquiditätsverlauf, Interner Zins, Payback-Periode - und die sich
anschließende Sensivitätsanalyse geben in Form einer Entschei-
dungstabelle ein Vergleichsbild der Alternativlösungen.

Entsprechen die Ergebnisse nicht den Vorstellungen des Entscheidenden, kann durch stufenweises Wiederholen der Aktivitäten einzelner Teilbereiche eine Eingrenzung der Alternativen vorgenommen
werden.

Steigerung der Effizienz bei der diskreten Simulation mit BBC-PROSI

H. Heidecker, U. Tiemeier und W. Welti, Mannheim

Seit einigen Jahren sind verschiedene Simulationssprachen verfügbar. Für viele Planungsaufgaben sind diese Sprachen jedoch unzureichend. Sie erfordern weitgehende EDV-Kenntnisse, über die der Planungs- bzw. Betriebsfachmann meistens nicht verfügt; außerdem erfordern bei diesen Sprachen Modelländerungen vielfach zeitraubende und teuere Programmänderungen. Um diese Probleme zu vermeiden, wurde BBC-PROSI als Tabellensprache entwickelt.

BBC-PROSI dient zur Simulation von betrieblichen Abläufen. Mit ihrer Hilfe kann der Planungsfachmann innerhalb kurzer Zeit folgende Aufgaben lösen, die bei Fabrikplanungen auftreten:

- Bestimmung der erforderlichen Maschinenkapazitäten

- Festlegung der erforderlichen Läger, Stellplätze und Materialbestände

- Ermittlung zweckmäßiger Abläufe

- Entwicklung geeigneter Strategien und Organisationsformen

Um BBC-PROSI einzusetzen, erstellt der Planungsfachmann zuerst einen Prozeßplan; dieser läßt sich aus einer Lageskizze des betrieblichen Systems ableiten. Jeder Prozeß im Prozeßplan stellt eine Warteschlange (WS) mit einer nachfolgenden Bearbeitungsstelle (BE) dar. Er wird durch Parameter beschrieben:

- Prozeßtyp (PT)

- Kapazität der Warteschlange (KWS)

- Kapazität der Bearbeitung (KBE)

    usw.

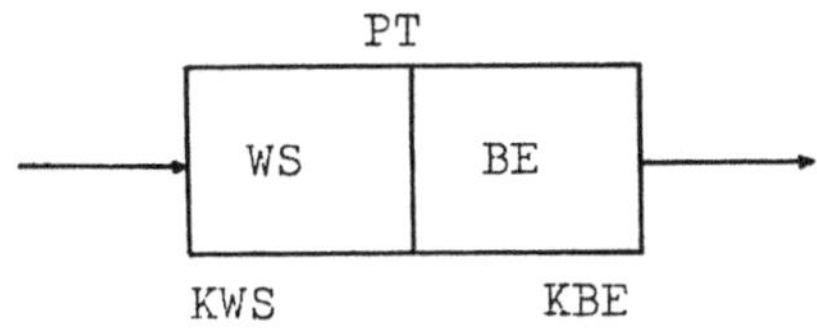

Für jede Artikelgruppe wird ein Fertigungsplan vorgegeben, der
die erforderlichen Prozesse miteinander verknüpft, wobei alternative Wege und Schleifen möglich sind. Jeder Prozeß arbeitet
nach einem Schichtplan. Für jeden Prozeß werden Bearbeitungszeiten und gegebenenfalls Rüstzeiten und Standzeiten angegeben.
Die Bearbeitungszeiten können artikel-, mengen- und wegabhängig
sein und auch Zufallsschwankungen unterliegen.

Sämtliche Angaben werden in Tabellen eingetragen, die gleichzeitig als Ablochbelege dienen. Das Simulationsmodell wird auf
Grund dieser Daten automatisch generiert. Eine Compilation ist
nicht erforderlich. Programmlaufzeiten und Hauptspeicherbedarf
sind nach den bisherigen Erfahrungen günstiger als bei den bekannten Simulationssprachen.

Die Simulationsergebnisse werden in übersichtlicher standardisierter Form erstellt:

- Durchlaufbild

- Auslastungsbild

- Warteschlangenstatistik

- Prozeßbelegungsstatistik

- Auslastungsstatistik

Die Bilder ermöglichen das Verfolgen von Aufträgen während ihres
Durchlaufs durch die Fertigung und die Überprüfung der Größe der
Warteschlangen und der Auslastung der Kapazitäten im Verlaufe
der Zeit. Die Statistiken geben Auskunft über Arbeitszeiten,
Rüstzeiten, Stauzeiten, Leerzeiten wegen fehlender Aufträge usw.
Diese Statistiken ermöglichen es daher, Schwachstellen in der
Planung schnell zu erkennen.

Statistische Probleme bei der Anwendung der Monte-Carlo-Simulation

W. Ruppert und W. Schulz, Ludwigshafen

Monte-Carlo Simulationen erzeugen endliche Teile von Realisationen im engeren Sinne stationärer stochastischer Prozesse, da die der MC-Simulation zugrunde liegenden mathematischen Modelle im allgemeinen eine wohldefinierte Struktur besitzen. Da das Simulationsergebnis aus statistischen Kennzahlen des stochastischen Prozesses besteht, interessiert die Zahl der notwendigen Simulationen (Stichprobenumfang), die mit geforderter Sicherheit die Kennzahlen mit einer vorgegebenen Genauigkeit liefern.

Fishman stellt in Management Sc., 18/1, 1971, S. 21-38 ein Verfahren dar, mit dem der Stichprobenumfang während des Programmlaufes (dynamisch) bestimmt wird.

Die zufällige Variable eines stationären stochastischen Prozesses sei eine beliebige Funktion von Parametern und zufälligen Variablen. Für Konvergenzaussagen der empirischen Verteilung einer solchen Variablen gegen ihre Grenzverteilung mit einer genügend sicheren Genauigkeit sind keine Verfahren bekannt. Anpassungstests führen nicht weiter, da Kenntnisse über die Grenzverteilung fehlen. Faßt man das Problem nicht als Test-, sondern als Approximationsproblem auf, so kann man ein Ergebnis von Birnbaum und Tingey anwenden, das in "Mathematische Statistik", Springer Verlag, 1966 von Schmetterer auch zugänglich ist.

Ist $G_n(y)$, $y \in \mathbb{R}$ die empirische Verteilung aus n Stichproben und $G(y)$ die Grenzverteilung, so gilt unter gewissen Voraussetzungen, die man bei Stichproben aus stationären Prozessen stets erfüllen kann,

$$\underset{y \in \mathbb{R}}{W(\sup(G(y)-G_n(y)) \geq u; G)} = \begin{cases} 1 & u=0 \\ u \sum_{i=0}^{[n(1-u)]} \binom{n}{i}\left(u-\frac{i}{n}\right)^{i-1}\left(1-u-\frac{i}{n}\right)^{n-i}, & 0 < u < 1 \\ 0 & u \geq 1 \end{cases}$$

Für das Infimum gilt die analoge Aussage.

Sei $S: = 1 - 2 \underset{y \in \mathbb{R}}{W(\sup(G(y)-G_n(y))=u; G)}.$

Dann ist S das Approximationsvertrauen, daß für jedes $y \in \mathbb{R}$ die durch MC-Simulation ermittelte Verteilung $G_n(y)$ in diesem 2 u - Streifen um die Grenzverteilung liegt.

Statt während jeden Laufes die obige Formel für gegebene u und S auszuwerten, um n zu erhalten, kann man folgende durch Regression ermittelte Funktion anwenden:

$$n(u,S) = \exp\left(.687788 - .200983 \ln\left(\frac{1-S}{2}\right) - 1.00806 \ln(u)\right).$$

Die Abweichungen betragen im allgemeinen maximal 1 %. Man sollte die Bandbreite u so wählen, daß auch in den Enden der Verteilung noch Aussagen möglich sind. Dies ist gesichert, wenn u in Abhängigkeit von der gewünschten Aussagegenauigkeit gewählt wird.

Problemorientierte Auswahl von Simulationsverfahren
zur Planung und Realisierung von Real-Time-Systemen

C. Schmitz, Ottobrunn

Kosteneffektive Planungen über Beschaffung und Einsatz von ADV-Syste-
men sowie notwendige Entscheidungen bei Anpassungen bestehender Systeme an erweiterte Aufgabenstellungen machen wegen der Komplexität der
auftretenden Probleme den Einsatz von Planungshilfsmitteln erforderlich. Als eines der geeignetesten Werkzeuge zur Durchleuchtung der
Vorgänge in on-line oder Real-Time Computersystemen erweist sich das
große Spektrum der heute am Markt verfügbaren Simulationsverfahren. Für
den potentiellen Anwender solcher computergestützten Hilfsmittel bleibt
dennoch oft die Frage unbefriedigend beantwortet, welches Verfahren wählt
man aus, wie, wielange und für welche Problemstellungen wendet man es an.

Entscheidend für eine erfolgverheißende Anwendung der Simulation ist eine exakte Problemdefinition und Planung der Studie. Hieraus ergeben sich
schon maßgebliche Erfordernisse nach dem Sammeln und Aufbereiten von Daten, die man zunächst in logischen Zusammenhang mit einer zu entwerfen-
den Modellvorstellung verbindet. Nach diesen Vorarbeiten zeichnet sich
eine erste Transparenz der Problemabbildungen ab, so daß ein Festlegen
der wesentlichen Beeinflussungsparameter möglich wird. So mag es für
den Anwender fixe Parameter wie unbedingt einzuhaltende Meldungszeit-
punkte an Datenendstationen, logisch bedingte Programm-Ablaufreihenfol-
gen oder variable Parameter wie Übertragungsgeschwindigkeiten und beliebige Zuordnung von Dateien auf Sekundärspeicher geben.

Mit Ausnahme einiger Simulationssprachen fallen für die Anwendung spezieller Computer-Simulatoren Mietkosten an, so daß aus Kostengründen
und wegen der Unabhängigkeit von speziellen Verfahren vorgenannte Arbeiten vorab durchgeführt werden sollten.

Speziell für die Auswahl problemangepaßter Hardware eignen sich die Si-

mulatoren SCERT und CASE wegen ihrer umfangreichen Faktorenbibliothek
über charakteristische Hardware- und Betriebssystem-Daten aller nam-
haften Hersteller. Sie bieten eine große Zahl von Statistik-Reports
über das Leistungsverhalten einer kompletten Hardwarekonfiguration bei
vorgegebener Arbeitslast. Für ausschließliche Untersuchungen des Fern-
übertragungsnetzwerkes, Polling-Konzepte, Antwortzeitverhalten und Op-
timierungen der Zugriffe auf Plattenspeicher ist der Aufwand für die
Codierung und der Preis unangemessen zur Güte der erzielbaren Ergebnisse. Gerade für solche Einzelprobleme bieten sich Simulationssprachen
wie z.B. GPSS an. Funktionelle Abhängigkeiten und logische Verknüpfungen von Ereignissen können in diskreter Simulation mit hohem Detaillierungsgrad abgebildet werden. Zwischen diese Verfahren sind CSS und SAM
einzuordnen, die neben umfangreicher Bezugsmöglichkeiten auf IBM-Fak-
toren eine maßgeschneiderte Modellgestaltung zulassen. Alle Simulato-
ren laufen auf IBM-Maschinen, für andere Typen gibt es Einschränkungen.
Bei Simulationssprachen bleibt der Anwender "Herr" seines Modells,
während fehlende Erfahrungen und Unkenntnis der internen Modellogik bei
CASE und SCERT sowie oft erst in der Praxis erkennbare Restriktionen
eine zeitweise Unterstützung durch einen Systemberater erforderlich machen. Die statistisch-algorithmische Betrachtungsmethodik und die Fak-
torenvielfalt erlaubt Untersuchungen der Vorgänge im zentralen Rechner
zu akzeptablen Rechenzeiten, die bei Simulationssprachen schnell in
nicht vertretbare Größen emporschnellen.

Die Ergebnisanalyse und ihrer Verifikation kommt bei stochastischen
Einflußgrößen und bei starker Auslastung von Bedienungselementen im
simulierten System größte Bedeutung zu. Die bekannten klassischen Methoden wie u.a. Batch-Means, Zeitreihen- und Spektral-Analyse können
nur bei Simulationssprachen angewendet werden.

AUTORENVERZEICHNIS

BALLARINI, K., Dipl.-Math., Institut f.Statistik u.Math.Wirtschaftstheorie,
Universität, 75 Karlsruhe, Kaiserstr. 12
BERGOLD, V., Dipl.-Kfm., Preussag AG, Hauptverwaltung, 3 Hannover 1, Postf.4827
BIETHAHN, J., Dr.Priv.Doz., Seminar für Handelsbetriebslehre der Universität,
6 Frankfurt, Mertonstr. 17
BOL, G., Dr., Inst. f. Statistik u.Math. Wirtschaftstheorie der Universität,
75 Karlsruhe, Kaiserstr. 12
BRUCKER, P., Dr., Fachbereich Wirtschaftswiss. der Universität, 84 Regensburg,
Postfach 397
BURCKHARDT, W., Dr., 4005 Meerbusch 1, Niederdonkerstr. 71
DIRICKX, Y., Internationales Institut für Management, 1 Berlin 33, Griegstr.5
DITTRICH, G., Dipl.-Math., Systementwicklungen, 89 Augsburg 41, Dr.-Schmelzing-
Str. 77
DOMSCHKE, W., Dr., Inst.f.Wirtschaftstheorie und OR, Universität, 75 Karlsruhe,
Kaiserstr. 12
EBERL jun. W., Dr., Inst.f.Statistik u.Math.Wirtschaftstheorie der Universität,
75 Karlsruhe, Kaiserstr. 12
EDLINGER, M., Dipl.-Ing., IBM Deutschland, 7 Stuttgart, Breitwiesenstr. 20
EGLE, K., Dr., Inst.f.Entscheidungstheorie und Unternehmensforschung,
Universität, 75 Karlsruhe, Kaiserstr. 12
FAHRMEIR, L., Dr., Inst.f.Angew.Mathematik der TU München, 8 München 2,
Arcisstr. 21
FEICHTINGER, G., Prof.Dr., Inst.f.Unternehmensforschung, Techn.Hochschule,
A-1040 Wien, Argentinierstr. 8
FEILMEIER, M., Dr.Wiss.Rat., Inst.f.Angew.Mathematik der TU, 8 München 2,
Arcisstr. 21
FEINDOR, R., Dipl.-Math., 82 Rosenheim, Tilly-Str. 7
FLEISCHMANN, B., Dr., Deutsche Unilever GmbH, 2 Hamburg 36, Dammtorwall 15
GAEDE, K.-W., Prof.Dr., TH Darmstadt, Fachbereich Mathematik, Arb.Gr. 9,
61 Darmstadt
GESSNER, P., Prof.Dr., Lehrstuhl f. Anwendungen des Operations Research,
Universität, 75 Karlsruhe, Kaiserstr. 12
GILLER, R., Dipl.-Kfm., Hapag-LLoyd AG, Abt. Planung u.Entwicklung, 2 Hamburg 1,
Ballindamm 25
GÖTZ, E., Dipl.-Math., Inst.f.Angew.Mathematik, 8 München 2, Arcisstr. 21
GUDEHUS, T., Dr., Dipl.-Phys., DEMAG Systemtechnik, 58 Hagen, Postfach 764
HAHN, W., Dr., Inst.f.Wirtschaftstheorie und OR, Universität, 75 Karlsruhe,
Kaiserstr. 12
HAMMANN, P., Prof.Dr., Lehrstuhl f.Allg.BWL u.Betriebswirtschaftslehre des
Handels, TU, 1 Berlin 12, Straße des 17.Juni 135
HARDECK, W., Dipl.-Math., 852 Erlangen, Fürstenweg 29 1/2
HEIDECKER, H., Ing., Brown,Boveri & Cie, Abt.BW., 68 Mannheim
HELLWIG, K., Dr., Inst.f.Entscheidungstheorie und Unternehmensforschung,
Universität, 75 Karlsruhe, Kaiserstr. 12
HENN, R., Prof.Dr., Inst.f.Statistik u.Math.Wirtschaftstheorie, Universität,
75 Karlsruhe, Kaiserstr. 12
HÖPFINGER, E., Dr., Inst.f.Wirtschaftstheorie und OR, Universität,
75 Karlsruhe, Kaiserstr. 12
HÜLSMANN, J., Dr.Priv.Doz., Inst.f.Statistik u.Math.Wirtschaftstheorie,
Universität, 75 Karlsruhe, Kaiserstr. 12
INDERFURTH, K., Dipl.-Vwt., Inst.f.quant.Ökonomik u.Statistik, FU, 1 Berlin 33,
Thielallee 66

ISERMANN, H., Fachbereich Wirtschaftswissenschaft, Universität, 84 Regensburg, Universitätsstr. 31

JÄGER, K., Dipl.-Math., Inst.f.Unternehmensführung, FU, 1 Berlin 33, Garystr.21

JENNERGREN, P., Dr., Internationales Institut für Management, 1 Berlin 33, Griegstr. 5

KAERKES, R., Prof.Dr., Inst.f.Mathematik, RWTH Aachen, 51 Aachen, Templergraben 55

KOGELSCHATZ, H., Dipl.-Math., Dipl. rer.pol., Inst.f.Statistik u.Math. Wirtschaftstheorie, Universität, 75 Karlsruhe, Kaiserstr. 12

KOSMOL, P., Dr., Math.Seminar, Universität, 23 Kiel, Olshausenstr. 40-60

KRAFFT, O., Prof.Dr., Inst.f.Mathematische Stochastik, Universität, 2 Hamburg 13, Rothenbaumchaussee 45

KRUG, E., Dr., Inst.f.Statistik u.Math.Wirtschaftstheorie, Universität, 75 Karlsruhe, Kaiserstr. 12

KRUSCHWITZ, L., Dr., Inst.f.quant.Ökonomik u.Statistik, FU, 1 Berlin 33, Garystr. 21

KÜHLMEYER, M., Dipl.-Math., Fried.Krupp Hüttenwerke AG, 463 Bochum, Pf. 1370

KÜPPER, W., Dr., Seminar f.Allg.BWL, Universität, 2 Hamburg 13, Von-Melle-Park

LAYER, M., Dr.Priv.Doz., Inst.f.Entscheidungstheorie und Unternehmensforschung, Universität, 75 Karlsruhe, Kaiserstr. 12

LENZ, H.-J., Dr., Inst.f.quant.Ökonomik u.Statistik, FU, 1 Berlin 33, Garystr.21

LIESEGANG, G., Dipl.-Math., Seminar f.Allg. u.Industrielle BWL, Universität, 5 Köln

LOTT, R., Dipl.-Kfm., Preussag AG, 3 Hannover, Leibnizufer 9

MATTHIAS, P., Dipl.-Ing., Dipl.-Wi-ing., Steinkohlenbergbauverein, 43 Essen 13, Pf. 1708/09

MÖHRING, R., Dipl.-Math., Inst.f.Mathematik, RWTH, 51 Aachen, Templergraben 55

MORLOCK, M., Dipl.-Math., Inst.f.Wirtschaftstheorie und OR, Universität, 75 Karlsruhe, Kaiserstr. 12

NEF, H., Dipl.-Ing.Agr., Wirtschaftslehre des Landbaues, ETH, CH-8006 Zürich, Sonneggstr. 33

NEUMANN, K., Prof.Dr., Inst.f.Wirtschaftstheorie und OR, Universität, 75 Karlsruhe, Kaiserstr. 12

ONIGKEIT, D., Prof.Dr., Wirtschaftslehre des Landbaues, ETH, CH-8006 Zürich, Sonneggstr. 33

OPITZ, O., Prof.Dr., Inst.f.Entscheidungstheorie u. Unternehmensforschung, Universität, 75 Karlsruhe, Kaiserstr. 12

OESTERER, D., Dipl.-Ing., Dipl.-Wi-Ing., AEG-Telefunken, 79 Ulm, Postf. 830

PADBERG, M.W., Dr., International Institute of Management, 1 Berlin 33, Griegstr. 5-7

POSSE, J., Dipl.-Kfm., TU, 1 Berlin 12, Uhlandstr. 4/5

PRESSMAR, D., Prof.Dr., Seminar f.Allg.BWL, Universität, 2 Hamburg 13, von-Melle-Park 9

RADERMACHER, F.J., Dipl.-Math., Inst.f.Mathematik, RWTH, 51 Aachen, Templergraben 55

REETZ, D., Dipl.-Math., Inst.f.quant.Ökonomik u.Statistik, 1 Berlin 33, Thielallee 66

RUPPERT, W., BASF-AG, 67 Ludwigshafen

SAUR, H.-D., Dr., Deutsche Unilever GmbH, 2 Hamburg 36, Dammtorwall 15

SAYNISCH, M., MAN-Neue Technologie, 8 München 50, Dachauer Str.

SEIBT, D., Dr., BIFOA, Universität, 5 Köln 41, Universitätsstr. 45

SEIFERT, O., Dipl.-Math., Preussag AG, 3 Hannover, Leibnizufer 9

SOOM, E., Prof.Dr., Hochschule, CH-9 St.Gallen, Dufourstr. 50

SPÄTH, H., Dr., Großversandhaus QUELLE, 85 Nürnberg, Wandererstr. 159

SPELDE, G.H., Dipl.-Math., Inst.f.Mathematik, RWTH, 51 Aachen, Templergraben 55
SPREMANN, K., Dr., Lehrstuhl f.Anwendungen des Operations Research, Universität, 75 Karlsruhe, Kaiserstr. 12
SCHIEFER, G., Dipl.-Landw., Planung der Landwirtschaftlichen Produktion, Universität, 7 Stuttgart-Hohenheim
SCHMITZ, C., Dipl.-Ing., IABG, 8012 Ottobrunn, Einsteinstr.
SCHUB, A., Dr.Priv.Doz., Inst.f.Baubetriebswissenschaft, TU, 8 München 2, Arcisstr. 21
SCHULZ, W., Dipl.-Math., BASF AG, Naturwiss. Informatik, 67 Ludwigshafen
STEINECKE, V., Dr., Hoesch Hüttenwerke AG, 46 Dortmund, Postf. 902
TIEMEIER, U., Dr., Brown,Boveri & Cie AG, Abt.BW, 68 Mannheim
VAHRENKAMP, R., Dipl.-Math., Inst.f.Statistik u.Math. Wirtschaftstheorie, Universität, 75 Karlsruhe, Kaiserstr. 12
v.WASIELEWSKI, E., Dipl.-Ing., Agfa-Gevaert AG, 8 München 90, Tegernseer Landstr. 161
WASCHEK, G., Dipl.-Ing., Deutsche Lufthansa AG, 6 Frankfurt-Flughafen
WEINDLMAIER, H., Dipl.-Ing., Planung der Landwirtschaflichen Produktion, Universität, 7 Stuttgart-Hohenheim
WELTI, W., Brown,Boveri & Cie AG, Abt. ZBW/O, 68 Mannheim, Postf. 351
WERNER, M., Dr.Priv.Doz., Fachbereich Kybernetik, TU, 1 Berlin 10, Otto-Suhr-Allee 18-20
ZANG, H., Dr., 8201 Neukirchen/Simssee, Grabenfeldstr. 11
ZIMMERMANN, H.-J., Prof.Dr., Lehrstuhl f.Unternehmensforschung, RWTH, 51 Aachen, Templergraben 55

physica paperback

Bamberg, Günter
Statistische Entscheidungstheorie
1972. 149 Seiten. DM 20.—   ISBN 3 7908 0099 6

Basler, Herbert
**Grundbegriffe der Wahrscheinlichkeitsrechnung und
statistischen Methodenlehre**
Mit 27 Beispielen und 35 Aufgaben mit Lösungen
5., durchgesehene Auflage 1974. 147 Seiten. DM 18.—   ISBN 3 7908 0137 2

Berg, Claus C.
Programmieren mit FORTRAN
1972. 128 Seiten. DM 16.—   ISBN 3 7908 0120 8

Bliefernich - Gryck - Pfeifer - Wagner
Aufgaben zur Matrizenrechnung und Linearen Optimierung
mit ausführlichen Lösungswegen
2. Auflage 1974 in Vorbereitung

Bloech, Jürgen, und Gösta-Bernd Ihde
Betriebliche Distributionsplanung
Zur Optimierung der logistischen Prozesse.
1972. 149 Seiten. DM 20.—   ISBN 3 7908 0109 7

Brauer, Karl M., und Mitarbeiter
Allgemeine Betriebswirtschaftslehre
Anleitungen zum Grundstudium mit Aufgaben, Übungsfällen und Lösungs-
hinweisen
2. Auflage 1972. 404 Seiten.   DM 24.—   ISBN 3 7908 0106 2

Hax, Herbert
Investitionstheorie
2. Auflage 1972. 161 Seiten. DM 22.—   ISBN 3 7908 0108 9

Huch, Burkhard
Einführung in die Kostenrechnung
3. Auflage 1973. 212 Seiten. DM 20.—   ISBN 3 7908 0121 6

Küpper - Lüder - Streitferdt
Netzplantechnik
erscheint im Sommer 1974.   ISBN 3 7908 0139 9

physica-verlag · würzburg - wien

physica paperback

Lücke, Wolfgang
Produktions- und Kostentheorie
3. Auflage 1973. 368 Seiten. DM 28.—   ISBN 3 7908 0005 8

Neumann, John von, und Oskar Morgenstern
Spieltheorie und wirtschaftliches Verhalten
3. Auflage (ungekürzte Sonderausgabe) 1973. 668 Seiten. DM 48.—
ISBN 3 7908 0134 8

Sasieni - Yaspan - Friedman
Methoden und Probleme der Unternehmensforschung
3. Nachdruck 1971. 322 Seiten. DM 28.—   ISBN 3 7908 0025 2

Schneeweiß, Christoph
Dynamisches Programmieren
1974. Ca. 295 Seiten. DM ca. 27.—   ISBN 3 7908 0131 3

Schneeweiß, Hans
Ökonometrie
1971. 384 Seiten. DM 42.—   ISBN 3 7908 0008 2

Stenger, Horst
Stichprobentheorie
1971. 228 Seiten. DM 27.—   ISBN 3 7908 0011 2

Swoboda, Peter
Finanzierungstheorie
1973. 222 Seiten. DM 32.—   ISBN 3 7908 0115 1

Vogt, Herbert
Einführung in die Wirtschaftsmathematik
2. Auflage 1973. 236 Seiten. DM 20.—   ISBN 3 7908 0125 9

Vorobjoff, Nikolaj N.
Grundlagen der Spieltheorie
und ihre praktische Bedeutung
2. Auflage 1972. 84 Seiten. DM 9.—   ISBN 3 7908 0114 3

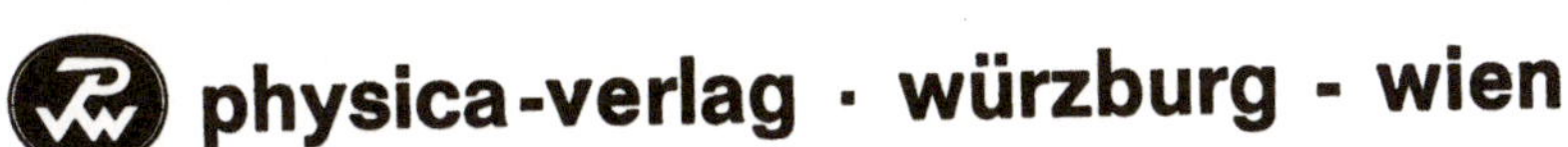 **physica-verlag · würzburg - wien**